【国学精粹珍藏版】

李志敏⊙编著

◎尽览中国古典文化的博大精深 ◎读传世典籍，赢智慧人生——受益终生的传世经典

菜根谭

卷一

民主与建设出版社
·北京·

© 民主与建设出版社，2022

图书在版编目(CIP)数据

菜根谭:全4册/李志敏编著;郑琦绘图
—北京:民主与建设出版社，2015.8（2022.8重印）
ISBN 978-7 -5139 -0761-3

I.①菜... II.①李...②郑... III .①个人–修养 –中国–明代
②《菜根谭》–通俗读物 IV.①B825 –49

中国版本图书馆CIP数据核字(2015) 第215205 号

菜根谭
CAI GEN TAN

编　　著	李志敏
责任编辑	王颂
装帧设计	王洪文
出版发行	民主与建设出版社有限责任公司
电　　话	（010）59417747　59419778
社　　址	北京市海淀区西三环中路 10 号望海楼 E 座 7 层
邮　　编	100142
印　　刷	永清县晔盛亚胶印有限公司
版　　次	2016年1月第1版
印　　次	2022年8月第4次印刷
开　　本	710 毫米 × 1000 毫米 1/16
印　　张	32
字　　数	460千字
书　　号	ISBN 978-7 -5139 -0761-3
定　　价	278.00元(全四册)

注：如有印、装质量问题，请与出版社联系。

前　言

《菜根谭》是明代洪应明所著一部论述修养、人生、处世、出世的语录。

洪应明，明代万历年间人，字自诚，号还初道人。《菜根谭》一书在万历年间初刻于北京，现存最早的版本是据清乾隆年间刻本翻刻的同治乙丑年（1865 年）宝光寺本。本书即以此本为底本编辑而成。

本书书名"菜根谭"系取宋汪革氏"人咬菜根，百事可做"语意。指人若能经受得清苦，则可成就任何事业。还有一种解释说："菜之为物，日用所不可少，以其有味也。但味由根发，故凡敌菜者，必要厚培其根，其味乃厚。是此书所入说世味及出世味皆为培根之论。"所言亦当。

《菜根谭》从形式上看，文字皆由排比对仗的短句组成，一段语录字数不多，但十分精辟。除作者自己的心得外，有些还是从先哲格言、佛家禅语、古籍名句、民间谚语转化而来，所以十分便于背诵流传。

从内容上看，本书涉及的范围极为广泛，可以说它阐述了人生所能遇到的一切重大问题，涉及的方面如此之多。但本书的核心主题多而不散，只有两个，一是入世，另一是出世。

关于入世的论述，本书基本上是站在儒家的立场上。儒家认为正心、诚意、修身乃是齐家、治国、平天下的根本，"内圣"的功夫是"外王"事业的根本，所以本书将"修省"列为第一个标题。在修养这一问题下，又可分为很多方面，如修心性，本书说："完得心上之本来，方可言了心"，"融得性情上偏私，便是一大学问"等等；再如修品经，本书说："德者才之王，才者德之奴"，"德者事业之基，未有基不固而栋宇坚久者"，将德行看得比才能重要，是成就事业的根本，这种观点是儒家的一贯主张；再如论述人的品德形成，必须经过艰难困苦的磨炼，"欲做精金美玉的人品，定从烈火中锻来"，"横逆困穷，是锻炼豪杰的一副炉锤"，等等；再如论述人应心怀仁爱的精神，书中说："一点不忍的念头，是生民生物之根芽……故君子于一虫一蚁，不忍伤残"；再如论述人若要培养出优秀的品德，必须要控制自己的欲望，"塞得物欲之路，才堪辟道义之门"。关于修养的各个方面还有很多，如慎独自省、不为功名所累、不贪图富贵等等。

人将自我的心性品德修养好，就可以从事待人处世的活动了。关于这个方面，本书首先强调处世要有操守原则，除原则性外，遇事还要灵活机动，二者的关系是有机的、辩证的，但原则性是第一位的，书中说："操守要有真宰，无真宰则遇事便倒，何以植顶天立地之砥柱？应用要有圆机，无圆机则触物有碍，何以成旋乾转坤之经纶？"遇事要认真，不能疏忽大意，"酷烈之祸，多起于玩忽之人；盛满之功，常败于细微之事。"在社会上要搞好人际关系，推己及人，宽厚待人，能容人之过，"人之短处，要曲为弥缝，如暴而扬之，是以短攻短；人有顽的，要善为化诲，如忿而疾之，是以顽济顽。"关于如何处世，书中还详细论述了很多方面，如不要恃才惹祸、沽名钓誉等等。

关于出世的内容，本书基本上是采用禅、道的思想，因为儒家是不主张出世的。首先本书宣扬了很多关于人生如梦、世事如烟的观点，如"一场闲富贵，狠狠争来，虽得还是失；百岁好光阴，忙忙过了，纵寿亦为夭"，"狐眼败砌，兔走荒台，尽是当年歌舞之地；露冷黄花，烟迷衰草，悉属旧时争战之场。盛衰何常？强弱安在？念此令人心灰"。本书宣扬这种观点，其目的是为了破除人们对人间事物的迷恋和执著，以产生向道之心。书中还有很多作者学道、悟道的心得，如"扫地白云来，才着工夫便起障；凿池明月入，能空境界自生明"，等等。

因为本书的思想是儒、释、道三家合一的，所以作者并不主张完全抛弃人间事务不管，而是将出世与入世有机结合起来，对于修行来说，出世与入世的目的都是相同的，没有什么差别，书中说："思入世而有为者，须先领得世外风光，否则无以脱垢浊之尘缘；思出世而无染者，须先谙尽世中滋味，否则无以持空寂之苦趣。"

总之，《菜根谭》是一部有益于人们陶冶情操、磨炼意志、奋发向上的读物。书中文辞优美，对仗工整，含义深邃，耐人寻味，很值得生活中的人们品味阅读。

由于编者的水平有限，谬误之处在所难免，请广大读者批评指正。

目 录

卷 一

抱朴守拙,涉世之道 ……………………………………（ 1 ）

心事宜明,才华须韫 ……………………………………（ 4 ）

良药苦口,忠言逆耳 ……………………………………（ 7 ）

和气致祥,喜神多瑞 ……………………………………（ 12 ）

静中观心,真妄毕现 ……………………………………（ 16 ）

退即是进,与即是得 ……………………………………（ 18 ）

完名让人全身远害,归咎于己韬光养德 ………………（ 21 ）

人能诚心和气,胜于调息观心 …………………………（ 24 ）

攻人毋太严,教人毋过高 ………………………………（ 27 ）

客气伏而正气伸,妄心杀而真心现 ……………………（ 31 ）

无过便是功,无怨便是德 ………………………………（ 36 ）

富者应多施舍,智者宜不炫耀 …………………………（ 40 ）

居安思危,处乱思治 ……………………………………（ 43 ）

人能放得心下,即可入圣超凡 …………………………（ 48 ）

对小人不恶,待君子有礼 ………………………………（ 51 ）

留正气给天地,遗清名于乾坤 …………………………（ 55 ）

种田地须除草艾,教弟子严谨交游 ……………………（ 60 ）

不流于浓艳,不陷于枯寂 ………………………………（ 62 ）

立身要高一步,处世须退一步 …………………（ 70 ）

道者应有木石心,名相须具云水趣 ………………（ 75 ）

多心招祸,少事为福 ………………………………（ 81 ）

无胜于有德行之行为,无劣于有权力之名誉 ……（ 92 ）

宽严得宜,勿偏一方 ………………………………（ 94 ）

大智若愚,大巧似拙 ………………………………（ 96 ）

谦虚受益,满盈招损 ………………………………（ 99 ）

心地须要光明,念头不可暗昧 ……………………（ 101 ）

阴恶之恶大,显善之善小 …………………………（ 103 ）

君子居安思危,天亦无用其技 ……………………（ 106 ）

中和为福,偏激为灾 ………………………………（ 110 ）

谨言慎行,君子之道 ………………………………（ 112 ）

卷 二

杀气寒薄,和气福厚 ………………………………（ 119 ）

正义路广,欲情道狭 ………………………………（ 121 ）

磨练之福久,参勘之知真 …………………………（ 123 ）

勉励现前之业,图谋未来之非 ……………………（ 126 ）

君子德行,其道中庸 ………………………………（ 130 ）

未雨绸缪,有备无患 ………………………………（ 134 ）

临崖勒马,起死回生 ………………………………（ 136 ）

舍己毋处疑,施恩勿望报 …………………………（ 139 ）

厚德以积福,逸心以补劳,修道以解厄 …………（ 142 ）

人生重结果,种田看收成 …………………………（ 145 ）

多种功德,勿贪权位 ………………………………（ 148 ）

精诚所至,金石为开 ……………………………… (152)

凡事当留余地,五分便无殃悔 ………………… (154)

忠恕待人,养德远害 ……………………………… (157)

持身不可轻,用心不可重 ………………………… (160)

人生无常,不可虚度 ……………………………… (164)

直躬不畏人忌,无恶不惧人毁 ………………… (167)

从容处家族之变,剀切规朋友之失 …………… (170)

大处着眼,小处着手 ……………………………… (173)

藏巧于拙,寓清于浊 ……………………………… (177)

盛极必衰,剥极必复 ……………………………… (179)

毋偏信自任,毋自满嫉人 ………………………… (184)

毋以短攻短,毋以顽济顽 ………………………… (186)

大量能容,不动声色 ……………………………… (191)

辨别是非,认识大体 ……………………………… (196)

亲近善人须知机杜谗,铲除恶人应保密防祸 … (198)

应以德御才,勿恃才败德 ………………………… (201)

穷寇勿追,投鼠忌器 ……………………………… (202)

过归己任,功让他人 ……………………………… (205)

警世救人,功德无量 ……………………………… (207)

功名一时,气节千载 ……………………………… (210)

真诚为人,圆转涉世 ……………………………… (212)

一念能动鬼神,一行克动天地 ………………… (214)

急流勇退,与世无争 ……………………………… (218)

文华不如简素,读今不如述古 ………………… (220)

修身种德,事业之基 ……………………………… (224)

心善而子孙盛,根固而枝叶荣 ………………… (226)

勿妄自菲薄,勿自夸自傲 ………………………… (233)

学贵有恒,道在悟真 ……………………………………（238）

心虚意净,明心见性 ……………………………………（240）

卷 三

人情冷暖,世态炎凉 ……………………………………（247）

操持严明,守正不阿 ……………………………………（249）

浑然和气,处事珍宝 ……………………………………（253）

诚心和气陶冶暴恶,名义气节激砺邪曲 ………………（255）

忍得住耐得过,则得自在之境 …………………………（260）

心体莹然,不失本真 ……………………………………（262）

忙里偷闲,闹中取静 ……………………………………（267）

为天地立心,为生民立命,为子孙造福 ………………（270）

处富知贫,居安思危 ……………………………………（273）

勿仇小人,勿媚君子 ……………………………………（275）

金须百炼,矢不轻发 ……………………………………（278）

忘恩报怨,刻薄之尤 ……………………………………（281）

谗言如云蔽日,甘言如风侵肌 …………………………（285）

藏才隐智,任重致远 ……………………………………（287）

过俭者吝啬,过让者卑曲 ………………………………（290）

喜忧安危,勿介于心 ……………………………………（295）

过满则溢,过刚则折 ……………………………………（297）

冷静观人,理智处世 ……………………………………（303）

酷则失善人,滥则招恶友 ………………………………（308）

和衷以济节义,谦德以承功名 …………………………（314）

事上敬谨,待下宽仁 ……………………………………（317）

处逆境时比于下,心怠荒时思于上 ·················· （319）

不轻诺,不生嗔,不多事,不倦怠 ·················· （324）

守口须密,防意须严 ·································· （330）

责人宜宽,责己宜苛 ·································· （334）

幼不学,不成器 ······································ （343）

静中见真境,淡中识本然 ···························· （347）

言者多不顾行,谈者未必真知 ························ （352）

世间之广狭,皆由于自造 ···························· （356）

乐贵自然真趣,景物不在多远 ························ （360）

观形不如观心,神用胜过迹用 ························ （365）

知机其神乎,会趣明道矣 ···························· （369）

卷 四

万象皆空幻,达人须达观 ···························· （375）

泡沫人生,何争名利 ·································· （378）

极端空寂,过犹不及 ·································· （380）

广狭长短,由于心念 ·································· （382）

守正安分,远祸之道 ·································· （385）

修养定静工夫,临变方不动乱 ························ （387）

去思苦亦乐,随心热亦凉 ···························· （390）

居安思危,处进思退 ·································· （392）

隐者高明,省事平安 ·································· （394）

浓处味短,淡中趣长 ·································· （396）

动静合宜,出入无碍 ·································· （399）

鄙俗不及风雅,淡泊反胜浓厚 ························ （402）

⑤

身放闲处,心在静中 …………………………………………（405）

不希荣达,不畏权势 …………………………………………（407）

得诗家真趣,悟禅教玄机 ……………………………………（413）

来去自如,融通自在 …………………………………………（416）

欲心生邪念,虚心生正念 ……………………………………（419）

烦恼由我起,嗜好自心生 ……………………………………（422）

以失意之思,制得意之念 ……………………………………（425）

世态变化无极,万事必须达观 ………………………………（428）

接近自然风光,物我归于一体 ………………………………（430）

勘破乾坤妙趣,识见天地文章 ………………………………（434）

猛兽易服,人心难制 …………………………………………（436）

处世忘世,超物乐天 …………………………………………（438）

宠辱不惊,去留无意 …………………………………………（440）

苦海茫茫,回头是岸 …………………………………………（442）

彻见真性,自达圣境 …………………………………………（443）

心月开朗,水月无碍 …………………………………………（447）

毁誉褒贬,一任世情 …………………………………………（450）

自然得真机,造作减趣味 ……………………………………（452）

真不离幻,雅不离俗 …………………………………………（454）

机神触事,应物而发 …………………………………………（457）

操持身心,收放自如 …………………………………………（459）

不弄技巧,以拙为进 …………………………………………（461）

思及生死,万念灰冷 …………………………………………（463）

卓智之人,洞见机先 …………………………………………（465）

勿待兴尽,适可而止 …………………………………………（468）

修行宜绝迹于尘寰,悟道当涉足于世俗 ……………………（471）

祸福苦乐,一念之差 …………………………………………（475）

若要功夫深,铁杵磨成针 ················ （477）

落叶蕴育萌芽,生机藏于肃杀 ··············· （480）

要以我转物,勿以物役我 ·················· （483）

何处无妙境,何处无净土 ·················· （487）

顺逆一视,欣戚两忘 ····················· （490）

月盈则亏,履满者戒 ····················· （495）

陷于不义,生不若死 ····················· （497）

抱朴守拙，涉世之道

【原文】

涉世浅，点染亦浅；历事深，机械亦深。故君子与其练达，不若朴鲁；与其曲谨，不若疏狂。

【译文】

一个刚踏入社会的人阅历虽然粗浅，但所受社会不良影响也较少；一个饱经事故的人固然阅历深广，但其阴谋诡计等恶习也随之增加。所以，一个正人君子，与其圆滑世故，不如诚实淳朴；与其谨慎小心，不如豁达大度。

【解读】

看电视连视剧《武松》时，极喜武松"醉"打蒋门神的精彩片断：手握酒杯，仰脖而干，身子东倒西歪，步履轻飘虚浮，蒋门神于漫不经心之际，鼻梁突着一拳，尚未回过神来，眼额又遭一腿……当其终于醒悟这绝非是酒鬼的"歪打正着"之时，其身已受重创而无还手之力了。有武林中人告之：此谓"醉拳"，乃武术中一高难度拳术，委实厉害之极。闻之而思，言道：懂了！

"醉拳"之厉害，在于一个"装醉"，表面上看来跌跌撞撞，偏偏倒倒，踉踉跄跄，不堪一击，而其实呢，醉醺醺之中却暗藏杀机，就在你麻痹大意之时，却挨上了"醉鬼"的狠招。

真醉和装醉是完全不同的两种情况，愚者和装愚者是迥然相异的两种人。玩"醉拳"的，是"形醉而神不醉"，"醉"是"醉"在"虚"处，是迷惑对手，而"拳"却击在"实"处，招招致命。装愚的是"外愚而内不愚"，"愚"是"愚"在皮毛小事，不涉主旨，无关大局，而"精"却"精"在节骨眼上，事关一生命运。蒋门神遭武二郎一顿狠揍而退出霸占的快活林，最终死于二郎刀下，喋血鸳鸯楼，自是恶贯满盈，令人痛快之至；而林黛玉焚稿断痴情，薛宝钗出闺成大礼，却令人有一种说不出的味道。

在政治风云中，有时当危险要落到自己头上时，通过装傻弄呆，还可以达到逃避危难、保全自身的目的。我国古代著名的军事大师孙膑，遭到庞涓暗算后，身陷绝境。然而孙膑不向恶势力妥协，他决定佯狂诈疯，以懈庞涓的警惕之心，然后再图逃脱之计。

【事典】

为成大志，修身立德

早年的曾国藩，在他还没有发达的时候，就经常自比于李斯、陈平、诸葛亮等"布衣之相"，幻想"夜半霹雳从天降"，将他这个生长在僻静山乡的巨才伟人震拔出来，成为国家栋梁。随着学识的增加，思想的逐渐成熟，其对志向的思考更加深入和具体。

曾国藩是按照中国圣贤的内圣外王之道来要求自己的，即《大学》中格、致、诚、正、修、齐、治、平八个步骤。曾国藩道德修养的具体内容，正如他自己总结的"八德"，即：勤、俭、刚、明、孝、信、谦、浑。

曾国藩指出："勤、俭、刚、明四字，皆求诸己之事；孝、信、谦、浑四字，皆施诸人之事。"而"八德"的形成，正在于个人的精神修养。曾国藩认为，精神的修养，全是内心所要做的功夫。所谓治心之道，如惩忿窒欲、静坐养心、平淡自守、改过迁善等等，都属于精神方面的修养。因而，在他的遗著中，尤其是在他的日记和家书中，关于这方面的言论颇多。他主张，精神修养必须按照静坐、平淡、改过这三个步骤去进行。

所谓静坐，这是儒道佛三家所共有的初步门径。自东汉以来，儒家的积极入世人生哲学与老庄自然淡泊的消极出世人生哲学始终是互为补充的。至于佛家所说的"明心见性"，更要求人们先有静的境界。因而，它们都强调一个"静"字，也都成为中国士大夫阶层最基本的修养功夫。曾国藩综合儒道佛三家之说，把静字功夫看得非常重要。他在日记中说："静"字功夫要紧，程夫子成为三代后的圣人，亦是"静"字功夫足。王阳明亦是"静"有功夫，所以他能不动心。若不静，省身也不密，见理也不明，都是浮的。

曾国藩对理学的"静"则达到了自我感悟。他认为只有心静到极点时，身体才能寂然不动，所谓没有丝毫杂念，但这毕竟未体验出真正的"静"境来。真正的"静"境是在封闭潜伏到极点时，逗引出一点生动的意念来，就像冬至那一天，阴气殆尽，阳气初动，此时根正本固，这才可以作为一切的开始。致此，神明则如日之升，身定则如鼎之镇。否则，即使深闭固拒，心如灰死，自以为静，生机的意念几乎停止，那也不能算真正的静。况且这也就没有真正的静。

所谓平淡，实际上主要是对老庄淡泊寡欲之说的继承和阐发。我们知道，一个健康的人，如果对世间之事不能看得平淡，一切都视为至关重要，都想去得到它，那么他的心境就会自觉或不自觉地被外物所扰乱，精神就会时时受到牵累，常常会因一些不愉快的事情而耿耿于怀，就会影响到待人接物、处世治事的好坏成败。因此，曾国藩在强调"静"字的同时，还主张要有平淡的心境。他说："思胸襟广大，宜从'平、淡'二字用功。凡人我之际，须看得平，功名之际，须看得淡，庶几胸怀日阔。"并表示要"以庄子之道自恰，以荀子之道自克"，"世俗之功名须看得平淡些"。因为他认识到，一般人之所以胸襟狭窄，全是物欲之念太重，功名之念太深。更具体些说，则是私欲困扰于心，精神无安静之日，自然也就日觉有不愉快的心境。他这里所谓的宜在"平、淡"二字上用功，即是要使心中平淡，不致为私欲所扰乱，务使精神恬静，不受外物之累，然后可以处于光明无欲的心境。

所谓改过，拿曾国藩自己的话来说，就是一个人，如果在心境上不能平淡，则究其所以未能平淡的原因，然后在这个问题上痛下针砭，去检讨、去改过。为此，他在一生中坚持写日记，把每天的所作所为，认真检讨，如实地记录下来。综观他写下的一百多万字的日记，其内容有相当一部分是自艾自责的语句。譬如，他在朋友家中见到别人奉承卖唱之女子，"心为之动"；梦中见人得利，"甚觉艳羡"，等等。于是，他痛责自己："好利之心至形诸梦寐，何以卑鄙若此！方欲痛自湔洗，而本日闻言尚怦然欲动，真可谓下流矣！"仅在1842年冬天，他就连续一个多星期，写下了诸如说话太多、且议人短的"细思日日过恶，总是多言，其所以致多言者，都从毁誉心起"、"语太激厉，又议人短，每日总是口过多，何以不改"等语。对于友人的忠告，曾国藩则强制自己虚心接受，力求改过。邵蕙西曾当面责他"交友不能久而敬"、"看诗文多执己见"、"对人能作几副面孔"，他视为"直哉，吾友"，并决心"重起炉冶，痛与血战一番"。此外，从他所作的铭联箴言以及格言警句单字等，大部分体现了他要借以提醒自己不忘改过、立志自新的精神。

曾国藩不仅从这三层深入修行，以求达到"内圣"的最佳境界，更重要的是其将之细分为四个方面：慎独、主敬、求仁、思诚。这样，对自身来讲，修身更易于操作。道光二十二年（1842年）十月的一天，曾国藩读了《易经

·损卦》后，即出门拜客，在杜兰溪家吃了午饭，随即又到何子敬处祝贺生日，晚上又在何宅听了昆曲，到了"初更时分"才拖着疲倦的身躯回到家中。当天的日记又充满自责，说："明知（何子敬生日）尽可不去，而心一散漫，便有世俗周旋的意思，又有姑且随流的意思。总是立志不坚，不能斩断葛根，截然由义，故一引便放逸了"。日记中仍不忘"戒之"二字。

道光二十三年（1843年）二月的一天，曾国藩前往汤鹏家赴喜筵，席间见汤的两个姬人，曾国藩故伎重施，"谐谑为虐，绝无闲检。"曾国藩早期日记的类似记载不限于以上几例。这说明血气方刚、刚过而立之年的曾国藩也有七情六欲，也是一个正常人，曾国藩早年有"三大戒"，其中之一是戒色。他也认为，沉溺于此是妨碍事业的。他还认为，在外人面前，夫妻间尤不能过分亲密。虽然如此，曾国藩还是很难做到，骂自己是禽兽。但随着年龄的增长，曾国藩为了能他日有所作为，严格限制自己的情欲，甚至夫妻之间正常的情感交流都严加克制。曾国藩认为，人的私欲、情欲一旦膨胀就难以收拾，终会妨碍大事业。他以后位极人臣，但坚决不纳妾，由此可见其修身之严，意志之坚，决心之大。也正是因为如此，曾国藩终成就其功业与德行。

心事宜明，才华须韫

【原文】

君子之心事，天青日白，不可使人不知；君子之才华，玉韫珠藏，不可使人易知。

【译文】

一个正人君子，其心地如青天白日一样光明正大，没有不可告人之事。一个正人君子，真才学像珍珠美玉一般深藏不露，不可轻易让人知道。

【解读】

凡事以计谋取胜，不同的情况要用不同的计谋。有时用韬晦之计比用其他计谋更胜一筹。

在我国历史上有不少成功地运用韬晦之计克敌制胜的例子，称之为韬晦之计、韬光养晦、韬光晦迹等。这种思想有两个基本点：一是韬晦，即收敛锋芒，隐藏自己；二是待机，等待时机，以图东山再起。运用这种思想多在敌强我弱，于我不利的情况下，韬晦是手段，待机是策略，战胜对方才是目标。在待机中，一定要观察敌我双方的变化，一旦到来，就毫不犹豫出击，克敌制胜。

从应变学的角度来讲，"韬晦"，就是隐藏自己的才能，瞒人耳目。"韬"本意是弓袋子，有"进去"的意思。"晦"是"黑暗"、"隐晦"之意，比如月末，又说成是"晦月"，因为按阴历，月末是月亮的黑暗之日。由于隐藏自己的本来面目，也就保住了自己。这样一来，在恰当的场合，当对方无戒备心时，就可实现其预定企图。这和"真人不露相，露相非真人"这句话的意思接近。在人生之路，在商场如战场的当今社会，要想绝处逢生，巧用韬晦之计，可谓明智之举。

【事典】

暗中予德

"多个朋友多条路，少个仇人少堵墙。"知恩图报，以善从商，是李嘉诚商业生涯的准则，也是他为人处事的一条准则。即使后来在股市上要风得风、要雨得雨，李嘉诚始终恪守善意收购的原则，从不强人所难。他总会将刀光剑影化作和风春雨，皆大欢喜。以至于有人戏称，要挫败李嘉诚的收购计划很简单，只要说一声"我不愿意"就可以了，李嘉诚绝对不会强人所难的。

中华民族的传统道德观是"和为贵"，"和气生财"，"善有善报，恶有恶报"。善心佛性为李嘉诚树立了良好的形象，生意滚滚而来。

知恩图报这一处世准则在李嘉诚的经历中随处可见。

比如，后来作为推销员的李嘉诚成为五金厂的第一等功臣，深受老板器重。但是，一次推销遭遇战的落败，使李嘉诚看到了镀锌铁桶的穷途末路以及塑胶制品的蒸蒸日上。于是，他决定"跳槽"。

推销铁桶的李嘉诚与推销塑胶桶的塑胶公司老板在酒店不期而遇。李嘉诚使出浑身解数投入争夺，但塑胶桶轻而易举就获胜了。

李嘉诚不轻易言败，但这一次他感到是彻底的失败，而且败得毫无还手之力。

李嘉诚清醒地认识到，这次遭遇战败的不是他李嘉诚，而是镀锌铁桶。

果然，不打不相识。塑胶公司的老板慧眼识英才，十分赏识这个 17 岁少年的推销才能。人到中年的老板真诚地对少年李嘉诚说："这场遭遇战，你输了给我。但关键在于，是塑胶桶赢了白铁桶。"

老板诚心诚意邀请"手下败将"李嘉诚去喝茶，与他交朋友。

晚上，李嘉诚辗转难眠。塑胶工业在 20 世纪 40 年代中叶兴起于欧美发达国家，就全球而言，当时都属于新兴的产业。

李嘉诚分析其特性，塑胶制品易成型、质量轻、色彩丰富、美观适用，还是木质和金属制品的替代物，发展潜力巨大。

李嘉诚着手调查价格行情时发现，塑胶制品以其昂贵的价格作为富人阶层的奢侈品只是极短的时间，塑胶制品的价格一直在大幅度下跌。价廉和物美是它的两条优势，有这两条塑胶制品大行其市势在必然。

没有可犹豫的了。李嘉诚毅然决定加盟塑胶公司，进入新兴的一派生机的塑胶行业。

这一高瞻远瞩的眼光，奠定了李嘉诚成为全世界"塑胶花大王"的基石。假如没有这一超前的眼光，李嘉诚的商业历史也许就会重写。我们在这里清楚地看到成功人士在关键时刻把握机遇的能力和气魄。真龙终非池中物，也体现在李嘉诚对行业的选择上。

李嘉诚对五金厂的老板深怀感激，但他不忍将自己埋没在没有多大前途的五金行业，而选择了蓬勃的塑胶业。

但是，李嘉诚知恩图报。他对五金厂的老板提出了自己的看法。

李嘉诚的观点是：办企业重要的是审时度势。五金厂要么转行做前景看好的行业；要么就调整产品门类，占领塑胶制品不能替代的空当。

塑胶用途虽然广泛，但在替代金属制品方面却不是万能的。

李嘉诚走了。当时，老板并没有听取李嘉诚的建议。果然，五金厂一度奄奄一息，濒临倒闭。

李嘉诚重情义，得知这个消息后，专程回五金厂找到老板。他让老板立即停止生产镀锌铁桶，而改为生产系列铁锁。

原来，李嘉诚一直关心着五金厂的前途。一来他要暗自验证自己的眼光，二来五金厂待他不薄，他却跳槽而去，心中总有歉疚，总惦记着找机会报答。

因此，他一直在方便的时候不忘了解着五金制品的市场行情。他掌握了铁锁紧俏的信息，另一方面，还没有哪一家五金厂专事生产铁锁，不存在其他同业的竞争。

有这几条，李嘉诚断定，生产铁锁稳保红火。

为了保证稳步领先，还应计划系列开发。否则，只要一发现有利可图，其他五金厂就会一齐涌上这条道，竞争会很激烈。只有永远先人一步推出新产品，才能稳操胜券。

这一次，五金厂老板信服了李嘉诚，言听计从。一年后，一度愁云惨雾笼罩的五金厂焕发了勃勃生机，盈利丰厚。

五金厂老板和员工对李嘉诚的为人佩服得五体投地。

良药苦口，忠言逆耳

【原文】

耳中常闻逆耳之言，心中常有拂心之事，才是进修德行的砥石。若言言悦耳，事事快心，便把此生埋在鸩毒中矣。

【译文】

一个人的耳朵如果能经常听些不中听的话，心里经常想些不如意的事，这才是敦品进德有益身心的砺炼。如果每句话都好听，每件事都称心，那就等于把自己葬送在毒药中了。

【解读】

常言道："良药苦口利于病，忠言逆耳利于行。"只有听得进不同意见，才能及时改正错误，哪怕是真正的逆耳之言，也要虚怀若谷加以接受。假如一个人听到逆耳之言就感到厌倦，不仅辜负了别人劝诫的美意，而且难以反省自己言行的缺点，相反，如果只喜欢别人的夸奖奉承之言，就容易沉湎在自我陶醉的深渊中，最终就等于将自己浸在毒酒之中从而毁掉自己的前程。人生在世要经常接受各种逆境和痛苦的考验，只有正视困难，艰苦奋斗，克服浮躁，广纳群言，取长补短，才能保证人生旅途平安畅达。

【事典】

善纳人言，谋臣尽智

中国历代的统治者都极其注意收罗人才，能否收罗住人才，在其有无德行，但能否认识人才，却在其智识了。所以，得人在其德，知人在其智。仅能得人而不能识人，则所得皆庸才；只能识人而不能得人，则人才皆为他人所用。所以，得人与知人是不可分割的整体。但在用人上面，却以知人为首。无其才而使当其任，必遭摧折；有其才而不使当其任，则必不能久居。无其德而使居其位，则必败亡；有其德而不使居其位，则必远遁。若在征战之事、权力之争中，一旦知人有误，必有大祸，这样的例子，也就不必再举了。

楚、汉相争时期，刘邦曾被困在荥阳，他为了争取各方的支持，让郦食其为他出谋划策，计谋一出，立刻遭到了张良的坚决反对。他是从社会发展、形势变迁和人事转化三方面来分析和确定当时的策略的。可以说，刘邦之所以能够胜利，全在于张良的这一分析和预测，否则，必败于项羽之手。今天看来，这场在政治预测方面的交战犹有惊心动魄之势。

张良常有病在身，从来没有单独带领过军队，而是作为出谋划策的大臣，经常跟随汉王。汉高祖三年（公元前204年），项王把汉王重重包围在荥阳城里，汉王忧心如焚，与郦食其商议怎样去削弱楚国的力量。

郦食其说："过去商汤讨伐夏桀时，封夏桀的后代于杞；周武王诛杀殷纣王时，封殷纣王的后代于宋。现今秦朝残虐无道，用杀伐灭亡了六国，使六国后代连立足的地方都没有。陛下您如果重新拥立六国的后代为王，这些人必然会争着拥戴陛下您的大德大义，情愿作为您的臣子和姬妾。大德大义风行于各诸侯王那里，您就可以面南称霸，楚国也必定整肃衣冠，毕恭毕敬来朝谒您。"

汉王说："很好。赶快催促刻六国王印，先生出发分封时就可以带印前往了。"郦食其刚走出门，就和张良撞了个正着。刘邦一边饮酒，一边把郦食其的谋策告诉张良说："子房，以此谋削弱楚国的力量，你看如何？"张良很激动地说："以此计往，陛下大势将去也！"刘邦问："此话怎讲？"

张良说："我请借您面前的筷子，为您指画形势。过去商汤和武王讨伐夏桀王、殷纣王而封他们的后代，是有把握置桀王、纣王于死命，现在陛下您有把握置项羽于死命吗？这是不能采用这个计谋的第一个原因。周武王进入殷朝，标榜商容的里门，到箕子门前抚车轼示敬意，修封比干的坟墓，现在陛下您能做到吗？这是不能采用这个计谋的第二个原因。把殷纣王积粟之仓钜桥里的粮食都发散出去，把殷纣王储财之所鹿台的财物都分发出去，用以接济贫穷的人，现今陛下您能吗？这是不能采用这个计策的第三个原因。殷朝的战事一结束，就停罢军用的车辆改作乘人之用，把刀枪剑戟都倒着装载，表示不再用了，现今陛下您能这样做吗？这是不能采用这个计策的第四个原因。把军马散放在华山的南边，表示没有什么用处了，如今陛下您能这样吗？这是不能采用这个计策的第五个原因。把运输军需用的牛马都放牧在桃林塞的原野上，表示天下不再有运输与积聚，现在陛下您能这样做吗？这是不能采用这个计策的第六个原因。而且天下的游说之士，离开自己的父母，抛弃了祖坟边的热土，离开有交情的老朋友，跟随陛下您，只是日夜盼望能得到很小一块土地。今天去拥立六国的后代，没有土地去封赏有功劳的人，游说之士各自回去给自己的主公干事去了，跟自己的家人团聚，与老朋友会面，谁还跟陛下您去夺取天下呀？这是不能采用这个计策的第七个原因。楚国不强还倒罢了，强则六国必屈服跟从楚国了，陛下您去哪里寻找向您称臣的六国后代呢？这是不能采用这个计策的第八个原因。如果您用这个计谋，陛下的事业就完了。"

刘邦听了，气得骂道："这小子，差点坏了我的事业。"下令催促销毁六国的王印。

张良的这番话实在是太厉害了，前半部分倒也寻常，后半部分却振聋发聩。幸亏刘邦能幡然醒悟，否则如果不听张良之言或是晚听张良之言，别说打败项羽，建立汉朝，恐怕自己都死无葬身之地了。

张良的政治预测可谓是极其正确的，就在他说了这番话不久，占据齐地的韩信就派使者来见刘邦，要求封他为齐地的假王。刘邦一听，勃然大怒，觉得韩信不赶快来救援自己，还趁火打劫，要挟封王。但后来听了张良的劝说，竟封他为真齐王，从而稳住了韩信，打败了项羽。如果按郦食其的计策封了齐国的后代，那韩信早就背叛了刘邦。由此可见，建立新朝的成败，有一大部分是捏在张良这位政治预测家的手里的。由此说来，张良岂止是"运筹帷幄，决胜千里"，说他是一位独具慧眼的政治奇才，也不过分！

早在此事之前，刘邦便接受了秦王子婴的投降，以胜利者的姿态将军队浩浩荡荡地开进了秦王朝的都城咸阳。进入咸阳城后，沛公的部下分头占领了秦王朝原来的府库。面对着闪闪发光的金银绸缎，哪个不心动目摇？他们跟随沛公浴血奋战，不就是为了功名利禄么？于是，众人你争我抢，抢占起财物来。顷刻间，到处都是一片繁忙，那种半路上得了横财的惊喜映照在每个将士的脸上。

一片忙乱之中，萧何悄然带着一批人进入丞相府。但是，他没有拿那些金银细软，而是把秦廷的法律典籍等细心整理，一一运回大营之中。他心目中想的是如何在将来辅助沛公管理好天下，没有这些典籍簿册怎么行？

沛公陶醉了。

却说张良、郦食其、樊哙、周勃、曹参等人在各处忙完之后，却不见了沛公的影子，众人放心不下，只得分头去找。

樊哙是个粗中有细的人，他想了想，直奔宫中而去。樊哙看到刘邦沉湎于秦宫的豪华享受之中，心中十分着急，他问刘邦："你是想得到天下呢？还是只想当个富翁？"刘邦回答说："我当然想得天下。"樊哙说："我跟随你进入秦宫，看到壮丽的宫殿、豪华的装饰以及数不清的黄金珍宝、钟鼓乐队和成千的后宫美女，这些都是造成灭亡的祸根。请你远离这些亡国之物，将军队带回灞上驻扎，千万不能住在秦宫中。"刘邦哪里舍得离开这个安乐窝？

樊哙见劝不动刘邦，气得一甩手，头也不回往外就走，在寝宫门口碰到了赶得气喘吁吁的张良，他脚步一收，喊道："子房你回来得好，快去把刘三叫醒吧！"

张良见樊哙满脸的不高兴，得知他闯宫碰了壁。他定了定神，让守在寝宫门边的亲兵去通报。少顷，亲兵出来恭请，张良这才慢步而入，见刘邦已在王座上依屏而坐，边上有两女在侍候。

张良恭恭敬敬行了臣礼，刘邦见此很是高兴，先问了问他去访"四皓"的情况，又谈了谈秦宫恢宏的建筑。张良听完才问道："听说沛公得到了始皇帝的传国玉玺，良愿一睹为幸！"刘邦连忙找到随身的囊袋，将玉玺及发兵之虎符、徽调之竹节，一并拿出来给他鉴赏。张良双手接过来，双目凝视着这件宝物，心里感慨万千。"沛公，"张良激动地说，"始皇视为命根的宝物，今日喜到沛公手中，不知能在您这放多久？"

"放多久？难道要得而复失？"刘邦闻说吃了一惊，推开女娥，直身长跪反问起来。

张良笑而不答，看看宫娥，随后又抬眼看着屋梁下垂吊的烨烨泛光的夜明珠发愣。刘邦一下子恍然大悟，起身收好玉玺、虎符等，拉着张良就走，准备还军灞上，以待项羽进城后，再见机行事。

唐太宗说："民犹水，君犹舟。水能载舟，亦能覆舟。"这句话形象地指出了民心稳定是统治者得以统治天下的基础。刘邦的确具有做帝王的天资和事质。他虽率先入关中，但并不为秦宫殿的豪华陈设所困扰，意识到现在还不是享乐的时候，当务之急是得人心，并以此作为争夺天下的资本。

于是，刘邦还军灞上后，立即召集关中各县的文书子弟，向他们宣布说："秦朝的法律太苛刻了，乡亲们长期身受其害，苦不堪言。议论一下国政，就给加上'诽谤朝廷'的罪名，满门抄斩；几个人聚在一块儿说话，也要绑赴市曹处斩，真是残酷至极。我受楚怀王委派，到这里是为给大家解除痛苦的。义兵出发前，怀王与众将约定：谁先进入关中，就封谁为关中王。我先到咸阳，自然应该由我治理关中。现在，我就以关中王的名义，与父老们约法三章：杀人的偿命，伤人和盗窃财物的按情节论罪，秦朝原来的严刑酷律，全部予以废除。"

大家都屏息静气地听着，一些人的脸上仍露出狐疑的神色。刘邦补充说："秦朝原来的地方官吏，全部可以继续留任，士农工商，照旧从事自己的本业。"刘邦还再三重申道："父老乡亲们，你们尽管放心好了，你们只需过自己安定的生活。我等来到此地，决不打扰百姓的生活。若有违者，一律——杀！现在，暴虐的秦朝已经被推翻了，百姓们可以自耕自足，安居乐业地过好日子了。我们将把军队撤到灞上去，等候各路诸侯的到来，到那时候再为咱老百姓制定一个官民共守的具体规约。"这就是后人相传的著名的刘邦"约法三章"。

刘邦的这一措施，完全是以一个关中王的身份，为保持其领地内政治秩序的稳定，为争取这一地区广大民众的支持与拥护，发布的第一号与民更始的通告。他以救民于水火、解苍生于倒悬的救世主的姿态，首先废除了秦暴政最重要的工具——秦律，用简单而又明确的三章来取代它，抓住了民众当时最害怕自己生命财产得不到保障的心理，从根本上打消了原秦地官民对他和他的军队的顾虑，赢得了他们的衷心拥戴和支持。这是刘邦进入关中地区后，为自己今后的政治前途打的第一场漂亮的政治仗。

当然，此"约法三章"出自张良、萧何、韩信等贤臣良相共同商议的结果，但更重要的是刘邦从谏如流，不负众望，他对众将相的指点心领神会，并领略到了得人心者得天下的真理。

与其说刘邦善纳人言，不如说谋臣尽智。刘邦这个皇帝是诸多良秀之将才一把一把推起来的。

和气致祥，喜神多瑞

【原文】

疾风怒雨，禽鸟戚戚；霁日光风，草木欣欣。可见天地不可一日无和气，人心不可一日无喜神。

【译文】

在狂风暴雨的气候中，连飞禽都感到哀伤忧虑；在晴空万里的日子里，连草木也呈现欣欣向荣之势。由此可见，天地不可一日无祥和之气，人心不可一日无欣喜之情。

【解读】

俗话说，"人逢喜事精神爽"，一个人喜悦在心，精力旺盛，不论做什么事都会得心应手，充满着成功的希望，所以快乐的人生，是健康、豁达、乐观的人生，只有在涵养上下功夫，才能达到这种美妙的人生境界。生活的环境和周围的人群常常因为自己的心情好坏而变化，心情好时，到处都是明媚的春天，人人都是喜气洋洋，而一旦自己心情不好，就会觉得一切都在和自己作对，使自己更加烦闷。所以乐观的情绪、豁达的心胸、开朗的心情，是一个人事业成功、人生幸福的基础，相反悲观失望、怨天尤人、心胸狭窄，就会在生活中遇到一些不必要的麻烦，最终是庸人自扰一事无成。

【事典】

仁义为本创药号，广救世人

"上忧国，下忧民"，是胡雪岩继承了传统商人优秀品格中的一个重要理念。协理洋务、协助西征是报国，济世善举、善扶贫困之民则是忧民，这是胡雪岩成功的又一重要因素。

自古以来，商人总是为利而奔波，为利者当然免不了使手段、耍聪明。因为"利"之为物，往往不在己，而在他人，或隐匿于物中，尚需发掘。

商人们就是要运用自己敏锐的眼光，纵观万事万物，从中发现有可乘之机，然后运筹帷幄，从中渔利。

由于有利迷了眼，难免在别的事上就分不清，于是成天凄凄惶惶，极尽投机钻营之能事。中国传统看不起商人，也是许多商人不知自重，只知钻营的结果。

时代发展到了胡雪岩这儿，商业有了较大的发展，但商人的地位仍旧没有多大的提高。胡雪岩虽然是个商人，时人却对他交口称赞，后人也对其景仰不已，其原因何在？

当然，无论时人还是后人都绝不是看重胡雪岩能以钱庄小伙计的身份一跃而成富可敌国的商业家，且数十年雄风不减。真正让人们心服的是胡氏虽身在商界，却能心忧天下。

胡雪岩的家乡浙江，气候适宜，自然生态环境优越，是我国主要的药材产地之一，浙贝、元胡、白术、白芍、麦冬、玄参、郁金和菊花号称"浙八味"，在杭州城乡都有广泛种植，并以品质优良而为历代皇家御医所采用。由于得天独厚，早在南宋时期，杭州的中医药就已经很发达。当地出产的中药材达70余种，官方设立"惠民和剂药局"，收集医家和民间验方制成丸、散等成药出售，并把药方编成《太平惠民和剂局方》，详细罗列主治病症和制剂方法。金元时期虽因战乱，中医药发展缓慢，但中医药学已发展成为"金元四大家"。其中之一的朱丹溪所创的滋阴说就源自于杭州罗原师门。元代杭州还有个夏应祥在寿安坊开设寿安堂药室，不惜血本采办异方殊材，还向贫病交加的人施舍药品。到了明代，随着杭州经济、文化的发展，药业发展尤为迅速。1524年，卸任后的明朝御医许某在杭州靴儿河下新宫桥堍开设许广和国药号，鼎盛时期制成药多达380余种，分内、妇、儿、喉、眼、外诸科；明朝万历年间，余姚人朱养心在杭州大井巷口设朱养心丹膏店，医术高超，药物灵验。

1808年，宁波人叶谱山在望仙桥直街吉祥巷口创设叶种德堂国药号，前店后场，规模之大，为杭城之首，该药号精心配制各种成药不下400余种。在中国文化传统中，"穷则独善其身，达则兼济天下"被喻为处世为人的良箴，而从医制药以救死扶伤赢得社会的普遍敬重。胡雪岩身处医药业发达的杭州，或多或少地会受到中医文化的影响。另一方面，咸丰、同治、光绪三朝，全国范围的农民起义、中外交战此起彼伏，每打完一仗，往往尸积如山，加上自然灾害也相当频繁，各地瘟疫盛行，1851年，清代人口超过4亿人，比1811年增长15.3%，年平均增长率为4.7%，但在1875年，人口下降到3.2亿人，处于负增长，这与当时的战乱、疫病有关。胡雪岩看在眼里，心中拿定救死扶伤的主意，早在清军镇压太平军和出关西征时，他就已邀请江浙名医研制出"胡氏辟瘟丹"、"诸葛行军散"、"八宝红灵丹"等药品，寄给曾国藩、左宗棠军营及灾区陕甘豫晋各省藩署。战乱结束后，"讨取填门，即远省寄书之药者目不暇接"，为"广救于人"，胡雪岩决定开办药号。

1874年，他在杭州直吉祥巷九间头设立胡庆余堂雪记药号筹备处，邀集许多名医和国药业商人共商经营方针。那时候，国药业有药号、药行和门市之分，药号范围大，直接向产地进货，然后批销给药行，门市限于资金，只能向药行批购药材零星销售。在胡雪岩征集意见时，许多人的建议都没跳出一般药号经营经验的圈子。唯有江苏松江余天成药号的经理兼股东余修成独具经营之道。他认为开药店"是乃仁术"，不应目光短浅，斤斤计较于眼前的蝇头小利，而要有长远的、全局的眼光。要成大气候，必须下决心花大本钱建成集药厂、药号和门市为一条龙的实体。胡雪岩非常赞同这个建议，就聘请余修成负责筹备，专门设置了制丹丸大料部、制丹丸细料部、切药片子部、炼拣药部。胡雪岩于乱世之中开药店不过是善举，想以此赚钱，却是万万不能的，为什么呢？

乱世之中，常有瘟疫蔓延，兵匪交结，伤残无数，百姓流离失所，或水土不服，以致有病，或风餐露宿，大病缠身，这些都需吃药。然而乱世流离，几个人身上有银两呢？所以造成医者不敢开门行医，因为开门必赔。这些道理胡雪岩岂能不知？只是念及天下黎民的艰辛，纵然赔本，他也乐意。于是下令各地钱庄，另设医铺，有钱少收钱，无钱白看病、白送药。而且胡雪岩还同湘军、绿营达成协议，军队只要出本钱，然后由他带人去购买原材料，召集名医，配成金疮药之类送到营中。曾国藩知道后，感叹道："胡氏为国之忠，不下于我。"镇压了太平天国之后，天下士子云集天府，进行科举考试，胡氏又派人送各种药品、补品给这些士子。因为每年考试期间，许多士子由于连夜奔赴，或临阵磨枪，身心都极度疲乏，往往一下子就病倒了。胡氏此举，乃是有因而为，当然，也受到考官、士子们交口称赞，并纷纷托人向胡雪岩致谢。胡雪岩派人答谢道："不必言谢，诸位乃国之栋梁，胡某岂能不为国着想，此尽绵薄之力。"也有人说，胡雪岩的这些举动不过是自塑形象，为他自己打广告。事实上，胡氏的这些举动也确实收到这种效果。比如，他开药店进行义诊，使得天下人都知道浙江有个"胡善人"；他为军营送药，曾国藩忍不住夸他，而使他成为忠义之士；他为应考的士子送补品，天下士子都感激他，朝廷也因他的种种举动而赏他二品官衔。

1875 年开始，胡雪岩便雇人身穿印有"胡庆余堂药号"字样的号衣，在水陆码头向下车、登岸的客商、香客免费赠送辟瘟丹、痧药等民家必备的"太平药"，宣传药效，使外地人一到杭州，就知道杭州有家胡庆余堂药号。据说，从 1875 年到 1878 年的 3 年多时间里，光施送药品一项，就花去胡雪岩 10 多万两银子。同时，胡庆余堂在《申报》等报纸上刊登广告，并印刷了大批《浙杭胡庆余堂雪记丸散全集》分送社会各界。人们的口碑是流动的广告，胡雪岩免费所做的善举通过受其惠、见其事的人一传十、十传百而闻名遐迩，终使胡庆余堂尚未开始营业就已名扬四海，这是胡雪岩"长线远鹞"的经营策略。1878 年春，大井巷店堂开张以后，上述耗费就以成倍的利润回收了。

到 1880 年，胡庆余堂的资金已达 280 万两银子，与北京的百年老店同仁堂分峙南北，有"北有同仁堂，南有庆余堂"之称。一个不熟悉药业的人终于在中国药业史上写下了光彩夺目的一笔。行医施药救死扶伤，符合儒家社会一向倡导的"仁道"，胡雪岩创办胡庆余堂之时已有出将入相的左文襄公做靠山，与清政府各级官吏过从密切，拥资两三千万两以上，被人恭为"活财神"。可见，他创办药号并不完全是为了经济效益，更多的是把它作为一种慈善事业来办。由于善名远播，无形之中转化为难以计数的实利。

这个道理在现代应该是被许多商人看清了，所以许多大商人往往又是大慈善家。他们到处捐款，救济孤老，兴办学校，受到社会的好评，他们的商业机构或产品也因之受到更多的认可。在胡雪岩的事业中，钱庄、典铺占重头，药业仅是极小一部分，可是后来他破产身死后，其家人维持生活靠的却是胡庆余堂的招牌股。而且在国事动荡的近代，有多少巨商万贯家财毁于一旦而名姓湮没，如果没有胡庆余堂，很难说胡雪岩的声名是否还能流传至今。这些也算是胡雪岩开药店、行"仁术"的善有善报吧。

无论为官为商，都要有一种社会责任感，既要为自己的利益着想，也要为天下黎民着想。否则，为官便是贪官，为商便是奸商，这两种人，都没好下场。

静中观心，真妄毕现

【原文】

夜深人静独坐观心，始觉妄穷而真独露，每于此中得大机趣；既觉真现而妄难逃，又于此中得大惭忸。

【译文】

每当夜深人静万籁俱寂时，自己独坐庭院观察自己的内心，才会感到妄念全消而真心流露。当此之际，皓月当空，觉得精神十分舒畅，自在之机油然而生。假如这种心境能够常在该有多好，然而欲念偏偏难消，于是感觉羞愧不安。

【解读】

诚信是做人的基本原则，也是成就事业的基础。历史上，"成大事者"，都是以"信义著于四海"。诚信是一种无形的资产，也是实力的"倍增器"，它可以使你进可攻、退可守，始终立于主动地位。但是要真正做到诚信，却是一个比较苦难而漫长的过程，惟有意志顽强的人才行。当然它需要有远大的抱负来做支撑，必须要有一种执着无悔、至死不渝的信念。

一个人只要真诚，总能打动人的，即使人家一时不了解，日后便会了解的，首先得敞开自己的心怀。

"真心诚意"的力量之大是无法用科学方法去加以分析的，只能说，"真心诚意"是一个人真实内心的自然涌现，所以能直接感动对方，和对方内心的真实情感产生共鸣和交流，而且超越了现实利益的层次。"伸手不打笑脸人"、"见面三分情"，这是人人都有的一种感情，你的真心诚意除了可解除对方的心理武装之外，更可在对方的感动中激起他的同情心、不忍心，因而松懈了他自己的立场。因为如果拒绝，自己多少也会自责，认为自己太无情了。这是人性中"善"的作用，是很奇妙也很微妙的现象。不过，你必须先了解"精诚"是"真心诚意"的本质，那是不造作、不虚假、没有欺骗也没有心术的一种情感，只有这种情感才能真正的感动对方。让对方接受你，认同你。用"真心诚意"做事，容易获得别人的合作，甚至为你吃亏也不在乎。

【事典】

用真诚去化解别人的不满

人不可能永远不犯错误，一旦犯了错误，就要用真诚去求得别人的原谅。因为，真诚的心是最容易打动人的。

创业初期的李嘉诚年少气盛，急于求成，一味追求数量，而忽略了企业信誉的关键——质量。所以，创业不久，一帆风顺的李嘉诚遭到当头棒击，长江塑胶厂遭到重大挫折。

一家客户宣布李嘉诚的塑胶制品质量粗劣，要求退货。

多米诺骨牌效应出现，接二连三的客户纷纷拒收长江塑胶厂的产品，还要长江厂赔偿损失！

仓库里堆满因质量欠佳和延误交货退回的玩具成品。

索赔的客户纷至沓来。还有一些新客户上门考察生产规模和产品质量，见这情形扭头就走。

"不怕没生意做，就怕做断生意。"李嘉诚此时的处境正是后者。客户是企业的衣食父母，不由李嘉诚不急如热锅上的蚂蚁。

屋漏偏遭连夜雨。银行知悉长江塑胶厂陷入危机，立即派员催还贷款。

全厂员工人人自危，士气低落。

黑云压城城欲摧。长江塑胶厂面临着遭银行清盘、遭客户封杀的生死存亡的严峻局势。

质量就是信誉，信誉是企业的生命。李嘉诚竟然铸成如此大错，他深为自己盲目冒进痛心疾首。

李嘉诚在母亲的开导下，痛定思痛，以坦诚面对现实，力挽狂澜。

李嘉诚的第一招是"负荆拜访"。

首先要稳定内部军心，这是企业能否生存的前提条件。因此，李嘉诚向员工坦率地承认自己的经营错误，并保证绝不损害员工的利益，希望大家同舟共济，共渡难关。

李嘉诚言出必信，因此，员工的不安情绪基本得到稳定，士气不再那么低落。

后方巩固之后，李嘉诚就一一拜访银行、原料商、客户，向他们认错道歉，祈求原谅，并保证在放宽的期限内一定偿还欠款，对该赔偿的罚款，一定如数付账。

李嘉诚坦言工厂面临的空前危机,随时都有倒闭的可能,恳切地向对方请教拯救危机的对策。

李嘉诚的诚实,得到他们中的大多数人的谅解。大家都是业务伙伴,长江塑胶厂倒闭,对他们同样不利。

银行、原料商和客户一致放宽期限,使李嘉诚赢得了收拾残局、重振雄风的宝贵时间。

李嘉诚的第二招是立即普查库满为患的积压产品,将其分门别类、选好汰劣,然后集中力量推销,使资金得以较快回笼,分头偿还了一部分债务,解了燃眉之急,缓了一口气。

李嘉诚的第三招是利用缓冲的喘息机会,对工人进行技术岗位培训,同时筹款添置先进的新设备,以保证质量。

李嘉诚百般努力,在银行、原料商和客户的谅解下,终于一步一步地捱过劫难。

到 1955 年,长江塑胶厂出现转机,产销渐入佳境。

被裁减的员工全部回厂上班,并且,李嘉诚还补发了他们离厂阶段的工薪,令他们感恩至深。

1955 年的一天,李嘉诚召开全厂员工大会。他宣布:"我们厂已基本还清各家的债款。这表明,长江塑胶厂已走出危机了。"

听到这里,员工们欢声雷动。

李嘉诚噙着热泪向全厂员工深深地三鞠躬,感谢大家在长江厂最困难的时候同心协力。之后,李嘉诚亲手给全厂每一个员工分发红包。

灾劫和磨难可以使某些人一蹶不振,甚至将其彻底摧毁。而另一种人,却从中汲取动力,成为向上攀登的台阶。就如一块好钢,越淬火,越坚硬。

退即是进，与即是得

【原文】

处世让一步为高,退步即进步的张本;待人宽一分是福,利人实利己的根基。

【译文】

为人处事以遇事让人一步的态度为高明，因为让一步就等于为进一步留下了余地。而待人接物以抱宽厚态度为幸福，因为给人家方便就是为给自己方便打下了基础。

【解读】

胡雪岩经商，有着良好的商德。他的商德之一在于：在经商的过程中，非常重视同行之间的关系，甚至甘愿牺牲自己的目前利益，因为他将同行的人情看得重于眼前利益。因此，他时刻注意避免两败俱伤的恶性竞争，做到了一般商人极难做到的一面：不抢同行的盘中餐。胡雪岩常对帮他做事的人说："天下的饭，一个人是吃不完的，只有联络同行，要他们跟着自己走。"话虽朴实无奇，却透着胡雪岩对商场纵横及其运作规律的深刻理解。人们常说，商场如战场，一般的人也常常简单地将这句话理解为对商场竞争的形象概括，以为商场之上只有没有硝烟的搏杀，只有你死我活的竞争，而往往忽略商场还有另一面，即商场上有竞争更须有联合。一个简单的事实是，不管你实力多么强大，也不管你的本事有多高，你也无法占有整个市场。

【事典】

网开三面待同行

俗话说："聚沙成塔，集腋成裘。"一个企业家的知识和能力总是有限的，如果光凭自己独闯天下，往往难以成功，即使一时成功了，最终也难免失败。

商业竞争的结果往往造成"同行相妒"，然而同行业者之间除了相互的竞争，还有相互合作的一面。胡雪岩是非常注意同行间的相互合作的。

在生意场上，胡雪岩即使完全有理由有能力置对手于死地，也绝不把事情做绝。

一次胡雪岩到苏州，在永兴盛钱庄兑换二十个元宝作急用，但这家钱庄不仅不给他及时兑换，还凭白诬指阜康银票没有信用。这永兴盛钱庄本来就来路不正。原来的老板节俭起家，干了半辈子才创下这份家业，但四十出头就病死了，留下一妻一女。现在钱庄的档手是实际上的老板，他在东家死后骗取那寡妇孤女的信任，人财两得，实际上已经霸占了这家钱庄。

胡雪岩在这家钱庄无端受气，自然想狠狠整它一下，起先他想借用京中"四大恒"排挤义源票号的办法。京中票号，最大的有四家，招牌都有一个

"恒"字，称为"四大恒"。义源本来后起，但由于生意迁就随和，信用又好，而且专跟市井细民打交道，名声一下子做得很盛，生意蒸蒸日上。"四大恒"同行相妒，于是出了一手"黑"招，他们暗中收存义源开出的银票，又放出谣言说是义源面临倒闭。终于造成挤兑风潮。

胡雪岩可以仿照这种办法，因为浙江与江苏有公款往来，胡雪岩可以凭自己的影响，将海运局分摊的公款、湖州联防的军需款项、浙江解缴江苏的协饷几笔款子合起来，换成永兴盛的银票，直接交江苏藩司和粮台，由官府直接找永兴盛兑现。这样一来，永兴盛不倒也得倒了，而且这一招借刀杀人，一点痕迹都不留。但胡雪岩最终还是放了永兴盛一马，没有去实施他的报复计划。他放弃这个计划出于两个考虑，一个考虑是这一手实在太辣太狠，一招既出，永兴盛绝对没有一点生路。另一个考虑则是这样做很可能只是徒然搞垮永兴盛，自己却劳而无功。这样一种损人不利己的事情，胡雪岩也不愿意做。

这其间自然有胡雪岩对于自我利益的考虑在起作用，事情做得留有余地，也就为将来见面留有了余地。事实上，对于生意人来说，这样考虑也是十分必要的。生意场上，没有永远的朋友，也没有永远的敌人，无论竞争多么激烈的对手，竞争过后都会有联合的可能。因此，竞争总是存在，而"见面"的机会也总是存在的。俗话说"给人一活路，给己一财路"，从商者都应该把目光放远一些。

在他发迹之后，他也时刻不忘记对同行、特别是对下层商人的提携。浙江慈溪人严信厚幼时在宁波恒兴钱肆当学徒，后来到上海宝成银楼任职。同治初年在胡雪岩的推荐下，得以进入李鸿章幕下，被发任给镇压捻军的李军驻沪襄办饷械。

在他渐渐将生意做大的过程中，总是不忘记照顾同行的利益这一准则。在太平天国兴起的形势下，江浙一带直接受到太平天国的影响，大办团练、扩充军队。胡雪岩便开始做起军火生意，他决定先买枪。在买不买炮的问题上，他却考虑得很远。使他犹豫，而且最终放弃买火炮的主要原因，是因为浙江有一个炮局，专门制造火炮。他们制造的土炮自然赶不上西洋的"落地开花炮"，但毕竟是自己造的炮。胡雪岩认为，如果他买进西洋炮，由于西洋炮威力大，质量好，必然要顶掉浙江炮局制造的土炮，因而也势必会侵害炮局的利益，引起炮局的妒忌。炮局龚氏父子本来就得到浙江大吏黄抚台的重用，他们为维护自己的利益，会利用多年建立起来的影响，大肆挑剔买洋枪洋炮的弊端，反对浙江购买洋炮洋枪。如此一来，不仅洋炮买不成，恐怕连洋枪也买不成了。胡雪岩基于这种世故人情的考虑，决定舍炮不买，只买洋枪，这样就避免了对炮局利益的触及，不致于引起同行的反对。虽是同行，却能做到和平共处，这是胡雪岩为了生意的成功而寻求的外部环境。他的买枪舍炮的做法，看似缩小了自己的市场，却是为了开辟另一市场而作出的必要让步。

在这里，胡雪岩走的正是既不触动对方的利益，己方又能得利的路。他时时顾及到同行的利益，既为别人留余地，也给自己开财路，保持了稳定的经营，达到了双赢的局面。

留人一条活路，留己一条财路。

完名让人全身远害，归咎于己韬光养德

【原文】

完名美节不宜独任，分些与人可以远害全身；辱行污名，不宜全推，引些归己可以韬光养德。

【译文】

不论如何完美的名誉和节操，也不要一人独占，必须分一些给旁人；只有如此，才不会惹起他人怨恨招来灾害而保全生命。不论如何的耻辱行为和名声，也不可推到他人身上，一定要自己承担几分；只有如此，才能掩藏自己的智能而多做一些修养功夫。

【解读】

日常交际，多非对立。要切记"两虎相争，必有一伤"的古训，切勿火上浇油，酿成"烧了大屋"的悲剧。让人一步不为低，如果你占理又能相让，众人不但会承认你是对的，更会称道你的宽宏大量，令你达到众望所归的完美地步。

日常生活中，以退让开始，以胜利告终，是人情关系学中不可多得的一条锦囊妙计。你先表现得以他人利益为重，实际上是在为自己的利益开辟道路。在做有风险的事情时，冷静沉着地让一步，尤能取得绝佳效果。

成功的第一步便是让自己的利益和意图丝毫不露，让对方因为你能投其所好而情愿做你要他做的事。

【事典】

忍痛割爱，舍地造势

公元前202年10月，刘邦追击项羽的军队到达阳夏（今河南太康县）南，而项羽的军队在陈县。刘邦命令军队停止进攻，等待韩信、彭越率大军赶到固陵与项羽会战。

到了约定的日期，韩信和彭越均没有如期赶来。项羽乘机回军向刘邦的军队发起进攻，将刘邦打得大败，刘邦只好深沟高垒，处于防守态势。这说明刘邦的军队，根本不是项羽军队的对手，刘邦的军队与项羽军队对抗，防守尚感到吃力，会战则必败无疑。

刘邦是个善于纳谏的人，想想也对，就接受了张良的建议，立即派出使者通知韩信和彭越说："大家联合起来攻打楚军。打败楚军后，从陈以东到大海的地盘给齐王，睢阳以北到谷城的地盘归彭相国。"韩信、彭越立即派人报告刘邦说："我们立即发兵攻打楚国。"

韩信和彭越先没有按刘邦的约定出兵到固陵，参加聚歼项羽的会战，让刘邦孤军深入，吃了大败仗。这说明韩信和彭越尽管在政治上站在刘邦一边反对项羽，但他们都已经取得了独立的地位，是否消灭项羽，就看刘邦能否允诺给他们更多的利益了。

聪明的张良看到了这一点，及时给刘邦提出了舍地集诸侯的建议，而英明的刘邦也以消灭项羽这个大局为重，答应将属于项羽的以鸿沟为界的地盘，全部分封给韩信和彭越，自己仅仅维持鸿沟以西的地盘。这就极大地调动了韩信和彭越的积极性。对于韩信和彭越来说，刘邦不要项羽的一寸土地，而把项羽的土地让他们两人瓜分，却出兵和他们一起来攻打项羽，这项协议对他们来说是太优惠、太有诱惑力了！他们当然会全力以赴抓住这个大好时机。因为他们很清楚，刘邦、韩信、彭越三方合力，消灭项羽易如反掌，并无任何的风险可言，他们在政治上有帮助刘邦消灭项羽之名，利益上又有掠地封土之实，这样的行动，又有谁不愿意参加呢？

刘邦的高明之处，在于他能在历史的关键时刻，抓住历史的机遇，并敢于不惜任何代价、不受任何旧观念的束缚，为达到目的而不择一切手段。尽管他自己并没有能力洞察历史的机遇，但是，当他的谋臣们向他揭示这种机遇并提出建议时，他总是能根据自己利益的需要，欣然接受并果断决策。

项羽在这一方面远不如刘邦，他总是在历史的机遇面前犹豫不决，最明显的事例就是鸿门宴上放走刘邦。在当时项羽仍有机会，韩信和彭越没有赶到固陵会战，说明韩信、彭越和刘邦之间并非铁板一块，不可离间。项羽应该充分利用这一时机，派能言善辩之士去拉拢韩信和彭越。因为刘邦封韩信，并不是出于自愿，韩信对此心中明白；这次没有按刘邦的要求发兵到固陵参加会战，让刘邦吃了大败仗，这已属背叛行为，只要抓住这一点深入揭示刘邦与韩信之间已经发生和将要发生的矛盾冲突，再以重利相诱，即使不能让韩信站在项羽一方反对刘邦，也会产生使韩信暂时保持中立或不要全力进攻项羽的效果。

对于彭越，则允许他封王封地，因为自韩信攻下齐国后，齐国的田横，就一直依附彭越，彭越能够接纳田横，说明他在刘邦和项羽这两大势力之间并没有作出最后的抉择，而刘邦仅给了他一个梁相国、建成侯的头衔，彭越对此并不满意。项羽如果能抢在刘邦的使者到达之前，封彭越为梁王，并将睢阳以北到谷城的地盘划给彭越，就完全可以争取彭越站到自己这一方来反对刘邦。遗憾的是项羽看不到这样的机会，即使看到也不能迅速作出决断，只能坐等刘邦和他的盟友们的军队会师来消灭他了。

从纯军事的角度看，项羽此时仍有可为。他取得固陵大胜后，应该火速绕到刘邦的背后去攻打函谷关，或是长驱直插武关，迫使刘邦的军队回救。如回救不及，项羽就可攻入刘邦的关中心脏地区；如刘邦回救及时，则可在刘邦回救的过程中，与刘邦的军队决战。因为刘邦所率领的这支军队，刚刚吃过大败仗，士气必然低落，项羽的行动又对刘邦的后方构成直接威胁，刘邦必然要回防，只要把刘邦的军队调离他的防御工事，项羽就可向其发起攻击，并稳操胜券。项羽因履行协议而东撤，刘邦撕毁协议追击，客观上却使项羽获得了一次打败刘邦的机会。

项羽应该总结这次胜利的经验，彻底改变以往与刘邦打阵地战、攻坚战的战术，乘刘邦军队被调出，关中地区防守空虚之机，直捣关中。即使不能攻占关中，也可改变自己战略上的被动局面，寻找战机，歼灭刘邦的有生力量。但是项羽仍然很保守，始终没有改变自己的战略战术，坐失了这最后的一次机会，他的灭亡指日可待了！韩信、彭越在得到刘邦的封地许诺后，立即率军赶赴陈，与刘邦共同对付项羽。

韩、彭二人的行为，令人想到林则徐说过的"苟利国家生死已，岂因祸福避趋之"那样，他们都是因祸福而行。

刘邦曾派刘贾率军到项羽的后方，配合彭越打击项羽。这时，刘贾也率军南渡淮河，围攻寿春，攻占了城父。刘邦又派人策反了项羽的大司马周殷，周殷用舒县的兵力，攻下了六县，和刘贾一起，控制了九江郡，并迎接英布重返他原来的封地，刘邦分封英布为淮南王。于是，英布、刘贾、周殷也加入了聚歼项羽的行列。

韩信在刘邦封他为齐王后，曾派灌婴率领一支军队深入到项羽后方打击项羽。他在取得了一连串的胜利后，终于迫使留守彭城的项羽军队投降，俘虏了项羽的柱国项它，并乘胜迫使留县、薛县、沛县、酂县、萧县、相县这几个彭城周围的县城相继投降。他又率军攻打谯县、苦县，俘虏了项羽的亚将周兰，并在苦县的颐乡和刘邦相会，共同率军赶赴陈县，攻击项羽。

刘邦、韩信、彭越、英布等各路军队会师于陈县，和项羽的军队在陈县附近会战，后者寡不敌众，被打败。项羽率军向东逃窜，刘邦的各路大军紧追不舍，在垓下追上了项羽的军队，聚歼项羽的最后决战终于来临了。

若想获得大利，就得有所舍弃。

人能诚心和气，胜于调息观心

【原文】

家庭有个真佛，日用有种真道。人能诚心和气、愉色婉言，使父母兄弟间形骸两释、意气交流，胜于调息观心万倍矣！

【译文】

家庭应有一种真诚的信仰，生活应有一种不变的原则。一个人如能保持纯真的心性，言谈举止自然温和，这样才能与父母兄弟相处融洽，比静坐修炼调护身心要好千万倍。

【解读】

万事和为贵，和气能生财，是中国古代流传下来的训言。大到国家，小到家庭，都需要建立起一个良好的秩序，一个国家有一个国家的法令，一个家庭有一个家庭的家规，一个人有自己做人的准则，社会、家庭、个人之间才能有秩序存在。在社会这个大家庭里用良心道义来维系一种平和的关系，在一个小家庭中用父慈子孝、兄友弟恭来维持一种平和的关系，这就是中国的传统伦理纲常，也是儒家所提倡的齐家之道。一个连家都管不好的人，又怎么能治理好天下呢？

【事典】

王者风范

刘邦虽被人看作是市井无赖，为人放荡不羁，但他胸怀大志，自小就是群众的领袖，魅力人缘极佳，更兼有王者风范，天生就是一副老大相。所以，在见到秦始皇万人造势的巡幸队伍时，刘邦不禁脱口而出："大丈夫当如此也。"这与历史上的诸多成名人物有相似之处。周郎英年立下"灭曹贼指日可待"之决心，而于赤壁之战立下千古奇功；岳飞抒出"壮志饥餐胡房肉，笑谈渴饮匈奴血"之怀，而成为万世流芳的民族英雄。

刘邦虽然行为放浪不羁，但他和陈胜一样，从年轻时代便有大志。陈胜的志气，多少是为脱离生活困境而奋斗，而刘邦则属天生的器量。

刘邦最崇拜的人，是被称为"战国四公子"之一的信陵君。

信陵君是魏昭王的儿子，虽属于贵族阶层，但他和投入其门下的三千宾客们之间的故事，却往往最能让出身低微的市井人物们感动。

刘邦对信陵君的领袖魅力崇拜得五体投地，没事时他常常把自己幻想成信陵君，而把一些朋友比作侯嬴与朱亥，在精神上作一番自我陶醉。

其中最突出的是屠夫樊哙，这位力大无穷、虎背熊腰的大汉，是打架的绝顶高手，有他在场，任何对手均望风而逃。樊哙也是位剑术高手，粗中有细，为人忠诚，沉默寡言，从不为自己的利害着想。他讲义气，重友情，和刘邦的感情最好。或许刘邦对他也特别热情，朋友又多，经常帮他拉来不少"狗肉生意"，又从不向他要回扣，故樊哙非常敬重他，视他为"大哥"，只要刘邦有事，樊哙必是赴汤蹈火，在所不辞。

最特殊的人物，则是作为县府马夫的夏侯婴。他和刘邦个性相同，热情又喜欢开玩笑，只是更为机灵干练些。于是两人惺惺相惜，讲话特别投机。夏侯婴鬼点子多，擅长交际，因此成了"刘季党"的首席"狗头军师"。由于刘邦对他言听计从，使夏侯婴自觉受重用，对"刘老大"更有"士为知己者死"的义气使命感。因此只要一有时间，便立刻丢下工作，跑去和刘邦"摇旗呐喊"、鬼混一番。

夏侯婴和萧何是县衙里的同事，通过夏侯婴，刘邦自然也认识了萧何，并对萧何非常敬重，尤其是后者的工作作风让刘邦佩服得五体投地。萧何开始对刘邦不了解，但通过接触慢慢地改变了对刘邦的态度，而且越来越欣赏他，尤其是刘邦身上所体现出的领袖魅力和王者风范。

曾国藩说，"有志则不甘为下流"，"人才以志气为根本"。谢良佐也有过类似的话，他说："人须先立志，立志则根本，譬如树木，须先有根本，然后培养，方成合抱之木。"立志是做人的目标，也是做人的道理，立志于富贵，就要以名利为业；立志于小人，就要以衣食为业。要做一个顶天立地的好汉，就要先树立志向，培养豪气。立志做大人，就要以圣贤为业；立志做大事，就要以英雄豪气为本。

刘邦豪气慑人，果敢有加，极受当时人们的敬仰和尊敬。在他未成气候、尚不出名之时，因为极富人缘和魅力使得那么多人袒护他，支持他，像萧何、曹参等等这些文才武将。也正是这帮人的鼎力相助，他才成就了一生的伟业。

萧何个性温和又富宽容心，工作谨慎认真，脾气好，擅长折中谈判，因此很得上司欣赏，有好几年的工作考绩都是全县最好的，甚至秦皇朝的中央官员，都有意推荐他到咸阳工作。但萧何预感秦帝国已有不稳现象，天下或将再陷纷乱，在中央不如在地方，因而婉拒之。

由此可见，萧何虽是文吏，却颇有眼光。他富于独立思考力，绝不是只会认真工作讨好上司的"乖乖牌"。他既然是负责人事考核，对沛县中的各式各样人才，自然都颇为关心，其中最引他注意并好奇的便是刘邦。

刘邦做事大而化之，喜好吹牛讲大话，动不动又常以他的异相——左脚有72个黑子傲人。相信沛县地方一定有不少豪强和官僚对他很不满，他们或许曾发出多次"黑函"，检举刘邦的不法及无礼行为，甚至将之视为流氓也说不一定。不过这些不利刘邦的公文书，都被萧何设法放入抽屉冷冻起来了。萧何非常喜欢刘邦的豪气，或许他认为这才是乱世中的英雄人物吧！不过他也不断规劝刘邦，要他为自己的将来多着想，找份工作以扩大自己的见识和人脉。据说后来刘邦当上泗水亭亭长，便是萧何推荐安排的。

刘邦当然更是需要萧何这样的好友。他有什么事都找萧何商量。在刘邦担任泗水亭长时，萧何都已经在左右他工作中所有重要的环节。"行，你说了就行。"或者："行，有你一句话，我就放心了。"刘邦自然是非常尊重萧何的。最令萧何倾心的地方就是刘邦这股相信便相信到底的豪劲，让你做这件事就撒手让你一个人大干一场，自己丝毫不加干涉。

攻人毋太严，教人毋过高

【原文】

攻人之恶毋太严，要思其堪受；教人之善毋太高，当使其可从。

【译文】

责备别人的过错不可过于严厉，要顾及到对方是否能承受。教诲别人行善不可期望太高，要顾及对方是否能做到。

【解读】

做事一定要注意方法，还要掌握分寸，批评教育别人更是如此，良好的愿望并不一定收到良好的效果，这就涉及到一个工作方法问题。善于做思想工作的领导在批评下属时往往先来一段自我检讨作开场白，让挨批评的人觉得领导在替自己承担责任，首先在心理上接受了领导，当然也就接受了批评。在家庭教育中更要注意教育孩子的方法，父母对孩子不当的言行可能会影响孩子的一生，棍棒底下无孝子，循循善诱才是家庭教育的好方法。

谨言慎行不仅是"士君子"们所遵循的处世原则，一般普通百姓也应该注重这条做人的道理。普通人的多言往往就是流言。

所谓"众口铄金，积毁销骨"，流言家最会制造舆论，深通"三人成虎"之道，最知"流言惑众"的威力，深知世上多好事猎奇者。流言一出，自会不胫而走，自己只须静候"那人完蛋了"的佳音。流言轻则叫人名誉扫地，如曾参蒙"杀人"之冤；重则置人死地，如阮玲玉含愤自杀。自古及今，流言的危害，过于刀枪！

由此可见，为人处世，注意"祸从口出"。当说则言，先想后言，要讲究说话的艺术。

【事典】

人才任用之道

识人、育人的最终目的是任用人才。曾国藩对于任用人才更为讲究。其本着"广收慎用"的原则，即"取之欲其广"和"用之欲其慎"这两方面。"广收"就是不拘身份，"官绅并重"，尊卑并用；不分区域，多方收罗，"江楚并用"；不分才能大小，虽一艺一技，罔不甄录。为了达到这个目的，他平时很注重对人才的访察、荐举、督责，经常"料理官车，摘由备查"，"圈点京报"，以获得广泛的人才信息，然后择其"朴实廉洁"者收罗之。

同治四年（1865 年），在古城金陵恢复已中断十二年之久的江南乡试，初任两江总督的曾国藩亲自主持，乡试结束，曾国藩收到署名江苏无锡落榜秀才薛福成呈送的治理两江方略《上曾侯书》。薛福成在洋洋洒洒的万言书中，提出"养人才、广垦田、兴屯改、治捻寇、澄吏治、厚民生、筹海防、挽时变"等八项建议，并在每项建议中都附有具体实施方法。全篇呈词条理清楚，文笔流畅，曾国藩大为嘉许，不久便召见他，在谈话中，曾国藩得知薛福成饱读经世之作，不仅胸怀治国天下的宏伟抱负，而且具有改革内政外交的真才实学。因而不嫌薛福成不擅八股文，只是一个落第秀才，当即揽其入幕。此后，薛果然不负期望，一直跟随曾国藩南征北战，深受曾之器重。光绪十六年（1890 年）正月，薛福成出任驻英、法、意、比四国出使，以后又越次升补为左副都御史，并以其所撰写的大量的政论、奏疏等等，被公认为当世谈时务的巨擘。

"慎用"，按照曾国藩自己的解释，一是用其所长，尽其所能；二是量才录用。应当首先指出的是，他所说的"慎用"，主要是针对"广收"而言的。"慎用"与"广收"紧密联系，成为曾国藩用人方法的两个侧面。关于用其所长、尽其所长的问题，他以良药不适于病、梁丽之材用于室穴、牦牛捕鼠、良马守门作比喻，批评用人不当的错误，强调"器使而适宜"对于任用人才的重要性。他在这个认识的基础上，尽力将其付诸实践。大量事实说明，曾国藩对于何处何人都能接纳，从不怠慢轻侮他人，无论是一技一艺或是出身低微的人，他都能虚心接纳，根据实际情况予以安置，发挥其所长。

《庄子·逍遥游》中有则寓言说惠子这人有只容量可装五斗谷物的大葫芦，面对这样的葫芦，惠子却犯了愁。用来装水吧，容易破；剖开做瓢吧，又太平太浅，舀不了水，于是想把它砸了。庄子知道后对惠子说："你何不把它缚在身上，做个'腰船'，去江湖之中，逍遥自在地漂游一番呢？"可见大有大的难处，大也有大的妙用，唯在器使之而已。

曾国藩也指出："当其时，当其事，则凡材亦奏神奇之效……故世不患无才，患用才者不能器使而适用也。"容闳在《西学东渐记》中记载曾国藩幕府中之盛况："当时各处军官，聚于曾文正之大营者不下二百人。大半皆怀其目的而来。总督幕府中亦两百人左右。幕府之外，更有候补之官员，怀才之士子，凡法律、算学、天文、机器等专门家，无不毕集，几于全国之人才精华，汇集于此。皆曾文正一人之声望道德及其所成就之功业足以吸引之罗致之也。文正对于博学多才之士，尤加敬礼，乐与交游。"对于如此之众的人才，曾国藩将之分类，以做到器使而适宜。

谋略人才：郭嵩焘、左宗棠、陈士杰、李鸿章、李鸿裔、薛福成、汪士铎、赵烈文等。

作战人才：水上有彭玉麟、杨载福等，陆上有李元度、唐训方、李榕、吴坤修、黄润昌等。

军需人才：李翰章、甘晋、李兴锐、丁日昌、郭昆焘、郭嵩焘、吴坤修等。

文书人才：许振祎、罗萱、程鸿诏、俞樾、向师棣、孙衣言、黎庶昌等。

吏治人才：李宗羲、洪汝奎、赵烈文、何源、倪文蔚、方宗诚、萧世本等。

文教人才：吴敏树、莫友芝、陈艾、俞樾、吴汝纶、张裕钊、刘寿曾、唐仁寿等。

制造人才：李善兰、徐寿、华蘅芳、陈兰彬、容闳、徐建寅等。

外交人才：郭嵩焘、薛福成、杨象济、黎庶昌等。

关于量才录用，曾国藩认为应做到知人善用、因量器使。他在实践中感到，一个人如果使用得当，"当其时，当其事"，即使是一个平常的人也能起到"神奇之效"；相反，如果使用不当，就会导致人才浪费，即使十分优秀的人才也将"鉏铻而终无成"。在多年的从政治军实践中，曾国藩始终坚持这一基本原则。即使是与他有生死之交或对他有救命之恩的人，也不是无原则、无标准地予以保举、提拔或重用；对于那些犯了错误、违反军令的人，不管是谁，也从不姑息迁就，而是秉公从处，该降级的降级，该查办的查办。当然，曾国藩明确认识到，有才能的人并非无缺点，人才是经过陶冶、磨炼而成的，那种"百长并集，一短难容"的人才是不多见的。所以，他用人不拘一格，处事不求全责备，而是根据一个人的才能高低、大小，适当地予以安排。

他根据幕府中不同人才的特长恰如其分地使用。他深知左宗棠、李鸿章等有统率全局之才，便向朝廷荐举其担任封疆大吏；他深知彭玉麟、杨岳斌等足智多谋，能够独当一面，就奏举其担任水军统领；他深知丁日昌、容闳等熟知洋情，就让他们处于中外交涉的前沿；他深知李瀚章、郭嵩焘、李恒等有理财之能，就让他们担负筹集军饷之责；他深知赵烈文、张裕钊、吴汝纶、薛福成、黎庶昌等才思敏捷，就把他们长期留在幕中，既做秘书工作，又磨炼其学业；他深知李善兰、华蘅芳、徐寿、刘翰清等了解西洋"长技"，就让他们专事科技工作；他深知汪士铎、张文虎、莫友芝等为饱学之士，就聘请他们主持编书局或书院诸务，做文化教育方面的工作；他深知郭嵩焘、刘蓉等系经世之才，但不懂做官门道，就留在身边出谋划策，或在离幕后继续保持联系，听取有益建议；他深知王闿运等才学高迈，但无意做官，不惯约束，就听其来去自由，保持密切联系；他深知鲍超等有勇少谋，就让他们冲锋陷阵，很少让其参与决策。

关于鲍曾之间，有一段趣闻。有一次，鲍超因孤军被太平军围困于九江，将遣人赴祁门大营，请求曾国藩解救。他叫文书撰信，多时没有送来。鲍心急，等得极不耐烦了，便亲自去催促。只见文书正握笔构思，鲍顿足说："这是什么时候了，还要这样咬文嚼字地去想吗？"他立即喊亲兵拿来一幅白麻，自己大手握住笔杆，于幅中大书一"鲍"字，旁边作无数小圈围绕着，急急封函，派人去送。送者不解其意，问："这是什么意思？"鲍说："大帅自能知其故，不必多问！"送者至祁门，曾国藩幕府中的人也不解其意，就拿给曾国藩看。曾国藩大笑道："老鲍又被围矣！"就急忙下令让多隆阿前往救援，及时解除了太平军对鲍超的重围。

用人亦须讲求驭人之法，曾氏以书生之身份带兵，其不得不面对如何驾驭军中悍将的问题。在此举一例，以见曾氏驭下之法。陈国瑞，原是蒙古王爷僧格林沁的手下大将。他从未读过书，更不知道什么德不德，只是开口脏话，只要想干的事，任天塌下来也要办成。

曾国藩的"知人善任"，是他成功的一个很重要因素，与曾国藩相比，洪秀全知人用人则太过逊色。虽然太平天国也极力争取人才，甚至定鼎金陵后张榜招贤。同时开科取士，表现出礼贤下士的风度，但实际上轻视、排斥知识分子。洪秀全所奉行的拜上帝教与儒教传统格格不入，对文人士子不能产生吸附力，所以太平天国中高层次人才少得可怜。洪秀全不仅不能广揽人才，而且对人才也不善用。一是不重用，投入太平天国中的知识分子本来就很少，可是他们并不受重用，所办无非写章、诰谕、封条、出告示、造家册、造兵册等事，一切军令概不与闻，根本起不到智囊团的作用。二是不敢用，如第一个留美学生容闳，对太平天国革命表示同情，亲往天京，提出实现中国近代化的七条建议，但他决没有想到太平天国对他的建议不加理睬。他"顿悟其全不足恃"，离开天京，投于曾幕。三是不信用，石达开不见信于洪秀全，被逼出走，给太平天国带来无可挽回的损失，可是洪秀全并没有从中吸取教训、省思改过，反而越走越远，最后走到"信天不信人"的死胡同。所以仅从用人方面，即可看出曾国藩胜利和洪秀全失败的原因。

客气伏而正气伸，妄心杀而真心现

【原文】

矜高倨傲，无非客气；降服得客气下，而后正气伸。情欲意识，尽属妄心；消杀得妄心尽，而后真心现。

【译文】

一个人所以会骄傲矜持，是由于受到外来邪气的影响；只有把这种外来邪气消除，刚正的气概才会出现。一个人所以有欲念奢望，是由于虚幻的妄心所造成；只有把这种虚幻的妄心消除，善良的本性才会显现。

【解读】

虚骄之气必然产生虚妄不实之心，只有浩然正气才能产生真实无妄之心。每一个人立足于社会，都要以正气为主心骨，因为正气乃天地之间至大至刚之气，也就是孟子所说的浩然之气。我们的身体如同一个小的宇宙和小的天地，只有用浩然正气压服住虚骄之心，并加以消灭，才能克服虚妄不实之心，采取正确的人生态度，承认自己的不足，发扬自己的长处，激发自己的上进之心，促进自己向完美健康的人格发展。

由此可见，读书的目的，并不是人人都明了。"学"作为一种修身方法，有两个方面的基本内容：一是学习科学知识，二是学习道德品质。"学然后知不足，教然后知困。""玉不琢不成器，人不学不知义。"这两方面应是联系在一起的，学习知识也是为了提高能力和品质。知识是道德的基础，只有学习和掌握了丰富的知识，具备了浓厚的知识基础，才能分是非、辨善恶、明正邪，从而择善而从之，升华自己的道德境界。宋代大文学家苏轼说："腹有诗书气自华。"只要知识丰富，学问深厚，气质自然就会光彩高雅。这是很有道理的见解，很难想象，一个不学无术、愚昧无知的人，除了表现出"俗不可耐"，还会有什么高雅的气质，这就不仅是知识的问题，而且是道德境界的问题。

【事典】

读书修德

曾国藩五岁时开始识字，七岁起即随父学习，长达十二年之久。这一时期，除读四书五经外，还读《史记》《文选》等书，并学习练字，先临摹颜真卿贴，后临摹柳公权贴，兼习黄庭坚贴。19岁时，与10岁的弟弟国潢去衡阳唐氏家塾，师从汪学庵。一天因背书不流畅，老师骂他为"蠢货"，并断定他不会有出息，这句话对曾氏刺激较大，从此他更加发愤苦学。20岁时，求学于湘乡涟滨书院。山长刘象履很赏识他的诗文，称他必成大器。过年，他改号涤生，取涤旧更生之意。22岁时，参加科试，被录取，入县学，成为秀才。23岁时，入湖南最高学府——长沙岳麓书院学习。同年，考取湖南乡试第36名，中举人。清代的科举，概承明制。儒生首先须通过制艺考试，成为可入县学的生员，是为秀才。秀才经过乡试，登第者为举人。举人通过会试、殿试，登第者，为进士。进士中只有进入一甲、二甲者，才可入翰林院。曾氏经18年苦读，23岁中举。此后又经过五年磨砺，中进士。

道光十八年（1838年）入翰林院后，清闲少事，他更励志学习，广泛阅览，且勤做笔记，分"茶余偶谈、过隙影、馈贫粮、诗文抄、诗文草"等五门，手抄笔摘；加上他在京都有不少良师益友，切磋扶持，不间时日，因而学识大进。可以说，京宦十二年，是曾国藩后来成为一代大儒的坚实的奠基期。十二年中，曾国藩博览经、史、子、集。道光二十二年（1842年），他"定刚日读经，柔日读史"，所订"课程"十二项中，也有"读史"一项。他读得最细的，是《左传》《国语》《史记》《汉书》和《易知录》等等。

曾国藩的晚年也是在读书中度过的。同治十一年（1872年），是曾国藩在世的最后一个年头，当时，他衰病已多年。这年正月二十三日，他忽右足麻木，中医称为"肝风"。回到内室，对二女纪曜说："吾适以大限将至，不自意又能复常也。"二月初三日，他还阅看了《理学宗传》中的《张子》一卷，写了日记。而这天的日记，竟是他从道光十九年（1839年）以来极少间断的日记册中的最后一页，他在上面留下了他生平写的最后一个字。第二天午后，他由长子曾纪泽陪同，在总督府后的西花园散步时，屡向前蹴，忽喊足麻，却已抽搐，儿子急扶他至花厅，他已不能言语。乃更衣端坐，家人环集左右。三刻钟后，即目瞑气息。

这位十九世纪五六十年代在中国政治和军事舞台上叱咤风云而又温文尔雅的曾国藩，只活到六十二岁，就带着"学业一无所成，德行一无所许"的自艾自责而过早地谢世了。但从中亦可看出，曾国藩确实可以称得上活到老、学到老的典型。

曾氏为学，持之以恒，终生不辍。他之所以这样做是与其志向截然分不开的。他自比李斯、陈平、诸葛亮等"布衣之相"，自信地表示："莫言儒生终齷龊，万一雄卵变蛟龙。"他在给亲友的信中，阐述得更为明确。如在给刘蓉的信中写到："凡仆之所志，其大者盖欲行仁义于天下，使万物各得其分；其小者则欲寡过其身，行道于妻子，立不悖之言以垂教于乡党。"在给弟弟们的信中也表示："君子之立志也，有民胞物之量，有内圣外王之业，而后不忝于父母之所生，不愧为天地之完人。"也就是说，他要按着传统文化的修身、齐家、治国、平天下的理论来要求自己，以实现"澄清天下之志"的宏愿。为了实现自己的目标，他才付出如此巨大的努力。

也正因为如此，虽然他是通过科举考试而获得官位进而得以升迁的，但他对钳制心智、残害性情的科举制度却贬损有加。他在《钱港太先生制艺序》中写道：

制艺试士既久，陈篇旧句，盗袭相仍。有司者无以发覆而钩奇，则巧为命题以困之。乖割乎经文，抓析乎片语。由是为文者，有钩联之法，有补斡之方，有仰逼俯侵之患。名目既繁，科条日密。虽过百人之智，穷十年之力，犹不能洞悉其款欲。及其彻于心而调于手，而齿已日长，少时英光锐气，稍稍衰减矣。

　　曾国藩倡名治学目的是为"进德"和"修业"。在给诸弟的信中曾国藩说："吾辈读书，只有两事：一者进德之事，讲求乎诚正修齐之道，以图无忝所生；一者修业之事，操习乎记诵词章之述，以图自卫其身。"在此，曾氏一方面继承先秦孔子、孟子、墨子的观点，认为读书是为了提高品德情操，增长知识才干，使自己成为"贤士"、"君子"以至"圣人"。一方面秉承宋朝朱熹之学说，主张读书要"明天理"。从孔子到朱熹，都反对为个人消遣和利禄名誉读书。另一方面曾氏又不囿于朱熹空谈的"性命"、"道德"，而继宋朝陈亮"经世致用"及北朝颜之推"谋生"之说，认为读书大可报国为民，小可修业谋生，以自卫其身。因此，可以说在为什么读书的问题上，曾氏是在继承古代各种观点的合理因素的基础上，提出了较为客观、切合实际的新的读书观。首先曾氏明白地表示自己读书不是为荣辱得失，而"但愿为读书明理之君子"。卫身谋食是人最起码的生理需要，它与追求功名利禄有着本质的不同。曾氏是反对为一体之屈伸、一家之饥饱而读书的，因此他认为读书又以报国为民为最终目的："明德新民止至善，皆我分内事也。若读书不能体贴到身上去，谓此三项，与我身毫不相涉，则读书何用？"

　　从以上的论述中，可以看出曾氏为学的目的在于为人为己。他虽然以成己成物为治学的中心，但是对为人为己的区别却是很严格的，他不主张用自己学到的东西来顺别人的喜好。他曾说："凡读书，有为人为己之分；为人者，纵有心得，亦已然日亡。"（《日记》，癸卯二月）他的这种见解显然是受《论语·宪问》中"古之学者为己，今之学者为人"的影响。从而提出治学有为人与为己两种目的。

　　曾国藩所说的为己，就是抓住道理自己坚守，执着而不存他念，虽然功效不明显，但是在日益长进。所说的为人，就是曲就学问而阿谀世故，追逐大家都好，虽然看似明确，而实际上每天都有损失。因此，有志于治学的人，就不可不先求得自立自达。

　　关于为己与为人的区别，曾国藩在《送别刘君椒南归序》中说得十分详尽。他说："圣人之异于众人者安在乎？耳目口鼻心知百体皆得其职而已矣。天之生乎人也，耳职听而目职视，口体职言动，心职思。非所听而滥焉，非所视而淫焉，于官为不法。可以视穷者，而吾弗能尽焉；可以听达者，而吾弗能尽焉。于官位不称，其于口体心思也亦然。不称者才绌，不法者知而奸之，罪又甚焉。圣人者，不轨、不耳、不度、不目。其自一室之米盐，推而极于天下之大，鬼神之幽，离于人伦，杀于万事。凡视听所宜晰无不晰，凡言动所审伸无不伸，凡心思所宜条理，无不条而理之，使夫一身得职，而天地万物各安其分，以位以育，以效吾之官司，所谓践形者也。"

"周公之所以为周公，孔子之所以为孔子，其不以此也哉？今之君子之为学者，吾惑焉。耳无真受，众耳之所倾亦倾之；目无真悦，众目之所注亦注之。奸视而回听，言不道而动不端，无过而非焉者。曹好所在而不之趋焉，则不相宾异矣。为考据之说者曰：'古之人！古之人！如此则几，彼则否。'起一强有力者之手口，群数十百人蚁而附之，朝记而暮诵，课迹而责者，竭己之耳目心思，以承奉人之意气。曾不数纪，风会一度，荡然澌灭。又将有他说者出为群意气之所会，则又焦神悴力而趋之。钧是五官百骸也，不践各人之形，而逐众人之好，疲一世以奔命于庸夫之毁誉，竟死而不悔，可谓大愚而不灵者也！"

读书人用功学习，完全是一件为自己的事情，用不着大张旗鼓。那些喜欢表现的人，喜欢投机的人，根本无视这一事实，而不知道自己所做的一切与别人并没有关系。这种现象在当代学者、当代作家中比比皆是，无非是自吹自擂、哗众取宠而已；为取娱他人而读书，或者为获得他人的尊敬而读书，为符合他人的标准而读书，这既可笑又荒唐。读书、治学是一种十分清苦、十分孤独的事情，古人说"学海无涯苦作舟"。读书治学的人就应该在不为人所知的幽居中默默耕耘，种桃得桃，种杏得杏。对于有心向学的人，应该首先得划清为他人而读书与为自己而读书的界限；然后再下一番苦功夫，实实在在地为自己而读书，抛开一切杂念、花招和世俗的观念，心净气正，无拘无束。如此始能通达古今，洞彻天地。

无过便是功，无怨便是德

【原文】

处世不必邀功，无过便是功；与人不求感德，无怨便是德。

【译文】

处世不必勉强求取功劳，只要没有过错就是功劳。助人不必希望对方感恩，只要没有怨恨就算图报。

【解读】

"小心驶得万年船"，行动谨慎稳健的人很少吃亏。如果一个人被眼前的胜利冲昏了头脑，就很难发现隐藏着的危机，这时离失败就不远了。

"进取中不忘稳健，在稳健中不忘进取，这是我投资的宗旨。"这是李嘉诚常说的一句话。1955年，他把困境中的长江挽救成功，扭转厄运，并且业务渐入佳境，某一天，他便以此话告诉员工。而多年来，这句话亦成为了李嘉诚投资的宗旨，令他战无不胜。可以说，稳健已经融入李嘉诚的性格，他曾说过："作为一个庞大企业集团的领导人，你一定要在企业内部打下坚实的基础，未攻之前，一定要守，每一个策略实施之前，都必须做到这一点。当我着手进攻的时候，我要确定有超过百分之一百的能力。换句话说，即使我本来有一百的力量便足以成事，但我要储足二百的力量才去攻，而不是随便赌一赌。"

【事典】

宁可少赚，但绝不亏本

不冒险、求稳健，还反映在对待一些一时看不到前景的项目上，李嘉诚的方法是当断则断，宁可少赚不可亏蚀。

1986年，和黄行政总裁马世民提出立足香港、跨国投资的策略，得到李嘉诚的支持。

于是，就有了和黄、长实及李嘉诚私人大笔投资海外的惊人之举，引起世界经济界的瞩目。

谁知，种子撒出去，却不见摘回丰硕的果实——投资回报不理想。

《杀戮香江·富豪沉浮录》一书提到:

"去年(1992 年)8 月,和黄公布 1992 年上半年业绩,李嘉诚毅然宣布为加拿大赫斯基石油的巨额投资作出 14.2 亿元撇账,令和黄盈利倒退。"

"李嘉诚认为这项投资亏损,是马世民管理出了乱子。"

"他曾说,如果和黄没让合作伙伴左右决策,收购另一家石油公司,和黄收购赫斯基,绝不会有所亏损。"

"他怪罪马世民,是因为马世民策划的海外投资项目,接连失利。1989 年马氏再买下生产天然气为主的 Canberra,却没有取得这家公司的话事(主事、决策)权,由人家管理,没有当上这家公司的主席。"

"痛定思痛,李嘉诚决定不听马世民的解释,将赫斯基石油 14.2 亿的账撇得干干净净。"

李嘉诚对失败事业的态度是当断则断。生意多得是,他情愿去开拓新的领域,开始一单新的生意,而没有耐心去挽救一桩亏损的生意。

李嘉诚认为,亏损的事业在竞争一开始就处于劣势,因此,能断就断,能卖就卖。

与其花费大精力去扭亏,不如选取一项前景看好的事业重新开始。

扭亏花费的精力往往不能与收益成正比。

在 CT2 项目上,我们又一次看到李嘉诚的稳健作风,以及对前景不明朗的项目的处理风格。

CT(第二代无线电话)是马世民的另一项重要投资。

1992 年,和黄在英国推出 CT2,市场反应冷落,客户不到一万,不及预期的 1/5。

最令李嘉诚担忧的是和黄要投资 60 亿港元,建立电讯网络,另加上一二十亿的辅助投资,总投资额近百亿。

对这种未被市场认可的高科技项目,李嘉诚不似投资地产那么有把握,故坚决斩缆止血。

从 1992 年中起,和黄关闭在台湾、孟加拉的 CT2 业务,退出澳洲等 3 个流动电话网络的竞投。

李嘉诚认为收缩不够,主张卖盘,并全线撤退。

马世民不肯认输,跟老板李嘉诚顶撞起来。

他认为 CT2 发展前途远大，现在匆忙下结论，为时过早。

也许马世民是对的，但作风一贯稳健的李嘉诚不会投下这近百亿元，去冒险等市场作出最后结论。

若是客观地评论，马世民与李嘉诚不存在谁对谁错的问题。

马世民的观念和做法富于开拓性，当然也有风险。也许日后会赚得很大，也许会败得很惨。

李嘉诚是实在的，地产是能短期见效，且十拿九稳的投资。故希望吹糠见米的李嘉诚的主力均集结于此。

拿近百亿元去下赌注，实是李嘉诚所不为。

这时的李嘉诚，宁可少赚，但不能亏蚀。

稳健的好处是首先立于不败之地。

真正的处事高手就像一位高精的拳师一样，应该懂得后发制人。在一些前景不明朗的领域，由其他人去探路，把"摸石头过河"的任务交给别人，自己尽管迟人一步，但是由于少走了弯路，仍然有可能后发先至。这也是一条处事原则。

李嘉诚无疑是海外投资金额最大的一位香港华人富豪，但对国内投资却明显迟人一步。

与此同时，香港不少财团已在中国内地轰轰烈烈干起来，取得骄人业绩。

李嘉诚先输一轮，不甘再落后。

从 1992 年起，李嘉诚把港外投资重心放到内地市场。

正是这年，邓小平视察南方经济特区，掀起改革开放的巨浪。

中国内地，被世界经济界看成全球最具潜力的投资市场。

李嘉诚往往是行动迟人一步，但决策已定，就义无反顾。

对于富于闯劲、敢于冒险的人来说，先行一步，占得先机，往往可以得到更大的利益，可是也需要冒巨大的风险。

李嘉诚更习惯于后发制人。

李嘉诚性格老成持重，他的座右铭就是"稳健中求发展，发展中不忘稳健"。

迟人一步当然也可能丧失先机。

但是迟人一步可以将形势看得更清，少走弯路，鼓足后劲，可以更快地迎头赶上。

纵观李嘉诚平生的商业活动，可以看出，李嘉诚一贯以稳健为重。

在这大风格之下，在创业阶段，李嘉诚多一些闯劲，也敢冒一些险。进入20世纪90年代之后，更注重于守成，因此趋于保守。

从20世纪80年代初起，港资投资内地，就成风起云涌之势。绝大部分是中小企业主，他们在珠江三角洲开办劳务密集型加工业。

令人注目的是，不少香港大财团参与内地的基本建设。

1979年，霍英东参与投资广州当时规模最大、级别最高的白天鹅宾馆建设。

20世纪80年代末，包玉刚投资改建宁波北仑港。

利氏家族兴建五星级的广州花园酒店。

从1983年起，郭鹤年先后在内地兴建了北京香格里拉、杭州香格里拉、北京中国国际贸易中心等十多幢大型物业。

胡应湘在内地的事业也始于20世纪80年代初，他牵头兴建了广州中国大酒店、深圳沙角发电厂B厂、广深珠高速公路等数项大型工程。

李嘉诚明显地落伍了。

李嘉诚虽参与了内地少量项目的投资，可与他控有的香港最大财团、与他投资海外的大手笔相比，显得多么地不相称。

李嘉诚在内地人眼里，只是个慷慨大度的慈善家，而不是大刀阔斧的投资家。

根据李嘉诚一贯的作风，他素来不喜欢抢饮"头锅汤"。

假如过一条冰河，李嘉诚绝不会率先走过去，他要亲眼看到体重超过他的人安然无恙走过，他才会放心跟着走。

年过花甲的李嘉诚，稳健还趋于保守，闯劲似乎不足。

然而，李嘉诚闯劲不足后劲足，有口皆碑。

比如，在战后崛起的华人财团中，李嘉诚不是率先跨国化的，但他在加拿大一地的投资，没有一个华人巨富可与他论伯仲。

李嘉诚在中国内地的投资，亦是如此。

闯劲不足使李嘉诚远远落后于另一些大财团。铆足后劲，弥补了这个不足，后来居上。

富者应多施舍，智者宜不炫耀

【原文】

富贵家宜宽厚，而反忌刻，是富贵而贫贱其行矣！如何能享？聪明人宜敛藏，而反炫耀，是聪明而愚懵其病矣！如何不败？

【译文】

富贵之家待人接物应该宽大仁厚，可是很多人反而刻薄；虽然身为富贵，可是行径却与贫贱之人相同，这又如何保持富贵的身份呢？一个才智出众的人，本应谦恭有礼，不露锋芒，可是很多人反而夸耀自己；这种人表面看来好像聪明，其实言行跟无知无识的人没有不同，那他的事业到头来又如何不失败呢？

【解读】

对于人生事业之大小与成败，曾国藩认为：大厦非一木所能支撑，大业凭众人智慧而完成。他讲："国藩奉命帮办团防，查拿土匪，受任以来，夙夜忧惧，恐见闻不广，思虑不周，孳孳勤求，冀得乡邦贤士，不我遐弃，肯辱惠临，藉以博采周咨，用匡不逮。故或奉书促驾，或倒屣迎宾，延揽英豪，咨诹善道，耿耿此心，想蒙谅也。有自某处来者，具道大兄之为人公正老成，乡间共式。国藩心焉慕之，道里寥远，末由亲晤，快领塵谈，我劳如何。方今贼氛浸急，江波不靖，鲸鲵穴于金陵，蛇豕突于楚境，普天民庶，莫不发指眦裂，此正志士慷慨击楫之秋，贤者仗策行筹之会也。"

【事典】

富不去穷亲，位高不去旧友

一谈起交往，使人往往想到的是交往的手段，而忽略了自己内心的真诚。真诚是与人交往的根本，错此则必败。曾国藩这样论到：

凡与人晋接周旋，若无真意，则不足以感人；然徒有真意而无文饰以将之，则真意亦无可托之以出，礼所称"无文不行"也，余生平不讲文饰，到处行不动，近来大悟前非，弟在外办事，宜随时斟酌也。

仅仅把握了与人交往的根本仍是不足的，就如曾国藩所讲的：如果光有真意而没有交往的技巧，那么这个真意也就无法表达出来。曾国藩不仅重视与人交往的根本，亦重视与人交往的方法。其与兄弟之间的相处，与亲邻的相处，以及处理家庭与官场的关系的一些做法，在今天仍有可借鉴之处。

曾国藩对待兄弟之态度，在爱之以德，不在爱之以姑息。家书中曾言，"至于兄弟之际，吾亦惟爱之以德，不欲爱之以姑息。教之以勤俭，劝之以习劳守朴，爱兄弟以德也；丰衣美食，俯仰如意，爱兄弟以姑息也；姑息之爱，使兄弟惰肢体，长骄气，将来丧德于行，是我率兄弟以不孝也，吾不敢也"，"惟骨肉之情愈挚，则望之愈殷，望之愈殷，则责之愈切。度日如年，居室如圆墙，望好音如万金之获，闻谣言如风声鹤唳；又加以堂上之悬思，重以严寒之逼人，其不能出怨言以相挂者，情之至也！然为兄者，观此二字，则虽谅其情，亦不能不责之，非责其情，责其字句，不检点耳，何芥蒂之有哉？"

曾国藩对于家庭，主张孝悌；待遇族戚，则主张敬爱。推孝敬父母之爱于诸弟，推孝敬父母之意于诸族戚。对待族戚之道，曾国藩的家书中亦曾言及。其言说："至于宗族姻党，无论他与我家有隙无隙，在弟辈只宜一概爱之敬之。孔子曰：'泛爱众而亲仁。'孟子曰：'爱人不亲反其仁，礼人不答反其敬。'此刻未理家事，若便多生嫌怨，将来当家立业，岂不个个都是仇人？古来无与宗族乡党为仇之圣贤，弟辈万不可专责他人也！"

癸卯年曾国藩在四川办完公事后，曾把一千两银子的俸禄寄回家中，其中的四百两用于馈赠族人和亲戚，事情详细地记载在道光二十四年（1844 年）三月初十他给弟弟的信中。信中说："所寄银两，以四百为馈赠族戚之用……所以为此者，盖族戚中有断不可不一援手之人，而其余则牵连而及。兄已亥年至外家，见大舅陶穴而居，种菜而食，为恻恻者久之。"

当时，曾国藩的十舅江通送他进京的时候，说："外甥在外地做官时，舅舅来作烧火夫。"他的五舅江南把曾国藩送到长沙，握着他的手说："明年我送你媳妇到京师。"曾国藩说："京城很苦，舅舅不要来了。"江南听了后说："是啊，但我一定要找到你当官的地方！"说完，眼泪簌簌而下。后来曾国藩在给弟弟的信中说："兄念母舅皆已年高，饥寒之况可想，而十舅且死矣。及今不一援手，则大舅、五舅者，又能沾我辈之余润乎？十舅虽死，兄意犹当恤其妻子，且从俗为之延僧，如所谓道场者，以慰逝者之魂，而尽吾不忍死其舅之心。我弟我弟，以为可乎？兰姊蕙妹，家运皆舛，兄好为识微之妄谈，谓姊犹可支撑，蕙妹再过数年则不能自存活矣。同胞之爱，纵彼无觖望，吾能不视如一家一身乎？"

"欧阳沧溟先生，夙债甚多，其家之苦况，又有非吾家可比者。故其母丧，不能稍隆厥礼。岳母送余时，亦涕泣而道。兄赠之独丰，盖犹徇世俗之见也。楚善叔为债主逼迫，抢地无门，二伯祖母尝为余泣言之，又泣告子植曰：'八儿夜来泪注地，湿围径五尺也！'而田贷于我家，价既不昂，事又多磨，尝贻书于我，备陈吞声余泣之状。此子植所亲见，兄弟尝歔觑久之。"

"丹阁叔与窦田表叔，昔与同砚席十年，岂意今日云泥隔绝至此？知其窘迫难堪之时，必有饮恨于实命之不犹者矣。丹阁叔戊戌年曾以钱八千贺我。贤弟谅其景况，岂易办八千者乎？以为喜极，固可感也；以为钓饵，则亦可怜也。"

"伍尊叔见我得官，其欢喜出于至诚，亦可思也。竟希公一项，当甲午年抽公项三十二千为贺礼，渠两房颇不悦。祖父曰：'待藩孙得官，第一件先复竟希公项。'此语言之已熟，特各堂叔不敢反唇相讥耳。同为竟希公之嗣，其菀枯悬殊若此，设造物者一旦移其菀于彼二房，而移其枯于我房，则无论六百，即六两亦安可得耶？六弟九弟之岳家，皆寡妇孤儿，槁饤无策。我家不拯之，则孰拯之者？我家少八两，未必遂为债户逼取。渠得八两，则举室回春。"

"贤弟试设身处地，而知其如救水火也。彭五姑待我甚厚，晚年家贫，见我辄泣。兹五姑已没，故赠宜仁五姑丈，亦不忍心死视五姑之意也。腾七则姑之子，与我同孩提长养。各舅祖，则推祖母之爱而及也；彭舅曾祖，则推祖父之爱而及也。陈本七、邓升六二先生，则因觉庵师而牵连及之者也。其余馈赠之人，非实有不忍于心者，则皆因人而及。……诸弟生我十年以后，见诸戚族皆穷，而我家尚好，以为本分如此耳，而不知其初皆与我家同盛者也，兄悉见其盛时气象，而今日零落如此，则尤难为情矣！"他还认为亲戚交往宜重情轻物，在给其弟的另一封信中说："六月初四接五月二十四来信并纪泽一禀，具悉一切。南坡五舅母弃世，纪泽往吊后，弟亦往吊唁否？此等处，吾兄弟中有亲往者为妙。从前星冈公之于彭家并无厚礼厚物，而意甚殷勤，亲去之时甚多。我兄弟宜取以为法。大抵富贵人家气习，礼物厚而情意薄，使人多而亲到少。吾兄弟若能彼此常常互相规诫，必有裨意。"

对于邻里之间的处理，曾国藩认为不可敬远亲而慢近邻。他在给儿子的家书中说："尔在家料理家政，不复召尔来营随侍矣。李申夫之母尝有二语云'有钱有酒款远亲，火烧盗抢喊四邻'，戒富贵之家不可敬远亲而慢近邻也。我家初移富圫，不可轻慢近邻，酒饭宜松，礼貌宜恭。建四爷如不在我家，或另请一人款待宾客亦可。除不管闹事、不帮官司外，有可行方便之处，亦无吝也。"

曾国藩待邻里不仅仅是与其处理关系，其与邻里相处之时，亦想到为国分忧。他在家书中倡导行社仓捐谷，通荒歉济贫，他写道："乡里凶年赈助之说，予曾与澄弟言之。若逢荒歉之年，为我办二十石谷，专周济本境数庙贫乏之人。自澄弟出京之后，予又思得一法，如朱子社仓之制，若能仿而行之，则更为可久。朱子之制：先捐谷数十石或数百石贮一公仓内，青黄不接之月借贷与饥民，冬月取息二分收还，若遇小歉则蠲其息之半，大凶年则全蠲之，但取耗谷三升而已。朱子此法行之福建，其后天下法之，后世效之，今各县所谓社仓谷者是也，其实名存实亡。每遇凶年，小民曾不得借贷颗粒，且并社仓而无之。仅有常平仓谷，前后任尚算交代，小民亦不得过而问焉。盖事经官吏，则良法美政，后皆归于子虚乌有。"

从以上所列举的言谈中，我们可以看出曾国藩待人以诚，而且很讲究待人处事的方法，这都源于其超人的智慧和长远的眼光。

居安思危，处乱思治

【原文】

居卑而后知登高之为危，处晦而后知向明之太露；守静而后知好动之过劳，养默而后知多言之为躁。

【译文】

站在低处然后才知高处的危险性，待在暗处然后才知光亮刺眼睛。宁静然后才知活动太辛苦，保持沉默然后才知话多很烦躁。

【解读】

任何事物都是一分为二的，没有对卑尊、晦明、静动、默躁的对比观察，就很难真正认识自己所处环境的优劣。生活中处处充满了辩证法，劳逸结合、有张有弛也是对生活经验的一种总结。整日忙忙碌碌的人一旦休息，才能享受到悠闲的乐趣，而一个无所事事的人做了一点工作，就品尝到了劳动的快乐；经历过痛苦的人会更加珍惜幸福，处在幸福中的人往往身在福中不知福；取得成就的人固然声名显赫，但事务的沉重、工作的繁忙恰恰使他失去了做一个普通人的自由和平静。用辩证法去认识生活中的人和事，会对生活有一个客观公正的看法。

【事典】

乱世出雄杰

历史上虽不乏大器晚成的人，但另一种情况也不鲜见，即在青少年时代就具有不同寻常的智慧。他们的为人、行事、解难的天赋往往超乎常人。家喻户晓的司马光砸缸的事迹正印证着这样一个道理：自古英雄出少年。

许多雄霸天下的人也是这样，他们大多具备超乎常人的智勇，并且在青少年时代就表现出来。被鲁迅称为"至少是个英雄"的曹操，在少年时代就运用智慧与机勇做事。面临对自己不利的情况，他不胆怯，而是勇敢，不是抱怨，而是想办法，伺机改变，总是能机警灵活地应付事态。

曹操出身于宦官家庭，家财殷富，有钱有势。但在当时，宦官的社会地位并不被认可。因为宦官不过是供帝王役使的家奴，与名门世族不同，往往被人瞧不起。因此曹操也不免有些自卑之感。又因幼时没有受过传统儒学教育，孩提时母亲不幸早逝，缺少亲人的管教，这样，曹操小时很少受到礼法观念的束缚，养成了颖悟机警、善于出谋划策、随机应变的个性。平时行为放荡不羁，喜欢恶作剧，但也常常路见不平，拔刀相助。与之相好的伙伴，如袁绍、张邈等人，大都也是些喜欢游侠的人物。

按照中国的传统，如此不务正业、放荡不羁的孩子，是成不了大器的。加之其不重视品德操行的修养和经典的学习，因此在当时不被一般人看重。

世间先有伯乐，而后有千里马。曹操与众不同的特点也引起了当时一部分人的注意，认为他非同一般，将来必成大器，并对此大加褒奖。

汝南王俊，字子文，年轻时得到过著名党人范滂等的赏识。曹操特别喜欢王俊，王俊也称赞曹操有治世的才能。袁绍、袁术的母亲去世后，归葬汝南，有三万人参加了吊唁活动，曹操、王俊也参加了。曹操看了袁绍兄弟在治丧活动中的表现，十分不满，对王俊说：

"天下就要大乱，大乱的罪魁祸首肯定是袁绍兄弟二人。想要安定天下，为百姓解除痛苦，首先应当除掉这两个人。"

王俊附和曹操说：

"能够安定天下的人，除了您还有谁呢？"

曹操听了，十分得意，看着王俊，两人不禁相视大笑。

除了王俊，对曹操倍加赞赏和抱有厚望的还有何颙、李瓒等人。

南阳何颙，年轻时游学洛阳，与郭泰、贾彪等人交好，显名太学，著名党人陈蕃、李膺等都与之深相结纳。党锢事起，何颙也在被捕之列，于是变易姓名，逃到汝南躲了起来。大约就在这时，何颙见到了曹操，不禁感叹道："汉家就要灭亡，能够安定天下的，必定是这个人了。"曹操听了，非常感激。

颍川李瓒，曾做过东平相。李瓒十分赞赏曹操的才能，临终时对儿子李宣等说："国家即将大乱，天下英雄没有一个人是能够超过曹操的。张邈是我的朋友，袁绍是你们的外亲，虽然如此，今后你们也不要去投靠他们，一定要去投靠曹操。"几个儿子依照此理，后来均没有出现大的意外。

睢阳桥玄，历任县功曹、国相、太守、司徒长史、将作大匠、少府、大鸿胪、司空、司徒、尚书令等职，光和元年（178年），升任太尉。以刚毅果断著称，敢于打击豪强贪官。自己廉洁自守，虽身居要职，子弟宗亲却没有一个凭借关系做上大官的。家贫乏产业，去世后，竟难以殡葬，当时的人们因此将他称为名臣。桥玄谦恭下士，善于观察和品评人物，在清议界也享有很高的声望。曹操慕名前往，桥玄与之交谈后，感到曹操很不平常，说：

"现在天下将要发生变乱，不是经邦济世的人才是不可能使天下安定下来的。能够安定天下的，大概就是你了。"

停了一下，又说：

"我见过的天下名士多了，没有一个是像你这样的。你要好好努力。我已经老了，愿意把妻子儿女托付给你。"

曹操当时要名无名，要钱没钱，却受到众多名士的信任与推崇，甚至有人称之为"乱世之英雄。"

许劭，汝南平舆人。以名节自我尊崇，不肯应召出来做官。善于辨别、评述人物的流品，当时人们推举清议的权威，无不把他和太原郭泰作为代表。谁要是能够得到许劭的赞誉，谁就能够声价倍增。他每月初一日，即与一些有名气的人共同"核论乡党人物"，称之为"月旦评"。曹操问许劭："我何许人也？"据说，许劭鄙其为人而不肯对，操固问之，劭曰："君清平之奸贼，乱世之英雄。"此话在《三国志·武帝纪》注引的孙盛《异同杂语》中被倒置了一下，而且成为家喻户晓的评语被流传至今，这就是"子治世之能臣，乱世之奸雄"。无疑，综观曹操一生，《后汉书》的记载当更近事实，与其把曹操看为"乱世之奸雄"，不如把他看成是"乱世之英雄"。况且只有这样的评语才会使曹操高兴，"大悦而去"。因为天下即将大乱，已无"清平"、"治世"可言，做"奸贼"，或做"能臣"都是无所谓的，不管给什么评语，都属飘忽无稽之言；而做"乱世英雄"却正是有志于世的英雄豪杰，特别是曹操辈的心愿。因此可以断定，许劭对曹操的能力是相当看重的，而且看得很准。曹操因许劭而名当世，许劭也因评论曹操而名流千古。当然，许劭谓其"英雄"是从大处着眼，至于为人，就另当别论了。

随着年龄知识的增长，以及耳闻目睹的官场的矛盾，对社会了解的加深，曹操不再沉溺于飞鹰走狗的生活，开始关心政治，涉足社会。特别是他十四五岁时，窦武、陈蕃、李膺、杜密等人，被宦官杀害，对他的震动很大。他立志以天下为己任，改变政治黑暗腐败的局面。

此后，曹操勤奋学习，博览群书。他读书与一般俗生儒士不同，不专读儒家的书，其他诸子百家的书也读，而且注意经世致用，把有用的东西加以吸取。他预感到乱世将要出现，只有学好兵书才能干出一番大的事业来。为此，他收集了兵家的各种兵法，深入学习，并择其精要汇编成册，题名《接要》。与此同时，他还抓紧时间锻炼身体，学习武艺，掌握了一些格斗的要领，以作防身之用。他逐渐成熟起来了。

综上可见，少年曹操狂荡不羁，也曾与袁绍等人为伴，做过不少荒唐滑稽的事情，但同时他的天才和能力也得到了非凡的表现，从而被有识之士刮目相看。

如果说，初始是任侠放荡，有点纨绔子弟的泼皮之性，那么稍长则已不然，至少在其弱冠入仕之前，他对社会已经有了一些认识，知社会之必乱，并立有"匡世"之志。他开始博览群书，抄集诸家兵法，积极为驰骋天下之志向而作准备。他虽然没有想到事业竟发展到如后来之巨，但他始终在做着"乱世英雄"之梦，并为此而陶醉着、奋斗着。

与曹操一样，三国时代有许多人就年轻有志、有名、有为，表现出与众不同的特点。

孙坚十七岁就已初露头角，后来则"由是郡、县知名，荐为校尉"。史籍中虽未说清是否立即当上了校尉，但知名肯定是从那时开始的。

孙坚死后，董卓问："其子（孙策）年几岁矣？"或答曰："十七岁"。（又是一个十七岁）董卓嫌他年轻，"遂不以为意"。后来，长史杨大将对袁术说："孙策据长江之险，兵精粮广，未可图也。"这个"独战东南地，人称'小霸王'"的孙策，死时才只二十六岁。可见不应小看年轻人。

马超，"年方十七，英勇无敌。王方欺他年幼，跃马迎战，战不到数合，早被马超一枪刺于马下"，战场上交锋，这全得靠真本领，当然是年轻力壮者占上风。后来刘备所封的"五虎上将"，其中的第四名便是马超。若非马超确有功夫，这"五虎将"的封号是不会轮到他的。

周瑜、诸葛亮死的时候，分别为三十六、五十四岁。这就说明，他们都在很年轻的时候就开始做大事、应付大场面了。庞统死时，也只有三十六岁。但他不是病死的，如果不在落凤坡遇上意外，这位凤雏先生以后还会大有作为的。

伟人毛泽东少时最爱读《三国演义》，对曹操更是无比钦佩。他青年时又读《三国志》，想从历史而不是小说中寻找真实的曹孟德。以后他成为领袖，《三国志》也从不离手，并且多次品评曹操，还称他是"大英雄，大手笔"。

毛泽东在评价《三国演义》时，也提到年轻人做大事的问题。面临曹操大军南下，东吴要物色统帅人选，结果找了个"青年团员"周瑜，二十九岁当了都督。大家不服，后来做长辈工作，还是由他来当，最终打了胜仗。毛泽东同志借这件事说明选拔干部，不能按资历，要按能力。这种高明的论断，无疑是受到少年曹操非凡能力的启示的。

人能放得心下，即可入圣超凡

【原文】

放得功名富贵之心下，便可脱凡；放得道德仁义之心下，才可入圣。

【译文】

一个人能丢开功名富贵的左右，就可以超越庸俗的尘世杂念。一个人能不受仁义道德的束缚，才可以进入超凡脱俗的圣贤境界。

【解读】

追求本身是一种高尚的活动，但只有走得进又能走得出的人才是高人。经商是为了发财，但不能成为金钱的奴隶；求学是为了报效祖国，但不能为了学习而学习；从政是为了更好地服务于人民，但不能为了当官不择手段。如果为了求取功名富贵而不择手段，为了博得仁义道德的美名而虚情假意，即使取得了功名富贵，博得了仁义道德的虚名，也会失去其真正的意义。

【事典】

以退为进

吕不韦在结交官场之时，不仅仅只靠"烧冷灶"这一招，他还会"趋热门"。但是，他采取的手法却与众不同。

吕不韦被封为韩国客卿后，对天下形势有了更深的了解，他觉得韩国也并非久留之所，便毅然离韩赴赵。吕不韦到邯郸后不久，便设计用竞买"皓镧"夜明珠的方法让自己扬名于天下。在竞买过程中，吕不韦初次见到了四公子之首的赵国丞相平原君。

吕不韦想结交平原君作为自己的进身之途，但苦无良机。就在这时，秦赵交战，在长平对峙了三年之后，赵军因赵王中了秦国的反间计而大败，秦军大举向邯郸攻来。赵国由于连年征战，国库早就已经空虚得近乎一无所有。不得已之下，赵国只好在易货场召开了募捐大会，从民间收集资金充作军费。募捐会由平原君主持。

易货场内，神色严峻的平原君环视着场子说："众所周知，赵、秦不和由来已久，你争我夺历年有之。此次秦国举二十万大军迅猛而来，大有直取我邯郸之势……"

平原君顿了顿接着说："现今国库已近空虚，因此招开此募捐大会以筹措军饷。本相以为，凡今日能来此地者，皆为爱国之士。望诸位伸出援手，为国分忧。"

主持易货会的执事上前高声喊："募捐开始——"

场中前来捐款之人纷纷走上台，写下自己的姓名和所捐钱数。

执事站在一旁高声地报着："庞超捐五十银——柳正文捐一百银——罗昆捐三十银——"

吕不韦听着报数，走到台上挥笔写下所捐钱数。

执事愣了一下，随即提高嗓音："吕不韦，捐款，一百镒黄金——"

刚走到包厢旁的平原君突然愣住。

全场闻言，"嗡"地一下，全都望向吕不韦。不时传出啧啧的称赞之声。

吕不韦回到案几前刚刚入座，平原君的侍从走了过来。

侍从客气地说："吕公子，丞相大人请你过去一叙。"

吕不韦面露喜色地"哦"了一声，抬头向右侧包厢望去。

平原君记得这个曾经以一千金的天价从自己手中抢买走"皓镧"夜明珠的商人吕不韦，但他对吕不韦这次大手笔的捐款感到不解。商人是讲求实际利益的，上一次他高价买走"皓镧"，得到的是一颗天下闻名的夜明珠，也使自己天下闻名，但这一次大笔的捐款对他并无裨益，平原君百思不得其解。因此叫人请吕不韦过来问个究竟。

管家领着吕不韦匆匆走入豪华包厢。吕不韦叩拜道："在下吕不韦参见丞相大人。"

平原君挥挥手说："吕公子免礼。"

吕不韦谢过后起身到案几前坐下。

平原君用疑惑的眼光看着吕不韦，试探着说："吕公子如此慷慨解囊，令本人敬佩不已。"

吕不韦："丞相言重了，在下虽为一介商人，却常受赵国庇护。如今赵国有难，我岂能袖手旁观。捐些钱财理所应当。"

平原君点点头说："此次秦军大举进犯，连续攻我三城。大批难民将不断涌入邯郸，银两短缺啊。赵国若能多一些吕公子这样的人，秦国虽说强大又有何惧。"

吕不韦笑了笑说："承蒙夸奖不胜荣幸，但在下却与丞相有不同之见。"

侍从和几名朝臣闻言一愣，面露不悦地望着吕不韦。

平原君也颇感意外地说："哦？公子请讲。"

吕不韦侃侃而谈："在下少年经商游历天下，所到之处都在传颂丞相之美名。如今落户邯郸，更是亲眼目睹丞相日理万机，清廉勤政，虚怀若谷，礼贤下士。在下一个普通商人，即便倾囊而出，也不过杯水车薪。在下以为，赵国缺的恰恰是丞相这样匡扶社稷、高风亮节的人。"

吕不韦趁机不知不觉地给平原君扣了顶不大不小的高帽子，让平原君觉得十分受用。但平原君马上清醒过来，提醒自己，吕不韦是一个商人，奉承正是其专长，而且吕不韦如此奉承必有所图。平原君想起吕不韦曾为韩国客卿，但现在在赵国却似乎只是一心经商而不问政治。

平原君盯着吕不韦看了片刻，突然问道："你可愿意做我的门客？"

吕不韦一愣，随即微笑着说："丞相如此厚爱，在下深以为荣。只是在下以经商为生，四处游荡。若做丞相门客，恐怕会玷污丞相四公子之首的美名。恕在下不能从命。"

平原君点点头说："拒绝做我门客者，你尚属首例。以你的精明才干，封你为赵国大夫也不为过。"他解下身上玉佩让侍从递过来："拿着我的玉佩，若是日后有事，便可直接见我不必通禀。"

吕不韦双手接过玉佩施礼高兴地说："谢丞相。"

离开易货场后，吕不韦和司空马坐上了一辆豪华马车一同回家。

司空马不解地问："你曾多次感叹商人地位卑微，说要想出人头地，必须入仕为官。可今日平原君主动收你为门客，你却一口回绝，我实在不得其解。"

吕不韦笑笑说："我若轻易答应他，定会被视为急功近利之徒。他既有心收我，又何必急于一时。看看他那些门客，一个个轻佻狂妄，我岂能与他们为伍。再说了，我们做生意不还得讨价还价嘛。"

司空马若有所悟地点了点头。

吕不韦慷慨地捐赠黄金百镒，成功地吸引了平原君的注意。在平原君询问他时又巧妙地拍了平原君的马屁，加深了平原君对他的好感。但是，当平原君表示要收吕不韦为门客时，吕不韦却拒绝了，并不是因为做平原君门客有失身份，事实上不少人争相欲为平原君门客而不得。但是，吕知道如果自己马上答应的话，一定会被视为急功近利之徒，必然会被平原君视为普通门客对待而得不到重用。于是吕不韦采用了另一种策略，他委婉地拒绝了这一很多人梦寐以求的机会。表面上看，他是丧失了一次极好的机会，但事实上这正是他的高明之处。他的拒绝果然使平原君对他另眼相看，给了他一个可以直接觐见的玉佩。这样一来，吕不韦就有了随时与平原君相见的机会，这种机会比做平原君门客更难得也更实惠。

对小人不恶，待君子有礼

【原文】

待小人不难于严，而难于不恶；待君子不难于恭，而难于有礼。

【译文】

品行不端的小人，对其抱严厉态度并不困难，困难在于不憎恨他们。

品德高尚的人，对其抱恭谨态度并不难，困难在于能礼遇他们。

【解读】

对于美与丑，做到爱憎分明并不容易，而做到分寸适当就更为不容易。对待小人的缺点和过失，我们常常心生憎恶，不去教育，那么小人依然还是小人，或者是连人带事一起批评，而不是从爱护的角度出发对事不对人，这样做的结果往往是伤害了小人的自尊心，使他们丧失了改过自新的信心，所以与其批评一个人还不如真正去爱一个人。而对待比自己地位、声望高的人，一般人都会去以礼相待，在这种情况下，最难做到的是礼节有度，而不是恭敬过度，甚至流于奉承谄媚，所以一件平凡的事也足以体现一个人的人格德行。

【事典】

近君子，远小人

曾国藩识人之道主要包括三方面的内容：一是看一个人的道德操守；二是看一个人的才学能力；三是看一个人的相貌、语言、文字、志趣。

对于选择人才的标准，曾主张德才兼备，但更注重人的德行。司马光对"德才"的定义为："聪察强毅之谓才，正直中和之谓德。"曾国藩在笔记中论才德说："司马光曰：'才德全尽，谓之圣人；才德兼亡，谓之愚人。德胜才，谓之君子；才胜德，谓之小人。'余谓……德而无才以辅之，则近于愚人；才而无德以立之，则近于小人。"接着他强调说："二者既不可兼，与其无德而近于小人，毋宁无才而近于愚人。自修之方，观人之术，皆以此为衡可矣。"基于对德与才的关系、德才孰重孰轻的这种认识，曾国藩要求"在纯朴之中选择人才"，认为"观人之道，以朴实廉洁为本（质）"。他指出："以其质而更傅以他长，斯为可贵；无其质，则长处亦不足恃。"他对那些"心窍多"、以大言取宠、巧语媚上的"浮滑"之徒，深恶痛绝。他声言："凡不思索考核、信口谈兵者，鄙人不乐与之尽言。"他劝诫绅士说："好谈兵事者，其阅历必浅；好攻人短者，其自修必疏。"故他特别强调禁大言而务实。

在选择人才的实践中，曾国藩又将德行的具体表现分为两类：一种官气较多，一种乡气较多。他表示："吾欲以'劳苦忍辱'四字教人，故且戒官气，而姑用乡气之人。"什么是"官气、乡气"？他解释说："官气多者好讲资格，好问样子，办事无惊世骇俗之象，语言无此妨彼碍之弊。其失也奄奄无气，凡遇一事，但凭书办家人之口说出，凭文书写出，不能身到、心到、口到、眼到，尤不能苦下身段去事上体察一番。乡气多者好逞才能，好出新样，行事则知己不如人，语言则顾前不顾后。其失也一事未成，物议先腾。"无疑，有官气或乡气的人都有明显的缺点。但是二者比较起来，曾国藩更厌恶那些爱摆官架子、应酬圆通，却奄奄无气、从不实干的官僚。他深刻指出："若官气增一分，则血性必减一分。"因此，他提倡选人"必取遇事体察，身到、心到、手到、口到、眼到者"，即"筋力健整、能吃辛苦之人"，"明白而朴实"的人，"有操守而无官气，多条理而少大言"的人。关于"四到"，曾国藩本人有个解释："身到者，如作吏则亲验命盗案，亲查乡里；治军则亲巡营垒，亲冒矢石是也。心到者，凡事苦心剖析，大条理，小条理，始条理，终条理，先要擘得开，后要括得拢是也。眼到者，着意看人，认真看公牍是也。手到者，于人之短长，事之关键，随笔写记，以备遗忘是也。口到者，于使人之事，警众之辞，既有公文，又不惮再三苦心叮咛是也。"这里当然仅是举例以说明，能真正做到"四到"的人，必须是"有操守而无官气，多条理而少大言"的人，他们完全有可能在自己的实践中克服某些弱点，渐成大器。总之，曾国藩选人、用人的标准主要注重德行操守，而且要求把这种德行操守刊在脚印上，践履到实处。

其对旗人塔齐布的识拔即是贯彻此标准的一个鲜明的实例。曾国藩在湘练军时，塔齐布是个绿营守备一样的小官，后升为参将，与湘军一起操练。曾国藩于是在军场上时常见到他，发现他每次都早早到场，"执旗指挥，虽甚雨，矗立无惰容"。曾国藩沿用戚继光法教军，每当检阅步卒，都见塔齐布身着短衣、腿插短刀等肃立一旁，威武不可言喻。曾与之相谈，大为赞赏。后来又发现他治军精严，尚能团结士卒，愈发敬佩。后曾国藩上疏举荐塔齐布可以大用，并以身家性命为之担保。果然，塔齐布后来在湘潭大战、岳州、小城口和武昌等湘军恶战中屡建奇功，被称为"湘军初兴第一奇捷"。其中湘潭一战事实上成为事关湘军命运的一次战役。战后，塔齐布遂被升为提督，原湖南提督鲍起豹被革职。塔齐布位至大帅后，遍赏提标兵，收人心，并在左臂刺"忠心报国"四字，得士卒死力。每当深夜，呼亲卒相语家事，说到悲痛事，相对泣泪以流。塔齐布以严于治军，并能与士卒同甘共苦著称。一次，德化县令给这位大帅送了一张莞席，塔齐布说："军士皆卧草土，我睡莞席，岂能安枕？"立令退回。该年底，曾国藩正驻军南昌，塔齐布驻扎九江，隔庐山相望，因太平军往来攻袭，两人多日不通音信，曾国藩为此十分焦虑。除夕前一天，塔齐布攻九江，因寡不敌众，单骑败走乡间，马陷泥潭中，迷失道路。后被一位乡夫带回家中。次日，各军以塔齐布未回，汹汹如所失，士卒哭作一团。三更时，乡农将塔齐布送回，曾国藩、罗泽南立即而起，光着脚出去相迎，三人抱在一起，以泪诉劳苦。但塔齐布却谈笑自若地说："饿极了，快拿饭给我吃。"对于塔之归来各营官及兵士都惊喜异常。塔凭借着己之朴实廉洁，赢得了官兵的爱戴，更赢得的是此后作战胜利的资本。塔终成为湘军的一名悍将。由此亦足见曾识人之明。

在注重德行的基础上，曾更注重才识。各类人才提出了具体的要求。对于那些能够驾御全局或者独当一面的人才，要求他们做到"勤、恕、廉、明"。他在批牍中指出："勤以治事，恕以待人，廉以服众，明以应物。四字兼全，可为名将，可为好官。"对于军事人才，他对之要求更为详尽。堪当将帅者，须符合"知人善任""善觇敌情""临阵胆识""营务整齐"四个条件；堪当营官者，也必须具备"才堪治民""不怕死""不急名利""耐受辛苦"四种素质。应当指出的是，曾国藩虽对一个人的才能要求很高，但在实践中从不求全责备，凡有一技之长的，都乐于使用。而对那些无德又无才的人，则坚决摈弃不用。有关曾氏识别一个人的才学大小、德才多寡方面的例子较多。例如，对被他参劾了两次的李元度，他私下给曾国荃写信说："李次青之才实不可及，吾在外数年，独觉惭对此人，弟可与之常通书信，二则少表余之歉忱，一则凡事可以请益。"又如，对与自己常闹别扭的左宗棠的才能，他非常折服，于咸丰十年四月上奏称，左宗棠"刚明耐苦，晓畅兵机"，请朝廷简用。清廷果于同年五月着左宗棠"以四品京堂候补，随同曾国藩襄办军务"。第二年四月，曾国藩又上奏左宗棠"以数千新集之众，破十倍凶悍之贼，因地利以审敌情，蓄机势以作士气，实属深明将略，度越时贤"，恳请"将左宗棠襄办军务改为帮办军务"。清廷又果如所请。还有章寿麟虽救过曾国藩的命，但曾国藩深知其人才能平平，故始终未予重用。据方宗诚记述，曾经有个浙江人因上书受到曾国藩的好评，委任为营官，但不久发现此人既无德又无才，立即予以革退。

对于一个人的相貌、语言、文字和志趣，曾国藩认为，一个人的气质可以通过观察其举止言行得出判断，然后才能针对性地予以任用。

曾国藩一生喜好相人，尤其于治军时期，对所选用选拔之人才，必经其当面观察，观其才学之高下、道德之深浅，然后定其取舍黜陟。他的相人，一从自身的学问修养出，二由自己丰富的阅人经验出，流传后世编为著作而可谓效验的方法有《冰鉴》一书，内容丰富详尽，屡为后人所推重。据《清史稿·

《曾国藩》传载，每逢选吏择将，他必先面试目测，审视对方的相貌、神态，附会印证相书上的话，同时又注意对方的谈吐行藏，二者结合，判断人物的吉凶祸福和人品才智。后人可以从其日记中看到他对初见者的相貌特征及其评价的记载。

留正气给天地，遗清名于乾坤

【原文】

宁守浑噩而黜聪明，留些正气还天地；宁谢纷华而甘淡泊，遗个清名在乾坤。

【译文】

宁可保持纯朴本性而摒弃聪明才智，以保留正气给孕育灵性的天地。宁可抛弃俗世的荣华富贵而过清虚恬静的生活，以保留高尚的美名给孕育本性的自然。

【解读】

后天聪明过分的人喜欢耍弄自己的小聪明，这种自作聪明往往抹杀了心中的正气，使自己的人格在一种巧诈中堕落。享受荣华富贵之人一味追求权势地位，心中充满私欲，更加远离了人的真性。纯朴的生活才能表现真善美的人生境界，本着淡泊的态度来对待生活，才能做一个真实自然的人。

人类生活在世界上，在我们的周围有着无穷无尽的事物，每种事物都有自己的规律与道理。我们又不能不与周围的事物环境发生关系，要处理好这些关系，那就必须去认识周遭的环境与事物。然而要想认识他们，就必须深入其中去研究他们、理解他们。

认识掌握了天地万物所运行的规律，我们就会顺其自然而保护他们，与之和平共处，那么反过来他们又会保护我们，与我们和平共处。而且，我们人类来自于自然界，如果说是由动物进化而来的话，那么宇宙自然中的所有生物几乎都是我们人类的祖先或者父兄，都比我们拥有更多更大的能量与智慧。如果不认识他们，不知道他们在想什么，要干什么，那么我们就会盲目瞎干，最后破坏了大自然的和平，违背了事物的规律，反过来又会惩罚我们人类。

能够保存自己并且生活幸福的方法，就是智慧。那么人类如何去获得这种智慧呢？那就是致知在于格物。

致知是获得智慧，格物是穷究事物。穷究事物的根本，追本溯源，沿波寻根，就会真正认识事物运行的规律和发展的趋向，我们称之为道或者规律。天地万物无一不有自己运行的轨道，无一没有独立的时空，正确认识并且顺应它，就能拥有智慧，并且获得圆满幸福的生活。

从这一点讲，真正认识了事物发展的规律，并且顺其自然，就是智慧达到了最高境界。

【事典】

屡败屡战，玉汝于成

对曾国藩其人深知就里的王闿运在《湘军志》中说过："曾国藩以'慎'教士，以'慎'行军，用将则胜，自将则败；杨岳斌、鲍超以'无惧'为勇，以'戒'惧为怯，自将则胜，用将则败。"对此，曾亦说，"鄙人乃训练之才，非战阵之才也"（答胡林翼）；"不善用兵，屡失事机"（致诸弟）；"用兵非余所长，兵贵奇而余太平；兵贵诈而余太平，岂能办此滔天之贼？"（寄纪泽）。确如其言。曾国藩善于将将而不能将兵，他亲自指挥的战役，从1854年湘军初出茅庐时的靖港之役起，几乎总是打败仗，以至后来凡是湘军与太平军进行重大恶战时，曾国藩都特地避免亲临前线指挥。如1860~1861年空前激烈、残酷的安庆争夺战期间，他硬是不去安庆前线，他说："历年以来，凡围攻最要紧之处，余亲身到场，每至挫失，屡试屡验……此次余决不至安庆，盖职是故。"连1863~1864年湘军围攻天京的最后殊死较量期间，曾国藩也坚持不赴前敌，直至湘军打下天京，他才急舟前往布置善后。曾国藩被人称为"具知人之明"，看来他也不乏自知之明，他自知缺乏指挥战役本领而抱定宗旨不直接插手具体的指挥。

到底是文人用兵，局限性不言自明，尺有所短，寸有其长，以文人的头脑如果让他作出些谋划类、布置全局的工作，以及一些战略战术思想的研究，倒未必不是他所擅长。对于曾国藩的战略思想是后世学者颇感兴味的地方，研究结果可谓成就惊人，足可断定曾国藩在军事战略方面，百代以下，堪为独步。

自1853年，曾国藩着手编练湘军，就已开始研究应对太平军之战略战术。

其时，太平军一路攻城陷镇，势如破竹，举国震动。1853年3月，太平军攻克金陵，将金陵定为首都，建号太平天国。5月，天王洪秀全命太平军主力溯江西征；6月，二克安庆，进围南昌，久攻不克；9月移军北上，29日，攻克九江；10月20日，攻占湖北汉阳，省城武昌戒严，湖广总督官文独坐危城。

曾国藩惊呼：太平军攻取安庆、九江等地后，"并江两岸各数十百里，该逆查户编籍，勒人蓄发，乃将污秽吾土，椎结吾民"，吾辈岂能袖手旁观？拟派王珍统率部分湘军驰援武汉。他致书王珍，纵论当时的军事形势说："荆州、襄阳扼长江之上游，控扼陕西、河南之要害，确为古来兵家必争之地。然而时异势迁，以目前的形势而论，则武昌更为吃紧。太平军既已建都金陵，以镇江、扬州翼蔽东路，远处所急于争夺的战略要地莫过于武昌。古人云长江出蜀后奔流千里，沿江有三大镇，荆州是上镇，武昌为中镇，九江次之，金陵为下镇，镇江次之。""今粤逆已得下镇矣，其意图将由中镇以渐及上镇，闻九江、安庆迫已设立伪官，据为四窟，若更陷鄂城，上及荆州，则大江四千里遂为此贼专而有之，北兵不能渡江而南，两湖、两广、三江闽浙之兵不能渡江而北，章奏不克上达，朝命不能下宣，而湖南、江西逼近强寇，尤不能一朝安居。即使贼兵不遽渡湖南窜，而沅湘固时时有累卵之危。然则鄂省之存亡，关系天下之全局固大，关系吾省之祸福尤切。"

在湘军征剿太平军的后期，湘军已日趋主动，占据上风，可以从容设想如何一口一口地把太平军吃掉。这时，曾国藩拿出了自己"剪除枝叶，并捣老巢"的方针，并按照这一方针的意图，对全盘的战事进行了统一的部署，从而形成了一个针对天京的布局宏大、思虑周密、环环相扣的战略包围圈。从形成战略包围到1864年前的几年中，湘军一直没有急于进攻天京城，而是致力于完成"剪除枝叶"的工作。到1864年，天京四周数百里内的太平军领地均被清军占领，天京完全暴露在了清军的炮火面前，天京成为一座外无援军、内无储备的危城。直到这时，曾国藩才决定"并捣老巢"，

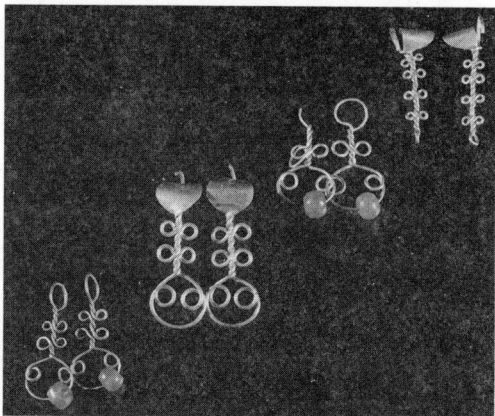

使天京顷刻陷落。

然而在与太平军征战的过程中，曾国藩可以说是失败一个连着一个，他把幕僚所写奏折上的"屡战屡败"改成"屡败屡战"，一方面是情不得已，另一方面也反映了曾国藩"打脱牙和血吞"的坚韧。

1854年4月曾国藩在长沙县乡团士绅的鼓动下，放弃率军后援湘潭的既定方针，转而率水陆各军向靖港进发，于4月28日遭到太平军的迎头痛击。事先，李元度极力加以劝阻，认为湘军主力已赴湘潭，靖港太平军防备比湘潭更为坚固，"但宜坚守，勿轻动"。但曾国藩不听劝阻，执意攻靖港。结果不出李元度所料，曾国藩羞愧交加，三次投水欲自尽，均被李元度和章寿麟救起。狼狈回到长沙后，曾国藩还想杀身成仁。当其遗嘱、遗疏拟具之后，接到湘潭方面获胜的消息，才暂时稳下心思，出而视事。

曾国藩大败之余，埋头再募兵练兵，原来的老湘军只剩了四千余人，他陆续增至水陆两师二万余众，一面修造舟师，配备炮械，塔齐布感恩知己，并不以曾国藩顶头上司自居，衷心合作，尽力协助，咸丰四年（1854年）六月中旬，曾国藩再挥水陆二师北上，发动湘军的第二次攻势，曾国藩已非当日之吴下阿蒙了。

七月初一，湘军水师"总统"褚汝航克复岳州，太平军骁将秋官又正丞相曾天养反攻，大败。初六和十四再反攻，又遭败绩。曾国藩沾沾自喜、得意洋洋，七月十五他又亲自出阵，率升用道李孟群、总兵陈辉龙两支粤桂水师，自长沙抵岳州，次日在南风大作中出队攻打白螺矶。

曾天养带几艘小船来诱敌，陈辉龙拼命地往前追，大船搁浅，动弹不得，于是陷入包围，曾天养埋伏的战船齐出，陈辉龙阵亡，水师"总统"褚汝航、同知夏銮、千总何若澧急驶救援，结果这三员大将全部受伤落水而死，陈辉龙全营覆没，褚汝航等也损失了二十多条战船，官兵弁勇阵亡好几百人。人家打得好好的，曾国藩一上来便损兵折将，而且空前惨重，他使褚汝航送了命，把他克复岳州、三次小挫曾天养的汗马功劳一笔勾销。

1855年1月13日，湘军罗泽南等陆师以锐利之气占领小池口，9日渡江，13日扎营九江大东门外之四里坡；彭玉麟等水师亦同时停泊于九江附近江面，形成水陆夹击的军事态势。清朝廷为了促成湘军尽快攻下九江，派湖广总督杨霈率兵进据广济，派副将王国才率部4000人驻守黄梅，派按察使胡林翼率兵

2000 人自咸宁东出瑞昌，以抄九江太平军后路。并且在谕旨中明确宣布，全鄂各路官军均归曾国藩统一指挥。29 日，彭玉麟等湘军水师因接连在小池口、湖口获胜，遂产生轻敌冒进的心理，120 多只轻便战船载着水勇 2000 多人，如入无人之境而浩浩荡荡驶入鄱阳湖内。此时，早已做好准备的太平军水营将士突然奋勇四出，立即塞断湖口水卡，修筑工事，安置大炮，将一部分湘军水师封锁在湖内。是日夜晚，太平军小船寻机驶入湘军船队，在岸边陆军的有力配合下，相继抛掷火球、火罐等引火之物，一举焚毁湘军水师大战船 9 只、中战船 30 只。尽管彭玉麟等拼全力指挥，终因太平军攻势强大，湘军水师心惊胆战，无心恋战，纷纷四散逃离，彭玉麟不得不率领余下的笨重船只，退据上游。从此之后，湘军水师被太平军分割为内湖和外江两个部分。在内湖者虽有轻巧的战船舢板，在外江者虽有快蟹、长龙，但因不能彼此配合，无法施展所能。这种情况的出现，就很自然地使太平军掌握了水战的主动权，湘军水师战斗力的发挥也就从根本上受到牵制。为了扭转被动局势，曾国藩在急召养病于武穴的杨载福统领原有那部分水师的同时，又将胡林翼、罗泽南等陆师调回用以加强攻击力量。然而，就在罗泽南等回防的当天晚上，即 2 月 11 日夜晚，湘军水师再次受到太平军致命性的袭击。是夜三更时分，石达开、罗大纲、林启容等率太平军将士，各以轻舟数十只入江，趁着月色阴暗、江面漆黑之便飞速冲入湘军水师船队施以火攻。顿时，湘军水师"各哨慌敌，挂帆上驶"，"辎重丧失，不复成军"。就连曾国藩的坐船亦被太平军俘虏，管驾官刘成槐、李子成被击毙，曾在坐船上的文案全部丢失。面对惨败的局势，曾国藩感到绝望之极，欲投水自尽，被左右全力救起，送入罗泽南陆师军营。在众将一番劝慰之后，才打消了自尽的念头。

当此之时，曾国藩心力交瘁，走投无路；谁知坏消息又到，原来石达开在 25 日深夜大破湘军之前，先使燕王秦日纲，趁曾国藩尽起湘鄂皖三省之兵，后路空虚，率陈玉成、韦迿等军，由宿松、太湖一带，反攻入鄂，克黄梅、推展到广济，击溃湖广总督杨霈的万余大军，再复蕲州、黄州、包围武汉。

咸丰五年正月初七，时当曾国藩九江大败 12 天后，小将陈玉成，便以雷霆万钧之势，收复汉阳，在此之前三天，翼王大发神威，留林启荣守九江，胶着湘军，他自己亲自领军击破王国才、塔齐布、周凤山各营，所到之处，如摧枯拉朽，当时的太平军士卒这样讥讽湘军：倒了塔（齐布），破了罗（泽南），飞了凤（周凤山）。

一次又一次的惨败，也曾使曾国藩灰心丧气，悲观到极点，乃至蓬头垢足、不饮不食，跑到山上去写遗嘱。但是，他的自杀行为，并非悲观失望，事情并不这样简单。一次次失败，完全是由于自己指挥不当，这种羞愤也足以让人以死相谢了。更重要的，他从小受儒家文化的教育和熏陶，为国捐躯、尽忠报国、舍生取义之类的思想，早已把他的灵魂浸透了。"愿死疆场，不愿死牖下"，是曾国藩的素质，他早已经写了"死在沙场是善终"这样的诗句。其实曾国藩也是一个平凡的人，也有着普通人的种种缺点和弱点，使他成为英雄的，不过是他最终能够战胜失败、战胜自我罢了。

曾国荃心情抑郁，经常发牢骚，曾国藩请他的心腹幕僚赵烈文去信"慰之"。但曾国藩仍不放心，以自己的坚忍成功进行现身说法，12月18日，曾国藩给他的九弟曾国荃信中说：

> 奉初九、十三等日寄谕，有严行申饬及云梦县等三令不准草留之旨。弟之忧灼，想尤甚于初十以前。然困心横虑，正是磨炼英雄，玉汝于成。李申夫尝谓余怄气从不说出，一味忍耐，徐图自强，因引谚曰"好汉打脱牙和血吞"。此二语是余生平咬牙立志之诀，不料被申夫看破。余庚戌、辛亥间为京师权贵所唾骂，癸丑、甲寅为长沙所唾骂，乙卯、丙辰为江西所唾骂，以及岳州之败、靖江之败、湖口之败，盖打脱牙之时多矣，无一次不和血吞之。弟此次郭军之败，三县之失，亦颇有打脱门牙之象，来信每怪运气不好，便不似好汉声口。惟有一字不说，咬定牙根，徐图自强而已。

种田地须除草艾，教弟子严谨交游

【原文】

教弟子如养闺女，最要严出入谨交游。若一接近匪人，是清静田中下一不净的种子，使终生难植嘉禾矣！

【译文】

教导子弟，要像养育一个女孩那样谨慎，必须严格管束他们的出入和所交往的朋友。一不小心结交了坏人，就等于在良田之中播下了坏的种子，从此这个孩子就一辈子没出息了。

【解读】

曾氏子弟多有所成就，世人皆知，所以研究曾国藩教育子弟的智慧也就成了后人颇有兴趣的一件事。曾国藩教育子弟特重言传身教，而且不遗余力。这可以从他的家书和日常言行中看出。如果把曾国藩的治家看作他教育子弟的一种方式——即"耳濡目染"，将整个家庭中的风气作为染化和培养子弟的课堂，那么也不无不可。实际上，他治家的那些语录、信条，也即是他教育子弟的内容。治家与教子是一而二、二而一，相得益彰的两件事。

人人皆望子成龙、望女成凤，期望是一回事，能否如愿那就是另外一回事了。这取决于个人之资质，更取决于外部环境，其中最重要的是教育方法。曾氏教子之道可借鉴之处颇多。从总的原则上他说："吾教子弟，不离八本，三致祥。八者，曰：'读古书以训诂为本，作诗文以声调为本，养亲以得欢心为本，养生以少恼怒为本，立身以不妄语为本，治家以不晏起为本，居官以不要钱为本，行军以不扰民为本。'三者曰：'孝致祥，勤致祥，恕致祥。'吾父竹亭公之教人，则专重'孝'字；其少壮敬亲，暮年爱亲，出于至诚，故吾纂墓铭仅叙一事。吾祖星冈公之教人，则有八字、三不信。八者，曰：考、宝、早、扫、书、蔬、鱼、猪。三者曰僧巫、曰地仙、曰医药，皆不信也。"

【事典】

谆谆教子弟，持盈保家泰

凡人多望子孙为大官，余不愿为大官，但愿为读书明理之君子。勤俭自持，习劳习苦，可以处乐，可以处约。此君子也。……凡富贵功名，皆有命定，半由人力，半由天事。惟学作圣贤，全由自己作主，不与天命相干涉。

怀鸿鹄之志之士，皆于财货看得淡，曾国藩亦如此。其看待钱财时有更广阔的视野，首先他是从天道、从国运、从家运来看财货。他说："天道五十年一变，国之运数从之，惟家亦然。当其隆时，不劳而坐获；及其替也，忧危拮据，而无少补救，类非人所为者。昔我少时，乡里家给而人足，农有余粟，士世其业。富者好施，与亲戚存问，岁时饭遗馈属。自余远游以来，每归故里，气象一变。田宅易主，生计各蹙，任恤之风日薄。呜呼！此岂一乡一邑之故哉？"

基于以上认知，曾国藩采取了馈赠这种方法，来持盈保泰，以求惜福。他说："所以汲汲馈赠者，盖有二故：一则我家气运太盛，不可不格外小心。以为持盈保泰之道，旧债尽清，则好处太全，恐盈极生亏；留债不清，则好中不足，亦处乐之法也。二则各亲戚家皆贫而年老者，今不略为资助，则他日不知何如。""送人银钱，随人用情之厚薄。一言之轻重，父不能代子谋，兄不能代弟谋。譬如饮水，冷暖自知而已。"

从另外的角度即生当乱世和不为子孙留财，以促其努力读书的角度，曾国藩做出弃余财的选择，他说："生当乱世，居家之道，不可有余财，多财则终为患害。又不可过于安逸偷惰。如由新宅至老宅，必宜常常走路，不可坐轿骑马。又常常登山，亦可以练习筋骸。仕宦之家，不蓄积银钱，使子弟自觉一无可恃，一日不勤，则将有饥寒之患，则子弟渐渐勤劳，知谋所以自立矣。""银钱田产，最易长骄气逸气，我家中断不可积钱，断不可买田。尔兄弟努力读书，决不怕没饭吃。"

人谁不爱财。君子亦如此，只是取之有道罢了。从曾国藩的理财之道中，我们所见到的不仅仅是其如何理财，更见到的是其用世之大智慧。

不流于浓艳，不陷于枯寂

【原文】

念头浓者，自待厚待人亦厚，处处皆浓；念头淡者，自待薄待人亦薄，事事皆淡。故君子居常嗜好，不可太浓艳，亦不宜太枯寂。

【译文】

一个心胸豁达的人，不但要求自己丰足，对待别人也要丰足；因此凡事都讲究气派豪华。一个欲望淡薄的人，不但自己生活淡薄，对待别人也很淡薄，因此凡事都表现得冷漠无情。可见一个真正有修养的人，日常的生活爱好，既不过分奢侈豪华，也不过分刻薄吝啬。

【解读】

凡事要讲求一个应变，变通。应变要有一套科学方法，才能应变及时，应变得当。从古到今，从中到外，应变方法千千万，概括来说主要有：以变应变，以变应不变，以不变应不变，以不变应万变，急中生智，随机应变，沉着应变，从容应变，处变不惊，待机应变，天变人应变。人家不变，我先变；围着市场转，跟着市场变。不管大千世界有多少变化，总是万变不离其宗，有规律可循。如谎言说一千遍还是谎言；狗走千里要吃屎；江山可改，本性难移；骗子的骗术再高明，总有一天要露马脚。我们要因人而异，因时而异，因事而异，针对不同情况采取不同的应变方法，去解决不同性质的问题，切忌一刀切，一锅煮。

任何事情都是一个度的问题，生活也不例外，贫与富、乐与苦都是生活的极端情况。太穷了会丧失生存的保证，太富了又容易迷失生活的目标；乐极就会生悲，苦尽才会甜来。所以善于生活的人，会在生活中找到适合自己的坐标，既善待自己，也善待别人；既不苛求自己，也不苛求别人；既不奢侈豪华，也不寡淡无味。

【事典】

处事为人不可不变通

随机应变是应变的一个基本方法。一个人、一个团体乃至一个国家、一个社会，总是处于一个具体的、复杂的、多变的环境中，面临众多的机遇和挑战。如何在激烈的竞争中立于不败之地，随机应变是一个必不可少的因素。对于个人而言，随机应变是一个人智慧的象征。从应变学来看，随机应变就是指在虑谋、施谋中所应用的策略随着具体的情况而变。古书称："随机应变，则易为克矽。"意思是说：跟随时机调整策略就容易战胜对方。

随机应变就个人而言有极其重要的意义，它能使被动化为主动，不利化为有利，获得出奇制胜、化险为夷的效果。

历史上有这样一则故事：清朝有一位官员在一柄精制的竹扇上题了一首唐

诗送给了西太后。他题的是唐代王之涣的《凉州词》。这首诗是这么写的：
"黄河远上白云间，一片孤城万仞山。羌笛何须怨杨柳，春风不度玉门关。"
可是这位官员一时疏忽，竟然漏掉了一个"间"字。西太后看罢大怒，说这
位官员有欺君之罪，我是堂堂一国之后，难道还不知道这首唐诗吗？你分明是
戏弄于我。这位官员急中生智，急忙说："启奏老佛爷，我所题的并非是一首
唐诗，而是一首词。词云：'黄河远上，白云一片，孤城万仞山。羌笛何须
怨，杨柳春风，不度玉门关'"，西太后一听，觉得很有道理，便重重地赏了这
位官员。

这则故事的准确性我们且不去管它，它充分说明了随机应变的重要性。

应变方法真不少，随机应变是诀窍。

随着情况、形势的变化，掌握时机，灵活应付，这就是随机应变字面上的
意思。作为一种能力，一种应付各种场合、情况和变化的能力，这是人们最经
常使用的方法之一，同样，它的目的也是为了保护自己，免遭羞辱或灾难。正
因为随"机"应变，所以随时可能用得着，很难预先计划。不过，作为糊涂
学的一大法则，我们更偏重于从装糊涂这个角度来阐释这个计策。其实，随机
应变的关键正是巧装糊涂，而且要装得恰到好处，不露痕迹，以应付各种突如
其来的事变。

是的，随机应变要求有反应灵敏的头脑，要求对外界发生的一切及时地作
用适当的反应，事后诸葛亮无济于事。当你面对突发的事件，意想不到的提
问，别人布置的陷阱，令人难堪的境地……出乎意料之外的情况，你能够快速
灵敏不露声色地作出正确的反应，逃避、掩饰或蒙混过去吗？这是大智大勇，
也是小计细谋。对于谋求成功的人来说，面前有多少意料不到的灾难啊！如不
能够随机应变，如不能够沉着、冷静、迅速地处理各种突发的变故，怎么能够
登上成功之巅呢？

我们知道，世界上的万事万物都是在不断发展变化的。环境在变，时势在
变，事态在变，生活在变，人类每一个个体也都在变。要适应环境、时势的更
迭，应付事态、生活的变化，就得学会随机应变之术。荀子曾说："举措应变
而不穷。"能够随着时势、事态的变化而从容应变，是一个人立身处世、建功
立业不可缺的本领。尤其是现代社会飞速发展，生活千变万化，更需要人们学
会应变，善于应变，精于应变。

俗话道：识时务者为俊杰。何谓识时务？就是能够认清客观形势或时代潮流，能够跟着客观形势或时代潮流的变化而变化，因时制宜，顺势而动。因而无论古今中外，只有识时务的人才能成为时代的俊杰。反之，如果不识时务，不顾客观条件的变化和限制，逆势而行，盲目蛮干，其结果只能是以鸡蛋碰石头——自取灭亡，或被时代的车轮远远甩在后头，最终一事无成。

在社会生活中，随机应变的主要功用在于：其一，保持主动地位；其二，变被动为主动。而其最终目的是使自己永远处于主动地位。驾驭事态发展，以实现既定目标。

宋人罗大经《鹤林玉露·临事之智》中云："大凡临事无大小，皆贵乎智。智者何？随机应变，足以弭患济事者是也。"从一定意义上说，智者就在于随机应变，借以解患济事。然而，智者不是天生的。因而学习应变之术，掌握应变之道，就显得尤为重要。

巧借闻雷来掩饰，随机应变出高招。

却说刘备投奔曹操后，两位乱世英雄，都各自打着算盘，怕被对方谋害。刘备在住所后院辟了一块菜地，每日亲自浇灌，作为韬晦之计：我不过凡夫俗子，没有野心，您曹操还是不要算计我了吧！关云长、张飞两位诚实直爽之人，哪里懂得刘备的计策。所以当二人劝说主公应当留心天下大事而不应该学种菜这种下贱的活路时，刘备总是说："这不是两位兄弟所知道的。"

一天，关、张不在，曹操派人来请刘备过去。刘备大吃一惊，但又没有办法，只得随来人入府拜见曹操。曹操绵里藏针地说："您学种菜可真不容易呀！"刘备才放下心来："没有事消遣消遣罢了！"曹操就邀刘备来到小亭里，见里面诸物齐备，盘置青梅，一樽煮酒，于是二人对坐，开怀畅饮。

酒喝到半醉时，忽然阴云漠漠，骤雨将至。随从把天边挂着的长龙指给二人看，曹操借题发挥，便问："您知道龙的变化吗？"刘备说："知道的不太详细。"曹操说："龙能大能小，能升能隐：大则兴云吐雾，小则隐介藏形；升则飞腾于宇宙之间，隐则潜伏于波涛之内。现在正是深春时节，龙能够顺应时节而变化，就好像人得志了纵横四海一样。龙作为动物，可用世上的英雄来作比方。您长期以来，游历四方，一定知道当世英雄。请您试着说说吧！"刘备说："我是肉眼凡胎，哪里能认得英雄呢？"曹操说："您就不要太谦虚了吧！"刘备仍然装糊涂："我得您的庇护，做了朝廷官员。天下英雄，真的不知道啊。"曹操说:"那么,既然您不知道他的长相,也应该听到他的名字吧。"再装糊涂是没有办法了,这条路堵死了,刘备又随机应变,另装糊涂,于是举出淮南袁术、河北袁绍、荆襄刘表、江东孙策、益州刘璋、张绣、张鲁、韩遂等人,一一被曹操否定。刘备只好说:"除这些人之外,我实在不知道了。"

曹操说:"所谓英雄,是指胸怀大志,腹有良谋,有包藏宇宙之机,吞吐天地之志的人啊!"刘备说:"那么,谁能称作这样的英雄呢?"

曹操用手指指刘备,又指指自己,说:"今天下英雄,只有您与我罢了!"

沉闷的空气一下子凝结住了,曹操看似不经意的话,其实不仅是一种试探,更包藏着杀机,且不说刘备正在曹操的府上,即使在外边,如果证实了曹操的推测,他也不会放过刘备的。这真是箭在弦上,一触即发啊!

刘备听后大吃一惊,到底被曹操识破真面目了。那么,自己的韬晦之计毕竟没有瞒着奸雄曹操,如果这时默认或辩解,都无济于事,慌乱之中,手中的汤匙和筷子掉到地上。恰在此时,大雨将至,雷声隆隆,随即从从容容、不动声色地俯下身子,捡起了汤匙和筷子,又不紧不慢地说:"雷声一震竟有如此大的威力,我的匙筷都掉了。"

曹操笑着说:"男子汉大丈夫也害怕雷吗?"刘备说:"圣人见到迅雷风烈还变色哪,怎么能不害怕呢?"一句话就把听到曹操的话而吃惊落匙的原因轻轻掩饰过去。曹操果然相信了刘备的话,认为他打雷还要害怕,可见不是真英雄了,也就不再怀疑刘备了。

刘备表现出的怯懦和随机应变的言行免除了曹操的猜忌,保住了身家性命,不久,便逃走了,建立了一番大功业。

随机应变的表现有很多种,其中最基本的是在不同情况下作不同的处理。同样面对强敌,可以采用游击战以拖垮敌人,可以采用包围战以全歼敌人,可以采用声东击西来迷惑敌人,可以采用伪装撤退来反击敌人,可以采用空城计吓退敌人……同样是空城计,仍然是很灵活的。诸葛亮确实无兵可守,而司马懿过于奸猾,不会相信一生谨慎的诸葛亮会冒此大险。叔詹唱空城计,是因为他知道对方不会冒险。如今且说一个最早的唱空城计的故事。

楚国第一美人息妫,是楚文王的宠妃。楚文王死后,弟弟公子元想把息妫搞到手,但碍于叔嫂名分,还不敢登堂入室,强行接收,就想出一个软办法——感化嫂子,但等瓜熟蒂落,水到渠成。就在息妫寝室附近,大筑馆舍,日夜歌舞,唱些"黄色"歌曲,挑拨嫂子的春心。还买通了息妫的近侍,以随时知道嫂嫂的反应。

息妫听到了这种热闹声,就问近侍是哪儿的舞乐。近侍告诉她是令尹(宰相)为她开的舞会,因为公子元深知她的寂寞,想让她开心。

息妫似乎明白了是怎么回事,思索了一会儿,说:"我的丈夫生前没有出去打过仗,弄得声望日下,受人闷气。阿叔身为行政首长,应当想法重振国威嘛!"

公子元知道了嫂子的反应,心里乐滋滋的,为了投其所好,便决定外出打个胜仗,耀武扬威一番,好争得嫂嫂的欢心。于是立即遣兵调将,倾国动员,浩浩荡荡杀奔邻邦郑国去。

郑国是一个小国,兵力远不及楚国,忽然碰到一个强盛的邻国进犯,简直不知所措。郑文公慌忙召集一班文武大臣前来商议,寻求应急之策。很自然,出现了分歧:有人主张纳款讲和,有人主张固守等结盟的齐国前来解围,有人主张展开决战。只有叔詹不开口,他正默默地沉思,被郑文公问到时,就说:

"依老臣愚见,三位的高论之中,我是赞同第二种意见。我估计,敌人不久就会撤去的。据我所知,楚国历次出兵,从未出动过这么多军队的。这次,公子元的动机,没有一点政治目的,只是想讨好他的嫂嫂罢了,只是要求一个小小的胜利,装装门面罢了。"

说话间,情报部门说敌人先行部队已越过市郊,快要打进城来了。叔詹说:"老夫自有妙计!"

于是,叔詹负起了防城责任。他下令军队统统埋伏在城内,大开城门,商店照常营业,百姓往来如常,不许惊慌失措。楚兵先行部队已经来到。先行官一见这般模样,先是疑惑,继而料定对方必有准备,故意设下这条诡计,骗入城去包围歼灭,还是请示主帅吧!便下令本军就地扎营。

不久,公子元率大军来到,先行军诉说了城里的情况。公子

元很吃惊，立即走到一个高地上察看一番，只见城里到处埋伏着军队，刀剑林立旗帜整齐，心里纳闷儿，猜不透这葫芦里卖的什么药。

跟着后卫统帅也遣人送来情报，说齐国已联合了宋鲁两国，起重兵来解郑国的围了。

公子元大惊，急忙对各将领说，如果齐军堵截我军的退路，那么就前后受敌，结局是可想而知的。

然而诸位将领并不明白这次征伐的本意，主张速战速决，先拿下郑京再说。公子元自然不会接纳这种意见，他所想到的不是军事价值，更不想冒失利或失败的危险，因为万一失利，怎么讨得嫂嫂的欢心呢？这几天之内就直捣京城，也算是争了面子了，对美人也有交待了，还是三十六计，走为上策。于是暗传号令，人衔枚，马摘铃，连夜拔寨回国，又怕郑军会乘机追击，于是把所有的营幕保持不动，遍插旗帜，以疑惑郑兵。

公子元悄悄溜出郑国境内之后，才让军队鸣锣击鼓，奏起凯歌。这边叔詹到天明遥看楚营，毫无动静，飞鸟盘旋，于是知道楚兵已经撤走了。叔詹准确地预见到一切，除了没有想到楚兵也用空营计来迷惑郑国。

不久，齐军等联军果然出现了，见楚军已尽数撤退，便也收兵回国。

于是大家十分佩服叔詹的机智和勇敢。

叔詹随机应变，由于准确地揣摸到对方只想得到一个不失面子的名声而并不以军事胜利为目的，所以不必与他硬拼，只要吓唬他一下，他在危险面前会自动撤离的。可见，叔詹的应变能力是很强的。

随机应变，就是要抓住机遇及时地应变，做到神不知、鬼不觉地不动声色地解困窘。

张乖崖，宋太祖时为成都太守，当时天下初定，战火方熄，人心惶惶不安。

一天，集合军队大校阅，张乖崖刚出现在校阅场，众人就对他高呼万岁万岁万万岁。这只能用于皇帝的称颂，张乖崖一下就明白了：这是要他做皇帝，推他为王哩。张乖崖随机应变，当即下马，向着东北天子所在的方向，也高呼三声万岁，随后上马继续前行。这是故意装糊涂曲解大家的意思，表示他知道这是大家对宋太祖高呼，而不是对自己。众人看张乖崖没有称王的意思（当时宋太祖赵匡胤也是"黄袍加身"轻易地登上帝位的），也就不再喧闹了。韩魏公（韩倚）听到此事之后说："在那样的情况下，我也不敢处理。"

宋仁宗久病无法上朝处理朝政，一天，病情大为好转，很想见宰相，于是便在便殿里，宣召宰相吕夷简。

吕夷简接到诏命，过了好些时候才前往。当时宰相赞公获命之后，很快就赶到，而昌夷简依然自在地慢慢前往。

见到仁宗之后，仁宗就说："久病才刚有起色，很高兴和你们见一面，为什么还这样慢慢地来呢？"

吕夷简从容地上奏说："陛下身体违和，天下百姓，朝廷内外，都非常忧虑，而今突然召见左右近臣，如果臣等人急速奔驰进宫，恐怕会惊动内外啊！"

皇上因此认为吕夷简的作为非常符合宰相的身份。

如果没有随机应变的能力，很多事情会很棘手；有时虽然大错已经铸成，但应变过来，就有"走过去前面是个天"的境界。有时仿佛山穷水尽，然而忽然会像看到了天台、雁荡那样的高山，洞庭、鄱阳那样的大湖，这种应变的能力实在是人生的大智慧，其作用简直是"柳暗花明又一村"呢！

韩雍19岁时派到江西去考察。当时有封诏书下达给镇守的宦官，却被御史误以为是给自己的，错开了诏书的封志。当他发现自己误拆诏书后十分害怕，向韩雍请教办法，韩雍让他宴请宦官，而自己亲自来替他解祸。第二天，他在诏书上假造了一个封志，而把旧的封志装在怀里。等到宴会进行中，他派送信件公文的邮卒拿了这封诏书交给自己，他假装不知道这回事似的打开了诏书，略微读了一两句，就吃惊地说："这不是我应当知道的。"马上让官员将诏书还给宦官，在给诏书加封志时，他已把怀中所藏的旧封志暗中换上了。韩雍起立道歉，还作出要对邮卒行杖刑的样子，宦官认为他很诚实，反过来还替邮卒说好话，对他进行劝解，大家欢饮而罢。

另一个典故说，有个御史使那个县的县令很生气，县令暗地里派宠爱的人去侍奉御史。御史同那县令宠爱的人很亲切，于是那人就乘机私下里偷走了御史小箱子里的印章。御史找印，发现印不见了，怀疑是县令做的事，但怕县令把把柄张扬出去，又不敢说出来，于是推说有病，不处理政事。他曾听说过某县学教官有出众的才能，乘着那教官来探望病情时，他把县学教官叫到床头，向教官述说了上述情况。教官叫御史半夜在厨房中放火，火光照亮了天，郡县官员前来救火，御史拿着放印的小箱子交给县令，其他官员也都各人有自己照看的东西。火被扑灭之后，县令呈上放印的箱子，印就在里边了。有人说，这县学教官就是海瑞，不知道究竟是不是。

所以，随机应变在许多场合中都是靠了装糊涂才成功的。这种装糊涂有进攻型的，也有退却型的，不同的场合要灵活运用，以谋求解决问题的最佳方式。

假如有人当着你的面说"你真无聊"或"你太差劲了"，等等，你会怎么办呢？发脾气？反唇相讥？或者环顾左右而言他？或者调侃过去？聪明的人自会随机应变，不失身份地遮掩过去，以免双方都很尴尬。

随机应变大致可以分为三种情况，即行为性应变、心理性应变和言语性应变，这三个方面是相互交叉、相互融和、相辅而成的。在不同的场合，采用不同的应变，既显示自己落落大方，多谋善断，也会使紧张的气氛松弛下来，使尴尬的场面变为活泼。这样好像有些脸皮厚，或者死要面子，但结果总是令各方面满意，何乐而不为呢？当一个将军讥讽拿破仑的身体矮小时，伟大的拿破仑极威严地说："冲上去，否则我会立即消除你我（身体）的差别！"这就有一种调侃味儿。

一位刚刚就职的总统，举行记者招待会。一位记者问这位总统关于军费开支的情况，这位总统尚不知详情，若说无可奉告，等于交了白卷。他灵机一动，反问记者："你能保密吗？"记者深感意外，想不到总统掌握国情如此神速，便操起话筒准备收录，并表示："我一定为您保密。"没想到这位总统说："我跟您一样，也能保密。"记者录下的是一个婉言的"无可奉告"，却又不好意思再问。

随机应变，是应变学中一个重要原则和根本方法。只要你善于识机，抓住良机，应机而动，应机而行，最后的结果定会使你心满意足。

立身要高一步，处世须退一步

【原文】

立身不高一步立，如尘里振衣，泥中濯足，如何超远；处世不退一步处，如飞蛾投烛，羝羊触藩，如何安乐。

【译文】

立身处世如不能保持超然态度，那就像在尘土里打扫衣服，在泥水中洗濯双脚，如何能超凡脱俗出人头地呢？处理人事如不抱留有余地的态度，那就像飞蛾投火，羊角撞藩，怎么能使身心感到安乐愉快呢？

【解读】

要得成大事业，立志必须高远，为了成其大志，要沉得住眼前利益的诱惑。鲁迅指出："儒者柔也，孔也尚柔，但孔以柔进取。"曹操虽非儒家一派，但其巧智深藏这一点也不比儒家逊色。他通过各种手法，表面上收敛锋芒，隐藏才能行迹，掩饰政治野心与志向，解除对敌人的威胁感，麻痹政敌，实际上是等待时机，以实现预谋的政治目的。

站得高，才能看得远。一个人具备丰富的学识、深厚的修养，对人对事才会有符合常情的看法，处世才能够大度、宽容、谦让，以退为进，获得美满的生活。相反，一个人如果不积累自己的学识、加强自己的修养，对人对事就会有偏激的观点，做事就会急功近利、斤斤计较，目光短浅，一辈子也不会有出头之日。

【事典】

"做土皇帝，孟德不为"

曹操作为魏国实际上的开国君主，完成了黄河流域的统一，使中国北方的生产得到极大的恢复，为日后司马氏统一全国奠定了基础，这是他作为一个杰出政治家的不朽功绩。但想当初如果曹操在讨董卓失败后，没有走上割据称雄之路，而是死抱着忠于汉室的观念追随汉帝左右，那么史书上也不会出现赫赫有名的魏武帝了。在兴复汉室还是割据称雄这关键一步上，曹操还是选择了后者。

曹操称雄但不做土皇帝，他要的是称雄天下。特别是当初讨董联军散伙后，摆在他面前的路有三条——一是依附于一个强大的势力，比如袁绍，做一个胸无大志，满足于割据一方的军阀。这是下策，曹操绝不会这么干的，所以在此之前他已经拒绝了袁绍。第二条路就是他对袁绍等人所说的"西向"，孤军讨董。这样做虽可以青史留名，天下景仰，但成功的可能性几乎为零，只有可能成仁；如果马上跟袁绍翻脸，那同孤军讨董的下场肯定也差不多。所以这条路也走不通，但同下策比，勉强是个中策。而鲍信的建议却是上上之策，即走个人发展之路。这便是第三条路，这样做可以站稳脚跟，积蓄足够的力量之后去消灭董卓，并消灭可能成为第二个董卓的其他割据者。并且曹操走上割据之路不同于其他割据者，他可以说是被迫的，这样做，同他忠于汉室的初衷并不矛盾。

曹操转而经营河南，可以说找准了努力的目标，方向对了，万事开头难，成功已经不是很渺茫的了。

中国历史上成就一番事业的帝王们，在起事之初，几乎同曹操一样都有相似的经历。东汉光武帝刘秀本是绿林军中一员，拥戴更始帝刘玄为正朔，昆阳之战，忠心赤胆，为绿林立下汗马功劳。但绿林诸将出身寒微，胸无大志，并不是坐天下的材料。刘秀在看透这一点后，也毅然脱离绿林阵营，来到河北，收服铜马军，走上发展个人势力的道路。这才使刘汉社稷得以延祚。如果光武帝始终同绿林在一个营垒里，只怕就会为刘玄陪葬了。

除汉光武外，唐高祖李渊、明太祖朱元璋也走的是这条道路。曹操前有古人，后有来者，走的是历代成功的必由之路。

正如曹操起初不愿拥兵太多，怕多兵意盛，与强敌争，反自招祸。如果说，刚开始时他斟酌形势，怕过分引起人们的注意，确曾有过这种不宜多兵的想法的话，那么，不久铁的事实教育了他，他意识到，自己没有相当的兵力和地盘：第一，必然受制于人；第二，说话没人听；第三，靠仅有的微弱的兵力难成大事。因此，后来的曹操已不是"不欲多兵"，而是急于扩大自己的势力。

曹操此时明白，不能盘踞在一个地盘上不思进取，坐吃山空，必须扩大势力，积极发展，凭自己的实力去"打"江山。

纵观中国历代王朝，更迭之法大致有二：一曰夺天下，一曰打江山。所谓"夺天下"，夺时必是幼主当国，孤儿寡妇好不凄惨；或者主虽不幼，但却很弱，手无实权。而"夺"天下之人肯定是位高权重，久怀不臣之心，趁机而动。典型如王莽篡汉。王莽是太皇太后王政君的亲侄子，平帝即位后，官拜大司马，总揽朝政，野心逐渐膨胀。为了控制汉平帝，在皇帝仅12岁时就给他定了亲，娶了王莽自己的女儿，王莽一下子又成了"国丈"。在此之前，王莽早就当上了西汉祖制所无的"安汉公"，显贵无比。王莽为了能取代刘家天下，可谓机关算尽，先杀害了平帝的生母，听说平帝口出怨言后，索性连皇帝也给毒死了。然后立一个两岁幼童为帝，襁褓之中的幼童自然不会反抗，任人摆布。于是王莽篡了汉室天下，建立了"新朝。"

与王莽篡汉类似的如司马氏代魏、南北朝时期北朝的北周代西魏、北齐代东魏及南朝宋、齐、梁、陈的更迭、隋文帝杨坚代北周、朱温灭唐、宋太祖赵匡胤"陈桥兵变"等，江山并不是他们打来的，而是承人之危，捡了个大便宜。当然，这里面也有些王朝，如西晋、隋、北宋在建立后也进行了统一战争，但王朝的建立主要不是靠"打"，而是"夺"。

所谓"打江山"，必是微贱布衣或低级官吏，提三尺剑，凭集团之力，亲冒矢石，出没军阵，逐灭群雄，定鼎新朝。典型如西汉高祖刘邦，这样一个不入流的小官终于战胜强悍无比的西楚霸王，最后成就大业；东汉光武帝刘秀，没落皇族子弟，降赤眉、破绿林，得陇望蜀，才得续延汉祚；明太祖朱元璋出身更是贫贱，少时父母双亡，连年的灾荒使兄姐亦多亡故，不得已出家为僧，行乞化缘。投军之后，更出生入死，曲意逢迎，才有了自己一点人马和一块地盘。最后消灭了一个个比自己强大得多的对手，逐走蒙元，建立大明二百八十余年江山基业，实是不易。

曹魏的建立之法一般人把其归为"夺"。而且曹氏篡汉后，汉祚并未消亡，既然有正统在，那曹氏就是典型的"篡逆"、"汉贼"了。曹操的名字和王莽连在一起，因为他们都篡汉，所以"莽操"并称，而不管二人的作为有多大的不同。封建史学家们对曹操的功绩视而不见，抱着正统观念，硬说曹操篡了汉室天下。千百年来，这成为加盖在曹操身上掸拂不去的污尘。可实际上，当曹操举起兴兵讨董卓的义旗时，汉朝皇帝已经没有一块可以任由他发号施令的国土了，他不过是权臣手中的一个傀儡而已。曹氏父子所建立的魏国，绝非篡自汉朝，而是靠曹操戎马一生，一刀一枪打下来的。汉朝皇帝也正因为有了曹操，才可能做了几十年的太平天子（尽管是名义上的），而没有倒在军阀混战的血泊中。

曹操最后被谥为"武帝"，依照谥法，"克定祸乱曰武"。这概括了曹操一生的主要功绩。曹操是一位马上"皇帝"，他一生的主要活动都和打仗有关，和争地有关。曹操的天下是动手争来的，不是坐享其成，满足于"土皇帝"的结果。他人生的精彩之处也在这里表现得淋漓尽致。

　　而与曹操同时代的人，如袁绍、刘表等虽也可称一代英雄，但同曹操相比，却已逊色不少。如刘表是东汉末年割据一方的豪强，曾占有湖北、湖南等地方。对军阀混战，持观望态度，后为荆州牧，所居地区破坏较少。中原人前来避难者甚多，其中就有诸葛亮等一批高人，但他无进取之心。

　　《三国志·刘表传》说刘表："字景升，山阳高平人也。少知名，号八俊。长八尺余，姿貌甚伟。以大将军掾为北军中侯。"

　　荆州是刘表的根据地，司马彪《战略》中记载：刘表初入荆州时，当时江南有些刘姓宗室据兵谋反，刘表用蒯越之计，"示之以和"，骗来这些人，"皆斩之"。

　　董卓旧部李傕、郭汜攻入长安后，欲联合刘表以为外援，便封刘表为镇南将军、荆州牧，封成武侯、假节。这时，皇帝被曹操迎到许昌，并以许昌为都城。刘表一方面向皇帝纳贡，同时又与北方的袁绍相勾结，从而周旋于董卓旧部、袁绍、曹操这三大势力之间。他手下的治中邓羲劝刘表不要这样做，刘表不听。接着裴松之有一段注，引《汉晋春秋》记载的刘表回答邓羲的话："内不失贡职，外不背盟主，此天下之大义矣。治中独何怪乎？"

　　后来，长沙太守张羡背叛刘表，刘表围之连年不下。后张羡病死，其子张怿代立，刘表随即攻打张怿，得胜。于是刘表"南收零、桂，北据汉川，地方数千里，带甲十余万"。

　　当曹操与袁绍在官渡对峙时，袁绍曾派人向刘表求助，刘表答应了却不派兵去，但也不帮助曹操，"欲保江汉间，观天下变"。

　　事实上，刘表的中立自保，也不能成全其基业，这一点，在袁、曹官渡对峙时，刘表手下的从事中郎韩嵩、别驾刘先就指出过："豪强并争，两雄相持，天下之重，在于将军。将军若欲有为，起乘其弊可也；若不然，固将择所从。将军拥十万之众，安坐而观望。夫见贤而不能助，请和而不得，此两怨必集于将军，将军不得中立矣。"

　　曹操确为一个不满于现状，占山为王的枭雄。为人者，不能光有其表，而没有其实，要勇于进取，有远大志向，不能满足于一时的安逸，做土皇帝。

　　守着一块小天地自保，最终会被邻境者吃掉。在被人吃掉前不如先去吃掉别人。

道者应有木石心，名相须具云水趣

【原文】

进德修道，要个木石的念头，若一有欣羡，便趋欲境；济世经邦，要段云水的趣咏，若一有贪著，便坠危机。

【译文】

进德修道磨练心性，有一种木石般坚定的意志，如对外界的荣华富贵有所羡慕，那就会被物欲所困惑。经世济民治国安邦，须有一种行云流水般的淡泊胸怀，如有贪恋名利的念头，就会陷入危机四伏的深渊。

【解读】

为了小节而失掉大义，是鼠目寸光的人的所为。众所周知，"置之死地而后生"是指在最危险的环境中，凭借个人的胆识和大无畏的牺牲精神，而最后生存了下来。这句话源自于《孙子·九地篇》："投之亡地然后存，陷之死地而后生。"意思是，把自己投入危地而能保存，使士卒陷入死地而后生存下来。

刘邦是厚黑大师李宗吾特别推崇的一个人，他说刘邦厚而无形，黑而无色，达到了厚黑的最高境界。的确，世人也都谓刘邦之心太黑，竟说出"烹煮我父，分我一杯羹"的话。刘邦果真是这样的人吗？虽然他曾经在逃亡的道路上还有过"三弃骨肉"，但他是为了图大业。而在他的父母被项羽用作人质威逼他时，才说出这样的话。无怪乎，当时项羽对此感到太意外，由于项羽心如仁妇，黑不起来，而刘邦又狡诈多端，所以他不忍心杀刘邦的父母。从后来项羽大败垓下，自刎乌江时说的那席话，我们足可以透视其一生：脸皮薄，又爱面子，脸拉不下来，所以又不够厚。刘邦正是抓住项羽这一心理缺点——不够厚黑，所以方敢这样说。刘邦虽黑，并非无情无义，他也懂"无情未必真豪杰，怜子如何不丈夫"的道理。事实上，我们从厚黑的角度出发，发现这是刘的一种豁达，一种知己知彼而作出的生死抉择。

不论修身养性，还是成就事业，都必须意志坚定、心志高洁，如果私心杂念过重，名利思想过浓，不仅事业无成，还会身败名裂。所以要想成就一番事业，必须有一种超脱欲望、淡泊名利的胸襟，还要有经邦治国、为民请命的大志，再者要具备以退为进、能屈能伸的达观态度。

【事典】

与民休息，安生产

国泰民安，政权稳固是每一个君主所追求的目标，只有人民安居乐业了，国家政权才可以稳固，经济才能繁荣昌盛。人民水深火热，民不聊生，国家则亦危在旦夕，人民安定了，国家才能安定，秦王朝灭亡的历史教训是深刻的。

经过秦末农民大起义和楚汉相争，连年的战争与破坏，造成了人口的大量死亡，土地的大量荒芜，政治、经济秩序遭到严重破坏，社会的生产无法正常进行。因此，在刘邦刚刚建立西汉王朝的时候，社会显现出满目疮痍、一片凋敝之景。当时的人口，死的死，逃的逃，只及秦代的十分之二三。贵为皇帝的刘邦，要想找4匹同颜色的马来拉他的车，都办不到，将相只能乘坐牛车。而广大的人民群众，则是吃了上顿没下顿，根本谈不上有什么积蓄与储藏。

刘邦建立的汉王朝，面对此情此景，第一要务当然是尽快安定社会的政治经济秩序，迅速恢复社会的生产活动，医治社会战争创伤。否则汉王朝就会失去它的统治基础，不要谈长治久安，就连片刻的安宁都难以维持。

对任何一个王朝来说，战争一结束，所要做的事就是尽快恢复经济，把老百姓们从缺吃少穿的窘境中解脱出来。与民休息是当务之急的大事，民富则国安，民乏则思乱，这个道理人人都懂。与民休息才可富国，国富才可兴邦，否则一个没有经济基础的王朝想要图存发展，简直是不可能的，弄得不好仍然会爆发像秦末农民起义那样的社会动荡。刘邦对这些事情也心知肚明。所以，即使在他镇压异姓王的时候，也是采用了极少用兵的策略。比如在征陈豨的时候，就先派人买通了陈豨手下的将官，才发兵攻打。

称帝后不久，刘邦立即颁布了一系列政策法令。这些法令的出台，基本目的就是：全力医治战争创伤。

比如那个著名的罢兵赐复诏书规定：

军队全部复员，士兵各自回家。凡跟随刘邦打天下的原山东6国地区的士兵，愿意复员后留在关中地区者，可以享受12年不服徭役的优待。不留在关中地区、回到自己家乡的复员士兵，则可以享受6年不服徭役的优待。

在战争中有许多老百姓为逃避兵祸，逃亡到山林之中聚众自保，没在国家的户籍中登记。如今天下已定，命令他们应各自回到原县，恢复他们原有的土地、房产、爵位。地方官吏一定要向他们宣讲政策、法令，不得侮辱和伤害他们。

诏书还命令在战乱中聚保山泽的人各归本土，恢复故爵、田宅。它规定："民前或相聚保山泽，不书名数，今天下已定，令各归其县，复故爵田宅。"这些恢复故爵、田宅的人，多为秦时的地主贵族。刘邦政权除使他们优先获得田宅以外，还获得若干户租税封赏。这些人就成了新形成的军功地主，他们一开始就是汉王朝的主要支柱。这一措施，是对旧的封建势力的扶植，对全面恢复封建秩序自然很有好处。

刘邦的这道罢兵赐复诏书，使得数十万跟随他打天下的将士，一朝解甲归田，并让他们享受免役的待遇，赐给他们爵位。并对具有第七级公大夫爵位以上者，给予列侯才能享受到的食邑待遇。这就为新生的汉王朝建立了一个新军功地主阶层，这一阶层成为汉王朝的社会基础与骨干力量。他们对于汉王朝的巩固与发展产生极为巨大的积极作用。

诏书又说："公大夫、公乘以上，都是高级爵位，跟随我打天下的将士们，许多人都具有高级爵位。为此，我曾经多次命令办事的官吏们，应该优先给予这些人土地和房屋，优先落实他们应该享受的待遇。因为高级军爵和享受食封的人，都是我皇帝所尊重和应该给予礼遇的人。而他们却长时间地站立在官吏的面前，得不到他们应该享受的待遇，这实在是很不应该发生的事情。在秦王朝统治时，老百姓凡是具有公大夫以上爵位的人，就可以与县令平起平坐，很受尊重。我现在对爵位并没有轻视，下面的官吏怎么敢如此地对待他们？论功赏赐土地和房屋，这是明文规定的法律，可现在的情况是，那些没有跟随我打天下的小官吏们却占有了不少的土地和房屋，而真正立有军功的人却得不到他们应该享有的土地和房屋。这种背公立私的行为与现象之所以会产生，是因为地方上的郡守、郡尉和县令、县长们没有好好教训他们的属下。从今以后，一定要命令所有的官吏们好好对待具有高爵的人，以让我满意。凡是经查实不按我诏书的规定行事的官吏，一定严惩不贷。"

除了罢兵赐复，因饥饿自卖为奴婢的人，也要一律免为庶人。农民为了生存而自卖为奴婢，实是不得已而为，他们的处境是十分悲苦的。而且，这样做的结果，是把若干劳作在生产第一线的农民变为富人、贵族的家奴，这就直接减少了农业劳动力；退一步说，即使有一部分自卖为奴婢的人到主人家后仍是从事农业生产，他们的主人必然千方百计地使他们逃漏徭赋而独吞其劳动成果。所以，汉王朝规定："民以饥饿自卖为人奴婢者，皆免为庶人。"这样不仅使汉王朝得到大量劳动力，也可增加其徭赋的收益。

从宏观的历史角度讲，把由于饥饿而卖为奴婢的人释放为自由人，这是一种历史的进步，当然得到人们的肯定。

刘邦一纸诏书，解放了几十万人的劳动力，而且这些人得到了免役的待遇，又得到了爵位，不但在经济上有了保障，而且在政治上也有了地位，这样就形成了一个新的地主阶层，这一阶层成为汉王朝最为坚决的拥护者。并且，他们有土地和房屋，在和平时代可以生产，为国家创造物资财富，一旦到了战时，他们为了维护自己的利益，就会自觉不自觉地站到国家的立场上来，竭力保护王朝及自己的既得利益。

诏书对战争以前一般官吏的政治地位、经济状况均加以承认，并对跟随他打天下的将士们，给予种种优待。可以说，除极少数的刘邦的敌对分子外，社会上的绝大多数人，都从这道诏书中得到了利益，确实具有安定天下、与民更始的政治作用。它对于恢复社会的秩序，医治战争创伤，产生了不可估量的巨大作用和影响。

刘邦称帝后，几乎每年都颁布大赦令，赦免罪犯。

汉高祖五年（公元前202年），刘邦在登基前就赦免了死刑以下的罪犯。登基后的六月壬辰日，又颁布了一次大赦令。六年的十二月，因逮捕了齐王韩信，发布了大赦令。八年秋八月，又颁布赦令，赦免官吏中犯罪而没有被发觉的人。九年正月的丙寅日，赦免死刑以下的罪人。十年秋七月，因刘邦的父亲逝世，赦免栎阳狱中死罪以下的罪犯。九月，又因代国陈豨叛乱，刘邦下令赦免跟随陈豨造反而能弃暗投明的官吏和百姓的罪行。十一年，因平定陈豨叛乱，立子刘恒为代王而大赦天下。又因英布造反，赦免天下的罪犯。

如此频繁地颁布赦令，一方面为新生的汉王朝营造了一个政治上宽松的气氛，另一方面也使许多罪犯免除了牢狱之灾、肉刑之苦，还使他们中一些人的家属免于做政府的奴婢。这些人无疑都会参加生产活动。因此，刘邦赦免罪犯的举动，不仅可以起到政治上收买民心的作用，同样也会收到促进经济发展的作用。

经济方面，刘邦注重发展农业，鼓励复员士兵从事生产。农业要发展，土地是关键。为了使弃耕的土地得以充分利用，刘邦早在楚汉战争时期，就命令开放过去秦王朝的苑囿园池，准许无地或少地的农民垦殖。他称帝之后，进一步落实"以军功行田宅"的政策，按军功的大小和爵位的高低，赏赐给从军吏卒数量不等的土地，使他们成为自耕农或中小地主。

刘邦还用轻徭薄赋的政策来调动生产者的积极性。

汉朝的徭役制度基本上沿用秦朝规定，但在执行时有很大宽度。秦代男子法定服役年龄段是 15～60 岁，但由于秦统治者急功近利，大兴土木，实际征发时还常常超过这个年龄段。刘邦则把它缩减为 23～56 岁。他对服役的天数也作了严格规定：每年在本郡或本县服役一月，称"更卒"，主要从事筑城、修垒或其他社会公益劳动；每人一生中到边疆戍守一年，称"屯戍"；到京城服务一年，称"正卒"。一般情况下按规定执行，如果条件允许，还适当予以减免。刘邦爱惜民力，注意减轻人民负担，这十分有利于经济的恢复与发展。

刘邦还注意吸纳各方面的人才，帮助他治理天下。他曾在汉高祖十一年（公元前196年）二月下诏说："周文王是王者的榜样，齐桓公是霸主的榜样，他们之所以能成就功业，那是因为他们都能得到贤人的辅佐。如今天下的贤人、能人难道比古代少或不如古代吗？主要的原因还在于人主不愿意主动结交他们，使他们无法脱颖而出施展他们的才华。如今，我仰仗上天的保佑和贤士大夫的辅佐取得了天下，使四海之内成为一家。我希望这种局面能长久地保持下去，子孙们能够世世代代保有江山社稷，永不断绝。既然贤能的人已和我共同夺取了天下，我希望他们和我共同努力来安定天下、共享长久之利。因此，凡是愿意和我一起共同治理天下的贤能人士，我将使他们尊贵。这个诏书要布告天下，使天下的人都能明了我的用意。此诏书由御史大夫周昌下达给相国萧何，相国萧何下达给各诸侯王。御史执法下达给各郡郡守。凡在自己政区的贤能人士，郡守必须亲自上门劝勉，让他们为国家服务，并为他们安排好车马，让他们到京城的相国府登记。凡是在自己的政区内有贤能之士，而地方官不向中央申报，如经查实，则免去其地方官职。只有这些贤能之士年老或有疾病，才可以不将他们遣送到中央来。"

为鼓励人口的增长，刘邦于汉高祖七年（公元前200年）正月，还颁布了一项诏令：老百姓凡生儿育女的，可享受两年不服徭役的优待。

至于如何处理好农业生产和工商业的关系，一直是中国封建社会的一个重要问题。战国以来，弃农从商的情况就相当严重，它对封建社会的基础产业——农业，起着瓦解和破坏作用。秦始皇时便加以限制，西汉初年，随着社会生产的恢复，商人经济势力又有膨胀。弃本逐末的人多了，投入农业的人就少了。而且，商人"以末致财，用本守之"，即用经营商业和高利贷赚取的大量金钱来兼并土地，造成大量农民与土地的脱离。这既危及封建的经济基础，又不利于社会的稳定。另外，不法商人还挖空心思扰乱物价和金融。汉初国家力量有限，允许民间铸钱。奸商们铸钱时掺杂铅铁，滥造钱币。他们还利用荒年或战乱，低买高卖，囤积居奇，更是加重了农民的负担。

基于此，汉初实施压抑商贾的政策，规定对从事工商业的人另立户籍，称为"市籍"。拥有市籍的人在政治和社会地位上受很多限制。比如：汉高祖八年（公元前199年）三月，刘邦下令："商人不得穿丝织的衣服，不能携带武器，不能乘车骑马；本人及子孙不能担任官职；在经济上要加倍征收算赋，所雇用奴婢的算赋，也由主人交纳。"

刘邦的轻徭薄赋政策，为后来的吕后、文帝、景帝所继承；刘邦的赦免罪犯政策，后来演变成汉文帝的尚德缓刑的治国方针；刘邦的要地方官劝励贤能之士进京的诏书，则为汉代察举制度的滥觞。可以说，正是刘邦的这一系列政策的颁布与实施，奠定了汉代文景之治的基础。所以班固在《汉书·高帝纪》中说刘邦称帝后，"虽日不暇给，规摹弘远矣"，也就是说刘邦虽然在称帝后，一直忙于镇压各地的异姓诸侯王，几乎没有过过一天安定舒适的太平日子，但他却能念念不忘国家的长治久安，制定了一系列影响深远的方针政策。应该说，班固对刘邦的这种评价，是十分公允而正确的。

经过一系列的法律制订和解放劳动力的措施的实行，战争年代那种"千里荒地无人耕"的局面已经改变。那些从军队、奴婢、监狱中解放出来的劳动力，大多加入到了农民的队伍中。社会生产逐步恢复，社会秩序也渐渐稳定下来。此时的汉朝，即使有人想造反，也不会有人跟随了。

民为邦本，任何一个政治集团在取得胜利，获得政权后，能够懂得与民休息，都不失为明智之举。刘邦尤其重视这一点，诏书连连，足见其心之切。这些事实证明了他不愧为一代专制明主，证明了他务实求效、长治久安的政治风格。

多心招祸，少事为福

【原文】

福莫福于少事，祸莫祸于多心。唯苦事者，方知少事之为福；唯平心者，始知多心之为祸。

【译文】

一个人没有比无事无端更幸福的了，一个人没有比疑神疑鬼更可恼的了。只有那些整天奔波劳累的人，才知道无事是最大的幸福；只有那些心如止水的人，才知道多心是最大的祸患。

【解读】

多事是辛劳之源，多一事不如少一事；多心是是非之根，疑心过重不如平心静气。猜忌多疑是为人处事的大忌，既不利于团结，又往往自寻烦恼，因此既要相信自己，同时又要相信别人。所谓"君子坦荡荡，小人长戚戚"，就是说一个光明磊落的人于人于事自然俯仰无愧，既不须怀疑别人也不怕别人怀疑自己；而小人却不是这样，心眼又小，疑心又重，所以麻烦不少，是非不断。

有天就有地，有高就有低，有白就有黑，有好就有丑，都是从我们人类自己观察的角度所设立的参照物，说到底都是没有的。只是人类有了分别的心理，才会在平等的大自然环境中去判断、分析、割裂、解剖，硬要把活生生的生命和自然肢解得体无完肤，分崩离析，最后完全失去了人生的意义。

真诚地面对大自然，不起哀乐，不生喜怒，一切顺其自然，便是合乎大道的生活。所以，在喜怒哀乐还没有生起的时候，那种状态就是合道；而存在于大道之中，就叫中极，也就是说感情处在一种最自然的状态。

【事典】

自翦羽翼，全身而退

在同治三年（1864 年）正月，金陵合围之后，盖已胜利在望，此时已可开始思考善后问题。曾国藩在二月初二日致曾国荃信中，确已透露，曾国荃则表示速裁全裁，亦与当时郁愤之心情有关，在曾国藩家书中皆可察见二人裁军意图与构想。金陵克复之后，曾国荃坚辞任官，申请回籍休养，所部必需裁撤乃自然之理。只是曾国荃先期回智，而裁军之事，则留与曾国藩处理。

曾国藩早已知道，那些清军将领自己不行，最忌才能，早已讨厌曾国藩这班书生风头太健，常思惩罚一下他们。还有一个比反湘军派力量更大的运动，就是湘军造反运动。反湘军派除弹劾外，又由军机处命令曾国藩，呈报历年经费开支账目。这等于要湘军的命。打了十多年烂仗，你们不发军饷，由我募捐抽厘，七扯八凑，勉强开支过去。这一笔烂账，请问如何报销？湘军将领听到这一消息，无不义愤填膺，决心造反。曾国荃、左宗棠、彭玉麟、鲍超四人，召开了玄武湖会议，议决一致反清，肃清君侧。此举虽被曾国藩压下，而湘军将领反清情绪，仍没有消除。曾国藩以迅雷不及掩耳的手段毅然裁兵，这也是一个原因。

在裁军上，曾国藩的计谋手法，自是超人一等。他在战事尚未结束之前，即计划裁撤湘军。他在两江总督任内，便已拼命筹钱，两年之间，已筹到五百万两。钱筹好了，办法拟好了，战事一告结束，便即宣告裁兵。不要朝廷一文，裁兵费早已筹妥了。

裁兵经费筹妥了，裁兵办法拟好了，只等胜利的莅临。同治三年（1864年）六月十六日攻下南京，取得胜利，七月初旬开始裁兵，一月之间，首先裁去二万五千人，随后亦略有裁遣。人说招兵容易裁兵难，以曾国藩看来，因为事事有计划、有准备，也就变成招兵容易裁兵更容易了。这也是强人毕生大事之一。

究竟湘军共有多少？我们无法明白。我们只知道：湘军初次出击的人数，只有一万七千人。我们只知道：咸丰时，湘军主力，仍然只有一万多人。直到安庆之战发生，才增加一万多人，约计三万人左右。同治元年（1862年）围攻南京的时候，连新招募的、新投诚的一起计算，最高估计，不会超过六万人。

裁去多少？曾国藩不是傻瓜，不会一次裁光。最高的估计，大概裁去二分之一，约三万人左右，剩下来未裁的还有三万人。这三万人，一部分由曾国荃统率。光绪十三年（1887年），我们还可见曾国荃有关湘军的奏议。一部分由左宗棠带往西北去了。一部分水师由黄翼升统帅。其他中下级干部，转入淮军去了。实际上并未大裁特裁，清廷如果逼得太急了，曾国藩的手下有的是兵，要蛮干，大家蛮干，要曾国藩做年羹尧，他是不干的。

据说后来曾国藩与李鸿章谈及裁军这件事时，颇为后悔，他自认自己顾虑太多，湘军攻战十几年之久，金陵克捷后，慑于各种压力，竟至于解散了亲手建立的军队，自毁长城，寒了将帅的心，实际上等于自杀。湘军众将飘如秋叶，而自己也成了剪翼之鸟，以致"剿捻"无功，备受挫辱。幸赖李鸿章所建淮军，攻灭了捻军，成就了大事。他让李鸿章切记自己的教训，当今八旗、绿营再不可恃，保太后、皇上之安，卫神州华夏之固，全仗淮军。今后，淮军有被议论的那一天，千万不要像老师那样，畏首畏尾，只可加强，不可削弱。乱世之中，手里的军队切不可放松，于家于国都是如此。

曾国藩远祸的第三个举措，便是顺应清政府的想法，自己故意制造湘军内部将领之间不和的假象，借此减少清王朝对自己的猜疑。其与左宗棠的关系便是典型的一例。

左宗棠由于屡次科考不中，四十岁之前一直蛰居闾里。后在胡林翼等人的荐举之下出山襄办军务，在与太平军的争战中功绩颇著，于是官运亨通。至同治二年（1863 年）四月由浙江巡抚升为闽浙总督，等杭州、常州、南京等地先后为清军攻克后，左宗棠又蒙诏旨加太子少保衔，赏穿黄马褂。一个举人身份的巡抚幕僚，在三年多的时间之内就做到了兼辖两省的总督，实一则因为左宗棠个人之才干，二则为得曾国藩的提携。无论左宗棠在曾氏幕府中，还是在外统兵打仗，曾国藩对左宗棠均是爱护备至，极力推重。左宗棠打一次胜仗，曾国藩保举一次，将左宗棠捧得和自己一样高。这样的保举，只有曾国藩能做到。从下面曾对左的奏保中，可知此种讲法绝非虚言。

咸丰十年（1860 年）四月奏称："左宗棠刚明耐苦，晓畅兵机，当此需才孔亟之时，无论何项差使，求明降谕旨，必能感激图报。"

咸丰十年（1860 年）六月，曾国藩奏称："左宗棠在湖南，赞襄军事，肃清本境，克服邻省，上年石逆大股窜湘，帮同抚臣骆秉章，指挥调度，不数月间，遂收廓清之效，其才可以独当一面，已历有明征。虽其求才太急，或有听言稍偏之时，措辞过峻，不无令人难堪之处，而思力精专，于军事实属确有心得。"

咸丰十年（1860 年）十月，曾国藩奏称："左宗棠一军，自移师景镇，驻扎未久，一闻贵溪警报，分路调拨，或迎头痛击，或跟踪追剿，计十日之内，转战三百余里，连克两城，使狼奔豕突之众，喘息不得少定，实属调度神速，将士用命。自此股剿败后，即有池州小股扑陷建德，直犯浮梁景德镇，亦惟左宗棠一军，独当其冲。左宗棠初立新军，骤当大敌，昼则跃马入阵，暮则治事达旦，实属勤劳异常。"

咸丰十一年（1861 年）四月，曾国藩奏称："候补三品京堂左宗棠，往年在湖南抚臣幕中，佐办军务，肃清本省，援剿邻省，如江西湖北两广，常有重兵往援，屡奏大功，久在圣明洞察之中。上年奉旨襄办臣处军务，募员五千余人，驰赴江皖之处，方虑其新军难收实效，乃去冬堵剿黄金文大股，今春击退李世贤大股，以数千新集之众，破十倍凶悍之敌，因地利以审实情，蓄机势以作士气，实属深明将略，度越时贤。"

当然，曾国藩与左宗棠之间，因为个性不同，也时常起龃龉。如曾国藩见左宗棠为如夫人洗足，就笑他说："替如夫人洗足。"左宗棠答道："赐同进士出身。"取笑曾国藩是赐同进士出身。如曾国藩对左宗棠说："季子才高，与吾意见常相左。"左则应之说："藩侯当国，问他经济又何曾。"如靖港之战，曾国藩大败，逃至长沙，左宗棠大为讥笑，曾国藩很不满。又如左宗棠曾对人说："世称曾左，而不称左曾，何也？"有人答之曰："曾公眼中有左宗棠，左公眼中无曾国藩也。"

两人虽有小摩擦，但不至于酿成最终失和。那么失和是怎么回事，其原因又何在呢？曾、左两人失和，当时的传说是起于左宗棠的一封奏折。同治三年（1864 年）初夏，曾国藩攻克金陵，上奏折说，洪秀全的儿子洪天贵福——太平天国的幼主，积薪自焚而死；湖熟防军也说，太平军余孽已斩杀净尽。但左宗棠得到情报，洪福瑱已逃到湖州，因于七月初六日《攻剿湖郡安吉踞逆叠次苦战情形折》中上奏说：

> 昨接孝丰守军飞报，据金陵逃出难民供：伪幼主洪福瑱于六月二十一日由东坝逃至广德。二十六日堵逆黄文金迎其入湖州府城。查湖郡守贼黄文金、杨辅清、李远继等，皆积年逋寇，贼数之多，约计尚十余万。此次互相勾结，本有拚命相持之意。兹复借伪幼主为名，号召贼党，则其势不遽他窜可知。

这奏上去，同治帝大为不悦，认为曾国藩所奏不实。在古代，陈奏不实，重者可判以欺君之罪。曾国藩之奏，当然是根据属下的报告，而其幕府中人不识轻重，只想夸大胜利的成果，把文辞写得太踏实了。而左宗棠以奏议著名，一字也不肯轻易落笔。如奏中把洪福瑱写成洪瑱福，左宗棠岂不知洪瑱福应该作洪福瑱，只是孝丰守军报告那么写，他就照着写，以备清廷查问时，拿出原报告来作证。同治帝虽然不悦，但因曾国藩数年苦战，终于克复金陵，功劳太大，乃下谕说：

> 洪瑱福谅即洪福瑱。昨据曾国藩奏：洪福瑱积薪自焚，茫无实据，似已逃出伪宫。李秀成供，曾经挟之出城，后始分散。其为逃出，已无疑义。湖熟防军所报斩杀净尽之说，全不可靠。着曾国藩查明此外究有逸出若干？并将防范不力员弁，以重参办。

在这上谕中，并令李鸿章派军协助左宗棠，说："该抚向来不分畛域，左宗棠亦非妒忌贤能之人。"对于左宗棠的人格，深有所知。而后人以为左宗棠之奏是在和曾国藩争功，争功的目的是什么？一是争权，二是夺利。在权的方面，左宗棠已经做到总督，再上去就是尚书和大学士。清制不是翰林，不得入阁，左宗棠未中进士，当然明白上升是不可能的（后来入阁，做东阁大学士，是经钦赐翰林特准的。钦赐翰林是一种异典）。兵权呢，曾国藩是湘军统帅，为全湘军所爱戴，左宗棠能够统领得了吗？而军事渐定，裁军在即，那是谁都知道的。至于夺利，则一般人都了解左宗棠的清廉，并未有所疑惑。

曾军奉上谕"将防范不力之员弁，以重参办"，一时哗然，对左宗棠之奏，极为不满，故怂恿曾国藩上奏说："杭州克复时，伪康王汪海洋，伪听王陈炳文两股十万之众，全数逸出，未闻纠参。此次逸出数百人，亦应暂缓参办。"

想以此来反咬左宗棠一口，殊不知即使杭州逃出十万之众，也比不上洪天贵福一人，徒见意气用事而已。况且湘军将领多曾受过革职处分，即曾国藩亦不能免；然旋革旋复，并不是什么大不了的事。曾国藩当然明白，也明白上奏的过火，并失去了一向的宽容。曾国藩的陈奏，乃在造成湘军内部失和的假象，而使清廷对湘军不再猜疑，使湘军得以安全而退。不然，像这样轻重悬殊，又无凭证的攻讦文章，虽稍有学识者亦知其不可，曾国藩怎么会形诸奏折呢？

这奏折，曾国藩抄送给了左宗棠照看，曾国藩攻讦左宗棠，原可不抄送给左宗棠看；而左宗棠未奉清廷谕旨查问，亦可不必遽行奏陈，以示胸襟的坦荡。但左宗棠竟然不顾情谊，不为自己的道德、修养着想，以《杭州余匪窜出情形》一片，痛诋曾国藩。左宗棠难道真是个修养不够的人吗？当然不。左宗棠这样做，应该是体会出曾国藩造成湘军不和的假象，而采取的进一步行动。也许曾国藩在抄送奏稿时，另附有密函，也许另有密使向左宗棠说过了。左宗棠在片中说：

> 曾国藩称杭州克复，十万之众全数窜出。所谓十万全数，果何据乎？两城之贼，于二月二十三日夜五更窜出，陈炳文启杭州武林门而窜德清，汪海洋出余杭东门而窜武康，言军皆于黎明时入城。臣前此奏报克复两城时，业经详细陈明，并无一字稍涉含糊。夫以片时之久，一门之狭，而谓贼众十万以此逸出，殆无是理。此固不待办而自明者也。……
>
> 至云杭城全数出窜，未闻纠参，万不可解。金陵早已命围，而杭余并未能合围也。金陵报杀贼净尽，杭州报着逆实已窜出也。臣欲纠参，亦乌得而纠参之乎？至若广德育有贼不攻，宁国无贼不守，致各大股逆贼往来自如，毫无阻遏，臣屡以为言，而曾国藩漠然不复介意。前因幼逆漏出，臣复商请调兵以攻广德，或因压其絮听，遂激为此论，亦未可知。然因数而疏，可也；因意见之蔽，遂发为欺诬之词，似有未可。臣因军事最尚质实；故不得不办。
>
> 至此后公事，均仍和衷商办，臣断不敢稍存意见，自得愆尤。

清廷对左宗棠的呈报，甚为欣赏，批示说："朝廷于有功诸臣，不欲苛求细故。该督于洪幼逆之入浙，则据实入告；于其出境，则派兵跟进，均属正办。所称此后公事仍与曾国藩和衷商办，不敢稍存意见，尤得大臣之体。深堪嘉尚。朝廷所望于该督者，至大且远。该督并益加勉励，为一代名臣，以副厚望。"批示中扬左而抑曾，在清廷，以为湘军真起了内讧，利用此一机会加以分化；在曾、左，则正中了下怀。曾国藩和左宗棠失和，是从金陵克复开始的。金陵克复后，从文献中所可找到足以失和的资料不多。认为这些奏折是两人失和的起因，应该没有错。

两人由此失和，这失和大有问题。两人既不为权利而争，怎么会为这点小事闹得剑拔弩张呢？曾国藩的人格、道德、学识，胡林翼尊为"吾楚一人"，没有人会怀疑。左宗棠的人格、道德、学识，胡文忠誉为"廉洁刚方，秉性良实，忠肝义胆"，并曾一再向曾国藩提及。曾国藩对左宗棠的个性，必然十分了解。可以肯定地说，即使左宗棠有对不起曾国藩的地方，曾国藩一定会加以原宥的。形诸声色，见诸纸墨，那是绝对不可能的事。

左宗棠挽曾国藩的挽联说："谋国之忠，知人之明，自愧不如元辅。"这说出了曾国藩对左宗棠是有知人之明的。既有知人之明，怎么会失和呢？而且左宗棠一身傲骨，失和之咎，应属曾国藩，如果以此而看不起曾国藩，怎么会写这样的挽联呢？

失和既然不是真失和，必有其重大的原因。因此，有人认为和湘军的前途有关。至于其他揣测之词左宗棠已经说了。在致左孝威信中，他说："吾与侯所争者国事兵略，非争权竞势比。同时纤儒妄出揣拟之词，何值一哂。"

两人如果真正失和，曾国藩麾下诸君一定会支持曾国藩而对左宗棠有所不满。但曾国荃、李鸿章、彭玉麟、刘松山等人对左宗棠毫无芥蒂，常有书信来往，情殷谊切，若无其事。尤以曾国藩的胞弟，不仅是克复金陵为左宗棠所纠举之人，又对左宗棠维护备至，最可看出失和的非真实性。

曾国藩的幼女和女婿，也曾受到左宗棠的照顾。

曾国藩的幼女曾纪芬，晚年自号崇德老人，嫁给聂仲芳。聂是湖南世家子弟，却官运不佳，未能得一科第。曾国藩死后，聂仲芳在长沙任镇会办。总办是他的亲戚陈展堂。陈展堂应两江总督刘坤一之召，总办江宁筹防局，他也跟到南京，做个帮办，月支八金。幸亏湖广总督李瀚章送他一个挂名差使，月薪五十两，才能维持。左宗棠继刘坤一为两江总督，对聂仲芳先未注意，因他才二十多岁，非进士、举人出身，曾国藩对他又有"坦运不佳"之说。另有传闻：他后来到了南京，并不得意。曾纪芬带着儿女来后，到督署去拜谒左宗棠，走到内室，忽然流泪。左宗棠问她为何流泪？他说：想起先君当年也住在这里，不觉泪下。左宗棠怅然，因问及她的夫婿，并嘱来见。不久，即委聂仲芳为营务处会办。又明年，提升为上海制造局会办。自此他官运亨通，一直升到江苏巡抚。

从这件事可以看出，曾、左之间绝无仇恨。若有仇恨，崇德老人不会去见左宗棠，左宗棠也不会竭力帮助她了。因曾纪泽日记对聂仲芳多评骘之词，当时舆论于聂仲芳不利。左宗棠见了崇德老人，才委聂仲芳以要职，乃是左宗棠念及曾国藩的交谊而关注其后人。

聂仲芳到了上海制造局，制造局总办李勉林原是曾国藩的幕客，对于这位姑老爷理应欢迎，但因姑老爷的公子哥儿脾气不敢惹，乃以曾纪泽日记中语为口实，向左宗棠说，只肯送一份干薪，不欢迎聂仲芳来上班。左宗棠不允，写了一封长信复李勉林：

> 聂仲芳非弟素识，其差赴上海局，由王若农及司道金称其肯说直话，故遂委之……来书所陈曾侯（纪泽）旧论，弟固无所闻……惟弟于此亦有不能释然于怀者。曾文正尝自笔坦运不佳，于诸婿中少所许可……然吾辈待其后昆，不敢以此稍形轩轾……传曰：思其人犹爱其树。君子用情，惟其厚焉……弟与文正论交最早，彼此推诚相与，天下所共知。晚岁凶终隙末，亦天下所共见。然文正逝合，待文正之子若弟及其亲友，无异文正之生存也。阁下以为然耶？否耶？

李勉林接到这信，才准聂仲芳到职。

左宗棠所说"推诚相与，天下所共知"、"凶终隙末，天下所共见"，已微露了凶终隙末包含在推诚相与之内，其所以凶终隙末，是有意使天下所共见之意。左宗棠对曾家的人如此关切，看这信就明了，而曾家的人也和左家来往得很密切。

我们从胡林翼的一些议论也可揣见曾、左失和的真相。胡林翼在湘军中，向称足智多谋，在那时他已看出太平军必平，曾国藩的名亦必高，可能遭人陷害，而遭不测之祸。其于湘军初起之时即有一信致左宗棠说："涤公之德，吾楚一人，名太高，望太切，则异日之怨谤，亦且不测。公且善为保全，毋使蒙千秋之诬也。"后来又谆谆劝告曾国藩嘱托左宗棠。胡林翼已看出左宗棠将来的功业仅在曾国藩之次，惟左宗棠能保全曾国藩了。后来，左宗棠于南京攻克，借擒获洪天贵福事和曾国藩翻脸，使满人庆幸湘军的不和而减少了猜忌之心，应该就是善为保全之策，也就是照着胡林翼的指示在做。

胡林翼的远见是看准满人对汉人的猜忌。汉人越打胜仗，满人越害怕，而不得不采取激烈的手段来巩固一姓的江山。在太平军失败后，湘军若十分团结，不满于家奴的心就会油然而生。论史者都认为曾国藩不做皇帝，就只有解甲归田的一条路，或想，那仍不是绝对安全的办法，因为东山还可再起。只有湘军内讧，才能减低清廷疑惧之心。曾国藩既不愿做皇帝，左宗棠来一个内讧，不正是善为保全吗？

太平军以前，清廷从不以汉人掌兵权。鸦片战争时，能抗敌的是汉人，辱国的是满人，但对立功的汉人林则徐等则加谴责，对辱国的满人琦善、耆英等则加袒护。幸亏英国人无意于战，割地赔款，就解决了。太平军以推翻清廷为目的，没有和议可能，起初还用赛尚阿为统帅，赛尚阿挡不住，才不得不用湘军。用湘军原是清廷不得已的措施，可以说是绝无诚意的。

同样，汉人有汉人的意见。曾国藩手撰《讨粤匪檄文》说："中国数千年礼义人伦，诗书典则，一旦扫地荡尽，此岂独大清之变，乃开辟以来名教之奇变。我孔子孟子所痛哭于九泉，凡读书识字者，又岂可袖手安坐，不思一为之所也！"那是说，湘军之想，并不是保卫大清皇朝，而是在保卫祖宗所传的文化传统。

清廷看了这檄文，当然不高兴，可是又没有挽救局面的办法，只好暂时容忍。但仍布置满人于各重镇，以为监视。如派官文任湖广总督，并以胜保、僧格林沁保卫京师。

官文对湘军是不友善的。左宗棠在骆秉章幕府，骆纠弹了永州总兵樊燮，樊认为系左宗棠的计谋向官文告状，官文就上奏严劾。清廷令官文提审，传有密令说："如果有不法事，即就地正法。"若不是肃顺支持，潘文勤力保，左宗棠就会受到官文的毒手，而将使清史改写了。

胡林翼对官文竭力周旋，官文对湘军的态度才好了些。可是清廷派曾国藩节制楚北，曾国藩仍不敢接受，疏陈说："湖广总署官文，久历戎行，老成持重，资格在臣之先，名位居臣之右，所有湖北防务及越境剿敌诸军，久居官文节制之名，纵官文不有芥蒂，而骇中外之听闻，滋将士之疑贰，所关实非浅显。"

曾国藩谦辞，是不愿指挥地位高的满员，一方面不易和他合作，劳而无功；一方面害怕增长满员猜忌之心，反受其祸。

北方的胜保更是清廷所倚重的长城。可是这人每战必败，每败必说是打胜了。山东人给他取个外号，叫败保。胡林翼在给鲍超的信中说："涤帅深知其为人忮忌贪诈，专意折磨好人，收拾良将。弟若北援，无论南北风气异宜，长途饷项军火，无人主持，且必为磨死，而又不能得功得名也。"信末说："弟可熟读莫忘，仍不可与他人见也。"叫鲍超对评论胜保一节，予以保密。

胜保调鲍超北上，是咸丰十年（1860年）八月英法联军攻打北京，清兵无力支持时事。曾国藩看出胜保对湘军的歧视，又知鲍超有勇无谋，会和胜保冲突，终将遭到胜保的陷害，因请勿召鲍超，而由曾或胡统兵北上勤王。曾、胡较平和，名高亦不惧胜保。幸面九月和议成，鲍超之召，也就停止了。

从这些事看来，可知湘军当时处境是险恶的。

南京攻克后，有些人就将湘军加以纠弹了。通常御史们纠弹，是打听到皇上有那样的意思，才上本的。史书上常有"希旨"二字，就是这个意思。可以说那时弹劾的人看出了慈禧太后有兔死狗烹的想法。纠弹得最露骨的要算一个无耻的汉人，日讲起居注官蔡寿祺。蔡的奏本中首先说到纪纲的重要。他说，自洪秀全倡乱，将并不能抵御，县令相率弃城，而且捏报邀功，张大太平军之势，恐吓中朝，纪纲由此大坏。

针对曾国藩兄弟，他说："曾国藩奏洪天贵福焚死，未几而该逆为江西拿杀。若非江西已获，贻害何穷！""安庆之役，非多隆阿痛剿桐城之贼，曾国荃一军几溃。克复后，曾国荃攘多隆阿之功，以道员得头品顶戴。""曾国荃之贪婪……即所著战功，亦皆因人成事。"

蔡寿祺对于其他湘军将领，都有恶评，独对左宗棠没有提，可见蔡信曾、左失和为真，认为左不足道。这奏上去，慈禧没有处理，留中不发，也没有责备蔡寿祺。如果不是曾左失和，慈禧必办，湘军将领就惨了。

蔡寿祺没有参倒曾国藩，第二奏又参恭王，那也是摸清楚了慈禧的心理。这一奏，慈禧动手了，向诸臣说："王植党营私，渐不能堪，欲重治王罪。"所谓植党，实有植湘军为党之意。因为恭王和湘军渊源深厚，一定有小人在慈禧前搬弄是非，说湘军失和，解甲归田，无造反之心，恭王却有倚仗湘军而篡位的打算，慈禧才想把恭王排除掉。

说到湘军和满员大臣的渊源，得从文庆说起。文庆是咸丰的军械大臣。咸丰三年（1853年），太平军进占南京，清军大败，举朝惊惧。文庆甚有见识，主张重用汉人，问咸丰帝说："彼辈多从田间来，知民疾苦，熟谙情伪，岂若吾辈未出国门一步，懵然于大计者乎？"

咸丰帝以为然，遂破除满汉之见，不拘资格，启用汉人，曾国藩乃得办团练，抵抗太平军，挽回了颓局。可是湘军刚出头，攻击的就来了。咸丰四年（1854年），湘军收复武汉诸郡，捷报到京，咸丰帝欣然对大臣们说："不意曾国藩一书生，乃能建此奇功！"大学士祁隽藻竟对曰："曾国藩以侍郎在籍，犹匹夫耳。匹夫居间巷一呼，蹶起从之者万余人，恐非国家福也。"意思是说曾国藩将来可能危及清廷。咸丰帝听了，脸色都变了。

曾国藩听见这事，益增警惕之心，不敢放手去做，以致延缓了胜利的日子。薛福成批评祁隽藻的昏庸说："利害之私挠乎中，爱憎之心变于外，破坏国家于冥冥之中。"

像祁隽藻这种只知拍皇帝马屁的人，一定非常多。像祁隽藻的那种议论，极容易打动清帝的心。曾国藩、左宗棠两人，当然十分明白。功未成尚而如此，功成之后，危机当然更大。

咸丰六年（1856年），文庆死后，湘军失了一个靠山。幸亏肃顺代兴，礼遇湘军，一如文庆。王湘绮说："曾侯大用，自肃豫廷。"后来肃顺被诛，湘军的命运又到了不可测的地步。曾国藩写信给弟曾国荃说："京师十月以来，新政大有更张，皇太后垂帘听政，中外悚肃。余连奉谕旨十四件，倚畀太重，权位太尊，虚望太隆，可悚可惧。"又说："古来成大功大名者，除千载一郭汾阳外，恒有多少风波，多少灾难，谈何容易！愿与吾弟就就业业，各怀临深履薄之惧，以免于大戾。"曾国藩、左宗棠不和之谋，那时就决定了。

肃顺被诛后，恭王当国。恭王头脑比较清楚，对湘军支持不遗余力。曾国藩则处处采取退一步的态度，如力辞保举封疆大臣一疏说："臣既有征伐之权，不当更分黜陟之柄。宜防外重内轻之渐，兼杜植私树党之端。"他这样表明无意揽权，以示并无野心。但他也知道空言无补，必须有实际行动，才可使清廷相信。

于是便有曾国藩和左宗棠"貌离神合"的失和一事。曾左失和，是曾国藩全身而退的艺术中苦心孤诣的一招，既消除了清廷的猜忌，又保全了湘军的部分实力。于此事中足见曾用世之大智慧。

无胜于有德行之行为，无劣于有权力之名誉

【原文】

富贵名益，自道德来者，如山林中花自是舒徐繁衍；自功业来者，如盆槛中花便有迁徙兴废；若以权力得者，如瓶钵中花，其根不植，其萎可立而待矣。

【译文】

一个人的荣华富贵，如果是从道德修养中得来，那就如同生长在大自然的野花，会繁衍不绝。如果是从建立功业中得来，那就如同生长在花园中的盆栽，稍微移动，花木就会受到影响。如果是从权势中得来，那就如同插在瓶中的花朵，由于没有植根土中，花的凋谢指日可待。

【解读】

古人论人生，首先强调立德，其次才是立功，只有靠道德力量获得的社会地位才会长久，只有通过辛勤劳动取得的财富才能保留。飞来的横财是千万不能要的，它意味着实灾，伴随着毁灭；虚假的荣誉也是如此，它经不起时间的考验，转眼之间就会不攻自破。所以哪怕是荣华富贵，也不是一蹴而就的，而是一点一滴地积累而成的。

【事典】

先得民心，而后得天下

对于人民，唐太宗李世民有这样一段精辟论述：水可以载舟，也可以覆舟。这儿，就是把人民比成了水。还有，"得民心则昌，失民心则衰。"中国古代，成大事者对于人民群众力量的认识，能达到此种境界，真是不容易。是的，人民的力量是无穷的，历史是人民创造的，只要能得到民心，就能建筑起无数钢铁长城。作为一代英豪的朱元璋，同样也认识到了人民的力量是宝，因此，他是如此地重视民心，每到一处地方，便得一处民心，朱元璋的天下就是由此而来。

为了谋求新的发展，朱元璋率军进兵江南，以图有新的发展。

采石城是一个比较富庶的南岸城池，该城一破，红巾军千军万马顿时如潮水一般涌向城中的各个角落。对于久困和州，粮食供应紧缺、吃过伙食供应不足的苦头的将士来说，出现在他们面前的那些牲畜、粮食，在他们心目中是比任何东西都珍贵的。尽管军纪严明，但出于囤粮为公的心理，都想把东西抢到自己的部队里去。因而采石城破之后，各路将士争先恐后，不管是仓里的还是囤里的，是官家的还是平民百姓的，也无论是衣是粮，鸡鸭猪狗，你抢我夺，抢到手就往船上装载，弄得满城鸡飞狗跳，乱作一团。此时军纪已难以制众，将士们全抢红了眼，此时就是杀几个人也难以遏止。将士们心同此理：饿苦了，饿怕了，因而就是拼命也要饱掠一番，以便能吃上一段时间的好饭。

对此，朱元璋很担心，士兵们都是只图此眼前利益。他是个很重军纪的人，他为自己军中的一些未直接管辖的部队犯忌而生气，于是抓紧派人组成了纠缉队在街头巡逻，城中秩序才渐归平静。他朗声向部队解释说："我们这支队伍要成大事，不图眼前的这点儿小利。前面就是太平城，那才是个富庶的去处，兄弟们到那里去，一起去大开眼界吧！"经过这一鼓动，将士们的抱怨才算消退了。接着便是犒赏军队，好猪好牛好米饭，饱餐一顿。

经过这一风波，朱元璋担心在太平城中再起波澜，便在从采石出发以前命掌书记李善长紧急起草了《戒缉军士榜》，意在约束军队，防止扰民。果然，在太平城，战斗刚一结束，士兵们刚准备动手抢掠、大发横财的时候，却见城中的大街小巷贴满了榜文，上面赫然写道：敢有抢掠财物、杀害百姓者，杀无赦。

朱元璋就是这样重视自己的队伍建设，他所起草的榜，很有作用。朱元璋杀一儆百，所以混乱的局面立刻变得井然有序，这样反而保护了战斗力。在战事结束后，朱元璋论功行赏，军士们都有一份。朱元璋的高明做法，既得到了民心，也稳住了军心。

在获取民心的过程中，能够获得贤才是极其重要的。朱元璋对学有所长、术有专攻的人大力用之，而众贤才也佐助朱元璋添补了必要的知识，增长了智慧，也长了不少才干。朱元璋这一时期明显深沉练达，逐渐成熟，与这些人的佐助甚有关系。朱元璋能够自觉地同读书人交往，一方面是在积极主动地弥补各种文化知识课，结合军事政治斗争的实践，了解先辈们积累的各种经验；另一方面也是在缓和与各地士大夫的矛盾，消融他们的敌意，团结他们一同做事。旧时代的读书人往往是一个宗族、一个地域的核心人物。一名有影响的儒士，就是这方水土的一面旗帜，具有一种凝聚力、亲和力、号召力，用他们来管理当地百姓，的确是最合适的。

朱元璋延揽士人，重视和尊重传统的知识分子，其实纯粹是出于一种自觉性、一种心理感情上的认同感。

宽严得宜，勿偏一方

【原文】

学者有段兢业的心思，又要有段潇洒的趣味，若一味敛束清苦，是有秋杀无春生，何以发育万物。

【译文】

一个做学问的人，既要思考细密、行为谨慎，又要潇洒脱俗、不拘细节，才能保持生活的情趣。如果一味克制自己，过极端清苦的生活，就会暮气沉沉而无生机，如同大自然中只有落叶的秋日，而没有阳光和煦的春天，这又怎能培育万物的成长而至开花结果呢？

【解读】

事情总是一分为二的，过分的活跃潇洒可能会失之庄重、流于轻浮，过分的呆板迂腐又会缺乏生机活力，因此，既要有踏踏实实的苦干精神，又要学会轻轻松松地享受生活。做学问是这样，日常生活也是这样。

治学确实是几番艰苦的过程，需要我们执着，坚持不懈，也需要我们敢吃苦。《西游记》中唐僧取经的故事是很有哲理的，为学之人应从中悟出些什么来。唐三藏取经，如来特意设置了九九八十一难，让唐三藏和他的几位高徒知道成就学业的困苦，我们也应有唐僧师徒四人"一番番酸甜苦辣，一番番春秋冬夏，敢问路在何方，路在脚下"的坚强无畏，那历经苦难后求取到的真经，便是对一番辛苦的最大的报答。

"学向勤中得，萤窗万卷书。三冬今足用，谁笑腹中空。"业精于勤，人们须牢记啊！

【事典】

前事不忘，后事之师

揭开历史，从古代直到近代，当权者无不心狠手辣，惯用卸磨杀驴的伎俩。

赵王勾践"卧薪尝胆"的故事，在中国可以说是家喻户晓，妇孺皆知。然而，勾践其人实际上是一个忘恩负义、反目无情的小人，臣下只能与他"共患难"，不能与之"共欢乐"。当勾践被围在会稽山上，粮尽援绝之时，有两个功臣为之出谋划策，与之同甘共苦，为勾践复兴越国立下汗马功劳。这两个人便是范蠡和文种。勾践听从了范蠡和文种的计策，经过十年生聚，十年教训，终于打败了吴国，成就了霸业。俗语说"功高震主"，就在欢庆胜利的时刻，范蠡根据自己对勾践多年的观察和了解，深知此人难以长期共事，便借机抽身潜逃，弃官经商临行之前，范蠡派人给文种送来一封信。信中说："飞鸟尽，良弓藏；狡兔死，走狗烹。越王这个人长得脖子细长，嘴像鸟嘴一样。这种人只可与其共患难，不可与其共享乐。先生为什么不尽快离他而去呢？"

文种看信后，觉得有道理。回想起这些天来，越王对自己的态度是越来越冷淡了，许多重大事情也不同自己商量了。看来越王确实可能对自己有戒心。但文种还是不相信越王会对自己下毒手。不管怎么说，自己对越国的强大立下了大功，而且对越王又是忠心耿耿。文种左思右想，还是舍不得在越国的荣华富贵，但又不好继续呆在越王身边，便决定向越王称病，在家休养，以为这样就相安无事了。

越王勾践对文种的才能是深深了解的，也知道在自己称霸之后，文种的才能很难再得到充分发挥。并且，在越国击败吴国的过程中，文种所起的作用是巨大的，封给他再大的官职，再多的财物都不能算过分。也正因为如此，越王勾践才对文种的存在表示担忧。万一他真的作起乱来，自己控制不了局势，那就晚了。

于是，他借探病为名，来见文种，问他道："先生曾以灭吴的七种手段指教过我，我只采用了其中的三种，便将吴国灭了，还剩下四种，你打算再怎么去使用呀？"

文种说："我看不出它们还有什么用处。"

勾践说："请先生带了这四种手段，到九泉之下去辅佐我的先人吧！"

说罢起身登车而去，留下了一把名为"属镂"的利剑。文种顿时明白了，当年吴王夫差就是用这把剑让一代忠臣伍子胥命归黄泉的，万没想到自己也会落得伍子胥那样的悲惨下场。事已至此，文种也只好拔剑自杀了。

勾践一直被人们视为忘恩负义的典型，也是屠戮功臣的始作俑者。然而，后世的掌权者却是"青出于蓝而胜于蓝"了。屠戮功臣之多，涉及面广，手段之残忍到了令人发指的地步。

汉高祖刘邦称帝后，惟恐韩信、彭越、英布这些为他创建大汉基业立下赫赫战功的战将威胁皇权，便伙同吕后采取各种阴谋手段制造冤案一个个予以铲除。被刘邦称为第一功臣的萧何为免遭厄运不惜自毁名声——侵占民田，欺压百姓，装出一副贪婪相。举国上下人人自危。刘邦这样做的目的，无非是为了巩固自己的权力地位，奠定刘氏万年基业。临死之前，刘邦还令刘氏子侄杀白马为誓："非刘氏而王者，天下共诛之。"

游方僧出身的朱元璋，崛起于乱世，靠部将谋臣的辅佐，得以登上皇位，建立大明江山。然而，事隔不久他便开始以血腥的手段对付功臣，其手段之残暴，株连之众可谓亘古未有。朱元璋称帝后，先后借所谓丞相胡惟庸谋反案和大将蓝玉一案大肆屠戮功臣，短短几年时间，那些帮他夺得天下的文臣武将，全被斩尽杀绝。民间盛传朱元璋"火烧庆功楼"并非毫无根据。

到了近代，"窃国大盗"袁世凯更是把过河拆桥的伎俩运用得十分熟练。

袁世凯为了打击国民党，指使赵秉钧派人暗杀了宋教仁。事过之后，舆论哗然，为了掩饰自己的罪行，便用起了一系列过河拆桥的伎俩。

赵秉钧原为袁世凯的心腹，宋案发生后，作为堂堂中华民国国务总理的赵秉钧因为参与策划此案，弄得声名狼藉，落得千古罪人，遗臭万年。

"万变不离其宗"，这需要足智多谋深谋远虑的智慧，不仅能看到同中之异，还要能看到异中之同。

大智若愚，大巧似拙

【原文】

真廉无廉名，立名者正所以为贪；大巧无巧术，用术者乃所以为拙。

【译文】

一个真正廉洁的人不与人争名，所以反而建立不起廉洁之名；那些到处树立声誉的人，正是为了贪图虚名。一个真正聪明的人不炫耀自己的才华，所以看上去反而笨拙；那些卖弄聪明才智的人，正是为了掩饰愚蠢。

【解读】

君子小人，渭泾分明，"大智若愚"、"聪明反被聪明误"说的就是这两种截然不同的人。四处招摇撞骗的人，机关算尽，最终只能使自己陷入重重困境，因为阴谋总会有被人识破的一天，只有心地诚实善良的人，才能把聪明才智用在正道上，从而赢得大家的由衷称赞。有德行的人只求默默地干实事，将名利置之于度外，只有有私心的人才去沽名钓誉，玩弄花招。

【事典】

以屈求伸，为一跃而退

曹操初入仕途便敢作敢为，显示了他不同凡响的政治才干和胆识魄力。但是，曹操的行动却得罪了朝中当权的宦官，地方豪强也对他恨之入骨。曹操一方面不愿意违背自己的志向去迎合权贵，一方面又考虑到已经多次触犯权贵，再这样干下去，担心会使全家受到牵连。为了避免发生不测之祸，曹操当年辞去了济南相的职务，请求回到宫中值宿，担任警卫，实际就是要求赋闲。朝廷再次任命他为议郎，曹操表面上虽然接受了，却常常装病，不去上班。第二年，即中平二年（185 年），朝廷让曹操去做东郡太守，曹操不仅没有答应，相反连议郎也不肯再做，推托有病，辞官回到家乡谯县去了。

献帝兴平二年（195 年），献帝正式任命曹操为兖州牧。这时，曹操由于没有地盘，便只好做英雄屈身之举。他在准备起事的过程中须争取陈留太守张邈的帮助，起兵后在给养等方面也须仰仗张邈的接济，因此在起兵之初曹操对张邈屈身以事之，并主动受张邈的节制。不久，曹操随张邈来到酸枣前线，代理奋武将军之职。

骑都尉鲍信和他的弟弟鲍韬也在这时起兵响应曹操。鲍信是个颇有见识的人，董卓刚到洛阳时，他就劝袁绍说："董卓拥有强兵，心怀不轨，如不早想办法对付，将会被他控制。应当乘他刚到疲劳的机会，发兵袭击，可一举将其

擒获。"但袁绍畏惧董卓，不敢发兵。鲍信见袁绍不能成事，便回到家乡泰山，招募了步兵二万，骑兵七百，辎重五千乘。曹操刚在己吾起兵，鲍信便起兵响应，同时来到酸枣前线。曹操和袁绍推荐鲍信为破虏将军，鲍韬为裨将军。当时袁绍的势力最大，不少人趋奉他，只有鲍信对曹操说：

"有大谋略的人在世上找不到第二个，能统率大家拨乱反正的，只有您一个人。而那些刚愎自用的人，即使一时强大，最后也是要失败的。"

于是二人彼此以知己相待。

曹操能屈身于人，也能对其所"屈身"的人尽心负责。当他看见各路义军十余万人，每日只是宴饮作乐，不思进取，感到非常愤慨，忍不住加以指责，并就诸军如何调动安排谈了自己的建议，他说：

"勃海太守袁绍率领河内的军队驻守孟津，酸枣诸将驻守成皋、敖仓、轘辕、太谷，袁术率领南阳的军队驻守丹水和析县，并开进武关以震慑三辅地区。大家深沟高垒，不同敌兵交战，多虚设疑兵，以显示天下群起而攻之的形势。以正义之师讨伐叛逆之敌，天下很快就可以平定。现在大家以讨伐董卓的名义起兵，如果心怀疑虑不敢进兵，会使天下的人感到失望。我实在为大家的举动感到羞耻！"

孟津、成皋、敖仓、轘辕、太谷、丹水、析县、武关大都形势险要，为历来兵家必争之地。在这些地方驻兵，不仅可以对洛阳形成半包围的态势，而且还可以震慑三辅，动摇驻守长安的西北军的军心。这是一个可以遏制敌人，进而寻找战机、打败敌人的方略。而且，这个方略只要求布为疑兵，并不马上出击，在一定程度上也照顾到了关东诸军企图按兵不动、保持实力的心理。因此，在当时的条件下施行这个方略应当说是切实可行的。但是，曹操虽然晓之以理，动之以情，甚至到了言辞激切、义形于色的地步，张邈等人还是我行我素，对曹操的建议置若罔闻，不予理睬。

英雄总不能久居人下，其志向、所走之途径也不可能完全一致。"屈身"不过是暂时的权宜之计，是为"一跃"而作充分的准备。一旦时机成熟，就要果断出手，以"屈"求"伸"。

当曹操在汴水失利，招募兵员，重新建立起自己的武装队伍而北归后，不再返回酸枣，而是渡过黄河，赶到河内，同驻扎在那里的联军盟主袁绍接触，企图对袁绍施加影响，使局面改观。但结果仍令人失望，他在许多问题上也常常不能同袁绍取得一致，甚至完全针锋相对。

所以当袁绍私下派人说服曹操让其归附他时，曹操也不置可否，后来，随着袁绍乘机发展个人势力，曹操更加坚定了自己的想法，并加快发展个人实力的步伐。以后同袁绍的关系则更是若即若离，到曹操迎天子于许都，袁绍由曹操的"上级"变为了他的"下级"时，曹操鉴于自己的实力，也还没有和袁绍闹翻，直到建安四年（199 年）的官渡之战前，双方才成为"两虎相斗"的"对头"。

纵观三国历史，凡是有所作为的霸主，都有以屈求伸的胸怀。例如刘备曾依附曹操，孙权后来能够在东吴面临被蜀、魏两面夹击的危险形势下，不顾文臣武将的阻挠，从大局着眼，不惜屈尊下就，先向刘备"上表求和"，并做出了一系列外交上的让步，后又向曹丕"写表称臣"，并恭顺地接受了曹丕的封爵。这一系列卑屈之举，都对东吴灵活应变、力避两面受敌的不利局面，使战略态势朝着有利于自己的方面转化起到了积极的作用。

谦虚受益，满盈招损

【原文】

攲器以满覆，扑满以空全；故君子宁居无不居有，宁处缺不处完。

【译文】

攲器因为装满了水才倾覆，扑满由于空无一物才得以保全。所以一个品德高尚的君子，宁愿处于无争无为的地位，也不处于有争有夺的场所；生活宁可感到缺欠，也不要求过分美满。

【解读】

圣人早就告诫我们："满招损，谦受益。"一个人太出风头，就会遭到打击；一个人过分完美，反而会遭到挑剔和批评。大多数人能够同情弱者，却敌视比自己强的人，生活中这样的情况是非常多的，所以为人处事一定要谦虚谨慎，千万不能狂妄自大。

作为一个人，尤其是作为一个有才华的人，要做到不露锋芒，既有效地保护自我，又能充分发挥自己的才华，不但要说服、战胜盲目骄傲自大的病态心理，凡事不要太张狂太咄咄逼人，更要养成谦虚让人的美德。所谓"花要半开，酒要半醉"，凡是鲜花盛开娇艳的时候，不是立即被人采摘而去，也就是衰败的开始。人生也是这样。当你志得意满时，切不可趾高气扬，目空一切，不可一世，这样你不遭别人当靶子打才怪呢！所以，无论你有怎样出众的才智，但一定要谨记：不要把自己看得太了不起，不要把自己看得太重要，不要把自己看成是救国济民的圣人君子似的，还是收敛起你的锋芒，夹起你的尾巴，掩饰起你的才华吧。

【事典】

嬴政为王，仲父主政

就在嬴政回归故国、恢复了族姓的第二年（前250年），秦国政局又发生了重大变化：他的祖父孝文王嬴柱正式即位三日后就病死宫中，父亲太子子楚继位为国君。秦孝文王受封安国君时就是一个体弱多病身，不幸又在太子的位置上等待太久。当他为在位五十六年的父亲昭襄王服丧一年期满，正式戴上神圣的王冠时，已是一个五十三岁的老人了。登基之前要前往旧都雍城的宗庙里告祭祖先，随后又要匆匆忙忙地赶回咸阳筹备登基大典，来回折腾数十日，车马劳顿，秦孝文王已心力交瘁，病躯难支了。加上当时又是深秋天气，凉风习习，冷意袭人，大概路上得了伤风感冒，未免咳嗽气喘，鼻塞痰滞，勉强接受了文武百官朝贺，便一病不起，三日后即告驾崩。《史记·秦本纪》关于孝文王从正式即位到死去的记载是："除丧，十月己亥即位。三日辛丑卒。"孝文王在登基大典上颁布了新政，其目的是稳定政局，安抚人心，也想有一番大的作为。可惜的是他出令未行身先死，遂使雄心化云烟了。

吕不韦确实有能耐，把战场比商场，同样得心应手，一上任便取得了这么高的成就，不仅威震全国，而且深得庄襄王信赖，把吕不韦聘为嬴政的老师，大力辅佐之。可惜，庄襄王嬴异人也英年早逝，在位仅三年就撒手人间，遗诏太子嬴政继位。嬴政终于盼来了梦寐以求的这一天。

然而，嬴政登基时才十三岁，由于年幼，便由丞相吕不韦主政，嬴政尊之为"仲父"。据《史记·秦始皇本纪》记载："王年少，初即位，委国事大臣。"这里的大臣，就是丞相吕不韦。而据《汉书·五行志》载："王年少，初即位，委政太后。"两文不一，似乎彼此矛盾，然而非也，正说明了一个问题，年少的嬴政即位后，吕不韦和赵太后把持朝政，分剖政权，把嬴政给架空了。且看在为庄襄王举行的盛大葬礼上嬴政、吕相、太后三人心里的精彩表演：

嬴政一身重孝，手执牵引灵车的"绋"（绳索），走在送葬队伍的最前边，尚未发育成熟的身材愈发显得瘦削屠弱。他表面上满脸哀戚之容，内心却翻江倒海般地难以平静。对于逝去的父王，他并没有多少真挚的感情可言，相反一想起父亲当年偷偷逃回秦国，撇下年仅两岁的他和母亲在赵国无依无靠受尽屈辱与苦难，一丝怨恨的情绪便油然而生。他此刻考虑的是自己虽贵为天下最强大的一国的君主，手中究竟能有多大的权力呢？秦国的一切军政实权都掌握在紧随在自己身后的那位曾为"阳翟大贾"的人手中，自己不过是聋子的耳朵——摆设而已。再想起在父亲灵柩前宣告即位之日群臣皆言"主少国疑"，恭请自己拜丞相为"仲父"求其辅政的场景，嬴政更是怒火中烧，恨不得止步回头大喊一声："寡人万事皆能做主，何需他人指手画脚！"但是他告诫自己切勿莽撞行事，早在孩提时代他就学会了忍耐与等待。何时才能顿开金锁走蛟龙，驰骋天下任我意？这位少年国君步履缓慢地行进在坦荡的关中原野上，远眺着高高的骊山巅峰，心思早已飘飞到云天之外。

这就是嬴政当时所想的，其实在继承王位之前他就表现出一种桀骜的个性来。一次骑猎归来，在进入咸阳城门时，在后面的吕相一拍马屁，飞马抢入咸阳门，把太子嬴政落在后边，当时嬴政心里就陡生醋意：如我坐上王位，谁敢在我面前如此放肆，我一定杀了他。不过当时他忍住了，现在，他更要忍，吕不韦成为名正言顺的"仲父"，主政在其职之列，所以，他更多地想到今后应如何争取自己应有的权力。

心地须要光明，念头不可暗昧

【原文】

心体光明，暗室中有青天；念头暗昧，白日下有厉鬼。

【译文】

一个人心地光明磊落，即使立身黑暗之中，也像在晴空之下。一个人观念邪恶不端，即使在光天化日之下，也像被魔鬼缠身一般。

【解读】

身正不怕影斜，真金不怕火炼。真善美是人类共同的美德，只要心怀爱心，光明磊落，即使处在恶劣的环境下，前途也是一片光明。如果心怀不轨，心地阴暗，即使在光天化日之下，也会在战战兢兢中度过时光。所以坦诚为人就等于为自己寻找到了一个和平的精神家园。

不可否认，在每个人的身上，善与恶是同时存在的，但是有人可以通过对真、善、美的学习，不断改造自身，完善自己。

古人说学习的目的在于"修身、齐家、治国、平天下"。这是封建社会中较为贤明的政治思想，今天我们仍可借鉴。试想一下，一个人，如果不加强修身，不注意良好道德品质的养成，又怎能担当起"齐家、治国、平天下"的重任呢？因此说"修身"是至为重要的。

让我们努力学习，在学习中不断提高自己的思想道德品质。只要努力，相信人皆可以为"尧舜"。

【事典】

显德在明，污点在暗

高明的政客无不大肆渲染自己的功德，标榜自己的政绩，说些违心的话，他们的真正动机是引起民众信任与好感，进而拉拢控制。一般人是看不到这一点的。他们高明就高明在能够厚着脸皮，"大颜不耻"地讲个头头是道，违心话连篇，而真正的动机却隐于暗处。

曹操身居丞相，控制汉室，挟天子以令诸侯，觊觎汉室之心，昭然若揭。但他在群雄割据、条件尚不成熟的时候，始终是把"挟天子以令诸侯"作为一种谋取大业的手段，而并不急于废帝自立。所以，他虽然心有所向，甚至毅然去除前进道路上的障碍，诛董承，杀孔融，但他绝不贸然走出废帝自立这一步，也绝不在口头上承认这一点。

赤壁之战前，曹操所向披靡，颂声日闻，除敌对割据势力言其"实为汉贼"和不识时务如孔融"颇推平生之意，狎侮曹操"者外，极少有人敢于公开非议其所为。赤壁之战，曹操打了败仗，訾议便多起来了，正如吴将周瑜所说，"曹操新败，忧在腹心"。胡三省注《资治通鉴》明确指出："谓操以赤壁之败，威望顿损，中国之人或欲因其败而图之，是忧在腹心。"谋取大事的客观条件反不如前了。曹操一生，虽重武事，但也从不轻视舆论。因此，他决定作出回答，以排斥訾议，清除疑虑，再塑自己的形象，为进一步巩固和发展自己的权力大造舆论，于是便自编、自导、自演了增县让县事。

据载，建安十五年（210年），傀儡天子献帝封曹操邑兼四县，食户三万，除原食武平（今河南鹿邑县西北）万户外，又增阳夏（今河南太康）、柘（今河南柘城北）、苦（今河南鹿邑东）三县二万户。

如此封赏，曹操本意欲接受，而他却偏偏要装装样子，辞让一番，这是曹操为获得名誉而惯用的伎俩。但此次"增封让封"比以往有更深更大的意义，它超越了让封本身，形式也不是表章，而是教令，不是奏上，而是临下，借个由头把该说想说的话说出来，"以分损谤议"。

阴恶之恶大，显善之善小

【原文】

为恶而畏人知，恶中尤有善路；为善而急人知，善处即是恶根。

【译文】

一个人做了坏事而怕人知道，这种人还有羞耻之心，在恶性之中还有一点向善的良知。一个人做了善事而急着让人知道，证明他做善事是为了贪图虚名，这种人行善时已种下可怕的祸根。

【解读】

行善和做恶只是一念之差，这一念就是羞耻之心。羞耻之心是一个人改邪归正的关键，知道羞耻还存在改过向善的出路，而厚颜无耻却是无可救药的，在生活中最可恨最可怕的就是厚颜无耻之人，或者说是那些明知有廉耻却不顾廉耻的人。这些人真可谓无恶不作，在生活中要警惕这样的人，以免上当受骗。

凡是出类拔萃的奸雄人物，必有过人之处，或性格异常，或心理构造特别，正是吃了"狼子心，豹子胆"的，其行为思想有一个"三怕三不怕"公式。所谓三不怕，即在未得志之时，不怕天诛地灭，不怕羞宗辱祖，不怕神憎鬼厌，故能任性横暴，恣意贪取，视人家生命如囊中之物，这是鼠窃狗偷时期；所谓三怕，那是在已得志之后，这已是有权可弄，有威可摆，是可以控制一切，播讲仁义道德的显赫时期了，这时最怕旧闻、怕见旧人、怕提旧事了。这些旧闻、旧人、旧事，恰恰又与旧日的手足有密切的关联，如果没有人说出当年打家劫舍、嫖赌杀戮的秘密，他就可以堂皇装饰自己，扯起无烟大炮，既可以说自己是天父降生，星宿下凡，一落地就能"仁义为神，道为骨，吐气成云屁成风"，把拦途抢劫说成济贫劫富。所以，在想装扮自己的时候，把鬼脸扮靓，将"吃过同锅饭"的亲密战友杀绝灭口，因为他们知道的秘密实在太多了，这是大人物的最大障碍。

【事典】

臣民知礼，则耻于犯上

正是基于对礼与法的重要作用的认识，朱元璋一称帝就开始了一系列的修律制礼的活动。由他亲自指导制定并进行过多次修订的《大明律》是明代的最重要的法典。《御制大诰》则是由朱元璋自己编写的，其重要性在洪武时期与《大明律》同。除此之外，还有其他的立法活动，至于礼，朱元璋也是制定规则，详加规范，他制定的最重要的礼仪规范是《大明集礼》，此外还有《洪武礼制》《礼仪定式》《大明礼制》等，内容极为细致周详。

朱元璋除了制定专门的礼仪规则外，还按照"纳礼八法，礼法结合"的思想，将一些重要的礼，在法律中作了规定，如封建宗法制度。《大明律》规定，家长只能由嫡长子继承，不立嫡长子的人要受到杖八十的刑罚，只有当嫡妻年五十以上而又没有生育的时候，才可以立庶子，即使是这样，也得立庶长子，而不能立其他的庶子，否则就是犯罪，按照法律要与不立嫡长子一样判罚。

朱元璋把犯过失者分为君子与小人，意在表明受过教化与没有受过教化之分，在处理上有不同之处。朱元璋引证古人的话说："礼义以待君子；刑戮加于小人。"君子如果犯错，或者是由于过失，可以原谅；小人之心则诡计百出，奸诈无比，防不胜防，如果这些人犯了罪，必须严加处理。洪武六年（1373年）六月，淮安卫总旗因练习射箭，把人误射致死，都督府判处他死刑，朱元璋觉得这种判罚不妥，他提出异议，说练习射箭是办公事，误中人致死实在是巧合，怎么能够算是过失杀人呢？应当判为无罪。

朱元璋不仅根据受教化的程度对犯过失者作出不同的处理，还利用执法的机会来推行教化，从而实现法治与教化的互动，实现一种良性循环。在洪武六年（1373 年），朱元璋处理了这样的一个案子——江西的商民由于违犯了盐法，按律当斩，上报给朱元璋之后，朱元璋批示：这些人之所以犯法，只是贪图些小利，罪不当诛；况且，他们愚昧无知，就好像是小儿玩耍掉进井里一样。国家的法律有可杀之人，也有不可杀之人。如果因为他们一时的糊涂就杀了他们，未免有些不近人情，结果就把他们流放到了边疆。

朱元璋对于那些比较有代表意义的、可以帮助自己树立威信的教化也很乐意实行。尤其在对待那些犯了罪的人时，朱元璋更是时刻注意教化的作用。如洪武五年（1372 年），朱元璋本着教化为先的宗旨，下达了一道谕旨，提出人犯了罪而又不够死罪的，可以让他们到凤阳去劳作，也就是在凤阳进行劳动改造，或者发配到边疆去垦荒。朱元璋重视对犯罪人的教化还体现在设立在各乡的申明亭上。根据规定，在这个亭子里要张贴乡里人的犯罪情况，把他们所犯何罪、受到了什么刑罚都写到上面。后来，朱元璋考虑到这样做不合教化，便在上面省去了罪名，只列出人名以示警戒。

在许多时候，刑罚虽然很重，然而所达到的效果并不及教化的功劳。当然，朱元璋讲究教化的真正目的还是为了自己江山的安稳，但在专制体制下，他的教化政策的实施的确给人民带来了很大的好处，由于统治阶级的适当宽容，人民所受到的压迫及剥削就适当减缓了。

朱元璋建立明王朝后，十分重视对官吏的上下尊卑的确定和维护。他规定：官吏的尊卑以品阶而定，官大的地位就高，就显得尊贵；官小的地位就低，相比较就位卑。官吏之间见面，上下级之间、平级之间，怎样打招呼，怎样回礼，都做了明确的界定。朱元璋还怕这些不醒目，还从官吏出行的仪式上来区别，比如对官吏的出行乘几人抬的轿子都做了详细的规定。除此之外，朱元璋还在官服上做了规定，对于官服上的装饰品更是注意。这些装饰品根据品质、价值的不同，也分了许多等级，什么样的等级使用什么样的装饰品，都写进了法律文本。

朱元璋之所以要如此详细地规定官吏之间的尊卑及礼制，无非是想给官吏们一个牢固的成见：在仕途上，一个官阶一种待遇，只有官阶越高，所得的待遇也就越多；而这些东西，只有皇上才能给予，要想得到高的待遇和更好的赏赐，就要尊敬皇上，就要听从皇上的命令，就要为皇上的政权服务。

作为一个封建专制统治者，朱元璋所考虑的肯定只会是自己的统治能否长久，怎样才能使它长久，他的一切举动也无不符合孔子所说的一段话：礼就是经世、治国、正人、顺时、应物、理事，因世、因国、因人、因时、因物、因事而制中。

君子居安思危，天亦无用其技

【原文】

天之机缄不测，抑而伸，伸而抑，皆是播弄英雄，颠倒豪杰处。君子是逆来顺受，居安思危，天亦无所用其伎俩矣。

【译文】

上天奥秘，变幻莫测，不是人类智慧所能预料。有时先使人陷入窘境然后再让人春风得意，有时又会让人先行得意然后再让人遭受挫折。不论先使人遭受挫折而后得意，也不论先使人得意而后遭受挫折，都是有意捉弄自命英雄豪杰的人。因此一个有才德的君子，不如意时要适应环境，遇横逆之事要一笑置之，平安无事时要想到危难的来临。如果能够做到这种程度，连上天也无法施展捉弄人的伎俩了。

【解读】

听天由命，是一种消极的人生态度，人生中确实有很多的不可预测的因素，连孔子也说"尽人事以听天命"，但如果是能够审时度势，顺应时代潮流，遵循自然法则，以坚忍的毅力和居安思危的心态来迎接命运的挑战，上天对他也无计可施。

江山代有人才出，各领风骚数百年。每个时代都有站在历史巅峰的巨人，他们的伟大就在于足智多谋，深谋远虑，遇事善于应变。

【事典】

百密而无一疏，周到才得万全

一切有识见的军事家都重视谋略。孙武有《谋攻篇》，主张"上兵伐谋"。《虎钤经》继承了这一思想，并把它展开和具体化了。它认为："用兵之要，先谋为本。是以欲谋行师，先谋安民。欲谋攻敌，先谋通粮；欲谋疏阵，先谋地利；欲谋胜敌，先谋人和；欲谋守据，先谋储蓄；欲谋强兵，先谋正其赏罚；欲谋取远，先谋不失其迩。苟有反是而用兵者，未有不为损利而趋害者也。"

诸葛亮一生的军事活动，说明他是一位具有雄才大略的军事谋略家，他之所以能料事如神，具有高超的谋略，主要是他深刻地认识了强弱与谋略的关系，依据强弱定谋略，依靠谋略变强弱。

诸葛亮的谋略思想是建立在朴素唯物主义的基础上的。他把强弱作为制定谋略的客观基础。要制定正确的谋略，一定要深入地了解分析敌我双方强弱优劣之势。他说："谋，自料知他也。"谋略就是了解敌我双方的情况，预见到战争发展的趋势和结局。"古之善斗者，必先探敌情而后图之。"他提出要做一个好的将领必须做到"五善"，即"善知敌之形势，善知进退之道，善知国之虚实，善知天时人事，善知山川险阻。"对于敌我双方的虚实强弱，天时、地利、人事等都要有充分的认识。"古之善用兵者，揣其能而料知胜负。主孰圣也？将孰贤也？吏孰能也？粮饷孰丰也？士卒孰练也？军容孰整也？戎马孰逸也？形势孰险也？宾客孰智也？邻国孰惧也？财货孰多也？百姓孰安也？由此观之，强弱之形，可决也。"认识敌我双方强弱之势，必须深入了解、分析和比较这十二个方面的情况。这就比孙武所比较的内容更全面了。

《隆中对》就是在深入了解情况的基础上制定出来的卓越的战争指导谋略，是我国古代

朴素军事辩证法思想的出色范例。诸葛亮说："自董卓以来，豪杰并起，跨州联郡不可胜数。曹操比于袁绍，则名微而众寡，然操遂能克绍，以弱为强者，非惟天时，抑亦人谋也。今操已拥有百万之众，挟天子而令诸侯，此诚不可与争锋。孙权据有江东，已历三世，国险而民附，贤能为之用，此可为援而不可图也。荆州北据汉、沔，利尽南海，东连吴会，西通巴、蜀，此用武之国，而其主不能守，此殆天以资将军，将军岂有意乎？益州险塞，沃野千里，天府之土，高祖因之以成帝业。刘璋暗弱，张鲁在北，民殷国富而不知存恤，智能之士思得明君。将军即是帝室之胄，信义著于四海，总揽英雄，思贤如渴，若跨有荆、益，保其岩阻，西和诸戎，南抚夷越，外结好孙权，内修政理，天下有变，则命一上将将荆州之军以向宛、洛，将军率益州之众出于秦川，百姓孰敢不箪食壶浆以迎将军乎？诚是如此，则霸王业可成，汉室可复兴矣。"诸葛亮从客观实际出发，深入地分析了曹操、孙权、荆州、益州的政治、经济、军事等各个方面的力量对比，为刘备提出了复兴汉室的战略方针：第一，避强攻弱，消灭刘表、刘璋，占据荆州、益州为根据地；第二，修理内部，壮大自己，结好孙权，孤立曹操，等待时机；第三，条件成熟时，分兵两路，北伐曹魏，完成统一大业。兵微将寡，极其弱小的刘备集团，奔波半生一无所成。自得诸葛亮辅助，按照"隆中对策"办事，很快建立了蜀汉政权，形成了与强大的曹操集团对峙的局面。所以，刘备十分崇敬年轻的诸葛亮，说："孤之有孔明，犹鱼之有水也。"

诸葛亮不仅认为强弱是制定谋略的客观基础，而且他更加深刻地认识到强弱优劣之势是可以改变的。充分发挥人的能动作用，制定正确的谋略，就可以转化强弱。他提出："军以奇计为谋，绝智为主"，"高城深地，不足以为固，坚甲锐兵，不足以为强"。军队要以高超的谋略和智慧为主，单有物质条件是不够的。做将帅的一定要善于思考，善于谋略。"思者，正谋也，虑者，思事之计也。""将无思虑，士无气势，不齐其心，而不专其谋，虽有百万之众，而敌不惧也。"将领缺少思虑和谋略，士气不高，人心不齐，虽有大军百万，敌人也不害怕。"将善者，其刚不可折，其柔不可卷，故以弱制强，以柔制刚。"好的将领，善于思虑和谋略，能柔能刚，就可以做到以弱胜强。他认为，曹操以弱小的军队打败强大的袁绍，就是充分和正确地运用了人的谋略。

在三国的对峙之中，蜀汉是最弱小的。仅有一个益州的军力、民力和经济力的诸葛亮，竟能五次北伐地广众多的曹魏政权。虽未达到"北定中原，复兴汉室"的目的，但是，由于诸葛亮的周密策划，精心组织，善择时机，总是掌握着战争的主动权，使强大的曹魏被动应付。每次北伐，诸葛亮都进退自如，攻郡掠地，杀将虏敌。特别是后来与老谋深算的司马懿斗智斗谋的竞赛中，充分显示了诸葛亮高超的谋略。

在平定南中地区（四川南部、云南东北和贵州西北部）的叛乱中，诸葛亮接受了马谡的建议，明确指出："用兵之道，攻心为上，攻城为下；心战为上，兵战为下。"诸葛亮关于兵战和心战的辩证关系的理论，以及他七擒孟获的实践，是战争史上少有的兵战与心战有机配合的卓越范例。

首先，诸葛亮已经认识到军事为政治服务，兵战为心战服务的道理。人心所向决定战争的胜负，政治方法解决是上策，军事解决是下策。在政治的办法不能解决问题时，不得而已才采用军事办法。对于南中地区发生的叛乱，开始诸葛亮采取"抚而不讨"的方针，准备用政治方法解决，但未成功，最后才下决心使用武力，所以，清代剑川白族诗人赵潘为成都武侯祠诸葛殿前写了一副对联的上联说："能攻心，则反侧自消，自古知兵非好战。"真正懂得用兵打仗的人，是善于"攻心"，而不轻易使用武力。充分肯定了诸葛亮善于攻心，善于从政治上解决问题。

其次，诸葛亮能够巧妙地把"兵战"和"心战"有机地结合起来，以"兵战"服从"心战"，通过"威服"实现"心服"。"心战"无法解决南中地区的叛乱问题时，诸葛亮把"兵战"作为实现"心战"的手段，寓"心战"于"兵战"之中。率领三路人马，分东、西、中三路向南中地区进发。在平定东西两翼的叛乱势力之后，他集中三路人马，乘胜直指叛乱的中心益州郡。叛乱的头目孟获，在南中少数民族和汉族中颇有声望。诸葛亮坚持和抚政策，意在"攻心"，为了较好地解决南中地区和蜀汉政权的关系，使南中真正安定下来，他下令在同孟获作战中，只许生擒，不许伤害。在第一次交战中就击败叛军，生擒孟获，诸葛亮对他不杀不辱，松绑优待，并亲自带他去观看蜀军的阵势。问："这样的军队你能打赢吗？"孟获说："过去不知你的虚实，被你们打败了，你若放我回去，再打一定能胜你。"诸葛亮果然放他回去，然后利用山地特点巧施计谋，或退兵设伏，或奇兵侧后迂回，共七擒七纵，使孟获心悦诚服，说："公，天威也，南人不复反矣！"诸葛亮对于孟获放心任用，使南中"不留兵，不运粮，而纲纪初定，夷汉粗安"。南中地区后来还为诸葛亮北伐曹魏出人、出粮。诸葛亮是秦汉以来，善于心战的军事家，他收纳姜维和马超，也是运用了心战。

中和为福，偏激为灾

【原文】

躁性者火炽，遇物则焚，寡恩者冰清，逢物必杀。凝滞固执者，如死水腐木，生机已绝，俱难建功业而延福祉。

【译文】

一个性情急躁的人，如同烈火一般炽热，遇到外物就可能焚毁。一个刻薄寡恩的人，就像冰雪一般冷酷，碰到外物就可能损伤。一个顽固呆板的人，就像一潭死水，一株朽木，死气沉沉，绝了生机。这都不是建功立业而为世间造福的人。

【解读】

人际交往中，最忌生气发火，动怒泄愤。尤其是在长辈面前，小辈们更要注意自己的一言一语，切切不可失晚辈之礼。但有时会遇到某些或有恃无恐或刁蛮耍横的倚老卖老之人，一味地回避退让忍辱负重，反而会使对方以为你软弱可欺而得寸进尺。

在人际交往中，对他人的适度赞美，可使对方产生亲和心理，为交往沟通提供前提。

【事典】

忠诚体国以为官

道光三十年（1850年）正月二十六日，爱新觉罗·奕詝继皇帝位，以明年为咸丰元年。咸丰皇帝继位以后的时局颇为艰难，中国历史上最大一次农民起义正在广西地区酝酿成熟，时刻威胁着清王朝的统治政权。为挽回人心，渡过难关，除罢黜穆彰阿和惩办耆英以外，他还颁诏求言，封章密奏。许多朝臣应诏陈言，直谏流弊，一改道光年间"十余年间九卿无一人陈时政之得失，司道无一折言地方利病”的局面。

当时掌理全国庶政的六部，除了户部之外，曾国藩担任过礼、吏、兵、刑、工五部的侍郎（约略和现在行政院各部的次长相当），因此他洞悉了清代的政情利弊、官场风习、山川形势、民生疾苦与武备良窳。曾国藩这时已由内阁学士升为礼部右侍郎署兵部左侍郎，目睹时局危急而政风颓靡，遂因皇帝之下诏求言而先后上了几道条陈时务的奏疏。

第一道是《应诏陈言疏》，指出：“今日所当讲求者，惟在用人一端耳。方今人才不乏，欲作育而激扬之，端赖我皇上之妙用。大抵有转移之道，有培养之方，有考察之法，三者不可废一。”他首先明确指出朝廷内外官员所存在的一系列问题，批评相当多的官员敬安无过，不肯振作有为。

使官员成为有用之才的方法，即“转移之道”，“莫若使从事于学术”，在官员中树立学习与研究的风气，以提高官员的素质，而“又必皇上以身作则，才能操转移风化之本”。

培养官员的方法有数端：“曰教诲、曰甄别、曰保举，曰超擢。”对于人才的培养、利用提出了行之有效的方法。

考察官员的最好方法是通过“奏折”的形式。他列举本朝以来，“匡言主德者”的直谏事例，希望咸丰皇帝能坚持“求言甚切”的作风，“借奏折为考核人才之具，永不生厌教之心。涉于雷同者，不必交议而已；过于攻讦者，不必发钞而已。此外则只看见有益，当初看不到也有害。”

他在极力呼吁咸丰皇帝重视人才的同时，针对咸丰初年官吏腐败、堕落，人才缺乏的严重问题，在第二道奏折《条陈日讲事宜疏》中，竭力推荐李棠阶、吴廷栋、严正基、王庆云、江忠源五人可用。

虽然咸丰皇帝对曾国藩的奏折评价很高，但并没有产生实际效果。

其余各疏，如《议汰兵疏》《备陈民间疾苦疏》《平银价疏》，对当时的政治、军事、社会、经济等等切要的问题，也都能详细指出受病之因及治理之方，足可看出他对当时的利弊，都有全面深入的了解。如曾国藩于咸丰元年（1851 年）三月再次上疏——《议汰兵疏》，提出了解决财政危机和加强武备的具体措施。他说：“臣窃维天下之大患盖有二端，一曰国用不足，二曰兵伍不精。”面对财用不足，应从根本上杜绝不必要的开支，其中节饷就是一项。他列举了各地军队的种种腐败状况后指出，“医者之治病痈之甚者，必割其腐肉而生其新肉。今日之劣弁弱卒，盖亦当量为简汰以剜其腐者，痛加训练以生其新者。"否则，是无法改变武备废弛的现状。其后，他又大量列举了"兵贵精而不贵多"的道理，提出"欲请汰兵五万，仍复乾隆四十六年以前之旧额而裁之，如若实现此项计划，每年可省饷银 120 万两，若专用于救荒赈贫和废除捐例，可以使社会情况和吏治又得以改善，并能够促动军队的训练。"

在这些奏疏之中，最具有重要性的，还是他在咸丰元年四月间所上的一道《敬陈圣德三端预防流弊疏》，率直指出如要转移政治风气，培养有用人才，全在皇帝个人的态度。这一道奏疏，不但足以看出曾国藩忠君爱国及有作为、有担当的耿直风格，也对他此后的平乱事业发生了重大的影响。

由以上可看出，曾氏忠诚体国，始于其志，定于其识，成于其行，贯穿于其为官之生涯中。

谨言慎行，君子之道

【原文】

十语九中未必称奇，一语不中则愆尤骈集；十谋九成未必归功，一谋不成则訾议丛兴，君子所以宁默毋躁，守拙无巧。

【译文】

即使十句话说对九句，也未必有人称赞；但是如果说错一句，就会立刻遭人指责。即使十次计谋九次成功，也未必得到奖赏；可是只要一次失败，责难就纷纷到来。所以君子做人，宁肯保持沉默，也不随便发言；宁肯显得笨拙，也不自作聪明。

【解读】

俗话说："好事不出门，坏事传千里。"人心叵测，不可不防。很多人喜欢看别人的笑话，传播别人的隐私，并添油加醋地加以宣扬，与其和他们生气，去跟他们解释，还不如平常沉默寡言，谨言慎行，让那些想陷害你、打击你的人找不到机会。

装作不知道，就是指对别人的话装作没有听到或没有听清楚，以便采用避

实就虚、猛然出击的说辩方式。它的特点是：说辩的锋芒主要不在于传递何种
信息，而是通过打击、转移对方的说辩兴致使之无法继续设置窘迫局面，而化
干戈为玉帛，并能够寓辩于无形，不战而屈人之兵。在人际交往中，这种方式
的使用场合很多。

【事典】

元老嘴硬，不如毒后心狠

武则天早已谋算好要登皇后高位，然而她明白王皇后的势力和地位，王皇
后并非简简单单为李治的结发夫妻，她家世在朝中势力强大，她在后宫又威势
夺人。并且那帮权威赫赫的老臣与皇后都有着互存互利的关系，朝廷中以褚遂
良和长孙无忌为主的关陇集团与王皇后父辈祖辈是南征北战荣辱与共之交，武
则天要争夺皇后之位，就等于要与这帮老臣们争权，因此要登皇后之位，先将
这些三朝元老铲平，才能对付王皇后，只有如此，才能一跃而上，直步青云。

而这个长孙无忌是李世民托孤之臣，以前在立高宗为太子时立下大功，又
是高宗舅父（长孙皇后之兄），他的话李治不能不听，如此一来武则天只能另
寻办法摆平他。

为了能打通长孙无忌这一关，以示敬重，缓和紧张的关系，也是请舅父不
要固执的意思，武则天与高宗决定到长孙无忌的府第去一次，武则天要到虎穴
里去闯一闯了。

努力争取的结果是失败。长孙无忌等心意已决，通过这种回避不言的态度
告诉了高宗，意在让他退缩，让武则天死心。看来，与关陇集团硬碰硬势在
难免。

武则天在幕后泰然注视着这一切，她暗下决心：无毒不丈夫，我已做到仁
至义尽了，既然你不仁，休怪我不义了，不除长孙这块绊脚石，誓不为人。

不久，高宗下诏，贬褚遂良为潭州（今湖南长沙）都督。这已经是撇开
关陇集团，决定改立皇后的一个信号。再不久，高宗下诏：王皇后、萧淑妃阴
谋害人，废为庶人，后母及兄弟，一并除名，流放岭南。并除削王皇后父亲王
仁祐的特进、魏国公、司空的尊号。

武则天不能就此罢休，走到这一步，她的残忍和毒辣一发不可收拾了，她
将王皇后和萧淑妃囚禁在后院，要把她们活活折磨到死为止，以此来平衡自己
内心的隐秘和痛苦，她将内心受忍的无人诉话的苦心都泼在王皇后和萧淑妃身

上，以解心中的仇恨。

高宗他毕竟是个重情之人，他与王皇后十多年的夫妻之情，怎么会骤然忘却呢？在易后问题上关陇集团的固执太让他生气、没面子了，而今天回想起来，又觉得把王皇后、萧淑妃整得太惨了一些，内心不忍。今她们被打入冷宫，情况不知怎么样了？他从随从那儿知道了王、萧两人的囚禁之处，即到后院去探望她们一下。高宗来到后院，只见一间封闭得严严实实的石屋，双门紧闭落锁，只有墙角下留有一个小洞，可以递送饭菜。高宗见此情景，心中大不忍，便喊道："皇后、淑妃，你们在哪里？"石屋里的人听到皇上的声音，哭泣起来。王皇后一边哭泣，一边答道："妾等既然得罪陛下，做了囚犯，恨不得立即死去，转世再来侍奉皇上，怎么还能享有这样的尊称？"淑妃则哭着求皇上道："皇上如果还念昔日的情分，使我们重见光明，请皇上就把这院子取名为回心院吧。"高宗勾起旧情，不胜悲痛，就安慰说："朕想办法，你们不要过于悲伤了。"临走，王皇后还一再叮嘱高宗早日来接她们。

武则天得知此事，非常气恼，看来皇上还旧情未断呢。索性一不做，二不休，干脆来个先斩后奏，杀了这两个贱人再说。第二天，武则天便带着贴身爪牙赵田，去了封闭的后园。

太监打开了房门。门一开，臊臭之气立即冲出门来。武昭仪摆手示意，让赵田等人靠墙站着，她则迎着臊臭气走向门口。她看了看王皇后与萧淑妃，便说："皇上来看望你们，我本想同来，可是让事情缠住了，只好此时来看望二位。"她的语气柔和，无丝毫恶意。

王皇后仍低头坐着，看不见面部的表情，萧淑妃的面色有点缓和、疑惑的样子，二人都没说话。她接着道："皇上曾说过，要将二位从这里搬出去，可是，这事还比较难办。搬到哪里才好呢？皇上甚为踌躇，我也在费心思。萧淑妃好办，只要仍去住淑妃宫就是了。可皇后该怎么办？昭仪宫倒是闲着，可是皇后去住又觉不合适。如果再立个名吧？一时还没想出来。后来，我想就用个明妃的名字如何？皇上还没拿定主意，也不知二位意下如何？"王皇后听了武则天一席话，抬起头来，也用怀疑的目光向门口看。她怀疑是自己听错了，这话能是武则天说出来的吗？难道太阳能从西边出来？不会的，于是她道："能听豺狼念经吗？恶人能变善心吗？淑妃，你怎么能相信鬼话呢？"她的语气平静，不怒，不嗔。武皇后道："姓王的，你是狗咬吕洞宾，不识好人心。像你这样的人活着没用，死了却又臭一块地。"王皇后平静地道："如何？狐狸尾巴藏不住了吧？从你一开始，我已猜定，你是不会有好心的。今天，你到底来干什么？为了奚落我们吗？哼！"萧淑妃用鼻子哼了一声，恶狠狠地道："阿武，原来你是来戏耍我们。你这个泼妇，是不会得到好死的。""住口！你以为你们还是往日的皇后和淑妃吗？你以为你们想骂我就骂我，想整我就整我吗？""打！给我重打五十杖，两人一齐打。"武则天气急败坏地命令道。赵田等五人冲进屋，举杖向二人打去。王皇后与萧淑妃从出娘胎，也未挨过一次打，这次，太监手中的竹杖，打下去又重又狠，毫不留情。王皇后与萧淑妃从竹杖第一下打中就哀声叫起来。竹杖不断打下去。"叭！叭！叭！叭！""哎哟妈呀！哎哟。"王萧二人一齐叫喊疼痛。竹杖不断打下去。王萧二人在草堆上滚动，挨了十杖，已是衣衫破碎，血从脸上、身上流出来。二人不断哀叫。太监手中的竹杖不停地挥动，武则天仍在喝令狠打。没有人查数，不知打了多少竹杖？王萧二人已从草堆中滚下来，满地滚动。两个人的囚服本就破烂不堪，此时已是一丝一缕的了。头发披散开了，像是大头鬼，脸上、身上流出不少血，血染红了衣衫，染红了地面，又沾上一些干草。竹杖仍在两人头上、身上落下。"叭叭、叭叭叭"的声音不断从两人身上传出来。起初，王皇后不断喊叫，萧淑妃边叫边骂。后来，王皇后的叫声低了，萧淑妃已无力骂了。王皇后不再叫了，萧淑妃也不叫了，只是轻轻地滚动着，似在下意识地躲闪。最后，两人全不动了，都晕过去了。

她还当即利用后宫家法，下令将王氏、萧氏截去手足，塞进酒瓮。王、萧二人惨遭酷刑，哀号而死。临刑前，王氏跪在地上绝望地说："愿皇上万岁！昭仪当了皇后，妾只有死的份了！"萧氏却怒骂道："阿武妖精，害我到这种地步，愿我再生为猫，阿武为鼠，永远咬她的喉咙。"两人死后，武后下令改王氏为蟒氏、萧氏为枭氏，因为"王"与"蟒"、"萧"与"枭"声音相近。武后害死王氏、萧氏，是她巩固皇后地位的一个重要步骤。

但从此以后，她就没有安稳觉了，她时常做噩梦，梦见她们血淋淋的样子找她报仇，恍恍惚惚中还见到过她们的鬼魂。

能做到如此地步，非常人所为。一个女人能做到如此，不能不说她没有丝毫变态的心理。就凭这种杀人方法，足以让人毛骨悚然，敬而远之了。

【国学精粹珍藏版】

李志敏⊙编著

◎尽览中国古典文化的博大精深 ◎读传世典籍，赢智慧人生——受益终生的传世经典

菜根谭

卷三

民主与建设出版社

·北京·

人情冷暖，世态炎凉

【原文】

我贵而人奉之，奉此峨冠大带也；我贱而人侮之，侮此布衣草履也。然则原非奉我，我胡为喜？原非侮我，我胡为怒？

【译文】

有权有势，人们就奉承我，这是奉承我的官位和乌纱；贫穷低贱，人们就轻蔑我，这是轻蔑我的布衣和草鞋。可见根本不是奉承我，我为什么要高兴呢？根本不是轻蔑我，我为什么要生气呢？

【解读】

能够如此潇洒地面对人生，才算得上是大彻大悟。人生在世，酸甜苦辣都要尝遍，才能算是完整的人生，所以不要为痛苦而哭，不要为幸福而笑。如何来，就如何去。如果自己陷于名利场中不能自拔，以为名利非我莫属，那么所期望的越高，所得到的失望就会越大。

【事典】

敌人的敌人是朋友

中国的历史大势，被人形容为"分久必合，合久必分"，分分合合，统一是大趋势。统一的手段离不开暴力斗争，斗争的对象往往不止一个。每次大统一，统一者都必须成功地瓦解敌对者的联盟，把敌对者的朋友变成敌对者的敌人，从而成为自己的朋友。

曹操虽未能完成中国的统一，但他使黄河流域结束了自汉末近四十年的战乱局面，恢复了这一地区的经济发展，使曹魏实力远在吴、蜀之上，最后为西晋的大统一奠定了基础。应该说，曹操的争地还是很成功的，他不愧为一个出色的开国之君。

曹操以少胜多，转弱为强的经历也说明了一个真理：敌人无论多强大的联盟都不可怕，因为他们永远都不可能是铁板一块，可以分化他们，战胜他们。从曹操一次又一次从容瓦解敌人的联盟，并战而胜之的过程中，我们可以看出这里面还隐含着一个大智慧，即：敌人的敌人是朋友。

敌人的敌人是朋友。这个道理也许不难懂，但做起来就难了。因为敌人的敌人可能跟我也是敌对的，我跟他成了朋友，联手消灭了敌人，他再把我打垮了，那不弄巧成拙了吗？历史上这样的例子并不鲜见，最具代表性的莫过于北宋、南宋之亡了。

北宋与辽世仇，经常受辽的欺负，割地赔款，纳币输金，心里暗恨，却无力反抗。辽的属国女真兴起，建立金朝，金兴兵反辽，约宋一起出兵，宋自是大喜过望。于是，金、宋北南夹击，灭掉辽国。可北宋的腐朽无能也全部暴露在金朝眼皮底下了。金兵大举伐宋，北宋灭亡。宋室余脉仓皇南渡，建立了偏安小朝廷——南宋。

南宋在金的压迫下，比北宋的日子惨多了。失去了更多的土地，献出更多的金帛不算，还要对金称臣。这不啻于奇耻大辱，南宋又反抗了几次，无奈实力与金相差太远，只好强装笑脸心头淌血，曲意逢迎。直到一代天骄成吉思汗崛起漠北，大举伐金，南宋才算出口恶气。金在蒙军铁骑的打击下，虽丧师失地，一败再败，但百足之虫，死而不僵，一时半刻的，还消灭不了。于是，蒙军约南宋一起伐金，南宋不假思索一口应承。金主得到消息后，曾给南宋写来一封信，阐述"唇亡齿寒"之理，南宋如何听得进去？于是，南宋联蒙灭金；于是，重演了北宋灭亡的悲剧。

两宋之亡，在于没有正确分析敌情我情。辽、金的实力在两宋之上，而金、蒙的实力又分别在辽、金之上。两宋联合比自己强大的敌人，无异于为虎作伥，焉得不亡？

秦灭六国，用张睢"远交近攻"之法，安抚强敌，灭掉弱小；或联合弱小先灭强敌，最终一统天下，这才是运用"敌人的敌人是朋友"这一策略的最高境界。曹操无疑是达到了这一境界。

曹操灭袁诛吕时，面对袁、吕结盟的局面，他拉拢吕布。一方面是由于吕布有勇无谋；另一方面也是曹操看到他力量弱小，好争取。这才有了袁、吕的败亡。

收定河北时，袁尚、袁谭弟兄内斗，曹操又是联合了实力弱的袁谭，最后消灭袁氏残余势力，统一北方。

赤壁之战时，曹操的失败在于背离了他自己一贯重视的正确战略，其中就包括没有团结一个敌人打击另一个敌人。

赤壁之战后，曹操接受了教训，重新拾起了屡试不爽的法宝，这才有平定关陇，收据汉中之功，并在襄樊大战中取得了辉煌的胜利。

"敌人的敌人是朋友"，但只是暂时的朋友。当共同的对手被消灭后，原来的朋友也就成为敌人了。所以，选择谁做"朋友"是至关重要的。曹操在这一点上，看得清，选得准，显出了过人的智慧。

操持严明，守正不阿

【原文】

士君子处权门要路，操履要严明，心气要和易。毋少随而近腥膻之党，亦毋过激而犯蜂虿之毒。

【译文】

一个有才德的读书人身居重要地位时，操守要严谨方正，行为要光明磊落，心境要平和稳健，气度要宽宏大量。不可接近或附和营私舞弊的奸党，但也不过分偏激而触怒阴险狠毒的小人。

【解读】

作为常人需要生活的艺术，作为高官需要生活的学问，要想在官场中站稳脚跟，既要保持自己严正清明的本性、平易近人的态度，不与营私舞弊的人同流合污，又要有与奸党斡旋的技巧，不轻易触犯小人，这样才能使自己不遭到排挤。

【事典】

大英雄争胜不在一时

韬晦，是中国古人从事社会竞争的著名决策技巧。

韬和晦二字，均为隐藏、遮掩之意。韬晦之计，是在特定形势下，用伪装的办法将真正的志向和动机隐藏起来，免除外来的侵害，以保存发展自己。

韬晦之计，适用于良机还未到来、待机等时的境遇之下，是和待时方略密不可分的。

中外历史上，有许多以韬晦办法，蒙骗竞争对手，保存实力的范例。

曹魏文帝以后，司马懿掌握兵权，势力膨胀。曹氏宗族对司马懿戒备之心日重，矛盾日益显露出来。为了躲避曹氏宗族的锋芒，司马懿称病在家，十年不朝。有一次大将军曹爽派人去看望司马懿病情，实际上是观察司马懿的身体究竟还有没有可能与曹氏抗衡。司马懿故意手拿衣服，衣服落地上；喝粥，粥汁又顺着口角流到胸前；听人讲话，故意将"本"字听成"并"字。来人回报曹爽，曹爽放下心来，不以司马懿为意。然而不久，司马懿乘曹爽放弃戒备，外出祭祖的机会，发动政变，夺了曹氏政权。

明朝太祖朱元璋死了以后，太子早死，其孙即位，是为建文帝。朱元璋的第四子朱棣精明干练，没有当上皇帝深感不满。不久，建文帝实行强干弱枝政策，废周王为庶人，也想除去朱棣。为了保存自己，朱棣假称得了癫狂病，在街市上乱走乱喊，抢夺人家的酒食，说话颠三倒四，有时仰面朝天躺在路上，整日不醒，一度使建文帝信以为真。背地里，朱棣加紧派姚广孝等人操练人马，充实军械。不久，便兴师讨伐建文帝。四年以后，登上皇帝的宝座。

在中国近现代史上，蔡锷将军曾用声色之计，蒙骗袁世凯。蔡锷是辛亥革命的功臣，在国内很有影响。为控制蔡锷，袁世凯以组阁为由，召蔡入京。在受到袁世凯严密监视的情况下，蔡锷有意将反袁大志隐藏起来，整日饮酒狎妓，偌大北京城，凡是著名的歌台舞榭，娼馆妓院，没有不到之处。蔡锷又特意爱上一名妓女，名为小凤仙。在小凤仙的建议下，他购田产、置房屋、买玩好，整日忙忙碌碌。这一套韬晦办法，终于使袁世凯放松了对他的防范。过了一段时间蔡锷转道日本，回到云南，组织护国军，兴师反袁，湖南、四川，相继响应，迫使袁世凯取消帝制，成为再造共和的英雄。

在中国共产党的队伍里，也有许多韬晦的英雄。小说《红岩》里有一典型形象，叫华子良。他为了完成党交给的任务，含辛茹苦，忍辱负重，被捕十五年，装了三年疯。华子良虽是一个艺术形象，却是革命者可贵的道德品质和高超的处世韬略的生动写照。

在现实生活中，我们常常发现一些年轻人，特别是年轻的大学生、研究生，傲气十足，锋芒毕露，事业远未成功，树敌已经成片，"出师未捷身先死，常使英雄泪满襟"，教训极其深刻。

美国人詹姆斯所著《强者的诞生》一书，曾经写道：对于强者说来——

有时需要积极进取，有时需要稍敛锋芒；

有时需要与众交融，有时需要默默独居；

有时需要哭泣，有时需要朗笑；

有时需要发言，有时需要沉默；

有时需要善握良机，有时需要屏息等候。

这是很有道理的。

会生活的人并不一味地争强好胜，在必要的时候，宁肯后退一步，做出必要的自我牺牲。

冯梦龙在《智囊》中收集了许多这样的例证。

清河人胡常和汝南人翟方进在一起研究经书。胡常先做了官，但名誉不如翟方进好，在心里总是嫉妒翟方进的才能，和别人议论时，总是不说翟方进的好话。翟方进听说了这事，就想出了一个应对的办法。

胡常时常召集门生，讲解经书。一到这个时候，翟方进就派自己的门生到他那里去请教疑难问题，并一心一意、认认真真地做笔记。一来二去，时间长了，胡常明白了，这是翟方进在有意地推崇自己。为此，心中十分不安。后来，在官僚中间，他再也不去贬低而是赞扬翟方进了。

明朝正德年间，朱宸濠起兵反抗朝廷。王阳明率兵征讨，一举擒获朱宸濠，建立了大功。当时受到正德皇帝宠信的江彬十分嫉妒王阳明的功绩，以为他夺走了自己大显身手的机会。于是，他散布流言说："最初王阳明和朱宸濠是同党。后来听说朝廷派兵征讨，才抓住朱宸濠以自我解脱。"想嫁祸并捉住了王阳明，作为自己的功劳。在这种情况下，王阳明和张永商议道："如果退让一步，把擒拿朱的功劳让出去，可以避免不必要的麻烦。假如坚持下去，不做妥协，那江彬等人就会狗急跳墙，做出伤天害理的勾当。"为此，他将朱宸濠交给张永，使之重新报告皇帝：朱宸濠捉住了，是总督军门的功劳，这样，江彬等人便没有话说了。王阳明称病到净慈寺休养。张永回到朝廷，大力称颂王阳明的忠诚和让功避祸的高尚事迹。皇帝明白了事情的始末，免除了对王阳明处罚。王阳明以退让之术，避免了飞来的横祸。

如果说翟方进以退让之术，转化了一个敌人，那么王阳明则依此保护了自身。

以退让求得生存和发展，这里蕴含了深刻的哲理。

老子曾说过："无为而无不为。"意思是说，只有不做，才能无所不做，唯有不为，才能无所不为。

为了论证这个道理，老子进行了哲学的思辨：

许多根木辐条集中到车毂，有了毂中间的空洞，才有车的作用；

用陶泥作器皿，有了器皿中间的空虚，才有器皿的作用；

开凿门窗造房屋，有了门窗四壁中间的空隙，才有房屋的作用。

所以，"有"所给人的便利，完全靠着"无"起作用。

就是说，无比有更加重要。不仅客观世界的情况如此，人的行为也如此。人的"无为"比"有为"更有用，更能给人带来益处。一味地争强好胜，刀兵相见，横征暴敛，"有为"过盛，最终只能落得个身败名裂的下场。

就社会生活而言，积极奋斗，努力争取，勇敢拼搏，坚持不懈的行为，其价值和意义，无疑是值得肯定的。就此而言，老子贬"有为"扬"无为"的做法，不尽合理。但应该看到，人生的路并不是一条笔直的大道，面对复杂多变的形势，人们不仅需要慷慨陈词，还需要沉默不语；既需要穷追猛打，也需要退却自守；既应该争，也应该让；如此等等，一句话，有为是必要的，无为也是必要的。就此而言，老子的无为思想，具有极其重要的意义。

然而，在人生的旅途中，应该什么时候有为，什么时候无为呢？无为和有为的选择取决于主客我敌双方的力量对比。当主体力量明显占据优势，居高临下，以十当一，采取有为以后，可以取得显著的效果时，应该有为。而当主体处在劣势的位置上，稍一动作，就可能被对方"吃掉"，或者陷于更加被动的境地，那么，便应该以退为进，坚守"无为"。无为只是一种权宜之计，待时机成熟，成功条件已到，便可由无为转为有为，由守转为攻，这就是中国古人所说的屈伸之术。

为此，在人生的某一个点上：

只有无为，方能无所不为。

只有退几步，方能大踏步前进！

浑然和气，处事珍宝

【原文】

标节义者，必以节义受谤；榜道学者，常因道学招尤。故君子不近恶事，亦不立善名，只浑然和气，才是居身之珍。

【译文】

一个标榜节义的人，到头来必为节义而受人毁谤；一个标榜道学的人，经常因道学而招人抨击。因此一个正人君子，平日既不接近坏人坏事，也不标新立异建树名声；只是保持纯朴、和蔼的气象，才是立身处世的法宝。

【解读】

与其图一时之虚名换来难堪，还不如以真实面目出现求得坦然。一个人只有为人真实坦诚，不为利所诱，不为名所动，努力地修身养性，保持健全的心态、完美的人格，才能立于不败之地。

【事典】

实话实说，好处多多

刘备率七十万大军进攻东吴，败在陆逊的手下，他连成都都没回得去，就命归白帝城。这一仗不仅大伤了蜀国的元气，而且孙刘两家的联盟也彻底破灭了。刘备死后，他的儿子刘禅继位，即是"后主"。诸葛亮受刘备生前所托，尽心辅佐后主，他仍坚持联吴抗曹的战略，想重新与东吴修好，并一直在物色一位能担当撮合孙刘重新联盟这一任务的人才。最后在群臣之中选中了户部尚书邓芝。委派之前还考察了一番，诸葛亮问他："现在蜀、魏、吴三国鼎立，我们要消灭其余两个，一统天下，你看，应当先打哪一个国家？"邓芝答道："依我的愚见：魏国为汉贼，罪恶当诛，但他势力很大，不是容易消灭的，只能从长计议；现在后主初登宝位，民心还没安定，只能重新与东吴联合结为唇齿，抹去先帝留下的伤痕，这才是长久的计策呀！"诸葛亮见他与自己的想法不谋而合，心想若是派他出使东吴，定能领会并积极推行自己的策略，不辱使命，想方设法去说服孙权的。于是奏明后主，让邓芝出使东吴。

孙权听说蜀国的邓芝来了，问群臣如何处置？谋士张昭说："这肯定是诸葛亮的退兵之计，让邓芝来作说客的。大王可在殿前立一个大油锅，装满油，用火煮沸，再选身强力壮的武士一千人各执刀在手，从宫门前直摆至殿上，再叫邓芝进见，不等他下说辞，就指责他企图扮演历史上郦食其说齐王的角色，我们就说要以此例杀掉他，看他如何回答。"孙权依计而行，召邓芝入见。邓芝走到宫门前，一看这个阵式，心里已明白了孙权的用意，但他毫无惧色，昂首前行，见了孙权长揖不拜。孙权大声喝道："你不自量力，想凭三寸之舌，仿效郦食其说齐王归汉的诡计，我把你送进油锅炸了！"

邓芝大笑一声，说道："听人说东吴多有贤士，没想到却害怕一个书生！"孙权一听，勃然大怒，问他道："我怎么害怕你这个无名的书生？"邓芝不慌不忙地回答孙权："你不怕我这无名的邓芝，那又何必担心我来做说客呢？"孙权又说："你是替诸葛亮做说客，想让我与魏绝交，与蜀通好，是吗？"邓芝仍是微笑着说道："我本来是蜀国一名儒生，现特地为吴国的利害而来，却受到如此的待遇，没想到吴王气量小到如此之程度！"

孙权听到这里，自己也觉得有些惭愧，忙命撤去执刀武士，让邓芝上殿赐座说话，孙权问邓芝："你倒是说说，我国的利害如何？"邓芝问："大王你是想与蜀和睦还是与魏通好？"孙权说："我本是想与蜀和睦相处，只是害怕后主刘禅年轻识浅，不能全始全终啊！"邓芝见孙权如此说，知道他已有通好之意，于是抓住机会，阐明了一番道理，他说："大王你是当今之英豪，诸葛亮也是一时之俊杰；我们蜀国有山川之险要，你东吴有长江之天堑，要是两国和好，结成唇齿之依，那时则进可以兼容天下，退也可以成鼎足之势，不是进亦可，退亦可吗？现在，大王你要是屈居魏国而称臣，魏国肯定要求大王你朝夕进见，岁岁缴贡，可能还要你送去太子以作人质。若是你不从命，他就会兴兵问罪，到那时，我蜀国也可能顺流而下进行夹击。如此一来，江南之地恐怕再也不属于大王你的了！事情就是这样明白地摆着，你要是以为我说的不对，我就死在大王面前，以免落得别人说我是说客的名声。"说完，撩起衣服，就往油锅走去，要往那煮开的油锅里跳。

孙权急忙叫人拦住他，请入后殿，以上宾之礼相待。并且说："先生之言，完全合乎我的心愿，我想与蜀国媾和，你肯为我牵线搭桥吗？"邓芝见孙权已动心，为了进一步坚定他的决心，就又将他一军："刚才要用油锅煮我者，是大王；现在要我牵线搭桥的也是大王你，你自己这样反复无常犹疑不定，怎么取信于人哩！"孙权站起来坚定地说："我决心已下，请你不要怀疑！"于是商定了与蜀国通和的事。到后来，孙权又问邓芝："要是吴国与蜀国联合同时消灭魏国，换得天下太平，那时吴与蜀二国分而治之，互不相扰，岂不是大好事？"

邓芝并没有附和孙权的意见，而是鲜明地指出："'天无二日，民无二主'。如果消灭了魏国，吴与蜀则肯定不可能两立，一定另有一番争斗，不过鹿死谁手，那就要看上天的安排了。依我的看法，不管将来天下属于哪一家，做君主的，多修政法，为臣属的，各尽职尽忠，这样才能不起战事啊！"孙权听邓芝如是说，哈哈大笑："你这个邓芝真的不会骗我，说的都是实话。"于是厚赠邓芝，并派使洽谈，自此，吴蜀又重归于好了。

邓芝这次出使东吴、说服孙权与蜀国通和，其所以获得成功，除了吴、蜀两国有着共同利益这一基础之外，与邓芝英勇无畏，言之在理的谈判谋略有着直接的联系。

诚心和气陶冶暴恶，名义气节激砺邪曲

【原文】

遇欺诈之人，以诚心感动之；遇暴戾之人，以和气薰蒸之；遇倾邪私曲之人，以名义气节激砺之，天下无不入我陶冶中矣。

【译文】

遇到狡猾欺诈的人，就以赤诚之心感化他；遇到狂暴乖戾的人，就以温和态度薰陶他；遇到邪僻自私的人，就以道义气节激励他。能做到这些，天下人都会受我威德的感化了。

【解读】

对待不同的人，要采取不同的办法帮助和教育他，但贯穿其中的一条还是一个诚字。真诚能够化解人与人之间的隔阂，能够感化愚顽固执的人，能够让邪恶的人悔过自新，这就是所说的"精诚所至，金石为开"。

【事典】

投其所好　化敌为友

李渊从太原起兵后不久，便选准关中作为长远发展的基地。因此，借"前往长安，拥立代王"为名，率军西行。

李渊西行入关，面临的困难和危险主要有三个。第一，长安的代王杨侑并不相信李渊会真心"尊隋"，派精兵予以坚决的阻击。第二，当时势力最大的瓦岗军半路杀出，纠缠不清。第三，瓦岗军用主力部队袭奔晋阳重镇，威胁着李渊的后方根据地。

在三大危险中，隋军的阻击虽已成为现实，但军队数量有限，而且根据种种迹象判断，隋廷没有继续派遣大量迎击部队的征候。但后两个危险却是主要的，瓦岗军的人数在李渊的十倍以上，第二种或者第三种危险中，任何一个危险的进一步演化，都将使李渊进军关中的行动夭折，甚至有可能由此一蹶不振，再无东山再起的机会。

李渊急忙写信给瓦岗军首领李密，详细通报了自己的起兵情况，并表示了希望与瓦岗军友好相处的强烈愿望。不久，使臣带着李密的回信又来到了唐营。李渊看了回信后，口里说了声"狂妄之极"，心里却踏实多了。

李密在信中写道："与兄派系虽异，根系本同。自维虚落，为四海英雄共推盟主。所望左提右挈，戮力同心，执子婴于咸阳，殪商辛于牧野，岂不盛哉？兄果不弃，俯如所请，望即率步骑数千，亲临河内，面结盟约，共事征诛，则不胜幸甚！"原来，李密自恃兵强，欲为各路反隋大军的盟主，大有称孤道寡的野心。他在信中实际上是在劝说李渊应同意并听从他的领导，并速去表态。

李密拥有洛口要隘，附近的仓窖中粮帛丰盈，控制着河南大部。向东可以阻击或奔袭在江苏的隋炀帝，向西则可以轻而易举地进取已被李渊视之为发家基地的关中。因此，李渊深知李密过于狂妄，但有他狂妄的资本。

为了解除西进途中的后两种危险，同时化敌为友，借李密的大军把隋炀帝企图夺回长安的精兵主力截杀在河南境内，李渊笑眯眯地对次子李世民说："李密妄自尊大，决非一纸书信便能招来为我效力的。我现在急于夺取关中，也不能立即与他断交，增加一个劲敌。现在我且投其所好，卑词推奖他能干，口头拥戴他早日称皇，表面与他周旋，他便成为我们放胆西行的东路守备部队了。等我们入主关中，据险养威以后，在他与隋炀帝二虎相争、一死一伤之时，我们便可以去收渔翁之利了。"

于是，李渊回信道："天生蒸民，必有司牧，当今为牧，非子而谁？老夫年逾知命，愿不及此。欣戴大弟，攀麟附翼，唯弟早膺图箓，以宁兆民。宗盟之长，属籍见容。复封于唐，斯荣足矣。殪商辛于牧野，所不忍言；执子婴于咸阳，未敢闻命。汾晋左右，尚须安缉，盟津之会，未暇卜期。谨此致覆！"大意是当今能称皇为帝的只能是你李密，而我则年已50有余，无此愿望，只求到时能再封为唐公便心满意足，希望你能早登大位。因为附近尚须平定，所以暂时无法脱身前来会盟。

李世民看了信说："此书一去，李密必专意图隋，我可无东顾之忧了。"果然，李密得书之后，十分高兴，对将佐们说："唐公见报，定天下不足虑矣！"

李渊投李密之好，卑词推奖，不仅避免了李密争夺关中的危险，而且还为李渊西进牵制住了洛阳城中可能增援长安的隋军，从而达到了"乘虚入关"的目的。李密中了李渊之计，十分信任李渊，常给李渊通信息，更无攻伐行为，专力与隋朝主力决斗。之后几年中，李密消灭了隋王朝最精锐的主力部队，而自己也被打得只剩二万人马。而李渊则利用有利时机发展成了最有实力的人，不费吹灰之力便收降了李密余部。

人人都会有自己特殊的爱好，也有受尊重、被夸奖的需求，李渊卑词夸奖李密，并竭力投李密之所好，在军政外交中取得了化敌为友、顺利进军关中的良好效果。

有句俗语叫做"打发乞丐的最好办法是慷慨布施"。可是人性中的有种弱点便是喜欢"落井下石",对落难人往往不屑一顾甚至横加奚落伤害。然而困兽犹斗,这种不道德行为极有可能遭到"乞丐"的拼死反击,并招致公愤,置自身于困境。应该说这是一种极不明智的做法。学习智谋,还应认识到在永恒运动变化的环境当中,乞丐可以变成富翁,权贵也有落难之时。而且今日的落难人,或许正是他日唯一能救自己出危难的救星。因此,大度为怀,宽厚待人,尤其是"慷慨布施落难人",也便成了平时常用的智谋之一。

唐玄宗在位初期,先后任命了几位干练的宰相,从而在初唐经济发展的基础上,使唐朝达到了全盛阶段。公元713年到公元741年被称为繁荣的"开元盛世"。

唐玄宗最初任命的宰相是姚崇和张说。两人都有经世雄才,但都有气量狭窄的小毛病。尤其是张说,才智有余,度量不足。这里要讲的却是张说难得的一次慷慨救了自己一条性命的用计故事。

姚崇、张说虽同朝为相,却互不相容,竞相排挤对方。有一次姚崇抓住把柄,狠奏了张说一本。唐玄宗大惊失色,当即命御史中丞等秘密行事调查处理张说的罪行。

张说毫不知晓,尚安居宅中悠然自得。忽由门吏传进一张名帖,原来是一个叫贾全虚的人求见。张说不禁万分恼恨地叱道:"他来见我干什么?"门吏报告说:"贾全虚说有紧急事宜,事关相公全家,故特地赶来报知。"张说带怒邀见了贾全虚。两人既已见面,张说却仍是羞怒满脸。

张说的不悦事出有因:原来张说有个小妾,名叫宁怀棠,其貌如仙,而且精通诗文,深为张说所宠爱,并让她掌管了文书秘卷。

相传宁怀棠的母亲因梦见神人授海棠一枝而得孕。怀棠在五六岁时,便已姿态秀美,娇小动人。家里人都用"海棠睡足"等话来与她嬉戏,她母亲又以"名花宜醒不宜睡"的缘故,给她取了一个表字叫作醒花。

这醒花嫁给了张说,本是淑女配才子,醒花也颇觉满足,张说更是把醒花珍视得如同性命一般。

贾全虚是张说朋友的儿子,年少多才,张说便把他留下来作为随从。贾全虚在张说家中渐渐待熟了,便不避嫌疑,常有与醒花见面的机会。有道是"自古嫦娥爱少年",这醒花见了贾全虚,顿时跌进了爱河,时常惦念,免不了笔墨流情。贾全虚本是个风流少年，当然也贪爱美人芳心。见到那明显挑逗的文字，岂能装聋作哑？于是醒花和贾全虚之间，便你一唱，我一酬，诗订鸳盟，文通蝶使，早早地两心系一块了。碰巧张说因公事住进宫中，醒花便为情忘节，悄悄偷出内庭，去与如意郎君相会。贾全虚正玩月书斋，见天仙降临，不觉惊喜交集，倒屣欢迎。彼此寥寥数语之后，便拥入帐中，宽衣解带，曲尽了绸缪。欢会结束，彼此商量终身大事，便是采用"走"为上策。两人披衣下床，草草收拾了行装，借着天色未明，一溜烟逃走了。

然而宰相家门岂是那么容易走进走出的，张说于次日回家不久，一对小情人便已双双被捆得结结实实扔到了张说面前。

贾全虚明知只有死路一条了，乐得放胆大展口才："贪色爱才，此为人人通病，男子汉死何足惜？但明公为何舍不得一小女子而想诛杀才子，难道明公长此显贵，绝无危难求人的时候吗？从前楚庄王不究绝缨，杨素不追红拂，度量过人，古今称羡，明公器量何故如此狭小……"

不料张说听了贾全虚的话，不觉想到贾全虚虽为落难之人，却不失才子之称；美人虽然可爱，却已死心塌地跟定了别人。不如慷慨一次将美人布施给这落难人，或许施恩得报，将来缓急有个报应。于是怒容稍敛，对贾全虚道："你不该盗我爱妾，目下木已成舟，我亦自悔失防，就把她赏了你罢……"

张说把话说完，即令醒花跟上贾全虚，并赠送了丰厚的嫁妆。

贾全虚也不推却，挈艳出门，在京城住了数日，竟找到一条门路，到内廷机要处担任了传递奏章诏书的职责。姚崇排挤张说的奏折以及唐玄宗的批文，贾全虚当然也比别人更早地知晓了。

贾全虚于是飞报张说，详述姚崇的奏章及玄宗的密敕。张说一听，早把偷盗爱妾的羞怒抛诸九霄，只是急得不知所措，连唤奈何了。还是贾全虚再献一计："全虚蒙公厚施，特来图报。请公不惜重宝，交与全虚，代通关节。即使被贬外调，必不至横遭意外的。"

张说依靠贾全虚之力，果然被重罪轻办，"调查处理"草草收场，仅仅被贬出任为相州长史，后来仍被调到朝中任了宰相。

张说"慷慨布施落难人"的做法，避免了一场大祸患。商业经营中有时也会碰到一些"落难人"。如果采用强硬驱赶的办法，往往费力不讨好，甚至激化矛盾，有害无益。

忍得住耐得过，则得自在之境

【原文】

语云："登山耐侧路，踏雪耐危桥。"一耐字极有意味，如倾险之人情，坎坷之世道，若不得一耐字撑持过去，几何不堕入榛莽坑堑哉？

【译文】

俗语说："爬山要耐得斜坡上的险径，踏雪要有胆踏过危险的桥梁。"可见这一个"耐"字具有深长的意义。险诈奸邪的世间人情，坎坷不平的人生道路，如果没有这一个"耐"字支撑下去，有几人不堕入杂草丛生的沟壑呢？

【解读】

有一句格言是："梅花香自苦寒来，宝剑锋从磨砺出。"青松常为人所称道，就是因为它能耐得住冰雪之寒；菊兰常为人所称道，就是因为它能耐得住寂寞冷清。人也是如此，不吃苦中苦，就做不了人上人。只有能耐得住艰苦的人才能成就大的事业，只有耐得住冷板凳的人才能做出高深的学问，由此可见，任何成功的取得都离不开对各种困境的忍耐坚持。

【事典】

忍辱负重，把握时机

在秦王朝统一过程中，不甘心失败的奴隶主阶级，借用孔子屈伸之术，向新兴力量作垂死挣扎。奴隶主贵族公子虔反对商鞅变法受到惩罚，即八年"杜门不出"，等待时机，秦孝公一死，他立即联合复辟势力，残酷杀害商鞅及其一家。秦始皇统一六国后，六国旧贵族纷纷"以屈求伸"，如孔子后代孔鲋隐匿不出，楚将项燕之后项梁"避仇于吴中"，魏国"名士"张耳、陈余受秦通缉，逃至陈地，自称不因"小辱而欲死"，待陈胜起义后，他们趁机四处奔走，策划"立六国后"，妄图复辟。在近代，每当革命高潮来临，反动阶级的代表人物更是力行此道：忍辱负重，把握时机。他们或隐匿不出，以"遵养时晦"，或混入革命队伍，投机钻营，无不千方百计保存自己，积蓄力量，窥测方向，选择时机，把握机会，伺机反扑。

在逆境中，忍辱负重，把握时机是聪明的做法。"留得青山在，不怕没柴烧"，"君子报仇，十年不晚"这些名言启发他们的心志，成为他们忍受困窘的慰藉和动力。

感业寺可谓是武则天生命的驿站，那里单调枯燥，却远离世俗纷争，在她为皇后，为天后，乃至登上皇帝的宝座的各个阶段，当她厌倦时，感伤时，或疲乏时，或要赎罪时，她就在感业寺逗留片刻，得以休生养息，养精蓄锐，再回宫重振雄风。曾经她还带自己娇生惯养的爱女太平公主，在感业寺小住，要让太平陶冶性情，锻炼情操。

然而，初进感业寺的悲苦经历，对她来说是刻骨铭心，莫齿难忘的。唐太宗于终南山含风殿过世之后，按照宫廷规矩，后宫没有生过孩子的嫔妃都要进皇家寺院为尼，为先皇的灵魂超度，也为先皇守贞。上古时代，皇帝妃嫔在皇帝死后要殉葬，到地下去陪侍皇帝。后来这种残酷的制度有所改变，改殉葬为出家。其实，妃嫔出家，剥夺了世俗生活的权利，以青灯莲座为伴，形同枯槁，仅是保命而已，这是相当残酷的一种制度。武则天作为妃嫔之一，也不得不随众进入皇家寺院感业寺，削发为尼。而另一位有才华但很软弱的女侍徐充容却不愿这样，她哀恸不已，滴水不进，名是怀念先皇，更多的则是一种无奈和一种无声的反抗。不久，徐充容去世，她以生命为代价赢得了"贤妃"的尊号和正统史家的溢美褒扬。

"好死不如赖活着"，武则天是强者，她不愿作一个默无声息的飘零鬼，她要成功地活着，不要可怜地死去。

这个世界，人们向来都喜欢成功者，不会同情失败者。

武则天温温驯驯地服从命运的安排，这是因为她只有两种选择：要么像徐充容那样自残生命，要么入寺为尼等待时机。她选择了后者，因为在她心中还有一个重要支柱，那就是新皇。她绝不甘心刚刚升腾起来的爱欲之火就此熄灭，她绝对不会将萌动的还不明晰的野心以及她引以为自负的才干和能力——销毁，将之变成一盆冷冷的香灰，她不甘，更不愿，她愤懑这种吃人的制度和对女人的践踏，但一个小小才人怎能与宫廷礼法的巨掌相搏呢？

她还清晰地记得她同太子在老皇病中的私下谈话，这是她和其他出家的妃嫔所不同的地方，这种心思，使她得以压抑耻辱和仇恨。

她拿着九龙玉环，祈盼着渺无希望的人，等待着遥无音讯的日期。那九龙玉环是高宗送给她的，高宗说过："待三年服丧期满，我就来接你入宫。"并解下九龙玉环偷偷交给她，说道："以此为证，誓不相负。"那个远离的人儿，此时在哪儿，她每每一想到曾经与自己依偎不舍，海誓山盟的圣上，此刻却偎依在另外一个珠圆玉润、美若天仙的女人的怀里，她的心都碎了。每每夜深人静时，她几乎都听到自己心碎的声音，一瓣一瓣地像玉石般裂开，她泪如雨下。她被折磨得日夜消瘦下去，她也想忘记，但她做不到。看到寺里的老尼清清冷冷一辈子，最终凄冷地死去，比宫里的白头宫女还悲惨，她就害怕，她心跳得好厉害。她六根不净地念着经，一遍再一遍，她求佛祖赐给她平和的境界。她一次复一次地背着《孟子》："天将降大任于斯人也，必先苦其心志，劳其筋骨，饿其体肤……天！还有什么样的痛苦比这更摧残生命的，天！"

渐渐地，终于她做到了冷静，沉着，她的内心焦虑如焚，愁苦如浪，但她的外表是冷漠的，是无动于衷的，常常走进云房，逝去的年月，走马灯式地晃过一个个人物，她无声地进行了思索，进行着检讨，从闺秀到才人，由失意沦为丘尼，她经历了人生的大起大落，命运的戏弄，感情的挫折，世态的炎凉，足以使她脱胎换骨。

她不再以曾是得先帝喜欢，得太子宠爱的媚娘而感到自豪，而是力图使今天的她和昨天的武媚娘一刀两断。妩媚、柔顺、娇艳，这曾经是她争宠的武器。现在，她不需要了，她要抛弃它们。她常常故意把身子挺直，表现得满不在乎。她的目光仍然是诱人的，但是，却不光有秀美的神采，而是潜含着复杂的、令人生畏的神情，狡黠、多疑、刚毅、冷酷、凶险而且放荡。总之，她变了，变成另一个人，一个与武媚娘大相径庭的武则天！这是命运的神力，是环境对她的再造。她在这里忍受着屈辱和最艰难的等待。

心体莹然，不失本真

【原文】

夸逞功业，炫耀文章，皆是靠外物作人。不知心体莹然本来不失，即无寸功只字亦自有堂堂正正作人处。

【译文】

夸张自己的丰功伟业，炫耀自己的美妙文章，这都是靠外物增加自身光彩以博取他人赞誉。岂不知人人内心都有一块洁白晶莹的美玉，所以只要不失纯朴善良的本性，即使一生没留半点功业，没留片纸只字，也是一个顶天立地光明正大的人。

【解读】

做平凡的人，做平凡的事，即使默默无闻，也问心无愧，因此一个人要想建立功名，首先需要修养品德。在历史上曾经建立了丰功伟绩或者留下了鸿篇巨著的人，他们之所以能够流芳百世，最根本的一点就在于他们都是道德极其高尚的人，然后才是他们建立的丰功伟绩和传世著作。这些丰功伟绩和传世著作经受了历史的考验而成为了人类的宝贵财富，并不是他们沽名钓誉的结果。

【事典】

妖言惑众，一呼则灵

俗话说：公鸡跳，老翁笑，母鸡跳，是凶兆。这个武家女人偏要跳起来走出庭堂，要掌握李家江山管理朝政。人们所不能容忍的似乎只是认为女人出来掌朝，必是祸根，大唐江山必定摇摇欲坠，必败无存也，另外传统的意识促使他们不能容许女人爬到男人头上来。因此他们反对的正如武则天所言，似乎只是一个手无缚鸡之力的女人，对她所做出的实绩避而不谈，原来他们反对的仅仅是因为她是个女人，一个并非李家的人。

唐朝，由于受到多方面的限制，科学并不发达。相对来说人民的思想极为迷信、愚昧，落后。人们信天、信神、信佛、信前生后世、信一切都是上天早已注定的。武则天清楚地看到了这一点。她抓住了人们这个弱点，大做文章，心想：你们不是信天信佛吗？那就让你们彻彻底底信个够。以其人之道还治其人之身，是她惯用的手段。

于是她与她的亲信武承嗣密谋，他们决定制定谣言，散布舆论，借天意的力量，压倒群众的诽议。于是在朝廷演出了一场"天授皇权"的假戏，虽说是假戏，一旦真做起来，似乎连她自己都被自己骗得服服帖帖的，连自己都信以为真。

一个叫唐同泰的雍州人，来向武则天上奏表，同时还呈上一块石头。

这是一块看上去平淡无奇的河石。白色，表面光滑，晶莹剔透，像是一块久经河水冲刷的、失去棱角的卵石，卵石的一面镌刻着八个苍劲的篆书，写的是："圣母临人，永昌帝业。"篆文为阴刻，涂以暗红色。这暗红色与洁白相映称，显得十分素雅而庄重。而石头的陈旧古拙则像是来自于某一个久远的朝代或神奇的天国。

关于这块奇石的来历，唐同泰这样讲到：

"一个暮春的傍晚，小人漫步在洛水之滨。此时，晚霞初上，微风习习，洛水腾着细浪，岸柳拂着枝条，使人心旷神怡，小人斜倚在一棵垂柳下，陶醉了，睡着了。忽然，在朦胧中听到一声巨物入水似的声音，睁眼看，一道红光自天而下，直入洛水，水上溅起一簇浪花。那浪花仿佛两只巨手，托着一个闪闪发光的物体，慢慢沉入河底。浪花平静了，红光不见了，那物体也失去踪影，一切又如平常。"

"这神奇的一幕使小人大为惊骇。小人怀着一种好奇而又胆怯的心情在洛水岸边站立许久。后来，小人被那个闪闪发光的奇异物体所吸引，脱了衣服，潜入水中，在那物体坠落处寻找起来。忽然，小人眼睛一亮。光芒四射，小人大着胆子用手去摸，原来是一块玲珑剔透的石头。小人拿上岸来，见石上还有八个大字，心头大喜，如获至宝。心想，这石头决非凡物，这八个大字必定是上天在昭示臣民，陛下若登临大定，将使大唐帝业隆盛，天下太平。陛下，这是天大的祥瑞啊！天意不可违，望陛下早日登基，统驭万民……"

武则天真是又惊又喜，她不知道她的亲信们会出如此一招，安排得这般周密，她不甚欢喜，此时的欢喜可不是装出来的，是由衷地表现出来的。

看到献来的"瑞石"上刻有的八个字，武则天脑海里突然浮现一种灵感。她把这块白石，命名为"宝图"。所谓宝图，代表天子的企图，献宝的唐同秦则被提升为游击将军。

接着武则天在五月十一日颁发制敕，大意是：

"朕从洛水得到珍贵的'宝图'，要亲拜洛水，今将在南郊设立祭坛，以谢昊天。礼毕后在明堂接受群臣的朝贺；至于外戚等均需在亲拜洛水的前十日，在神都集合，以示虔诚。"

五月十八日，武则天仿照"宝图"上的八个字，给自己加上"圣母神皇"的尊号；六月，自制刻有"神皇"的三个玉玺。

七月一日，武则天将"宝图"改称"天授圣图"，接着也借上述八字，将洛水改为永昌洛水，封洛神为显圣侯，禁止在洛水捕鱼。武则天又将洛水出现"天授圣图"的地点，命名为"圣图泉"，将此泉沿岸一带，改称永昌县。又把接近洛阳的嵩山，改称为神岳，封其山神为中天王。

此外，她又把以前得过瑞石的汜水改称广武，汜水是流自洛阳以东郑州的河川。

自此以后，武则天向着目的一步一步地布棋，这些棋步除了充满道教的神秘气氛以外，具体的又显示什么呢？武则天露出适于"圣母神皇"尊号的玄妙微笑，紧接她又如约地实践拜洛受图。这日，武则天率领着一支浩浩荡荡的队伍前往洛水。队伍中有嗣立皇帝豫王旦、皇太子成器、文武百官、四夷酋长及外官多人。各种服色的鸾卫仪仗令人目不暇接，各种羽扇、团扇遮天蔽日，车辆、乘马、鼓吹、腰挎宫刀的侍卫、穿着鲜艳服装的宫娥组成一支彩色的人流，绵延数里。沿途百姓献酒献食，侍立围观，盛况空前。

武则天盛重地举行"拜洛受图"，当然是有目的的，她要制造浩大的声势，告诉民众"天授皇权"之事，她要让天下的百姓都知道这件事。她的大权是上天赐予的，是合乎天意的，并非是逆天而行的祸殃之灾而是一切都是上天注定的。她以如此的耗费与精力，终于解除了篡唐丑名所带来的压力。

另外，由于在当时传统的封建社会里，当时的读书人更是拥护《书经》中严禁"牝鸡司晨"的观念。这根深蒂固在存留在这些人的心中，神圣不得侵犯，如同金科玉律。

于是，武则天密召薛怀义暗商此事。现在缺少的，就是能一举粉碎此金科玉律，具有宗教性神秘色彩的灵云，让能乘着这朵云，飞升到昊天之上。时机已经成熟，天时地利都已掌握，要尽快发现"某种东西"，并付诸实施。

薛怀义深思熟虑，终于想到，利用社会上盛行的对弥勒的信仰，不失为上策。

由于以前，高宗颇敬重佛教，曾在长安为亡母长孙皇后建大慈恩寺，并对以玄奘三藏为首的译经事业，给予很多的方便。虽然如此，麟德元年玄奘病殁之前，请求在公开的场合，将"道先佛后"的次序改为"佛先道后"，高宗宣称"道教是朕的家教"，坚持不肯答应。因此武则天想要建立新王朝，首先得提倡佛教，提倡佛教首先得将李治认可的道教排挤在外，使佛教占主导地位。佛教一旦为人们熟悉后，人们便随处可见一尊尊庄严肃穆的女菩萨的佛像。这样就为往后的女皇的出现，打下了一个完美的基础。想到这里，素来对佛教和道教都没有好感的薛怀义，不禁拍案叫绝。

薛怀义立刻前访当时洛阳的高僧，东魏国寺的住持法明。法明就是先前奉太后之令，教导薛怀义佛法之人。法明听完薛怀义一番话后，认为非但可博得武则天的好感，也可扩大佛教势力，立刻表示赞同薛怀义的看法，并愿积极协助。

幸好武则天原本已喜欢佛教，从皇后时代以来，不断奖励佛教，使得佛教界增加了不少活力，更使佛教欣欣向荣。

由玄奘主持的译经工作，所译的经典多达七十五部，一千三百三十五卷，其中最重要的是《瑜伽师地论》百卷。《瑜伽师地论》据说由弥勒菩萨口述后，再由他人记载下来。传说，弥勒菩萨生于南天竺的婆罗门家族，他在继承释尊佛位之前不知何种原因生命泯灭了。据说，在五十六亿七千万年后，才能再度以凡人之身降生于世，化成芸芸众生中的一员。这种对来生轮回的期望，逐渐演成对纳福远害的弥勒的信仰。这和中国已有的道教思想颇有相似之处，所以广受庶民的欢迎。

关于利用信仰弥勒之事，薛怀义和法明的意见完全一致。于是，法明和九位弟子，共同撰写《大云经》四卷，由薛怀义献给武则天。其中并附有佛的谶文。

"武则天武媚娘，正是世世代代的佛教徒盼望已久的弥勒菩萨降世，正是该取代唐朝，成为释尊所说的人类世界阎浮提之主的人。"这部《大云经》，在唐朝以前本有译文，但并不为世人所知，于是遂宣称为法明首次译述，后世则说为抄本。不过，当时号称是法明及弟子所译的经，没有人敢提出异议。在《大云经》里，有一节是释迦对净光天女说道："汝将降生于人间，成为女王，天下之人都将崇拜归顺。"本来不能断然论定弥勒菩萨为女性，但由于有以上这一节附记谶文，薛怀义等遂企图将净光天女，与弥勒菩萨混为一谈。法明令弟子为《大云经》扩大宣传，很快的，"太后是弥勒菩萨降世"的传言，风起云涌，一时蔚为一股澎湃的浪潮。从此，大唐从朝野到民间，形成了"弥勒菩萨降世"的流言。

于是，大唐宫廷中纷纷出现了无数显天兆和预示的百姓，无数小人也趁机邀宠，想捞一把油水。武承嗣和武三思二兄弟掌管此事。许多人都纷纷来献宠。这天武氏兄弟又召见了一些献天兆的人。武攸嗣也在一旁。第一人拿一只乌龟，说龟甲上天然有字，分明是上天授意，上面果然写着："则天万岁！"武三思大怒："你敢欺君？把他拉出去杀了。"第二人称自己昨天做了一个梦，梦见大明宫上有一凤凰鸣叫，又落在了梧桐树上。国家阴气之胜，凤字当头。武氏兄弟听后高兴，让他呈文进官见武后。

不论这些天兆是真是假，但从中说明百姓已经顺服武则天称帝了，这使得武则天登基之大业更加理顺成章了。

能如此大言不惭地瞒天过海欺骗天下人，当然需要一定的魄力和决心。然而魄力和决心是有所依持的那就是能力。有了能力，再骗得个名誉，皇位就非她莫属了。要骗得如此的"天意佛主"当然需要很高明的骗术。武则天深刻地明白一个道理：想要欺骗别人，先得骗得了自己，自己信，别人才能相信！

忙里偷闲，闹中取静

【原文】

忙里要偷闲，须先向闲时讨个把柄；闹中要取静，须先从静处立个主宰。不然未有不因境而迁，随事而靡者。

【译文】

即使忙碌也要抽出一点空闲时间，以便让身心获得一下舒展，而且必须在无事时养成这种习惯。即使喧闹也要保持一点清静气氛，以便让头脑能够获得一点清醒，就须在平静时把事情策划好。如果平时没有养成这种习惯，就会境况一变主意也变，一遇事情即生混乱。

【解读】

人类是被感情化了的动物，各人的思维方式、文化修养、生活境遇都不尽相同，加上性格上的千差万别，便构成了当今社会上形形色色人和事。

而应酬的目的却只有一种，那就是改善现状，让自己或别人活得更加开心幸福，让后代过得舒适。世上的人，几乎每天都在进行着或这样或那样的应酬，不过有的人成功了，有的人却不断地失败。究其原因，当然也有千千万万，但是，其中的应酬方式也有不适当之处！

既然，人有千千万万种，女人不同于男人，老年人不同于青年人，丈夫不同于妻子……那么，我们与之应酬的方式千变万化，因人而异。独守其中、千篇一律的应酬是不会成功的。

孔子在《论语》中提到："言未及之而言谓之躁，言及之而不言谓之隐，不见颜色而言谓之瞽。"意思是，不该说话的时候说了，是犯了急躁的毛病；该说话的时候却没有说，从而失掉了说话的时机；不看对方的态度便贸然开口，叫做闭着眼睛瞎说。

在交谈过程中，双方的心理活动是呈渐变状态的，这就要求我们在和人交谈中应兼顾对方的心理活动，使谈话内容和听者的心境变化相适应并同步进行，这样才能让交谈意图达到明朗化，引起共鸣。

我们常听到"在那种情况下，我实在不该那么说"这句话，这是因为说话与时境失去统一、和谐造成不良后果而产生的懊恼。

【事典】

为图发展，雪岩破例娶两妻

胡雪岩是个风流成性的寻花老手，他常常自谓："一不做官，二不图名，但只为利，娶妻纳妾，风流一世，此生足矣！"因此他对自己中意的女人，决不轻易放过。而为了得到她们，他甚至不惜立两房妻子，玩弄所谓"两头大"的把戏。胡雪岩在创业期间所遇到的女人，无一不是为他的事业服务的，有的成为为他所用的"牺牲品"，有的就有幸被他纳为妾，凡被他纳为妾者，必须有益于他对事业的开拓。也正是这些具有"帮夫命"的小妾们，助胡雪岩成长为了一代"红顶商人"。

胡雪岩见过许多女子，或忸怩作态，以艳诱人，或娇嗔缠人，不胜其烦，都是俗不可耐之辈。但他在钱塘江岸边见到的"醉瑶台"酒家的女厨工，却令他耳目一新，不可小看。胡雪岩只一瞥，便觉气味相投，怦然心动。听酒家老板介绍：她名翠环，祖上曾是嘉庆爷宫中御厨，烧得一手好菜。翠环得家传熏陶，耳濡目染，成为杭州烹调高手，其烹制的"东坡肘子"一菜，就连曾大帅也极赏识呢！

胡雪岩现在的太太，系父母包办，大才尚可，肚中无货，且不善应酬客人。每有客至，胡雪岩嫌她上不得台面，不让她见客。作为成功的商人，家无贤妻支撑，不免感到遗憾。所以胡雪岩虽然寻花问柳，遍撒情种，却常常有知音不遇的感叹，心中十分孤寂。翠环的出现，令胡雪岩十分兴奋，即是御厨之后，烹调高手，调节筹划、主持家政，必然十分熟稔，若能娶来家中，入掌内务，可免他后顾之忧。那时怀拥娇娃，坐啖美肴，入则嘘寒问暖，出则思念惦记，其乐无穷，人生才算圆满。

有一天，胡雪岩正在"醉瑶台"用饭，面对"东坡肘子"一箸未动，只盼着翠环出现，好给她赏银。不一会儿，翠环来到桌前，胡雪岩刚要给她赏银，却见翠环掏出一卷契纸，递给胡雪岩。胡雪岩见是一张土地契约，写明购买万福桥一带土地百余亩。胡雪岩知万福桥虽然并非闹市，但濒临钱塘江，如今五口通商，洋货源源运到中国，不久的将来，万福桥必定是很繁荣的码头，到那时地价猛涨，胡老板准能大赚一笔。

胡雪岩惊愕万分：一介女流，竟有如此远见卓识，生意眼光超过自己，实在难得！他看着眼前的翠环，深思良久，说道："翠环姑娘筹划有方，实在敬佩，只是赠送给你的银子怎好意思收回，这片土地当属于姑娘。"翠环正色道："胡老板非亲非故，却把许多银子慷慨送人，如此奢华浪费，纵然金山一座也会被淘空的，那时悔之晚矣！"翠环说罢，径自走了，撇下胡雪岩呆立在桌旁，怔了半晌。

如此一来，胡雪岩越发下了决心，非娶回翠环不可。

翠环家原在京城，因父亲在恭王府家中掌厨，不慎误烹了毒蘑菇，使恭王食后中毒，被定为"谋杀未遂"罪流放黑龙江晖春，老死边塞。翠环南下求生，到"醉瑶台"做厨工，已近十载。她性情刚烈，不少纨袴欲求为妻，均遭拒绝。谢老板见她厨艺精湛，不恋虚荣，把她当女儿看待。谢老板受人之托，选个闲暇时间，把翠环叫到一边，向她言明了胡雪岩的心意。然而翠环听后，硬生生抛下一句话："若要嫁胡先生，必须当正室。"胡雪岩听了谢老板报告，心里凉了半截，胡太太是父母作主，明媒正娶，若要休她，年迈的母亲决不同意，反而落个"不孝"的恶名。再者，胡太太虽不能堪称贤妻，但恪守妇道，并无大的过错，算是患难夫妻。糟糠之妻不下堂，抛弃发妻，必遭人耻笑，今后在官场、商场上如何做人？思来想去，休妻万万不可，翠环的要求绝难办到。但放弃娶翠环，胡雪岩亦不愿意。他苦苦追觅多年，好不容易遇到这等聪慧女子，娶来家中，便有帮夫运，怎肯轻易舍弃？胡雪岩甚至认定，自己后半生事业的发展，翠环可作左右手，天下除了夫妻俩，还有几个值得信赖的人？因此，翠环一定要成为自己的人！

田世春向胡雪岩献计道："这事不难，有人娶妾，怕妻妾相处，家中内讧，不堪其扰，便想法在外新购一处公馆，金屋藏娇，一切称呼与夫妻一样，娶来的妾也穿红衣，叫做'两头大'只要妻妾不见面，可保平安无事。"胡雪岩得此提醒，大为高兴，他原来也娶过不少妾，只是没有想过要给她们"妻子"的名号罢了。田世春的建议，相当于后世的"重婚"，在清代并不犯忌。于是胡雪岩传过话去，愿以"两头大"的形式，娶翠环为妻。翠环本意亦喜欢胡雪岩，只是要为自己争一个名正言顺罢了，现在见胡雪岩让步，她是聪明人，知道凡事不可过分，便应允了这门亲事，但提出一个要求，把远在黑龙江的父亲坟墓迁回北京。胡雪岩做得更漂亮，他派人到北京恭王府，使出银子上下打点，让恭王记起翠环父亲的种种好处，奏请朝廷为其平反，恢复了御厨身份。翠环因此十分感激，一颗心拴在胡雪岩身上，再也离不开。胡雪岩在杭州城外选一处僻静地方，大兴土木，建造了一座公馆。其豪华堂皇，不亚于京城王府宅第，为掩人耳目，取名赵公馆，盖借他母亲姓氏。一切停当，择定日子，迎娶翠环，礼仪均按正妻待遇，坐花轿，穿红衣，戴盖头，放二十四响炮，热热闹闹，只是瞒着胡太太。杭州城人们都知道胡财神娶有两个"正妻"，一时传为美谈，沸沸扬扬。

身在杭州的胡太太为胡家生了两个女儿，因未生男孩，便心怀愧疚，对于胡雪岩"两头大"的做法，也就不置一词，算是默认了。此后，翠环登堂入室，成了胡宅真正的女主人，人称"罗四太太"。她善体丈夫心意，四处网罗，给胡雪岩连娶了十二房姨太太，使胡雪岩受用不尽，感激万分。

为天地立心，为生民立命，为子孙造福

【原文】

不昧己心，不近人情，不竭物力；三者可以为天地立心，为生民立命，为子孙造福。

【译文】

　　不蒙蔽自己的良心，不做绝情绝义的事情，不过分浪费财力物力。能做到这三件事，就可以为世间树立善良的心性，为万民确立美好的命运，为后代创造永恒的幸福。

【解读】

　　这里指出做人应该注意的三个方面，也就是应该做到的三点：有良心、尽人情、节用度，只有这样才能立于天地之间，做出为百姓安身立命的大事，造福于子孙后代，只有加强修身养性，才能谋事立功。

【事典】

顺应民愿，争取民心

　　争天下，胜败决定于人心向背，故说没人心者得天下。相传，周文王曾将洛西和赤让的千里之地献给纣王，以换取纣王解除炮烙之刑，结果大得人心。孔子对周文王此举大加赞赏，认为清解炮烙之刑是仁，以千里之地收天下之心是智。自古帝王将相无不注意收拢人心，顺应民愿，以求天下太平。曹操生逢乱世，民不聊生，自知民心不可违，唯有顺之，才能争得天下。

　　曹操得将士之心，是因其赏罚分明，史称他"攻城拔邑，得美丽之物，则悉以赐有功，勋劳宜赏，不吝千金，无功望施，分毫不与，四方献御，与群下共之。"

　　曹操在重大决策上，也特别注重民心向背。取冀州后，有人劝说曹操"应当恢复古代设置的九州，那么冀州所管辖的地方就能扩展，天下就易归服了。"曹操打算采纳这一意见，苟彧说：

　　"要是这样，冀州就应该获得河东、冯翊、扶风、西河、幽州、并州这些土地，所兼并的地方就太多了。前一阵子您战败袁尚，捉到审配，四海之内都为之震惊，人人都会担心不能保住自己的土地，拥有自己的军队；现在使他们分别归属冀州，人心都将动摇。况且很多人都去游说关西诸将采取闭关自守的办法；现在如果听到这消息，关西将领们认为一定会被依次地剥夺权力。一旦形势发生变化，即使洁身守善的人，也会转而被迫干出坏事，那么袁尚能够推迟他的灭亡，袁谭就会怀有二心，刘表就能保住长江、汉水之间的地域，天下就不易谋取了。希望您能赶紧率军首先平定黄河以北地区，然后修复原来的京都洛阳，向南逼临荆州，谴责刘表不向天子朝贡，那么全国之人都会理解您为国的诚意，人人内心安定。等天下安定后，才商议恢复九州制，这才是国家长远的利益。"

曹操于是将设置九州的动议搁置起来。同一时期，曹操还通过减免赋税，来争取人心。因此，曹操能够成就大事决不是偶然的。

推行法治、审当赏罚，法律本身的得当也至为重要。在魏国建立之初，就存在着刑法过于严重的倾向。后来曹操采纳尚书郎高柔的建议予以更改。

魏国初建时，鼓吹（官职名）宋金等人在合肥叛逃，按法要拷治其妻儿。曹操还嫌太轻，要加重处罚。于是，主审官奏请将其母亲、妻子和两个做官的弟弟全部斩首。尚书郎高柔上书曹操说："士卒逃亡，确实可恨，但逃亡者中亦有后悔的。我认为应该对逃亡者的妻子予以宽大，这样，不仅可使敌人不信任逃亡者，还可促使逃亡者回心转意。像以前那样的处置，逃亡者完全绝望，若再加重处罚，使现在军中的士卒人人自危，今后怕要相随而走了。可见，刑罚过重非但不能制止逃亡，反而会促使更多的人逃亡。"曹操听后称善，立即采纳了高柔的意见。

三国时代的霸主都十分注重争取民心，刘备、孙权在这方面丝毫不比曹操逊色。

刘备虽说是"中山靖王之后"，实无可考，自己也无靠山。他起自民间，是一个"织履之徒"，一个很普通的平民百姓，后能建立蜀国，全靠自己的本事。他最大的本事是善于"攻心"，故很得人心。他"携民渡江"，荆襄军民感其德誓死相随；"摔阿斗"、"遣众将"以结将心，使众将死心塌地为之效力；"三顾草庐"，表示其求贤若渴，以"鱼水关系"相待，表明对孔明信任无间，使孔明感其诚，下山相辅，"鞠躬尽瘁，死而后已"。即使是夺人之国，

首先考虑的还是"人心",他入川是为谋蜀,但他不纳庞统之策,反对"杀其主夺其国",趁驻守葭萌关拒张鲁之机,广施恩惠,收拾民心;及起兵夺蜀,不扰民,优待俘虏,故甚得人心。入成都时,百姓香花灯烛,迎门而接。因人心归附,蜀汉政权极其巩固。

孙权经营江南几十年,也是颇得人心的。孙权一见鲁肃,交谈甚悦,来宾告退时,独留鲁肃,邀他入内室,共坐在榻上对饮,虚心请教。鲁肃因此倾心与之谈图天下的策略,孙权听后大为赞赏,"拔鲁肃于凡品"。鲁肃得遇明主也竭力相辅。曹操大军南下,吴国危急,众文士主张投降,独鲁肃坚持联刘抗操。曹操被打败,鲁肃从前线回来,孙权远接,"持鞍下马"迎候,对其敬重如此。孙权用人,疑之不用,用之不疑,因其信任人,人也效忠他。周瑜率军抗操,操派其同窗好友蒋干劝周瑜归降,周瑜大义凛然申明:他"遇知己之主","情同骨肉","祸福共之",其效忠于孙权之志坚定不移。孙权还在生活上对部下关怀备至,有患病的,常送医送药上门,甚至亲自监护。由于君臣休戚与共,终孙权之世,东吴安如磐石。

策略正确,人心向往,三国之兴,实由于此。在古代能成就一番大业者,无不靠这两条。

处富知贫,居安思危

【原文】

处富贵之地,要知贫贱的痛痒;当少壮之时,须念衰老的辛酸。

【译文】

身居富贵荣华之位,要了解贫贱之家的疾苦;正当身强力壮之时,要想到年老体衰的悲痛。

【解读】

中国的很多古语都充满了辩证的思想方法,如"晴带雨伞,饱带饥粮"等等,都是告诫人们在高处要为低处着想,在方便时考虑到为难的境况。人有贫穷的时候，也有发达的时候，人有顺境，也有逆境，苦时多想甜，以便有奋斗的动力，甜时多思苦，以防忘掉自己的根本。同时，在年轻的时候，要多创造，多积蓄，为老年的生活打下基础。

【事典】

多元投资成就一代富商

从某种意义上说，筹资的目的是为了投资。投资适当、正确与否，直接关系到企业的经济效益。因此，投资是理财的第一要务。

任何投资就终极目的来说都是为了实现投资的最大收益，即企业价值或股东财富最大化。那么企业如何把资金用在"刀刃"上，使其发挥最大的经济效益呢？我们经常听有经验的企业家告诫说，"不见兔子不放鹰"，"不要把所有鸡蛋放在一个篮子里"，如此等等，其实说的都是投资技巧问题。

商业投资，利益与风险同在。为了降低投资风险，一个有效的办法就是多元化经营，也是我们通常所说的"不要把鸡蛋放在一个篮子里"的原因。在这一点上，历史上做得最为出色的恐怕莫过于胡雪岩了。

第一桩销洋庄的生丝生意做成之后，在筹划投资典当业、药店的同时，胡雪岩还想到另一项与国计民生有关的大事业——他准备利用漕帮的人力、漕帮在水路上的势力以及他们现有的船只，承揽公私货运，同时以松江漕帮在上海的通裕米行为基础，大规模贩运粮食。胡雪岩要大规模投资贩运粮食，本身也是一桩有大利可图的事业。是因为，其一，时值太平军沿长江一线大举进攻东南，战乱之中，大片田地撂荒，粮食出产锐减，正是乱世米珠薪桂之时，贩运粮食必然有利可图。其二，兵荒马乱，战事迫近，或稻熟无人收割，或收割之后又因交通不便无法运出来，白白糟蹋。而漕帮既有人手又有水路势力，此时组织起来贩运粮食，天时、地利、人和都占全了，弄好了就是没有竞争对手的"独门生意"。其三，官军与太平军必有一战。常言道"兵马未动，粮草先行"，粮食对于交战双方都是大事。双方在同一块地面上拉锯，如果抢运出粮食，不让太平军得到，进出之间关系极大，必然会得到官军的支持，粮食贩运也会顺利许多。

在这兵荒马乱的年月，一般商人大约更多地想到是收缩，而胡雪岩却始终想到的是发展，并且总能在乱世夹缝中为自己开出一条条的财路。胡雪岩不断为自己寻找投资方向，并且敢于大胆投资的气魄，的确让人钦佩。胡雪岩曾经有过一种很是大气的宣示："我有了钱，不是拿银票糊墙壁，看看过瘾就完事。我有了钱就要用出去！"生意人就应该有这股子大气。有了钱就用出去，也就是用钱去赚钱，用钱去"生"钱。用现代经济眼光看，就是学会并且敢于投资，在不断赚钱的同时，也要不断地以投资的方式去扩展经营范围，去获取更大的利润。没有能力准确发现投资方向，或者不敢大胆投资的人，换句话说，有了钱不想着用出去或不敢用出去的人，决不可能成为一个能够在商场上纵横捭阖、叱咤风云的大实业家。

纵观胡雪岩的一生，他能由白手起家，不会几年间便至豪富，以至成为中国历史上第一位也是惟一一位"红顶商人"，很大程度上就是因为他总是不限于一门一行，总在为自己不断地开拓着投资方向，并且看准了就大胆投资，没有丝毫的犹豫。比如在钱庄刚刚起步之时，他便开始以有限的财力筹划投资生丝业务；比如根据上海向国际贸易金融大都市发展的趋势，毫不犹豫地在上海买地建房，投资房地产；比如根据世情时局，投资药店、典当业……在胡雪岩的鼎盛时期，他的生意范围几乎涉及到他所能涉足的所有行当，长线投资如钱庄即金融，生丝生意即贸易，药店即实业，以及典当业，房地产等；短线投资如军火，粮食等。所有这些生意在当时条件下都是能赚钱，而且是能赚大钱的生意。很显然，胡雪岩如果没有那种有了钱就一定想方设法用出去的大气，如果死守自己熟悉的钱庄生意而不思开拓商务领域，他的事业决不可能如此轰轰烈烈，成为清代第一巨商。

勿仇小人，勿媚君子

【原文】

休与小人仇雠，小人自有对头；休向君子谄媚，君子原无私惠。

【译文】

不要跟行为恶劣的小人结仇，因为小人自然有人与他为敌。不要对正人君子献殷勤，因为君子不为私情而予人恩惠。

【解读】

"恶人自有恶人磨,好人总有好心报。"小人所作所为,常常令人切齿痛恨,但是没有必要与他结成仇怨,一是要高姿态,不与小人一般见识,二是多行不义必自毙,相信坏人自有他的结局。另一方面,对于君子的态度,也要掌握分寸,敬重君子是理所当然的,但也不必要低声下气,逢迎谄媚,这样做一来使自己人格低下,二来也是不尊重君子,反而弄巧成拙,有损自己的形象。所以做人的原则应当是不卑不亢!

【事典】

小人成了内应

郑厉公在齐桓公的帮助下,率领一支军队从避难之地栎邑向郑都进发,以图复国。当队伍行至大陵,在首次交战中,便将时任郑国君主子仪的大夫傅瑕俘获。郑厉公对傅瑕恨之入骨。因为,傅瑕是个反复无常的小人。当年厉公在位时,他对厉公百般献忠,极尽阿谀。而当厉公诛杀祭仲之事败露出逃后,他又多次参与宫廷权斗,还伙同祭仲从陈国接回子仪,立为新君,深得子仪重用。现在抓住了仇人,厉公打算将傅瑕处死。

临刑前,厉公问傅瑕有什么话说。傅瑕请求道:"如果君能免臣一死,放臣返郑,我愿提着子仪的头来见君王。"厉公起先对傅瑕的话并不相信,说:"你有什么计策能杀子仪,只不过是用此话来哄骗我,以便脱身逃命罢了。"傅瑕连忙指天发誓道:"当今郑国的大政都由叔詹掌握,我与叔詹关系向来都很好。我潜回郑国,与叔詹谋划,一定能杀了子仪。"厉公觉得,此次复国之战,如果有一个内应,那将稳操胜券。傅瑕虽然是一个反复无常的小人,但在目前情势下,他极有可能转身投靠自己。于是,便决定放傅瑕回郑,还同他订立了盟约。

傅瑕回到郑国后,连夜去见叔詹,定下了杀子仪、迎厉公回国即位的计谋。接着,他又去参见子仪,诉说子突(即厉公)在齐国的帮助下,势大力强,大陵已经失陷。子仪听后大惊,提出置备重礼送往楚国,请楚国出兵来内外夹攻,打退子突。可是,叔詹故意不让人前往楚国求救。

过了两天,有报"子突的队伍已经到了城下"。这时,叔詹对子仪说:"我率领士兵出城迎战,君同傅瑕在城中固守。"子仪以为叔詹是真心保驾,便同意了。叔詹出城与厉公略战了几个回合,便回车逃走。此时傅瑕同子仪在城楼上,傅瑕见状大声叫道:"郑军被打败了!"子仪本来就有些害怕,听到喊声，急忙想下城楼，傅瑕乘机从背后一刀刺去，结果了子仪的性命。叔詹叫开了城门，陪厉公一同入城。傅瑕又到官中杀了子仪的两个儿子，然后迎厉公复位。厉公原来就深得民心，此时，国人欢呼雀跃。

人们常说，一个人为人处世，要亲君子而远小人。郑厉公却用小人为内应，恢复了自己的王位。这说明厉公不拘一格用人的谋略。

公元前594年，晋军征讨赤狄奏凯，当时正值晋国遭遇灾荒，盗贼四起，弄得民众怨声载道，国家不得安宁。大臣荀林父听说有一个叫谷雍的人，善于在人群之中识别谁是盗贼，于是，便任用谷雍来抓强盗。

一天，谷雍在街上忽然指着一个人说："这人是盗贼。"跟随他的官差将那人抓起来一审问，果然不错。荀林父觉得自己选的人才很准，心中暗暗欢喜。一次，在闲聊时，荀林父问谷雍识别盗贼用的是什么方法，谷雍说："我看那个人看见市井之物有贪婪的神色，看见市井的人有愧悔的神情，听说我到来后又有恐惧的神态，因此，我断定他是贼。"荀林父听了很是佩服。

可是，虽然谷雍每天抓获几十个盗贼，失盗现象并没有减少，反而有增加之势。有一天，大夫羊舌职来到荀林父官邸，对林父说："元帅任用谷雍抓贼，盗贼不但没有抓完，恐怕谷雍本人还会有生命之忧。"荀林父对羊舌职的议论不以为然。但是，没过几天，谷雍果然在郊外被几个盗贼合力杀害。荀林父也因此忧愤而死。

晋景公听到人们说羊舌职有先见之明，便召见了他，向他密询治盗的策略。羊舌职说："以臣之愚见，用智御智，就像用石头压草，草虽然暂时给压住了，但过一段时间还会从缝隙中生长出来；而以暴禁暴，则又如同用石头去打击石头，这样一来。两块石头都会破碎。因此，治理盗贼的根本方法应该是对盗贼进行正确的引导，使他们知道耻辱，不再去做鼠偷狗窃的事情。进一步说，如果君王能在国内推行选贤授能政策，使百姓中有才能的人处于上位，没有才能的人积极进取，那么，那些误入歧途的人必然会改邪归正。"

景公听了羊舌职的一番话，觉得很有道理，便又问道："据你看来，现在晋国谁最有才能？"羊舌职回答说："要论才干，现在没有人能超过士会。士会言而有信，行而合义，温和而不谄媚，廉洁而不矫饰，正直而不固执，威严而不刚猛。君王一定得任用他。"

这个时候，正好士会灭赤狄归来。于是，晋景公以士会灭狄有功向周定王报去奏章，周定王赐士会为上卿。晋景公又任命士会接手荀林父之职，任中军元帅，并加任太傅，将范地分封给他。士会一上任，便废除了缉盗条例，加强对国民的教化，将百姓的思想统一到治理晋国、建设晋国的总目标上来，社会秩序很快得到稳定，国势也渐渐强盛起来。看到晋国蒸蒸日上之势，晋景公便效法文公霸业，开始了与楚国的争雄斗争。

晋国治盗先用缉盗的方法，结果遭到失败。后来景公采纳羊舌职的建议，采取引导攻心的方略，不仅治盗取得了成功，而且带动了国势的强盛。这是值得深思的。"重引导，巧攻心"谋略的成功，就在于抓住了根本。无论是在治国上、在军事斗争中，还是在商战中，一切智谋策略的运用对象，都离不开人。因此，只有抓住人这个根本，加强对人的引导，巧妙地攻克人心，才能取得胜利。从这个意义上说，"重引导、巧攻心"是最高明的谋略。所谓"攻心为上，攻城为下；心战为上，兵战为下"说的就是这个道理。

注重引导，巧妙攻心，也是现代商战中的一个重要谋略。俗话说，"得人心者得天下"嘛！

金须百炼，矢不轻发

【原文】

磨砺当如百炼之金，急就者非邃养；施为宜似千钧之弩，轻发者无宏功。

【译文】

磨炼身心要像锻炼钢铁，急于事功就不会有高深修养。作事像拉千钧之弓，轻易发射就不会收良好效果。

【解读】

修养身心、成就事业不是朝夕之间可以见效的事情，它需要天长日久的磨练培育，来不得半点急躁。"拳不离手，曲不离口"，"只要功夫深，铁棒磨成针"的俗语，都是教人要有深厚的功底，千锤百炼才能成为一块好钢，正是投入多少，就收获多少，没有不经播种的收获，没有不用耕耘的丰收。所以硬弓只有力士才能拉动，轻而易举的发射不会射得很远。

【事典】

借位谋权，运筹帷幄

李治并非如人们所了解的那么"昏庸"无能，李治并非昏君是史有所载的。在武则天未册封为皇后时，李治在众臣的辅助下，也处理过一些值得称道的事件。

李治有一个叔叔叫李元婴，封滕王，金州刺史。此人骄奢纵逸，游猎无休，常夜开城门，劳扰百姓。还用石弹打人，把人埋在雪里取笑。高宗得知后，予以严厉的指责，并以考官九等的第七等"下上"来羞辱他。高宗曾赐诸王帛五百段，惟独没给滕王元婴和与他同样骄奢的皇兄蒋王恽。说："滕王叔父，蒋王兄长，自己能够经营，不需要赐物，那就给二位两车麻吧，好用来贯钱。"二人大为惭愧。李治这一做法，颇见唐太宗当年风范，就如当年唐太宗对长孙顺德的处理：明为赠物，实为折辱。

李治辛勤地守着宫殿，辛勤地操办家业，辛勤地推动着他的祖辈、父辈建立的王朝。他每日料理政事，批阅奏章，认真地仿效其父皇那种行之有效的施政作风。他厉行节约，以身作则，免去狩猎观览和奢侈的宫廷宴会，并一度下令皇家御厨不许进肉食。他礼待大臣，共议国事，寻求坦率的规谏与建议，力扭父皇晚年那种独断专横的阴影。他事必躬亲，在大臣王公面前撑起果敢坚强的样子，努力使自己符合儒家经典和各种史书上所提出的一介君王的政治抱负。

然而事与愿违，李治偏偏遇上了武则天。在阴谋手腕上，他远远不如武则天。如同平常百姓之家，谁更有能力，谁更精明，谁就当家。就李治和武则天而言，也是同样道理的较量。温文儒雅的李治不具备一个国君所具备的才能和魄力。武则天却坚韧不拔，胆识非凡，她具备李治所缺乏的特性，武则天大李治四岁，为先帝的才人，后宫的尔虞我诈，朝廷的争权夺势，她比李治感受得更深刻。仅仅凭她自身，就可以一手驾驭李治于无形之中。

她用爱情俘虏了李治的心，使得堂堂一国之君，在六宫粉黛，美女如云的环境中，竟频频向她发誓专宠她一人。虽然李治并没有做到，但那毕竟是他的心境。况且李治最爱的人还是武则天。李治这棵大树护庇着她，扶持着她，以"圣上"这不可侵犯的高位成全了她，她成了"圣后"，她的前途和李治的沉浮紧紧相连在一起，他们夫妻共同理政，他们平起平坐，料理国务，一起批阅奏折。她和圣上是同等尊贵，同等荣耀的。武则天的确是李治的好助手，李治非常了解她的能力，并欣赏她的才干。他越来越觉得武皇后是他的好帮手，对朝政的种种分析很有道理，提出的许多建议一经采纳，朝臣们竟是无话可说，或许还目瞪口呆，他们似乎觉得高宗渐渐不像他们所熟悉的皇上了。这让高宗很得意，他越来越离不开他心爱的武皇后了，渐渐开始对武皇后言听计从，宠眷不衰。他将朝政交给武则天是最放心的，因为他相信武则天决不会使国力日渐衰退，而只能使之更加繁荣。事实上，武则天的确也做到了。

由此，李治越发沉溺在对武则天的爱情中，他与武则天共理朝机多年后，渐渐冷落了朝政。在朝堂上渐渐变得日益倦怠，逐渐依赖于武则天了。其实，这只是武则天在不动声色中一手操纵形成的。

时常在朝堂上，大臣们都被李治倦怠慵懒的情绪所感染。一次上朝时，李治倦怠慵懒，大臣们又为其情绪感染。某大臣有气无力地禀报："关中大旱，已近三年，如继续纵容，臣敢断言，不出一年，关中皆病夫……"李治漫不经心地看着、听着，或者盯着某些东西出神。他的精力根本无法集中在朝廷的政务上。李易甫刚要开始陈述，李治突然打断他，说："李大人，听说长安城的古井，昨天喷了点水……"他对朝廷的政务颇感厌倦，他感兴趣的只是长安城中的奇闻异事。又一大臣出列奏报，"皇上，关于定州的虫害，该如何处置？"李治习惯地回头，说："皇后以为……"话一出口，他才意识到皇后没在，李治显得有些尴尬，大臣们都注意到李治因为武则天不在的失落。李治伸了一下懒腰，看着桌上堆积如山的奏折，心烦意乱地说："朝堂至此为止，你们退堂吧。"

李治对政事的懈怠由此可见一斑，这也就给了武则天以可乘之机。"双圣"时期，只要是比较重要的事件，都必经武则天决定。如《资治通鉴》就总结说："天下大权，悉归中宫，黜陟杀生，决于其口，天子拱手而已"。从而可见几乎是武则天独揽朝纲了。

在此期间，她运筹于帷幄步步为营，练就了一身不败的本领，暗中为自己铺平了夺权、掌权的道路。

忘恩报怨，刻薄之尤

【原文】

受人之恩虽深不报，怨则浅亦报之；闻人之恶虽隐不疑，善则显亦疑之。此刻之极，薄之尤也，宜切戒之。

【译文】

受人恩惠很多很大也不设法报答，一旦有一点怨恨就千方百计报复；听到人家的坏事即使隐约也深信不疑，对于人家的好事再明显也不相信。这种人可以说刻薄冷酷之极，是做人应该加以戒绝的。

【解读】

有道是"好事不出门，坏事传千里。"普通人的心态就是这样的，正确的东西不能很快地接受，坏的东西反而很容易地相信，所以一个人接受别人的恩惠，虽然很深了，但总觉得是应该的，不知道报答，而别人一旦得罪了自己，即使是睚眦小怨也不放过，非要马上报复才后快。还有一种尖刻的心态，就是对别人的小过失深信不疑，津津乐道，甚至夸大其词，但对别人的大善行却不肯相信，予以怀疑。古代圣贤提倡"滴水之恩，当涌泉相报"，佛家提倡"隐恶扬善"，都是教人纠正自我的好倡导。可是生活中偏偏有些心胸狭隘的人，不思报恩，只想报怨，相信坏事，怀疑好事，真是可悲可叹。

【事典】

翻脸无情，破彼之破

人们认识问题，常常容易被习惯所左右。如同每天你都把自行车放在前门，突然有一天把自行车停在后门，然而习惯性地总是先去前门找。当你怎么也找不到时，便暗暗责怪小偷们千不该，万不该，不该碰上你的车。这时，眼前一亮自行车好好的停在后门，原来是昨晚太匆忙，就停下来了，似乎还提醒过自己的。然而人们认识问题，一般都是按照思维的通常逻辑进行的，愈是头脑清醒的人，思维的逻辑性愈严格，但从另一方面看，则容易带来弱点——思维定势。

在谋略中，利用对方的思维定势，进行逆常规而行诈，就很容易使对手落入圈套。正是这种不循古人常法，不徇旧情，翻脸无情，不记旧故。从而使得对方，只能俯首就擒，不得不屈服于你。

当时，一些儒家古训："雌代雄鸣则家尽，妇夺夫政则国亡。"等等一些封建传统的思想观念统治着人民的意识，如同金科玉律一样，神圣不可侵犯。在人们心中，武则天当上了武周女皇，就属于这种情况。朝臣们想不通，郁郁不乐，愤愤不平，明里暗里，攻击指责。武则天深刻地觉察到这种严重的情况。但是她毫不惊慌，她已经用不着惊慌。她给予这些反对者的回答是：严厉地、坚决地镇压。

还是在垂拱三年的时候，凤阁侍郎、同凤阁鸾台三品刘祎之就曾对武则天称帝提出过异议。他认为太后不应临朝称帝，当归政于天子，以安天下之心。他这番话是背地里和一个叫贾大隐的官员讲的。没想到，贾大隐告发了他。武则天闻听，气得非同小可。因为刘祎之是武则天所器重的北门学士，他当宰相，全靠武则天的提拔。武则天下令将他拘捕入狱，并由肃州刺史审判此案。睿宗李旦平日很看重刘祎之的才学，请求武则天宽恕。刘祎之的亲友向他祝贺，以为皇上求情，必会恩准。刘祎之却摇头道："皇上求情并非好事，只能促我速死。"果然，两天后，一个太监便来狱中宣布了武则天的谕令："立即赐死！"临刑，刘祎之写了一份谢罪表，文辞华美，堪称奇文，麟台郎郭翰和太子文学周思钧对这份谢罪表说了几句称赞话，也被武则天贬了官。

在武则天称帝不久，一起推翻武周政权的阴谋发生了。这是天授二年（691年）除夕之夜，上官婉儿接到一封匿名信。信上说：上林苑出现了吉兆，牡丹像腊梅那样，凌寒傲雪开了花。这花便是圣灵，如同女皇登宝座，这是亘古未有的。真是圣主临朝，百灵相助呀！请陛下前去赏花。

武则天与一般女性不一样，没有通常家庭主妇那样喜爱各种花花草草的爱好，但是她对牡丹却有着特殊的情感。

这是因为长安牡丹很多，在长安，无论是宫廷还是民间都以种植牡丹为最大的嗜好。有些地方的牡丹很有盛名。像开化坊的牡丹花大朵多，而且花期长，名列前茅；慈恩寺元果院的牡丹比别处的早开半月。有的也非常名贵，一盆竟值数万钱。长安人将观牡丹视为盛事。每年三月十五日，两街看牡丹，车马拥塞，游人如织。武则天受了这种时尚的影响，在洛阳宫中花圃中广植牡丹，花期时还让人陪伴她到民间观看。

乍一听到牡丹冬日开花的消息，武则天心中为之一震。但她马上又想到，草木生长都遵循一定的时令，牡丹怎么会在隆冬季节开花呢？既然如此，为什么要编造这种荒唐的消息？难道也是献媚邀宠？她想到了这一层，但多疑的武则天却警惕地想到一件可怕的事。她断定，这可能是个阴谋，是报告者想借她去上林苑之机图谋不轨。她觉得，这样的判断不是没有根据的，因为她称帝以来已经感受到有一种不满的、仇视的情绪时而显露在一些大臣中间。前几年徐敬业扬州叛乱、李冲父子谋反也足可证明，旧势力不会轻易退出历史舞台，她不得不防，于是，暗地派人去上林苑查看，果然是一个骗局。

牡丹花是假的，远远看上去与真花毫无区别，但是仔细瞅却能看出破绽。可见有人要约武则天出来，必有阴谋，或者更透彻一点地说，有人要借此机会暗杀武皇。顿时，她打了一个冷战。全身不禁冒着冷汗，她止不住颤抖了起来。虽为皇帝，但毕竟是个女人。她忽然明白：不可收刀入鞘，她虽做了皇帝，人心却并未平定，岂能就此放松警惕。她急忙挥笔写下：

明朝游上苑，火急报春枝。
花须连夜发，莫待晓风吹。

一个故事是说，因为武则天是皇上，说出的话人神皆得遵守。她写完诗，焚于牡丹丛，花神知道后，不敢违旨，第二天，所有的牡丹，全都开放。所以至今洛阳牡丹出名，还有的说，武则天下此诏令后，百花真的开花了，惟独牡丹不开花，武则天大怒，就把牡丹贬到洛阳。谁料牡丹一到洛阳，因水土和环境适宜，反倒开得更茂盛了。

另一个故事说，第二天当武则天赴了约，牡丹未开花，武则天一怒之下，将牡丹连根拔起。将根扬弃于外，这些牡丹根随风飘扬，送于四周，所以洛阳之外才有了牡丹。

其实，这两个故事都是后人杜撰。武则天的诗未焚，花神也未于第二天令牡丹开放。武则天也未拔掉御苑的牡丹。

实际上这只是一道密令，武则天怕打草惊蛇，引起动乱，因而用隐语发布了一道命令，意思是：

明天早上我将去上林苑观赏隆冬开花的牡丹，请将这个消息火急告诉禁卫的官兵，要连夜做好准备，万万不可迟疑。

关于这次阴谋的元凶及平息经过，史书上没有详细记载，只是《全唐诗》在辑录这首诗时有这样一句话："天授二年腊，卿相欲诈称花发，请幸上苑，有所谋也。许之，寻疑有异图，乃遣使宣诏云云。"这说明，武周政权建立后，天下并不安宁，图谋推翻武周政权者尚有人在，武则天对新的、更残酷的斗争也未视若等闲。

与这次"牡丹之谋"相呼应，神功元年（697 年）又发生了"三十六名家"图谋叛乱的事件。

这年正月，箕州刺史刘思礼请术士张憬藏给他算命相面。张术士猜到刘思礼心怀异志，便迎合他说："刺史命相高贵，将来一定位至太师。"刘思礼听罢，面有喜色，暗想：太师之职位，如无人帮助恐怕难以实现。于是，他秘密和洛州的录事参军綦连耀取得联系，准备和他共图大事。他们以给人相面算命为名，暗地联络了很多人，向他们许愿说，待大事成功后，将封以高官。并说："綦连耀有天命，跟着他一定能得到荣华富贵。"

当明堂尉吉顼发现了这个密谋后，他便利用了来俊臣向武则天禀报了此案，武则天想：此时的形势已大不同于徐敬业反叛的时候，她已经牢牢地握紧了大权，她有足够的能力来平治这场动乱，她并不担忧，相反信心十足。她召见了武懿宗与其密谈了许久。不久，武懿宗首先逮捕了刘思礼，然后顺蔓摸瓜，究其余党，很快搞清了这个阴谋集团的成员。宰相李元素、孙元亨及大臣石抱忠、刘奇、周潘等，共三十六家，都是海内名士，全部灭族，亲党被连坐和流放者一千多人。

"三十六家"的反叛，是武周政权建立后一次较大的谋反事件。通过这次事件，武则天对旧势力又进行了一次大清洗，从而使武周政权得到了进一步巩固，旧势力从此一蹶不振，再也难以进行较量了。

此刻，武则天手中已抓稳了兵权，她更加自信了，所谓："有了金刚钻，干得瓷器活"，说得真没错。

谗言如云蔽日，甘言如风侵肌

【原文】

谗夫毁士，如寸云蔽日，不久自明；媚子阿人，似隙风侵肌，不觉其损。

【译文】

恶言毁谤或诬陷他人的小人，就像片云遮住太阳，风吹云散，太阳自然重放光明。甜言蜜语或阿谀他人的小人，就像缝隙吹进邪风，侵入肌肤，使人在不知不觉中受到伤害。

【解读】

古语云"谣言止于智者"，而"金子总要放出光芒"。恶语伤人，虽然诬陷人于一时，但不能长久，就像一片云彩遮住了太阳，但不能遮盖天下一样，所以身正岂怕影子斜，半夜敲门心不惊，只要云开雾散，一切都会重见光明。倒是一些阿谀奉承的好话，更应该提防，因为"软刀子杀人不觉其痛"，社会上有许多人正是在谄媚阿谀之中松懈了自己的警惕之心，最终受到了伤害。

【事典】

只有识时务，方能为俊杰

武则天虽以她特有的个性和才情得到太宗的喜欢，但他一直不曾十分地宠幸她，她的地位也一直没有改变，直到唐太宗驾崩。武则天和后宫所有的妃嫔被送入感业寺时，她还只是个小小的才人。可见唐太宗并不十分关爱她，也并不重视她。当时，眼看身边的徐才人在皇帝身旁，踌躇满志，她好不伤心。人都是这样，常常在看到同级的人发达了，与自己的距离相去渐远，才感觉到自我的落寞与悲凉。更何况武则天原本就不是一个既来之则安之、甘于现状的平凡之辈。

徐才人，名惠，比武则天小三岁，不仅相貌极美，且极聪慧。据说她刚刚五个月时就能讲话，四岁时就能读《论语》《毛诗》，八岁则能写出漂亮的文章。她遍涉经史，手不释卷。唐太宗听说后，召她入宫，纳为才人。太宗喜欢她文章华美，挥翰立成，不久又封为婕妤，继而又迁充容，品级很快便遥居武则天之上。娇媚的武则天被聪慧的徐充容取代了，君王时常光顾的福绥宫冷落起来，素不相信红颜薄命、不识愁滋味的武则天，也陷入了红颜薄命的忧愁之中。

这时，年轻貌美、兼通文中的徐充容却大得青睐，春风得意。她不仅是唐太宗的枕席佳偶，而且成了太宗的政治上的内助，大有已故的内廷良佐长孙氏之风。她关心着太宗政治的得失，萦系着大唐的皇祚长久，每见太宗有过，便直言切谏，好言相劝。唐太宗从她身上仿佛看到了长孙氏的影子，所以倍加宠爱。有一次，徐充容见太宗兵马屡动，宫室互兴，百姓苦于劳役，便以她卓越的政见和绮丽的文笔写了一纸才华横溢的谏书。那谏书说：自从贞观以来，风调雨顺，年登岁稔，国无饥馑。但近年役戍过多，百姓不堪其苦。为了大唐的盛业长久，应行无为之策，减少劳役，与民休息。劝谏太宗牢记桀纣亡国之际，居安思危，慎终如始，"消轻过以添重德，循今是以替前非。"

徐充容得宠时，武则天是不无妒意的，她几乎尝到了比失宠更苦涩的滋味。但是，她识时务，她所想到的是更现实的问题，就是她在宫中的地位该何去何从。她没有就此沉溺，没有过于伤感，自暴自弃。而是把她那含情脉脉的目光移到太子李治身上去了。她深知，皇上的年岁不多了，而太子正当有为之年，李治才是她可栖之木，攀上李治才为长远之计。

李治有一个特点，就是忠孝老实。贞观二十年，太宗病重，诏军国大事，并委李治处决。李治在听政之余，入侍药膳，不离左右。太宗让他玩一会，他也不肯。太宗极为感动，便在自己的寝殿旁设置"别院"，供李治居住。也就是在这个时候，李治认识了武则天。

武则天与太子治在名义上是母子关系。按照封建伦理道德，他们之间绝对不能有什么越轨的行为。但事实上，唐初皇族的伦理观念比较淡薄，男女之间的禁忌也比较松弛。出于独特的审美观念，李治被武媚娘的美丽吸引住了。而武则天在受多年冷落之后，也从李治这位未来的皇帝身上看到了一线希望。于是，他们之间逐渐产生了爱情。

武则天与李治的爱情是很值得怀疑的，武则天是否真爱李治无人知晓。李治不过是她的一条退路，与其说她喜欢李治的为人，不如说她喜欢李治的权势与地位。武则天与李治如真有爱情，则是以后的日子中点点滴滴堆积起来的相濡以沫的感情。李治将她从感业寺接回宫中，扶她从才人到昭仪到宸妃再到皇后，李治是她的挡箭牌，李治容忍她的霸道和权欲，她的才干是李治所认可的，李治以她的高位庇护着她，扶持着她。一直到"双圣"时期，武则天借这个位置，以她的能力帮助李治治国为政。直到后来，在权欲中翻翻滚滚到一发不可收拾的地步。

藏才隐智，任重致远

【原文】

鹰立如睡，虎行似病，正是他攫人噬人手段处。故君子要聪明不露，才华不逞，才有肩鸿任巨的力量。

【译文】

老鹰站立好像打盹，老虎走路好像有病，这正是它们捉人吃人的手段。一个具有才德的君子，要做到不炫耀聪明，不显露才华，如此才能培养肩负重任的毅力。

【解读】

"深水不响，响水不深。"这话说得虽然简单，却蕴含着深刻的哲理。动物的生存有一个重大特点就是善于伪装自己，一方面是保持自己不被其他动物所伤害，另一方面是麻痹其他动物，寻找最佳的进攻机会。在人类文明社会中，保护自己同样是必须的，尤其是那些品学兼优的人，最容易受到小人的毁谤和打击，所以只有大智若愚，含而不露，谦虚谨慎，才能避免一些不必要的伤害，胜任重大的责任。

【事典】

见广识深，跻身官场

胡雪岩从商业经验出发，认为一个社会要想存在，必然需要一个秩序的核心。基于这一认识，当太平军起事时，胡雪岩并不认为这是一个可以乘机捞一把的好机会。在他看来，趁了浑水摸鱼，只是因为鱼是混乱的，才让人侥幸有所获。倒过来想，胡雪岩认为自己应该替官府维护秩序，秩序建立起来了，你自己也有一个从事商业的好环境，官府感谢，也会给你提供好多便利。故而他的当务之急是帮助官府打太平军，而不是今天从太平军那里捞一把，明天从官府那里捞一把。因为这样的话，你在两面都面临信任危机，太平军怀疑你与官府有勾结，官府怀疑你替太平军着想。从商最重要的是信用，信用丢了，那么生意就做不大。

出于同样考虑，当清政府发行官钞时，胡雪岩做出了与钱业同行不同的选择。同行们都认为，太平军近在眼前，政府是否可信大成问题。如果今天我接了这官钞，明天没有人要，兑换不出去，那就烂在手上，白白损失。胡雪岩的看法不同。按他的分析，朝廷毕竟大势还在，尽管暂时遇到了许多麻烦。社会要想运转，还非得靠现在这个朝廷不可。所以别人不理这官钞，胡雪岩却要接。不但自己接，还动员别人接，并且以自己的信用作保证。胡雪岩这种看法，符合商业的一般原则。任何一个商人都要求稳定。任何一个商人都希望在一种平静的气氛下进行风险最小的投资，以求得最大的利润。除非发生特殊变故，使得混乱比平安更能减少成本。当时的清廷，基本结构健在，所受的只是猛然一击，却并非致命一击。而且，胡雪岩还有另外一层想法。许多人只是畏惧官府，没有想到驾驭官府。胡雪岩在他所帮助的王有龄升官之后，逐渐发现自己借王有龄获得的便利甚多。首先是资金周转便利，因为有了官府的流转金作依托；其次发现官府的好多事自己可以以商业活动完成，既减少了官僚办事的低效，自己也赚取了利润；第三是自己借了官府之名，能做到许多普通商人很难涉足之事。

所以，胡雪岩对利用旧制有了信心。一开头他并不愿捐官，认为生意人和做官的人搅在一起别扭。后来想法变了，既然官府与商人有千丝万缕的联系，那就不妨捐官，涉入官场。胡雪岩在人们心目中，其最大特点就是"官商"，也就是人们说的"红顶商人"。这"红顶"很具象征意义，因为它是朝廷赏发的，戴上它，意味着胡雪岩受到了皇帝的恩宠。事实上，它意味着皇帝肯定了胡雪岩所从事的商业活动的合法性。既然皇帝是至高无上的，皇帝所保护的人自然也不应受到掣阻。换一层讲，皇帝的至高无上也保证了被保护人的信誉。所以王公大臣才能很放心地把大把银子存入阜康钱庄。

对于太平军，胡雪岩的应对又有不同。胡雪岩的原则很明确，太平军的口号不得人心，总是长久不了的。所以必须帮助官府打太平军，以维持一个大秩序。

在胡雪岩看来，太平军起事，有好多老百姓都是被迫卷入其中的。比如周八俊，不堪别人的欺负犯了事，只得投靠了太平军。又比如蒋营官，太平军打到了家门口，男耕女织的平安日子过不下去了，只好投了军，出来与太平军作战。他们都是不得已而卷入的。所以他们对大时局并无太多看法。他们只希望老老实实地在其中的一边做事。人只要勤勉，不论在哪一边总是会越过越好的。

有了这种同情的认识，胡雪岩对他们也就不那么苛刻。尤其是在遇到像周八俊这样的人存银子时，他能以同情心对待他们，愿意以自己的商业活动，给他们一个再生的希望。当然也可以说胡雪岩这样做有商业的目的存在。不过，如果不是有这种了解，胡雪岩就不会看得那么深，他对这些人手头的银子就会唯恐避之不及。因为很显然，这些人是与太平军有染的。但是胡雪岩不这么看。与太平军有染，没错。不过要看是什么原因，什么姿态。这些人都是些老实的小民，你不吸收他的存款，他就不得不把它们给太平军用，或者被无理的官差劫掠走。这样于秩序非但无益，反倒有害。

而且这还牵涉到对商人和官府的关系如何看的问题。是商人有商人的原则，官府有官府的目标。照胡雪岩的看法：商人对客户讲信用，官府对朝廷讲良心。商人只管自己是否说了话算数，是对自己的服务对象——客户来讲的。官府只管自己做事是否对得起朝廷。各行其是，各司其职。

胡雪岩的这种思路，保证了他对所有可能不受官府严格控制的私人财产的吸纳。文煜愿意存款于阜康，除了因为阜康的信用好以外，主要是看中了胡雪岩在经营钱庄时，坚持钱庄只管吸款，不问款项来源的原则。款项来源的正当与否是款项持有人和官府间的事。在现代，是财产持有人和法院间的事，而不是财产持有人和银行之间的事。胡雪岩之过人之处，就在于不是怕官府，以致于不敢按自己的思路经营，而是理清思路，放手去做。

在官本位的晚清社会，有了官员做靠山，胡雪岩转粮购枪、借款拨饷无一不放大胆子、堂而皇之地去做，即使以十一之利计之，由此而聚敛的财富也是一般商贾所不能望其项背的。然而客观地说，胡雪岩背后有着强大的官场力量，而这才是财富的真正来源。胡氏以其睿智的眼光，发现了"中国人做生意不能没有靠山"的客观规律，从而一生致力于培植自己的官场靠山，踩着官场的阶梯，登上财富的高峰。

过俭者吝啬，过让者卑曲

【原文】

俭，美德也，过则为悭吝，为鄙啬，反伤雅道；让，懿行也，过则为足恭，为曲谨，多出机心。

【译文】

节俭朴素，本来是一种美德；然而过分节俭，就会流于为富不仁行为卑下，反而会伤害到朋友之间的往来。谦逊礼让，本来是一种美德；可是过分谦让，就会变成卑躬屈膝谨小慎微，却给人一种好用心机的感觉。

【解读】

辩证唯物主义认为，真理前进一步就会变成谬误。同样，节俭和谦让都是美行，但走过了头就会变成吝啬和谄媚，所以凡事都要把握适当的度。节俭和吝啬的初衷不同，节俭的注解是不浪费，吝啬的注解是守财奴，其中的差别十分微妙，说到底节约过头就是吝啬无疑。谦虚本是一种高尚的美德，谦虚到谄媚的程度，就是虚伪，已经背离谦虚的初衷，反而成了小人之举。

【事典】

定国之术，在于强兵足食

战乱频繁，极大地破坏了东汉末年的社会根基，致使经济凋敝，土地荒芜，人民锐减，满目疮痍。

"民以食为天"，军队也非不如此。兵马未动，粮草先行，讲的是行军打仗，如果没有军粮作保障，那后果是不堪设想的。随着割据形势的形成，各集团无不受军粮供给问题的困扰。有人甚至派手下盗墓来维持军队的日常开销。曹操甚知，不解决当前的饥饿问题，不考虑农业经济以解决今后的吃粮问题，就不可能稳定人心，巩固自己的权位，更谈不上征伐不臣的问题。因此，他曾把"富国强兵"之道列为首要问题，表奏皇帝并请大家议论"损益"。这说明，曹操作为一个政治家，甚知重视经济问题。

早在初平三年（公元192年）曹操刚做兖州牧时，治中从事毛玠就提出了两条重要建议，一是要奉天子以令不臣，二是要修耕植以蓄军资。对这两条建议，曹操当时就极表赞赏，并积极创造条件施行。经过努力，曹操首先做到了第一条，将献帝迎到了许都。接着，曹操开始做第二条。

"修耕植以蓄军资"，其中心任务就是要通过发展农业生产，增加粮食收成，解决十分紧迫的军粮问题。

汉末以来的粮荒已到极其严重的地步。由于人民的大量死亡，加之人民流落四方，大量土地无人耕种，出现了地广人稀的局面。再兼战乱连年，水利失修，旱灾、蝗灾等自然灾害频繁，一些已经耕种的土地，也往往颗粒无收，或者收之不多。这样，就发生了全局性的缺粮问题，粮价飞涨。

面对严重的粮荒，不仅百姓身受其害，甚至连统治者及其军队也深受粮荒的威胁。

献帝在东迁洛阳途中，多次面临断炊的危险，随从的官员有时不得不以枣菜代粮。到洛阳后，算是安顿下来了，但下级官员还得跑到荒野中去采摘野菜。那些大大小小的军阀们，平时过着"饥则寇掠，饱则弃余"的生活，等到百姓自己都饿得要死，实在无粮可抢的时候，他们的日子也就变得非常难过。袁绍的军队在河北，一度不得不靠采摘桑果过日子。袁术的军队在江淮，有一段时间仅靠捕食蛤螺充饥。公孙瓒的部将田楷在青州，因与袁绍连战两年，粮食吃尽，互掠百姓，弄得野无青草。刘备的军队在广陵，因饥饿难忍，大小官吏和士兵竟自相啖食。有的武装势力，因缺粮而混不下去，还没等到同对手打仗，就自动瓦解离散了。

这种窘况也曾一度困扰着曹操。想当初，他第一次东征陶谦，就因粮食困难，不得不中途退兵。他同吕布争夺兖州，在濮阳一带同吕布相持百多天后，也因粮食接济不上，不得不暂时罢兵自守。一次程昱在自己的辖县东阿为曹操筹措军粮，想尽办法，只勉强筹得可供三天食用的粮食，其中还杂有人肉干，为此程昱后来颇遭非议。曹操前往洛阳迎接献帝时，途中所带的一千多人全部断粮，幸得新郑长杨沛把储存的桑果干拿了出来，才算渡过了难关。曹操为此很感激杨沛，迎献帝都许后，即将杨沛调去做了长社令。

粮食问题已严重到如此地步，到了非解决不可的时候了。然而，单靠一般的手段，或采用通常的一套发展农业生产的办法，是不可能解决燃眉之急的。必须采用行之有效的非常手段，将劳动力和土地结合起来，以便尽快获得大的效益。

面临如此残酷的现实，曹操又甚知历史的经验，因而约在初平、兴平年间，把屯田作为定国之术提了出来：

> 夫定国之术，在于强兵足食。秦人以急农并天下，孝武以屯田定西域，此先代之良式也。

曹操认为，秦国所以能兼并天下，就是因为贯彻了商鞅的农战政策；汉武帝所以能略定西域，就是因为以军人戍边屯垦，解决了军需之急。因而他把"秦人以急农并天下"和"汉武以屯田定西域"作为学习的榜样。

曹操实行屯田是经过充分酝酿的。枣祗提出兴办屯田的建议后，曹操极为重视，立即召集部下开会讨论，大议损益，权衡利弊。这由曹操后来写的《加枣祗子处中封爵并祀祗令》中就可以看出来。在此令中曹操写道：

> 故陈留太守枣祗，天性忠能。始共举义兵，周旋征讨。后袁绍在冀州，亦贪祗，欲得之。祗深附托于孤，使领东阿令。吕布之乱，兖州皆叛，惟范、东阿完在，由祗以兵据城之力也。后大军粮乏，得东阿以继，祗之功也。及破黄巾定许，得贼资业，当兴立屯田，时议者皆言当计牛输谷。佃科以定。施行后，祗白以为傶牛输谷，大收不增谷，有水旱灾除，大不便。反复来说，孤犹以为当如故，大收不可复改易。祗犹执之，孤不知所从，使与荀令君议之。时故军酒侯声云："科取官牛，为官田计。如祗议，于官便，于客不便。"声怀此云云，以疑令君。祗犹自信，据计画还白，执分田之术。孤乃然之，使为屯田都尉，施设田业。其时岁则大收，后遂因此大田，丰足军用，摧灭群逆，克定天下，以隆王室。祗兴其功，不幸早没，追赠以郡，犹未副之。今重思之，祗宜受封，稽留至今，孤之过也。祗子处中，宜加封爵，以祀祗为不朽之事。

可见，屯田之初，根据老的办法和多数人的意见"佃科已定"，即"计牛输谷"，屯田农民按照租用官府的耕牛数目，向政府缴纳租粮。施行后，枣祗从实际经验中看出"计牛输谷"的弊端很大，于是对曹操说，按照租赁牛数输谷，丰收了不能多征，遇到水旱之灾，则要减免，太不利。枣祗"分田之术"，即把土田分给个人，然后根据收获量多寡对半分成。曹操不想改，枣祗坚持己见，力排众议，终于说服了曹操。

在令文中，曹操举了秦孝公、汉武帝的例子，说明屯田的重要性。而且，此时实行屯田，条件已完全成熟了。

（一）曹操有了比较稳定的辖区。

曹操自将吕布从兖州赶走后，便有了自己可靠的根据地。迎献帝都许后，又将势力范围从兖州扩大到豫州，有实行屯田的良好外部环境。

（二）拥有大量的土地。

人民的大量死亡和流徙使大片土地荒芜无主，成为国家的公田。

（三）有一定数量的劳动力。

初平三年（192 年），曹操击败青州黄巾军，接受降卒 30 余万，同时得到了跟黄巾军一起行动的百余万人口。这些人多是黄巾军的家属，不论男女老少，都是掌握有相当生产经验和劳动技能的劳动力。建安元年（196 年），曹操又击败了汝南、颍川黄巾军，迫使不少人投降，进一步增加了劳动力。此外，屯田兴办起来后，还可以进一步招募流亡的农民。

（四）曹操手中有不少的农具和耕牛。

这些也都是从被打败的黄巾军手中夺来的。

这样，土地、劳动力、农具、耕牛都有了，生产力的基本要素大体齐备了，屯田也就水到渠成了。

与前代实行军屯的方式不同，曹操最初实行的是民屯，他那支规模不大的军队要留着对付那些虎视眈眈的诸侯们。当他的军事实力强大起来后，屯田才扩展到军屯。这也是从实际情况出发，说明曹操善于变通。

曹操虽然实行民屯，却对屯田民实行军事编制。屯田的基层组织为屯，约有五、六十户，配给一定数量的土地、耕牛和农具等。为了加强对屯田农民的管理，自下而上建立了堪称严密的组织系统。管理一屯的屯田官称屯田司马；管理一县屯田事务的屯田官称屯田都尉，相当于县令；管理一郡屯田事务的屯官称典

农中郎将或典农校尉，相当于郡太守；在中央，屯田事宜先由司空掾属、后为丞相掾属代管，最后正式设立大司农负责。此外，还有名目繁多的农官，都用的是军职称谓，可见屯田的军事色彩之浓了。

曹操还规定，屯田官管理所辖屯田区内的农业生产、民政和田租等有关事宜，直接对上一级屯田官负责，当地的郡守、县令无权过问。这一点，一直坚持了多年也没改变。曹操的丞相主簿贾逵，在任太守时就深得曹操信任，但因与屯田官发生摩擦，差点翻了船。他因怀疑郡内一个屯田都尉藏匿人口，便前去询问，这个屯田都尉自以为不属郡守管辖，出言不逊，冲撞贾逵。贾逵一怒之下，将他抓起来打断了腿，结果贾逵遭到了免官处分。因为曹操很赏识他，后来又让他做了丞相主簿。从这件事不难看出，贾逵虽然有理，曹操也深知其一片忠心，但对他介入屯田事务这件事本身，却没有从正面表示丝毫支持，可见各级地方官员不能过问屯田事务的制度是执行得十分严格的。从这个角度说，曹操赋予了各级屯田官处理屯田事务的绝对权力，这就会使他们尽心尽责，不受任何干扰，把屯田的事情办好。

在如何收取地租的问题上，经过一番激烈的争论，最后曹操采纳了枣祗反复坚持的按产量分成收租的办法。按照这个办法，屯田民用官牛耕种的，要将收成的60%交给国家；如果用自己的牛耕种，则上交50%。

屯田首先在许都周围地区推行，以期取得经验后再推而广之。曹操把原黄巾军的一些人及从各地招募来的流民，用军队形式加以编制，组织成屯田民。

就这样，经过一番紧锣密鼓的准备之后，屯田制度正式推行。广漠荒凉的原野上，出现了一处处农耕的人群，在兵荒马乱的岁月中，掀起了一个农业生产的热潮。

建安二十三年（218年），曹操根据司马懿的建议，在建立民屯并成功的基础上，又在一些军事驻地建立军屯，组织士兵生产，建立了"且耕且守"即一面戍守、一面务农的体制。兵屯保持着原有的军事体制，以营为生产单位，其屯田事务最初由典农中郎将或典农都尉代管，后来由大司农委派的司农度支校尉和度支都尉专管。军屯的建立，对于开垦荒地，减轻农民养兵运粮的负担，起了积极的作用。

许下屯田成功之后，曹操才随着统治区域的不断扩大，来扩大屯田的规模，到曹魏建国后，北方有不少地方成了屯田区。内地多为民屯，边地多为军屯，最大的军屯区在淮河南北，即今皖北、苏北一带，最多时军屯官兵达十余万人，每年生产的粮食除自己食用外，还有大量积余。

曹操推行屯田政策的成功，把在长期战乱中弄得凋敝不堪的农业经济重新复苏起来，这不能不说是一个很大的功劳。而实行屯田给曹操带来的直接和最大的收获，则是解决了长期为之担忧的十分紧迫的军粮问题。实行屯田后，不过几年各地收获到的谷物每年总量即达数千万斛之多，基本上满足了曹操进行统一战争的需要。而且这些谷物分储各地，军队开到哪里大体上能做到就地或就近供应，既免除了转运之劳，又能保证及时、有力地支援了曹操对其他割据势力的战争。

曹操屯田的成功，在客观上消融了社会不稳定因素，在一种特定的条件下，造就出一个比较稳定的生活环境，从而稳定了整个社会秩序。

喜忧安危，勿介于心

【原文】

毋忧拂意，毋喜快心，毋恃久安，毋惮初难。

【译文】

不要忧心于点滴的烦恼，不要快意于短暂的欢乐，不要依恃于长久的安稳，不要畏惧于事初的困难。

【解读】

世事的变化是莫测的，顺心和失意、幸福和痛苦、平安和动荡都是互为条件互为转化的，怀着坦然之心来对待生活中的大起大落，以变化的态度来迎接生活中的各种挑战，才能使自己的内心一如既往，才能使自己的事业蒸蒸日上。

【事典】

刀头舔血，敢于冒险

商者四德，智仁勇信，四者不可缺一。而"勇"，又支撑其他三者。商业经营中，常有宝贵的商机出现，等待人们发掘，然而机遇同时也伴随着风险，机遇越好，风险越大。商机稍纵即逝，到底要不要抓住机会，同时承担风险，这就要求决策者具有当机立断的勇气。

胡雪岩白手起家而至一代豪富，在于他当机立断抓住了清末乱世的许多机遇。他是商场上的勇者，他曾说："商人图利，只要划得来，刀头上的血也要舔"。胡雪岩办"钱庄"，在太平天国失败以后，通过接受太平天国兵将的存款来融资的举措，就冒了极大的风险：

第一，按朝廷律例，太平天国兵将的家财私产便是"逆财"、"逆产"，照理不得隐匿。接受逆产，私为隐匿，一旦查出，很有可能被安上附"逆"助"贼"的罪名，与那些太平军逃亡兵将一同治罪。胡雪岩刚刚经营起来的钱庄生意与社会地位，很可能会随之毁于一旦。

第二，太平军逃亡兵将的财产即是"逆财"、"逆产，抄没入公则是必然的，被抄的人倘若有私产寄存他处，照例也要追查。接受这些人的存款，如果官府来追，则不敢不报。虽然官军中不乏贪财枉法之辈，自己搜刮太平军兵将可以逃过官府抄没家产的追查，但尽管如此，也决不能完全排除有些人要一查到底的可能。这样，一旦查出，即使不以接受"逆产"的罪名一同治罪，存款也必被官府没收。按钱庄的规矩，风平浪静之后有人来取这笔存款，钱庄也必得照付，如此一来，钱庄不仅血本无归，还要"吃倒账。"

有这两层风险，接受太平军逃亡兵将的存款，也就确实有点类似刀头上去舔血了。但是这笔"买卖"风险大获利也大，因为这样的存款不必计付利息。等于是人家白白送钱给你去赚钱。因此胡雪岩仍然决定做，这就是他勇毅的体现。

结果证明胡雪岩的判断胜利了。这笔太平军的存款大大地增强了钱庄的实力，使得胡雪岩的事业又上了一个台阶。

与此相比，风险更大的一次生意是胡雪岩在上海的蚕丝生意。他的徒弟打听到，上海市面将会不平静，帮会组织"小刀会"将在八月起事。如果小刀会在八月起事，此前专做丝生意，估计不会有太大风险。只是假定小刀会闹成功了，上海要有好一阵儿乱，外边的丝很难运进。知道了这一情况事先囤丝，大批吃进，它是一笔好生意。但是囤丝又有囤丝的风险。首先是要压本钱，假定市面不出半月又平静了，屯丝也就意义不大。

胡雪岩这次作出的判断是：大量买丝，囤在租界，必赚！高价亦不惜。他的辅助理由是：洋人暗中支持小刀会，政府必然要想个法子治一治洋人，最好的法子就是禁止和洋人通商，所以过不了三个月，洋人有可能有钱而买不到丝，丝价会大涨。

果不出胡雪岩所料，两江督抚上书朝廷，主张禁商而惩罚洋人，清廷也回书答应这么做。因而，胡雪岩大赚了一笔。

要做一个能赚大钱的成功的商人，必须有过人的胆识和气魄，简单说来，也就是要敢做别人想不到去做，或者想到了但不敢去做的事情。特别是能察人所未察，在人所共见的风险中见出人所未见的"划得来"，并且只要看准了就敢于去承担别人不敢承担的风险。当然，勇毅并不是决断的惟一因素，但这种勇毅是有基础的，那就是对事情的全面彻底的了解，预见的眼光，正确的推断。

胡雪岩之所以在做生意中能有"刀头上舔血"的勇气，首先源于他对时势、对商情的充分了解。这种勇气不是莽撞的一时冲动，而是经过深思熟虑作出的最后决定，所以他才能在各个机会来临时勇敢把握，并稳赚巨额利润。

过满则溢，过刚则折

【原文】

居盈满者，如水之将溢未溢，切忌再加上一滴；处危急者，如木之将折未折，切忌再加一搦。

【译文】

生活在美满的环境中，就像装满了水的水缸，千万不能再加一滴，否则就会立刻流出来。生活在危急的环境中，就像快要折断的树木，千万不能再用力，否则就会立刻折断。

【解读】

不满足是缺点也是优点，只看是在什么样的情形下。如果是对财富，对权势不满足的话，就会做金钱和权势的奴隶，由于永远不知满足就永远生活在痛苦中；如果是追求真理、追求学问的话，只有不满足，才能继续前进，因为学海无涯，所以学无止境。

【事典】

如泣悲敌，四面楚歌

古时有一个军事谋略叫先声夺人，也叫振其先声。这个谋略在自己虚弱而敌人强大时运用尤其最佳。所谓先声夺人就是自己在表面上故意大造声势以吓唬对方，实际上也可说成是攻心之计，夺敌之气的谋略，源于《阵纪·战机》"急守粮道，设犄角，坚整大阵，数出奇兵，振其先声，为左右逐掠"。意思是张扬声威，首先摧折敌人的士气。在战争条件下，军人经常处于一种特殊的心理环境中，强烈的刺激和影响，可使人产生怀疑、恐惧、动摇、犹豫的心理现象。根据人的这种心理特征，作战中采取多种方法显耀威力震撼敌人，威慑敌人。致敌心理防线崩溃，使敌产生恐慌、厌战、不知所措等心理状态，削弱敌战斗力，以致消极怠战；或不战自溃，或弃战而降。

公元前202年12月，汉军主力和各诸侯部队全部到达垓下。韩信亲率齐军三十万，为先头部队，寥侯孔熙在左、费侯陈贺在右，刘邦也率主力部队紧随其后，周勃和柴将军则追随在刘邦之后。

大军旗帜招展，号角连天，浩浩荡荡，直奔垓下。项羽亲率主力部队十万兵马，准备出城给汉军以迎头痛击。

这场会战，汉军阵营由韩信亲任总指挥，是最后一次的面对面的决战。

项羽仍展现他野兽般的猛勇，亲率骑兵队在前面冲刺。韩信则仍以智略见称，他的战场都是经过精心设计的，像演一场戏一样，将战场部署得疏而不漏，密不透风。

刚接触不久，韩信便下令撤退，他不愿军士在楚军的死战下损伤太多。项羽仍采取猛烈攻势，以此打击汉军士气。但孔熙和陈贺军队却由两侧绝断楚军退路，让楚军陷入前后夹击之中。项羽刚刚反身迎战左右两军，韩信主力却又回头再击楚军，项羽只得在腹背受敌的情况下疲于奔命。双方混战了半日，楚军因饥饿而不耐久战，加上敌众我寡、死伤惨重，项羽只得再度退入垓下，闭城坚守。刘邦率诸侯大军，将垓下团团围住。

经过一天苦战，项羽身心俱疲，不及解下盔甲便倒地营帐中小憩，虞姬则在身旁照顾。一觉醒来，已是深夜，万籁俱寂。远处却忽然传来楚人的歌声，渐渐地四面都是垓下城中的楚军，都跑到外面来听这熟悉的歌声。这不正是楚地的歌谣吗？楚军纷纷兴起了怀乡情结，想到自己或许即将孤独地客死他乡，更念及家中的父母妻儿，不禁悲从中来，掩面而泣。

惊醒后的项羽睡意全消，立刻起身道："难道汉军已经完全占领楚国了吗？为何汉营中会有这么多楚人呢？"叹息中，项羽坚强的意志慢慢地消失了。这便是历史上著名的"四面楚歌"！

在四面楚歌声中，不少楚军因为陷入深深的思乡之情中，疏于防患，因而被刘邦的士卒擒获。更有许多人，觉得大势已去，不如投入汉王阵营，早日结束这场无奈的战争，早日见到爹娘和妻儿，就主动投降了刘邦。

这些，显然都是刘邦的"阴谋"。刘邦逼迫营中被俘楚军，让他们教汉营军队和诸侯部队练唱楚歌，利用大合唱的声势，加上由远处传来的几可乱真的音响效果，彻底打击垓下守军的士气。

这一招非常成功，连主帅项羽都已被这如泣如诉的楚地歌谣感染得思乡心起，渐渐丧失了争斗的意志。

项羽毕竟是个盖世英雄，末日将至，就是死也要死得像个英雄。于是，项羽起身穿上全副武装，下令在营帐内设酒宴，并让人将他的坐骑乌骓马也牵到营帐前，然后又郑重其事地将自己心爱的女人虞姬请了出来，让她饮下这最后一杯酒。

这是最后的酒宴。酒宴一结束，项羽嘱咐部属，他突围而出后将展开壮烈的生死决战，其后垓下的楚军便可向汉军投降，以免不必要的死伤。

他要求虞美人和所有重要将领不可轻言赴死，必须在楚国灭亡后尽力保护自己的族人。他相信刘邦和韩信都是楚人，应不致给楚人太大的难堪。

说罢，项羽起身，拿起彭槌，击起鼓来，边击边慷慨放歌：

力拔山兮气盖世，
时不利兮骓不逝，
骓不逝兮可奈何，
虞兮虞兮奈若何？

项羽放歌方毕，虞姬也起身相和。据《楚汉春秋》记载，虞姬的对歌如下：

汉兵已略地，
四方楚歌声。

大王意气尽，

妾何聊生贱。

《史记》和《资治通鉴》虽未明载虞姬下落，但依此歌词之意来看，虞姬其实已清楚表示自己将要殉身以明志。《项羽本纪》中记载：

歌数阕，美人和之，项王泣数行下，左右皆泣，莫能仰视。

于是这一场最后的酒宴，就在悲歌与泪水中落幕了。

随后，项羽立即上马，率领着由八百人组成的骑兵敢死队，在夜色掩护下由小道突围而出，如烈火般突袭汉营守卫，全队向南奔驰而去。天将明时，汉军的巡逻队发现项羽已突围，立刻向刘邦报告，刘邦命灌婴率五千骑兵从后面追击。

因夜里看不清路，项羽的不少骑兵敢死队员在途中走失或跌落深谷，到天亮时能跟得上的只剩百余骑而已。项羽下令剩下的骑兵在固陵作一次集结，因为这个地方已属沼泽地带，若对道路不熟将很容易陷入绝境。在前引导的斥候向农夫问路，农夫见是楚军，大概他曾经吃过楚军的苦头，竟将一条绝路指引给了楚军，使得全军陷入沼泽中。随后汉军的前锋部队追及，楚军死战以保护项羽，项羽得以突围到达东城。

这个地方属平原区，是决战的好场所，不过楚军只剩下二十八骑。后面即将追到的灌婴骑兵部队却至少有千余骑。众寡悬殊，但项羽仍决定在此作最后奋战。他对最后的二十八骑表示："我跟随叔父起兵抗秦以来也已经有八年了，亲身参与及指挥的战事多达七十余次，几乎每战必赢，没有不被我击溃的敌人，因而能够称霸于天下。然而今天却逢此困境，这是上天有意灭亡我，而不是我的作战能力有什么过错啊！现在我准备展开最后奋战，为你们杀开一条血路。我设定三个目标：溃围、斩将、刈旗，让诸君来为我评估，到底是我的天运不足，还是我的能力不够！"随即，项羽将剩余的楚军二十八骑分置在四个方向，汉军也由四面将项羽和楚军重重包围着。项羽遥指一汉军将领，对部下说："我将亲手斩杀那位将领，各位可以看看我是否做得到！"

于是，他下令楚军由四面冲刺，并到前面再作集结。

但见项羽大声呵斥，领先冲向该名汉将。

挡在中间的汉军在项羽冲杀下，皆披靡四散，项羽便火速骑到该名汉将前面，举刀将之砍杀于马下。

这时候汉军的前军指挥为郎中骑杨喜，他亲自向前向项羽挑战，项羽怒目而视大声呵斥，杨喜因坐骑遭到惊吓而无法坐稳，只好倒退数里之远。

项羽和余骑分成三处会合，汉军无法判断项羽在哪个地方，只好分兵三处包围。

项羽见汉军分散，便返身再度冲杀，当场又斩杀一位汉军都尉，汉军士卒也死伤数百人。项羽集合剩余楚军，发现只折损两人而已，乃对剩余的楚骑表示：

"你们评估一下我们这次的战果如何呢？"

剩下的楚军，全都感动地说："真是如同大王先前所说的啊！"

项羽率剩余楚军再往南撤退到乌江，如能顺利过河，便可回到他的故乡会稽。

乌江北岸的乌江浦设有楚国之亭长，这位亭长一向钦佩项羽的武勇，因此已备好渡河船欲送项羽返回江东，亭上人员也将死战以确保项羽安全。

"大王请快上船吧！这是此地仅有的船只，追兵想要渡河必须要花费一番工夫和时间，大王的安全将没有问题！"

项羽眼见又要有人为他牺牲，心中萌生不忍，因此低首摇头。

乌江亭长见项王迟疑不定，又说："江东虽小，但地方尚有千里，民众也有近百万，仍可拥地为一方诸侯王，何况我们也还有东山再起的机会啊！"

项羽想到自己率八千江东子弟兵征战数载，最后却落得如此下场，如今他即使渡过江去，怕也难以逃过汉军的追缉，反而只会把战火延伸到故乡，徒增屈辱和悲剧罢了。

感叹之余，项羽对乌江亭长说："我的天运已尽，即使暂时渡河逃难也没有什么用的。况且当年我项籍率领江东子弟八千人渡过乌江，西向争霸天下，如今竟无一人生还。纵使江东父老怜惜我，再度拥我为诸侯王，我又有什么颜面接受他们的爱戴呢？就算他们都不出言批评，我项籍难道就能不感到惭愧吗？"

项羽这番话，足可以看出他太要面子，脸皮是如此的薄，就是厚不起来。这就是他跟刘邦一个很大的差别。刘邦是那种能厚能黑的人，所以刘邦即使是屡败，也不气馁，他相信东山再起，结果刘邦由弱变强，靠厚黑智慧取得了天下。后人对项羽的这种做法也感慨良深，著名女词人李清照写道："生当作人杰，死亦为鬼雄。至今思项羽，不肯过江东。"

亭长听项羽这么说，不由悲从中来，放声大哭。

楚军无不感叹而泣。

看开了以后，项羽倒相当冷静，他嘱咐亭长道：

"我深知您的确是位可敬的长者。这匹马我已骑了五年，曾经日行千里、所向无敌，是匹少见的名驹，我不忍杀之。现在就赠送给您，希望您好好地对待它。"

说完，项羽下令剩余楚军全部下马，徒步继续和汉军对抗，他一个人竟在片刻之间砍杀汉军数百人。此时，跟随的楚国敢死队已伤亡殆尽，项羽也身受数处创伤，筋疲力尽之下已无法再战。项羽看到汉军的骑兵司马吕马童也在包围他的阵列中，便大声喊道："我们曾经见过一面，你还认识我吧！"

吕马童于是对旁边的汉将王翳说："这个人便是项王！"

项羽微笑着说："我听说汉王悬赏万金，想得到我的首级。这个功劳就记在你的头上吧！"

由于无人敢再接近项羽，项羽大声朗笑后，便举剑自刎而死。

王翳领先冲近，割下项羽首级。

围在旁边的汉营将领也争先恐后地前来争夺项羽尸体，竟发生了严重冲突，最后甚至举刀相向，互砍而死者达数十人。最后由郎中骑杨喜、骑兵司马吕马童、郎中吕胜、杨武各得身体的一部分，加上王翳所割下的首级，项羽已被分尸数块。

战后，刘邦封吕马童为中水侯，封王翳为杜衍侯，封杨喜为赤泉侯，封杨武为吴防侯，封吕胜为涅阳侯。这五个人都是得到项王尸体大块的，因而得此大奖，另外一些人得到的只是零星小块，也被一一封赏。

一代军事奇才、天下霸主竟落了个如此下场，可叹可悲。

一代霸王的尸身惨遭五分，也结束了长达四年的楚汉相争。

时为公元前202年，项羽死时仅三十一岁。

中国史上最杰出的战争奇才，就此饮恨以殁。

刘邦就是能抓住别人弱点，先声夺人，利用"楚歌"撩拨楚兵的心，而项羽则被此假象所迷惑，不知道实情，反以为自己大势已去。结果项羽就这样失败了，又因为项羽不够厚黑，所以无法东山再起。

冷静观人，理智处世

【原文】

冷眼观人，冷耳听语，冷情当感，冷心思理。

【译文】

用冷静的眼光观察人，用冷静的耳朵听言语，用冷静的心情处理事，用冷静的头脑思考理。

【解读】

一个"冷"字道出了知人知己的学问。观察一个人的善恶，考察一个人的能力，不能凭感情用事，也不能凭一时的印象，要不动声色地看他做什么说什么，透过现象看本质，才能准确地了解个人。认识自己比认识别人还要困难，在夜深人静时，把自己的内心调整到平静如水的状态，来检查自己的言行，反省自己的行为，才能给自己下一个准确的结论。

【事典】

把握时事，看准大局

常言道："时势造英雄。"胡雪岩也说："做生意，把握时事大局是头等大事。"没有相应的社会气候，就没有英雄成长的土壤。真正的英雄人物必须能够驾驭时局，胡雪岩正是驾驭时局的典范。胡雪岩所处的时代是其成功的前提环境。

胡雪岩的一生，跨越清代道光、咸丰、同治、光绪四朝，适逢一个新旧嬗变，纷纭复杂的大变动时代。

首先，内忧外患交相煎迫，国库极度虚乏，时势需要商人扶危纾难。

近代以前，华夏民族虽与周边异族几经逐鹿，但整个国家的生存、发展并未因此受到威胁，相反，在与异族的冲突中不断维护和扩大了大一统的局面。这使封建统治者滋长了文化优越感，固步自封。近世前期二三百年间，明清专制政权实行闭关和抑商政策，中国错过了从传统社会向资本主义社会过渡的有利时机。到 18 世纪末、19 世纪初，进入"悲风骤至，日之将夕"的封建末世，与经过资产阶级革命和工业革命而国力大增的欧美资本主义国家相比，整整落伍了一个时代。

胡雪岩18岁那年，即1840年，鸦片战争爆发。大不列颠军队挟坚船利炮打败了中国装备落后的八旗、绿营，于1842年8月29日逼迫清政府签订中国近代第一个不平等条约——中英《南京条约》。第二年，又订立中英《五口通商章程》和《虎门条约》。通过这些条约、章程和条款，英国侵略者强占香港；勒索二千一百万元赔款（不包括六百万元广州"赎城费"）；逼迫中国开放广州、福州、厦门、宁波、上海五口为商埠；规定"值百抽五"的低税率；还攫取了领事裁判权和片面最惠国待遇。继英国之后，美、法两国分别胁迫清政府签订中美《望厦条约》和中法《黄埔条约》，扩大领事裁判权的范围，并获得在通商口岸自由传教的特权。"墙倒众人推"，中国遭遇国难时，西方其他一些国家，如葡萄牙、比利时、瑞典、挪威、荷兰、西班牙、普鲁士、丹麦等也乘虚而入，与英、法、美"共同分享"侵略特权。

此后的十年间，本来就深受封建统治之苦的百姓又加上了帝国主义压迫这一重负，生活境况更加恶化，纷纷铤而走险。仅《清实录》道光、咸丰两朝所载，1842~1852年，全国武装起义就有92起。1851年1月11日，广东花县人洪秀全，在广西桂平县发动中国历史上最大的一次农民起义——太平天国革命运动。在不到3年的时间内，太平军势如破竹，先在永安建国，继而迅速挺进两湖，定都南京，接着又溯江西征，挥师北伐，在相当长的时间内，占有大片地盘，与清廷分庭抗礼。在此期间，上海与福建的小刀会，两广天地会、红巾军、北方捻军、贵州苗民、云南彝民和回民、陕甘回民、山东白莲教、浙江天地会也纷纷举起反清大旗。

中国内战使列强有隙可乘，他们趁火打劫，先后迫使清政府签订《天津条约》和《北京条约》。经此变故，外来势力从沿海扩大到长江流域，从华南伸展到东北，中国的领海和内河主权、海关和贸易主权、司法主权受到侵害，特别是公使驻京一条，意味着官派入京的洋人再不是康乾盛世时行面君之礼的"贡使"，而是以条约为护符、以武力为后盾的公使，这对以"万邦来朝"的"天朝大国"自居的清王朝不能不说是个致命的打击。

道光以后内战外祸的结果是使社会生产遭受严重破坏。素称"鱼米之乡"的东南地区遭受兵燹之后，死尸枕藉、流民皆是。

与此同时，全国各地的旱、涝、蝗、饥、疫等自然灾害也相当频繁，鸦片走私、战争赔款、内战军费加之各地官员贪污成风，使得清政府财政状况极端恶化。

国库罄悬必使百业受困。19 世纪中后期正是举办洋务、筹边固防之时，常有请款之奏，而清政府财政捉襟见肘。任何一个政权都需要物质基础作统治根基，晚清财政的窘态为拥有殷实资本的商人介入国事提供了客观前提。

其次，商品经济发展和欧潮澎湃东来冲击着传统的农本商末观，为商人施展抱负创造了较以前宽松的氛围。

中国封建社会大一统的专制政权是建立在小农经济基础之上的，这一本质决定了封建政府对极易引起人口流动、破坏小农经济稳定性的商品经济采取苛刻的态度，奉行以农稼为本、以工商为末的政策。

自汉朝以来，都有轻商的传统，以后各朝均奉行不变。传统的崇农抑商的政策和儒家"不患寡而患不均"的教化，导致了"商为末业"、"商人为四民之末"的观念深入人心，无论政府立国施政还是民间世俗生活一直被"末修则民淫，本修则民悫"的观念所左右。

但是，商品作为一种特定的社会经济载体，起着沟通人与人、地区与地区的作用。社会发展需要商品经济，谁也无法回避这个客观事实。加上封建政权租赋仰仗于农田，往往竭泽而渔，导致种田勤苦而利薄，经商安逸而利厚，受实际功利的驱使，总有那么一批人会不顾政府的贬黜去闯荡商海，所以商品经济在封建高压下依然有缓慢的发展。到明朝中后期，已在磨难中出现资本主义萌芽，中国封建社会母体内的变革因素已悄悄萌动。进入晚清，偏离传统轨道的商业因着鸦片战争的爆发而呈现出跳跃式的发展。战后，由于门户洞开，各国倾销工业品、掠夺农副产品和工业原料，中国被迫卷入世界市场，男耕女织的自然经济结构首先在东南沿海和长江流域受到冲击。第二次鸦片战争以后，列强通过控制海关、航运、财政、金融等经济枢纽，把经济活动拓展到中国腹地，深入穷乡僻壤，从而进一步加速了中国封建经济的解体。19 世纪 60 年代以后，中国开始洋务新政，开办一些近代军事、民用工业，这就促使传统的以手工劳动为基础的自然经济向以大机器生产为基础的社会化商品经济过渡，社会出现力田稀、服贾繁的局面。

此外，晚清以来，西方物质文明和生活习俗，自然科学和社会科学知识通过洋货输入、传教布道、租界展示、出洋考察和大众传播等渠道传入中国，这至少从以下两方面对中国产生了潜移默化的影响：

一方面，欧潮与商品经济联合冲击传统社会安贫守道、默奢尚俭的固有观念，致使去朴从艳、斗富竞奢成为愈演愈烈的社会时尚。由此从商获利成为了一种趋向。

另一方面，西学，即西方资产阶级民主主义文化，包括那时的社会科学和自然科学，广泛传入中国，伴随着民族危机日益加深，人们通过考察中西政教、探究强弱之本，越来越感到学习西方的必要，其中有一条即是借鉴西方国家以商立国的经验。

人创造了环境，环境也造就了人。晚清的局面是胡雪岩游走商界的一个社会平台。但仅有这一条是不够的，更重要的是，胡雪岩能在这个时代中把握变幻莫测的时事大局，使自己逐渐成为商界巨子。

胡雪岩驾驭时局，首先体现在与洋人打交道这件事情上。

随着交往的增多，他逐渐领悟到洋人也不过利之所趋，所以只可使用之，不可放纵之最后发展到互惠互利，其间的过程都是一步一步变化的。

但胡雪岩的确有一种天然的优势，就是对整个时事有先人一步的了解和把握，所以能先于别人筹划出应对措施。有了这一先机，胡雪岩就能开风气，占地利，享天时，逐一己之利。

当我们说胡雪岩对时事有一种的特殊驾驭能力时，我们的意思是，胡雪岩正因为占了先机，才能够先人一着，从容应对。一旦和纷乱时事中茫然无措的人们相同，胡雪岩的优势便显不出来。

清朝发展到道咸年间，旧的格局突然受到冲击。洋人的坚船利炮让一个至尊的帝国突然大吃苦头，随之而起长达十几年的内乱。

这一突然变故，引起封建官僚阶层的分化。面对西方的冲击，官僚阶层起初均采取强硬措施，一致要维护帝国之尊严。随后，由于与西方接触层次的不同，他们在看法上产生了分歧。有一部分人看到了西方在势力上的强大，主张对外一律以安抚为主务必处处讨好，让洋人找不到生事的借口。这一想法固然可爱，但又可怜可悲。因为欲加之罪，何患无辞，以为一味地安抚就可笼住洋人，无非是隔了一层的主观愿望。当然这些人用心良苦，不愿以鸡蛋碰石头，以避免一般平民受大损伤。

另一部分人则坚持以理持家，对洋人采取强硬态度。认为一个国家断不可有退缩怯让之心，免得洋人得寸进尺。这一派人以气节胜。但在实际事情上仍然难以行得通，因为中西实力差别太大，凡逢交战，吃亏的尽是老百姓。

这两路人都是站在帝国的立场上看洋人，所以可以说都是"隔"了一层的做法。

另外一部分人，因为和洋人打交道多，逐渐与洋人和为一家，一方面借了洋人讨一己私利，一方面借了洋人为中国做上一点好事。这一部分人就是早期的通事、买办商人以及与洋人交涉较多的沿海地区官僚。

对于洋人的不同理解，必然产生政治见解上的不同。与胡雪岩有关的，在早期，薛焕、何桂清、王有龄见解接近。利用洋人的态度与曾国藩等的反感态度相对，导致两派在许多问题上的摩擦。利用洋人，这是薛、何、王的态度，表示担忧和反对，这是曾国藩的态度。胡雪岩因为投身王有龄门下，自己也深知洋人之船坚炮利，所以一直是薛、何、王立场的支持者、参与者，也是受惠者。

到了中期，曾国藩、左宗棠观点开始变化。左宗棠由开始的不理解到理解和欣赏，进而积极地要开风气之先，胡雪岩之洋人观得以有了依托。

基于这种考虑，胡雪岩从来都紧紧依靠官府。从王有龄始，运漕粮、办团练、收厘金、购军火，到薛焕、何桂清，筹划中外联合剿杀太平军，最后，还说动左宗棠，设置上海转运局，帮助他西北平叛成功。由于帮助官府有功，胡雪岩使自己的生意得以从南方做到北方，从钱庄做到药品，从杭州做到外国。官府承认了胡雪岩的选择和功绩，也为胡雪岩提供了他从事商业所必须具有的自由选择权。假如没有官府的层层放任和保护，在这样的一个封建帝国，胡雪岩处处受滞阻，他的商业投入也必然过大。而且由于投入太大和消耗太多，他的经营也不可能形成如此大的气候。

可以看出，胡雪岩对那个时代的时事时局有独到的把握和应对，这也直接决定着胡雪岩事业的巨大成功。

酷则失善人，滥则招恶友

【原文】

用人不宜刻，刻则思效者去；交友不宜滥，滥则贡谀者来。

【译文】

用人要宽厚，而不可太刻薄；如果太刻薄，即使想为你效力的人也会设法离去。交友要选择，而不可太滥；如果太滥，那么善于逢迎献媚的人就会设法接近。**【解读】**

对于领导来说，最忌讳的是对手下人过于苛刻，虽说手下人不敢明确反抗，但消极怠工便是最常用的反抗手段，因此，当领导的常常以权压人，当下级的往往忍辱负重，这种不正常的上下级关系，形成了我们事业发展的滞后力。结交朋友不在于多少，关键在于是否知心，患难与共、直言过失的朋友才是自己的良师益友，否则酒肉朋友、阿附朋友再多也没有什么用。

【事典】

今得凤凰，明朝助我成龙

女人，是个永恒的话题。从古至今，人们都常说："女人是祸水。"许多帝王都因爱美人而失江山，许多本可以成大事者也因贪享秀色而毁于一旦。最典型的是历史上周幽王为博冷美人褒姒一笑而亡国，商纣王宠妲姬而祸国殃民，唐玄宗溺杨贵妃之美色，就不再励精图治。美人，真是美得倾国倾城。而大智的朱元璋，不仅没有因女人而荒废了大业，相反，他成功地利用了女人，为他日的平步青云铺了天梯。

投靠郭子兴后，朱元璋自己非常努力，以出色的才能，让郭子兴坚信自己并未看错人。被收为步卒后，朱元璋每天在队长的带领下，与大家一起练习武艺，他自己非常明白，要想出人头地，就必须拼命努力。所以他总是比别人练得刻苦，练得认真，练得时间长，在十来天的时间里，他就已经是队里出类拔萃的角色。郭子兴非常喜欢他,每次领兵出击,都会把他带在身边,而朱元璋也总是小心地护卫着郭子兴,作战十分勇猛,斩杀俘获过不少敌人。因表现出色,不久,他就被郭子兴调到元帅府做了亲兵九夫长。遇上事情,郭子兴总不忘征求一下他的意见,每次他尽力谋划,使郭子兴越来越觉得他有胆有识,有勇有谋,是个将才。再后来,郭子兴就派朱元璋单独领兵作战,每次打仗,朱元璋总是身先士卒,冲杀在最前面,得到战利品,他又分毫不取,全部分给部下,因而部下都非常拥护他,每一次出战,大家都齐心合力,所向披靡。郭子兴见朱元璋带领的部队,凝聚力空前增强,战斗力大为提高,于是,对他比以前更加器重,特别想把他收为心腹,让他真心真意、死心塌地地跟着自己干。

朱元璋的精明能干,着实也是为人所称道的。郭子兴困惑的是,怎么样才能最好地利用朱元璋呢?中国人向来十分重视家庭伦理,编织裙带关系是结交心腹的常用手段。天公又作美,恰好郭子兴又有一个已到了出嫁年龄的养女,她本是郭子兴好友马公的小女儿。马公原是宿州闵子乡的一富豪,因仗义疏财,又好交友,结果破了家。因妻子生下小女后不久就死去,他为了躲避仇家,便带着女儿投了郭子兴,两人结为刎颈之交。不久,马公死了。郭子兴就将马公的女儿交给夫人抚养,把她当作自己的亲生女儿看待。

马氏也确实是只凤。郭家有女初长成,养在深闺,却被朱元璋的慧眼所识。由于马氏的不俗与才华,朱元璋便有了攀凤的念头。

随即,朱元璋把徐达仁人叫到一起,对他们说道:"我们要想在红巾军里混出点名堂来,就必须要找一个比较得力的靠山。你们说说看,濠州城里五大元帅,哪个元帅才有可能成为我们的靠山?"

周德兴、汤和望着徐达。徐达言道:"这还用说吗?自然是郭大元帅了。"

朱元璋说:"这就对了。你们想啊,如果我成了郭大元帅的女婿了,那我们兄弟几个,是不是就在濠州城里出人头地了?"

他的一席话得到兄弟们的赞同。朱元璋想到要利用小张夫人这一层关系才能马上成事,因为朱元璋天生就很会利用女人,这个机会,对他真正成为郭氏家族成员很重要,绝不能放过。这时候,郭子兴为了收朱元璋为心腹,便同意了小张夫人的意见将义女嫁给他,他与小张夫人商量婚期,以便将义女马氏许配给朱元璋,纳贤招婿。小张夫人对朱元璋为人早有所闻,知道他人才出众,义女嫁给他不会受罪,更重要的是男人举事成大业,需要有人相助,便欣然推荐,认为朱元璋与马氏结为秦晋之好,是"收集豪杰,与成功业"的明智之举。马氏聪明贤惠，端庄温柔，善解人意，且"知书精女红"，对朱元璋来说，这可真是天上掉馅饼，好不美哉！一个穷小子竟然能娶元帅的女儿为妻，真是福人，福相，福分大，连他自己都觉得像是一场梦，但梦已成真，郭元帅亲自为他们主婚。从此，他有了靠山，前程似锦，众兄弟自然对他另眼相看，以后军中就称他为"朱公子"。

本来，郭子兴嫁义女是想利用朱元璋，实际上反而是朱元璋受大益。马氏本人就是一个聪明贤惠的女人，成了朱元璋角逐天下的贤内助。

走进郭氏家族后，由于又有马氏的内助，他们的珠联璧合，朱元璋做事便如同锦上添花，战场上表现就更加出色，威望大大提高。结果，又引起了郭子兴对朱元璋的猜疑忌妒。马夫人却处处给他周旋，才得以保全他的地位。当时正值荒岁歉收，朱元璋被监禁，没有吃的。马夫人偷偷怀揣炊饼去给他，竟烫伤胸口。后来她习惯于贮藏一些干粮干肉，为的是军中缺粮时给朱元璋吃，却不顾自己。渡江时，她率全军将士的妻妾渡江。在应天，陈友谅大军压境时，她散尽宫中财物犒劳将士，鼓舞士气。因此，开国后，朱元璋对侍臣说："皇后与朕同是布衣出身，同甘共苦，比起汉光武帝危难时冯异献的豆粥麦饭来，更劳苦功高。她还多次对朕说：夫妇相保容易，君臣相处难，常请求赦免臣下过失，保全大臣。她是朕的得力助手。"他还将马皇后比作唐太宗贤德的长孙皇后。回到后宫，他把这些话讲给马皇后听。马皇后说："陛下不忘与妾贫贱时的苦难日子，也愿不要忘记与群臣共同度过的艰难岁月。何况妾哪里敢与长孙皇后相比呢？"

对于马氏的谦虚，深明大义，朱元璋是感激的，他更以自己的夫人能有这样的人品自豪，这使他对事业的追求更加有动力。在郭家，他的棋路步步走好，注定日后皆赢。他攀上马夫人这只凤，更为自己添加了一股无法估量的力量。

朱元璋是个有大志的人，注定要去开创大业，如刘邦一样"大丈夫当如此也"。可以说他白手起家的第一步是从郭子兴这儿开始的，由于他的才能与拼搏，不久便旗开得胜有了他的"小家"，这又成为他日后定天下的跳板，从攀凤跳

入了"龙"门。朱元璋做了郭子兴的女婿，更使郭信任他，郭子兴真正地放心他带兵外出去攻城掠地，而朱元璋也不负郭家众望，取得辉煌战绩。

这时，濠州城里的红巾军首领之间，矛盾却日趋尖锐，大有火并之势。当初，芝麻李、赵均用、彭大响应刘福通起义，占据徐州，拥众十万，声势浩大，对元朝形成巨大威胁。1352 年 9 月，元朝丞相脱脱统兵十万，兵临徐州城下，在此之前，元朝命淮南宣慰使贾鲁招募了当地盐丁及骁勇健儿三万，穿黄衣、戴黄帽，号称黄军，包围了徐州城，作为攻打徐州城的先锋。脱脱采纳了宣政院参议也速之计，以巨石作炮，昼夜猛攻，一举攻入城内，并下令屠城。芝麻李奋战突围，转战湖北，投奔了徐寿辉，后随明玉珍转战四川，最后出家为僧。彭大和赵均用突围后率领余部投奔了濠州。贾鲁受命领兵穷追不舍。早在彭、赵投奔濠州之前，濠州城内的五个元帅就分成两派。各派别的领头人皆出身贫寒，没有文化，为人粗鲁直率，目光较短浅，郭子兴来到濠州后，确实增强了濠州的军事力量，但同时也更加激化了本来就已经非常紧张的关系。彭大有胆有识，非常勇敢，又敢作敢为，郭子兴佩服他并且和他关系密切。相比之下，赵均用胆小怕事，遇事少主见。濠州的五个元帅不得不居于他们之下，听从他们的指挥。孙德崖想借刀杀人，他极力在赵均用面前挑拨离间，他说："郭子兴只知有彭将军，哪知有你赵将军！"赵均用是个粗人，心里本就窝着火，听了这些话，更是怒发冲冠，就想找机会杀了郭子兴，出口恶气。于是便将郭子兴抓了起来，朱元璋闻讯后马上返回进行营救，在回来的路上碰到一位熟人，对他说："郭元帅已给赵均用、孙德崖抓起来了，他们还要抓你，你却往濠州跑，这不是自投落网吗？"朱元璋说："郭公待我恩厚，有难不救是不义，大丈夫岂能做这样的事！"他快马加鞭，潜回濠州，到郭子兴家一看，只有几个妻妾在，便问郭子兴的儿子在哪里。几位夫人猝遭变故，疑虑重重，谁也不肯开口，朱元璋说："我又不是外人，为什么还怀疑我？我冒险进城，就是来想办法解救元帅的！"夫人们这才告诉他几个公子躲藏的地方。朱元璋对这件事反复考虑，觉得由自己和郭子兴的儿子召集部众去解救，一来把握不大，弄不好倒害了郭子兴的性命，二来会引起红巾军内部的火并，造成自相残杀。

对此，朱元璋考虑还是自己带兵去救郭子兴才比较稳妥。经过奋力拼杀，朱元璋亲自将郭子兴救了出来。朱元璋救郭子兴这件事说明什么呢？从这件事，完全可以看出朱元璋的大义、大勇、大智，这正是成大事所必备的素质，在这事件发展演进的过程中，他先是头脑冷静，以义军全局为重，绞尽脑汁，从中周旋；后形势有变，又侠肝义胆，救主保驾。朱元璋救了郭子兴，实际上也是救了自己。当时他还没有自己的独立势力，地位也不十分稳固，倘若坐视不管，郭子兴就会被杀，他也就失去了靠山，不但前途难卜，而且性命堪忧。他奋不顾身，救出郭子兴，表现了他非凡的大将风度，被军中视为大忠、大义、大丈夫。

至于马夫人，她在朱元璋一生中都是非常重要的，朱元璋的童年是不幸的，但能遇上马氏又是万幸的，朱元璋的为人赢得了马夫人的真心相助，用今天的话讲，每个成功男人的背后，都有一个女人。朱元璋攀上了这样的凤，充分说明为人处世须谦恭有礼，这是处世哲学的高明之处，处处争强好胜，往往容易碰壁。朱元璋出身布衣，学识疏浅，但他在对人对事方面，却大度宽容，很得义军首领郭子兴的厚爱，被重用以共谋天下大业。

回想朱元璋这段历史，我们更深刻地认识到：人生得意的时候不要居功自傲，得意忘形。人生失意时也不要气馁，更要鼓足勇气继续奋斗。朱元璋深谙此理，即使在走投无路的境况下也不轻言放弃，最终成就大业。所以，应培养高度宽容的美德，互相谅解。当你的事业飞黄腾达时，不要忘记曾经帮助过你的人。

朱元璋能攀上凤不容易，他不仅没忘记曾经帮助过他的马氏，还感谢过去她所做过的一切。

从朱元璋角逐天下的事中，可以看出朱元璋在攀凤，成为郭家女婿的这一过程，也并非一帆风顺，但朱元璋就是这样做的，他在家贫如洗、投靠无路时，寄身寺庙去修心积德。这就是他立身处世，高人一筹的本领。如果为了达到目的而不择手段，为了一时之欢，做了伤天害理的事，就等于给子孙后代酿祸，给自己的前程伏下了败笔，到那时真是悔不当初了。古兵法中有："一言不慎身败名裂，一语不慎全军覆没"的千古箴言。

朱元璋处世谋事，崭露头角，为人做事却从不胡作非为，而是谨言、慎行、明辨善恶。做事眼高手低，盛气凌人，往往会搬起石头砸自己的脚。朱元璋的处世方法值得借鉴。所以，正因为朱元璋军事才华的表现，勤手快脚，任劳任怨地办事，吃苦耐劳，大勇无畏的精神赢得了马氏的欢心，也正是朱元璋的一系列优秀表现，才由赢得郭子兴的信任到获得贤内助马氏。

马氏是一个智慧的女人，在封建社会那样"女子无才便是德"的时代里，马氏这样的人并不是很多，她会做人，并且口才还很佳。更难能可贵的是，马夫人还认识字，虽识字不多，但她也好学努力。朱元璋当年有札记文书，都交给她妥善保管，由她帮助整理记忆。遇到用时，无论怎么仓促，她都能及时拿出或提醒，绝不会忘记误事。

马夫人真不愧是配日后真龙天子的好凤。朱元璋与马夫人在爱情上，不是很值得讴歌，但他们夫妻间的信任，是帝王中最难得的。儒家说"治天下，以治家为先"。开国后，洪武元年（1368 年）三月，他命儒臣修《女诫》，收集古代贤德妇女和后妃的故事，来教育宫人。他明确规定皇后管理宫中妃嫔的事情，不干预宫外事。外戚给予高爵厚禄，但不许干预政事。皇帝、亲王的后妃宫嫔，一律要慎重地选择良家妇女。从这可以看出朱元璋对马氏是极其信任的。洪武五年(1372 年)更特地命令工部制造一个红牌，上面镌刻戒谕后妃的文字，挂在宫中。

马皇后统率六宫，勤于内治，治理整肃得法，有空的时候她在宫中还讲求古训。她曾问女史范孺人："汉唐以来，哪位皇后最贤德？哪一朝代的家法最严正？"范孺人回答说，要数宋代。马皇后就命记录宋代家法和贤德的言行，念给她听。有人对她说："宋代过于仁厚了。"她说："过于仁厚比刻薄好。"她还问过范孺人："什么是黄老之教？汉代窦太后为什么喜好它？"范孺人回答说："黄老之教以清静无为为本，就是绝仁弃义，民归于孝慈。"马皇后说："孝慈就是仁义，哪里有弃绝仁义而成孝慈的？"她生性仁厚，对黄老之学的弃绝仁义，有些想不通，但对清静无为的思想，又是很赞成的。当然这是朱元璋成龙后的事了。

朱元璋不愧是一个有战略眼光的人，在郭家的长期生活，"路遥知马力，日久见人心"，他本是一个低贱的穷和尚，却有一颗雄心，凭自己的才智，通过郭子兴，走近了马氏，赢得了马氏的心，又通过马夫人这一关系，更加深了郭子兴对他的信任，可谓一箭双雕。回顾朱元璋的一生，马氏的贤德智慧，还表现在她会随时规劝朱元璋，能够使他狂暴的情绪安定下来，因而多次救人。建国前，她就对太祖说，平定天下应当以不杀人为本。她曾为太祖侄子朱文正说情，为太祖外甥李文忠求情。后来也为太子的老师宋濂求情，都保护他们免于一死，或减轻了处罚。教诸王读书的李希颜对王子格外严格，有一次小王子不听从教诲，他气恼不过，打了他的额头。小王子直奔明太祖那里哭诉，太祖抚摸他的头，心中怒起。马皇后劝说道："哪有老师用圣人之道训导孩子，你却对老师生气的?"明太祖一听此言,觉得自己不该生气,反而提升了李希颜。太祖上朝因事震怒还官,都多亏马皇后劝解,赦免了不少人。

提起唐代的谏官,人们都极容易想到唐太宗李世民与大臣魏征的故事,魏征是唐太宗的一面镜子,这儿把马氏比做魏征也不过分,她的确可算作朱元璋一生的一面明镜。马夫人秉性仁厚,又聪慧,所提意见都很中肯,因此朱元璋采纳了不少。朱元璋打天下,很多时候都利用了马夫人这只凤,以使他高飞,冲天,成为大名鼎鼎的一代天子。众所周知,朱元璋杀人的手段是很残酷的,而马氏向来仁慈,不愿太祖多杀戮、重惩人,因此常常效谏。一次,宫女因侍奉不周获罪,马皇后怕太祖重惩宫女,就假作生气,下令把宫女交给官中执法的官正论罪。明太祖见她一反常态,就问她为什么不亲自处罚?马皇后说:"帝王之家执法应当公允,不能高兴就加赏,生气就加刑。在喜怒的时候用的赏罚,难免出现偏轻或偏重的情况,交付官正处罚,可以按照律法斟酌进行,陛下在朝廷判刑不也要交给三法司办理吗?"明太祖听后,明白马皇后讽谏的深意,不仅气消了,心中也豁然开朗。

马氏的做法,在朱元璋的治国平天下的过程中,的确留住了许多军中的有才智士,有利于以仁治军,更加稳住了军心。

和衷以济节义,谦德以承功名

【原文】

节义之人济以和衷,才不启忿争之路;功名之士承以谦德,方不开嫉妒之门。

【译文】

一个崇尚节义的人,必须与人和衷共济,才不致于发生意气之争。一个功成名就的人,必须保持谦恭的美德,才不会招致人们嫉妒。

【解读】

意气的副作用是容易流于偏激,为了发扬优点弥补不足,就要时时提醒自己为人做事的态度要温和,才不至于好心办了坏事,长处变成了短处。成就功名的人要知道收敛自己的言行，如果恃才傲物、骄傲自大，就会招致他人的嫉妒，引起大众的公愤，收敛自己的最好办法就是谦虚的美德。

【事典】

树"金"字招牌，创知名品牌

所谓"招牌"，是指企业的品牌和形象。生意场上是十分注重树立形象的，从某种意义上说，能够树立起自己的形象，也就为自己奠定了成功的基础。所以，商场上流行"先赚名气后赚钱"的说法。所谓做招牌、做场面，也就是树立自我形象的方式。

红顶商人胡雪岩深谙此理。他说："我想，做生意的道理都是一样的，创牌子最要紧。"所以他一直在竭尽全力做好自己的招牌，经营出自己的品牌，创出自己的牌子。

亮出自己的招牌，是开始实施某项商务运作的第一步。因此，胡雪岩创办自己的钱庄，在物色钱庄"档手"的同时，就开始考虑如何为自己的钱庄题定招牌。他自知自己只会"铜钱眼里翻跟头"，对题定招牌这样需要文墨功底的事情力不胜任，因而郑重其事地去请教王有龄。不过，胡雪岩虽然不知道题招牌的遣词用字，但他知道题定招牌该有讲究。所以当王有龄告诉他题招牌自己也是破题儿头一遭，还不知道怎么题法，有些什么讲究时，他毫不犹豫地就摆出了题定招牌应该注意的几条原则："第一要响亮，容易上口；第二，字眼要与众不同，省得跟别人搅不清楚。至于要跟钱庄有关，要吉利，那当然用不着说了。"

胡雪岩这里讲到的几点要求，正是题招牌的关键所在：上口，也就是要求题写的招牌简洁明了、通俗易懂，且读起来要响亮畅达、琅琅上口。挂出招牌目的就是要让人记住，因此，这一点也就显得特别重要。如果一方招牌用字生僻，读起来佶屈聱牙，招牌的作用也就失去了好多。

起名以别。用与众不同的字眼，使自己的商号在招牌上就显出一种特别，而能在众多同行同业中引人注目。用现代商务运作的观点看，一个与众不同的招牌，实际上意味着一种独立的品味和风格。因此，这一点也显得非常重要。

起名以适。招牌用字要符合自己商号的行业、行当的特点，要能让人一看招牌就知道你的商号是干什么的。

起名以吉。这大约是中国人题字招牌时特别讲究的一点，不过这也符合商场上人们的一种普遍心理。商场上，无论买方卖方，都是希望能够大吉大利的，谁也不会喜欢自找晦气。

就是根据这几点要求，王有龄为胡雪岩选择了"阜康"两个字。这两个字取"世平道治，民物阜康"之意，可以说是完全符合了胡雪岩的要求。因此胡雪岩将这两个字念了两遍之后，立即欣然同意："好极了！……就是它。"

做名气需要有手腕，有花样，这是毋庸讳言的。但应该知道，做名气不是光去做花架子，仅靠花架子做出来的名气，绝不是可以长久的名气，常言道："瞒得了一时，骗不了一世。"花架子一旦被人识破，靠花架子"搭"出来的名气就会半文不值，不但失去了客户的信任和尊重，还会把自己逼入死胡同，以致很难再改变给别人留下的恶劣印象，重建声誉。

胡雪岩深知，在生意场上的争斗，关键是要有自己的"金字"招牌，创出自己的品牌来。胡庆余堂开办之初，胡雪岩做名气的方针，也就是要做出自己的"金字招牌"。换句话说，他要的是靠做出一块不倒的"金字招牌"，来建立起真正的名气。因此，他在确定送药的同时，还在药店如何开法，怎样用人，怎样进料，怎样炮制等方面，定下了两条不变的原则：

一者，方子一定要可靠，选料一定得实在，炮制一定得精细，卖出的药一定要有特别的功效。胡雪岩的说法："'说真方，卖假药'最要不得。"而且，胡雪岩还要求，要叫主顾看得清清楚楚，让他们相信，这家药店卖出的药的确货真价实。为此，他甚至提议每次炮制一种特殊的成药之前，比如要合"十全大补丸"了，可以预先贴出告示，让人来参观。同时，为了让顾客知道本药店选料实在，决不瞒骗顾客，不妨在药店摆出取料的来源。比如卖鹿茸，就不妨在药店后院养上几头鹿，这样，顾客也就自然相信本药店的药了。

二者，药店档手除能干之外，还要诚实、心慈。旧时药店供顾客等药休息的大堂上常挂一副对联："修合虽无人见，存心自有天知"。说的就是卖药人只能靠自我约束。不诚实的人卖药，尤其是卖成药，用料不实，分量不足，病家用过，不仅不能治病，相反还会坏事。而且只有心慈诚实的人，能够时时为病家着想，才能时时注意药的品质。这样，药店才不会坏了名声，倒了牌子。

胡雪岩的这些原则，归总一句话，也就是靠诚实无欺来建立起自己真正的名气。这里当然也有为了让自己的诚实无欺能被别人知道而热热闹闹玩出的花样，比如贴告示让人来参观，在后院养上几头鹿（这就是别人没有的花样），但说到底，这些花样也都是一种以诚实无欺来"擦"亮自己的招牌的手段。

一个有战略眼光的实业家,他的事业取得成功,绝不是靠坑蒙拐骗,而是靠诚实无欺,靠信誉,靠切切实实满足客户需要。过去许多商家门面上都会挂上"诚信招来天下客,无欺誉揽万人心"的对联,对联道出的确实是一个使自己的"金字招牌"永不倒的简单的"诀窍"。诚实不欺是所有生意行当的立足之本,也是在竞争中取胜的一个重要砝码。有才无德,仅靠耍花样来求名取利,到头来只能是搬起石头砸自己的脚,聪明反被聪明误。所以,胡雪岩很郑重地说道:"我们也不是故意耍花样。只不过生意要做得既诚实,又热闹。"

创一个品牌,不是一件轻而易举的事情。在这条路上,可以说千难万险,困难重重。

胡雪岩一生极重名声、名气,崇尚名归实至。为保住"金字招牌",一生苦心经营,取得了令人瞩目的业绩。胡雪岩经营药业,是别有一番深意的。他认为药店既可救死扶伤,又可显扬名声,使妇孺皆知。他又把药业兼做公益事业来办,由此所收到的效果虽然是无形的,却能转化成难以计数的实利。

事上敬谨,待下宽仁

【原文】

大人不可不畏,畏大人则无放逸之心;小民亦不可不畏,畏小民则无豪横之名。

【译文】

对有道德名望的人,不可不抱敬畏态度;因为敬畏有道德有名望的人,就不会有放纵不羁的想法。对于平民百姓,也不可不抱有敬畏态度;因为敬畏平民百姓,就不会有强梁蛮横的恶名。

【解读】

榜样的力量是无穷的,树立榜样的目的就是给人们一个衡量自己的标准,一个行为的准则,让人们比照它,来约束自己的行为。这里的"大人"就是今天意义上的榜样,有了它就像在人们面前树立了一面镜子,丑恶的东西就不敢露面了。同样,对一般老百姓的意愿也要尊重,如果不从民意,跋扈专横,就会失去深厚的群众基础，遭到众人的唾骂。

【事典】

识人以忠为本

胡氏用人，不是求全责备，而是人尽其长。对于每个人的性格、脾气，他都是了然于心。如何发挥部下的才能，他是有选择的。胡雪岩用人最重的是一个"忠"字。他认为：无才之人最多使企业发展不起来，而不忠之人却能使事业走上灭亡之路。

俗话说："一个篱笆三个桩，一个好汉三个帮。"当我们所做的事情越大，我们面临的事务也就越多。由于个人时间和精力的有限性，决定了我们不可能面面俱到。"一个人再能干，就是有三头六臂，到底也有分不开身的时候。"这时我们就需要有得力的帮手来替我们处理一些事务。选人是一个非常关键的问题，选好了，省力省事；选差了，反倒增添麻烦，甚至使事业走上灭亡之路。

事业鼎盛时期，胡雪岩的钱庄遍设杭州、宁波、上海、武汉、北京等地，典当行开了二十多家，同时胡雪岩自身还要兼理丝茧、军火方面的生意，手下分号的用人自然成了头号问题。他培养的第一个副手是阜康钱庄的第一任店务总管刘庆生。一天，胡雪岩也不说什么原因，就找人把刘庆生请来，一坐下来他就莫名其妙地东拉西扯，空话说了近一个时辰。他见刘庆生坐在那儿不温不火，心中暗自称好。因为有忍耐力，性格温和，不急不躁，才能在生意往来中搞好人际关系，遇事才能深思熟虑。紧接着胡雪岩想考察一下刘庆生对钱庄业务的熟悉程度。胡雪岩自己就是钱庄方面的好手，于是信手拈来几个钱行中比较棘手的问题来作为考题。刘庆生也不示弱，问题回答得有条不紊。当胡雪岩问及钱庄同行时，貌不惊人的刘庆生把杭州全城四十几家大小同行的牌号，一口气背了出来，这足以显示他对钱庄的熟悉程度。进而胡雪岩暗中考察刘庆生的为人，看他手脚是否放得开，手面是宽绰还是狭窄。因为刘庆生同胡雪岩一样是伙计出身，一个月只有不到二两银子的收入，现在每个月给他十几两银子，很可能一下子适应不了，舍不得花。舍不得花，就是手面不阔，有可能是个好伙计，本分的事能干得很好，但做不成大生意。结果，刘庆生首先就包租了一座颇为雅致的小院，作为他起居联络的地方。这样胡雪岩才相信他做事是放得开的，于是放手让他管理阜康钱庄的所有事务。刘庆生不负所望，阜康钱庄在他的经营管理之下，很快发展成为杭州钱业中的大户，招牌响亮，信誉极佳。

需要说明的一点是，刘庆生是永丰钱庄的部管张胖子向胡雪岩推荐的，他向胡推荐时说刘是绝对可以信任的人，用今天的话来讲，具有极高职业道德水平。没有张的推荐与保证，胡是绝对不会起用刘庆生的。

处逆境时比于下，心怠荒时思于上

【原文】

事稍拂逆，便思不如我的人，则怨尤自清；心稍怠荒，便思胜似我的人，则精神自奋。

【译文】

事业不顺而身处逆境时，就应想想那些不如自己的人，这样就不会怨天尤人了。事业如意而精神松懈时，就应想想那些比自己更强的人，这样就自然振奋起来。

【解读】

事业没有总是一帆风顺的，虽然一帆风顺是人们的愿望，却不符合事物的发展规律，前进中遇到挫折时，"比上不足，比下有余"是人类的一针安慰剂，但它过分强调的是比下有余，所以心安理得。在这里我们强调的是比上不足时，我们应该怎么办，是畏缩不前，还是赶上并超过它？如果你选择前者，你就会像逆水行舟，不进则退；如果你选择后者，你就会拼命向前。

【事典】

南征北伐，扩己之地盘

常言道："时来天地皆同力，运去英雄不自由。"对一名开创江山的人来说，机遇千载难逢，要能抓在手中，然后才能成大事。具体地说，在自己已经够强大的时候，更要抓住机会，犹如在狗落入江河后，还没等它上岸就把它打死，那这江就是你的，然后再拥有山，就有江山了。机会是不能错过的，否则也许落入江里的是貌似狗的狼，要是等其上了岸，你就被狼给吃掉了。

　　招降方国珍后，朱元璋开始兵分三路挺进福建。1367年10月，他令胡廷瑞为征南将军，何文辉为副将军，率领南昌、宁国、无为等诸路步骑兵由江西进入福建。这一路军于11月份渡越杉关，先后攻克了光泽、邵武和建阳。同年12月，朱元璋出奇兵又命汤和、廖永忠、吴祯等率舟师从明州由海路攻取福州，此为第二路。再命李文忠率第三路军由浦城攻取建宁。三路大军分道进取。李文忠率兵三万从浙江南下，打败友定部将胡璃，进驻浦城。汤和率军从福州南门攻入城中，占领了福州。1368年（洪武元年）正月，胡廷瑞率军攻占了建宁；汤和也率军直抵延平城下；廖永忠也率兵渡水到达延平西门。延平被围，陈友定部将刘守仁归降汤和。汤和乘机猛攻陈友定，城破，友定被押往应天，父子同时被杀。至此，福建全境平定。

　　福建的平定，接下来就是两广。攻取两广的战役部署，也是分三路。第一路出发比较早。早在1367年（吴元年）十月，朱元璋就命令杨璟、周德兴等率领武昌、荆州等各路军民由湖南进取广西。第二年正月抵达广西永州（今湖南零陵），经过数月浴血奋战，才攻克此城，随后又克全州（今广西全县）。不久，杨璟又围困靖江（今广西桂林）。1368年2月，朱元璋又任命廖永忠为征南将军，朱亮祖为副将军，率第二路军自福州从海道进攻广东，同时第三路军马由胡通、陆仲亨率领，从韶关出发直捣德庆。三路大军以第二路为主力，互相配合，互为犄角。

　　不战而屈人之兵的战役是最成功的。朱元璋先派人到广东对当地首领进行劝降，这在古今中外战场上均有所见，是传统兵法之一的招抚制胜法。朱元璋想先招抚拿下广州再攻广西。廖永忠按指示行事，何真归降之后，被朱元璋授予江西行省参知政事。1368年4月，陆仲亨领兵连克英德、清远、连州、肇庆、德庆等郡县，随后廖永忠率部沿西江入广西。派朱亮祖率军北上与杨璟合兵，进围靖江（广西桂林）。杨璟率部屯兵北关，张彬屯兵西关，朱亮祖屯兵东门象鼻山下。时持时战，交战两个月，最后，杨璟以张荣为内应，攻入城中，元守将也儿吉尼被擒，攻克靖江。不久，南宁、柳州也相继归降，至七月广西平定。

　　江南的平定，为朱元璋进行北伐提供了可靠的保障。钢在屡淬，刃在多磨。朱元璋虽然已经向众位将军再三讲过军纪问题，但他还是不放心。出征这一天，他登上应天城北七里山设坛祭告神祇，接着又向出征将士强调，北伐的目的不仅仅是攻城掠地，重要的是平定中原，削平祸乱，推翻元朝统治，解除民痛，安定民生。

作为一名成熟的封建政治家，朱元璋是以爱民惜民为己任的。既然要坐江山，要统天下，就不能像陈友谅、张士诚集团的一群悍夫一样以声色财物为重，把自己置身于短命之限。为了不损害人民的利益，北伐军出发前，朱元璋严饬将士，所经之处及城下之日，勿妄杀人，勿夺民财，勿拆民居，勿废农具，勿杀耕牛，勿掠人子女等等。能够在进行战争时注意到保护百姓的利益，不让百姓蒙受任何损失，这样也保障了在元朝摧残下的生产力不致因战争而遭受更多的损害，有利于战后经济的恢复。聪明的政治家是应该看到这一点的。朱元璋看到了。

朱元璋是个善于研究的人，他总是同诸将把战略战术商讨之后再付诸实施。常遇春等人纷纷出谋划策，但都不完善，最后，朱元璋提出了一个先解决外围，砍掉羽翼，然后再攻腹心的作战方案："先取山东，撤掉元大都的屏障；再回师河南，剪断他们的羽翼，力拔潼关据守，占领他们的门户。这样东、西、南三面军事要塞全掌握在我军手中，之后再攻取大都，那时元朝已是势孤援绝，则不战而下了。大都拿下，擂鼓西进，云中、九原以及关陇，可席卷而下。"这个战术稳扎稳打，步步推进，集中兵力，分割歼敌，扫清外围，再捣腹心，得到了诸将的赞许。

北伐的第一个目标是山东。朱元璋任命徐达为征虏大将军。北伐对朱元璋来说是事关全局的，能否成功，事关他的大业。此时益都是元朝京畿重地的屏障，北伐主帅徐达决定由江淮北经沂州（山东临沂）直取益都，拔掉这一屏障。10月24日，徐达、常遇春率领大军抵达淮安，与张兴会师。11月初，徐达进兵下邳、沂州，元朝沂州守将王宣、王信父子兵败被杀。

对于北伐，朱元璋定了纪律，要求不伤百姓一草一木，同时他发布檄文号召人民支持他。檄文这样写道："……自是以后，元之臣子，不遵祖训，废坏纲常……至于弟收兄妻，子承父妾，上下相习，恬不为怪，其于父子、君臣、夫妇、长幼之伦，渎乱甚矣。……及其后嗣沉荒，失君臣之道，又加以宰相专权，宪台报怨，有司毒虐，于是人心离叛，天下兵起，使我中国之民，死者肝脑涂地，生者骨肉不相保。……"

"当此之时，天运循环，中原气盛，亿兆之中，当降生圣人，驱逐胡虏，恢复中华，立纲陈纪，救济斯民……"

"……予恭天承命，罔敢自安，方欲遣兵北逐群虏，拯生民于涂炭，复汉官之威仪。虑民人未知，反为我仇，挈家北走，陷溺尤深。故先谕告：兵至，民人勿避。予号令严肃，无秋毫之犯，归我者永安于中华，背我者自窜于塞外。……如蒙古、色目，虽非华夏族类，然同生天地之间，有能知礼义，愿为臣民者，与华夏之人抚养无异。"

檄文提出的"驱逐胡虏、恢复中华，立纲陈纪，救济斯民"的民族斗争口号，具有极大的感召力，对北伐的成功起了积极作用。朱元璋的口号对后世都有影响。就是对于伟大的革命先行者孙中山先生在创办资产阶级革命团体时提出"驱除鞑虏，恢复中华"的政治口号，都有影响。

徐达率军攻占沂州后，命部分战将据守黄河要塞，阻断山东元兵增援益都来路，派出一部分将士由徐州沿大运河攻取东平、济宁，自己亲率主力攻破益都，元宣抚使普颜不花战死。徐达乘胜连下临淄、昌乐等六州县。翌年2月，常遇春攻下东昌（今山东聊城），至3月，山东全境基本平定。

北伐的第二步是由山东攻河南。洪武元年（1368年）三月，徐达自郓城率舟师渡黄沙；直奔汴梁东北的陈桥。汴梁不战而降。四月初，徐进塔儿湾（今河南偃师附近），与元将脱因帖木儿五万兵交战，元军惨败。接着徐达又未动干戈率军进入河南府（今河南洛阳）。朱元璋又另派冯胜率兵西取陕州，随后直逼潼关。元守将弃潼关而逃，至此，河南全境尽归朱元璋所有。

就在北伐军以迅雷不及掩耳之势横扫中原时，元朝上层集团正在内讧、打内战，当北伐军攻下潼关，准备取大都之时，元顺帝才慌了手脚，但一切都似乎太晚了。

相继占领山东、河南、潼关之后，北伐军完成了朱元璋的作战计划，即

"撤其屏蔽"、"断其羽翼"、"据其户槛"的作战计划。至此，朱元璋的军队已对元大都形成了三面包围之势，元大都的陷落只是时间问题了。4月下旬，朱元璋从应天动身来到汴梁，部署攻取大都的作战行动，而且特别告谕各位将领，如果攻克大都，一定不要扰乱老百姓的正常生活，要做到市不易肆，民安其生，部署完毕后才重返应天。

北伐的成功，使朱元璋威震万里河山。这时离推翻元朝的统治已为时不远。1368 年 5 月，徐达提出进取大都的作战方案，并向诸将提示两点：一是北方地势平旷，利于骑战，要选备精锐骑兵；二是粮饷供应筹措可从山东解决。7 月，徐达率军渡河北上，在临清汇集各路兵马，令傅左德率骑兵开辟陆路，又令顾时疏通河道。7 月 15 日，徐达自临清率水陆大军同时并进，很快达德州，又会同常遇春等几路兵马，直取长芦（今河北沧州），22 日，攻克大沽（天津狮子林桥西）并占领出海口，又乘胜抵达通州附近。27 日夜，攻克通州。元顺帝非常惊恐，连夜召集太子、后妃，收拾细软出德胜门逃往上都。8 月 2 日，徐达率北伐军浩浩荡荡开进大都。斩监国淮王帖木儿不花，中书左丞相庆童等人还下令封闭了元朝府库、图书户籍和宫殿，元朝大都至此被朱元璋部队转眼攻陷，元朝的统治被推翻。

朱元璋领导的这场北伐战争，攻打大都的进程完全按照朱元璋的设想一步一步地进行，果然赢得了撤其屏蔽、断其羽翼、据其户槛、终克元都的胜利，充分显示了朱元璋过人的军事智慧。

朱元璋北伐的壮举，确实令人赞叹。他胸有成竹，能够规划全局，认清形势，非常好地把握住了机遇，真是："非难天时，抑亦人谋。"北伐成功，还有一点就是朱元璋能把自卑压下去，让自信浮上来。他的文治武功，安抚万里河山于翼下，其所赖者，实乃深谋远虑、高人一筹之韬略也，或振天之威仪，不战而屈人之兵，或御驾亲征，气吞万里如虎，王者之风、霸者之谋并集于一身，恩威并施，足为后世之师！

不轻诺，不生嗔，不多事，不倦怠

【原文】

不可乘喜而轻诺，不可因醉而生嗔，不可乘快而多事，不可因倦而鲜终。

【译文】

不要在高兴时，不加考虑，随便对人许诺；不要在醉酒时，不加控制，随便乱发脾气；不要在得意时，不加检点，恣意惹是生非；不要在疲劳时，放任疏懒，做事有始无终。

【解读】

有人在得意忘形时往往不分青红皂白有求必应，被那些投机取巧的人所利用；有的人常常借酒装疯，放纵自己的言行，做一些不负责任的事情；有的意气用事，惹下许多本与自己无关的麻烦；有的人常常因一时的懒惰而使事情半途而废。以上几点是我们大家常犯的毛病，在平时应引以为戒。

【事典】

假托天命，将统治神化

将政权神化，中国自古就有。秦始皇就是很典型的一个皇帝。吹嘘夸耀、自我贴金、美化神化自己，是帝王的看家秘诀：唐王泰山表功刻石、宋帝自称神霄帝君临凡、洪秀全自封为天父之子……果真如此吗？其实这不过是一种游戏，哄百姓的，而且除了百姓之外，世界上假若有一个人不相信，那就是帝王自己。

虽然骗人是不好的，而且也需要智慧，但为了巩固政权，更好地维护其统治地位，朱元璋不可能不去做。他通过不断标榜，使皇权蒙上了神秘面纱，平添了一股霸气，使臣民惧怕天威，战战兢兢。

封建皇帝，都自称是"奉天承运""天之子""君权神授"，以此示意，他所做的一切都是上天的意志，美其名曰替天行道，故弄玄虚，美化统治，神化皇权。这其实是一种愚民政策，是为巩固他们的专制独裁统治服务的。对"君权神授"的论说，这儿得追述一个人，这就是邹衍。

邹衍是战国末期的齐国人，他在其学说中说中国名叫赤县神州；在中国以外也有9块这么大的地方，各有裨海环之；再向外，是一圈大瀛海。邹衍说，那里就是天与地的尽头。当时的人们认为其理论闳大不经，必先验小物，推而大之至于无垠，把它叫做"谈天衍"。"谈天衍"的核心是阴阳五行的五德终始论，古人又叫"主运"说，因而邹衍被看作是阴阳家的创始人。

他的《五德终始说》是针对战国末期各国诸侯此消彼长的状况来探究历史兴衰的力作，其论充满了神秘的色彩，在当时的列国政坛上曾引起轰动，其文节录如下：凡帝王者之将兴也，天必先见祥乎下民。黄帝之时，天先见大蚓大蝼。黄帝曰："土气胜。"故其色尚黄，其事则土。及禹之时，天先见草木秋冬不杀。禹曰："木气胜。"木气胜，故其色尚青，其事则木。及汤之时，天先见金刃生于水。汤曰："金气胜。"金气胜，故其色尚白，其事则金。及文王之时，天先见火，赤乌衔丹书集于周社。文王曰："火气胜。"火气胜，故其色尚赤，其事则火。代火者必将水，天且先见水气胜。水气胜，故其色尚黑，其事则水。

先秦时传统的"君权神授"在解释朝代更替上存在一个死点，即君权是神授的，为什么又丢失了呢？而邹衍的《五德终始说》却用历史循环论作为手段，弥补了"君权神授"的缺陷，使君权神授走出了困境，死灰复燃。

朱元璋把"敬天"放到第一位，敬天之说源于"君权神授"。他常常行祭祀天地的活动，并且时常对大臣们说，敬天不但要严肃认真，不废礼，而且还要有诚心。按照儒家学说的阐释，君主的地位是"上天"所赐予的，儒家也正是从这个高度来论证君权神授的。他们宣扬君主受命于天，鼓吹封建专制主义的统治和维护这种统治秩序的三纲五常是上天有意安排的，是天理的具体表现。按照这一理论，敬天，就必须毕恭毕敬地服从君主的专制统治，所谓的敬天就是敬君，这就是朱元璋宣扬敬天的最终目的。

朱元璋把政权神化，首先就是对他自己神化。他撰写过一本《周颠仙人传》。在《周颠仙人传》中，明太祖记载了周颠的身世及其事迹。其中说到，周颠面见朱元璋，唱道："山东只好立一个省。"然后用手画成地图，指着朱元璋说："你打破一个桶（统），做一个桶。"朱元璋西征九江，行前问周颠："此行可以吗？"回答说："可以。"又问他："友谅已经称帝，消灭他怕不容易？"于是周颠仰首看天，然后说："上面无他的。"如此云山雾罩的事情不胜枚举。又说十年之后，一次朱元璋害了热病，几乎要死，这时赤脚僧觉显送来药，说是天眼尊者和周颠仙人送到。朱元璋服下后，晚上病就好了。

明太祖常常把自己和刘邦相比，他们的家境与出身都极为相似，都非常贫苦，朱元璋的家庭背景没什么过人之处，与别人更是无法相比。以这样的身份地位来争夺皇帝的宝座，显得有些名不正言不顺，因为皇帝是一个国家至高无上的称号，只有不平常的人才能取得。朱元璋如果以一介平民的身份夺得天下，那么就会在别人的心中留下这样的印象：同是平民出身，肩膀头一样高，为什么偏偏你做得了皇帝！难道我就不行吗？这种不服和挑战思想的存在对新生的王朝来说显然是不利的。

所以，当朱元璋夺得政权，建立新的王朝之后，出于政治的需要，他便把自己的出身大大地美化了一下。于是，本来极为平常的农民出身转眼间就成了无比尊贵的神仙所赐，而朱元璋的出生过程更是蒙上了一层又一层的神话色彩。在当时的社会情势下，这是非常必要的，因而也是充满智慧的。

朱元璋的母亲为陈氏。关于朱元璋本人的出身有一个"跃龙岗"的传说。朱元璋出生之前，他母亲在田地里干活，由于疲惫至极而睡去，梦中一道士给他吃了一粒药丸，也就是大丹，第二天陈氏仍然去干活的时候却觉得就要临盆了。此时她连忙往家赶，但是事有不巧，在走到半路的时候再也支持不住，只好躲到山坡下的二郎庙里面，生下了朱元璋。

据传说，朱元璋诞生的时候，整个二郎庙里面都在闪着红光，以至于映得附近的山岭也红彤彤的，这自然是不同凡响的事情。而当陈氏把朱元璋抱回家之后，街坊乡亲们发现朱元璋的家里也是一片红光，起初，善良的乡亲们还以为朱元璋的家里起了火，就连忙拿着救火的工具跑了过来，等到了近处一看，却发现远不是那么回事。就是朱元璋的家里人，一年之中也经常发现自己的家里有红光在闪，当他们点亮灯来查看的时候，却又找不到红光的所在，最终发现了原来是敬神的灯光在闪，从此，朱家愈发认为朱元璋非同俗人凡胎。

由于古代社会里人民生活疾苦，加上古代科学技术、知识文化的落后，在那样的历史条件下，人们的认识水平是很有限的，天下的百姓对皇帝的出身在当时是非常在意的。在"君权神授"的客观环境下，他们也都认为皇帝出身本来就应该是高贵的，天主宰着人的命运，没有任何事物再高于天了，因而，皇帝就应该是上天派下来管理人的，皇帝的生死存亡都体现着上天的旨意。皇帝们也更乐意承认人民这样的想法，同时为了使自己的出身更加贴近于人民的观念，他们想出种种办法来迎合和麻痹人民大众，使劳动人民对于统治者不会生出反叛之心，以利于自己政权的稳固和统治的顺利进行。

出于政治的需要，作为一位封建皇帝，尤其是平民出身的皇帝，朱元璋在心理上同刘邦是非常相似的。为了威服民众，得以拥戴，他不得不处心积虑地为自己编造了出身的神话。这个传说的出现也体现了朱元璋的智慧，体现朱元璋的与众不同。首先，他用以证明自己不是凡人的佐证之一就是神仙送子说，也就是那个梦中的道士把"上天之使"朱元璋送到了陈氏这里，然后陈氏又在二郎庙里生下了朱元璋，并且由于他的出生还使得附近的山岭也出现红光，这自然都是了不起的奇迹。而且光是这些还不算，当朱元璋被陈氏抱回家之后，还能经常看到屋里面有红光在闪动，又找不到什么发光源，最后才发觉是神龛里在发光，更进一步地验证了朱元璋的不同凡响。

用玩弄政权神秘化的游戏来愚弄百姓，以此巩固统治的例子在历史上也是很多的，例如秦代陈胜吴广起义时，曾使人用帛写上"陈胜王"三个红字暗中放进别人刚钓起的鱼肚中，并使人晚上模仿狐狸高叫"大楚兴、陈胜王"；如刘邦当年听始皇赢政说东南有天子气，就在家乡胡编了些"赤帝子"将来要取代"白帝子"的鬼话来抬高自己，刘邦的老婆吕氏也常说"刘邦头上常有云气"之类的鬼话；如黄巾起义，张角兄弟边令众人裹黄巾、扯黄旗，边派人传言"苍天已死、黄天当立"；如农民起义领袖洪秀全称自己是天父之子，称自己为天王。诸如此类，不一而足。将政权、将个人神秘化，也的确都收到了揭竿而起，一呼百应的成效。

朱元璋为了巩固万世帝业，就更有理由编出神的故事来抬高他自己了。他的传说也是如此美好，但都不可能是真实的。作为龙的传人，我们感兴趣的是，在这些美好的传说中，究竟隐藏着什么样的内幕。在朱元璋出生之前，朱元璋的父亲朱五四已经有了三个儿子和两个女儿，家庭负担极重，为了生计，陈氏怀胎十月仍然要坚持在田间劳作，连一点休息的时间也没有，直到临盆之前，才不得已匆匆忙忙地往家赶，以至于最后只能草草地在二郎庙里把朱元璋生下来，这种事情即便是在 20 世纪公社化时期，也是时不时就有的。农村妇女为了挣工分，将儿子生在秋田里并不鲜见。所以由此而观陈氏之生朱元璋，联想到做一位母亲所经受的磨难，实在远不如传说那样浪漫。

朱元璋出生后，朱家又多了一人吃穿，负担更加沉重，做父亲的朱五四甚至已经没有钱给新生的朱元璋买一方新的绸布（当时绸布是常用织物，但很贵）来包裹身体了，幸好他在河里意外地拣得了一块别人失掉的旧红绸布，就用这个给朱元璋裹了身子，勉勉强强免去了买不起红绸布的尴尬。

许多人的解释都牵强附会，甚至大放厥词，小题大做地把这种帝王的尴尬事说得浪漫无比。如此天花乱坠，而且带有强烈的神秘色彩，显然是为了使"龙颜大悦"。而这种记载之所以能够堂而皇之地出现在明朝的正史上，显然也是经过皇帝的亲自审阅和批准的，很有可能是由朱元璋亲自把这些事情告诉那些史学家，让他们自己想办法附会的。

需要解答的问题在于：如果说朱元璋果真是一个大贵人的话，他为什么会出生在如此贫困的一个家庭呢？而且这个家庭还命运多舛。在朱元璋的幼年时期，一场灾荒和瘟疫下来，朱元璋九口之家变成了五口，朱元璋的父亲、大哥、大侄子、母亲先后病亡。试想一下，如此尊贵的一个人，竟然不能保全自己亲人的性命，还有什么尊贵可言呢？而且，依照鬼神的说法，如此的贵人，自然是鬼怪不得近身的，但朱元璋却只能眼睁睁地看着自己的亲人一个个离自己而去，没有任何办法，如此，贵人的说法自然也就不攻自破了。

朱氏皇帝真是一名制作其神话传说的大导演，使得许多"摧眉折腰事权贵"者趋之若鹜为博帝王"开心颜"而大伤脑筋。这使得人们对于他的身份有了新的解释，并且这种传说有助于稳固朱家的江山社稷，有利于明朝的统治，这对于朱元璋来说就无疑是有利的，所以朱元璋就要趋向于这种说法，不仅自己去编，而且鼓励下臣去附会。关于自己出生家境的贫寒，甚至没有一块包裹身体的红布的状况，是对朱元璋不利的，而不利的东西就要避开它，使它对自己构不成威胁，如果实在避不开的话，也要把由此而引起的对自己的损害减小到最低的限度——作为封建时代的君主，这种做法无可厚非，甚至是天下百姓也会有的本能，同时也使百姓能够借以找到心理平衡所需要的支点。

由于成功地借助了舆论，朱元璋的出身一下子就高贵了许多，与真实的情况相比，的确有云泥之别，而朱元璋也从其中得到了很大的益处——人们接受了这个传说，同时也接受了这个皇帝，朱元璋成了这个传说最大的受惠者。

有一句成语叫"爱屋及乌"，朱元璋却有点"美乌及屋"，除了对自己政权的美化，笼罩上神秘色彩外，甚至对他自己的专用器物也罩上神秘的光环，让他人觉得神圣不可侵犯。

玉玺为皇帝所独享，臣民不得以玉治印，亦不得称玺，按照水德终数为六的说法，始皇帝为自己准备了"乘舆六玺"：皇帝行玺、皇帝之玺、皇帝信玺、天子行玺、天子之玺、天子信玺。除此之外，还有所谓"传国玉玺"。

这些器物都存在于高的等级之中，正因为被高贵的光环所笼罩，才更显神秘，更令人高山仰止，更使人震慑于尊崇威严无比的皇权之下。

朱元璋在巩固政权中也用封建迷信来麻痹百姓。古代帝王有一种仪式叫封禅。所谓封禅，古人是这样说的："易姓而王，致太平，必封泰山，禅梁父，何？天命以为王，使理群生，告太平于天，报群神之功。"意即在泰山顶上筑土为坛，在坛上祭祖天神，报答天神对帝王君主的眷宠厚爱，叫做"封"；而在泰山脚下祭祖地神，报答地神赐予帝王的福祉，叫做"禅"。

在古代的原始宗教中，山岳崇拜占有十分重要的地位。这自然是因为古代生产力尚不发达，人们将自己在社会实践中所创造的种种功绩，统统归结于上天的赏赐，因此，对天帝和天命的崇拜在民间十分盛行。在所有人看来，只有雄峻巍峨的高山最接近天，所以古人崇拜山岳，以为山上有神灵居住。

封禅是为了报答天神对帝王君主的眷宠厚爱，向臣民昭示自己的君权来自神授，受天的保护，完全可以代表天帝来主宰人间的一切。它既是宗教活动，同时也是政治活动。

然而依照古礼，封禅并不是随便什么君主都可以举行的，要具备相当苛刻的条件。首先是君主必须得到天赐给他的受命于天的标志——符瑞，才能去泰山封禅。

封禅的另一个重要条件是，举行隆重的祭天地之典，不能带半点儿阴煞之气，必须严格遵守"先振兵释旅，然后封禅"的古礼，届时才会艳阳高照，万方和乐，君主便能顺顺当当地报天受命，使"玉帛朝宗万国来"了。

利用宗教迷信来欺骗和蒙蔽人民，以达到自己的某种目的，这种谋略在古代运用得比较广泛。远古时期，黄帝和炎帝作战时，曾借助过"天神"。文王、武王与殷纣王争天下时，也问过神；陈胜、吴广领导农民起义时，也专门搞了"神意"的把戏。

孔子说："名不正，则言不顺；言不顺，则事不成。"也就是做事要名正言顺。元末群雄，逐鹿中原，友之仇之，完全从自身利益考虑。可以朝秦暮楚，可以出尔反尔，孰是孰非是很难说清楚的。胜者为王败者为寇，在战争中，只要能胜利，一切都是合理的。

朱元璋也是借助神来使自己的行为名正言顺。《诗经·小雅》上说："他山之石，可以攻玉。"意即借外力帮助自己达到某种目的，朱元璋就是这样懂得"他山之石"的道理，以神之威美化自我，来达到巩固其政权，统治百姓的目的。

守口须密，防意须严

【原文】

口乃心之门，守口不密，泄尽真机；意乃心之足，防意不严，走尽邪路。

【译文】

嘴是心的门户，如果门户防守不严，家中机密就会全部泄露。意志是心的腿脚，如果意志不坚，就会摇摆不定走上邪路。

【解读】

俗话说："病从口入，祸从口出。"一时的言语不慎，造成追悔莫及的事大量存在。眼睛是心灵的窗户，嘴巴是心灵的大门，嘴巴不随便乱说，心中的想法就无人知晓，这样就达到了保护自己的目的。意识决定自己的行为，把握住自己的意识就能把握自己的行为，所以平时要注意收敛意识，不能让它像脱缰的野马，以免使自己走向歪门邪道。

【事典】

愈是功高，愈严加防范

朱元璋是淮西人。帮他夺取天下的也主要是淮西人。朱元璋得益于淮西人，或者说受恩于淮西人，因而他也感恩于淮西人。

朱元璋是有乡土情结的，战争时期，他很信任自己的同乡。当时领兵的元帅以及幕府的谋士，大多是由朱元璋的同乡担当的，这些人也真为朱元璋露脸，不但屡打胜仗，还大大发展了朱元璋的势力。随着朱元璋控制范围的不断扩大，朱元璋在小明王眼中的地位也越来越高，小明王最后封朱元璋为中书省的官职，授命朱元璋管理一方的事务，淮西将领们的地位也跟着朱元璋地位的提升而步步高升，并且一度在江南政权中达到了相当高的地位。虽然朱元璋在扩大了统治区域之后又吸收了相当一部分浙东知识分子加入自己的阵营，但是作为早期跟随朱元璋的一群人，淮西将领们仍然受到了朱元璋的重视，并且一直都是朱元璋队伍当中的骨干。在朱元璋南征北战、推翻元朝、统一全国的斗争中，淮西将领起到了相当大的作用，为明朝的建立立下了汗马功劳，这是不争的事实。

和平年代到来后，初期阶段，他并不打算把功臣们一个个除掉，而是念及他们在战争中的功劳，想遂其心愿把他们一个个封官，共享富贵荣华。朱元璋在颁发给诸将的一件文告中，曾宣布自己对待功臣的政策是"爵赏以酬功，刑罚以惩恶"。在洪武初期，朱元璋的确是按照这一原则行事的。其实早在逐鹿战争节节胜利之时他就已开始考虑如何保全功臣。

龙凤十一年八月，他阅读《宋史》，当看到赵普劝说宋太祖收回诸将兵权一段内容时，对身边的儒臣说："赵普确实是一位贤明的宰相。五代时期，政权更迭频繁，宋朝如果不是早就解除了诸将的兵权，也许会像五代诸朝一样短命。史书上说赵普为人刻薄，可他做的这件事，功施社稷，泽被百姓，绝不可因性格刻薄而小看他。"

再就是龙凤十二年九月，他又让侍臣评论汉高祖与唐太宗谁更优秀。侍臣知道他常以汉高祖为楷模，便说汉高祖"豁达大度，规模弘远"，优于唐太宗。朱元璋则说："汉高祖内多猜忌，诛杀功臣。度量算不上弘远。唐太宗能驾驭群臣，在大业既定后，功臣都得到保全。以此而论，唐太宗更优秀。"从这些谈话中，可以看出，朱元璋此时感念武将们"捐躯戮力，开拓疆宇"，考虑的主要还是"爵赏以酬功"，希望与他们共享富贵。

已安天下后，朱元璋果然大封功臣。洪武三年十一月，封李善长为韩国公，徐达为魏国公，已故常遇春之子常茂为郑国公，李文忠为曹国公，邓愈为卫国公，冯胜为宋国公。汤和等28人被封为侯。朱元璋还授予公、侯们铁券，上面用金字嵌刻着功臣的功劳，底面刻有功臣自身及子孙免死次数。需要注意的是，这些功臣大多是淮西人。

洪武三年（1370年）11月，朱元璋再次大封功臣，这一次所封的将领中仍然以淮西人为主，而且以朱元璋的家乡凤阳籍人最多。从本意上说，他愿意如此,因为淮西将领是朱元璋政权的奠基人,他不能忘本;从理智上说,他不能不如此,既然是在建朝之初,离彻底的胜利还有距离,而且淮西人是支撑他朱氏政权的栋梁和支柱,他得依靠他们,他们也最可靠。

除了封官许愿之外,他还与老臣们进行政治上的联姻,以姻缘关系来笼络政治势力、巩固统治。婚姻方式作为封建社会里一种特殊的方式,尽管有限,但毕竟有效,自然会被朱元璋所采用。朱元璋的儿子很多,为了能够拉拢淮西将领,他很自然地想到了利用婚姻来做文章,把那些大将们的女儿纷纷许配给自己的儿子,又把自己的女儿嫁给那些淮西将领们的儿子,这样通过一个庞大的姻亲网,就使这些将领和自己结成了一个政治利益的共同体。对于淮西将领来说,开国的元勋又成了新朝的显贵,还与皇帝攀上了亲戚,自然要加大力量来维护朱元璋的封建统治了。

但是朱元璋对淮西集团并非一味地信任和拉拢,相反,随着时间的推移,他们之间也越来越疏远并生出间隙与猜疑了。首先,是由于彼此之间关系的转变。战争期间,朱元璋与这些功臣是患难与共、生死相连的哥们儿关系,但是建国后就不同了。他是君,他们是臣,君臣之礼是要讲的,而且是必须严格遵守的,于是他和他们之间划出了一道界限分明、不可逾越的鸿沟。这鸿沟自他称帝起,便构成了,并且日益加深,再加深,直至演变成吃人的深堑。

其次,追随朱元璋打天下的人,虽然大多出身穷苦,但一旦有了权势,也就难以保持农民淳朴的本色,不免骄奢淫逸,专恣暴横。朱元璋对此一直存有清醒的认识,并力加防范。

早在建国前,他在听说功臣家奴仆多有横肆不法者时,就诫谕说,恃势骄恣、逾越礼法的现象一定要除去,决不可姑息,甚至在大封功臣之际,还批评说汤和嗜酒杀人,不遵法度;赵庸私占奴婢,废坏国法;廖永忠指使儒生窥伺上意,以邀封爵;郭子兴不奉将令,不守纪律。汤和等四人按照功劳本应封为公爵,但因上述过失,只封为侯爵。封爵后仅一个月,又将屡立战功又屡次杀人的右丞薛显贬到海南。然而功臣们依旧我行我素,违法乱纪之行不胜枚举,朱元璋气愤之余,命工部制作铁榜,用以申诫公侯,规定:各级军官,不得私自接受公侯的金银财物;公侯等人非奉经特旨批准,不得私役官军;公侯之家,不得强占官民的山场、湖泊、茶园、芦荡以及金银铜场和铁冶;各卫官军非当出征之时,不得在公侯门前侍立听候;功臣之家管理庄田的人员,不得在乡欺压殴打百姓；功臣之家的佃户、奴仆等人不得倚势欺凌百姓，侵夺田产、财物；公侯之家，除钦赐的仪仗户和佃户外，不得私自接受投托人户，隐蔽差徭；公侯之家，不得倚仗权势，欺压良善，侵夺他人的田地、房屋、牲畜；功臣之家，不得接受他人投献的田土物业。铁榜的颁布，是朱元璋对待功臣的态度由宽容转向严厉的一个信号。洪武十三年（1380 年）又颁布《臣戒录》，十九年(1386 年)颁布《至戒录》，二十一年（1388 年）颁布的《大诰武臣》，是专门针对武将勋臣的，目的是使他们有所警戒。但功臣们自恃劳苦功高，对朱元璋的警告置若罔闻，侵渔百姓、私役军士、府第逾制、荒淫无度一类的事情，经常发生，朱元璋与功臣之间的关系，变得越来越紧张。

再次，朱元璋对淮西将领们是否忠心的忧虑一直未解除。当朱元璋还在江南称吴王的时候，曾经发生过大将平章邵荣与参政赵继祖、元帅宋国兴的密谋反叛，虽然由于宋国兴的惧悔自首，朱元璋从这场阴谋中逃脱出来，但他也由此对淮西将领们产生了一丝戒惧。邵荣及赵继祖都是跟随朱元璋渡江的淮西老臣，他们在朱元璋最困难的时期投奔了朱元璋，并且为朱元璋的渡江出了大力气，现在却一下子反了，这让朱元璋在思想上实在难以接受。正由于此，朱元璋才不得不对这些功臣心怀戒惧。在与群臣们一次谈话中，朱元璋表露了他的这一心迹。他提出：如果夺取天下之后，诸将的手中还掌握着兵权，将会直接威胁到皇权的统一。他指出，五代之所以纷乱不止，就是因为皇帝的兵权被大臣们所掌握着。但是这些淮西将领们在没有得到更大的利益之前，仍不愿意交出自己的权力，同时也害怕失去了兵权之后无法保证自己的既得利益，因此一个个装着不懂的样子不作响应。朱元璋为此更加忧虑。

为了保证自己的帝位不动摇，朱元璋开始采取一系列调整措施。这其中就包括颁布铁榜，其目的是用封建礼法来约束官员们。除此之外，他还增加非淮西籍官员在朝中所占的比例和设立特务组织。关于特务组织，后文将有论述，在此先说说增加非淮西籍官员在朝中所占比例的措施。应该说这是朱元璋比较高明的一个做法，在一个朝堂内，如果是只有一个集团，那么这些人就不会有什么顾忌，也不会害怕朝廷的刑罚会加到他们的头上，因为他们本身既是法律的制定者，也是法律的执行者。一个小集团之所以能够结在一起，也就是有一个共同的利益在支撑着他们，任何危害他们利益的人或事物，都会受到他们猛烈的群起攻击。朱元璋正是抓住这一点，把一些非淮西籍的人安插到朝廷中，让他们也形成一个小团体，与淮西籍的将领们互相制约，这样一来，就形成朝廷之内并非只有一个声音，而是有多个声音在说话了。淮西籍官员们在做事的时候不但要考虑皇帝的反应，同时还要考虑到与非淮西籍的官员们起了冲突之后，会不会有便宜可占。一旦有了顾虑，淮西籍的官员们做起事来就会逐渐收敛，不会那么霸道了。

通过这些措施的实行，朱元璋已经基本上控制了淮西籍大臣们的言行举止。但任何措施都有局限性，朱元璋最终发现这些费尽心机的举措并不能完全阻止功臣们的其他行为，未能完全奏效之后，他就动了消除一些不听从自己的旧部的决心。

说到这里，笔者不禁要替这些功臣们感到可悲。由于战争，这些用生命作赌注，从血泊中爬出的大臣们得到了自己最想要的东西——金银财宝、豪宅、田产、官职、爵位，受到了皇帝的加封，自己的子孙也会因此而享受荣华富贵。但是他们没有想到的是，在得到了这一切的同时，他们也把自己抛入了一个危险的漩涡。皇帝在赏赐他们耀眼的财宝的同时，也给他们铸造了一把把锋利的钢刀。朱元璋有一联诗说出了这种典型的君臣关系状态："金杯同汝饮，白刃不相饶。"是得酒而饮还是得刀而受戮，就看你对皇帝的态度和皇帝对你是否需要了。

责人宜宽，责己宜苛

【原文】

责人者，原无过于有过之中，则情平；责己者，求有过于无过之内，则德进。

【译文】

对待别人要宽厚，当别人犯过错时，要像他没犯过错一样原谅他，这样才能使他心平气和地改正过错。要求自己要严格，应在自己无过错时，设法找出自己的过错，如此才能使自己德业进步。

【解读】

俗话说："严以律己，宽以待人。"对待别人的错误采取人民内部矛盾的解决办法，给人一次悔过自新的机会，光给机会还不够，还要帮助他减轻心中的压力，增强他改正错误的信心。对待自己则要时时反省，事事思过，发现错误就要立即改正，没有过错时也要小心谨慎，做到有则改之，无则加勉，才会防患于未然。

【事典】

废除丞相，集权于一身

明王朝处于我国封建社会的末期，也是中央集权高度发展的时期，朱元璋作为明朝的开国皇帝，为防止大权旁落、江山易姓，设计了种种方案，采取了各种措施，其中备受瞩目的，便是废除丞相制度。

朱元璋建立明朝后，沿用元朝制度，在中央设立中书省，总理全国政务。洪武年正月，中书省奏请以皇太子为中书令，但朱元璋没有同意，认为当时太子年幼，学识浅，无经验，决定今后凡军国大事只要告知皇太子即可，中书令一职废而不设。中书省设置左、右丞相，平章政事，左、右丞，参知政事等官职，下辖吏、户、礼、兵、刑、工六部。在地方上，则设立行中书省，统管一省军政事务。中书省丞相相当于古代的宰相，协助皇帝处理一切军政大事，权力很大。丞相权重，势必会对皇权构成威胁，明太祖的权力欲极重，他即位以后，对皇权和相权相辅而行、又相互制约的状况很不满意，内心久已蕴藏废相、提高皇权之心。他说："秦代设相，是祸乱起源。宰相权重，指鹿为马。后来各代不以设相为鉴戒，相沿设置，往往带来祸患，原因就在宰相擅专威福。"为此，他逐步推行他的集权计划，削弱相权，直至废相，铲除了心腹之患，使权力集中在自己手中。他审时度势，暗中静观，在心中酝酿着解决的方案，但由于主客观方面的原因，朱元璋废除丞相文制的措施并非一步到位。

在废除丞相之前，朱元璋首先是对丞相之位的人选进行了几番调整。在明初，淮西勋贵与非淮西大臣之间，存在着尖锐的矛盾。淮西勋贵都是早就追随朱元璋的旧将，朱元璋对他们比较倚重。洪武三年（1370 年）大封功臣时，所封六公均为淮西人，二十八侯绝大多数也是淮西人。李善长是淮西勋贵集团的核心人物，他自至正十五年（1355 年）投奔朱元璋后，一直在朱元璋身边尽心辅佐，被比拟为汉之萧何，位列功臣之首。中书省成立后，他与徐达分别被任命为左、右丞相，由于徐达常年领兵在外，平章政事又虚位未设，中书省大权实由李善长独揽。朱元璋虽倚重淮西集团，可又不希望他们权力过大，以致动摇自己的地位，于是便想到在中书省培植其他地方的人才，这其中就有一个杨宪。杨宪原是山西阳曲人，他博古通今，办事干练，很受朱元璋器重，被任为负责监视将帅臣僚的检校。开国之后，杨宪出任中书省参知政事，洪武二年（1369年）升为右丞，次年又升为左丞，协助李善长工作。杨宪十分妒忌李善长的地位，一心想扳倒他，好取而代之，便向朱元璋吹耳边风，说他"非相才"，朱元璋内心虽赞同，但因为李善长是淮西勋贵集团的核心人物，要动他，时机尚不成熟，于是便对杨宪不加理睬，在这其中还有个小故事。据载，早在洪武二年（1369年），他就曾召见与李善长矛盾很深的刘基，谈话间对李善长作了指责，暗示自己有换相的打算。刘基不计个人恩怨，从大局着眼，指出李善长虽才干有限，心地狭窄，可他是开国元勋，又能协调诸将，的确是个宰辅之才，换掉他既不合理，也无益处。

朱元璋见刘基如此不论个人恩怨，便有意立他为相，刘基坚决推辞说："易相之事，就好比更换大厦的梁柱，必得大木方可。如把小木条捆在一起代替，大厦就会倾覆。"朱元璋见刘基态度诚恳，只得把此事暂且放下。

在杨宪升为左丞相之前，担任左丞相一职的是汪广洋。汪广洋也是杨宪打击排挤的对象，正所谓"司马昭之心，路人皆知"，汪广洋早知道杨宪的恶名，便处处忍让，时时提防，但杨宪还是不肯放过他。杨宪支使御史刘炳等人弹劾汪广洋事母不孝，朱元璋一向提倡孝道，立即将汪广洋革职，让他回高邮奉母思过。杨宪还不满足，让刘炳再次弹劾汪广洋，以绝其复出之路，朱元璋命将汪广洋谪徙海南。刘炳屡次弹劾汪广洋，朱元璋心下不禁生疑，便突然逮捕了刘炳，遂勾连到杨宪，李善长趁机全面揭发了杨宪种种不法情状。洪武三年（1370年）七月，杨宪与刘炳一同被处死。汪广洋在杨宪事件后，即被召回京城复职，封为忠勤伯。洪武四年（1371年）正月初二，朱元璋撤下李善长，任命汪广洋为右丞，原参知政事胡惟庸为左丞（对这个人，后文将有详细叙述），总理军国重事。李善长的下台，消除了朱元璋心中的一大隐忧，也是朱元璋为废相迈出的第一步。

朱元璋以胡惟庸为左丞的同时，又以汪广洋为右丞，目的是为了实现相互牵制，因为刘基早有警告，"让胡惟庸做宰相，就像用生猛的牛驾辕，恐怕要蹦跳脱辕，把车弄翻。"但汪广洋是个只求明哲保身的人，他将权力交给胡惟庸，自己"无所建白"，成了一个尸位素餐之人。无奈之下，朱元璋只好废汪广洋，倚重胡惟庸，但正如宋太祖所言："卧榻之侧，岂容他人鼾睡！"权重的胡惟庸迟早会成为专制皇权的牺牲品。

胡惟庸，定远人。在和州投奔朱元璋，是渡江前的淮西旧人。占领集庆，由元帅府宣使转宁国县主簿，升知县，迁吉安府通判，擢湖广按察司佥事。这时，他利用同乡关系，攀结上了李善长，遂于吴元年（1367 年）被推荐为太常寺少卿，进太常寺卿。这一时期，是胡惟庸的发展阶段。洪武三年（1370 年）入中书省任参知政事，为李善长心腹。洪武四年（1371 年）正月，李善长罢相，汪广洋提升右丞相，胡惟庸接替汪广洋右丞职务，两人掌管中书省的大权。汪广洋是一把手，胡惟庸是二把手。这一时期，是胡惟庸的发迹阶段。而他的权力鼎盛时期是在三年以后，也就是洪武六年。这一年，汪广洋左迁广东参政，胡惟庸递补右丞相，很快升任左丞相，坐上了中书省第二把金交椅。

胡惟庸升任左丞相后，右丞相之位一直空缺。然而国家刚刚成立，凡事众多，头绪纷乱，而天下的每一件事总不能统统由皇帝亲自来定夺，一些无关紧要的小事，还得由承上启下的右丞相来操心。朱元璋想在文武百官中选出一个合适的人选来，却未能如愿，于是造成"久置右丞相而不设"的局面。

正当朱元璋在人事问题上犹豫不决的时候，在强力部门中书省，胡惟庸已把所有的权力牢牢地控制在了自己的手中，其程度到了"水泼不进"的地步。他两眼死死盯住中书省的第一把交椅。

胡惟庸对权力的觊觎，朱元璋如此聪明之人，再加上身边众多的耳目，不会无所察觉。但一方面胡惟庸是淮西人，与自己有共同的利害关系，另一方面，不可否认，胡惟庸是个人才，不然，他不会把中书省治理得连水都泼不进去。很有可能，朱元璋看准的正是这一点，"帝以惟庸为才"，所以"宠任之"。再加上他又是自己的亲信李善长的寡戚，要动他，还得三思而后行。

胡惟庸终于如愿以偿地当上了右丞相。在朱元璋时代，胡惟庸在丞相位置上坐了多年，属时间最长的一个。当刘基得知这一消息后，曾悲戚地说："使吾言不验，苍生福也。"他早就看出胡惟庸不是个福星，但这是当朝皇帝的意思，又能怎样？

胡惟庸的才干和效率让朱元璋省去了不少精力，朱元璋想到的事情，吩咐下去，咄嗟立办，因而他博得朱元璋的倚重和宠信。然而胡惟庸是有相才无相气，又足以坏人大事的那种人。他热衷权势，"宁可少活十年，休得一日无权"是他坚守的信条。

后来朱元璋因思念被贬的汪广洋，又将他调回任右丞相。胡惟庸虽降为左丞相，但名降实不降，依旧大权独揽，汪广洋只是个摆设而已。

胡惟庸任职期间，在相当程度上掌握着生杀黜陟之权。传闻，当时朝廷上下、生死人命、升降官职等等大事，他从不向朱元璋报告，就自作主张。臣下上书的奏折，他自己"必先取阅"，如果不牵连自己，或自己集团的事，就递给朱元璋，反之，有"害己者"一字一词的报告，则立刻"辄匿不以闻"，要么烧毁，要么私自篡改后再递给朱元璋，回过头再对付"害之者"。

胡惟庸权倾朝野，自然引得许多想求官想升官的，落职后想复职的朝野文武，都奔走在他的门下，各种金帛、名马、古玩的贿赂不计其数。起初，他还假意推辞。后来，他不仅不推辞，不仅照数收下，而且对那些送得少的人提的要求，一概不给予满足。

为集结势力，稳固自己在朝廷中的地位，胡惟庸还煞费苦心地用计于这样两个人，一个是徐达，一个则是刘基，对前者是极力拉拢，对后者则是"置之死地而后快"。

徐达属于淮西集团，早年投效朱元璋，比朱元璋小三岁，生得长身高颧，性格刚毅武勇，和朱元璋十分契合，深受朱元璋的喜爱。胡惟庸想，结好于徐达，就可以跟朱元璋的关系更进一步，于是便极力拉拢他。不料徐达并不为他的低声下气所动，他深知胡惟庸其奸，为人不地道，从骨子里是"薄其人"的，并认为胡惟庸给淮西集团抹了黑，从而恨之入骨。有一次，性直的徐达对朱元璋直言说："胡惟庸这个人是不能当丞相的。"此话传到胡惟庸的耳朵里后，他非常气愤，但是，对于徐达这样的人物他却没有丝毫办法，不得不放弃在徐达身上的打算。

刘基是明朝的开国功臣，被朱元璋比作西汉初年的张良，深得朱元璋的尊敬与爱戴。刘基又叫刘伯温，浙江青田（今浙江省青田县）人，他从小就非常喜欢读书，博览了儒家经典。他尤其喜爱兵书，只要手里能有一本兵书，他就可以饭也不吃，觉也不睡了。刘基长大以后，考中了元朝的进士，当了一个地方官。但那时农民起义此起彼伏，天下已经大乱了。刘基看不惯官场中的腐败现象，就弃官不做，回到了家里。后来，刘基被朱元璋请去做谋士，从此，刘基就开始辅佐朱元璋打天下。

刘基很善于用兵，在此举一例用以说明。1360 年 5 月，陈友谅率领一支大军前来攻打朱元璋。陈友谅本来和朱元璋一样，也是起义军的首领，但他想独霸天下，所以要吃掉朱元璋的这支军队。朱元璋当时的军队还很少，根本不能和陈友谅相比。朱元璋的一些大臣见陈友谅的大军杀来，一个个都慌了手脚，不知如何是好了。有些人竟主张放弃应天，向南逃跑；还有一些胆小如鼠的将领竟要出城投降。这时只有刘基站在一旁沉思不语，朱元璋一看刘基那副沉思的模样，就知道他一定是胸有成竹了。朱元璋用期待的目光盯着刘基问："大敌当前，请问先生有何高见呀？"刘基急忙上前施礼，答道："现在大敌压境，南逃绝不是良策。我看那敌军远道而来，必定已是疲惫不堪了。如果我们在地势险要的地方设下埋伏，等到敌军到来后，我们一起出击，敌军必败无疑。"朱元璋一听微微点了点头，说："好！就依先生之计。"朱元璋采用了刘基的战术，果然把陈友谅的军队打得大败而逃。

刘基不但谋略好，而且还精通天文。他能通过观测天象，预知天气的阴晴变化。在古时候，人们都非常迷信地认为天象的变化和人间的凶吉有一定的联系。朱元璋也是这样的一个人，每逢国家出了什么大事，他总要去找精通天文的刘基问问原因。

有一年，江南发生了一场旱灾，朱元璋便问刘基怎样才能让上天降雨。刘基心里暗想，这几年朱元璋办了不少冤案，我何不借此机会进谏呢？如果能劝说朱元璋给忠臣们平反昭雪，岂不是更好吗？想到这里，刘基微微地皱了皱眉头，装出一副为难的样子说："主公，恕我直言。老天不下雨，是因为您的监狱里关押了许多有冤枉的人。您只有给他们洗清了冤屈，上天才会降下大雨。"

朱元璋听信了刘基的话，让他亲自到监狱里清理冤案。经过刘基细心地一查，果真发现了不少冤案。刘基将这些冤案一件一件地整理出来，上报给朱元璋，朱元璋给他们都免了罪。

果然，没过几天，天公降下大雨。朱元璋对刘基佩服之至。其实，这下雨和冤案本没有一点联系，刘基通过观测天象，知道在几天之内将会有场大雨，他就借机把冤案和下雨联系起来，使不少无辜的人得到释放。

像这样一个能人，怎会得不到皇帝的器重？因而，在一开始，胡惟庸是想与刘基交好的，可是后来刘基向皇帝说了些关于他的不受用的话，他这张脸就有些挂不住了。再加上刘基代表的是浙东集团，胡惟庸不能将徐达怎么样，对刘基却是敢给点儿颜色看看的，恰在这个当口，刘基之子刘琏越过胡惟庸直面皇帝汇报一事使胡惟庸恼羞成怒，决定借题发挥。事情的起因是这样的，原来在青田县南170里处有一个叫淡洋的地方，地势险要，又与瑞安县交界，常常是私盐贩子、逃军、躲避赋役的人们的藏身之所，因而构成地方治安的一个隐患。洪武三年，刘基的长子刘琏去京城奏请在这里设立巡检司，盘查来往行人。经朱元璋亲自批准，第二年正式设立。洪武六年，这里发生周党山所领导的山民暴动。地方官害怕获罪，隐瞒不报，刘基就派刘琏去京城，由此才引出这段公案。胡惟庸唆使地方官上了一个奏章，说刘基看准了淡洋这个地方有王气，一心想得到它作为墓地。百姓不愿意给，他就请求设立巡检司，驱逐了百姓。这可一下子捅到了朱元璋的痛处。刘基能掐会算，他既能以种种神妙的术数辅佐我朱元璋，那为什么不可以为自己的子孙着想？想到此，朱元璋心中一横，于是下诏降罚，先剥夺了刘基的俸禄。对此，刘基深谙"沉默是金"的道理，他带领儿子刘琏赶往京师。没有一句辩白一句埋怨，只是向皇帝谢罪，说因为罪臣冒犯，惹皇上生气，实在是罪该万死。这样一来，反倒使朱元璋无从下手了。

但是刘基一日不除，朱元璋便一日不得安宁，而此时的刘基因年事已高，再加上这一事变，已是百病缠身，于是朱元璋便想出这么一个法子——借刀杀人，即借胡惟庸之手杀了刘基，而胡惟庸也借此称了心。刘基在京城患重病时，朱元璋委派胡惟庸代表他前去看望，并让带一个御医给刘基看病。看过病后，那个御医给刘基开了一服中药，事前，遵照胡惟庸的指示，他在药里下了毒。刘基不知是计，"饮其药，有物积腹中如拳石"，三个月后，朱元璋特地派人去探问，回说没有好转的希望，他心下一块石头才落了地。遂颁一道诏书，命他回家安养。刘基于洪武八年（1375年）三月抵家，四月十六日就因慢性药物中毒而死亡，享年65岁。刘基一死，胡惟庸扫清了绊脚石，更加嚣张、狂妄，做起事来益发无所顾忌了。他又与李善长是亲戚关系，这样的势力，除朱元璋之外谁也搬不动。

刘基虽不满于胡惟庸，但也不敢碰他，而吴伯宗就不同了，纵是虎须也要拈他一拈。吴伯宗是明朝的第一个状元，受赐冠带袍笏，封为礼部员外郎。他生性耿直，城府也不深，终于触怒了胡惟庸，被贬凤阳。吴伯宗一气之下，上告朱元璋道："胡惟庸滥用事，专恣不法，不宜独任，时间长了，必为国患。"朱元璋对此未置可否，而是继续暗中观察胡惟庸，因为只有等他落下把柄才能连根拔起。

胡惟庸果真是肆无忌惮，又打起了徐达的主意。徐达曾在与皇帝的一次寻常谈论中顺便提起提防大臣专擅的问题，胡惟庸得知后心想，只有扳倒这棵大树才能求安生，因而他买通徐达的看门老仆福寿，让他提供情报，或干脆乘机干掉他。福寿表面答应，暗中却向徐达通报了消息。

对胡惟庸的专擅，朱元璋早有所警觉，洪武十年（1377 年）九月，升胡惟庸为中书左丞相，同时任命御史大夫汪广洋为右丞相，以图牵制。洪武十一年（1378 年）三月，他又明确告诫："胡元之世，中书专政，凡事必先关报，然后奏闻，其君又多昏蔽，致民情不通，以至大乱，深可为戒。"因命礼部规定奏章格式，禁止天下奏呈关白（以副本通报）中书省。

同年又发生了钱苏事件。钱苏是常熟的一个儒士，因上书天子未先拜宰相，受到胡惟庸的嫉恨。朱元璋让胡给钱苏在中书省谋一个职位，胡却打发他到南京后湖荒僻之地看守档案。朱元璋从中看出丞相对钱苏的不满，钱苏才高八斗，看守档案实在屈人，便欲直接给他安排职位，钱苏称病，朱元璋便让他回家养病，并告诉他在经过沿途所在州县时，可以直入大堂，南向而坐，向所在官员传皇帝的旨意："皇帝敕尔，善辟田里。养老恤孤，无忌军旅。简在帝心，钦哉勿替。"钱苏拜谢而出，一路风光地回到家乡，出了郁闷心中几年的窝囊气。

然而胡惟庸还在自顾自地越走越远，一个阴阳先生说他家祖上三世的坟上，皆夜有火光烛天，后人不得了，了不得，定是天子。胡惟庸信以为真，继而产生了以政变手段谋害朱元璋，自己当皇帝的念头。

他暗中纠集了一批干将，派人到沿海招倭寇，让蒙古人封渍当元朝的皇帝，作为外应。此时如果不是发生了一件意外之事，胡惟庸还真会干出谋反的事来。原来，胡惟庸的儿子是个恶少。这一天他喝得醉醺醺的，在街中打马飞奔，前面突然受阻，马立而起，将这位胡衙内掀了下来。恰巧这时，面前有辆车驶过，胡衙内就作了轮下之鬼。胡惟庸闻讯，不由分说将车夫打死。消息传到朱元璋那里，这使他对胡家专横跋扈、欺压百姓有了更深的认识，他于是下定决心，要除掉胡惟庸这个后患。

他把胡惟庸叫到官中，软禁起来，并说要杀了他，给那车夫偿命。胡惟庸以为单单因为车夫的事，就"请以金帛给那车夫家"，请求朱元璋留他一命。朱元璋不知出于什么原因，竟答应了，放胡惟庸回家去。

洪武十二年九月，又发生了占城国使臣入贡事件。事情的经过是这样的。占城国使臣阳须文旦向明王朝进贡，中书省未按时奏报，朱元璋知道后大怒："朕居中国，抚四夷，以礼待之。今占城来贡方物，尔等泛然若罔闻。为宰相辅天子，出纳帝命，怀柔四夷，就应当如此吗？"言语之间把责任推给了礼部，胡惟庸、汪广洋及礼部堂官都下了狱。这就是震惊朝野的胡案。

同年十二月，朱元璋借胡惟庸毒死刘基一事给汪广洋套上一个朋党包庇之罪，将汪广洋贬谪海南。汪广洋离京之后，朱元璋又改变主意，派遣使臣宣布敕旨将他处死。洪武十三年正月初二，御史中丞徐节在狱中被诱逼揭发胡惟庸谋反。

正月初六处死胡惟庸等人，胡惟庸的罪状是擅权枉法，他倒也罪有应得，然而胡惟庸的死并不意味着这场斗争宣告结束。

徐节，也就是那个御史中丞为求活命，竟编了个胡惟庸结党造反的口供。一下子便为朱元璋提供了一个扩大打击面的借口，于是按名逮捕，辗转审问，指供诱供。举朝上下，人人自危。凡是一个人被咬出来，他的家属、仆从、亲属一概下狱刑讯。徐节，这个始作俑者，也在举朝齐声喊打中，被皇上顺势送进了鬼门关。死于胡案的主要人物有御史大夫陈宁、中丞涂节、太师韩国公李善长、延安侯唐胜宗、吉安侯陆仲亨、平凉侯费聚、南雄侯赵庸、荣阳侯郑遇春、宜春侯黄彬、河南侯陆聚、宣德侯金朝兴、靖宁侯叶琛、申国公邓镇、济宁侯顾敬、临江侯陈镛、营阳侯杨通、淮安侯华中；大将毛骧、李伯琮、丁玉和宋濂的孙子宋慎等。宋濂也被牵连，贬死四川茂州。

也许正如史家们所感觉的那样，朱元璋是一个可以同吃苦的人，却不是一个可以共患难的人，而且面对着整个朝政，几乎全是由淮西集团里的人做朝内的大官，朱元璋不能不生出警惕。更让朱元璋戒惧的是，原丞相刘基就是被胡惟庸所派的医官害死的，那么，今天是刘基，明天会不会该轮着他朱元璋呢？朱元璋不能不考虑这些问题，而且任由丞相专权的这种情况发展下去，势必会对皇权构成威胁。所以，除胡惟庸是一件必然的事情。

朱元璋诛杀胡惟庸后，干脆一不做，二不休，翌日便向群臣宣布：革去中书省，改大都督府为前、后、左、右、中五军都督府，废止了代皇帝行使权力的丞相制度，提高了吏、户、礼、兵、刑、工六部的地位，它由对中书省和丞相负责，改为直接对皇帝负责。作为最高军事机关的大都督府，一分为五，使权力分散，避免了军权过于集中在武人手中，便利了皇帝的控制。加上都察院（由御史台改）的监督，就构成了中央府、部、院三个互相制衡又分别对皇帝负责的权力支柱。

洪武二十八年又下令："自古三公论道，六卿分职。自秦始置丞相，不旋踵而亡。汉、唐、宋因之，虽有贤相，然其间所用者多有小人，专权乱政。我朝罢相，设五府、六部、都察院、通政司、大理寺等衙门，分理天下庶务，彼此颉颃，不敢相压，事皆朝廷总之，所以稳当。以后嗣君并不许立丞相，臣下敢有奏请设立者，文武群臣即时劾奏，处以重刑。"这里所说的朝廷就是他自己，和过去的朝廷有本质上的区别。从罢相以后，府、部、院、司分理庶务，目的是把权力分散，"不敢相压"，"事皆朝廷总之"，一切大权都由皇帝个人掌握，"所以稳当"，再也不怕大权旁落了。从中书省综掌政权一变而为由皇帝亲自管理庶政，封建专制的政权从此更加集中，集中于一人之手，皇帝便成为总揽一切政事的独裁者了。至此，皇帝的权力之大几齐于过去的秦始皇，君主专制发展到了极端。

幼不学，不成器

【原文】

子弟者大人之胚胎，秀才者士夫之胚胎。此时若火力不到，陶铸不纯，他日涉世立朝，终难成个令器。

【译文】

小孩就是大人的雏形，学生就是官吏的雏形。假如在这个阶段磨练不够，学业教养成绩不佳，那将来踏入社会做人做事，就很难成为一个有用之才。

【解读】

俗话说："玉不琢不成器，人不学不知义。"对孩子从小就不认真管教、培养、锻炼，不让他经风雨见世面，长大后对孩子来说没有谋生的本领，对国家来说更不是有用之才，岂不是断送了一个孩子的前途？所以做父母的，要把爱心放在孩子的生活上，要把严心放在孩子的学习上，真正承担起做父母的责任，使他们在德智体各方面都能得到充分的发展。

现在，早教对孩子成才的重要意义、早教的显著效果，已得到了社会的普遍认同。许多年轻的父母，教小孩弹钢琴、背古诗、说英语，送小孩进幼儿学习班、体育保健班……形成了一片令人欣喜的气象。但同时，需要引起各位父母们重视的是，要注意早教的正确方法。

【事典】

"早"字当先做幼教

司马迁在《史记》中记载：张汤小的时候，一次父亲叫他照看家里的肉，他因疏忽打了个盹，醒来肉被老鼠偷吃了。为此，他遭到了父亲的责骂，年幼的他意不能平，认为老鼠做了坏事却让他受过，非得狠狠惩罚不可。于是他便把偷肉的老鼠抓来，和它吃剩的肉放在一起审。原告、被告、证据……审到最后，大笔一挥，判老鼠死刑，并将它剁成肉酱，端去给父亲看，父亲见他小小年龄，审判得如此煞有介事，且手段狠毒，连写的判决书也完全像出自一老狱吏之手，便思忖道：这孩子心狠手毒，公正严苛，最好的职业就是让他作个狱吏了，于是便让张汤改学狱吏。

显然，张汤在幼年时期形成的价值观和学识，整整影响了他一生的作为。我想司马迁在为张汤写人物传记时，特意记载他幼年时发生的这件事，也是颇有意味的。"三岁看到老"，这句话确实有道理，所以做父母的应明察秋毫，注意观察孩子的一言一行。正确的加以引导和发扬，错误的加以批评指正。及早进行培养，切不可掉以轻心。

三年困难时期，刘少奇的三个孩子还是小学生。每逢星期六下午，他都要亲自抽察孩子们带回来的《联系簿》。一次有个孩子在学校吃窝头，把枣子抠下来吃了，把剩下的窝头悄悄丢了。班主任老师把这事儿记在《联系簿》上。刘少奇见了，就提笔写上自己的意见：

"老师讲得对，粮食来之不易，是农民用血汗换来的，要珍惜农民的劳动成果。浪费最可耻！节约最光荣！要和劳动人民同甘共苦，不要搞特殊。"

孩子在一旁，羞愧地低下了头。

刘少奇对孩子从小就严格要求，对他们的坏毛病毫不客气地加以批评，这种"严父"般的教育为为人父母者树立了典范。也许他想到：孩子从小浪费一个窝头，长大也许就不是一个窝头，而是大笔的人民财富了。到那时，做父母的就算后悔，除了痛心疾首也于事无补了。所以，细微之处切不可忽视。大家也许读过"小时偷针、长大偷金"的故事，那不明智的母亲对孩子疏于严教而造成的严重后果，发人深省。

对孩子的品行教育要及时和尽早，对其智力的全方位开发则更是如此。早期的智力开发与教育，可以激发孩子学习的兴趣，开发他们的聪明才智，有时甚至会奠定他们一生的奋斗方向，使他们受益终生。因为，孩子小的时候，精力易于集中，学习起来轻松并且记忆牢固。不似长大后"思虑散逸"，学习起来便费事多了。颜氏说："人生小幼，精神专利；长成以后，思虑散逸。"他以自己为例。他七岁的时候背诵了《灵光殿赋》，以后每十年重温一次，到了年老的时候，仍然背得非常流利。他以此教训自己的家人，对孩子"固须早教，勿失机也"。

世界著名的学者约翰·斯图尔特·穆勒，在自传中曾说："我多得了二十年时间。"

为什么这么说呢？他解释道："人在幼年时，一般来说，时间都被白白浪费了，这种时间的浪费实在令人痛心……从我所受的教育来看，正是在这段被白白浪费掉的幼年时期里，实际上孩子们是可以学到很多令人震惊的知识的……如果说我是一个具有无比的理解力和记忆力的非凡人才……也只是因为我从我父亲那里接受了早期教育的结果。我还可以断言，父亲给我的早期教育，使我进入社会比别人多得了二十年时间。"

由此可见，早期教育给孩子的益处有多大。翻看世界典籍，许多有成就的人，他们都受过良好的早期教育。

著名的德国法学教授卡尔·威特出生不久，父亲就开始教育他。在威特刚会辨别事物时，就教他说话，稍大一点后，父母就抱着教他饭桌上的餐具、食物、室内摆设的物品，身体各部位的名称，还经常给他讲故事。从三岁开始教他认字，并每天带他去公园、田野里散步一两个小时，边走边教他有关动物、植物、物理、数学、化学方面的知识。六岁时开始教他外国语。小威特七岁零十个月就可以阅读拉丁语的《凯撒大帝》，并能回答其中的有关问题；流利地阅读意大利书籍；流畅地用法语同别人对话；熟练地回答有关希腊历史和地理的知识；圆满地回答数学问题。他九岁考入莱比锡大学，十四岁获哲学博士学位，十六岁又获法学博士学位，并被任命为柏林大学教授——威特于是被人们称为"神童"。

驰名世界乐坛的天才音乐家莫扎特，他在六岁时便被人称为"音乐神童"，也主要是他父亲对他早教的结果。老莫扎特是一个很有才华的宫廷乐师、小提琴家。他对于儿子的教育，比什么都看重，不辞一切劳苦地对儿子教育。正是他的一片苦心，小莫扎特三岁时就能在钢琴上弹奏简单的和弦，四岁时能弹小步舞曲和简单的小曲。他五岁时开始作曲，最初作曲时由他父亲帮助书写乐谱，后来则学会由他自己记谱。六岁便开始不断地赴各地演奏旅行。

达尔文也是一位重视孩子的早期教育的好父亲。他虽然科研工作十分繁重，但从不放松对孩子的教育。他的第一个孩子是1839年12月27日生的。从那一天起，他就把孩子的表情动作记录下来，观察小孩智力发展的过程，一面进行科学研究，一面对小孩进行教育。正是达尔文注重对孩子的早期教育，使他的五个长大成人的儿子中，三个成为著名的科学家：乔治是天文专家，多年从事潮汐运动的研究，形成了月球引力系潮汐涨落原因的理论；弗朗西斯继承了父亲遗留的无数笔记及许多理论，并予发展，成了几乎与父亲齐名的博物学家；霍勒斯则是物理学家，创建了剑桥仪器公司，当选为皇家学会会员并被封为爵士。

静中见真境，淡中识本然

【原文】

风恬浪静中，见人生之真境；味淡声希处，识心体之本然。

【译文】

一个人在宁静平淡的安定环境中，才能发现人生的真正境界。一个人在粗茶淡饭的清苦生活中，才能体会人性的本来面目。

【解读】

人生的真境就是恬然平静，心体的本然就是淡泊朴实。一切名利、是非、功过、善恶的存在，都是违背我们内心的初衷的。但在人世间这些东西已经不可避免了，也只有听任它的存在。在这种无可奈何中，只好进修自己的德业，努力保持淡泊宁静的心怀。

【事典】

怒而挠之，诱蛇出洞

《唐太宗李卫公问对·卷中》说："以近待远，以逸待劳，以饱待饥，此略言其概耳。"善用兵者，推此三文而有六焉："以诱待来，以静待躁，以重待轻，以严待懈，以治待乱，以守待攻。"

这就是诱蛇出洞的兵法，这段话的意思是说，以自己之近，以待远来的敌人；以自己新锐的生力军，以待疲劳的敌人；以自己的士饱马腾，以待饥饿的敌人。孙子概略地说了这三点。不过，善于用兵的人，把它推而广之，分为六点：敌人不来，引诱他来；敌人浮躁不安，我以沉着破敌；敌人轻举妄动，我以持重稳妥的方法击敌；我以严明的军纪和警戒森严的阵势，破敌人的懈怠疏忽；我以井然有序，节制之师，破敌人的混杂纷乱；我在某一种情况下，采取攻势防御，待机转移攻势，击破敌人。以诱待来，就是敌人不在其不利的状况下决战，我以诱敌方法诱他出来，也就是孙子所说："以利诱之，使敌自至"。战争胜负的因素是多方面的，既有时间、空间因素，也有实力等因素。当某一方面于敌不利时，聪明的敌人是不会轻易出动的。然而，当我以诱敌的方法欺骗迷惑敌人，使其感到有利可图时，他就往往"诱至而出"，被我所乘。可见，善于发挥主观能动性，采用各种方法引诱敌人，到头来就可能"牵着敌人的鼻子走"。

对诱蛇出洞谋略的运用，自古有之。公元前700年，楚国侵伐绞国，两军相持于绞国都城南门。莫敖屈瑕根据绞国轻躁少谋的特点，建议派出无保卫的采樵夫（砍柴者），引诱绞人出城。楚王采纳此建议，第一天上山砍柴，让绞军捕捉了30名樵夫，绞人自以为得计。第二天绞军又争先恐后出城，追捕楚军樵夫。楚军预先派兵潜于绞国都城北门外，并设伏于山中，待绞军前来，伏兵四起，大败绞军，迫绞国求和。在军事斗争中，诱敌和迷敌是紧密相连的。迷惑敌人的办法很多，但最好的办法，是善于运用战术伪装、示假隐真、利而诱敌。钓鱼要有诱饵，诱敌要给敌以小利，让敌尝到一点甜头，才能造敌错觉，迷惑敌人，实现预期目的。以小利诱敌，诱饵要对敌有极大的吸引力和诱惑力，并配合各种诱骗活动，使敌上当受骗。

著名的莱芜战役，对诱蛇出洞谋略的运用也很妙。战役开始之前，毛泽东指示我华东野战军，为达诱敌深入的目的，必要时可以放弃临沂城。这样，当敌人集中兵力大举进攻我解放区时，我军首先避敌锋芒，正面以小部兵力作运动防御，有计划地放弃一些城市和地方，诱敌深入并迫使其分散兵力去把守所得城市和地方。当敌军占领我有计划放弃的山东解放区首府临沂之后，便背上了更大的包袱，而我主力则集中休整于有利位置隐蔽待机，实施大踏步机动，出敌不意地迅速抓住并歼灭了孤军深入的李仙洲集团。

由此可见，诱蛇出洞是一条很好的妙计。现在让历史来个千年的轮回，我们品味一下刘邦是怎样用"诱蛇出洞"这一良策妙计的。刘邦也是非常高明的，有时可能光凭诱蛇还不一定出洞。所以刘邦用计也是双"计"齐下，为了蛇出洞，他便用"激将法"怒而挠之。

在讲刘邦如何把两计谋合二为一之前，我们还是先说一下激将法。激将法，源于《孙子·计篇》，原意为：如果敌将领性格刚愎，就设法使他发怒，丧失理智，盲目用兵。属于"激将计"的谋略。激石成火，激人成祸。战争是以人为主体所进行的活动，受人的理智所左右，而一旦理智失常，战争就会挣脱驾驭的缰绳，狂奔乱驰，误入歧途，因智乱而兵败。春秋晋楚城濮之战中，晋文公故意扣留楚军使者宛春，激怒了楚军统帅子玉，一时冲动之下，楚军在形势不利的情况下匆忙与晋军交战，结果一败涂地，使楚国丢掉了霸主地位。

"匹夫见辱，拔剑而起，挺身而斗，此不足为勇也。"相反，"卒然临之而不惊，无故加之而不怒"，方显出英雄本色。战争是一门最深奥的科学，任何非科学的感情因素，都可能因为违背了战争规律而招致失败。"怒而挠之"是心理科学在战争中的移用，心理学为战争开辟了一条新的途径。同时，也告诉人们一个道理：战争的胜利可以因为成功地扰乱了对方的心智而取得，同样也可能因为自己感情上的脆弱而失去。所以，在作战当中，既要重视利用敌人心理上的弱点，同时又要注意自己性格的修养。既善于"攻心"，又能"闻变不惊，处变不乱"。

这样我们就能更好地理解刘邦的"双计齐下"了。

项羽在成皋将刘邦和英布联军一举击溃后，刘邦只得逃到赵地去征召韩信的兵马，想以此再度南下阻挡项羽攻击关中。这时，项羽后方的梁地又被彭越的游击队偷袭，睢阳、外黄等十七城池相继失陷。为了确保后方粮草的安全，项羽便亲率大军东进，准备荡平彭越的游击队。

东进前，项羽反复叮嘱镇守成皋的大司马曹咎，让他坚决不要出城和刘邦对阵，等待他从梁地回来后再行出击。

曹咎原为秦王朝蕲县狱掾，曾和司马欣一起救过项羽的叔父项梁，凭借着这份功劳，成为楚军的重要将领。虽然他并没有什么军事才干，但仍因忠诚可靠而被项羽任命为楚军最高军政指挥官——大司马。

话说回来，因为龙且此时已经去救齐，项羽又倍受陈平离间计所害，他无法信任钟离昧。在没有独当一面的将领可用时，项

羽只好起用了曹咎来作成皋的防守工作，因担心曹咎不能胜任，项羽还特意让塞王司马欣协助曹咎守城。司马欣和曹咎是老朋友，又曾担任过原秦国大将章邯的首席军事顾问，作战经验丰富，由他来协助曹咎应该是万无一失的了。项羽深知曹咎不是刘邦的对手，因此嘱咐他只要坚守十五天即可。刘邦当然也接到项羽离开的消息，他判断项羽此次来回约需十数天，这十数天是夺回成皋最好的时机。于是他派出偏将率队到成皋城门前叫阵，以一副轻敌的模样引诱曹咎出战。曹咎和司马欣自然不敢随意出击。

刘邦见曹咎和司马欣不敢出城和他对阵，于是决定用计谋诱蛇出洞，然后再将守城军队击溃，夺回成皋。刘邦知道，曹咎和司马欣都是早年有恩于项梁而受到项羽重用的人，于是便设法在城中的楚军里放出风声，说这种靠恩情升官的将领，根本就不会作战，因此才不敢和刘邦出城对阵。

曹咎面对刘邦的侮辱，异常愤怒，便要率军出城和刘邦决一死战。司马欣好不容易才将他劝阻住。第二天，刘邦又来叫阵，这一次不仅把曹咎羞辱了一番，而且连他的祖宗三代都羞辱了个遍。曹咎被刘邦羞辱得再也受不住了，于是不顾司马欣的苦苦劝阻，立即率军出了城。

刘邦亲自率军依汜水布阵。曹咎亲自带头渡河，攻击对岸的刘邦。

面对来势汹汹的曹咎，刘邦知道蛇被诱出洞来了，第一步已经完成，第二步便是把蛇打死，但是刘邦又深知兵法上说过"避其锐气"，他要把蛇诱得离其洞更远一点，否则在蛇的"家门口"打，蛇会如狗一样，也会占家"势"。

刘邦也真是神机妙算，他知道只要自己此时退几步，对战胜曹咎来说，反而是"以退为进"，胜得更快。于是，刘邦下令全军后退，曹咎见状更加紧渡河。谁知，当楚军半渡时，刘邦立刻令汉军回师，令弓弩手放箭攻击河流中的楚军，楚军立刻大乱。刘邦又命左右两边伏军由河边小树林中冲出，向汜水中慌乱的楚军展开大屠杀，曹咎奋力抵抗，但仍不能敌。

成皋城上的司马欣见状，也立刻组织后备部队出城援救曹咎。但等到司马欣进入汜水中拯救曹咎之际，埋伏在温水东岸的汉军悉数尽出，立刻截断楚军回城之路。

城外的楚军见回城之路被断绝，大为吃惊，纷纷向汉军投降。曹咎和司马欣眼见大势已去，深悔未曾听从项羽的交代，便在汜水上自刎而死。

刘邦于是渡河攻陷成皋，并在荥阳对面的广武县驻营，重新控制了敖仓的粮食和补给线路。

刘邦阵前对曹咎怒而挠之一事，《史记》《汉书》《资治通鉴》都有记载。

据《史记·项羽本纪》载："是时，彭越复反，下梁地，绝楚粮。项王乃谓海春侯大司马曹咎等曰：'谨守成皋，则汉欲挑战，慎勿与战，毋令得东而已。我十五日必诛彭越，定梁地，复从将军。'乃东，行击陈留、外黄。""汉果数挑楚军战，楚军不出。使人辱之，五六日，大司马怒，渡兵汜水。士卒半渡，汉击之，大破楚军，尽得楚国货赂。大司马咎、长史翳、塞王欣皆自刭汜水上。"

刘邦之所以能引诱曹咎上当，是因为他成功地运用了怒而挠之的计策。

"怒而挠之"，《孙子兵法》解释说其是"诡道十二法"之一，是指用挑逗的办法激怒敌人。此举的目的在于使敌人失去理智，轻举妄动，然后乘机将其消灭。这里，"挠"是挑逗的意思。大凡人在理智时，头脑多能保持清醒，作出的决定和采取的行动也较少错误；一旦失去理智，情况就大不相同了。所以，两军交战时，聪明的将帅总是想方设法去激怒对手，以使其失去理智。但是，内因是根据，外因是条件，外因必须通过内因而起作用。也就是说，要想激怒对手，对手必须是一个易被激怒的人才行，否则只能是徒劳无益。而曹咎正是这样一个头脑简单、脾气暴躁的人，所以刘邦才一而再、再而三、日复一日地耐着性子设法去激怒他，而且终于达到了目的。这说明，刘邦对曹咎的性格是非常了解的。而《百战奇法·利战》说："凡与敌战其将愚而不知变，可诱之以利。"意思是作战中，如果敌将领愚笨、鲁莽，而不知虚实变化，可以施小利诱骗他，中己既设圈套而歼之。

我们都知道，小不忍则乱大谋。一个人如果脸皮不厚，受不了一点气，就会吃大亏。曹咎就是这样一个受不了气而吃大亏的人。

类似这样的事还真是不少。公元前341年，魏国攻打韩国，韩国向齐求救，齐国以田忌为将，孙膑为军师，攻魏救韩。齐军直趋魏都大梁，魏军闻讯即撤兵回援，当来势汹汹的魏军与齐军一接触，齐军统帅田忌听从军师孙膑的建议，挥师伴装怯战，不战而撤。庞涓以为齐国兵弱，真的畏惧，便率魏军紧紧追赶。齐军以逐日减灶之法，伪示兵力急骤减少，魏军庞涓信以为真，丢下辎重，只率轻骑部队，日夜兼程追赶。齐军退至马陵，选择有利地形设伏。魏军追至马陵，陷入齐军埋伏中，大败。"伏兵以击"，是对付鲁莽愚蠢，贪图小利而不知其害之敌的有效战法，是古代战争中常用之谋，创造了无数的成功战例。运用此计，必须建立在熟知对手的基础上，针对敌将的智愚、性格脾气等特点，有的放矢地合理使用。现代战争条件下侦察技术不断发展，行动企图难以隐蔽，要十分注意在巧施诱饵、示形惑敌、设假隐真上下功夫，这样才能欺骗敌人，诱敌陷我圈套。

现在很多人提到刘邦，都说他奸诈、阴险、狠毒，这是贬义的说法。对一个人我们要用一分为二的观点来看，刘邦其实更是一个足智多谋的人。他会用兵打战，靠自己的厚黑智慧得到了天下，对中国封建社会的朝前发展作出了巨大贡献。到了如今，每个人都想有一番作为，我们应当吸取历史经验教训，重视研究像刘邦这种厚黑大师的智慧。

总之，一个人无论是做事还是为人，易怒易忿都是一大缺点。不过，作为普通人，易怒易忿所造成的危害总是有限的，而且往往是个人的，但作为三军统帅或其他方面的领导人来说，后果可就大不相同了。所以，无论古今，凡是明智的人，总是十分注意提高自己的修养。他们都懂得，为了远大的目标，在一些特殊的场合下必须善于制怒。

言者多不顾行，谈者未必真知

【原文】

谈山林之乐者，未必真得山林之趣；厌名利之谈者，未必尽忘名利之情。

【译文】

畅谈山野林泉生活之乐的人，未必就能真正领悟山林的乐趣。高论讨厌功名利禄的人，未必就能完全忘怀名利之心。**【解读】**

看一个人嘴上说的，还不如看一个人行动上做的。嘴上说得头头是道的人，行动上可能是一筹莫展；嘴上经常下决心的人，其实他心里根本就没有决心；嘴上经常反对的，正是他心里想做的；嘴上说做不做官都无所谓的人，其实心里最渴望当官。以上种种人都是通过一种曲折的方式表达自己的意愿，这就叫"欲盖弥彰"。一个真正淡泊了名利的人，说与做已经融为一体，天然浑成了，根本用不着自己来表白什么，即使说什么也都是无所谓了。

【事典】

卑侍尉缭，重金赂臣

——巧用离间

常言道，要知人善任，用人不计个人恩怨，要礼贤下士，才能招徕人才。明白"得士则兴，失士则崩"的道理，就应当主动地去挖掘和尊重人才、信任和重用人才。

《尚书》上说："能够虚心求教尊敬老师的人可以称王。"怎么证明呢？以前齐宣王召见颜歜。说："颜歜，到我跟前来！"颜歜也说："大王，到我跟前来！"并继续道："我主动走到大王跟前，是倾慕权势；而大王主动走到我跟前来，是礼贤下士。与其让我倾慕权势，不如让大王礼贤下士。"

齐宣王愤然变色说："是王高贵，还是士高贵呢？"

颜歜回答说："以前秦国攻打齐国，曾下令说：'有人敢到柳下季坟垅周围五百步内打柴的，死罪不赦。'又下令说'有谁能得齐王脑袋的，封万户侯，赐金千镒'。由此可见，活着的大王的头颅，还不如已死之士坟墓。"

所以呢，作为君主呢，要有王者之风，礼贤下士，便能广得人才，为自己所用。特别是个性突出的士人，一般都很直，似乎有些"忤逆"，与己过不去，但这是没有充分发现他们的特点，没有充分尊重信任他，加上他们个性直，所以不愿合作。明主要不计较个人得失和恩怨，对贤能人充分信任，委以重任，他们就会死心踏地去为之工作。历史上像管仲辅助公子小白（齐桓公），当初管仲用箭射中小白，但小白不计仇怨，经鲍叔牙引荐，任之为相，为齐国发展作出了突出贡献；唐朝的魏征，是唐太宗李世民的一面"镜子"，当初还带头告李世民鸣反，但李世民重其才，没有杀他，反而任之为谏臣和"太子冼马"，让他参与国政，广开言路，开创唐朝一代新风。

而秦始皇任用尉缭，也有异曲同工之妙。秦始皇是一个暴戾恣睢的人，以他的性格来说，向来就以政治权威挑战那些桀骜不驯的知识分子；但为了统一天下的需要，他又不计较个人恩怨，广纳贤才，引用军事家尉缭便是重要一例。

秦王政亲政以后，由于李斯的大力协助，出谋献策，不遗余力，而且李斯的一套"帝王之才"为秦王所欣赏，因而马上拜李斯为相，为文官之首，参与国家大政方针的制定，是秦王的得力助手，成为秦王统领下的一员重要臂膀。

但是，秦王政还缺乏另外一只臂膀，即武官之首——掌管军事的国尉一职仍然空缺，没有理想人选。秦国对外战争频繁，将星璀璨，并涌现出如武安君白起这样百战不殆的常胜将军、首屈一指的军事指挥大师，却从来没有产生过像孙武、吴起那样韬略高深的军事理论家，运筹于帷幄之中、决胜于千里之外的兵学大师，这是秦国历史上的明显不足之处，也是年轻的秦王政感到至为遗憾的地方。因此，他在撤销逐客令、敞开国门迎纳四方宾客之后，急切盼望有一位谋略深远的军事理论专家来到秦国，成为自己另外一只孔武有力的臂膀，辅佐他完成统一天下的大业。

精诚所至，金石为开。正当秦王政如大旱之望云霓一般期待一位兵学大师时，果然有一位饱学之士怀揣自己写就的军事理论著作西向入秦，来到咸阳。他，就是战国后期的著名军事家尉缭。

尉缭，原称"缭"，"尉"是其在秦国所任官职名称。魏国大梁人，系布衣出身，秦王政十年（公元前237年），尉缭由魏入秦。尉缭学富五车，尤喜兵家，对军事理论有很深的研究。

缭入秦之时，嫪毐集团的叛乱已被平定，相国吕不韦已被解除职务。大权在握的秦王政，摆在他面前的历史使命，便是兼并六国，统一天下。在此种形势下，缭为施展自己的抱负，谋求仕途，便向秦王政进言说："以今日秦国的强大，各诸侯国国君可譬如郡县之臣。然而，如果山东六国联合起来，出其不意地向西攻秦，则形势危险。当年晋国的智伯、吴王夫差、齐湣王，便是在这种形势下灭亡的。为秦国计谋，愿大王不要吝惜财物，可用重金来贿赂六国的权臣，以扰乱他们的'合纵'计谋。为此，所费用的不过三十万斤黄金，却可尽得各诸侯国的土地与人民。"

早在秦昭王后期，范雎便提出兼并六国的"远交近攻"的军事路线和外交路线。缭所提出的用重金贿赂各国重臣，破坏"合纵"的离间计策，作为"远交近攻"路线的补充，使秦王政十分欣赏，于是以缭为客卿。

秦王政奉缭的计策为至宝，因而对缭十分尊敬和亲近，优礼有加，令缭的衣服、饮食等级与秦王相同。秦王政在缭的面前所表现出的卑谦下士，使缭感到有些过分，甚至不近情理，令人不大舒服。经过一段时间的接触和交往，缭越发感到可怕。他公开向人谈及秦王"蜂隼、长目、鸷鸟膺、豺声"的身体体形特点，并进一步评价秦王的为人。"秦王为人少恩而虎狼心，居约，易出人下，得志，易轻食人。我布衣，然见我常身自下我。诚使秦王得志于天下，天下皆为虏矣。"他将秦王的相貌与为人评论一番后，得出的结论是："不可与久游。"想到这里，尉缭为避免祸害，卷起被盖行李，悄悄地离开馆舍，很快地逃走了。

按照秦王的性格和为人，尉缭如此胆大妄为，是注定要招来杀身之祸的，当时谁都认为秦王一定会派人追杀。但秦王没有这么做。尉缭在公众场合议论他，他认为这是私仇，因而可以不放在心上，重要的是，统一大业即将开始，尉缭这样的军事人才对于秦国、对于缺乏军事指挥经验的秦王具有非常重要的意义。

秦王于是急忙派人去追尉缭，尉缭还没逃出咸阳，就被人追回来了。秦王政见缭被找回，又惊又喜地向缭问道："先生为何不告而辞，舍弃寡人而去？""深蒙大王厚恩，臣哪里会不告而辞，适才不过是到市上闲游而已。"缭见自己既被追回，便说自己是上街闲走。他怎敢承认自己是想逃亡？秦王政听了缭的回答，还是半信半疑，觉得缭不像是上街闲走，可又不能断定缭是要舍弃自己而逃亡，更不可能知道缭在心中的那一段暗自独白。转念间秦王猛省：自上次进言后，我对缭优礼有加，同衣同食，可并没有正式授他以官爵，莫非他会是因此而想离去么？想到这里，秦王政在心中责怪自己的疏忽，便当即对缭说："先生不要为寡人派人寻你而多心，寡人已决定任命您为国尉。正想告知于您，请您主管秦国的军事，望先生尽力辅佐寡人安定天下。"

虽然秦王政不真正了解缭出走的原因，但缭对秦王任命国尉一事的用意，在心里却是一清二楚的。缭既然知道自己一时还难以离开，且又被任命为国尉，便只好暂时放弃离开秦王的念头，供职于秦王殿下。从此，人们便连同官职一道称他为"尉缭"。

从这里我们可以看出秦王政能抛下个人的私怨，礼贤下士的一面，对于像尉缭这样具有满腹韬略，运筹帷幄的军事人才，秦王政不仅能够抛弃前嫌，而且在言谈举止上坚持以礼相待尉缭，在接见尉缭之时，坚持换下其特殊身份的服饰，穿与尉缭所穿一样的衣服，在饮食上也同尉缭一样，不再摆秦王的架子。这样，秦王政才真正感到心满意足了，文有李斯为长，武有尉缭挂帅，自已治国安邦、经营天下的左膀右臂业已齐备，可以大规模地对外发动统一战争了。

尉缭对秦国的贡献，除了他向秦王所献的离间计策之外，还在于他所著的《尉缭子》一书。该书既是对秦国军事经验和法制建设经验的总结，对秦国的军事实践曾起过指导性的作用；同时，它又是时代的产物，是吸收前辈和当时其他军事理论成果而写成的，因此是中国军事理论宝库中的一枝奇葩。

在前十二篇中，作者提出了许多精辟的论断，如"凡兵有以道胜，有以威胜，有以力胜……气实则斗，气夺则走"，以"庙胜"为"所以夺敌者五"之首（《战威》）。在《武议》篇中，作者引用吴起论将："将专主旗鼓耳。临难决疑，挥兵指刃，此将事也；一剑之任，非将事也。"

《尉缭子》一书的特色和精华，在于后十二篇中有关军事法规的部分。秦国是战国七雄中法制建设成就最高的国家，注重军事法规的建设。在军事法规建设中，其成就远远超过山东六国。尉缭总结秦国军事法规建设所提出的有关军事理论，对于秦国的军事实践亦起了重大的指导作用。

秦国在兼并六国战争中的大量事实表明，秦王政对尉缭确实是"卒用其计"，他的计策和军事思想在秦统一六国的战争中确实起了重要的作用。

秦始皇终用尉缭离间之计，远交近攻，先从内部破坏。只要时机一到，秦国一发兵，各国很快就会各个击破，像黄叶经不住秋风的扫荡一样，纷纷落地。正所谓"金玉其外，败絮其中"，尉缭的策略就是使各国先从内部腐败，然后一举击破。秦始皇这回正确地用上了尉缭，尽管尉缭对自己大不敬，然而还是与尉缭同衣同食，敬而有加，从而使尉缭十分感激，决定为秦始皇卖命效力，尽管他看出了秦始皇是不可相处之人。正是由于尉缭的策略，秦王政才得以逐个击败各国，打开了统一的大门。

世间之广狭，皆由于自造

【原文】

岁月本长，而忙者自促；天地本宽，而卑者自隘；风花雪月本闲，而劳攘者自冗。

【译文】

岁月本来悠长，可那些奔波劳碌的人却觉得时间短促。天地本来辽阔，可那些心胸狭窄的人却把自己局限在小圈子里。春花秋月本可供人欣赏，可那些熙攘忙碌的人却认为是一种多余。

【解读】

不了解人生的真谛，到头来只能是自讨苦吃，为名利去忙碌而让有限的生命随时光流逝，让私利挡住了自己的眼睛，看不见自己心地的宽广，不懂得培养情趣反而以为春花秋月的雅事是多余无用的。这真是"世上本无事，庸人自扰之"。

【事典】

"既得陇，复望蜀"

《周易》中有"见可而进，知难而退"的说法。在敌对双方的斗争中，或做某些事情的过程中，"见可而进，知难而退"对常人来讲，确是明智之举。但对不信命的大英雄曹操而言不灵了，他把"见可而进，知难而退"变成了"见可而退，知难而进。"

"既得陇，复望蜀"说的就是曹操"见可而退"的事例。

建安二十年，曹操打败张鲁，平定了汉中之地。当时曹操心满意得，在汉中各郡设置太守、都尉，重赏将士之后，便要勒马回师。主簿司马懿急忙前来劝曹操，要趁我军士气正旺，而刘备刚刚夺得西川，立脚未稳，人心未附的有利时机，火速向益州进兵，打刘备一个措手不及，刘备必定失败。

听了司马懿之计后，曹操非常感慨地说："人若不知足，既得陇，复望蜀耶？"意思是不同意进军。

这时主簿刘晔出来劝谏。刘晔乃光武帝刘秀之子——卓陵王刘延的后代，颇有谋略，一向善于鉴人的汝南许劭不轻易称许人，却称赞刘晔有辅佐世主的英才。他归服曹操后，在平定汉中时立下大功。这时他见曹操不趁势拿下四川，立即劝谏说："明公当年用步兵五千，就敢率领他们去诛灭董卓。后来您又北破袁绍，南征刘表。九州百郡，您已经十成中并兼八成了，现在您威震天下，势慑海外。如今又拔取汉中，蜀人已望风破胆，魂不守舍。蜀地只要通过传布檄文就可以平定。刘备，是人中的雄杰呀！他虽有度量、谋算，但步调较为迟缓，他得到蜀地的日子还浅短，蜀中的人心还没有完全依靠他。而今新破汉中，蜀地人情震恐，这是一种不攻自倒的形势。以曹公您的精明，借着蜀中这种倾倒的形势而用大兵压过去，没有什么攻打不下的。现今如若稍稍松缓一下，诸葛亮对治国很英明又担任丞相，关羽、张飞勇冠三军而充当战将，蜀民之心既已安定，再据守险要，就不可再侵犯了。如今不攻取，必定为今后留下祸患。"曹操不在意地说："士卒远涉劳苦，且宜存恤。"于是不纳司马懿、刘晔之计，曹操带兵而回，只留夏侯渊驻守汉中。后来形势的发展果如刘晔所料。

"既得陇，复望蜀"是光武帝刘秀曾经说过的一句话。《后汉书·岑彭传》载，建武八年（32年），岑彭跟随刘秀讨伐陇西的隗嚣。攻下天水后，隗嚣逃往西城，刘秀又进围西城。这时，占据蜀地的公孙述派大将李育前来救援隗嚣，驻兵上邦。不久，刘秀因事要先回洛阳，临行给岑彭写了一封信，说：

　　　　两城若下，便可将兵南击蜀虏。人苦不知足，既得陇，复望蜀。
　　每一发兵，头须为白。

　　意思是要岑彭在攻克西城、上邦后乘胜前进，进攻盘踞蜀地的公孙述。后来，隗嚣和公孙述都相继被消灭了。曹操借用这句话，意图却完全相反，不是赞成在得到汉中后立即向益州进攻，而是主张采取慎重态度，暂且按兵不动。

　　"既得陇，复望蜀"用在此时，确是曹操走的一步败棋，以后的事实印证了这一点。

　　曹操回许都的第二年，受"魏王"之爵。一日，得知刘备派张飞、马超屯兵下辨，立即命曹洪领兵五万，前往助战。曹洪令张郃、夏侯渊各据险要。张郃入攻张飞，被张飞用计夺了其所守的瓦口关。曹操见汉中形势危急，便起兵四十万亲征。军至南郑，便令夏侯渊出战，不料在对山被黄忠砍为两段。蜀兵乘势攻占了定军山，又夺了曹操北山粮草。很快曹操又失去南郑，退守阳平关。此时张飞截了魏军粮车，曹操便亲自提兵与蜀兵决战，大败之后，逃至斜谷口。曹操在斜谷口，欲要进兵，被马超拒住；欲要退兵，又恐被蜀兵耻笑，心中犹豫不决。

　　众所周知的鸡肋口令正是此时传出的。曹操杀了杨修也无可挽回败局，次日，兵出斜谷口，结果惨败，不得不尽弃汉中奔回许都。

俗话讲："知足者常乐，能忍者自安"。但这只是对常人的警告，所谓的"贪得者虽富亦贫，知足者虽贫亦富"也只是对一般人修身养性方面的要求，但对曹操这样一代枭雄人物就不适用了。因为从曹操当时所处的环境来看，"得陇望蜀"应该是竞争中的一种策略。是一种及时乘势，彻底解决，不留后患的策略。如果这样，那么曹操的得陇不望蜀的做法无疑是错误的。

曹操不肯进兵西川的另一个原因，是由于畏惧艰险，是对西川的战略位置没有给予充分的注意，加之在这次平定汉中的进军路上，曹操见山势险恶，林木丛杂，当即就引军回寨，并对许褚、徐晃说："吾若知此处如此险恶，必不起兵来。"又说："这真是个妖魔鬼怪住的国度。有他和没他，又能有什么关系？我军缺少粮食，不如速速回师。"汉中之地"如此险恶"，西川之地如何呢？所谓"蜀道难，难于上青天"，肯定比汉中更加险恶。

作为一军统帅，应该是知难而进，勇于克服各种困难。曹操若有后来邓艾偷渡阴平小道时勇往直前的精神和毅力的话，那么他就不会因此而退缩回来的。这里就用得着"智、信、仁、勇、严"这为将五德中的"勇"字了。看来曹操此时缺少这个"勇"字。因此从霸业之人应不畏艰险的角度来看，曹操同样是错误的。

正是由于曹操"得陇不再望蜀"，留下了祸患之根，最后给自己造成了难以弥补的损失。给曹操的千古霸业带来了很多的负面影响，总括起来主要有以下几点：

（一）有势不乘，坐失良机，给了刘备喘息的机会。

刘备很快就羽翼丰满，力量强大，不但"不可犯"，而且要前来进犯，这是曹操始料不及的。更出曹操所料的是刘备在夺取汉中之后，竟然自称汉中王，直接与自己相抗衡。从某种意义上说，三国鼎立局面的形成，与曹操这次失误有相当的关系。

对于刘备其人，曹操是很清楚的。当年青梅煮酒论英雄的时候，除了曹操自己之外，刘备被看作是惟一的英雄。曹操夺取东川时，刘备也刚刚夺取西川。刘备夺取西川之后所带来的后果，曹操不会不知道。刘晔也说得很清楚："若少迟缓，诸葛亮明于治国而为相，关、张等勇冠三军而为将，蜀民既定，据守关隘，不可犯矣。"

（二）损兵折将，丢失汉中。

按理说，汉中之地不仅是曹操含在嘴里，而且也是吞到肚里的肥肉。曹操以为万无一失，没想到刘备却来虎口拔牙，自己硬是给赶出了汉中。

（三）狼狈不堪，威风大减。

在与刘备争夺汉中的战斗中，曹操损失了众多的兵将不说，最使他难过的是损失了与自己有手足之情的大将夏侯渊，这便使曹操如"折伤一般"。另外在斜谷口曹操又被魏延一箭射中人中，打掉门牙两颗，真所谓让世人"笑掉大牙"，其状十分凄惨。

总之，曹操得陇不望蜀，因此，失去了乘势取胜的机会，坐视自己的敌人很快强大起来，最后把自己打败，这样的教训是十分惨痛的。

我们对曹操的评价总体上是肯定、赞扬的，但也是实事求是，有功说功，有过说过。曹操毕竟是功大于过，不能回避曹操的失误。

武侯祠内楹联随处可见，以诸葛亮殿前清末赵藩所题最负盛名：

能攻心，则反侧自消，自古知兵非好战；

不审势，即宽严皆误，后来治蜀要深思。

此联是赵藩游武侯祠时借诸葛亮治蜀针砭时弊而发。此联独特新奇，不落窠臼，提出了"攻心"、"审势"两个颇有见解的问题，给后人以深刻的启迪。可为后世借鉴。

乐贵自然真趣，景物不在多远

【原文】

得趣不在多，盆池拳石间烟霞俱足；会景不在远，蓬窗竹屋下风月自赊。

【译文】

具有真正乐趣的休闲活动不在多，只要有一个小小池塘和几块奇岩怪石，山川景色就已齐全。领悟自然景色不必远求，只要在竹屋茅窗下坐临清风，身浴明月，心胸自然旷远辽阔。

【解读】

"山不在高，有仙则名，水不在深，有龙则灵"。美好的景致不在远近、高低、深浅、多少，贵在能够心领神会。精神的富有超过物质的享受，高雅的情调并不决定于财富的多少。所以享有生活情趣的人，一草一木也关情，没有生活乐趣的人，即使让他处在名山大川中，又怎能抒发出悠然雅趣，生发热爱大好河山的激情呢？所以生活中并不是缺少趣味，而是在于能否发现。

【事典】

天下承平，定朝仪

作为一个农民的后代，刘邦与其他贵族出身的领袖有所不同，首先表现在他对上层社会生活繁文缛节的不熟悉和不习惯，加上在长时期军旅生涯中，每天都要面对生与死的考验，不可能留心于封建王侯的繁复礼仪。因而征战时期，手下大臣们的一些不太符合礼仪的举动，在刘邦看来，反而有一种亲切感。但是成了皇帝之后，所有的事情就不一样了，那些大臣们只当现在还是当时的戎马生涯，在朝廷的宴会上，不但没有人考虑到皇帝的尊严，还保持了以往大碗喝酒、大块吃肉的习气。有的人喝醉了酒大喊大叫，有的人甚至拔出剑来在柱子上乱砍一气。刘邦虽然努力想改变这种状况，却苦于没有一个人能系统地制定出一套朝廷礼制来。

在秦朝时担当过博士的叔孙通很会揣摩上意，当他看到刘邦对于这种状况越来越不满，便把握住了刘邦的心理，他就对刘邦说："书生们虽然不能帮你在沙场上争霸，却可以帮你治理一个国家。我请陛下批准我到鲁地去征召一批熟悉礼仪的儒生，和我的门生一起为陛下制定一套上朝的仪式来。"

刘邦问他："这套仪礼，实行起来难不难？"叔孙通回答说："五帝的音乐各不相同，三王的礼也各有特点。礼是根据时代和人情的实际情况而制定的一套约束人们行为的规章制度。因此，夏、商、周三代的礼，各有继承，也各有变革。我打算采用古代礼仪与秦王朝的礼仪相结合，为陛下制定出一套新的礼仪来。"

刘邦听后，指示叔孙通说："你可以先搞试验，总的原则就是要简单明白，便于施行。"

叔孙通到鲁地，征召了三十多个儒生。在征召的过程中，有两个儒生不愿意跟随他去为刘邦制定礼仪。他们对叔孙通说:"你前后差不多侍奉过十个主人,都是一味地逢迎以求亲近与尊贵。如今天下刚刚太平,死的人还没有得到安葬,伤的人还没有治愈,你就要制定礼乐制度。礼乐制度,对于一个王朝来说,一定要积累百年的恩德才可以制定与推行。我们不愿意干你所想干的事。你想做的事,不符合古代的要求,我们不愿意跟随你,你走吧,不要污染了我们!"

叔孙通挨了一通骂,也不生气,仍旧笑着对他们说:"你们是书生,也应该识一点时务,识时务者才为俊杰嘛!"他带着征召来的三十个儒生,连同刘邦左右的侍从以及自己的一百多个学生,在郊外用草木丝帛为标记,为刘邦研究制定和演习礼仪。经一个多月的努力,总算把这套礼仪制定出来了。

叔孙通本来就是秦朝的博士,大使夫人和国家的礼节仪式他是知道的。秦始皇统一中原之后,命人制定过一套礼仪。在六国的礼节仪式中,凡是尊重君王统治的地方都被秦始皇所采用。叔孙通所拟订的上朝仪式基本上就是秦国的翻版,但是秦朝的名声实在是太坏,怎么也总得掩饰一下才好,于是叔孙通到鲁地去找了一批儒生。但这只不过是掩耳盗铃,挂羊皮卖狗肉的把戏而已。

叔孙通觉得一切都满意的时候,就请刘邦参观。刘邦看后大加赞赏,并表示自己也能学得来,然后下令群臣学习这套礼仪,懂得礼仪是正规化的标志。就如士兵要学步伐,学四面转法,懂得出操一样。学习礼仪,弄一些文明教化当然不是坏事,汉朝的泥腿子也要学会穿皮鞋,总不能老是停留在泥腿子的水平上。这一天天刚亮,由谒者主持仪式,按照来朝贺的诸侯王及文武百官身份地位的高低依次排好队伍,引导进入殿门。廷中排列着整齐的车马,步兵则担任官殿的警卫,四处陈列着兵器和旗帜。殿前有郎中官排列在台阶的两边,每一台阶的两旁,都有几百名郎中官站立。谒者发出"趋!"的命令后,功臣、列侯、将军、军吏等武官,恭恭敬敬地低着头,踏着碎步,依次排列在殿内的西边,面朝东而立;文官自丞相以下,则依次排列在殿内的东边,面朝西站立。刘邦乘坐辇车出来,礼宾官高声宣布百官禁止喧哗,以表示对皇帝的尊敬。大行令为大家安排好殿中的位次,然后引导诸侯王以下至600石的官吏,依次向皇帝表示祝贺。人人震恐,个个肃敬。祝贺仪式结束后,刘邦设宴招待,大家都俯首坐在座位上,不敢抬头,然后按地位的尊卑次序,----起身,向皇帝敬酒。酒过九巡,谒者宣布酒宴结束。在整个仪式进行的过程中,有御史担任执法官，一旦发现有人不遵守仪式规定，立即将他拉出去。因此，整个仪式进行了一个早晨，没有一人喧哗或有任何失礼的行为。

如此景象，自然是刘邦以前所没有见到过的情况，这要比那些大臣们经常不顾身份，在上朝时互逞威风的状况好多了。刘邦感到十分满意，并感叹说："做皇帝是何等的尊贵，我今天才算知道啦！"当即任命叔孙通为九卿之一的太常，并赏赐他黄金五百斤。叔孙通趁机向刘邦推荐他的学生和鲁地的儒生们，刘邦正在兴头上，立即升他们全部做了郎官。叔孙通出官后，把刘邦赏赐给他的五百斤黄金，全部分给了自己的学生和鲁地的儒生，他们欢天喜地地说："老师真是一个识时务的至圣贤人啊。"

刘邦称帝后，仍然按家庭的礼节，每隔5天，去向他的父亲请安一次。负责管理刘邦父亲事宜的官员对刘邦的父亲说："天无二日，国无二王。如今皇帝虽是您的儿子，但他是天下的主人，您虽然是皇帝的父亲，却是皇帝的臣民，怎么可以让人主拜见臣下呢？长此以往，会有损皇帝的尊严。"刘邦的父亲听后，在刘邦再一次来朝拜时，他手持扫帚，到大门外迎接，看到刘邦来到，便向后倒退。刘邦见此情景，大感惊讶，连忙下来挽扶父亲，他父亲对刘邦说："皇帝是天下人的主人，怎能因为我而乱了天下的法度呢？"于是刘邦尊称他的父亲为太上皇。刘邦对这位负责管理他父亲事务的官员很是满意，赏赐给他黄金500斤，以示奖励。

后来，在一次庆祝未央宫落成的宴会上，刘邦在朝贺的诸侯王和文武百官面前，举起了一只玉酒杯，站起来向他的父亲敬酒，说："当初，您认为我是个无赖，不能治产业发家致富，不如我的哥哥。如今我的产业和哥哥比，谁的多呢？"此话引得大家哄堂大笑。

在封建时代，礼与法是君主皇帝们为了更好地实行自己的统治而制订的一套约束下臣的制度，这种制度自然完全是以皇帝为中心制定的，所以带有强制性。作为一名刚刚就职的封建皇帝，在东方封建土壤中生长生活的刘邦，自然无法看到并借鉴西方城邦国家的具有民主特征的制度，所作所为更为开明一些，但就其当时而言，他已经颇为礼贤下士、平易待人了。诚然，为了更好的实施统治，他必须面临一个任务，将一些自由、随便惯了的下臣们从战争状态中拉出来，训练他们，使他们懂得教养，具有涵养，包括自己也要如此，以使一个政权走上正规化之路。

刘邦贵为皇帝，尝到了当皇帝的滋味与乐趣，但是他仍然改不了一个农民的心态。他将整个国家当成了他个人的私产，不仅向他的父亲炫耀，也向所有的臣下炫耀。中国的历代帝王，都和刘邦具有同一心态，都是将天下作为自己的私产，这就是所谓的"家天下"。他们从来没有考虑到自己的责任和义务，总是一味地考虑自己的权利，以一己之私而废天下的大公。在这种帝王的统治下，要求国家、民族和民众的福祉，不啻于痴人说梦！皇帝是人民的主人，人民是皇帝的奴隶，包括皇帝的父亲也是皇帝的奴隶，可以任由皇帝奚落、嘲笑。惟有皇帝的尊严，哪里还有臣民的尊严？不管是谁，也不管他以前是个什么样的人，一旦做了皇帝，他就只有帝性而丧失了人性！

常言说：无规矩无以成方圆。何况是管理一个泱泱大国的大事？许多人往往反对礼仪，反对法规的制约，其实这是一种导致人类自毙的行为，因为法规的重要性，从现代交通管理制度上就可以看得出来。因而，我们可以说，制定礼仪对于一个政权来说有着很重要的意义，荀子说："人无礼则不生，事无礼则不成，国家无礼则不宁。""礼，就是天地的秩序。"礼是德行的外露，是人们作为范式的法则。大的方面就是天地的秩序，小的方面就是人伦的纲纪，以及事物的分别。简单说来，就是人们应事、待人、接物、处世的各种规矩、次序。而且自从周朝建立之后，周公制礼，就把封建社会的各个阶层严格地分了开来，于是有了尊卑，有了主从。所以，儒家对于礼是非常注重的。孔子作为儒家的代表，尤其如此。

在未讲究礼仪之前，刘邦虽然当上了皇帝，却没有享受到应有的尊重，他心里自然也是不满意的。尤其是面对那些过去的老部下、老朋友，礼仪不存在、身份未体现，他就无法拉下脸来训斥他们，这种状况自然不是一个皇帝所能忍受得了的。所以叔孙通一旦承诺为其制定礼仪，他便感到十分高兴，但是又害怕这些大臣们对此有抵触情绪，就再三要求做得简单些。而这套礼仪一旦付诸实施，威严自然而然地就产生了，光是那套繁文缛节，就使得那些平常很随便的大臣、诸侯们感到了今日的朝廷官殿再不是昨天能拍着肩膀互相嬉戏的战时营帐了，自己所面对的已是一个家天下的手握生杀大权的君王。刘邦也从群臣们那敬畏的眼神和与往日迥然不同的情形中，尝到了皇帝的特权。

由此观之，礼对于一个封建社会的国家来说，是多么重要的一件大事。制定了礼，就等于把一个国家的一切都安排好了，而且这种安排也完全有待于君主的统治。所以，历朝历代都很注重礼仪，并把它作为统治人民的一种主要手段。刘邦之所以看重礼仪，原因也在于此。

观形不如观心，神用胜过迹用

【原文】

人解读有字书，不解读无字书；知弹有弦琴，不知弹无弦琴。以迹用，不以神用，何以得琴书之趣？

【译文】

人们只懂得阅读和解释有形文字的书，却不懂得研究和阐明大自然无形文字的书。人们只知道弹奏有弦之琴，却不知欣赏大自然无弦的琴音。只知运用有形的事物，而不能领悟无形的神均，这种人又如何能理解音乐的学问的真趣呢？

【解读】

只读有字的书，进得去，出不来，不如无书。生活本身就是一本书，不读生活这本无字书，怎么能明白书中的万般趣味？弹有弦琴，是高超的技艺，弹无弦琴才是悟得了琴韵的妙趣，"十个指头弹钢琴"，正是从有形脱于无形。琴书之雅，人人追求，然而形式上能运用，不若领会其中的精髓。一位画坛大师曾说过："似我者死，悟我者生"，说的不正是这个道理吗？

【事典】

矫枉过正，刑彭越

刘邦称帝后，在新封的王中，其中楚王韩信、梁王彭越、淮南王英布对他威胁最大。而韩信作为刘邦最为忌惮的异姓诸侯王，在最后的关头犯了重大错误，确实想谋反，被吕后设计逮捕诛杀，这种下场并不让人奇怪。而像韩信这样的一些过去战功卓著的旧勋臣之所以想谋反，并非是由于刘邦做了皇帝后与他们过不去、胸怀装不下他们，而是因为他们当初反秦、攻击西楚霸王项羽的目的在于自立为王，平分天下，并不想在统一的体制内受人管制。战争胜利后，皇帝只能由刘邦一人来做，而且这皇位还是世袭制，一旦姓刘的坐上便自此不变，别人连想也不能再想，他们成了下臣，这种心理，当然很难理顺。

与韩信齐名的另外还有一个异姓诸侯王，他就是梁王彭越。彭越也是一位有勇有谋的主。他起义后由于项羽没有封给自己领地心存不满，最后投向了刘邦，并在刘邦与项羽争雄的过程中起到了很大的作用。他在背后经常骚扰项羽，使项羽不能安心地完成歼灭刘邦的战略部署，却使刘邦一次次地赢得了喘息的机会。所以，刘邦一旦夺得天下，肯定要大大地加封他。然而彭越和韩信心里一样，这种主儿劳苦功高，辛辛苦苦打下了江山，皇帝却让刘邦一个人去坐，心里也就摆不平。刘邦做皇帝，木已成舟，也只能顺水推舟了，心里的疙瘩却总也消不去。

但自从韩信被废为淮阴侯，以及韩王信投奔匈奴后，彭越也产生了警觉心，对刘邦不再完全信任。

陈豨造反时，刘邦曾积极向各诸侯王作关系，但是除了自己的儿子齐王刘肥，加上齐国宰相又是刘邦死忠派的曹参，曾派出了大量军力响应皇军外，其余诸侯皆反应冷淡，这让刘邦非常不满。

彭越最初以年老多病为借口，只派遣部将率兵前去邯郸会师。然而刘邦这时最寄望彭越能给他支持，所以非常生气地派使节到梁王府埋怨了一番。

刘邦是何样的人，对这些王侯肚里的肠子几道弯儿还能看不出来？为了使专制独裁的江山千秋万代不改姓、不变色，他不但要对一些"淘气鬼"式的下臣加以管教调制，还要严加注意这些封于各地的能征善战的潜在危险人物。

像韩信这样的第一大将都能除，而时下亲信将领陈豨又造他的反，对彭越这种冷淡反应当然有所警觉，所以派使者去谴责彭越是可想而知的。

彭越见到刘邦如此对待自己，心中非常害怕，就准备亲自去刘邦处请罪。

他的部将扈辄劝他说："大王刚开始的时候不去，现在皇上一责备你才去，这分明是表明你并没有病，而是在装病。这样做就是对皇上的不忠。如果你去，一定会被皇上抓住的，如今最正确的选择，莫过于起兵造反了。"

彭越只听从扈辄的一半意见，继续称病，没有起兵造反。正在这个时候，彭越手下的一个太仆犯了过错，彭越非常愤怒，打算杀了他。这位太仆急忙逃跑，到了刘邦跟前，告彭越与扈辄谋反。刘邦对大将们的怀疑心又一次占了上风，何况前次彭越不亲自随自己攻打邯郸，再加上接连几个异姓王都是因为谋反被诛被讨，刘邦的心中顿感凄凉，不由对这些异姓王都失去了信心，立即派人去袭捕彭越。由于彭越并无反意，所以，他毫无防备，很快就被捕送往洛阳了。

同样的告状方式，都是因为得罪了下人，但不同的情况，当初韩信确有反意，而且正在组织准备，而彭越则没有反意，只是装病而已，但面临的处境可能要一样了。因为刘邦已对异姓王失去信心，况且正好借这个机会铲除异姓王。另外，还有一只可怕的"母老虎"吕后在背后乱捅。

由于扈辄教唆造反，彭越未治以罪，便均以造反罪将两人交付有司审判。刘邦下令判扈辄死罪，彭越知情不报，废为庶人，并流放到蜀国的青衣县。

彭越自觉无罪，见到吕后之后要其为自己求情。但吕后是什么人，口头答应的好，见到刘邦却是另外一套。她说："彭越是一名壮士，可以由盗贼到诸侯王，有其过人的能力，流放到蜀国，只会让他有报复的机会，不如诛杀之，以绝后患！"

于是重行审判彭越，并暗中教唆彭越之舍人假造证据，证明彭越造反，最后由廷尉王恬开奏请诛杀彭越。彭越家属全部遭受逮捕，并在三月同处死刑。

为此，刘邦还下令："有敢收彭越尸身者，逮捕治罪。"

如果说诛杀韩信是有真凭实据，并无冤屈的话，而诛杀彭越，刘邦显然已犯了扩大化的错误，显得过分猜疑了。正是由于他对异姓诸王失去了信心，失去了信任，这才犯了枉加人罪的过失。在这种过失的促动下，刘邦在韩信与彭越这两件事的表现用意已经非常明显，那就是要下辣手把这些异姓王们一一除去。然而在做这一切的时候，他的行动却做得非常巧妙。他不是通过自己的手去亲自做，而是顺水推舟通过吕后的手去做。按说，彭越死得真冤枉，他并没有反心，所以部将们的劝说并不能使他有谋反的举动，刘邦才能不费力地就把他逮捕了，刘邦也因而没有叛他的死罪，只是剥夺了他的王位。但是吕后的出现却使这一结果出现了意想不到的变化，由于吕后的野心已经昭现，她的儿子与赵王如意有争夺太子的趋势，所以此时的吕后急需要做一些惊天动地的大事来确立在群臣心目中的地位，而计杀韩信和彭越则是最大的功劳，还有什么能比杀掉这两个诸侯王更能显示自己手段的呢？像韩信和彭越这样两位开国元勋、大将死在妇人手下，真是英雄可悲。

彭越之死，令与之有恩人之交的栾布非常气愤。当时他正在齐国出差，闻之，迅速赶往洛阳，准备以死向刘邦进谏。

他先去买祭品祭拜了彭越的首级，被守吏逮到刘邦跟前。刘邦当然很是愤怒，喝骂栾布道："你这是和彭越共同谋反的吧！我禁止任何人替彭越收尸，你却敢去祭祀，明明是造反的同伙，立刻给我烹杀了！"

面对汤镬，栾布目视刘邦，视死如归，大声表示：

"我还有话要说，请允许说完再死！"

刘邦允道："尽管说吧！"

栾布说："当时陛下困于彭城，败于荥阳、成皋间，项王所以无法西向进逼，以彭王居于梁地，和汉军共同干扰楚军。当是之时，彭王若心向楚则汉破，心向汉则楚破，具有举足轻重的地位啊！而且垓下之战，如果不是彭王出兵助汉，项王也不会那么容易被打败的。天下已定，彭王以功劳晋封为诸侯，亦欲以此传万代，为陛下之屏藩。如今陛下只为了曾征兵于梁，而彭王因病不行，便怀疑彭王造反。没有确实反叛证据，却硬以小事诛灭之，臣恐今后功臣将人人自危，对陛下也不再有信心了。今彭王已死，臣生受其恩，义当追随地下，请立刻将我烹杀吧！"

刘邦恰恰懂得士不惧死，何须以死惧之的道理，见栾布如此谴责他，反而将他免死，再次释放了他。这是因为，栾布的指责听起来不无道理，他感到了自己过激和扩大的一面。枉杀了彭越，已经引起栾布这样下臣的寒心，何况那些立有战功的人呢？此时再杀了栾布，不仅证明了自己的残忍无道，还会招致更多人的不平。而赦免栾布这样的忠义之士，还可弥补一下枉杀的疚歉。

彭越既死，刘邦以梁国位处中原重心，不宜势力太大，乃将其土地分裂为二，东北仍为梁国，由皇子刘恢出任梁王，西南为淮阳国，由皇子刘友出任淮阳王。

尽管刘邦知道，对彭越的诛杀有可能是错误的，但他的政治警觉却并不会因此而对异姓诸王有所懈怠。因为枉杀和该杀本是两种不同的结果。但过激的错误也给他以警醒，使他的防范和怀疑进行得更有据、更慎重些。当然，他也有自己的可推托之处：一开始，他就没有诛杀韩信的意图，但韩信毕竟谋反，又碰上了皇后，只能咎由自取；一开始，他也同样没有诛杀彭越的打算，本想削夺王位让其为民，哪知又为皇后所见，不仅求情未准，反而转成杀祸。但无论怎么说，诛除了两个势力最大的王，天下毕竟少了不虞之忧。

知机其神乎，会趣明道矣

【原文】

会得个中趣，五湖之烟月尽入寸里；破得眼前机，千古之英雄尽归掌握。

【译文】

不论任何事物，只要能领悟其中的乐趣，那么三江五湖的山川景物，就等于纳入我的心中。不论任何道理，只要能看穿眼前的机运，那么所有古往今来的英雄豪杰，都将为我理解而任我效法。

【解读】

骚人墨客游历千山万水，乐此不疲，所到之处无不吟诗作赋，挥墨题刻。他们观山水，悟禅机，留下了多少千古绝唱，令后人叹为观止。北宋著名文学家苏轼游赤壁，悟出了："天地之间，物各有主，苟非我所有，虽一毫而莫取。惟江上之清风，与山间之明月，耳得之而为声，目遇之而成色，取之不尽，用之不竭"的人生哲学，北宋范仲淹登岳阳楼抒发了"先天下之忧而忧，后天下之乐而乐"的高尚情怀，如果不能领会到事物中蕴含的情趣，是难以有此丽章佳句的。

【事典】

以势处事，以术辅势

"奉天子以令不臣"，不仅是曹操霸术王道的特点，同时"奉天子"又以王道来折磨皇帝，这也几乎是曹操前无古人的做法。曹操以至高无上的威权，不断打击、削弱刘汉王朝，这是以势处事，凭借自己的庞大的势力集团任意作为；另外，他又处处打着忠君爱国的旗号，说什么匡扶汉室云云，这是以术辅势，也就是曹操的权谋。

曹操打击、削弱汉王朝，大抵作了两个方面的事情：

一是削除刘姓藩王。建安十一年（206年），曹操下令削除齐王、北海王、阜陵王、下邳王、常山王、甘陵王、济阴王、平原王的封国。后又取消琅琊王国，并处死琅琊王刘熙。削除刘姓王国，即意味着削弱刘姓王朝实力，进一步孤立汉献帝。在建安十七年曹操虽封了几个刘姓王，那实际是为自己当王作铺垫，所谓"将欲夺之，必先予之"。

二是不断寻衅处死献帝身边的人，使献帝成为真正的"孤家寡人"和永远不得宣判的在押犯。曹操这样做，完全像一只抓着老鼠的猫，他不吃掉老鼠，也不放掉他。只是献帝不是鼠，曹操也不是猫，他们都是人。争权夺利，是人性的优点，也是人性的弱点，有所表现可以理解。但曹操做得太过、太绝，不仅失去人臣之节，也失去做人之道，这也是曹操为大奸大雄的一大特征。

献帝到许都不久，曹操以保护献帝的名义，派七百精兵常年守卫皇宫。这些兵士全是曹操用心挑选，特别属意的亲朋故旧，他们实际执行着监视献帝的使命。就是这些人的监视，赵彦仅仅出于同情，和献帝谈了些有关时局的话，很快被曹操设罪处死。杀赵彦当然只是杀献帝身边人的开头，开了头就接二连三。这情景使献帝非常害怕，逼得献帝不得不对曹操说：

"卿倘能辅佐我，就望对我厚道些；要是不愿，就请开恩放了我！"

对于曹操的控制，献帝也是尽力寻机反抗的。建安四年他发出了衣带诏，就是把诏书夹藏在衣带中，请其丈人车骑将军董承联合忠君力量，诛杀曹操。可是这事情败露了。董承被杀三族，其女儿董贵人正怀身孕，尽管献帝恳求，曹操还是把她杀了。

与"衣带诏"相似，跨一年，献帝的伏皇后给其父亲屯骑校尉伏完写了一封信，极写曹操残暴，要伏完设计灭曹。伏完当然不能灭曹，但十几年后伏完去世，此事传出去了。曹操搜到了那封信，立即下《策收伏后》诏令，将躲在夹墙中的伏后拖出，置于暴室，幽闭而死。

曹操以无所不用其极的手段打击献帝及其王室的反抗，哪怕是一点苗头，极其微弱，曹操都以如临大敌一般待之。他做得如此坚决，心如铁石，但他又决不想背上坏名声。

那么，他是如何做到这一点的呢？我们说，曹操重权谋，更重权术。曹操在坏事做尽、狠招用绝的情况下却能维持自己势力不衰，全在于他有一套以术辅势的软功。最重要的一点，曹操尽量把自己打扮成一个忠良臣子的模样。

比如他在《策收伏后令》说伏后，既无高贵出身，又无德貌才情。不仅如此，还包藏祸心，阴怀妒害。这样的女人如何承命，奉祖宗，母仪天下！好像曹操处置伏后，完全是为了献帝的天下。

他还常说"所以勤勤恳恳叙心腹者，见周公有《金縢》之书以自明，恐人不信之故。"

《金縢》是一个忠君殉道的故事。周武王病，周公作祷辞请以自己代武王死。事后，周公把祷辞放在金縢（用金属封固）的柜子里。武王死后，周公摄政，有传周公要篡位，周公避东都三年。后来成王看到了柜子里的祷辞，方知周公一片忠诚，就把周公从东都接回。

曹操如此宣扬自己的王道忠仁，实际效果如何，人皆知之。但其施暴行之时，一刻不忘粉饰自己，并借助其文采才情，说得尤其动人，这一点，鲜明地体现了曹操的奸巧、伪善。

【国学精粹珍藏版】

李志敏⊙编著

◎尽览中国古典文化的博大精深 ◎读传世典籍，赢智慧人生——受益终生的传世经典

菜根谭

卷二

民主与建设出版社
·北京·

杀气寒薄，和气福厚

【原文】

天地之气，暖则生，寒则杀。故性气清冷者，受享亦凉薄；唯和气热心之人，其福亦厚，其禄也长。

【译文】

自然界里，春夏温暖，万物就获得生机；秋冬寒冷，万物就丧失生机。一个性情高傲冷漠的人，有如秋冬天气那样冷漠而无人接近，因此他所能得到的福分也就冷酷而淡薄。一个性情温和而又满腔热情的人，既肯帮人也能获得别人帮助，所以他得到的福分不但丰厚而且久长。

【解读】

人的性情脾气是温和还是冷漠，是清高还是热心，取决于自己对生活的态度。有些人生性清高孤傲无可救药，有些人喜欢装腔作势摆臭架子，这样做不仅自己会感觉很累，而且没有人愿意与他合作，也缺乏朋友的温暖，势必过着没有温情的寂寞生活，还谈有什么福分恩泽可以享受呢？

戴高帽的做法常被人耻笑，主要是因为：一来做高帽子的确很不费力，可以日产万顶；二是人人喜欢，趋之若鹜；三则是因为品味低俗、令人生厌的伪劣"马屁"随处都是。

【事典】

诚心于将，慈爱于兵

由于武则天重视选才教将，朝廷中出现了许多优秀将领，成为军队中的骨干力量。像狄仁杰、程务挺、唐休璟、王孝杰、郭元振、黑齿常之等人，都堪称名将，战功卓著。下面要说的是才兼文武、谋略超群的裴行俭和以筑碎叶城闻名的王方翼。

仪凤三年，吐蕃再次起军反叛，武则天诏裴行俭为洮州左二军总管，这个裴行俭，系绛州闻喜人，隋左光禄大夫裴仁基之子，贞观年间，经正道参军入仕，靠的是个人真本事，麟德二年被拜为安西大都护。仪凤四年，可汗阿史那匐延都支勾结吐蕃寇攻打安西大都护府，朝廷令裴行俭点兵遣将再次还击讨伐，裴行俭回朝廷命，他提议："千万不可再大动干戈，一则劳命，二则伤财。应当予以智取。现在波斯国王刚死，他的儿子泥涅师师还作为人质留在京师，我们可以派使者以护送泥涅师师的名义前往波斯，途经吐蕃部落时，可借机方便行事。"朝廷采纳了他的意见，命裴行俭为安抚大使，护送波斯王子上路了。队伍到西州，附近各部落首领都率部迎接，裴行俭对其下属声称："现在天气炎热，无法行走，待秋天天气凉了再走。"阿史那匐延都支得知这一消息，便放松了戒备。裴行俭则以游猎为名带着各部落一万多人，间道疾进。在距都支的牙帐十余里处，先派都支的亲近者向都支问候，表面上很轻闲，似无讨袭之意，接着又派人召其相见。都支毫无戒备，一时不知所措，只好亲率子弟五百多人前来请罪，遂将都支擒获。裴行俭巧计破敌之后，把阿史那匐延都支带到碎叶城，刻石记功而还。

武则天对投敌者严惩不贷，对立功者明赏奖励，给予重赏和表彰。对裴行俭，武则天褒奖说："近来西疆不安宁，派卿总兵讨逐，卿孤军深入，经途万里，巧施谋略，兵未血刃而使敌降伏，没有辜负朕的委托。"不久又宴请裴行俭，对他说："卿文武兼备，应授卿两个职务。"当日，即授他文武两个官衔：礼部尚书兼检校右卫大将军。

和裴行俭一起西征的还有安西大都护王方翼。王方翼是高宗王皇后的族人，肃州刺史。任前，州城荒毁，又无壕堑，守备不严，多次遭寇贼侵犯。王方翼到州后，令兵士疏浚沟渠，引水环城为壕，又出私财造水碾砲，税其利以养饥馁，使肃州百姓度过了灾荒。王方翼作为裴行俭的副使，是裴行俭荐举的。奏捷后，王方翼率兵进驻碎叶，由于碎叶城在战乱中毁坏，王方翼乃于调露元年用五十天时间重建了一座碎叶城，城有四面，每面三门，纡迥多趣，以诡出入。当时周围的突厥人都赶来观看新城。他们进进出出，辨不清方向，感到高妙莫测，由衷折服，就拿来珍宝献给王方翼，借以表示他们的忠顺和敬意。王方翼建造的这座碎叶城一直保持到公元748年。

王方翼的英勇善战也颇著名。永隆中，车簿人造反，包围了弓月城，王方翼率领军队去救援，到伊丽河时与前来阻止的敌兵相遇，消灭敌兵千余人。不久，三姓咽面领兵十万和车簿合兵拒战，王方翼驻兵热海，和敌连战数次。战斗中，王方翼臂中流矢，他毫不顾及，用刀将箭截断，继续作战。后来，他部下的番兵企图反叛，捉王方翼向敌邀功，王方翼得知，假装赐给他们军资，然后将叛逆除掉。时逢大风，王方翼借风吼声猛擂战鼓，以乱敌心，歼敌七千余人，敌兵大败，西域得以平定。王方翼热海苦战中表现出来的英武精神和他平定西域的功绩，得到了朝廷的最高嘉奖。

正义路广，欲情道狭

【原文】

天理路上甚宽，稍游心胸中便觉广大宏朗；人欲路上甚窄，才寄迹眼前俱荆棘泥土。

【译文】

自然之理就像一条宽敞的大路，只要略为用心探讨，心灵深处就会无边辽阔豁然开朗。世间欲望就像一条狭窄的小道，一脚踏上就觉得眼前全是崎岖不平之路，一不小心就会陷进泥潭之中。

【解读】

常言说："心底无私天地宽，利欲熏心行路难。"即使是在方寸之间，存善积德，存天理、灭人欲，也能畅通无阻。与此相反，一个自私自利的人，一个欲壑难填的人，在物质享受的欲望的驱使下，必定损人利己，且不说难以建立事业，一旦恶行暴露无遗，就连性命也难以保住，这样的教训真是举不胜举。

【事典】

穷奢极欲，天地不容

武则天穷奢极欲突出地表现在明堂的建造上。

后人在歌颂她的歌词中，提到了"明堂毕功"。这里所讲的明堂是武则天

统治时期最盛大的宗教建筑。建明堂是根据
《孝经》中"宗祀文王于明堂，以配上帝"
的记载，以及《周书·文王居明堂》篇的有
关记载而兴建的。在古代早就有明堂，大概
从西周以前就已建立，但史书中只有明堂之
名而无具体制度。自汉朝以后，诸儒议其制
度，并无定论，各朝按各自的设想而兴建的
明堂，都似乎不合古礼。隋朝无明堂之建筑。
总的来看，明堂是古代帝王与神灵沟通的地
方，在这里既祭祀上帝与皇家祖先，又宣布
政令，举行朝会、祭祀、选士、养老、教学
等大典，表示接受神灵的监督审视，按上天
的意旨办事。但究其实质，则是以宣扬政教
合一、皇权天授、显示帝王威仪为目的的建
筑。在唐太宗、高宗之时，已议要兴建明堂，
但因对古制不了解，而隋朝又没有现存制度
可以因袭，诸儒对制度仍然意见不一，所以
未予兴建。武则天当政之后，发誓要大展鸿
图让帝业永昌，其中当然包括确立皇帝的威
仪，兴建明堂。她知道群儒争起来又会没完
没了，所以只与北门学士议其制度，不问群
儒。按诸儒议论，明堂应建在国都之阳丙已
之地三里之外七里之内的地方。武则天认为
按这种设想离宫太远，祭祀、布政很不方便，
既然周礼记载"文王居明堂"，那么明堂应建
在宫里而不是郊野。因此她力排众议，在垂
拱四年二月下令毁乾元殿，在那里建造明堂，
让建筑大师、和尚薛怀义主管设计、施工和
督工，参加兴建的劳工达数万人，年底即告
完工。明堂高二百九十四尺，四方宽三百尺，

共列三层，即寓意为上天、空间、大地。下层四室，表示四个季节，用四种颜色；中层十二室，表示十二时辰；顶层是圆盖，象征上天，有九条龙捧着它，上面还有一只一丈来高的铁凤，用黄金涂饰。在明堂的中间有一根约十人围抱粗的巨木从上到下贯通作为支撑。底下还有铁围的沟渠以通水。整座建筑巍峨高耸，富丽堂皇，极为壮观。唐代著名诗人李白见之感叹，曾写下有名的《明堂赋》。武则天参观明堂后，深治其心，遂赐名曰"万象神宫"，并在这里举行盛会，宴请群臣，赦天下，允许平民百姓到明堂参观。

第二年正月，武则天又在明堂大宴群臣，祭祀天帝、祖先。太后身穿帝王的衮冕服饰，腰带上佩着三尺长的大圭，手执二寸长的镇圭，为初献，皇帝为亚献，太子为终献。先祭昊天上帝，次及高祖、太宗、高宗，再祭魏王武士彟，然后祭五帝。祭祀毕，武则天登上则天门，宣布改元"永昌"，大赦天下。第二日，武则天坐在明堂宝座上，接受百官朝贺。第三日，她在明堂布政，并颁布九条政令以训导百官。第四日，再宴群臣。

这两次盛大活动武则天都是按照天子的规格主持进行，但她在祭奠上又表明她是继承先帝的遗志，治理天下，永昌帝业，玩弄政治手腕。

磨练之福久，参勘之知真

【原文】

一苦一乐相磨练，练极而成福者其福始久；一疑一信相参勘，勘极而成知者其知始真。

【译文】

人的一生有苦有乐，只有在不断磨炼中得来的幸福才能长久。求学时既要有信心也要有怀疑精神，只有在不断考证释惑中得来的知识才是真知。

【解读】

遭受过痛苦的人才能享受到真正的幸福，善于比较的人才能获得真正的知识。在做学问中有一种最可贵的品质就是怀疑精神，不迷信权威，坚持真理，科学家伽利略就是一位这样的人。他通过实验，推翻了向来奉为权威的亚里士多德关于"物体落下的速度和重量成比例"的学说，建立了落体定律。他在天文学上的重要发现打破了地球中心说，有利地证明了哥白尼的太阳中心说，为此遭到了罗马教廷的迫害。但真理是经得起时间考验的，伽利略的冤案终于得到了昭雪。

【事典】

游方归来，再不甘平庸

至正七年（1347 年）秋，汝、颖一带年景不好。听人家说，家乡已经过了灾荒，好多人都回到故里了。

朱元璋并未六根清静，割断俗缘，他开始思念家乡，思念少年时的好朋友，他决心回到阔别了三年的故土。

回来时跟出去时一样，依旧是一顶破箬帽，一个木鱼儿，一个瓦钵。朱元璋回到皇觉寺一看，才发现皇觉寺已是今不如昔。庙宇破败不堪，香火冷冷清清，高彬长老已经谢世，那些有家的师兄们也已飞鸟投林，另谋他图。只有几个与朱元璋一样没有地方去的和尚，日子过得紧巴巴的，在寺中打发着莫名的岁月。故人相见，分外亲切，朱元璋和他们共叙了兄弟之情，便再度开始了皇觉寺的生活，这一待又是三年。但是这三年中，朱元璋并不像其他和尚那样浑浑噩噩地混日子，在劳作之外，他还抓紧时间读书识字，练习武功，同时也留意时局的变化。生活虽然依旧艰苦，可他心里很踏实。

元朝的统治此时已呈土崩瓦解之势。一个政权的崩溃，原因固然是多方面的，但归根结底似乎只用一句话就可以总结，那就是自掘坟墓。中国历史上的历代王朝莫不如此。在现实生活中，一个人，一个集团，乃至一个国家别人是打不倒的，他们之所以土崩瓦解，是自己把自己打倒的，怨不得别人。尽管历史像一面浓缩了人间万象的明镜，高悬在每个帝王的面前，时刻告诫着他们提高警惕，以防覆辙，但不幸的是，他们总是不汲取历史教训，在安定的日子里反倒妄自尊大，为所欲为。他们致命的错误是不顾普通大众的生死存亡，整日挖空心思只关心少数官僚阶级的利益。日久天长，脱离人民群众是不可避免的，把自己束之高阁，坐在宝塔尖上看事物，人为地离析"血与肉"、"鱼与水"的关系。渐渐地，他们的政权，包括大大小小的官僚机构就变成了一个个"宝塔形"，或者像一条没有水托起的船，迟早要倒塌、搁浅的。接下来，是一个个地重蹈历史的覆辙。几千年来，中华民族就是在这种翻来覆去中苦苦挣扎，朝代不断地兴亡交替着。

元王朝也不例外。至正十一年（1351 年），元朝的统治已经出现明显的败势，可谓日薄西山。这不仅是统治者与汉族之间的民族矛盾促动的结果，同时也夹杂着统治者内部的矛盾。蒙古族统治者内部各个派系之间争权夺利，非常残酷，他们对于王位的争夺尤为激烈，所以，元朝中央集权内部的武装政变不时发生。据资料统计，元朝曾经创下了在 40 年间换了 9 位皇帝的记录，在最为混乱的致和元年（1328 年）到元统元年（1333 年）这 6 年期间，每年都有一次新皇换旧皇的政变。这种政变，自然就是政治不稳的显著标志。

元朝政治腐败的最严重现象就是卖官鬻爵。元朝的一些官职待价而沽，只要拿钱，就可以做官，而且居然明码标价，各取所需。

不但文职官员可以拿钱买到，就连维系着国家命脉的军队也腐败到了同等程度。由于讲究世袭以及卖官买官，军队也沾染上了种种的坏习气，亏空军饷、贪污腐化，曾经纵横天下的蒙古军已经不堪一击。

贪污腐败之风要得以维持，就必须搜刮民脂民膏，作为挥霍的源泉，至于民生疾苦，百姓的死活，他们根本就不放在心上。老百姓要维持最低的生活标准都不可能，又不甘心活活饿死，万般无奈，只有铤而走险，揭竿而起。

最先起来反抗的是江浙一带的农民。由于这一地区接连遇到水旱灾疫，当地的居民已死亡过半，田地荒芜，本该长满庄稼的田地被一人高的茅草所取代，狐兔成了田地的主人。这样的惨景元朝统治者竟然不闻不问，任这些百姓自生自灭，人民不堪忍受，不得不放下手中的锄头，揭竿而起。接着河南、四川、广州、广西也爆发了农民起义。

面对如此严峻的局面，元朝统治者不从自身找原因，反而认为这些人都是"刁民"，进而认为天下大乱，都是由于汉族的大姓们在作乱，为了一劳永逸，只有杀尽天下的张、王、李、赵、刘等大姓人，才可以确保元朝的统治。为了镇压人民的反抗，元朝政府加重了刑罚，在同一个时期颁布的诏书中就有"强盗皆死"的命令。同时，元朝统治者还加强了各地的军事机构，企图以高压手段来镇压农民的起义。

正所谓民不畏死，奈何以死惧之。这些举动更加触怒了百姓，于是有人打出了这样的旗号：天高皇帝远，民少相公多；一日三遍打，不反待如何！

官逼则民反，其实这是历史发展的必然。哪里有压迫，哪里就有反抗。一个湖水涨满了，必然要决堤。一张弓拉圆了，其箭必然要射出。肿瘤癌变了，必然要扩散，必然要致人死地。曾经稳固辉煌的元朝政权现在就像一个庞大的肿瘤，不知不觉中癌变开去，于是天下大乱，其毁灭性不可想象，不可逆转。凡此种种，为朱元璋以及他后来的集团提供了施展才华、一步步崛起、统一大江南北、建立明朝的良好机会。

农民们一浪高过一浪的反抗给白莲教的首领们提供了极好的机遇。他们抓住时机，加紧组织反元力量。为了鼓动百姓，他们编了一些民谣，让儿童传唱。如河北有童谣说："塔儿黑，北人作主南是客，塔儿红，朱衣人作主人公。"河南童谣云："天雨线，民起怨，中原地，事必变。"淮楚地区也有童谣："富汉莫起楼，穷汉莫起屋，但看羊儿年，便是吴家园。"这些童谣深受广大贫苦农民的欢迎，广为传诵。大家都感到，天下即将大乱，元朝的统治就要灭亡了。

朱元璋关注着时局，他从小深受压迫，对统治者深恶痛绝。这时，他觉得天下必将起义，但他却不动声色，依然我行我素。白天清斋几碗，晚间酣睡一觉，倒也不紧不缓，自由自在，不过心里时时关注着外界的变化，等待着时机的到来。

勉励现前之业，图谋未来之非

【原文】

图未就之功，不如保已成之业；悔既往之失，不如防将来之非。

【译文】

与其图谋没有把握完成的功业，不如维护已经完成的业绩。与其懊悔以前已经发生的过失，不如预防未来可能出现的错误。

【解读】

对自己的过去、现在、将来要有一个正确的认识和计划，对于过去成功的事情不要好汉总提当年勇，对于失败的事情要吸取深刻的教训，对于现在，要把握好每一个机会，一步一个脚印地干好自己的事业；对于将来，要充满希望，也要有迎接困难的心理准备。这样总结过去，立足现在，着眼未来，既可以获得严防旧错重犯的盾，又可以获得进步成功之梯的矛。

【事典】

旧树既倒，再附新贵

胡雪岩的事业飞黄腾达，是以投靠左宗棠为转折点的。

胡雪岩依靠他在官场的第一座靠山王有龄的势力，生意越做越大，一片坦途。然而天有不测风云，王有龄在太平军的攻击下兵败自杀。胡雪岩不得不在官场另外寻找一个强有力的靠山。而此时，闽浙总督左宗棠却正忧心忡忡，因为他带领的几万人马吃饭成了大问题。胡雪岩抓住这个时机，慷慨地将二十万石谷送给了左宗棠，从而攀上了他后半生"安身立命"的大树。

同治元年（1862年），太平军围攻杭州，王有龄守土有责，被围两月弹尽粮绝。胡雪岩受托冲出城外买粮，然而却无法运进城内。王有龄眼见回天乏术，上吊自杀。胡雪岩闻讯，悲不自禁，胡氏之生意，得力于王有龄，尤其是这种乱世，没有一个可以信任的靠山，凭什么成事呢？如今王氏一去，大树倒矣，又岂能不悲伤。

此时的胡雪岩，已踏上"官商"之路，王氏既去，但他不能一日无官场靠山。开始他将目光投向了杭州藩司蒋益澧。但他逐渐在交往中发现，蒋益澧谨慎有余，远见不足，对官场中事不甚了了，不能成为强有力的靠山。他不得不寻找更有价值的人物。这时，他将目光投向了闽浙总督左宗棠。

此时左宗棠正忧心忡忡，杭州连年战争，饿死百姓无数，无人耕作，许多地方真是"白骨露于野，千里无鸡鸣"。自己带数万人马同太平军征战，吃饭成了个大问题。正在考虑之时，手下人报，浙江大贾胡雪岩求见。左宗棠乃传统的官僚，有"无商不奸"的思想，而且他又风闻胡氏在王有龄危困之时，居然假冒去上海买粮之名，侵吞巨款而逃。心想此人是无耻的奸商，本不欲见他，无奈看在蒋益澧的面子上，只得待了半天，才懒洋洋地宣胡雪岩进见。

胡雪岩一进去，就察觉到了气氛的不对，随即告诫自己小心谨慎。胡雪岩振作精神，撩起衣襟，跪地向左宗棠说道："浙江候补道胡雪岩参见大人！"左宗棠视而不见，仍怒目圆睁。一会儿，左宗棠那双眼睛开始转动，射出凉飕飕的光芒，将胡雪岩从头到脚仔细打量一遍。胡雪岩头戴四品文官翎子，中等身材，双目炯炯有神，脸颊丰满滋润，一副大绅士派头。端详之后，左宗棠面无表情地说道："我闻名已久了。"这句话谁听都觉得刺耳，谁都懂得它的讽刺意味。胡雪岩以商人特有的耐性，压住心中的不满，他觉得自己面前只不过是一个挑剔的顾客，挑剔的顾客才是真正的买主。胡雪岩没有直接谦虚地回答左宗棠，而是再次以礼拜见左宗棠。他知道左宗棠素来是个吃捧的人，抓住这一弱点，恭贺左宗棠收复杭州，功劳盖世。又向左宗棠道谢，使杭州黎民百姓过上安定日子。胡雪岩一边恭维一边注视着左宗棠，他见左宗棠脸上露出一丝不易让人觉察的微笑。捕捉到这一信息，胡雪岩又急忙施礼。这一次左宗棠虽然仍旧矜持地坐在椅子上，但先前阴沉的双脸绽开了笑容，也许面子过不去，他装着恍然似地说："唉呀，胡大人，请坐！"胡雪岩在左宗棠右侧的椅子上坐了下来，摆脱了尴尬的窘境。

胡雪岩坐定之后，左宗棠直截了当问起当年杭州购粮之事，脸上现出肃杀之气。胡雪岩这才如梦初醒，赶紧把事情从头到尾讲了个清清楚楚，说到王有龄以身殉国，自己又无力相救之时，不禁失声痛哭起来。左宗棠这才明白自己误听了谣言，险些杀了忠义之士，不禁羞愧不已，反倒软语相劝胡雪岩。

胡雪岩见左宗棠态度已有松动，急忙摸出二万两藩库银票，说明这银票是当年购粮的余款，现在把它归还国家。他解释说，这巨款本应属于国家，现在他想请左帅为王有龄报仇雪恨，并申奏朝廷惩罚见死不救又弃城逃跑的薛焕。这符合常情的恳求，左宗棠欣然答应，并叫管财政的军官收录了这笔巨款。

二万银票对于每月军费开支十余万的左军来说虽属杯水车薪，但毕竟可解燃眉之急。胡雪岩清楚地知道左宗棠想要的是什么，所以不失时机地掏出银子，为自己争得了左宗棠的好感。

收下银票后，左宗棠非常佩服胡雪岩对王有龄的忠心，立即叫人上茶，和胡雪岩闲聊。胡雪岩大赞左帅治军有方，孤军作战，劳苦功高。胡雪岩说话有分有寸，当夸则夸，要言不烦，让人听起来不觉得言过其实，没有谄媚讨好的嫌疑。左宗棠听得眉飞色舞，满脸堆笑。胡雪岩见左宗棠已被自己的话吸引，他想，只要实事求是的奉承恭维，左帅还是能够接受的。如果拉他当靠山，往后的生意更会如日中天。主意拿定后，他抛砖引玉，话锋一转。指责曾国藩只顾自己打算，抢夺地盘，卑鄙无义。气愤地谴责李鸿章不去乘胜追击，占领唾手可得的常州，而把立功的肥缺让给曾国藩的弟弟曾国荃做人情。胡雪岩有根有据的指斥引起了左宗棠的共鸣，左宗棠在心中对胡雪岩更有好感了。

过后，左宗棠亲自将胡雪岩送出去，他认为胡雪岩不仅会做生意，而且还对官场非常熟悉，是一个大有作为的能人，难怪杭州留守王有龄对他如此器重。然而粮食问题仍像幽灵一样萦绕脑际，缠得左宗棠心急如焚，愁眉不展。一连几天都没有想出个好办法。

其实胡雪岩自从别后，就筹划着如何帮助左宗棠筹集粮食以解眼下之急。他迅速到上海筹集了上万石大米运回杭州，一部分救济城里的灾民，另一部分送到了军营。

这万石大米真是雪中送炭，不仅救了杭州，而且对左宗棠肃清境内的太平军也助了一臂之力。左宗棠捋着花白的胡须，连日紧皱的双眉舒展了，他高兴不已，内心总觉得过意不去。他说："胡先生此举，功德无量，有什么要求，无妨直说。我一定在皇上面前保奏。"胡雪岩大不以为然，他说："我此举绝不是为了得到朝廷褒奖。我本是一个生意人，只会做事，不会做官。"

"只会做事，不会做官"这一句话可当真说到左宗棠的心坎上了。左宗棠出自世家，以战功谋略闻名，在与太平军的浴血奋战中，更是功勋卓著，所以平素不喜与那些巧舌如簧、见风使舵之人为伍，他对这些人向来鄙夷不屑。此时一句"只会做事，不会做官"当真是使左宗棠感觉遇到了知己，对胡雪岩顿时更觉亲近，赞赏之意，溢于言表。

粮食的问题得到解决，但军饷还没有着落。军饷像重担似的压在左宗棠的心上。由于连年战争，国库早已空虚。两次鸦片战争的巨额赔偿犹如雪上加霜，使征战的清军军费自筹起来更为困难，左宗棠见胡雪岩如此机灵，于是请胡雪岩为他想法筹集军费。胡雪岩一听每月筹集20万两的军费，感到非常棘手，但他认为如果能够顺利筹集，左帅对自己会加倍信任。胡雪岩经过一番深思熟虑，便把自己的想法和盘告诉了左宗棠。

原来，太平天国起义十来年，不少太平军将士都积累了很多钱财，如今太平军败局已定，他们聚敛的钱财不能带走，应该想法收缴。但这些太平军不敢公开活动，唯恐遭到逮捕杀头，常常躲藏起来。胡雪岩认为左帅可以闽浙总督的身分张贴告示：令原太平军将士只要投诚，愿打愿罚各由其便，以后不予追究。

左宗棠与胡雪岩心有灵犀一点通。这确实是个好办法，既收集钱财，又能笼络人心，一箭双雕。如此做法还没有先例。如果处理不周，后果不堪设想。左宗棠将心中的顾虑和盘托出，胡雪岩忙出妙策。他的理由是：太平军失败后，很多人都要治罪。但人数太多，株连过众，会激起民愤，扰得社会又不安宁，这与战后休养生息的方针背道而驰。最好的处置就是网开一面，给予出路。实行罚款，略施薄刑，这些躲藏的太平军受罚后就能够光明正大地做人，当然愿罚，何乐不为。

左宗棠对胡雪岩的远见卓识钦佩不已，当即命胡雪岩着手办理。回去后，胡雪岩立即着手张贴布告，晓之以义。不多久，逃匿的太平军便纷纷归抚，一时四海闻动，朝廷惊喜。借助这一机会，阜康钱庄也得利不少，胡雪岩更是二品红顶高戴，成了真正的"红顶商人"。

君子德行，其道中庸

【原文】

清能有容，仁能善断，明不伤察，直不过矫，是谓蜜饯不甜，海味不咸，才是懿德。

【译文】

清廉纯洁而又有颇能容忍的雅量，心地仁慈而又有当机立断的毅力，聪明睿智而又有不失于苛求的气度，性情刚直而又有不矫枉过正的胸襟。这就像蜜饯虽然浸在糖里却不过分的甜，鱼虾虽然产于海中却不过分的咸。一个人如能掌握这种分寸，才能具有为人处世的美德。

【解读】

凡事都要讲究适度，如果超过了度，性质就会发生变化，这就要求人们矫枉切勿过正。一个人很值得称道的优点也不免会伴随着不足，居心仁厚的人可能会因为心肠太好而原则性不强，善于观察的人可能会因为明察秋毫而不轻易饶人，清廉正直的人可能会因为嫉恶如仇而流于偏激，只有在发挥自己优点的同时又能克服自己的弱点，才能从良好的愿望出发而取得预期的效果。

人们只知道去吃饭，仅仅是为了填饱肚子，很少有人品尝饮食的滋味，去体验那种得到滋养的感受。这只是一个比喻，关键是在说人们真正不知道中庸之道的味道。

人们只知道去做事，根本就没有去想过我们为什么要去做这样的事情，做这样的事情有什么意义，对于我们人生的目的有什么价值。什么事后都由着自己后天的性子去做，无所体验，无所品尝，所以即使做了事情，也没有多少意义，仿佛是那猪八戒吃人参果一样。那么好的稀世珍宝，竟让他囫囵吞了下去，什么味道都没有品出来。

知者少一点聪明，愚者多一点勤奋；贤者少一点急躁，劣者多一点心眼，也就都能够体验到中庸的美味了。

【事典】

自翦羽翼，全身而退以护官

金陵既克，曾氏兄弟的声望，可说是如日中天，达于极盛，曾国藩被封为一等侯爵，世袭罔替；曾国荃一等伯爵。所有湘军大小将领有功人员，莫不论功封赏。上焉者，位至侯伯；封次焉者，也官授道、府、提、镇，或其他职位。时湘军人物居督抚地位的便有十人，长江流域的水师，全在湘军将领控制之下，曾国藩所保奏的人物，无不如奏除授。

而此时的曾国藩作何感想呢？他在家信透出的是"不为天下先"和"有福不可尽享，有势不可尽使"的识见。他写道："天下事焉能尽如人意？古来成大事者，半是天缘凑泊，半是勉强迁就。"

"余斟酌再三，非开缺不能回籍。平日则嫌其骤，功成身退，愈急愈好。"

曾国藩之所以有上述之感想，实乃迫不得已。据文载在湘军克复武汉时，咸丰皇帝仰天长叹道："去了半个洪秀全，来了一个曾国藩。"当时洪秀全的太平天国，已是走下坡，而曾国藩的声威，却如日中天，俩人又都是汉人，无怪咸丰帝有此慨叹。所以当清廷委署曾国藩为湖北巡抚，曾国藩照例要谦辞一番，奏章尚未出门，"收回成命"的诏谕，已经下达。仅嘱咐他以"礼部侍郎"的身份，统兵作战。而从此后，咸丰皇帝一直严守祖训，再不肯把封疆治吏之权交给曾国藩，使其在六七年中一直处于"黑官"（客军虚悬）带兵的地位。

同治三年三月，湘军在金陵血战方酣。而曾国藩竟为江西争饷之事而败讼，致使其失望忧烦达于极点。遂于三月二十五日具疏辞却钦差大臣两江总督两席，并决计偕弟曾国荃同时引退。而且此案之外，朝廷更故意发布言官对曾国藩之弹劾，尤使曾国藩恐惧。故三月之称病辞官，自成因于多方复杂因素。如其致同乡兵部左侍郎黄倬函说：

弟自庚申（咸丰十年）忝绾兵符以来，夙夜只惧，最畏人言。迥非昔年直情径行之故态。近有朱、卢、穆等文章弹劾，其未奉发阅者又复不知凡几。尤觉梦魂悚惕，惧罹不测之咎。盖公论之是非，朝廷之赏罚，例随人言为转移，虽方寸不尽为所挠，然亦未敢忽视也。

此函颇明白透露对朝内倾轧之怨望。在其具疏请辞之先，亦将引退决心函告郭嵩焘：

近来礼察物情，大抵以鄙人用事太久，兵柄过重，利权过广。远者震惊，近者疑忌。揆之消息盈虚之常，即合藏热收声，引嫌谢事。拟于近日，毅然行之，未审遂如人愿否？

在湘军攻陷天京之后，曾国藩与清廷的关系骤然紧张起来。清廷深切地感到自己现在统治的最大威胁并不是太平天国余波，而是手握重兵、广揽利权的曾国藩。当时曾国藩总督两江、督办江、浙、皖、赣四省军务。他所创建的湘军已增至30万人，他直接指挥的湘军包括其弟曾国荃部在内亦多达12万人。他还控制着皖、赣等省厘金和数省协饷。他因"用事太久，兵柄过重，利权过广，远者震惊，近者疑忌"。而权势远在曾国藩之下的左宗棠、李鸿章等同清廷的矛盾则降到次要地位。

清政府知道，虽然湘军总数有30万人，仅曾国藩直接指挥的部队就有12万人，但内部派系复杂，各树一帜，他的嫡系部队亦不过只有曾国荃的5万之众。

所以，清政府就采取了两方面的措施：一方面迅速提拔和积极扶植曾国藩部下的湘军将领，使之与曾国藩地位相埒、感情疏远，渐渐打破其从属关系；清政府对曾国藩的部下将领和幕僚，如左宗棠、李鸿章、沈葆桢、杨载福、刘长佑等都实行拉拢和扶植政策，使他们渐渐与曾国藩分庭抗礼，甚至互相不和，以便于控制和利用。而对于曾国藩的胞弟曾国荃则恰恰相反。1863年5月曾国荃升任浙江巡抚之后，虽仍在雨花台办理军务，未去杭州赴任，亦本属清政府的意旨，照例是可以单折奏事的。曾国藩遂让曾国荃自己上奏军情，以便攻陷天京后抢先报功。不料，奏折刚到立遭批驳。清政府以其尚未赴巡抚任，不准单折奏事，以后如有军务要事，仍报告曾国藩，由曾国藩奏报。曾国藩恐曾国荃心情抑郁，言词不逊，在奏折中惹出祸来，特派颇有见识的心腹幕僚赵烈文迅速赴雨花台大营，专门负责草拟章奏容禀事项。

曾国荃攻陷天京后，当天夜里就上奏报捷，满心以为会受几句赞扬，不料又挨当头一棒。上谕指责曾国荃破城之日晚间，不应立即返回雨花台大营，以致让千余太平军突围，语气相当严厉。事情发生后，曾国荃部下各将都埋怨赵烈文，以为是他起草的奏折中有不当言词引起的。赵烈文则认为，这与奏折言词无关，而完全是清政府节外生枝，有意吹求，否则，杭州城破时陈炳文等十多万人突围而去，左宗棠为何不受指责？

数日之后，清政府又追查天京金银下落，令曾国藩迅速查清，报明户部，以备拨用。尤其严重的是，上谕中直接点了曾国荃的名，对他提出严重警告。上谕说："据御史贾铎奏：请饬曾国藩等勉益加勉，力图久大之规，并粤逆所掠金银，悉运金陵，请令查明报部备拨各等语。曾国藩以儒臣从戎，历年最久，战功最多，自能慎终如始，永保勋名。惟所部诸将，自曾国荃以下，均应由该大臣随时申儆，勿使骤胜而骄，庶可长承恩眷。至国家命将出师，拯民水火，岂为征利之图。惟用兵日久，帑项早虚，兵民交困，若如该御史所奏，金陵积有巨款，自系各省脂膏，仍以济各路兵饷赈济之用。于国于民，均有裨益。此事如果属实，谅曾国藩亦必早有布置。惟该御史既有此奏，不得不仅该大臣知悉。"这无疑是说，曾国藩兄弟如不知禁忌，就难以"永保勋名"、"长承恩眷"了。

曾国藩以中国道统为任，从容乎疆场之上，沉潜于礼义之中，他自练团勇起，到平定太平天国为止，前后十余年，虽然打过不少败仗，遇到不少拂逆，可是他从没有杀过一员将领，最重的处罚不过是劾免。当他在世时，湘军的纪律和统帅的尊严都能维持。在湘军和太平军转战期间，曾经走遍了大半个中国，有时十决十荡，有时旅进旅退，有时被攻而溃，有时被围而破，可是他的大将没有一员投降于对方。以一支地方团勇起家，军储又半由自给，能树立这种风气，使将帅士卒视曾国藩为慈母、为严父，真是难能而可贵。正因为曾国藩以中国道统自任，所以他有做皇帝的条件而不做皇帝，怕被后人套乱臣贼子之名而拿他来和王莽、董卓、司马懿并列。

曾国藩攻克金陵后，他实力与声威如日中天，为减轻朝廷对他兄弟的猜疑，表明自己功高不震主，首先用刊行家书表明心迹，剖白于朝臣之前，以示无隐。一般家书为私府之物，不便公开刊印，那么曾国藩家书何以刊刻印行呢？金陵攻克后，曾国藩的处境，恰似唐代的中兴名臣郭子仪一样。郭子仪晚年声色自娱，府中的奇花异木，不禁游人入内观赏，用"府门大开"表明"无所隐讳"，借此远祸。曾国藩则只好刊行家书，来表明心迹，剖白于慈禧太后及朝中大臣之前，以示无隐，求取谅解，不但有韬光养晦、洁身自保的意思，也可以澄清朝臣的猜忌，这确实是煞费苦心的。

未雨绸缪，有备无患

【原文】

闲中不放过，忙处有受用；静中不落空，动处有受用；暗中不欺隐，明处有受用。

【译文】

在闲暇的时候，不要轻易放过宝贵的时光，等到忙碌起来就会受用不尽。在平静的时候，不要忘记充实自己的精神，等到重任在肩就会应付自如。在静坐无人之处，也能保持光明磊落的胸怀，在众人面前才会受到尊敬。

【解读】

做事的计划是很重要的，只有精心地把准备工作做好，工作的开展才会顺利进行。首先要善于平衡忙和闲的关系，不要把事情集中在一起做，当日的事情当日完成，就可以做到忙中有闲，劳逸结合了；其次还要处理好动与静的关系，在安宁平静的时候，不要停止思考问题，只有在冷静中思考过的问题，在真正遇到时才能迎刃而解；最后还要把握明与暗的关系，即使在没有人看见的阴暗角落里，也不要做见不得人的事情，只有坦坦荡荡，光明磊落，才能挺起胸膛做人。

【事典】

深谋远虑开钱庄

在商业运作中，如何准确把握和调整购销的时机、数量和经营方式，如何降低商品流通费用，合理使用资金以最大限度地发挥资金效力，这一切都是在精细的计算中确定的。

但是，做大生意并不能只靠算账。一个好的财会人员，只能做一个主管会计之类的白领商务人员，而不可能成为一个成功的老板。做老板最重要的本领是能够从别人看不到的地方发现自己的财路。而对于一个成功的老板来说，最主要的，是他过人的见识，即精明的眼光。

胡雪岩开办钱庄时，手上没有什么本钱，但他仍然成功地开起了阜康钱庄，显示了他不同一般人的商业精明和过人气魄。胡雪岩要开钱庄，并不仅仅是因为他熟悉钱庄这一行当，更重要的是他看准了开钱庄不仅是使他能够安身立命的一桩生意，而且也是他可以大显身手不断开拓的一个稳定长久的财源，确定是大有可为。首先，当时正在闹战乱，太平天国、小刀会起事，长江中下游以及湘、闽一带常有战事；兵荒马乱之中市面波动极大，一般的生意不可避免地要受到冲击。但对于钱庄来说，市面波动大，银价起落也大，低进高出的机会也就多，银票汇兑之间都大有赚头。其次，此时没有本钱不要紧，胡雪岩料定王有龄外放知府只是个时间问题。现在只要有个几千两银子把钱庄场面撑起来，等王有龄外放了州县，他的钱庄就可以代理王有龄所在州县的官库。按照惯例，代理官库不付利息，等于是借了公家的银子做自己生意的本钱。

这就是一种眼光，一般人在兵荒马乱市面不稳的年月，会更多地想到如何能稳当一点保住自己已有的饭碗，哪里会想到这市面不稳之中还隐藏着有势可借、有机可乘的发财机会呢？胡雪岩生活的时代，虽内忧外患、战乱不断，但外国资本主义的经济侵略刺激了中国资本主义生产关系的进一步发展，是中国小农经济向近代城市商品经济转型的时期。更何况当时的东南沿海也正是商品经济发达的地区。据史料记载，在已经成为旧中国金融中心的上海，虽然在上个世纪中后期已经有了英、法、美、日等国开设的银行数十家，但钱庄生意仍然是上海金融、贸易的支柱之一。每年在市面上流通的钱庄银票在二十亿两以上，假如取消钱庄，进出口生意将陷于瘫痪。

胡雪岩以上海阜康为龙头，他在全国各埠广设分号，周转金融"其出入皆以4万计"。不论如何，胡雪岩其后事业的发展都证明了他的商业眼光准确。他的钱庄从一开张就显出极旺的势头。王有龄不久外放湖州知府，让他如愿以偿地得到了代理官库的重要权力。从此他的钱庄也如滚雪球般地发展起来，最终成为他驰骋商界东突西进建立自己庞大经贸"帝国"的基础。

临崖勒马，起死回生

【原文】

念头起处，才觉向欲路上去，便挽从理路上来。一起便觉，一觉便走，此是转祸为福，起死回生的关头，切莫轻易放过。

【译文】

当心中刚一浮起邪念，便发觉走向物欲或情欲方面的可能，应立刻用理智把这种欲念拉回正路上去。坏念头一产生就立刻有所警觉，有警觉就立刻加以挽救，这才是扭转灾祸为幸福，改变死亡为生机的重要关头，绝不可轻轻放过这至关重要的一刹那。

【解读】

常言说："一失足成千古恨，再回头已百年身。"所以，自觉地遵守道德伦理规范，控制自己的私心邪念，是每时每刻的事情，对自己的心灵不能有半点的松懈，不然一念之差会带来终身的祸乱。

在政界，小不忍而乱大谋，在商界，小不忍而乱大谋，在人生大世界，小不忍则乱大谋。别的不说，先从历史来看，就是这样。

在官场混，总会碰到许许多多麻烦的事，权势过甚，君王、上司会误解你；才能超人，同僚会妒忌你；铁面无私，下属会怨恨你。如果你事事都要争个是是非非，弄个明明白白，只会招来更多的麻烦，甚至还有杀身之祸。怎么办？一些聪明的人常用"忍"来化解矛盾，渡过险滩，或以"忍"来等待时机。

忍是大智，小忍得来的是大谋，何乐不为。

【事典】

忍辱取怜，以屈求伸

当武则天还为唐太宗的才人时，白天经常可看到太白金星。自古以来，人们认为太白在白天出现，是更换天子的征兆。在太宗取代长兄太子建成，成为皇嗣之前，便有人上奏在白天看到太白闪闪生辉。"这是否就是秦取代承乾，成为太子的预兆呢?"太宗脑海首先闪过的，就是这样的念头。接着，太宗的脑海里，又突然浮现了不知不觉中已忘记的，令人极不愉快的一件事。那就是密藏在宫中书库里，有一本书上如此写着："唐三代后，有女王武氏灭唐。"太宗偶然发现这个秘密文件时，心中一震，不过当时以为这一定是怨恨大唐的人所为，并不在意。

太宗皇帝一直默默观察着自己身旁这个武才人和徐才人，她们除了性格一刚一柔之外，几乎没有什么特突出的区别，武则天也没什么异端对自己毕恭毕敬谦和柔顺。徐才人多次受到太宗的宠幸，而这个武才人，只因姓武而受到了如此不公的待遇。太宗心里叹了一口气："武媚娘呀，武媚娘，这不能怪朕，谁叫你偏偏姓武呢。"武则天，心知肚明，却不得不忍，她做出一副毫不知情、楚楚可怜而又不知所措的样子，让皇上看在眼里，怜在心里。渐渐的，武则天知道唐太宗是不可能宠幸于她了，她故意再往自己身上雪上加霜。俗话说："女为悦己者容。"既已无人悦己为何而容，武才人为了生存下去，特意伪装出那种敢怒不敢言的哀怨化作清愁，消瘦在自己的容颜里，她把薪俸存起来，"留得青山在，不怕没柴烧"。总会有用得着的时候，金钱，没有人会真心真意拒绝它，人人都喜欢它。她不再与后宫佳丽一样刻意打扮自己。慢慢的她与后宫那些庸脂俗粉如天壤之别，她们都各自频频临宠，个个打扮得花枝招展，招摇过市，她们不厌其烦地重复着群芳争艳、明争暗斗的把戏，为了区区一夜的临幸她们各自得意得飞上了云霄。但这些在武则天看来是多么的幼稚可笑，她心里对她们是鄙视的！然而现实中，连小小的宫女，得宠后都总不免冷嘲热讽地数落她一番，那些女人似乎都以为她大概不太像个女人，或者没有女人所有的本能，否则为何作为天天侍奉太宗笔墨、日日伴随他左右的一个才人，却依旧是个老处女。她的心是痛楚的，她默默地沉受着，夜夜独守空房，这分明是一个弃妇，不论在何时，弃妇都是耻辱的。

时常黑暗的疑云，和毫无希望之光的绝望，以及使人精神上比绝望更不堪忍受的一点微弱的希望，二者互相纠缠，使得武媚夜夜噩梦，无法成眠。武媚辗转反侧，屡屡从噩梦中惊醒，怕吵醒邻室，只有暗自饮泣。

她看见过，宫人住的一栋栋房屋里，虽然不多，却也有几扇门上贴着白纸，写着"禁宫"。武则天听说，这是不吉祥的房间，曾有宫人在里面上吊自杀。

一般人都相信：上吊而死的人，会成为厉鬼。由于灵魂不能超度，为了免除痛苦，就去找另外一个牺牲者。找到适当的目标之后，就引诱她和自己一样上吊。如此，厉鬼才能超生，甚至再转世到这个世界上。

听一位老宦官说，有一次，一个入宫不久的年轻宦官，由于好奇心的驱使，悄悄的撕下"不开之屋"的封条，准备到里面看个究竟。就在这一刹那，他一声惨叫，昏倒在门外。经过悉心照顾后，这名宦官醒了过来，他余悸犹存地描述当时的情形：当他向房间里看时，黑暗中有一个打扮华丽的宫女站在里面，身边散发着奇异的青光。在他紧张得倒吸一口气时，那个宫人对年轻的宦官嫣然一笑。就在这个时候，他像遭雷击似的，扑通倒地，后来就失去了记忆。不久之后，这名小宦官就发高烧，像疯了一般，上吊而死。说到残忍，任何妖魔鬼怪碰到宦官也要退避三舍。然而这样的宦官也非常迷信，像小孩子一样，怕见鬼怪和任何不祥的事情。当武则天第一次听到这个故事时，她看到那个老宦官一面说一面害怕的样子，觉得好滑稽，费了好大的力气，才没让自己笑出来。如今，蛰居斗室，且被烦恼所因，夜里就仿佛看见那名吊死的女人。那个女人脖子上还拴着绳子，双眼突出，在淡淡的灯光下，向她招手，吓得她全身都起鸡皮疙瘩。梦魇连连纠缠着她，如此坚强的她都曾想过自杀。但是，不，不，她不想死，她还如此年轻，她还有那么多的路没走，她不能如此消极下去，不能！

渐渐地，在空暇之时，她便开始背诵《诗经》，练书法，她的书法有一定造诣，就是当时在唐太宗身旁，失意、无所事事之时练的。那时后宫还流传说"努力做学问的，都是失宠的人"，是非常有道理的。

终于，唐太宗不由得怜惜从心中生起，他看着十八的少女，如花一般正处于人生的春天，却容颜凄清如早凋的蔷薇。她似乎正遭受着整个后宫的欺凌与冷落。她几乎是素面朝天，蛾眉清秀，脸色苍白，纤弱的身材，临风不禁，以至有着凄丽的风味。太宗想这大概便是哀艳吧。在"理"字上皇帝这么做总是有理的，但在"情"字上皇上反倒像是欠了武才人什么似的。然而她依旧含泪的微笑、殷勤的态度与诚恳的言语，太宗感动了。一个小小的才人，却令堂堂国君鼻子都酸了。他气愤地想：区区一个才人，一个女流之辈，能成什么大气候，能使大唐皓皓江山如何？真是荒谬之说。

贞观二十二年四月，唐太宗听人劾奏武卫将军李君羡图谋不轨。这时他突然想起以前的一件事来，那是在内廷御宴上，大家喝酒喝得开心的时候，他命各大臣以言小名为酒令。轮到李君羡，他说其小名为"五娘子"，当时太宗听了大笑说："何方的女子，这么健壮英勇!?"李君羡的原籍在武安县，又被封为武连县公，处处带着个"武"字，联想到"女主武王"的《秘记》，这不正应在他身上吗？于是他下令诛杀他。

就这样，李君羡做了替死鬼，了了太宗这个心结。

在历史上，一些阴谋家，每当盛世，他们又处于劣势时，总是乞灵于韬略之术，进行垂死挣扎。他们既不甘心失败，而又无力公开对抗，只得暂时忍耐，装死躺下，等待时机，以便东山再起。武则天就是以此手段获得重生的机会，叫当时人防不胜防，连李世民这样老奸巨猾的人，都能骗过，还有什么人能与她对垒。

舍己毋处疑，施恩勿望报

【原文】

舍己毋处其疑，处其疑即所舍之志多愧矣；施人毋责其报，责其报并所施之心俱非矣。

【译文】

一个人想做自我牺牲，就不应计较利害得失而犹疑不决；如果心存计较，犹疑不决，就会使志节蒙羞。一个人想施恩他人，就不要希望得到回报；如果希望感恩图报，就会使好心变质。

【解读】

牺牲自己的利益施舍救助别人是非常高尚的品德，如果你有心积德，就要放弃自己的小算盘，真正默默无闻地无私奉献，而不是用虚假的情意来欺骗别人，利用虚假的施舍来达到自己的目的。否则的话，如果这样做最多只能算一个伪善家，一旦被人识破阴谋，撕下虚伪的面孔，丑行就暴露无遗了。

没有用处的人，你给他帮忙，只能让他空添内疚。多帮有用处的人，并不意味着不帮好朋友，两者并不矛盾。话又说回来，为人要知恩图报，别人帮了你，而你不图回报，岂非"不够朋友"吗？

善于拓展"关系"的人，是标准的社交高手，不管是在宴会、洽谈公事或私人聚会上，总是会掌握时机。对这些"沟通大师"而言，人生就是一场历险记——会议室、酒吧、街角、餐厅，甚至在澡堂里，处处都可以"增广见闻"，因此随时竖起耳朵，收听精彩的内幕消息或蜚短流长。只要你多走动必有收获。

最会拉关系的人，不但口吐莲花、左右逢源，而且任何蛛丝马迹都逃不过他的法眼。他们就是天生的侦探或是记者，不然也应颁给他们"社会学"荣誉博士。

总而言之，人总是在心里想着身边的"关系"有无用处，看看是否能从双方的需要上做些文章，以使关系套牢。此乃人之常情，无可厚非。

【事典】

替人着想，解后顾之忧

用人先要解除人的后顾之忧。人们缩手缩脚，无非是妻室儿女父老双亲摆在那里，免不了每事先替他们考虑。胡雪岩采用激励的方式，先要人把担子减轻了。这样一则心思更专，能把全部精力投入到工作中；二则产生感恩心理，忠诚激发创造性。对于这一点，胡雪岩很得意，也很自负。从他陆陆续续所用过的人看，基本都是能上台面、有所作为的，对形成这番乾嘉年间扬州盐商全盛时期都及不上的局面起了很大作用。

《慎节斋文存》胡光墉篇云："又知人善任，所用号友，皆少年明干精于会计者。每得一人，必询其家食指若干，需用几何，先以一岁度支畀之，俾无内顾忧。以是人莫不为尽力。"

在胡雪岩的时代，儒家传统和佛教轮回观念在民间以一种强烈的信念形式绝对地影响着每一个人。知报的观念本来就根深蒂固。师傅打你骂你教训你，尚要知好德、报师恩，师父如果像胡雪岩这样把你手把手扶持起来，还会有不知好歹的言行的话，单是社会舆论就足以让你抬不起头。况且，父母生身，提供衣食者养身，后者不亚于父母的生身之恩。胡雪岩"所用号友，皆少年明干精于会计者"。就是说，都是伙计出身，从底层提拔上来的。中国封建社会，只要稍有恒产，就不会舍农、舍士地位而就工、就商。即便是家中只有三亩薄田，做父母的也会勤苦耕作，想办法供孩子入塾读书，以圆他们"朝为田舍郎，暮登天子堂"的夙梦。像胡雪岩这种刚开蒙几天儿便不得不去当学徒的，定是连三亩薄田也保不住的。这样的一批人在外边混，饭碗端的是别人的，一不小心就会摔破，深体"衣食父母"分量之重，因而对赐予生路的人，保存的只是人格表层上的平等关系，只要表层不受大伤害，内心总是充满感激。

做事总要为人着想，这一直是胡雪岩用人的高明之处。清政府的日常开支及军饷多靠富庶的江、浙支撑。江、浙每年征收的粮食主要靠船帮经运河送到北京。但由于运河年久失修，加之干旱，运河沿路关卡甚多，漕运不畅，因而浙江的粮食运不出，朝廷催促甚严。刚当上浙江海运局"坐办"的王有龄急得团团转，刚当上官的那份春风得意也变为千斤担子压在了身上：漕粮运出困难，即使运出也还是误期，定受上司斥责，还会使明年的漕粮相应推迟。胡雪岩一个妙招就将他的焦虑化为乌有：改海运，直接到上海买粮，转海运进京。这样就免去了漕运中的一系列困难和麻烦，速度要快得多。然而兼做粮商的松江漕帮尤老五颇为踌躇：松江漕帮在上海的通裕米行虽有粮可垫，但松江漕帮由于这几年来朝廷上下层层盘剥，自身并不景气，原本打算以这批粮食脱货求现以解帮内燃眉之急。而且，由于太平天国兴起，南方兵荒马乱，北方震动惊惶，粮食本已紧张；加之不久即是青黄不接之际，粮价眼看要上涨，因而对这件卖粮之事不能不盘算自己的利害得失。在酒席上胡雪岩已看出松江漕帮尤老五的心事，因而替对方着想，要对方说出自己的难处。得知对方的难处之后，胡雪岩也不是撒手不管，而是主动说和，请信和钱庄放一笔款子给漕帮，将来卖掉了米再还。由于胡雪岩此前已将信和钱庄的张胖子收服，因而张胖子不假思索就答应了贷款的条件。也许是事情太容易了让人不敢相信，张胖子的爽快，反使尤老五心生疑虑。这时张胖子显出自己的精明，说出自己敢于冒险垫钱的原因：第一是松江漕帮的信用，第二是浙江海运局的招牌（即担保），第三是米还在那里，因而不怕钱庄受损。尤老五这才一块石头落地，三方皆有利可图的一笔大生意就此谈成。

"做事总要为人着想"是胡雪岩待人接物的原则，也是他招揽人才，使帮他做事的人都能心甘情愿为他拼命的"秘诀"之一。"做事总要为人着想"，也就是角色位置的调换，站在别人的立场上，设身处地地为别人着想，从而对对方的利害得失与困难有较为切身的体会，这样利于自己的决策做适时的调整，利于自己的决策便于让对方接受，使自己的决策不至于在运作中有悖于对方利益而遭到拒绝。更重要的是，能为别人着想，而且使别人实实在在知道自己也确实肯为他人着想，这会使对方一下子就知道你的情分，知道跟着你做事决不会吃亏，他也就心悦诚服地被你拉住了。这个时候，即使在实际物质利益上稍有缺欠，他也不会在乎，照样实心实意为你做事。

厚德以积福，逸心以补劳，修道以解厄

【原文】

天薄我以福，吾厚吾德以迓之；天劳我以形，吾补吾心以逸之；天厄我以遇，吾亨吾道以通之：天且奈我何哉？

【译文】

如果上天不肯给我福分，我就多做善事培养我的福分。如果上天用劳苦困乏我，我就用安逸的心情保养我的身体。如果上天用穷困折磨我，我就开辟求生之路打通困境。如此一来，上天又能如何我呢？

【解读】

命运不会对每个人都一样的公平，在不公平的命运面前，只能自强不息，依靠自己来拯救自己，而绝望能自叹命薄，自暴自弃。锐意进取、修炼品德，是改变命运的最佳方法。

【事典】

赏以劝善，罚以惩恶

武则天的得力亲信李义府贪污受贿，卖官求荣，并且凭着武则天宠他，越来越恃宠骄恣，连同他的儿子女婿也横行霸道，仗势欺人，终于也被除名，流放嶲州。其子也被除名，流放枞州。女婿也被除名，流放庭州。

不仅如此，即使是她自己的亲侄子，一样触法必究。武则天登位不久，封她的侄子武承嗣、武三思分别做了魏王和梁王。武则天见他们两人的确有识有谋，又封他们为宰相。

从此，武承嗣的权力大得很。可是，他还不满足，还想当太子。大臣李昭德看到武承嗣野心勃勃，就对武则天说："魏王权势太重，很危险。"武则天说："他是我的侄子，怕什么？"李昭德说："侄子跟姑妈再亲，也没有儿子跟父亲亲。儿子还有杀父篡位的，何况侄子呢！承嗣是亲王，又是宰相，权力和皇帝差不多。这样下去，恐怕陛下的皇位就不安稳了。"武则天听了恍然大悟，说："我没有想到这一层。"她立即下诏，免去武承嗣宰相的职务，任命李昭德做宰相。就在武承嗣飞黄腾达、得意忘形的时候，接到了罢免他宰相职务的诏书，就像晴天一声霹雳。当他知道这是李昭德出的主意，咬牙切齿地发誓非要罢免李昭德的官职不可。一天，他进宫去见武则天，说："陛下免了我的宰相职务，我十分感谢。但是，李昭德结党私营，别有所图，陛下如果重用他，后果不堪设想。"武则天板着面孔说："我任用李昭德，才能睡好觉。他能为我效劳。你怎么能比得了他！"武承嗣碰了一鼻子灰，只好退出来。

当武则天察觉武三思确有篡位之心，在儿子和侄子中间，她很犹豫，然而李家人心怀仁政、乃民心所顺；武家人气焰嚣张，横刀夺位，百姓恶之，于是武则天下令召庐陵王李显回宫受命。武三思一听此事，第一个提出辞职，还有亲武派官员都相依跪下，全要辞职，以此来要挟武则天。武三思辞职的理由是："如果显回来执政，在武皇百年之后，我们的性命就危在旦夕。与其死在朝里，死在斗争中，不如回家当平民，死在家乡。"武则天疑虑了片刻，对众臣说："我昨天晚上做了个梦。鹦鹉的两只翅膀断了，鹦鹉也死了，这是怎么回事？"

武三思马上说："鹦鹉就象征着咱们武家啊，这个梦太凶险了。上天在告诉您，如果您要立显，您的子侄们都要死啊！"这时候，狄仁杰站出来，从另一个角度为武则天释梦："鹦鹉的两个翅膀代表您的两个儿子，显和旦。您要保护好您的两个翅膀，您才能重新飞翔起来。"武则天对这个说法非常满意，说："武三思你给我站起来。你这些担心简直没有必要。我可以保证你们的安全。李武本身应该是一家人。你们这种担心造成现在的勾心斗角，我非常反感。武三思你不要再带头干这种事情，我不准你们辞职。平身吧。"武三思等有一种无奈和失意。武则天接着说："你们若真有心回家务农，朕也便允了你。"

武三思遭了当头一棒，心里充满了无奈和失落，只好怏怏作罢。

武则天力保直言敢谏的大臣，对她身边的亲近人则是加以约束，尽量限制他们的特权，使她那些皇亲国戚的不法行为有所限度。即使在她风烛残年摇摇欲坠期间，她依然严格遵守了自己用人得当、赏罚严明的原则。

武则天对投敌者的惩罚是无情的。例如对阎知微的处理就是如此。阎知微是唐初建筑家阎立德的孙子。圣历元年六月，武则天令其以豹韬卫大将军摄春官尚书的身份护送武延秀往突厥纳默啜之女为妃。默啜拘延秀，知微即屈膝投降，并接受其伪南面可汗之号。默啜侵恒、定，围赵州，阎知微随军为之招降。当时将军陈令英等守赵州城西面，知微引诱说："陈将军何不早降？可汗兵到然后降者，剪土无遗。"甚至无耻地在城下与侵扰者携手唱什么《万岁乐》。陈令英谴责说："尚书，国家八座，受委非轻，翻为贼踏歌，无惭也？"知微仍唱道："万岁乐，万岁年，不自由，万岁乐。"后来阎知微被默啜抛弃，乃还。对于这样一个卑鄙无耻、丧失国家尊严和民族气节的败类，武则天怒不可遏，"命磔于天津桥南，使百官共射之，既乃剐其肉，折其骨，夷其三族"。对赵州长史唐般若的处理也是如此。圣历元年九月，默啜围赵州，赵州长史唐般若不仅不坚守城池，反而与默啜暗中勾结，"翻城应之"。敌退，则天族诛之，且下《诛唐般若制》云："故赵州刺史高睿，狂贼既至，死节不降；长史唐般若，不能固城，相率归贼。高睿已加褒赠，般若等身死破家。赏罚既行，须敦惩劝。宜须示天下，咸使知闻。"

对于在巩固边疆过程中涌现出来的英雄人物，武则天则予以重赏和表彰。如王孝杰收复安西四镇，武则天对其作了高度评价，她说："贞观中，西境在四镇，其后不善守，弃之吐蕃。今故土尽复，孝杰功也。"并且迁孝杰为左卫大将军，复擢夏官尚书，同凤阁鸾台三品，封清源县男。孝杰跳崖牺牲后，武则天又追赠孝杰夏官尚书，封耿国公，拜其子为朝散大夫。唐休璟镇守西陲，屡有战功，武则天将其提拔为右武威、金吾二卫大将军，并对他说："恨用卿晚！"

武则天对于在巩固边疆过程中的有功妇女，也一视同仁地封赏。如突厥南侵时，平州刺史邹保英妻奚氏，助夫作战，"率家僮及城内女丁相助固守"，抵抗叛将李尽忠的围攻。武则天闻讯，优制封她为诚节夫人。古元应妻高氏助夫守飞狐县城，功绩卓著，则天下制书褒奖说："顷属默啜攻城，咸忧陷没。丈夫固守，犹不能坚；夫人怀忠，不惮流矢。由兹感激，危城重安。如不褒升，何以奖劝，古元应妻可封为徇忠县君。"

对于那些表现出民族气节的忠烈之士，武则天亦大加褒扬。如契丹寇河北定州，义丰、北平二县坚守不降。则天改义丰为立节，改北平为徇忠。监察御史裴怀古随阎知微入突厥，默啜欲授以伪官，怀古不受，遂为所囚。以后寻机逃离魔掌，历尽千辛万苦，返回洛阳。则天引见，迁祠部员外郎。田归道使突厥，面对默啜威胁，"辞色不挠"，归来后则天重之，擢为夏官侍郎"甚见亲委"。

严惩叛徒，厚奖烈士，无疑是在提倡忠君爱国思想。而在当时历史条件下，这样赏罚分明，对于鼓舞士气、巩固边防是有积极作用的。她的这一行为和气魄，也足以让无数男人为之汗颜。

人生重结果，种田看收成

【原文】

声妓晚景从良，一世之胭花无碍；贞妇白头失守，半生之清苦俱非。语云："看人只看后半截。"真名言也。

【译文】

歌妓舞女等风尘女子，如果晚年能当一名良家之妻，那么她以前放荡淫逸的生活并不会对后来构成妨害。一个一生都守贞操的节妇，如到晚年由于不耐寂寞而失身，那她半生守寡之苦都付诸东流。俗谚说："评定一个人的功过得失，须看他后半生的晚节。"这真是一句至理名言。

【解读】

事业易成，晚节难保。有多少浪子回头，痛下决心洗心革面，重新建立了辉煌的事业，受到人们的钦佩和赞扬，又有多少功成名就的人因为抵挡不住金钱、美女、权势的诱惑，落了个晚节自毁的下场，受到人们的唾弃。所以有缺点、犯错误都不是可怕的事情，怕的是不思悔改，一错到底。

【事典】

步青云，一代商圣成红顶

胡雪岩是一介商人，但他的经商生涯从来都是与官场交融在一起的。从王有龄到左宗棠，他攀交的权贵一个比一个大，这使得他在官场与商场之间游刃有余，并通过这些权贵的大力荐举，他也成了一名世所罕见的"红顶商人"，还被皇帝赏穿黄马褂。但胡雪岩终究没有授实缺，而只是挂了个"官"的名。在他看来，"官"不过是抬高自己身价的一种手段，用他自己的话说："吾知商之乐，不知官之乐。"

胡雪岩游刃商界，步步为营，节节上升，最终登峰造极，以"红顶商人"名播天下。在封建时代，商人地位低微，所以以富求贵、跻身官场一直是商人的梦想。人有不如己有，求人不若求己，巴结大官显要比不得自己置身于官场来得便捷，这是旧式商人的普遍心态。商人重利，这"利"不仅指钱财，当然也包括"功利"。

晚清时，虽然已有人发出"以商立国"、"商为四民之纲"的呐喊，然而，由于传统的惰性作用，迈向近代化的步履还是相当沉重的，又因为几千年来代代承袭的官本位思想已成为积淀于人们心中的价值取向，畸变成难以挣脱的怪圈。唐力行《商人与中国近世社会》举 1908 年苏州总商会为例，其总理、协理两人均有中书衔，十六个会董中，捐有二品职衔、候选州同衔、都事衔者各一人，试用知府、布政使司理同衔各二人，候选同知、同知衔，候选郎中、员外郎，候选县丞、知事各三人。这说明近代商人仍竞相捐纳报效，想方设法与官僚沾边，以博取荣衔，求得封典来提高自身的地位。

在清朝，赏穿黄马褂可是件了不得的大事。清太祖努尔哈赤第二子代善的后代昭梿在所著《啸亭杂录》记载黄马褂定制："凡领侍卫内大臣、御前大臣、侍卫、乾清门侍卫外，班侍卫、班领、护军统领，前引十大臣，皆服黄马褂。凡巡幸，扈从銮以为观瞻。其他文武诸臣或以大射中侯，或以宣劳中外，上特赐之，以示宠异云。"可见只有皇帝身边的侍卫扈从和立有卓著功勋的文武大臣才有资格赏穿黄马褂。即使是驰骋疆场大半辈子的左宗棠也是在五十三岁那年，即 1864 年从太平军手中夺回浙江省城杭州之后才被赏穿黄马褂的。

　　况且黄马褂一向由皇帝主动特旨赏赐的，哪有臣下指名讨赏的道理？但左宗棠为了胡雪岩的缘故，不怕碰钉子，煞费苦心做文章。他开始打算在赈案内保举胡，经与陕甘总督谭钟麟商议后，觉得纵然获皇帝特旨谕允，也难过部验一关。于是，在1878年3月26日，左宗棠上疏请求皇帝饬令吏、兵两部于陕甘、新疆保案从宽核议。第二天，他又写信给谭钟麟，其中提到：即以时务言之，陇事艰难甲诸行者，部章概以一律，亦实未协也。……胡雪岩为弟处倚赖最久、出力最多之员，本为朝廷所洞悉，上年承办洋款赡我饥军，复慨出重赏恤兹异患，弟代乞恩施破格本属有词，非寻常所能授以为例。……如尊意以陕赈须由陕西具奏，则但叙雪岩捐数之多，统由左某并案请奖，亦似可行。4月12日，左宗棠又写信给谭钟麟，说："实则筹饷之劳惟雪岩最久最卓，本非他人所能援照，部中亦无能挑剔也。"十天以后，左在给谭钟麟的信中指出：尽管黄马褂非战功卓著者不敢妄请，但它大致依照花翎的章法。胡雪岩既然已得花翎，已类似战功之赏，而且他对全国各地水旱灾害赈捐达二十万，谁能比得上？由此左认为替胡雪岩奏请黄马褂似亦并不为过。

　　经过一段时间的酝酿，左宗棠终于在1878年5月15日郑重上了《道员胡光墉请破格奖叙片》，除记述胡雪岩办理上海采运局务、购枪借款、转运输将、力助西征的劳绩外，还长篇累牍地罗列了胡雪岩对陕西、甘肃、直隶、山西、山东、河南等省灾民的赈捐，估计数额达二十万内外，"又历年捐解陕甘各军营应验膏丹丸散及道地药材，凡西北备觅不出者，无不应时而至，总计亦成巨款，其好义之诚，用情之挚如此"。左宗棠在奏件中还发誓："臣不敢稍加矜诩，自蹈欺诬之咎。"这样，胡雪岩既有军功，又有善举，还有被朝廷倚为肱股重臣的左宗棠的担保，清廷果然批准给胡雪岩穿黄马褂，皇帝还赐允他在紫禁城骑马。胡雪岩在杭州城内元宝街的住宅也得以大起门楼，连浙江巡抚到胡家，也要大门外下轿，因为巡抚品秩只是正二品。乾隆时期的盐商曾因巨额报效而获红顶，但像胡雪岩这样既有红顶子又穿黄马褂、享有破天荒殊荣的却是绝无仅有，难怪这位特殊的官商被人称为"异数"。

　　胡雪岩具有亦官亦商的双重身份，既有官的荣耀，又有商的实惠。但他并不高坐衙门、拍木升堂，而仍以经商为职业，这说明他只是想借助于职衔、封典来抬高自己的身价，增强自己在商业中的竞争能力。换一句话说，胡雪岩的红顶子、黄马褂是服务于他的生意经的。

　　作为19世纪下半叶中国商界的风云人物，胡雪岩有着离奇缤纷的生命历程。他生逢乱世，借助权贵、政要之势，营造了亿万贯家财。在太平天国运动时，他纳粟助赈，为清朝政府效犬马之劳；洋务运动兴起后，他延洋匠、引设备，颇有功绩；在左宗棠挥戈西征时，他筹粮械、借洋款，功劳不微。几经周折，他终于从一个钱庄的小伙计暴发成为富甲天下、显赫一时的"红顶商人"。之后，他从容流转于红顶子、黄马褂、生意经之间，营造了以钱庄、当铺为网点，覆盖全国的金融行当，并兼营了知名品牌药店——"胡庆余堂"。晚年则因洋商排挤、朝廷权贵打杀，终成钦定罪犯，遭抄家籍产，郁郁而终。胡雪岩的一生的确是极为奇特复杂的一生，他是我国封建社会商人经营发达的浓缩，更兼终结了旧式的传统商人，开启了中国新式商人的先路。所以，鲁迅先生称他为"中国封建社会的最后一位商人"。"最后"有三层含义：一是"集大成者"；二是"承前启后"；三是"不再出现"。就个人的价值实现层面来看，胡雪岩一生中体味到了正二品"红顶商人"、家财亿贯的极盛极荣，又品尝到了家败世衰、家破人亡的极衰极辱。这样大的反差的经历集于一人，在历史上也属少见。

多种功德，勿贪权位

【原文】

平民肯种德施惠，便是无位的公相；士夫徒贪权市宠，竟成有爵的乞人。

【译文】

一个普通百姓，如肯多积功德，广施恩惠，帮助他人，那就等于一位没有爵禄的卿相，受到万人景仰。一个达官贵人，如果一味贪恋权势，请功邀宠，欺下蒙上，那就如同一个有爵禄的乞丐那样可怜。

【解读】

贵族有两种人，一种是物质上的贵族，一种是精神上的贵族，乐善好施的平民百姓就是精神上的贵族，贪婪邀宠的达官就是物质上的贵族。做官比一般人更需要正直的品德、善良的心地、为民众着想的高尚情怀。如果他升官靠的是欺上蒙下、阿谀奉承的话，那他在位时就一定是个利用职权为己谋利的无耻之徒，他即使积累了财富也将失去人格，失去为官的基础，最终落得个权财两失的下场。

【事典】

欲擒故纵　排除异己

吕不韦以外人身份执掌秦国大权，难免有人不服。虽然吕不韦以自己不菲的政绩使大部分人对其印象有所改观。但是，由于嬴政的身世有些暧昧，加之吕不韦又自称为"仲父"，更令秦王室中人对此产生怀疑，尤其是嬴政同父异母的弟弟嬴成蛟。

而此时，当年曾为异人立嗣之事出过力的其"舅舅"阳泉君华戎因为想成为秦国军队最高统帅——国尉屡次被吕不韦推诿，心中十分不忿。于是，华戎与嬴成蛟一拍即合，组成了反吕同盟。

吕不韦对于这一切心知肚明，但苦于没有实证，抓不到他们反对嬴政的把柄以治其罪，因而只能隐忍不发。

公元前241年，楚、赵、魏、燕、韩五国联合起来，推楚王为纵长，以赵国名将庞暖为统帅向秦国进攻。五国联军并未遇到大的抵抗，一路长驱直入至函谷关。函谷关是关中的咽喉之地，易守难攻，但在大军围困之下不得已向咸阳求救。吕不韦接到求救书信后正要立刻派骁勇善战之人率兵解围，却又心生一计。

吕不韦马上进宫找嬴政，汇报军情后，他向嬴政举荐长安君嬴成蛟为领兵统帅。嬴政表示嬴成蛟虽为王弟但毫无领兵打仗的经验，根本无力解函谷关之围。

吕不韦回答道："大王言之有理，仲父正是出于这种考虑，才让长安君为帅。长安君是大王兄长，又是国家重臣，一个不善战的人若首战告捷，更可大大鼓舞秦军的士气，使秦国民众更有凝聚力。"

嬴政似被说动，但仍不放心地说："道理对，可他毫无作战经验，若战败呢？"

吕不韦又说："再给他派上善战的武将辅佐，便定能打胜仗。"

嬴政问："派谁为将？王翦？蒙骜？"

吕不韦直摇头笑着说："不，这些有经验的老将还有扩充疆域的更大使命，应派华戎为将。华戎性格泼辣，有过大战经验，刚好和长安君的稳重相得益彰。再任命杜仓为军师，出谋划策，长安君承此大任就万无一失了。"

嬴政警惕地问："仲父，我记得你最讨厌这些人。"

吕不韦说："仲父虽不喜欢他们，但也不会拿江山社稷开玩笑。成蛟毕竟是王兄，华戎又是国戚，杜仓为先朝元老，他们的组合具有表率作用。再说华戎早已官降五级，作为国戚也太失颜面，所以他定会浴血奋战。杜仓一直怀才不遇，这次给他一个出山的机会，杜仓定会尽其所能。"

嬴政不语，皱眉思索。

吕不韦继续开导："大王若仍不放心，那就再派个先锋，此人只要骁勇善战即可，我看就让樊於期领命。他刚吃了败仗，正追悔莫及。命他戴罪立功，他定会对大王感恩戴德，这样圆满的搭配，大王何乐而不为呢？"

于是，嬴政就下令由嬴成蛟率华戎、杜仓与樊於期领精兵五万解函谷关之围。诏令刚下，国尉王翦就赶去找吕不韦，他直觉到这次任命会出事。他在兵器厂找到了正在视察的吕不韦。

王翦一见吕不韦劈头就问："丞相，你是不是糊涂了？那成蛟一直受杜仓影响，那华戎更是对你怀恨在心，伺机谋反。你把五万秦军交给他们，不正是在养虎为患吗？"

吕不韦让他小声点，看看四周低声道："国尉大人的担心很有道理。华戎几次欲加害本相均没得逞，我也没抓住他的证据。这几年来他的谋反之心始终没死，王兄嬴成蛟又和他们狼狈为奸，就连老杜仓都硬挺到今天，他们在朝中的势力反而渐长。现在彻底消灭他们的时机成熟了，国尉大人，机不可失，时不再来呀。"

王翦："丞相是要欲擒故纵？"

吕不韦："我敢断言，他们只要出了咸阳城，定会择地安营扎寨，叛乱谋反。国尉大人，本相给你备好了二十万大军，而他们只有五万。待他们谋反已成定局，你便可率兵迅速平叛。到时候只需将这伙叛党押回咸阳，就大功告成。"

形势发展果然如吕不韦所料，嬴成蛟率兵出了咸阳城之后，便在华戎的指挥下驻守在离函谷关咫尺之遥的屯留，按兵不动。华戎与杜仓告诉嬴成蛟，这次出征毫无取胜希望，这次的诏令很明显出自吕不韦之意，他要借赵国人之手铲除异己。就算战败后能侥幸逃归咸阳，也会以贻误军机被治为死罪。况且嬴政是吕不韦与赵姬所生，这个秦王的宝座本应由嬴成蛟来坐。在二人的劝说下，嬴成蛟决定投降赵国，借赵国人来推翻嬴政，樊於期也对嬴成蛟表示了跟随的决心。于是，四人决定先就地招兵买马，扩充实力再举旗兴兵讨伐嬴政。

嬴成蛟等人作出决定时，吕不韦和王翦正在相府客厅饮酒。

吕不韦对王翦说："他们在屯留扎营已经四天了，我给你备好的二十万大军也已整装待发。"

王翦深感佩服地说："丞相真是神机妙算，果然被你言中。你说那成蛟愿意造反吗？"

吕不韦笑了笑，说道："反与不反都由不得他了。别忘了那个老杜仓，一直盼着这一天，他不会放弃这次良机，因为他的时间不多了，总不能把这个遗憾带到坟墓里去。"

王翦点头说："樊於期是个没头脑的武夫，定会跟着华戎一块起哄，火上浇油。"

吕不韦笑着说："让他浇吧，这把火烧得越旺越好。待会儿，我去劝大王下诏催促他们发兵，我再加把火。下来我们要研究如何擒住这帮小人。"

王翦回答道："他们临行前，我已安插了亲信。一出现反迹，我立刻平叛。"

吕不韦点头称是："国尉想得很周全。你可派五万精兵直接去解函谷关之围，不可让庞暖趁火打劫。其余十五万兵马收拾这帮小人足够了。"

酒后，吕不韦为了促使嬴成蛟加快行动，劝说嬴政下了一道诏令，命嬴成蛟立即出兵解函谷关之围，否则以贻误军机论处，斩首治罪。诏令一到达兵营，嬴成蛟立刻就举起了反嬴政的大旗。

杜仓为兴兵之事拟了一檄文，四处散发，其文曰：

长安君成蛟布告中外臣民知悉：传国之义，适统为尊；覆宗之恶，阴谋为甚。文信侯吕不韦者，以阳翟之贾人，窥咸阳之主器。今王政，实非先王之嗣，乃不韦之子也。始以怀娠之妾，巧惑先君，继以奸生之儿，遂蒙血胤。恃行金为奇策，邀返国为上功。两君之不寿有繇，是可忍也？三世之大权在握，孰能御之！朝岂真王，阴已易嬴而为吕；尊居假父，终当以臣而篡君。社稷将危，神人胥怒！某叨为嫡嗣，欲讫天诛。甲胄干戈，载义声而生色；子孙臣庶，急先德以同驱。檄文到日，磨砺以须，车马临时，布肆勿变。

嬴成蛟投敌谋反的消息传到咸阳后，秦廷上下大为震惊。嬴政看着杜仓拟的檄文，脸色阴晴不定，在他正要斥责吕不韦举荐不当时，吕不韦却抢先禀告，国尉王翦早已率二十万平乱大军出发。嬴政为吕不韦的"未卜先知"所震惊，并未责怪吕不韦。

很快，嬴成蛟的叛军就在王翦的攻势下瓦解，华戎战死，杜仓自尽，樊於期逃往燕国投奔了燕太子丹，而嬴成蛟则被押回咸阳斩首示众。至此，秦廷中反对吕不韦的最大的一股势力就在吕不韦的策划下被消灭了。

吕不韦在抓不到对手的把柄时，便创造一种条件，将反对者聚集在一起，给予其兵权，让对方觉得机会难得。同时吕不韦又通过嬴政给对方施加压力，促使其起兵叛乱，然后再以事先准备好的优势兵力将其一举扑灭。如此一来，吕不韦就将自己的心腹之患一次性彻底根除了，秦廷中不再有反对吕不韦的声音。吕不韦此举可谓高明，但观其前后举止却仍不脱一副商人的奸诈本色。

精诚所至，金石为开

【原文】

人心一真，便霜可飞，城可陨，金石可镂；若伪妄之人，形骸徒具，真宰已亡，对人则面目可憎，独居则形影自愧。

【译文】

一个人的精神修养如果达到至诚，就可感动上天变不可能为可能。例如邹衍受了委屈，上天竟在盛夏之日下霜；杞植的妻子由于悲痛丈夫的战死，居然哭倒了城墙；甚至金石也会由于真诚而雕凿贯穿。一个人如果心存虚伪，念头邪恶，那他只不过空有人的形体，灵魂早已死亡，并且由于心术不正也会使人觉得讨厌。当夜深人静之时，忽然良心发现，面对自己的影子觉得万分羞愧。

【解读】

真诚是一种极为可贵的品质，真诚所至，金石为开，孟姜女哭倒长城的故事，窦娥让六月下起鹅毛大雪的故事，都说明了真诚的力量。一个人拥有了真诚，就像拥有了一把打开善良之门的钥匙，也就具备了修身养性的基础。而生活中那些虚情假意的人，虽然会得意于一时，权倾于一时、富贵于一时、但终究会受到世人的唾骂和自己良心的谴责。

【事典】

好牌还需自己打

关东诸将讨伐董卓失败后，使曹操深刻认识到，要想成就大业必须发展自己的势力，不能走倚人而起的道路。形势来了，要果敢抓住，好牌还需自己来打。

时势给曹操"打好牌"创造了契机。

当关东州郡起兵讨伐董卓，双方相峙在荥阳和河内一带，对人民的反抗斗争暂时无暇旁顾时，青州、冀州一带本来就已发展到百万之众的青州黄巾军和河北黑山军，便以燎原之势发展起来。黑山军是与黄巾军同时起义的一支农民军，以今河北、山西、河南三省交界处的太行山区为根据地，黑山即在今河南浚县西北的太行山脉中。领导人原为张角，张角战死后，褚燕继任，改姓张，因其轻勇剽悍，捷速过人，军中称为飞燕。张燕很能团结部众，争取人心，很快发展到百万之众，成为一支不可小视的力量。

初平二年秋，数十万黑山军进攻冀州的心脏邺城。接着南渡黄河，进攻与魏郡毗邻的东郡，东郡太守王肱无法抵御。这时，青州的百万黄巾军因受到袁绍委派的青州刺史臧洪的威逼，也正分两路向河北移动，有与黑山军会合的趋势。两支大军如果会师，或者如果黑山军的势力从河北扩展到河南，黄河中下游地区的力量对比将会产生巨大变化。关东诸将尽管充满了矛盾，但都不愿看到这一局面出现。身为冀州牧的袁绍，尤其害怕农民军会师后会威胁到他在冀州的统治。

曹操正是利用这一时机，打了一张好牌，即镇压义军，借机发展自己的势力。于是，他将部队从酸枣开进东郡，并在东郡的首府濮阳打败了黑山军的白绕部，首战告捷。

袁绍因不了解情况，对曹操的举动暗自窃喜，他没有看清曹操此举怀着双重目的，一是为了镇压农民起义，二是为了获取一块地盘，以图今后的发展，只是看到了此举对自己有利的一面。袁绍认为有对曹操进行拉拢的必要，于是任命曹操为东郡太守，认为这样不仅可以借重曹操守住冀州的南大门，而且还可以用东郡作跳板，将自己的势力扩展到黄河以南，使冀、青、兖三州连成一片，这样黄河中下游地区就可以完全置于自己的掌握之中了。

曹操自然是不会轻易被袁绍所利用的，不管袁绍打着怎样如意的算盘，他自有他的主意。反过来，曹操也有必要对袁绍加以利用。由于当时袁绍力量强大，最好能够与之相安无事，因此不能随便违抗袁绍的旨意；加之自己正无立足之地，因此曹操便顺水推舟，非常乐意地接受了袁绍的任命，做起了东郡太守。曹操将东郡的治所从濮阳迁到了东武阳，并乘机推荐鲍信做了济北相，作为自己的羽翼。

初平三年四月，青州的百万黄巾军因向河北进击受阻，转而向兖州推进。进入兖州后，首先攻下任城，杀死任城相郑遂，接着向东平进击。兖州刺史刘岱不听鲍信劝告，带领兖州主力匆忙截击，结果被黄巾军打得大败，刘岱自己在阵上被杀。

刘岱既死，兖州无主，真可谓是黄巾军为曹操提供了大发展的机会。时曹操正在注视着局势的变化，加紧操练兵马，以谋新的进取。曹操部属东郡人陈宫看准了曹操的心计，因而向曹操献计说："州今无主，而王命断绝，宫请说州中（指各郡国），明府（指曹操）寻往牧之，资之以收天下，此霸王之业也。"曹操当然很同意。于是陈宫对兖州别驾（州牧的副手）、治中（州牧助理）们说："今天下分裂而州无主；曹东郡，命世之才也，若迎以牧州，必宁生民。"济北相鲍信本来就看重曹操，更有此念，因而"乃与州吏万潜等至东郡迎太祖领兖州牧"。

汉时全国分十三州刺史部，初为中央派出的监督机构，东汉末期刺史（后称州牧）已是地方上最高的一级军政长官，所以说，此时的曹操虽然是代理（领）性质的，但今非昔比了。他不再仰人鼻息，而成了真正的事实上的一方之主。

凡事当留余地，五分便无殃悔

【原文】

爽口之味皆烂肠腐骨之药，五分便无殃；快心之事悉败身丧德之媒，五分便无悔。

【译文】

可口的山珍海味，其实都是伤害肠胃的毒药，所以一旦遇到这种大快朵颐的机会，必须控制才不会伤害身体。世间所有称心如意的好事，其实都是诱向身败名裂的媒介，所以凡事只有保持在差强人意的限度上，才不致造成事后懊悔的恶果。

【解读】

美味可口的山珍海味，其实都等于是伤害肠胃的毒药，所以我们一旦遇到这种大快朵颐的机会绝对不可多吃，只要控制住吃个半饱，就不会伤害身体；世间所有称心如意令你眉飞色舞的好事，其实全都是一些引诱你走向身败名裂的媒介，所以凡事不可要求一切都能心满意足，只有保持在差强人意的限度上才不至于造成事后懊悔的恶果。

【事典】

夹着尾巴做人

所谓"夹起尾巴做人"，也就是将自己的真正志向和动机隐藏起来，人们常说的韬光养晦就是这个意思。

夹尾巴做人，有双重功能。从消极的角度看，它具有抵防外来侵害，保护自己的功能。

商纣王通宵喝酒而忘记了月日，问左右的人，都不知道，派人问箕子。箕子对他的友人说："一国的人都不知道月和日，国家就危险了。而一国的人都不知道，只有我一个人知道，恐怕我也就危险了。"于是，他对使者推辞自己喝醉了酒，也记不清是什么日子了。王羲之幼年时，大将军十分喜欢他，常常让他在自己的大帐中睡觉。有一天，大将军先起了床，不一会儿，钱凤进了帐，屏退众人，与大将军商议谋反的事，两人都忘了帐中还有一个小孩儿王羲之在睡觉。恰好这时王羲之醒来，听到了他们谈论的事情，立即意识到自己正处于非常危险的境地。但他并没有绝望，他假装吐出口水，把头面被褥都弄湿了，意思是睡熟了。他们谋反的事议论到一半儿，方想起王羲之。二人大惊道："我们的话他若听去，便要惹来杀身之祸，必须把他除掉。"等到他们打开床帐，发现王羲之涎水纵横，断定已经睡熟，于是没有下手。王羲之因此保全了一条性命。

生逢乱世的魏晋名士阮籍，也很善于运用"夹尾巴"心术保全自己。

魏晋时期，政权交替频繁，社会动荡不安。许多有名的读书人都遭杀身之祸。为此，阮籍一心饮酒，全然不问政事。司马昭曾想为儿子司马贵向阮籍求婚，阮籍一醉六十天，司马昭因为无法和他讲话而作罢。钟会几次去征求他对时局的意见想以此罗致他的罪名，阮籍居然因为大醉不作回答，最终得以免祸。

将真实意图隐藏起来，含而不露，不但可以免祸，而且可以给竞争对手造成假象，使之判断失误，上当受骗，最终被一举击溃。

唐人王叔文经常和皇太子下棋。有一次，下棋之间谈论时政，曾谈到官市的弊病，太子说："寡人正想劝谏皇上废止官市呢。"在场的人都交口称赞太子，唯有王叔文不说话。众人走后，太子单独留下王叔文，问他不说话的原因。王叔文说道："太子的职责是侍奉皇上的饮食起居，早晚问安，不应议论其他的事情。陛下在位多年，如果怀疑太子劝谏废止官市是为了收买人心，太子如何自我解释呢？"太子大吃一惊，流着泪说："若不是先生指点，寡人哪能知道这个道理！"于是对王叔文格外宠信。

王叔文教给太子的韬晦之术，并不是简单的免除灾祸，而是为实行其改革朝政的伟大事业而采取的权宜之计。王叔文是后来"二王八司马"革新运动的首领，而这个皇太子即后来的顺宗，是这场革新运动的坚定支持者。他们的韬晦之为，是这整个行动的一个组成部分。

与此相类，更加明显的是颜真卿的例子。颜真卿在做平原太守时，安禄山反叛的行为已很显著。颜真卿假托为防连绵大雨，重新修城浚壕，暗中征集壮丁，充实仓廪，而在表面上又假命文人才士饮酒作诗。安禄山秘密侦探，见此情景，以为颜真卿等都是书生，不足为虑。不久，安禄山发动暴乱，河朔尽失陷，唯有平原有防备。

五代时，吴王杨行密的事迹也令人深思。安仁义、朱延寿，都是吴王杨行密的将领。朱延寿又同杨行密身边的朱夫人的弟弟关系密切，两人十分骄横放肆，并且阴谋叛乱。杨行密想除掉这两个人。于是，杨行密假装双目失明，当着接待朱延寿派来的使者，他装作什么也看不清。走路时，故意撞在柱子上，昏倒在地。来人扶起他，好久才苏醒过来。醒来后，杨行密哭泣着说："我的大业刚刚完成，眼睛就不行了。真是天道不公啊！这些儿子没有一个能够继承我的事业。唉，要是能够将我的位子传给朱延寿，我就没有什么遗憾的了。"朱夫人一听，心中大喜，立即召来朱延寿。谁知，朱延寿一到，杨行密就在寝门口，刺死了他，随之赶走了朱夫人，并捉来安仁义，斩首示众。

事实证明，夹尾巴是一把具有防身和攻敌双重功能的利剑。致力于社会竞争的朋友，切不要忘记随身携带它。但是，必须指出，尽管"夹尾巴"具有双重功能，但在现实生活中人们更加注重使之保护自己，而对其攻敌制胜的作用则认识不足。恐怕这是中国传统文化残害中国人的个性，弱化了中国人的竞争心理的结果。

忠恕待人，养德远害

【原文】

不责人小过，不发人阴私，不念人旧恶。三者可以养德，亦可以远害。

【译文】

不要轻易责难他人所犯的小过，也不要随便揭发他人生活中的隐私，更不要对他人以往的错处耿耿于怀。这三大做人的原则，不但可以培养自己的品德，也可以避免意外的灾祸。

【解读】

俗话说得好：远亲不如近邻，近邻不如对门。意思是说，居家过日子，若遇到个大事小情，邻里的帮助及时、便捷要胜过亲戚的帮助，因为亲戚离得远，远水难解近渴，远不如邻居来得迅速。这话道出了邻里关系友好相处的重要性。

邻里关系若处得好，有时要胜过亲戚关系。它是我们在社会上成功办事可利用的重要关系，事实上，有许多人，都是得益过邻居帮助的。在日常生活中，谁都免不了托付邻居帮忙办事。比如，出远门了，告诉邻居帮着照看一下家；有人生病了，求邻居帮忙送到医院；有力气活，自己一个人干不动，求邻居给帮一下，等等，在很多时候都是离不开邻居的。很多处得好的邻里关系都变成了真诚的朋友关系。邻里关系的重要，就在于它有时能解危难之急。

【事典】

情以感人，得心为上

胡雪岩对下属的管理，不仅仅是物质鼓励，更多的是感情投资。他深知"得人心"的重要，因此对下属总是设身处地地关心照顾，帮助他们解决实际困难，祸福同当。他曾对手下的人说过："我请你们帮我的忙，自然把你们当一家人看，祸福同当，把生意做好了，大家都有好处。"实际上，他也是这么做的。他非常注意对自己下属的感情投资，全心帮助郁四处理家务，细心筹划玉成古应春和七姑奶奶的婚事，撮合阿珠姑娘与"小和尚"的姻缘，为漕帮解决困难……所有这些，都是在做感情投资。而这些感情投资收回的"利润"，便是有了一大批眼光手腕都相当不错的人全心全意地帮他。胡雪岩深深懂得，要得到真正的杰出之士，只凭钱是不能成事的，关键在于"情""义"二字，要用情来打动他们。他就是用这样的手法，为朋友王有龄延揽了一名得力的助手嵇鹤龄。

王有龄做官以来事事顺利，但正当他春风得意的时候，却接手了一件意想不到的任务。新城有个和尚，公然聚众抗粮，抚台黄宗汉要王有龄带兵剿办。然而新城民风强悍，吃软不吃硬，如果带了兵去，说不定会激起民变。候补州县里有个叫嵇鹤龄的，主张"先抚后剿"，主意很是不错，但是他恃才傲物，不愿替别人去当这送命的差使。尽管嵇鹤龄穷得叮当响，可是他就是不谈钱，不哭穷。胡雪岩自觉非说动嵇鹤龄不可。刚好嵇鹤龄新近悼亡妻，于是胡雪岩穿上袍褂，戴上水晶顶子大帽，坐上轿子，带上随从，径直前往拜访。

胡雪岩找到嵇鹤龄的家，声称来拜亡人，要嵇鹤龄出见。无奈嵇鹤龄以素昧平生为由，拒不出见。站在庭院里的胡雪岩早已料到嵇鹤龄会采取拒人于千里之外的态度，但他还准备着另一步棋。只见他款步走到灵堂前，捧起家人刚才点燃的香，毕恭毕敬地行起礼来。这一招确实够厉害的，因为依照礼仪规矩，客人行礼，主人必须还之以礼。嵇鹤龄无奈，只好出来，请胡雪岩入室相坐。待一坐下来，胡雪岩便展开了他那练就得炉火纯青的嘴皮功夫，说了一阵恭维、仰慕之类的话。嵇鹤龄被胡雪岩的言谈举动所打动，言语之间态度也就缓和下来了。

嵇鹤龄知道胡雪岩是王有龄倚重的人，刚刚见到他时还心生戒备，但在胡雪岩做完这一番事情之后，不仅戒备防范之心尽数解除，相反还对胡雪岩生出一种由衷的佩服。此刻日已近午，胡雪岩便请嵇鹤龄出去摆一碗。嵇鹤龄家中没有内助，四处杂乱无章，凌乱不堪，只好主随客便，于是进屋换了布衫后，便和胡雪岩携手出门了。数日后，嵇鹤龄在王有龄的安排下，亲赴新城，结果不负众望，大功告成。他协同地方绅士，设计擒获首要各犯，解送到杭州审讯法办。抚台黄宗汉出奏保案，为有功人员请奖。只是作为首功之士的嵇鹤龄却只给了一个明保。胡雪岩深知其中有鬼，回去封了两万银票给黄宗汉的老家汇去，然后通知王有龄可以去见抚台了。抚台当面答应王有龄调任后的浙江海运局差使，由嵇鹤龄接任。事情至此，一个本来难解的难题终于成了皆大欢喜的局面。

可以看出，胡雪岩用非常高明的手段收服了嵇鹤龄。他的做法有两个不可忽视的作用：第一，从感情上打动嵇鹤龄。嵇鹤龄丧妻未久，除不多的几个气味相投的知己朋友之外，还没有多少人来吊唁，胡雪岩对于他亡妻的真诚祭奠，以及由此显出的对于嵇鹤龄中年丧妻这种不幸的同情，一下子就打动了他。第二，帮在实处。嵇鹤龄一直没有得到过实缺，落魄到靠着典当过活的地步。帮在实处，便见真情，使嵇鹤龄更没有理由不感动。而且，更绝的是，胡雪岩知道嵇鹤龄有一种读书人的清高，极要面子，是决不肯无端接受自己的馈赠的，因此，他为嵇鹤龄赎回典当的物品，用的是嵇鹤龄自己的名号，并且言明，赎款只是暂借，以后嵇鹤龄有钱归还时，他也接受。这样，不仅为嵇鹤龄解决了实际的困难，而且也为他争回、保住了面子。由此两端，我们也就对嵇鹤龄这样一个十分傲气的读书人，会对胡雪岩这一介商人的行事作为刮目相看不为奇怪了。

胡雪岩的做法，其实也就是我们今天常常说到的做人工作要用以情感人的原则。动之以情，要人相信你的情是真的，自然要示之以诚。事实上，胡雪岩如此相待嵇鹤龄，虽然也是为了说服他而"耍"的手腕，但在胡雪岩的心里，也确实有真心佩服他而诚心诚意地要结识他的愿望。胡雪岩虽是一介商人，但他也的确时常为自己读书不多而感到遗憾，因此十分敬重真正有学问的读书人。从这一角度看，胡雪岩对于嵇鹤龄的真诚，也是不容怀疑的。后来为了解决嵇鹤龄的困难，他还亲自做媒，将王有龄夫人的贴身丫环嫁给了嵇鹤龄。他们两个人也结下了金兰之好。

像嵇鹤龄这样耿介清高的读书人，胡雪岩都能使之心悦诚服地为自己办事，这足以说明他在用人方面手段之高明。其高明之处在于胡雪岩不是那种重利轻义的商人，他为人做事很讲究"情义"二字。这使每一位在他手下办事的人，都觉得胡雪岩不仅是老板，还是朋友。

中华古国素为礼仪之邦，不仅胡雪岩，还有许多成功的商人都是在生意中体恤下属、视若亲人的。与胡雪岩同时代的著名钱庄总管秦润卿，也是一个对待下属动之以情的典范。他不但对东家忠心耿耿，成为程氏家庭中不姓程的一个重要成员，而且对下属职员也视同家人。其他钱庄经理，都是自己开小灶的，而他每天都与同仁同桌吃饭，过年过节甚至还自己掏钱请客。每当职员生病，他都亲自探望；每当职员家庭发生困难，他都全力接济。因此，职员们都把他当作自己的兄长，他每次外出办事，其他职员总要等他回来一起吃饭。他不管在不在庄里，大家都一样卖力地干活。下属的全力支持，正是他事业成功最重要的基础。

持身不可轻，用心不可重

【原文】

士君子持身不可轻，轻则物能扰我，而无悠闲镇定之趣；用意不可重，重则我为物泥，而无潇洒活泼之机。

【译文】

一个德才兼备的君子，待人接物不可有轻浮的举动，不可有急躁的个性，因为一旦轻浮急躁，就会把事情弄糟而使自己受到困扰，从而丧失悠闲宁静的生活。处理事情不可想得太多，凡事想得太多，就会受外界约束，从而丧失潇洒自如无拘无束的生机。

【解读】

持身不可轻，用意不可重，可以看作人的性格磨炼。做事情不能鲁莽急躁，否则就会欲速则不达，预想的效果不但没有达到，反而会因为急躁而把自己的生活弄得一团糟。但在考虑事情时，也不能顾虑重重，前怕狼后怕虎，否则就容易丧失成功的良机。

【事典】

"仁者用其仁，智者采其智"

能否用人，对事业的兴亡至关重要。刘备"三顾茅庐"，孔明感其知遇之恩，做出隆中对策，为之效忠竭智，才能由弱变强，称帝西蜀；孙权善于用"众智"、"众力"，听从鲁肃的"榻上策"，故能鼎足江东；曹操虚心求教于荀彧，遵其"深根固本以济天下"、"坚守官渡待变"之策，方能称雄北方。东汉末年，逐鹿中原者不乏其人，为何只有三国保存下来？不善用人是一个重要原因。

袁绍雄踞四州，兵多粮足，谋士如云，官渡之战，他的兵力比曹操强得多，胜利本应属于他，因他既不听田丰、沮授之谏，又不从许攸之策，疑其所不当疑，决其所不当决，于是贻误军机，被动挨打，以失败告终。刘表居用武之地，拥九州之众，因其"善善不能用，恶恶不能去"，又无宏图大志，满足于现状，是他人俎上之肉，任人宰割，荆州被分解是必然之理。吕布被称为无敌将军，效忠于他的陈宫，为他尽智献谋，他当耳边风；对面谀而通敌图他的陈邰父子，却言听计从。在被曹操围困的危急关头，他不依靠张辽等猛将以摆脱险境，而是想凭他的方天画戟和赤兔马以保妻子安全，结果被曹操所擒，命殒白门楼。

而曹操起家时势力不如袁绍，为何能后来居上，成就千秋霸业？我们说，曹操能够雄霸天下，是和他对人才能够各用其长并能互相配合的使用方法分不开的。

曹操早在"惟才是举"令中很明确地表明了他的"因材授任"的思想。他引用了孔子所说的一句话，说如让鲁大夫孟公绰做晋国诸卿赵氏、魏氏的家臣，那是力有余裕的；但他却没有才能来做滕、薛这样小国的大夫。言外之意是，适宜做大国家臣的人，却不一定适宜做小国的大夫。孟公绰大概是一个廉静寡欲而缺乏实际才能的人，所以做赵、魏的家臣则有余，做滕、薛的大夫则不行。在这里，曹操意在说明德才各有短长，用人不能求全责备，必须因材授任。曹操进一步以管仲为例，说明不一定非得是廉士才可以使用。管仲年轻时贫困，同鲍叔牙合伙经商，等到分财利时，管仲欺鲍叔牙而多自取，因此得了个不廉之名；后事齐公子纠，又曾谋害小白（齐桓公）。但齐桓公不嫌管仲有不廉之名，也不计较他曾经谋害过自己，仍任用他为相，终于称霸诸侯。

曹操用人的最大一个特点是：仁者用其仁，智者采其智，也就是武将任其勇，文职

尽其能，既善用人力，又善纳人言，择人任势，最大限度地用人之所长。

曹操帐下有几种类型不同的人，有的性如烈火，视死如归（如典韦、庞德等），每有大战恶斗，曹操总是派他们披坚执锐，冲锋陷阵；有的智勇双全，文武兼备（如曹仁、张郃等），曹操平时把他们放在重要岗位，遇有战事，放手让他们统帅诸军，独当一面；有的胆识不足，优柔寡断，曹操就因人制宜，将他们搭配在合适的主帅营中，当好配角。曹操量才任使，既善用人，又善用言的实例很多，只要有一技之长，他就抓住不放。对于不能征战的文人，曹操也爱不释手。如果不是曹操把那些著名的文士都收拢到自己周围，并发挥他们的作用，很难想象我国的文学史上，会有空前繁荣的"建安时代"。文学大师王粲，根据自己亲身经历，将曹操、袁绍、刘表做了对比，深有感触地说：

> 袁绍虽兵多，然有贤而不能用，故奇士去之；刘表雍容荆楚，坐观时变，士之避乱荆州者皆海内之俊杰，表不知所任，故国危而无辅。明公定冀州之日，下车即缮其甲卒，收其豪杰而用之，以横行天下；及平江、汉，引共贤后置之列位，使海内归心，望风而愿治，文武并用，英雄毕力，此三王之举也。

衡量一个霸主是否高明，不仅看他招揽聚集了多少人，更要看他如何用人。聚才是为了用才，用好才能更好地聚才。人才再多而不善用，不是造成怨声载道，就是反使内耗丛生。这样，人才越多，反作用越大，不仅不能成事，反而坏大事，得不偿失。

曹操用人能够人尽其能，善用人才，也能整合人才。

建安二十年（215年），魏、吴两军在合肥进行了一场激战，曹操对这次战役的人事安排充分体现了他知人善任的能力。这次战役曹操安排的三个主将张辽、乐进、李典三人，都是曹操手下的大将，都立有赫赫战功。论资历和能力，三人相差无几；论地位和职务，三人也不相上下，这大概是"进、典、辽皆素不睦"的主要原因。安排这样三人守城，确有很大的危险性。但是，曹操自有高见，他在西征张鲁之前，就写好了一封密信交给了合肥护军薛悌，在信封上特别注明：等吴兵来攻时再拆开看。曹操的葫芦里装的什么药，大家都不得而知。等到曹操去远了，孙权果然率大兵来攻。危急中大家拆开密信，不看则已，一看都有点纳闷。只见信上寥寥数语："若孙权至者，张、李将军出战；乐将军守护军，勿得与战。"诸将皆疑。第一个明白了曹操意图的是张辽，他说：曹公的意思是说，他远征在外，如等他来救，敌人早已把我们打败。我们只有在敌人站稳脚跟之前，有守城的，有进攻的，打敌人个措手不及，才能以攻为守。是胜是败，在此一战，大家还怀疑什么！听张辽慷慨一谈，李典也有了同感。

曹操为何这么安排呢？这自有他的道理，且看张辽这个人，"少为郡吏，武力过人"，很早就当过并州刺史丁原的"从事"，以后跟何进、董卓等人征战，二十七岁时，在吕布手下"领鲁相"。吕布被曹操战败，张辽率部归降了曹操，被曹操"拜中郎将，赐爵关内侯"。跟曹操后，张辽曾不避大险只身到敌营力劝昌豨投降成功，又在败袁绍、攻袁谭、征柳城等大战中屡建殊功。在别人看来办不成、不敢办的事上，张辽屡有独见，敢于一搏，所以多次得到曹操的赞赏。经历和实绩表明，这是个文武职务都任过、有胆有识的人物。曹操把他放在合肥，目的是清楚的，就是要他起组织和协调守军的核心作用。张辽果真不负曹操所望。

令人费解的是，曹操为什么不让乐进出战而让他守护，不让李典守护而让他出战？史书记载，乐进"容貌短小，以胆烈从太祖，为帐下吏"，曹操称他"每临攻战，常为督率，奋强突固，无坚不陷，自援枹鼓，手不知倦"，为此封他个雅号叫"折冲将军"。不难看出，乐进是个性烈胆壮的猛将。李典的气质与乐进有很大不同。"典好学问，贵儒雅，不与诸将争功，敬贤士大夫，恂恂若不及，军中称其长者。"李典跟随曹操的时间虽长，但独当一面的经历很少；他虽然年仅三十五岁便死去，但早已得到"长者"的美称。不难看出，李典是个爱学习、有修养、善与人同、顾全大局的人才。按照用人常规，让李典守护较适宜，而让乐进与张辽一块出战更加合适。曹操偏偏将二人倒用，这不是费解吗？细分析，这正是曹操用人上的超常表现。三驾马车，绝无战斗力可言，如把互不和睦的三人拧在一起，必先有两人携手。

怎样把其中的两人团结起来，是能否打胜仗的关键。在处理这个问题上，曹操也表现出了超乎常人的思维逻辑。在曹操看来，大敌当前，张辽置个人得失于度外是没有问题的，李典素有"不与诸将争功"的品格，如见张辽以大局为重，配合张辽行事也没有问题。令他二人出战，自然容易统一思想，相互支持，完成任务。有了这二人的团结和统一，就不愁把乐进带起来了。如让乐进出战，很难保证乐进不与张辽争功斗气，如二人发生争吵，李典很难协调，那样三人就无法形成统一的整体。这里面还潜着一层意思：明明该由乐进出战而令其守护，是对他的"警告"和"将军"。就是说，你乐进如果以大局为重，就要在张辽指挥下与李典争着出战，即使你不争着出战，也要好好地将城守住。如果乐进争着出战，那么三人的凝聚力会更大。这才是曹操希望的第一方案；如果乐进不明白这个意思，老老实实地守护，也是很不错的第二方案。

曹操一封密信，为三人的团结对敌设了一个"双重保险"，无论出现哪种情况，都能做到万无一失。果如曹操所料，张辽见信，率先表态，慷慨激昂地表示决一死战，紧接着附和的便是李典。《三国志·李典传》是这样写下李典附和支持张辽的："辽恐其不从，典慨然曰：'此国家大事，顾君计何如耳，吾何以私憾而忘公义乎！'乃率众与辽破走权。"

《三国演义》描绘此战更为神奇："这一阵杀得江南人人害怕，闻张辽大名，小儿也不敢夜啼。"

如果说，团结就是力量，那么人和就是战斗力。这件事也充分体现了曹操"仁者用其仁，智者用其智"的用人之所长。

人生无常，不可虚度

【原文】

天地有万古，此身不再得；人生只百年，此日最易过。幸生其间者，不可不知有生之乐，亦不可不怀虚生之忧。

【译文】

天地永恒存在，可人生只有一次，死了就不再复活。一个人最多能活百岁，可百年时间跟天地相比只不过一刹那。人能侥幸诞生在这永恒的天地之间，既不可不了解生活中的乐趣，也不可不随时提醒自己不要蹉跎岁月，虚度此生。

【解读】

生命是短暂的，惟一的，也是最宝贵的，只有认识到这一点，才会热爱生命、享受生命。三国政治家曹操有人生"譬如朝露，去日苦多"的慨叹，唐朝陈子昂有"前不见古人，后不见来者；念天地之悠悠，独怆然而涕下"的诗句，革命伟人毛泽东有"一万年太久，只争朝夕"的强烈生命意识，只有把有限的生命投入到忧国忧民、利国利民的事业中去，才会体会到生命的真正价值。

【事典】

设定自己的人生角色

人生在世，都想有一番作为。然而，成功并不垂青每一个人，也不是人人都能成为英雄，英雄毕竟是少数。因此，把握自己有多大能力，找到适合自己的坐标，也就是设定自己的人生角色就十分重要了。曹操初入仕途的不顺，与他没有设定好人生的角色有很大关系。

当初，虽然曹操初入道，只是一个管几千人的小官，但他很会当官，把权用足用好，以法度行事，敢于下犯上，不畏权势，体现了他的无畏与有为。想遨游，但力不从心，这是有权无势之故。对于曹操能够执权伏势而言，在《诸葛亮集·将宛·兵权》中有很好的解释。文曰："夫兵权者，是三军之司命，主将之威势。将能执兵之权，操兵之要势而临群下，譬如猛虎，加之羽翼而翱翔四海，随心所欲而施之。若将失权，不操其权，亦如鱼龙脱于江湖，欲求游洋之势，奔涛戏浪，何可得也。"其意思是说，兵权是操纵三军命运的重要权力，如何掌握它直接反映主将的威势如何。主将如果能很好地掌握、运用它，便如虎添翼；如果有权而不会用，则不能统帅三军，会像离开水的鱼一样。

我们经常看到，有些人虽然有权却没有一股威严之势，有些人则不同，即使他有权而不用权，对别人也会产生一种威慑。这里面，原因出在何处呢？就在于有权人会不会使用自己手中的权力。权力本身就带着一种威严，但如果在使用时没有让它发挥效力，权力及使用者也就失去了他的威严，因此，掌权者切记：用权一定要到位。

人生的作为，往往是与时代紧密联系起来的，如果你所设定的人生角色，背离了时代的主体需要，那么你对历史进步的贡献以及你在历史上所留下的影响就会相对弱小。历史上不是有"昔君好文臣好武，君今好武臣已老"的悔叹吗？从大的方面来说，"治世"时代有"治世"时代的主体需求，而"乱世"时代有"乱世"时代的主体需求，如锄强济弱、安定天下等。因此，时代特征不同，需要的英雄人物的角色也有所不同。

人无法选择时代，但可以利用时代造成的契机。曹操生处乱世，那个时代"家家欲为帝王，人人欲为公侯"，但是曹操却最终能够傲立于群雄当中，成为了一代雄杰，又一次证明了"称雄何必论时代"的道理。

那么，曹操是怎样称雄于"乱世"的呢？他虽然没有给出直接的答案，但以他的霸业经历清楚地告诉世人，要想称雄一世，必当分辨时代特征，设定人生角色。

曹操生于公元155年，死于公元220年，这一历史区段应属东汉末叶时代。

他生长在东汉桓帝在位年间，少年岁月也在桓帝时代度过；步入"弱冠"之年时，正值灵帝（刘宏）在位前期，被授为洛阳北部尉；他三十四岁时，灵帝亡；其后半生（卒年六十五岁）是在献帝（刘协）时代结束的。在曹操所处的东汉末叶时代有四大显著特征：一是最高统治者皇帝腐朽无能，桓帝、灵帝、献帝三代，一代不如一代，或由外戚掌政（如桓帝在位初期由梁冀为首的外戚掌政），或由宦官专权（如桓帝、灵帝在位时均如此），或由军阀操纵权柄（如献帝即位初期为军阀董卓操纵实权），一代代的皇帝实际上已成为毫无实权的无能至极的傀儡儿皇帝。二是封建朝廷统治集团诸势力间的争斗异常激烈、残酷。桓帝、灵帝在位期间均发生"党锢之祸"，外戚、宦官、"党人"诸集团势力无不阴谋诛杀异己，独断专权。三是由于横征暴敛，致使黎民破产，无法生存，因而统治势力与被统治民众之间的矛盾日益尖锐。四是大小割据军阀不但图谋久霸一方，而且梦寐以求扩大地盘，因而连年混战不休。

"三国"鼎立时代虽然仍有战争，但毕竟是相对稳定的时代。而东汉末叶，则是朝廷腐败、军阀混战，黎民灾难深重，渴望统一，安居乐业而不得的腥风血雨的"乱世"；曹操正是面对"乱世"来设定他的人生角色。

曹操认为这样一个动乱之世，应是一个需要济弱锄强、一统天下、安定社会、"取威定霸"的英雄时代。因此，曹操几乎一开始就把自己当作"英雄"来看的，自己的人生大任就是抑制豪强、消灭兼并、发展生产、拯救民生，成就一代霸王之业。事实上，曹操也正是在这种历史条件下，开始从事其"治乱"活动的。

直躬不畏人忌，无恶不惧人毁

【原文】

曲意而使人喜，不若直躬而使人忌；无善而致人誉，不若无恶而致人毁。

【译文】

一个人与其委曲意愿而博取他人的欢心，不如刚正不阿光明磊落而遭小人的嫉恨。一个人与其没有善行而受他人的赞美，不如没有劣迹而遭小人的毁谤。

【解读】

每个人待人做事的方式是不一样的，有的人喜欢曲意逢迎，没有善行，有的人喜欢直言不讳，没有恶行。社会上总有一些人心胸狭隘，在别人比自己强的时候，很可能出现一种心理反常乃至心理变态的举动，惟恐别人不出丑、不失败，希望用别人的失败来证明自己并非无能，或者是看看别人的笑话也好。社会上还有一些人，处世圆滑，千方百计博取众人的欢乐，从不做过头之事，总是以一幅老好人的面目出现在世人面前。这两种人既可悲又可恨，活得最没有意义。

【事典】

清洗异党不手软

曹操迁天子都许，使皇帝完全摆脱了其他军事力量的控制，而置于自己的掌握之中。对立的军事力量赶走了，但这并不意味着曹操在通往帝王的路上就可以一帆风顺了。从建安元年（196）迎献帝都许到建安二十五年（220）正月去世，在这"挟天子以令诸侯"的二十四年中，曹操遇到了来自方方面面的抵制和反抗。除了以孙权、刘备为代表的武装集团将他视为"汉贼"，不断对他进行口诛笔伐和武装征讨外，刘氏王室势力和曹操阵营内部的拥汉派及其他反对势力也采用各种手段同他进行较量。在这种情况下，如何对待王室不满势力，是考验曹操是否具备王者风度的一个关键问题。在这个考验面前，曹操进行了针锋相对的斗争和毫不手软的镇压，扫除了前进道路上的一个个障碍。

曹操虽控制了天子，但随驾的文武大臣，尤其是颇有名望的三公宰辅，对于自己握权仍不失为一种威胁。

曹操很明白，要解除这种威胁，必须两手兼用，或罢杀之，或封赏之。对此，曹操从入洛迎帝即已开始。都许以后，曹操急于稳定局势，巩固并提高自己的权势，以利于大业和征讨不臣之事，因而加紧步伐，剪除异己。其实，许多人很难算得上是异己，只不过是稍出微辞或略示愠色而已。

建安元年九月，罢太尉杨彪、司空张喜。太尉杨彪，同袁绍一样出身世代官僚地主家庭，曾祖杨震、祖父杨秉、父杨赐，都曾在朝任三公之职，极有影响和势力。献帝刚都许时，大会公卿，曹操上殿，见杨彪有不悦之色，顿时惊觉起来，深恐被暗算，还没等到设宴，便借口不舒服要上厕所，回到了自己营中。曹操从此记恨上了杨彪，必欲除之而后快。建安二年（197年），袁术称帝。曹操借口杨彪与袁术有姻亲关系，诬陷他企图废掉献帝，下令将他逮捕，准备处死。孔融得到消息，来不及穿上朝服，就跑去见曹操，说：

"杨公四世清德，海内所瞻。《周书》上说父子兄弟罪不相及，何况将袁氏的罪行归到杨公身上呢！"

曹操搪塞说："这是上面的意思。"

孔融紧追不舍："假使成王要杀邵公，周公能说他不知道这事吗？今天如果横杀无辜，我孔融堂堂鲁国男子，明天就要拂衣而去，不再上朝了！"

孔融的强硬态度，使曹操不得不有所收敛。加之尚书令荀彧和许令满宠都有意回护杨彪，杨彪才得以安然释放。此后，杨彪见汉室日渐衰微，曹操独揽了朝政，于是假称有脚疾，十余年不出门，这才保住了性命。

司空张喜因何理由被罢，正史没有记载。但总有一个不成理由的理由，因为官居公卿是不能随便罢黜或被杀的。

至于非公卿之一般官吏，虽然也不能随便滥杀，但就当时来说，根本无需通过什么程序，曹操如果觉得讨厌即可杀掉。议郎赵彦，曾向皇帝陈言时策，曹操知道后很不高兴，就把赵彦杀了。《后汉书·伏皇后纪》说："自帝都许，守位而已，宿卫兵侍，莫非曹氏党旧姻戚。议郎赵彦尝为帝陈言时策，曹操恶而杀之。其余内外，多见诛戮。"

随着时间的推移，献帝越来越受不了曹操的专擅威逼，终于采取了一个大胆的行动。

建安四年（199年），献帝下了一道密诏，夹藏在衣带当中，让人送给他的丈人车骑将军董承，要董承联络天下义士，共同除掉曹操。董承接到密诏后，先后联络了刘备和偏将军王服、长水校尉种辑、议郎吴硕等人。刘备作为皇室宗亲的一脉，早已对曹操的专擅朝政心怀不满，但他身栖虎穴，处处小心翼翼，只能耐心等待机会。恰在这时，袁术准备取道徐州北依袁绍，曹操派刘备带兵前往截击。刘备一到徐州，便杀死了曹操所置的徐州刺史车胄，公开背叛了曹操。不久，董承等人的计划泄露，在建安五年（200年）被曹操处死，并被灭三族。董承的女儿是献帝贵人（妃子），当时正有身孕，曹操也要把她杀掉，献帝一再请求宽恕，也被曹操断然拒绝。

曹操在朝中大刀阔斧清除异己的同时，为了许都的安宁和便于行使权力，立即对近许之敌对势力用兵。

当时兵马最强、离许最近的是杨奉。杨奉曾相信董昭以操名义写的信，以为操能与自己"死生契阔，相与共之"，因而表举曹操为镇东将军，袭爵费亭侯。及至曹操"移驾"，杨奉始知上了当，曾想发兵截击，但没有来得及。杨奉驻梁（今河南商丘境）是直接影响朝廷稳定的一股势力，因而曹操把杨奉视为心腹之患，确定为第一个用兵目标。冬十月，曹操发兵征杨奉，杨奉、韩暹南奔袁术，从而解除了近兵之忧。

打跑了杨奉之后，曹操开始想方设法对付妨碍自己最大的对手袁绍。曹操深知，靠武力是不行的，但太软也不行，于是便采用了硬软兼施的两面政策，先是以皇帝诏书的名义责绍"地广兵多，而专自树党，不闻勤王之师，而但擅相讨伐"。既然是天子诏书，袁绍不能不认真对待，否则更授曹操以柄，因而写了很长的一封信进行辩解。这一招，无疑是曹操初试奉天子之令的成功之举，袁绍果然诚惶诚恐，反复表白。诏责袁绍，沉重地打击了袁绍的气焰。

曹操清除、打击了异己势力，同时让自己的党旧姻戚把持要职，进而掌握了朝中的实权。特别是他赶走了杨奉，稳住了袁绍，进一步控制权力的条件也更加具备。

曹操对于不同政见或不顺从自己的异己势力，向来都是十分残忍，即使是自己亲近的人或有功之臣也不放过。曹操逼死荀彧就是一个明显的例证。

荀彧替曹操出谋献策，共事二十余年，亲密无间，具有智囊领袖的地位，经常与曹操一起讲论治乱之道。荀彧不仅在曹操微时投归，而且竭诚相辅，还给曹操推荐了大批人才。史称："前后所举者，命世大才，邦邑则荀攸、钟繇、陈群，海内则司马宣王，及引致当世知名郗虑、华歆、王朗、荀悦、杜袭、辛毗、赵俨之俦，终为卿相，以十数人。取士不以一揆，戏志才、郭嘉等有负俗之讥，杜畿简傲少文，皆以智策举之，终各显名。"钟繇比荀彧为颜渊，司马懿推重荀彧是几百年以来才出现的奇才。荀少时就被何颙称赞为"王佐才也"。曹操也十分倚重荀彧，两人结成了儿女亲家。曹操女安阳公主是荀彧长子荀恽的妻子。如此特殊的关系，只因荀彧表示了一点真正的反对意见，曹操就毫不迟疑地逼迫荀彧至死。

关于荀彧之死，史料记载有许多歧异。《三国志·荀彧本传》载，建安十七年（212年），曹操讽喻董昭等建言晋爵为魏公，加九锡。荀彧表示了不同意见，他认为曹操"本兴义兵以匡朝宁国，秉忠贞之诚，守退让之实；君子爱人以德，不宜如此"，曹操"由是心不能平"，很不满意。于是曹操就借出征孙权之机，让荀彧参丞相军事，上表请他出都劳军。以往曹操出征，荀彧便留守许都，这次要他出都劳军，觉得十分意外，感到了曹操对他的不信任。荀彧怀着不安的心情出许，到了寿春，曹操又不让他到前线濡须去劳军。荀彧恐慌，不知所措，忧愁而死。裴注引《魏氏春秋》则说，曹操赠送点心给荀彧，打开一看是空的，示意一场空，荀彧吞药自杀。

可见，只要有人敢于阻碍自己谋汉，或对自己谋汉表示一点不满，不管这人原来如何得到自己的信用，立过多大的功劳，曹操都要给予极为严厉的处罚，一点也不肯手软。

从容处家族之变，剀切规朋友之失

【原文】

处父兄骨肉之变，宜从容不宜激烈；遇朋友交游之失，宜剀切不宜优游。

【译文】

不幸遇到父母兄弟骨肉至亲发生纠纷或人伦剧变，应持沉着态度；不可感情用事，采取激烈言行而把事情弄得更坏。跟知心好友交往而朋友犯了过失，应诚恳规劝，不可因怕得罪于他而让他继续错下去。

【解读】

父母兄弟虽是自己的骨肉至亲，但对家人的事情不能感情用事；朋友虽是自己的知己，但对朋友的事情不能意气用事，尤其是碰到亲朋做错事的时候，更要遵守这一原则。对家人的错误要做到不袒护，通过耐心开导使他醒悟；对朋友的过失要从善意出发恳切规谏，不能无原则地为朋友两肋插刀，从而避免不必要的纠纷，这就是处世的艺术。

【事典】

"不喜得荆州，喜得蒯异度耳"

天下之争，往往就是人才之争。历史不止一次地证明，诸雄争立，最后的胜利者，往往就是善致人才、善用人才者。曹操是一位富有远见的政治家，而且颇娴历史的经验与教训，因此他对此认识得更为深刻。重视人才的罗致和使用，是曹操获得重大成功的条件之一，也是他思想中贯彻始终的光辉点之一。

建安十三年七月，曹操亲率大军南征刘表。刘表卒，其子刘琮投降，曹操顺利占取荆州。

曹操占据荆州后，一一论功封赏。刘琮被任为青州刺史，封列侯。刘琮请求留在荆州，曹操于是下令，以"虽封列侯一州之位，犹恨此宠未副其人"为由，同意刘琮辞去青州刺史之职，改任他为谏议大夫参同军事。刘表治理荆州多年，有一定根基，曹操是不可能再让刘琮在荆州任职的。谏议大夫秩禄虽高，但并无实权，曹操对刘琮实际采取了明升暗贬的做法。

刘琮以下，蒯越等十五人被封侯。蒯越字异度，原为大将军何进的东曹掾。劝何进诛宦官，何进犹豫不决，蒯越知其必败，出奔刘表，成为刘表的重要谋士。官渡之战时，刘表持观望态度，蒯越曾劝刘表归附曹操，刘表不听。曹操早想得到蒯越，平定荆州后，即任蒯越为光禄勋，并给荀彧去了一封信，说：

不喜得荆州，喜得蒯异度耳。

表达了自己得到蒯越后异常兴奋的心情。

除此之外，荆州名士韩嵩也得到了重用。韩嵩字德高，官渡之战时也曾劝刘表归附曹操。刘表拿不定主意，决定派韩嵩先到曹操那里去探听一下虚实。韩嵩推辞说：

"将军如打算归附曹公，派我前去可以。如果还在犹豫，就最好不要派我去。因我到许都后，如天子给我一官半职，我推辞不掉，我就成了朝廷的臣子，对将军来说就成了故吏了。到时，就不能再为将军效力了。希望将军慎重考虑才是！"

刘表仍坚持要韩嵩去，韩嵩只得遵命。到许都后，韩嵩果然被任命为侍中、零陵太守。韩嵩回到荆州，对朝廷和曹操赞不绝口，并劝刘表把儿子送到许都去做人质。刘表勃然大怒，认为韩嵩背叛了自己，要将韩嵩斩首。韩嵩镇定自若，对刘表说：

"是将军辜负了韩嵩，韩嵩没有辜负将军！"

接着将临行时说的一番话复述了一遍。刘表仍然怒气未消，但因韩嵩说得在理，蔡氏又出面替韩嵩说情，只得将韩嵩囚禁起来了事。曹操到荆州后，立即把韩嵩从监狱中释放出来。韩嵩正在生病，曹操就在其住处将大鸿胪的印绶授给他，把他当成至交好友对待。曹操请韩嵩品评荆州士人优劣，凡韩嵩推举的一律予以任用。

由此可见，曹操对人才是非常渴求的，是第一位的。毛泽东也说曹操对人才的渴求，简直达到了疯的程度，有种得不到誓不罢休的决心。

与曹操相比，同时代的另一位英雄人物袁绍却差了好远。袁绍占有冀州，为冀州牧，兼有冀、青、幽、并之地，地不可谓不广，亦不可谓不固，但刚愎自用，不善网罗人才、使用人才，文如荀彧、郭嘉，武如张郃、高览等都先附而后离去，枢机重臣如沮授、田丰等谋不得用，或削其权，或监而杀之。结果，虽据险固之地，但不能如其谋臣田丰所说，"据山河之固，拥四州之众，外结英雄，内修农战，然后简其精锐，分为奇兵，乘虚迭出，以扰河南"。所以，带甲虽众，但不善御，最终师丧地失，呕血而死。

曹操则不同，始终把网罗人才作为一件大事来对待，每得一人才，往往喜形于色。初平二年（191年），荀彧离开袁绍投奔曹操，曹操见到荀彧，情不自制，"大悦"，说"吾之子房也"。曹操素闻荀攸名，因征之，入为尚书，"与语大悦"，高兴地说："公达，非常人也。"及至后来，权力日隆，野心日大，因而常以周公自比，并决心效周公虚心纳士、广罗人才的故事。

大处着眼，小处着手

【原文】

小处不渗漏，暗处不欺隐，末路不怠荒，才是个真正英雄。

【译文】

做人做事必须处处小心谨慎，就是细微的地方也不可粗心大意；即使是在没人听见看见之处，也不可以做坏事。在穷困潦倒不得意的时候，仍然有奋发上进的雄心壮志。这样的人，才算得上真正有作为的英雄好汉。

【解读】

真正的英雄是有勇有谋、有刚有柔、有粗有细、有理有节的人，鲁莽英雄不算真正的英雄。经不起挫折的人也不能算是英雄。即使做不了一个真正的英雄，做一个平凡的人物，也要做到从大处着眼，从小处入手，并能够经受得住失败的考验，这是一条经过验证的人生经验啊。

【事典】

水灌大梁，魏国倾覆

兵法上非常讲究地形的作用。因为地形是用兵的辅助条件，不懂得观察地形，因势利导，战争往往很难取胜。孙子认为：地有六形，兵有六败，要求将帅要因地制宜地指挥作战，军队在各种地形条件下的作战原则是：通形之地便于部队机动作战；支形之地只有凭险据守；挂形之地是可以往而难于返回之地；隘形之地利于凭险据守；险形之地是一夫当关，万夫莫开之地；远形之地是指敌我双方相距较远的集结地域，对于双方的进攻都不利。在散地不宜作战，在轻地不宜久留。

《三国》中有非常多的利用地形的例子，特别是诸葛亮，上知天文，下晓地理，对地利形势研究得非常透。他利用地形最经典的有两例，一是峡谷火烧司马懿，幸有天雨得救；二是把陆逊引入八阵图，使其迷失其中，幸有诸葛丈人搭救。身为将帅要对地形作认真研究，争取战术行动时充分考虑到地形对战争的影响，就有可能取得战争的胜利。

而秦王政在攻取魏国大梁城时，其将王贲就充分考虑并利用了地形的作用。

秦灭六国的第四个战略目标是魏国。

春秋末年三家分晋之时，韩、赵、魏三家之中势力较强的是魏国。魏国当时的疆土辖有现今陕西韩城县以南的黄河沿岸，渭河以南的华阴县一带；今山西省的西南部及东南部，连通河南省北部以及黄河以南的沿河地带；东北部更有今河北省的大名县和广平县一带以及山东省的冠县地区。魏国的领土东西狭长，领土分散，其主要地区是现今山西省南部的"河东"地区和现今河南省北部的"河内"地区。两地区之间，以今山西省东南部的上党地区为交通渠道。魏国四周邻国有秦、赵、韩、郑、卫、齐。国都初在安邑（今山西夏县西北禹王城），魏惠王时迁都大梁（今河南开封市），并同韩国交换领土，使魏国在中原的土地连成一片。

韩、赵、魏虽然于公元前403年才被名义上的"天下共主"周天子（周威烈王）正式分封为诸侯，但它们实际上早在公元前453年即共同瓜分了晋室，分别建立了各自为政的独立王国。

三晋初起，魏国首强。

魏国的第一位国君是魏文侯，在位五十年。魏文侯于战国初年在"七雄"之中率先实行社会改革，重用士阶层出身的翟璜、李悝、李克、吴起、西门豹、乐羊等一大批文臣武将，实行"食有劳而禄有功，使有能而赏必罚必当"的原则，"作尽地力之教"，行"平籴法"，制定法文法典《法经》，获得了富国强兵的显著成效，"天子赏文侯以上闻"，在完整的意义上开创了战国时期的变法运动，使魏国成为战国初年最为强盛的国家。

魏文侯死后，其子魏武侯继位。魏武侯听信王错的逸言，解除了吴起的西河守职务，使魏国的智能之士寒心而纷纷离去，魏国在对秦战争中屡屡失利。

魏武侯死后魏惠王继位。魏惠王即位后迁都大梁，兴修水利而开凿鸿沟，开创选拔"武卒"的制度，礼贤下士，令惠施制定法令，在魏国再度实行社会改革，魏国国势曾一度复强。然而魏惠王在位后期，魏国在同齐国的桂陵、马陵两次大战中惨遭失败，魏国的军事实力大损，再也无法恢复它的元气了。

秦魏经常攻守相防，先是魏因变法改革而强大，屡屡侵占秦国土地，但后来自秦孝公变法以来，秦国强大起来，不仅夺回了魏曾经占领的土地，还攻城掠地，攻下了魏国许多土地和城市，形势对魏十分不利。秦国逐渐强大起来，魏国一步步萎缩下去。特别是秦王政亲政后，国力更强，不仅使赵韩军事实力受到重创，而且使魏国慑于政威，不断向秦割地求和，苟且偷生。

在秦国歼灭六国的时间表上，魏国之所以名列第四，是因为韩国处于天下之咽喉，秦军大举东进扫平六国，不能不首先灭韩；赵国是秦国兼并山东六国的主要障碍，当其军事实力受到重创后，不可不于灭韩后趁势一举灭之；赵国破亡后秦军已抵达燕国边境，不可不趁势一鼓而下，况且荆轲刺秦王的插曲，更使得秦王政不允许燕国再继续存在下去；韩、赵、燕破亡之后，秦军再攻取魏国，已是水到渠成之举。秦王政深知魏国在军事上已无力同秦军抗衡；而灭亡魏国又有利于集中全力来歼灭山东六国中的另一个军事强国——楚，以便在对楚的军事行动时不再有后顾之忧。

公元前 225 年（秦王政二十二年），当秦军攻克燕都蓟城，准备集中兵力攻打楚国的时候，秦王嬴政似乎才想起中原还有一个小小的魏国没有被消灭，便命令小将王贲率领一支军队直奔魏都大梁，力求一战成功，彻底把魏国从地图上抹掉。

王贲乃大将军王翦的儿子，年未弱冠，血气方刚。他少时即好读兵法韬略，刚能骑得马射得箭时便跟随父亲驰骋疆场，曾随军伐燕，也曾单独领兵击楚，头角峥嵘，锋芒渐露，迅速磨炼成长为一位年轻果敢、智勇双全的小将军。他指挥军队将大梁城团团包围之后，却不急于发动进攻，而是首先与幕府一群裨将和参谋人员沿城走了一圈，仔细踏勘周围地形城势，商讨筹划一战而胜的进攻策略。

大梁是魏国的都城，是一个有着一百三十多年历史的都城。魏都从安邑迁到大梁，经过数代魏王的苦心经营，已经是一座异常坚固的军事堡垒，城高十仞，池深数丈，箭垛林立，易守难攻。《战国策·魏策三》中记载："（大梁）以三十万之众，守十仞之城，臣以为虽汤、武复生，弗易攻也。"（魏人须贾语）韩赵相继灭亡后，魏王寝食难安，担心秦国马上攻到魏国。然而秦国给魏国暂时歇了一口气，攻打燕国去了。这期间，魏王假派精壮人士日夜加固大梁城墙，挖深护城河，各个城门派重兵把守，以为这样大梁城就固若金汤了，秦军奈何它不得。岂不知，魏王假百密一疏，恰恰忘记了大梁城守一个致命的弱点，即地势低下，最容易遭受黄河水淹。正好犯了兵法上的大忌。滚滚东去的黄河水从城北流过，堤防高筑，惊涛拍岸；源于荥阳的汴河从城南流过，水势浩大，可行舟船。大梁城夹在二水之中，且比堤防低出许多，若堤防溃决，必遭灭顶之灾。早在魏王假的祖父魏安釐王在位期间，熟知兵法的信陵君无忌就曾警告说假若秦军以水为兵，"决荥泽水（即汴河）灌大梁，大梁必亡"。可惜昏庸的魏王假自作聪明，只顾加高墙垣，龟缩城内，一心固守，却偏偏忘记了大梁的致命弱点和信陵君的早年警告！

当秦王派大将王贲来攻打大梁时，秦军已接连灭了韩、赵、燕，士气正盛，而被围困在大梁城中的魏国军民，则处于孤立无援，士气低落的境地。又时值天降大雨，连日不绝。

当王贲踏勘视察大梁的周围地势时，但见黄河之水在堤防之内翻滚咆哮，浊浪滔天，汴河之水也逐日见涨，汹涌不已。站在黄河大堤之上的王贲心中大喜，将手中马鞭一指脚下雨幕之中的大梁城说："要破大梁城池，只一个'水'字便可！"

回到军营，王贲立刻着手部署，兵分三路：一路继续攻城；一路登上黄河大堤，挖掘堤防，开凿水渠通到大梁城脚下；一路进至汴河上游，壅堤拦坝，阻塞下流。工程很快竣工，渠一修好，王贲就派人两处决堤放水。只见黄河之水挟着滚滚怒涛，倾泻而下直冲北城，汴河之水也腾起数丈巨浪，汹涌而至扑向南城。刹那间城外田园村舍尽成泽国，一片汪洋，水高几与城齐。满城军士百姓顿时慌作一团，魏王假也吓得魂不附体，又无可奈何，只能一面下令用土囊沙袋填塞城门，加高城墙，一面在宫中燃起高香，乞求祖宗神灵保佑。想那大梁城垣也不过是砖石泥土筑就，怎经得起滔天洪水长时间冲击浸泡？一个月之后的一天，只听得"轰隆隆"一阵巨响，北城墙首先倒塌多处，激起漫天泥尘水雾。几乎就在同时，南城墙也挣扎摇晃了几下，轰然崩溃。两河之水势如狂龙巨魔一般冲入城内，摧房倾屋，横扫一切，满城惨叫哭号之声此伏彼起，不知有多少百姓军士被淹没毙命。紧接着秦军乘着木排斗船，手持长戈大戟杀进城来，逢人便是一阵砍杀，不一会儿满城即到处翻腾着血水肉浆，浮尸累累。魏王假和文武百官及嫔妃宫娥幸亏有宫墙围护，不致淹毙水中，但也成为瓮中之鳖，个个被秦军生擒活捉，押到城外王贲帐前，王贲下令将其全部打入囚车，即日解送咸阳，向秦王嬴政献俘报捷。

此战秦军以水为兵，损伤无几，却使百年繁华的大梁城变成了一座死亡之城，城中魏国军民死伤数十万，房屋庐舍大都荡然无存。王贲将幸存下来的百姓全部迁入秦国统治腹地关中丰地（今陕西临潼县境内），将魏国旧地并入三川郡和东郡。

在不伤一兵一卒的情况下，秦将王贲以水灌大梁城的方式实现了秦灭六国的第四个战略目标。

秦王政这次攻魏的战役，是一次相当漂亮的战役，因为它利用了地利的有利形势，而王贲的军事才能也在这次战役中充分显现出来。这下，秦王政更是神采飞扬了，他已实现了统一全国的前四个目标，实力大增，士气大长，而他统一的心就更迫切，剩下的楚、齐已成末日羔羊，拔掉他们没有问题。

带兵者，以倾兵之力伐胜，下智也；以智谋取胜者，中智也；以天时地利伐胜者，上智也。

藏巧于拙，寓清于浊

【原文】

藏巧于拙，用晦而明，寓清于浊，以屈为伸，真涉世之一壶，藏身之三窟也。

【译文】

做人宁可装得笨拙一点不可显得太聪明，宁可收敛一点不可锋芒毕露，宁可随和一点不可自命清高，宁可退缩一点不可太过激进。这才是立身处世的法宝，这才是明哲保身的三窟。

【解读】

"难得糊涂"历来被推崇为高明的处世之道。只要你懂得装傻，你就并非傻瓜，而是大智若愚。

做人切忌恃才自傲，不知饶人。锋芒太露易遭嫉恨，更容易树敌。功高震主不知给多少下属臣子招致杀身之祸。与领导交往最重要的技巧就是适时"装傻"，不露自己的高明，更不能纠正对方的错误。

人际交往，装傻可以为人遮羞，自找台阶；可以故作不知达成幽默，反唇相讥；可以假痴不癫迷惑对手。

你必须有好演技，才能傻得可爱，"疯"得恰到好处。谁不识傻中真相谁就会被愚弄；谁能不领会大智若愚之神韵，谁就是真正的傻瓜、笨蛋。

【事典】

"大愚"之中藏大智

前苏联卫国战争初期，德军长驱直入。在此生死存亡之际，曾在国内战争时期驰骋疆场的老将们，如铁木辛哥、伏罗希洛夫、布琼尼等，首先挑起前敌指挥的重担。但面对新的形势，他们渐感力不从心。时势造英雄，一批青年军事家，如朱可夫、华西列夫斯基、什捷缅科等，相继脱颖而出。这中间，老将们思想上不是没有波动的。1944年2月，前苏联元帅铁木辛哥受命去波罗的海，协调一、二方面军的行动，什捷缅科作为他的参谋长同行。什捷缅科早知道这位元帅对总参部的人抱怀疑态度，思想上有个疙瘩，心想："命令终归是命令，只能服从了。"等上了火车，吃晚饭时，一场不愉快的谈话开始了，铁木辛哥先发出一通连珠炮："为什么派你跟我一起去？是想来教育我们这些老头子，监督我们的吧？白费劲！你们还在桌子底下跑的时候，我们已经率领着成师的部队在打仗，为了给你们建立苏维埃政权而奋斗。你军事学院毕业了，自以为了不起了！革命开始的时候，你才几岁？"这通教训，已经近乎侮辱了。但什捷缅科却老实地回答："那时候，刚满十岁。"接着又平静地表示对元帅非常尊重，准备向他学习。铁木辛哥最后说："算了，外交家，睡觉吧。时间会证明谁是什么样的人。"

应该说，"时间证明论"是对的。他们共同工作了一个月后，在一次晚间喝茶的时候，铁木辛哥突然说："现在我明白了，你并不是我原来认为的那种人。我曾想，你是斯大林专门派来监督我的……"后来什捷缅科被召回时，心里很舍不得和铁木辛哥分离。又过了一个月，铁木辛哥亲自向大本营提出要求，调这个晚辈来共事。

什捷缅科在受辱之时装憨相，过了铁元帅关，体现了后生的谦卑及对老人的尊重，是大智若愚的表现。懂得装傻者绝非傻子，显得木讷憨厚有时是最高智慧者才能为之。许多时候，要想受到别人的敬重，就必须掩藏你的聪明。

有个爱缠人的先生盯着小仲马问："您最近在做些什么？"

小仲马平静地答道："难道您没看见？我正在蓄络腮胡子。"

胡子是自然而然长的，小仲马故意把它当作极重要的事情，显然与问话目的不相符合。小仲马表面上好像是在回答那先生，其实并没给他什么有用信息。小仲马自然是懂得对方问话意思的，但他偏要答非所问，用幽默暗示那人：不要再继续纠缠。

盛极必衰，剥极必复

【原文】

衰飒的景象就在盛满中，发生的机缄即在零落内；故君子居安宜操一片心以虑患，处变当坚百忍以图成。

【译文】

大凡一种衰败现象，往往早在得意时就已种下祸根；大凡一种机运转变，多半在失意时就已种下善果。所以一个有才学有修养的君子，当平安无事时要保持自己的清醒理智，以便防范未来祸患的发生；一旦处身变乱之中，就要拿出毅力咬紧牙关坚持奋斗，以便将来事业的最后成功。

【解读】

日月有阴晴盈亏的变化，人生也有兴衰成败的变化，万事万物都会经过盛衰的循环过程。因此人生中，在辉煌的时候要保持清醒冷静的头脑，防患于未然，在受挫的时候要对前途充满必胜的信心，乐观向上的心态。有一句话是："野火烧不尽，春风吹又生。"做人也要有这种精神，而不能遇到一点挫折就一蹶不振，一定要有摆脱困境的勇气和能力。在平时的时候要处处小心，尽量避免自己的小错酿成大错，尽量避免与别人发生纠纷，还要培养自己的心理承受能力，这样就可以做到人能日日好，花能日日红了。

【事典】

云游和尚，嘴大吃四方

人的一生就是顺境与逆境的交替，可能在某一阶段，一个人会走得比较顺，但到了另一阶段又会走得比较背。朱元璋在他的早期生涯中，也就是参加红巾军起义前，都是逆境占了主导地位。先是失学被迫去给地主当放牛娃，接着是旱灾、蝗灾和瘟疫卷走了几个亲人的生命，然后为了生计，又与二哥骨肉分离。正在"山穷水尽疑无路"之际，幸得邻居汪大娘指点迷津，去皇觉寺出家做了和尚，总算是混到了口饭吃，谋到条生路。

然而，就在朱元璋自以为暂时找到了一个能够遮风避雨的地方，可以安心地生活下去的时候，更为严峻的情况又摆到了朱元璋的面前：皇觉寺遇到了前所未有的危机，断粮了。

如前所述，皇觉寺的吃用花销主要来自地租和香客们的捐赠。由于旱灾、蝗灾连着瘟疫来袭，那些租种田地的农民连吃的活命粮也没有，哪里还交得起租子？师父师叔们成天轮班到佃户家催讨、斥责、恫吓，再不交就送到衙门坐班房、打板子，都不管用。由于人们早已四处逃荒去了，千村萧瑟，万户鬼歌，捐赠这一条路也基本断绝了，皇觉寺的和尚们不得不面对着这样的窘境：庙里的存粮一天天在减少，已接近告罄。为了应付这种局面，皇觉寺的高彬长老不得不忍痛宣布，凡是有家的和尚都打发回家，会做佛事的则努力开辟第二职业，至于无家可归又没有职业技能的，就只有背起包袱，云游化缘，要饭为生了。

朱元璋当行童才满50天，最末一个被打发出门。没奈何，虽然不会念经，不会做佛事，也只好装个和尚的样子，一顶破箬帽，一个木鱼，一个瓦钵，背上小包袱，拜别了师父和住持，硬着头皮，离开了家乡。

朱元璋是个聪明人，他出发前先向人打听哪儿的灾情较轻，听说南边、西边比较好，他就决定往这些地方走。他先到庐州（今安徽合肥），再往西走到固始（今河南固始）、信阳（今河南信阳），又往北到汝州（今河南临汝），折向东到陈州（今河南淮阳），经鹿邑（今河南鹿邑）、亳州（今安徽亳县），再向南到达颍州（今安徽阜阳），一路上跋山涉水，餐风饮露，饱尝艰辛与凄凉。在当上皇帝后，朱元璋为了让后代子孙知道创业的艰难，亲自撰写了《皇陵碑》树在父母墓前，其中以无比辛酸的心情叙述了自己的游方生涯："突朝烟而急进，暮投古寺以趋跄。仰苍崖崔嵬而倚碧，听猿啼夜月而凄凉。魂悠悠而觅父母无有，志落魄而佯伴。西风鹤唳，俄淅沥以飞霜。身如蓬逐风而不止，心滚滚乎沸汤。"至今读来，仍令人唏嘘不已。

朱元璋称帝后对于这段游离的日子的回忆，我们虽然不能从明史中找到关于这一时期的详细记载，但从朱元璋念念不忘这段经历的心态来说，这段经历给他的内心留下不可磨灭的印象是无可置疑的。尽管这段经历是痛苦的，而且他也不愿意让别人知道自己作为一朝天子，作为一个有着种种神奇传说的皇帝，还有如此有失尊严的经历，但那段不堪回首的岁月，却促使朱元璋留下了一段表露衷肠的文字，使我们得以想见高高在上的明太祖朱元璋的内心凄苦，这确是珍贵的。

朱元璋化缘也是讲究方法和策略的。他专门找大户人家要钱要饭。因为大户人家知道自己坏事做得太多，怕死后入地狱，上刀山，下油锅，所以就得发点"善心"，修修来世，求菩萨保佑多发财，生生世世享福，不只这辈子作地主，下辈子也作地主。要得到菩萨的保佑，就得对和尚客气一些，把从佃户身上榨取来的血汗，留出一点点作布施，算是对菩萨的贿赂。这样，他们只要听见木鱼响，就知道是作"好事"修来生的机会到了。一勺米，几文钱，绝不吝惜。要是大户不出来，只要有耐性，把木鱼敲得更响，佛号喊得更高声一些，迟早会有人出来打发。

当然找大户人家也会经过人烟稀少的地方，或者饿上一二天，或者挖点野菜充饥，这也是常事。白天走乡串村，晚上就找个破庙栖身，山栖野宿，受尽了风霜之苦，几年的流浪生活，他受尽了冷落和嘲笑，饱尝了人间的辛酸苦辣。

朱元璋的早期是如此的多灾多难，而多灾多难的人生又往往是贫弱的社会成员无法抗拒的，然而苦难也并非全然是坏事。古人曾有一句名言：嚼得菜根百事可做。意思是，连菜根都能吃得下、咽得下的人，什么样的饭咽不下，什么样的境遇受不住呢？而对于朱元璋来说，既然能去乞讨化缘，看人白眼和冷脸，还有什么样的逆境不能忍受呢？

朱元璋在外面游荡了四年，经过那么多的地方，到底吃了多少人生辛苦，已经很难计算了。不过，从另一个角度来看，朱元璋也得到了不少收获。朱元璋至少得到了两大收获，那就是：第一，他深切地感受到了，孤庄村太小，孤庄村外面的世界很大很大；第二，朱元璋的身体变得更壮，朱元璋的意志变得更强。如果说，以前的朱元璋，就已经没有什么困难能够使他屈服，那么，经过四年外出游荡后的朱元璋，在他的眼里，天底下就根本没有什么东西叫困难了。

关于朱元璋的这段漂泊的岁月，后来还流传着各种各样的传说。有一个故事是这样的。说有一天朱元璋路过一个叫剩柴村的地方。他已经两天没有吃东西了，肚子饿得难受，可四周一户人家也没有。绝望中发现不远的地方有个园子，一片断壁残垣及被火烧过的残树枯枝，很是失望；抬头远望，发现园子的东北角有棵柿子树，树上还有被霜打过的柿子。朱元璋一连吃了十多个，总算饱餐了一顿。

后来朱元璋率兵渡长江攻采石、太平，又经过此地，并且又发现了那棵柿子树，心有所触，指着那棵树对左右讲述了那段不堪回首的往事，然后特将自己身上的一件红袍披在树上，说："封你为凌霜侯。"

另外一个故事就显得很奇特了。说朱元璋来到了庐州府的六安州后，见到一个穿着长衫、儒者模样的老人，身上背着一个箱子，走起路来特别的吃力。朱元璋上前卸下老人背上的箱子，帮他背了起来。走了好久，俩人走到硃砂镇，在一棵大槐树下休息。老人看着面前这个好心的年轻人，见他宽宽的前额向前隆起，长长的下巴明显上翘，垂鼻方孔，眼睛大而有神，脸像一个银元宝，又有峰峦叠起之概。在普通人眼里，这不是一个英俊的面容，但在相书上，却是龙凤之姿，富贵之相。他又问朱元璋的生辰八字，听后肃然说道："在我眼睛里看过的人多了，相和命都无法与你相比。你要善自珍重。"朱元璋脸上掠过一丝苦笑。老人还告诉他，此行，利往西北，不利东南，朱元璋便乖乖地听从，甘愿借这位江湖术士的吉言。

艰苦的三年流浪生活，单靠乞讨是难以维持生计的。为了生存，朱元璋常常给别人干苦力。由于长期营养不良，便难免体力不支。一天，他走过定远县界，到了庐州地面，从旁边的岔道上来了两个道士，相互问候之后，才知道原来都是云游无根之人，于是便一同上路，歇在了村边的土地庙里。躺下不久，朱元璋便觉得忽冷忽热，浑身滚烫，接着便说起了胡话。幸亏两个道士仗义相救，一晚上精心地照顾他，弄了柴草烤暖屋子，用庙里的铜香炉烧了口热水，还把自己身上的外衣脱下来给他盖上。第二天，他们分头去布斋哀求，一些好心的老人送了些姜汤和热水给他们，还煎了葱白芦根，才使朱元璋转危为安。之后，他们又扶着朱元璋前行，在一座寺庙里安顿下来，最后终于使他度过了这场灾难。

朱元璋游方途中，还学到了些本事。经过巢湖时，朱元璋结交了几个青年渔民，还随他们扬帆远航，学划桨，学撒网，学用鱼叉叉鱼，还一起练习拳棒。

朱元璋每到一处，看到的尽是百姓困苦，尽是衣衫褴褛，尽是面如土色。春逐野菜，秋食草根，稍遇凶荒，便尽是流民。朱元璋发现，从巢湖边的庐州、六安到河南的汝宁府，一路上，除去各大小寺院虔诚的善男信女外，老百姓普遍信仰白莲教。

白莲教是佛教的一个宗派，也称白莲社、白莲宗、白莲会，创始人是吴郡昆山（今江苏省昆山县）的茅子元。他19岁在延祥寺落发修行，修行观禅法。南宋高宗绍兴初年的一天，他于禅定中听到乌鸦叫声，恍然有悟，即口诵偈言："二十余年纸上寻，寻来寻去转沉吟，忽然听得慈鸦叫，始信从前错用心。"几年后，他便在昆山淀山湖建白莲堂，自称白莲导师、坐受同修净业的诸男女弟子的跪拜。孝宗时候，作为太上皇的宋高宗，曾召茅子元到京城德寿殿演说净土法门，赐号白莲导师、慈宗照主，自此白莲教宗风大振。

朱元璋在淮西、豫南一带流浪的时期，白莲教的首领们正加紧从事反元秘密活动。白莲教因教义简明易懂，仪式简便易行，很受贫苦百姓欢迎，到南宋后期已传播到北方地区。元代对各种宗教实行兼容并蓄政策，白莲教取得合法地位，发展更为迅速。在传播过程中，白莲教吸收了弥勒教和明教的一些教义，形成了以"弥勒降生"或"明王出世"为核心的信仰，宣称释迦牟尼佛灭度后，世界进入苦境，必待弥勒佛降生或明王出世，人民才会享受到和平、安宁、美好的生活。当时南方白莲教的首领为彭莹玉，他是袁州（今江西宜春）南泉山慈化寺东村庄一个农民的儿子，十岁出家为僧，拜姓彭的老和尚为师，因改姓彭。后南泉山涌出一股清泉，他用来给人治病，被当地百姓视为活神仙。他笃信白莲教，广收门徒，至正四年（1338年）和弟子周子旺组织五千人举行起义，很快失败，周子旺遇害，他在百姓掩护下逃到淮西。朱元璋在淮西、豫南流浪了三年多，这一带正是彭莹玉秘密从事传教和组织反元活动的地区，他与白莲教的接触是必然的，而与白莲教的接触，及几年的出游经历，对朱元璋的后半生产生了深远的影响。

在化缘的过程中，朱元璋更加直观地看到了元朝统治者给民众带来的苦难；面对那些贫苦的农民和富足的地主，朱元璋也体会到了社会分配的不合理；同时几年的游历生涯，还使朱元璋渐渐地熟悉了淮西、豫东一带的山川河流、风土人情、地势关卡，为以后的起兵打下了良好的基础。在这次化缘中结识了许多的朋友，这又对朱元璋日后的事业无疑非常有帮助。

更为重要的是，游历促进了朱元璋性格的成型。在这一阶段，由于命运的无助与生活的窘迫，面对朝不保夕的生活和随时有可能来袭的疾病和瘟疫，朱元璋随时都有丧命的可能。命运的不平也促生了他无端猜忌、残忍嗜杀的性格。但同时也应当看到，朱元璋所固有的勇敢、坚强、果断的性格也在这次化缘当中得到了进一步的加强，这对于在加入义军之后他的发展进步以及赢得最后的辉煌有着直接的关系。

毋偏信自任，毋自满嫉人

【原文】

毋偏信而为奸所欺，毋自任而为气所使；毋以己之长而形人之短，毋因己之拙而忌人之能。

【译文】

不要误信他人的片面之词，以免被奸诈之徒所欺骗；不要过分信任自己的才干，以免受到意气的驱使。不要依仗自己的长处而宣扬他人的短处，不要由于自己的笨拙而嫉妒他人的聪明。

【解读】

对待小人的最好办法是自己不做小人，但做到这一点也需要很深的功夫啊！首先是自己不偏信偏疑，不挑拨不离间，不造谣、不传谣、不信谣，相信自己的观察，待人待事持公允的态度。其次是不刚愎自用，不意气用事，更不能恃才傲物，目空一切。第三是做到对比自己弱的人要宽容，对比自己强的人不嫉妒。公正、无私、诚恳、谦虚的品性往往从修养好的人身上表现出来，而偏袒、自私、欺骗、嫉妒的品性则往往从修养差的人身上表现出来。

看问题有一个角度问题，换个角度看问题，是也许就是非，非也许就成为是，各人有各人看问题的角度。如果只是一味地考虑自己的利益，膨胀自己的欲望，那么就可能对别人提出无限的要求，好人会当成坏人，而进谗的奉迎的小人倒可能当成好人了。这就很危险。而站在对方的立场站在君子的立场上，就会得出不同的结论，就会驳斥和厌弃小人。

【事典】

《红楼梦》中有句诗说："子系中山狼，得志便猖狂。"一些小人大多是会作威作福摆架子的。而其实这些他们自以为骄傲的资本是很可笑很盲目的一些理由，无非是金钱、地位、权势、美色等等一些外在的东西，拿出真正有价值的东西、讲出真正的道理来也就能把这些人驳倒甚至说服了。

赵、魏、韩三大家族，瓜分了知姓家族的领土后，魏国国君文侯，敦请卜子夏、田子方作他的教师。每次经过段干木的住所，一定低头致敬（段干木是当时道德之士）。四方英雄豪杰，听到文侯如此尊重贤能，纷纷投奔魏国。从此魏国成为一个强大的国家。

有一次，文侯的儿子魏击在路上遇到田子方，急忙下车，在道旁下拜，但是田子方却没还礼，扬长而去。这一下，魏击就火冒三丈了，抓住田子方，质问说："普天之下，是富贵值得骄傲？还是贫贱值得骄傲？"田子方说："这还用问，当然贫贱的人可以骄傲，富贵的人怎敢如此？国君骄傲则失去了他的封国，大夫骄傲则失他的家族。失国的人再没有国，失家的人再没有家；像我们这些贫贱之辈，建议不被采纳，行为不合主人的要求，那就简单不过了，穿上鞋子就走，反正走到哪里都是一样贫贱。"魏击一听十分有道理，急忙向田子方道歉。

同样在战国时期的齐国有个类似的故事：

有一次，齐宣王召见颜歇，说："颜歇过来！"颜歇说："大王过来！"宣王不高兴。左右百官都说："大王是国君你颜歇是臣子，大王说'颜歇过来'，你也说'大王过来'，行吗？"颜歇答道："颜歇上前，是仰慕权势；大王前来，是亲近贤士。与其叫我颜歇慕势，倒不如让大王亲贤好。"

宣王气得面孔变色，说："做国君的高贵？还是你做士人的高贵？"

颜歇答道："士人高贵！国君不高贵。"

宣王说："你有根据吗？"

颜歇说："有，从前秦国攻打齐国，下令说：'哪个胆敢走到柳下季坟墓五十步内去砍柴，定死不饶'！还有一道命令说：'哪个能斩得齐王头的，就封他为万户侯，赏黄金千镒。'这样看来，活着的国君的脑袋，还抵不上死了的贤士的坟墓。"

宣王听了一声不响，闷闷不乐。大臣们都说："颜歇过来，颜歇过来！大王身为千乘大国之主，又有铸造千石钟的财力，天下志士仁人都来投奔效力，才智出众的人都来出谋献策，天下四方，无敢不服，各种物资无不齐备，百姓无不归顺。现在那般士人中最高级的，也不过是平民之一而已；僻处乡间，一无所有；那些粗陋而低级的，只能看守里巷。士人处境低贱极了！"

颜歇回答说："错了！我听说古代大禹的时候，万国来朝。为什么当时会有这样多的小国呢？这是因为他致力仁政措施得当，尊重贤士的结果呀。所以舜从一个出身卑贱的农民登上了天子的宝座；到商汤的时候，诸侯服属的还有三千个；如今呢，称孤道寡的只有二十四个了。这样看来，对贤士有足够的重视与否。难道不是兴亡、成败的关键么？等到逐步削弱，最后国破家亡的时候，即便想在里巷看看门，哪里还轮得到你呢？所以《易经》是这样说的：'处在高位而不务实际，光务虚名的人，一定表现得傲慢奢侈，祸患就会跟着来了。'所以不务实事，徒慕虚名的人遭到削弱；不做好事、希望得福的人显得窘迫；没有功劳、窃据官位的人被侮辱，受大祸。因此说：好大喜功、不务实事的不能成功立业，一味空想的达不到目的。这些都是徒慕虚名，华而不实的人呀！所以尧有九个助手，舜有七个诤友，禹有五个丞相，汤有三个贤佐，从古到今，毫无别人帮助而自己能成名于天下的，一个也没有！因此君王不以屡向别人请教为耻，不以向卑贱的人学习为愧。老子说：'虽然尊贵，必得在卑贱中立脚；虽然高明，必得以低下的为基础。'所以诸侯、国君自称'孤'、'寡'、'不穀'。这是因为他们本来身份低贱吗？不是的。孤、寡原是卑贱的称谓，王甘于以此自称，岂不是对人谦恭而重视吗？尧传位于舜，舜传位于禹，周成王任用周公旦，世世代代都称他们为明王，这就足以说明士之可贵了。"

宣王听到这里，终于听明白了"士者贵，王者不贵"的道理，惭愧地对颜歜说道："啊，如此说来，贤士可真是不能得罪的呢，我可是自讨没趣哩！如今听到了先生的高论才看穿那些小人的行径，请先生收我为学生吧！今后颜先生跟我同游共处，三牲佐餐，车子代步，让您的夫人子女个个衣着华丽。"

毋以短攻短，毋以顽济顽

【原文】

人之短处，要曲为弥缝，如暴而扬之，是以短攻短；人有顽固，要善为化诲，如忿而疾之，是以顽济顽。

【译文】

发现别人有缺点，要婉转地掩饰与规劝，如果当众揭发人家的缺点，就不仅会伤害别人的自尊心，也证明自己的无知和欠缺。一旦发现某人愚蠢固执时，要耐心地诱导和启发；如果对人家生气或厌恶，就不仅无法改变别人的愚蠢与固执，也证明自己的愚蠢与固执。

【解读】

常言道："来说是非者，便是是非人。"别人身上的缺点，其实自己身上也有，与其到处宣扬别人的不是，还不如意识到自己的不足并去改正。如果你去揭发别人的短处，别人也来揭发你的缺点，这样一个缺点就导致了两个错误。所以发现别人的不足，一定要善意地去帮助、去开导，当自己有缺点时也能得到别人的提醒，这样又何乐而不为呢？

说话是要讲究水平的。那么这个"水平"主要表现在哪些方面呢？一是说话不到位不行，说不到位，说不到点子上，别人可能悟不明白，理解不透，琢磨不出你的真实用意，你提出的想法或要求也不会被人重视和接受，非但事情办不成，也常常不被人瞧得起，这样怎么能换取别人的欣赏与亲善呢？怎么能赢得别人的友谊和器重呢？二是话说得太过头不行，要求太高，言辞太尖刻，让人听了不愉快，觉得你不识大体，不懂规矩，不知好歹，这样的人常常被人敬而远之，也同样无法与人正常交往。讲究分寸是一种很重要的说话艺术，说话是否有分寸，对于我们办事成败有着很大的关系。

任何人在交谈时，总是在以一定的身份向别人表达自己的思想感情。要想使彼此交流达到理想的效果，除了要有对象意识外，还要有自我身份意识，就是说话要得体，言语形式的选择要符合自己的身份，保持自我本色。如以下级的身份向上级汇报思想工作，当持敬重的态度，注意措辞的严肃性和应有的礼节性。与同辈亲友交谈，则以亲切、自然为宜，不宜过于"一本正经"，否则便有故作姿态之嫌。说话不得体，不注意身份，听的人总感到不是滋味，甚至引起反感，这就必然要影响到交际效果。

【事典】

恩威并举，软硬兼施

封建统治者认为，对待邻国以及治军，贵在德威并用。德是根本，威是辅助。不立德，则残刻寡恩，人多思变；不立威，则敌国欺凌，国家积弱。刚柔相济，德威并举，则四邻慑服，无敌于天下。秦穆公曾向蹇叔说："秦国处于偏僻的西土，与戎狄为邻。地势险要，兵力强盛，进可以战，退可以守，所以不列中华者，是德威不及的缘故。没有威力不能使邻国畏服，没有道德不能使人感怀，不畏不怀，何以成霸？"穆公说："威与德二者孰先？"蹇叔说："德为根本，威力济之，有德无威，其国自削，有威无德，其民内溃。"（《东周列国志》）

治理军队，如何树威立德，尤为重要。百万之众，指挥如一，不立威无以统率三军，所以孙武演阵杀美人，田穰苴出征杀嬖倖，魏绛治军惩杨午，韩信出兵斩殷盖，都是以惩办显贵而立威者，显贵遭诛，法不阿贵，见者心寒，闻者足戒，军威大振，无敌于天下。

武则天的临朝称制不但引起了李唐旧臣的不满，更引起了李氏宗族的不满。首先河南的越王李贞即起兵反武，仍打"匡复李唐"的旗号，可最终不过二十多天便失败了，家人全部身死。他的儿子李冲又起兵反武，可仅七天，又失败了。虽然他们在起兵时打的是"匡复"旗号，以恢复李家天下为号召，但并未产生动员和组织人民的作用。这说明，武则天的政治统治已经取得了社会的拥护，武则天已无可辩驳地成为大唐王朝的代表，国泰才能民安，每每换一代君主，打一场战，人们早已厌倦，疲乏了，人们需要的只是养生，需要幼有所养，老有所终，人们反对在"匡复"名义掩护下的战争，他们不再听信所谓"匡复"的宣传，他们最需要的是安定。武则天休养生息的政策已经得到了天下民心。

在这次平定叛乱中，她从中吸取教训，她要对李氏宗室进行一次性大规模的清洗，她将恩威并举，派酷吏和贤臣双双前往，武力不降，加以劝说，收买不通再动武力，软的不行来硬的，硬的不服来软的，这样软硬兼施，红脸、白脸一起唱，不怕李唐日后还能兴风作浪。

就此她做了周密的选拔，至于唱红脸的贤臣，她心中早已选定非狄仁杰莫属了，此人忠贞廉洁，仁爱贤良，为人正直不阿，贞观时，由工部尚书阎立本举荐，授官并州都督府法曹。仪凤年间，狄仁杰为大理寺丞，公正地处理了很多积案，没有诉冤的，在朝中颇有些政声。有这样一桩案子：武卫大将军权善才因误伐了唐太宗陵山昭陵上的柏树，高宗下令将权善才斩首。狄仁杰判为免职，认为罪不当死。高宗甚怒，他说："先帝陵山柏树，权善才竟敢砍伐，这分明是挑明了与我作对，置我于不孝不义之地，必定死罪无疑。"狄仁杰从容不迫地进谏道："臣听说违逆人主，自古为难，我却不认为是这样。在暴君桀、纣时则难，在明君尧、舜时则易。臣感到幸运的是，我现在奉事的是尧、舜那样的明君，因而不担心像比干一样因谏被杀。陛下制定的法律，流放和死罪都有明确规定，怎能把没犯死罪的人处死呢？如果法律没有一定，天下人怎么遵循？陛下如果一定要改变法律，那就从今天开始。现在陛下因昭陵的一棵柏树而杀害了一位将军，后人将会作何评论呢？臣是怕陛下落个无道之君的坏名声，臣愿陛下三思而行。"

高宗听罢，认为狄仁杰所言很有道理，怒气顿时消散了。他免除了权善才的死罪，不多久又授狄仁杰为侍御史。这个角色必他无疑。

然而酷吏派谁人前往，她考虑了一番，于是决定好好地挑选一番，酷吏这个角色在这次事件中很重要，千万不可失小乱大。她看到了监察御史苏珦。她便故意派监察御史苏珦调查韩、鲁诸王是否有通谋之事。苏珦应命前行调查，查后发现并无实据，并如实向武则天禀报说："诸王并未串通谋反，何以定罪，太后深明大义，为政当公正待民以德服人。韩、鲁诸王虽顽固不从，但的确不曾串通谋反，因此，微臣不敢以叛逆之说定其罪，请太后明查。"武则天非常赏识苏珦的正直和忠诚，她和颜悦色地说："卿乃大雅之士，大忠之臣，朕今当有别任可使，此案枝节过多，较为繁杂，卿大可不必接手。"

周兴听说此事后，他自我推荐要接任此案，周兴为人残暴不堪，嗜杀成性，他与来俊臣都深通罗织之术，所谓罗织就是假造罪名，陷害好人的意思，来俊臣还专编写了一部《罗织经》。周兴很适合干此类偷鸡摸狗之事。于是，武则天派周兴处门理此案。

这一任命可以说是找到了最合适的人选。酷吏周兴嗜杀成性，很高兴去处理这件事。他施展起他的罗织本领，很快派人将韩王元嘉、鲁王灵夔、黄公譔、常乐长公主等人统统押来东都，逼令他们自杀。

这常乐长公主是高祖的七女，丈夫是寿州刺史赵环。李贞起兵的时候，赵环曾接到李贞的一封信，要他起兵相助。赵环有些犹豫，常乐长公主却激昂地对使者说："回去替我转告越王，我等誓与他同生共死。我们李家已经危如朝露，怎不学尉迟迥舍生取义，感恩效节？岂能苟且偷安，贻笑后人。"来使很感动，回去报告给李贞。但赵环还未来得及起兵，李贞已败，赵环和常乐长公主遂牵连伏诛。

霍王元轨、他的儿子江都王绪，高宗子虢王凤的儿子东莞公融也先后被拘捕入狱。东莞公融和江都王绪都被斩于市。霍王元轨因防御突厥积有战功，被免一死，囚入槛车，流牧黔州，行至陈仓，突然死去。太宗第十子纪王慎素来胆怯，李贞起兵时，李慎不肯同谋。李贞败后，李慎也被拘入狱中，监刑放免，囚入槛车，流放岭南，到蒲州时死去。

另一方，狄仁杰据理力争，费尽口舌，劝民降服得以生存，当时的他也明白武则天利用他的仁义和忠诚，然而面对千千万万的苍生，他更要竭尽全力，以救万民。他使数千人免受牵连杀戮之灾，连同千金长公主也免于灾祸。

天授元年（690年），武承嗣派酷吏周兴密告泽州刺史泽王上金、舒州刺史许王素节谋反。太后召他们来京，素节到龙门时，被绞死，上金也自杀身死，他们的儿子，亲信也都被杀。

同年秋，杀豫章王亶，迁其父舒王元名于和州；紧接着，又杀死南安王颖等宗室子弟十二人，又鞭杀了已故太子贤的两个儿子。

至此，唐廷的宗室子弟被斩杀殆尽，幸存下来的幼弱者也流放岭南。宗室子弟的亲党数百家也被诛杀。这位千金长公主因百帮讨好武则天而得以保全。她请求做武则天的女儿，终生孝敬武则天于膝下。武则天赦免了她，把她改姓武氏，更名号为延安长公主。

同时，狄仁杰释放囚犯的同时，张光辅驻守豫州。狄仁杰非常不满张光辅的部下，依仗平乱有功，仗势欺人，到处勒索百姓钱财。狄仁杰给予严厉的制止，张部下便文过饰非挑拨张光辅，张光辅大怒，对狄仁杰说："我现在是平叛的元帅。你不过是一州的刺史，怎敢对我如此轻视？"狄仁杰毫不退缩，不卑不亢地说："作乱河南的只有越王贞。现在一个越王贞已死，难道还要生出一万个越王贞么？"张光辅问："你这话是什么意思？"狄仁杰说："公率将士十万，前来平叛，而今叛军已经平定，魁首已被杀死，今不停止杀伐，反而纵兵暴掠，无罪之人也惨遭杀害，豫州又重受灾难，这难道不是一个越王贞死了，又生出一万个越王贞来了吗？你怎能放纵部下邀功请赏，滥杀已经投诚的人呢？只恐怕这样会使民怨沸腾，引起不安。我奉命来豫州，是为民除害。如能以尚方宝剑来处置你，我死亦无憾！"豫州的百姓都很拥护狄仁杰大公无私为民造福，从中也称赞武则天，用人有方，体恤民生。

大量能容，不动声色

【原文】

觉人之诈不形于言，受人之侮不动于色，此中有无穷意味，亦有无穷受用。

【译文】

发觉被人欺骗不要立刻说出来，受人侮辱也不要立刻生气。一个人有吃亏忍辱的胸襟，在人生旅途上自然有无穷妙处，对前途事业也一生受用不尽。

【解读】

喜怒不形于色，是自我保护的一种方法。"君子报仇，十年不晚"，"忍得一时之气，才做得人上之人"，说的就是这个道理。在遇到被人欺骗侮辱时，要审时度势，不动声色，不吃眼前亏，才能保存自己，以谋他日之图。

【事典】

为买人心，竟洞房割爱

一日，胡雪岩与几位道中好友在酒楼吃酒闲谈，说到梨园相好，有位姓蒋的师爷叹道："好酒好菜，若有唱曲的妙人相陪，那才是天上神仙呢！"恰好酒店主人听见，殷勤地说："几位老爷要听唱曲，今日我店中倒有一位姑娘，不知可中老爷们的意儿？"

众人齐声说好，店主兴冲冲走进后院，不一会儿，果然领来一个女孩儿，年约二十上下，不施脂粉，清纯可人，一双丹凤眼左右一扫，撩拨得大家耳热心跳。姑娘上前给众人行了礼，自称姓黄，小名黄姑，原在安庆班唱旦角，只因湘军与太平军在安庆展开拉锯战，故逃难到杭州投亲。黄姑说话清脆悦耳、珠圆玉润，光景是艺伶人家出身，且落落大方，毫不怯生。黄姑拿出响铃儿和锣钹儿，首先致歉说因父亲病了，不能操琴伴奏，眼下只好清唱。然后拉开架势，做出一个"白鹤亮翅"亮相动作，口里"得得锵锵"模仿敲打乐，走了一个小圈，开口唱道："焦桂英来到王魁府上……"声如银铃，倏然飞起，直上云霄。众人暗暗叫好：音色甜美，合韵合辙，如瀑布飞漱，似银蛇绕峰，果然是个好角儿。大家屏气敛息，全神贯注，陶醉在曲儿中，胡雪岩却心烦意乱，另有一番心思。他听黄姑唱曲，愈听愈觉熟悉，但总想不起来。

黄姑一曲终了，随后将大辫子往脑后一甩，这动作如电光一闪，点燃了胡雪岩记忆的火花。他不动声色，装模作样听曲儿，脑子里飞快地旋转：黄姑，你不叫黄姑，分明是孙幺妹，化成灰我也认得你。原来在十几年前，胡雪岩的祖父因嗜好大烟，家中良田、祖屋几乎变卖一空，只好多次迁动，最后在祠堂旁边族人公房中安身，成为全族笑柄。胡雪岩的父母终日为三餐奔忙，无暇管束胡雪岩。刚学会走路的胡雪岩摇晃着瘦小的身子，来到邻居孙家，同孙家的小女儿一道玩耍，随着岁月流逝，胡雪岩慢慢知道孙家是个卖葫芦糖的人家，他家总有吃不完的葫芦糖。还知道孙家小小女儿叫孙幺妹，比自己还小几个月。物以类聚，人以群分，贫穷人家的子女生来就是好朋友。胡雪岩和孙幺妹终日形影不离，白天一起拾柴火、过家家，夜晚并膝讲故事、数星星。有一次胡雪岩通宵未归，家人四出寻找，到了天明，竟发现他和孙幺妹钻到稻草堆里睡得正香。

想到这些，胡雪岩产生一种冲动，要设法同黄姑私下里见一面。众人听罢曲子，纷纷赏了黄姑，准备离去。胡雪岩付了账，偕大家向城里走去。才走了里许，胡雪岩随手往袋里一摸，突然脸色大变，惊叫道："我的褡裢哪里去了？"大家都感愕然，胡雪岩着急道："丢了银子事小，里面有一本明细账，万万丢不得。"这么一说，众人都觉非同小可。蒋师爷以手加额回忆道："我记得雪岩兄听曲的时候，把褡裢放在桌上，大概忘了拿走罢。""对了，是这么回事。"胡雪岩恍然大悟，急着要回去取褡裢。大家都要陪他返回，胡雪岩执意不肯，阻拦道："游乐一天，都疲乏了，早早回家歇息，我自会处理。"带着小厮告辞而返。

黄姑尚未离店，见胡雪岩去而返回，诧异道："老爷有事？"胡雪岩颤声道："孙幺妹，还记得我们在山洞里烧芋头吗？"黄姑愣住了，儿时的欢乐齐涌脑际，她蓦然醒悟："你是，胡老爷！""叫我雪岩好了，他乡遇故交，真是巧得很。"黄姑泪水涟涟，泣不成声，向胡雪岩哭诉自己多年的遭遇。孙幺妹十岁时，一场时疫袭来，父母均病亡，孙幺妹被一黄姓人家收养，改姓黄。黄家系江湖艺人，四处卖艺为生。黄姑学唱旦角，逐渐有了名气，在安庆班做了台柱子。

黄姑带胡雪岩去后院看养父，养父枯瘦如柴，卧床不起。胡雪岩忙掏出十两银子，吩咐店主去请大夫诊治。接连几日，胡雪岩都在奔忙，他为黄姑父女租下一处院宅，叫了老妈子，小厮伺候。又和杭州城的戏班"三元班"老板谈妥，让黄姑补一个角儿。

黄姑受到胡雪岩的照顾，生活安定，忧郁一扫而空，平添几分颜色。每次胡雪岩光临，黄姑精心妆扮，光彩照人。渐渐地，胡雪岩到黄家的次数越来越多，不单是乡亲情分，也有"窈窕淑女，君子好逑"的意味。胡雪岩本是好色之徒，寻花老手，黄姑正当妙龄，尚未出阁，对胡雪岩有心巴结，百般趋奉，两人日久生情，不觉有了爱慕之情。这天，胡雪岩到黄家小坐，不觉天色已晚，养父借故出去待会儿，屋子里便只剩下他们两个。摇曳烛光中，黄姑两颊泛红，娇艳动人，她双眼低垂，粉颈微露，丰满的胸部剧烈地起伏。胡雪岩一时看呆了，恍惚间像是面对天仙。

胡雪岩凑近她耳边，刚好窗外一阵风刮来，烛火跳跃几下，熄灭了，屋里漆黑一团。正是天赐良机，胡雪岩一把将黄姑搂在怀里，少女特有的馨香顿时充满口鼻，他忘乎所以。黄姑颤声道："你愿意的话，都拿去吧。"胡雪岩抑制不住冲动，双手向她的下身伸去，忽然，似曾相识的情景使他停止了动作。我这是干啥？玩弄一位风尘女子吗？既然有心娶她，就应当有始至终，完美无缺，毕竟娶妻和嫖妓，天壤之别啊！胡雪岩感到内疚，愈加清醒，他珍视从小培养的感情，不愿轻易玷污了它。要保持完美，必得按规矩办，明媒正娶，洞房花烛，才无遗憾。想到这些，胡雪岩松开手，点燃蜡烛。黄姑又羞又气，哭出声来："你，不要我了？""要，才不敢唐突，"胡雪岩道，"明天我便派人来下聘礼。"

第二天，一件意外的事彻底打乱了胡雪岩的计划。一大早，王有龄差人送来一份官报，上面刊有一则消息：太平军踏破清军江南大营，逼近上海，苏南地方失陷30余州县。胡雪岩震惊不已，苏南高邮设有阜康一个分号，进出数十万两银子，一旦被太平军没收，损失巨大。胡雪岩忧心如焚，立刻派心腹前去打探分号的情况。分号的档手叫田世春，从前在信和当小伙计，为人机灵，生意场上是把好手。战乱之中，钱庄成为乱兵洗劫的目标，阜康这家分号凶多吉少，胡雪岩茶饭不思，夜不能寐，密切注视苏南方面的情况。

等到第八天晚上，阜康外面忽然响起敲门声。伙计把门打开，一个血糊糊的人滚进门倒在地上，骇得伙计惊叫，惊动了所有人。大家点灯一看，原来此人是高邮阜康分号的档手田世春。胡雪岩闻讯赶来，叫人把田世春扶到床上，灌上一碗参汤，田世春才清醒过来。原来田世春早在太平军大败湘军，回师安庆时，便预料到太平军必然挟胜者雄风，对江南地方有所动作。于是，田世春以做短期生意为主，快速出击，见好就收，竭力回笼短期货账，以备不测。当太平军向江南大营动手时，田世春已将钱庄存银四十万两雇了几辆马车向杭州启运，使之幸免于战火。但马车毕竟比不上太平军的战马来得快捷。一天，运银的马车同一支太平军的前哨马队遭遇。见马队只有十来个士兵，田世春破釜沉舟，叫伙计们操刀备家伙，同马队干上了。太平军士兵没料到商队伙计竟敢同他们较量，一时慌乱起来。田世春仗着年少时学过几手武艺，殊死抵抗，身上中刀十几处，血流满身，仍不退让。伙计们见档手如此，也都勇气大增，拼力砍杀。大胆深入敌后，这支前哨马队本有忌惮，见商队如此亡命，不敢恋战，匆匆遁去。钱庄的银子得以保全。

"了不起，了不起，田世春千里护银，可歌可泣。"胡雪岩一迭声道，激动得忘乎所以，在客厅中来回踱步，大声嚷嚷。银子失掉了尚可赚回来，一名忠诚的伙计，可谓千金难求。对田世春，当行重赏。可是银钱，似乎还不足以奖掖田世春的大功，田世春的忠心不是银钱所能换得的。为了确定奖励的方式，胡雪岩第一次难下决断。

田世春父母双亡，是个孤儿，正当青春年少，尚未成亲，如能替他张罗操持，建立一个温暖的家，他必定对胡雪岩感激涕零，视如泰山。胡雪岩想起这点，暗暗叫绝，若择一个美貌女子，为其完婚，包揽一切费用，再送他一笔家底，这样的奖励，不无人情味，胜过大笔银钱，岂不妙哉！胡雪岩冥思苦想，忽然想到把黄姑嫁给田世春再恰当不过了。但他有一种负罪感，因为对黄姑，他已有了"妻子"的感情，这是他感情世界的最后的堡垒。黄姑是自己的同乡，俗话说，美不美，乡中水，亲不亲，故乡人。同乡人总是互相庇护的，乡情如同牢固的纽带，令她永远忠实于自己。黄姑对自己一往情深。他们又是青梅竹马，这份特别的感情可谓金不换，少女的痴情可以相伴她终生，是忠实的保证。谁都知道黄姑和自己的关系，而一旦把她嫁给田世春，他会感激主人的割爱，并且具有特殊的意义，主人能把初恋的女人毫不犹豫地转让给伙计，这份信赖价值如何？

选个日子，胡雪岩把田世春带到黄家，介绍给黄家父女。对胡雪岩的朋友，黄姑十分殷勤好客，并无特别的想法。她奇怪胡雪岩为何迟迟不来下聘，眼睛里满含怨艾和忧郁。胡雪岩躲避着黄姑目光的探询，竭力称赞田世春的能干和功劳，并宣称要提拔田世春坐阜康的第二把交椅，今后黄家父女见田世春就和见到他胡雪岩一样。

回钱庄后，胡雪岩问田世春，对黄姑的印象如何？田世春颇感困惑，老板和黄姑从小要好，现在即将成亲，钱庄上下都在传言，老板问这话什么用意？田世春小心谨慎答道："黄姑才貌双全，温柔贤惠，是位相夫教子的理想女人。"胡雪岩高兴道："太好了，嫁给你做老婆怎样？"田世春不由得激动万分，老板把心爱的女人送给自己，该是多么大的信赖和关照，便结结巴巴道："若能与黄姑成婚，田某感念老板恩惠，定效犬马之劳，万死不辞！"胡雪岩感慨道："人非草木、孰能无情。黄姑待我多情，我岂能不知。但她与你是郎才女貌，更能相配，只要你不负我厚望，便十个黄姑也不足惜。"

第二天，胡雪岩暗中叫来黄姑养父，许以重金，要把黄姑嫁给田世春。黄姑养父见胡雪岩主意坚决，田世春也非一般人物，也就应允了，只瞒着黄姑。按照杭州人家嫁女的规矩，胡雪岩差媒人前去黄家下聘，黄姑从此便不得出门，等候成亲日子的到来。黄姑仍然蒙在鼓里，沉浸在巨大的喜悦当中。她以为胡雪岩兑现诺言，将娶她为妻。迎娶的日子到了，黄姑头顶红帕，在鼓乐声中被伴娘搀扶着离开家门，踏进花轿，走向夫家。朦胧中她看到胡雪岩的身影在前后晃动，张罗忙碌，心中便充满甜蜜。进夫家，拜天地，拜祖宗，夫妻对拜，一切行礼如仪，黄姑懵懵懂懂，全然不知，被拥进洞房，独自一人坐在婚床上，听着门外喧嚷的人声，只盼望喜筵早些结束，她和胡雪岩洞房相见。

延至午夜，洞房门开，田世春喝得醉醺醺地，被人拥入洞房。咔嗒一声落锁，房里只剩一对新人。田世春见新娘美艳绝伦，顾不得去揭红帕，搂住黄姑不停亲吻。黄姑早有许身意，一任他轻薄，身子软如一团泥。田世春酒气上冲，色心萌动，一番疯狂的发泄后，发现黄姑竟然是处女。田世春不由激动万分，老板把心爱的女人送给自己，这是多么大的依赖和关照啊！黄姑后来发现与自己同床共枕的不是胡雪岩，而是田世春后，不免哭闹一番，但生米做成熟饭，一切都无可挽回。

此事过了许多天，传到知府王有龄耳中，他大为惊叹，跷起大拇指夸赞道："雪岩老弟深谋远虑，不为色动，忍痛割爱，有古哲先贤之风，了不起，了不起啊！"

对黄姑，胡雪岩一开始是动了真情的，然而他为了自己的事业，对这样的真情说斩断就斩断，寻常人是很难做到的。不为儿女私情所憾，是大丈夫所当为！

辨别是非，认识大体

【原文】

毋因群疑而阻独见，毋任己意而废人言，毋私小惠而伤大体，毋借公论以快私情。

【译文】

不要因为大多数人都疑惑而放弃自己的独特见解，也不要固执己见而忽视别人的忠实良言。不可施小恩小惠笼络人心而伤害大体，也不可假借舆论而满足个人欲望。

【解读】

"择其善者而从之"，是古代圣贤对待不同意见的做法。"兼听则明，偏听则暗"，说明了对待别人的意见采取不同的态度，结果也就会不同。"忠言逆耳利于行，良药苦口利于病"，假如一个人只喜欢听好话，周围就会有许多不说实话的人，故意来蒙蔽你，使你的事业遭受损失。所以个人的真知灼见是在集体的智慧上建立起来的，只有善于听取有益的见解，吸收不同的看法，利用各方的长处，才能做出正确的决策。

【事典】

纳谏李斯，广开"才"路

——人才高于一切

李斯来到秦国时，正值庄襄王病死，秦王政即位，吕不韦以宰相和"仲父"的双重身份执掌朝政。正是看到了吕不韦的权重，投靠吕相才有发展前途，李斯便拜在了吕不韦的门下为舍人，被任以为郎，即宫廷侍卫官。其职责大概类似于后世的宫廷侍讲，辅佐吕不韦给秦王政讲读《吕氏春秋》。其后随着秦国政坛上嫪毐、吕不韦、秦王政三大集团的三足鼎立和争权夺利斗争的愈演愈烈，年轻而精明的李斯经过长时间的观察和思考，认为最终只有沉默寡言的秦王政能够后来居上，成为秦国真正的主宰和天下霸主。便做出了人生的第二个重大抉择，即暗中"跳槽"脱离吕不韦集团，利用接近秦王政的机会表达自己的"忠君敬上"之心，显露个人的政治才华，逐渐取得秦王政的信任和重用。而秦王政当时正处于势单力薄，急于寻求和笼络人才之际，果然对李斯三番五次的着意表白所打动，不久即授予他丞相府长史之职，并暗示他不受吕不韦节制。从此君臣二人来往日益密切，共同承担起了重整秦国江山、歼灭山东六国的历史大任。

秦王政选择李斯为左臂右膀，就充分表明他的选才原则，即不论贫贱，不论官职，只要忠诚、实用就行，而且这两者缺一不可。李斯初见秦王政时，还只是个默默无闻的来自中原的小人物，自称是"上蔡布衣，间巷之黔首"。可见李斯绝没有什么高贵的血统和高贵的门第。而且李斯是吕不韦的门客，是吕不韦派来控制和教化秦王政的。

李斯是法家的重要代表人物，早年曾跟大学问家荀子学习法学，和韩非是同学关系。李斯选择了为帝王们所喜爱的"帝王之术"作为他研究的方向。而之所以这样选择，关键在于它的实用性。在这点上，李斯确是个实用主义者和功利主义者，他极力想找到时代的需求和个人获得解放的最佳结合点。在当时，影响最大、人徒最众、被称为"显学"的儒家和墨家，虽然受到各国当权者的推崇和礼遇，但在现实的政治、军事斗争中，未见有哪国的当权者真正贯彻和落实他们的主张，当权者几乎都是根据实际斗争的需要，出于实用和功利的目的来寻找各自所需的理论根据。也就是说，当权者所需要的是切合现实斗争需要的理论。

李斯迎合了这种需要。在李斯看来，儒家鼓吹的"仁政"、"王道"在这个"争城以战，杀人盈城；争野以战，杀人盈野"的世界里，是毫无出路的。墨家提倡的"兼爱"则更是荒谬，秦赵长平大血战中，秦将白起一次就活埋了赵国的降卒四十万！面对如此残酷的现实，兼爱何从谈起。道家讲"圣人之治，虚其心，实其腹"，讲"无为"，讲"清虚自守"，而李斯却要有为，要活得轰轰烈烈。不管儒家、墨家，还是道家，都与他的要求实在是南辕北辙。李斯基于这种考虑，用实用的理论充实自己，并借以打动君王，要借助君王的权力，建设一座永久性的政治大厦，赢得自己一世的英名。

秦王政和李斯一拍即合，两个人都找到了最佳结合点。李斯第一次进言就跟秦王政阐述了把握时机的重要性。他说："要建立丰功伟业，就必须准确把握时机，该忍耐时要忍耐，该进取时须进取。昔日秦穆公称霸西方，兵马强盛，但最终没有东进中原并吞诸国，为什么呢？是因为当时诸侯国仍然比较强大，作为天下共主的周天子尚未彻底垮台。所以各大国争霸天下往往抬出周天子为幌子，以'尊王攘夷'号令四方。自秦孝公用商鞅变法图强以后，周天子越来越衰微，山东诸国竞相兼并，国势日衰，而秦国则大张挞伐，屡胜诸侯，至今已有六世了。目前山东诸国已被秦国打得服服帖帖，犹如所属郡县那样敬事秦国。今天以秦国的强大，大王的贤明，扫灭六国像拂拭灶上尘埃那样容易，成就帝业，统一天下，时机就在眼前。如果错过这个千载难逢的大好机会，则恐怕山东诸国稍获喘息，趁机复兴，合纵抗秦，那时大王即使有古圣黄帝呼风唤雨的本领，也为时已晚，无济于事了。"

李斯对时局的分析确实是真知灼见，切中要害。

听完李斯的这番话语，年轻的秦王政热血沸腾，顿时产生了一种重任在肩、时不我待的迫切感，对李斯也倍加信任，倚为股肱。还有一点值得说明的是，当秦王政以铁血手段铲除嫪毒集团、逐步剿灭吕不韦集团之际，史书上却暂时消失了李斯的身影，似乎并不能明显看到他从中起过什么重大作用。但从秦王政事后不久即拜他为客卿的事实来看，我们有理由相信李斯不仅与他的旧主人吕不韦彻底划清了界线，而且为秦王政出了不少力，大概是充当幕后策划的重要角色。因此在清洗吕不韦集团骨干分子时，李斯非但没有受到牵连，相反却加官晋爵，享受到功臣的特殊待遇。

亲近善人须知机杜谗，铲除恶人应保密防祸

【原文】

善人未能急亲不宜预扬，恐来谗谮之奸；恶人未能轻去不宜先发，恐遭媒蘖之祸。

【译文】

想结交一个有修养的人，不必急着跟他接近，也不必事先赞扬他，以免引起坏人的嫉妒而在背后说坏话。想摆脱一个险恶的坏人，不可草率行事，随意打发，不可打草惊蛇使之先知，以免遭受坏人报复、陷害之灾祸。

【解读】

常言说："君子之交淡如水，小人之交甘若醴。"与善人的交情都是在平淡中建立的，不可刻意地去追求，如果你急于去求得友情的话，别人就会觉得你别有他图；如果不想和恶人交往下去了，也得慢慢地疏远他，进行冷处理，而不能让对方明显地感觉到你态度的变化。所以，结交朋友要注意方法，与朋友绝交也要注意技巧。

【事典】

功狗不如功人，萧何封侯

天下已定，如何论功行赏，这是一个很重大的问题。既要体现公平，又要分配合理，从而实现共患难，同富贵的目的，使功臣继续忠诚地跟着自己。

刘邦当皇帝后，除了要分封韩信、彭越等人为王外，那些跟随他南征北战的功臣和将领们也都急切地等待着他论功封赏。在封赏的过程中，大家都急着标榜自己的功劳大，要求得到较多的封赏。大家争来争去，前后持续了一年多时间，也不能确定这些功臣功劳大小的次序。

刘邦认为萧何的功劳最大，于是先从他开始封赏。他封萧何为鄷侯，并享受很多的食邑。但是刘邦这一举动，却引起了其他功臣们的强烈不满。他们说："我们披坚执锐，多的身经百余战，少的也有几十回合，攻城略地，也是各有大小。可萧何从未参加战斗，也没有立过任何战功，只是舞文弄墨，摇舌鼓唇，陛下反而将他的功劳定在我们之上，这是什么道理？"

刘邦解释道："诸君都懂得打猎吗？我这就以打猎来作譬喻吧！狩猎的时候，追杀野兽、兔子的是猎狗，但指挥猎狗，使之能有效抓到猎物的却是猎人吧！如今诸将的功劳，有如猎狗。至于萧何，他在幕后指挥并提供补给，让诸将能有效建立功劳，便有如猎人啊！所以你们只是功狗，萧何则是功人，功狗的功劳大还是功人的功劳大呢？"

群臣相对无言，均承认萧何的功劳。

在后来评定各位功臣大小的次序时，有人认为曹参在战争中曾经负伤70处，攻下的城池和地盘也最多、最大，应该评曹参为第一大功臣。

的确，曹参论军功应该评为第一，因为他曾攻灭了赵、齐两个王国，攻下了122座县城，俘虏过2个王、3个相、6个将军，以及大莫敖、郡守、司马、侯、御史各一人。刘邦已经封赏给萧何最多的封邑，因此，在评定功臣大小的次序时，对于这种意见，他也很难反驳。可是刘邦还是想把萧何的功劳定为第一，却找不出什么理由来说服大家，正感到左右为难时，有位叫鄂千秋的关内侯，暗中揣摩出刘邦的心思，他发表意见说："众臣的议论都不对，曹参尽管有野战略地的功劳，但这种功劳仅是在一时一地产生作用和影响。陛下和项羽争夺天下，前后5年，经常在战斗中打败仗，有几次甚至全军覆没，只身逃亡。在这种情况下，萧何总是从关中源源不断地向前线输送战士和粮食。尽管陛下并没有命令他，他却能多次地输送几万军队，来增援处于危难之中的陛下。楚汉双方在荥阳相持几年中，粮食缺乏，萧何多次从关中地区把粮食运到荥阳前线，保障了陛下军队的粮食供给。陛下尽管几次在关东战场遭受惨败，但萧何总是为陛下留守关中，保全了关中这个大后方。这种功劳是影响陛下世世代代的大功劳。陛下即使没有100个像曹参这样的人，也无损于汉王朝，即使有他们，也不能保全汉王朝的万无一失。现在评论功劳大小，为什么要把一时的功劳放在万代的功劳之上呢？因此，我认为萧何的功劳应该是第一，曹参的功劳应在萧何之下。"

鄂千秋的这番话，正是刘邦想说而又未能说出来的话，正合乎他的心意，刘邦听后，连声称善。于是将萧何的功劳定为第一，曹参的功劳为第二，并给萧何可以佩剑、穿鞋进入殿中，不必急急忙忙、踏着碎步上朝的特殊礼遇，还让萧何的父子兄弟十余人都享受封号和食邑。

刘邦因为鄂千秋帮他解决了疑难，为表示感谢，就说："我听说，推荐贤人，应该受重赏。萧何的功劳虽大，如没有鄂君的说明，大家就看不清楚。"于是加封鄂千秋为安平侯。

不久，以曹参曾助韩信讨平齐地和赵地，而且助刘邦有效收缴韩信三十万大军指挥权之功，封曹参为平阳侯，食邑万户，恩赏在萧何之上。

张良原本为韩之贵族，运筹帷幄，以客卿身份成为刘邦的谋臣兼老师，位尊功大。于是刘邦很客气地请张良自己从齐地中选择三万户为封邑。但张良却谦让地表示："陛下肯听从我的谋策，而有今天的成就，此乃天运也，非臣之功劳。臣只愿晋封为留侯，便心满意足了，不敢接受三万户的封赏！"刘邦便晋封张良为留侯，食邑万户。

另一位谋臣陈平，也以功劳被封为户牖侯。陈平也辞谢表示："这不只是微臣的功劳而已啊！"

刘邦问道："我用先生之谋策，战胜克敌，不只是先生的功劳，这又怎么讲呢？"陈平："如果不是魏无知，臣哪有机会服侍陛下呢？"刘邦："说得也是啊！这也显示先生的确是个不忘本的有道之士。"于是连带魏无知也重赏了。

谋臣的表现，到底和武将的争权表功完全不同，这也是刘邦对张良、陈平两人特别放心的原因。

马上得天下，却不能马上治天下。战时武将的表现固然重要，但天下太平以后，文官的经营功能更值得重视。也只有肯定了文官功能，制度才能发挥其效率。刘邦用心良苦地确立萧何的重要性，主要目的便在于此。

应以德御才，勿恃才败德

【原文】

德者才之王，才者德之奴。有才无德，如家无主而奴用事矣，几何不魍魉猖狂。

【译文】

一个人的品行是才学的主人，而才学不过是品德的奴隶。所以，一个人如果只有才学而没有修养，就好像一个家庭没有主人而由奴隶当家。这样一来，岂有不使鬼怪肆虐之理？

【解读】

俗话说："德胜才是君子，才胜德是小人。"德才兼备是对圣人的要求，也是对每一个普通人的要求，有德的人一般来说也会具备一定的才能，但有才能的人就不一定具有个人修养。在生活中有德无才的人难以成就大事，有才无德的人易行不义之事，只有德才兼备的人才有可能成就大业。

【事典】

讲操守，求条理，二者兼具谓之才

取人之式，以有操守而无官气，多条理而少大言为要。办事之法，以五到为要。五到者，身到、心到、眼到、手到、口到也。身到者，如做吏则亲验命盗案，亲巡乡里；治军则亲巡营垒，亲探贼地是也。心到者，凡事苦心剖析大条理、小条理、始条理，理其绪而分之，又比其类而合之也。眼到者，着意看人，认真看公牍也。手到者，于人之长短，事之关键，勤笔记，以备遗忘也。

口到者，使人之事既有公文，又苦口叮嘱也。

对于曾国藩的这一论述，民国时的著名爱国将领蔡锷有这样的评价：

文正公谓居高位以知人晓事为职，且以能知人晓事与否，判别其为君子为小人。虽属有感而发，特论至为正当，并非愤激之说。用人之当否，视乎知人之明昧；办事之才不才，视乎晓事之透不透。不知人则不能用人，不晓事则何能办事？君子小人之别，以能否利人济物为断。苟所用之人，不能称职，所办之事，措置乖方，以致贻误大局，纵曰其心无他，究难为之宽恕者也。

昔贤于用人之端，内举不避亲，外举不避仇，其宅心之正大，足以矜式百世。曾公之荐左中堂，而劾李次青，不以恩怨而废举劾，名臣胸襟，自足千古。

意思是：曾国藩认为身居高位的人应该以知人晓事为职责，而且以他能否知人晓事来判断他们是君子还是小人。虽然是有感而发，但所持的观点却非常公允，并非是一时的愤激之说。用人是否得当，取决于是否真正地了解人；办事能力的大小，取决于对事情的理解是否透彻。不了解人，便不能任用人；不明白事理，又怎么能办事呢？君子与小人的区别，以能否利人济物为判断的标准。如果委任的人不称职，所办的事措置失当，以致影响了大局，即使当事人并无其他私心杂念，终究是难以得到宽恕的。

以前的贤德之人在用人的时候，内举不避亲，外举不避仇，其心理的光明正大，足以成为百世的楷模。曾国藩推荐左宗棠、弹劾李次青，并不因为个人的恩怨而影响推荐和弹劾，一代名臣的宽广胸怀，自然千古不朽。

穷寇勿追，投鼠忌器

【原文】

锄奸杜幸，要放他一条去路。若使之一无所容，譬如塞鼠穴者，一切去路都塞尽，则一切好物俱咬破矣。

【译文】

要想铲除邪恶之徒，杜绝投机之人，有时也要酌情给他们留一条改过自新之路。如果逼得他们走投无路，那就像消灭老鼠而堵死一切鼠洞，固然把老鼠的逃路都堵死了，可是一切好东西也都被老鼠咬坏了。

【解读】

困兽犹斗，因为它会为争取每一分生存的希望拼命挣扎。做事做人也不能走极端，对待犯有错误的人尤其如此，要视情节后果轻重，采取不同处理方式，应尽量避免一棍子打死，给人一次改过的机会，给人一条自新的出路，也是行善的一种方式，宽大为怀，与人为善，也是为了达到治病救人的目的。

【事典】

不念旧恶，雍齿封侯

真是几家欢喜几家愁，刘邦分封完下面的功臣，喜也有，忧也有，毕竟一件事很难做到大家都满意。利益是一个永远说不清的东西，而欲望谁也不会满足，这就难怪要产生分歧了。尽管分封功臣是本着对功臣负责的态度，由专门机构、专职人员来负责，但还是存在很多不平等。到汉六年时，已先后分封萧何、曹参、张良、陈平等二十多个大功臣为列侯。但由于跟随着刘邦作战的功臣实在太多，而且在功劳的评定标准方面难以统一，加上其掺杂的感情因素，往往存在着严重的分歧，以至于封赏工作难以为继。一些没有得到封赏的功臣们急于得到实惠而久不能得，很自然地便心存不满，私下里总是凑在一起讨论这件事情，忐忑不安，生怕自己被刘邦所忽略。有一天，在洛阳南宫的复道上，刘邦一眼望见诸将聚在那里窃窃私语，感到很奇怪，便向张良问道："他们在那里议论什么事情啊？"张良对此早有准备，尖刻地指出："陛下难道不知道吗？他们在打算谋反呢！"刘邦闻言大吃一惊，说："天下刚刚安定下来，好日子已开头，他们为什么还要谋反呢？"张良说："陛下出身贫寒，布衣起家，并最终取得了天下。自从论功行赏以来，陛下所封的均是自己的老朋友和亲人，所追杀的全都是自己所怨恨的人。现在以军功论赏，天下的土地是远远不够分的，他们害怕陛下对他们的过失心存怨恨，又怕陛下不能依照功劳的大小来分封，所以聚在一起讨论如何对抗陛下的事情，这还不好理解吗？"

刘邦听了觉得有道理。张良虽是开玩笑，但封赏之事若不早点解决，的确是会出事的。

刘邦便请教张良："那现在怎么办才好呢？"

张良："陛下平生最讨厌的，而且大家也都知道的，是哪一位呢？"

刘邦回答说:"雍齿是我的老相识,是我的冤家对头,他常常冒犯我,侮辱我,我一直想找个机会杀他,但因为他立下许多功劳,所以没有忍心下手。"

张良建议刘邦:"现在立即先封雍齿,让群臣都知道。群臣看到连雍齿这样的人都被封了侯,就会安下心来,不担心自己会得不到封赏了。"

刘邦是个善于听取别人不同意见的人,接受别人意见几乎形成一种模式,即:先是直言暴露自己的初步意见,然后听取别人的不同意见,细细想开去,而且理解很快,然后一旦想通,立即更改己见。听了张良这么一说,他觉得这个计策很好,虽然自己内心并不情愿,但是为了缓解大臣们的猜疑,还是当即决定照张良的计策去做。于是在接下来的宴会上,刘邦当场宣布:"封雍齿为什方汉中县侯(今陕西省)。"酒宴之后,大臣们都很高兴,暗处揣摩:"雍齿为刘邦所厌恶,还能被封为侯。我们还有什么可担心的,就更不用说了!"

从此,这些还未受封的下臣们把心放回了肚里,私下议论的现象不见了。但刘邦知道,群臣们议论少了,并不说明矛盾已经化解了,利益驱动下的争夺功劳的纷争还不会停止,所以要杜绝这样的事情发生,还得从根本上找到原因。于是刘邦命令丞相、御史加紧进度,抓紧进行论功行赏的工作。这一问题最终得到了解决。

刘邦当上皇帝后,以王、侯两等分封他的功臣。王国的封地较大,有的王国拥有五六个郡、几十座城市。他们在自己的王国内,可以设立政府,拥有军队,征发徭役,征收赋税,有很大的自治权。只是在政治上要表示对皇帝的臣服与忠诚。汉初全国约有54个郡,直属中央王朝的仅有15个郡,而列侯以及公主等人的封邑也包括在这15个郡中。

刘邦实行分封制,看起来是对秦王朝实施的中央集权的郡县制的一种倒退。但是,刘邦当时为了稳定大局也不得不这么做,正如张良所说,刘邦当时如不分封列侯,就会引发造反,更不用说不分封王了。这是因为秦统一全国后,实施暴政,引起全国人民的不满与反抗,因此,在推翻了秦王朝后,连同它所推行的中央集权的郡县制也一起被推翻了。恢复秦以前的分封制,成为当时的一股社会思潮。刘邦本人不可能抗拒这股社会思潮,也不能不接受项羽在推翻秦王朝后分封的政治格局,更不可能消灭在击败项羽后实际存在的各股军事势力与政治势力。他只能利用这股社会思潮和各股军事势力与政治势力为建立自己的汉王朝服务。因此,刘邦在击败项羽后,实施分封制,乃是适应当时的历史发展所需要的明智之举,而不能认为是逆历史潮流而动的错误措施。

为了以示公平，稳定人心，刘邦不念旧恶，把雍齿也封为什方侯，这的确是稳妥的一招。既见张良智谋，又见刘邦大度，更主要的是固权的作用。

过归己任，功让他人

【原文】

当与人同过，不当与人同功，同功则相忌；可与人共患难，不可与人共安乐，安乐则相仇。

【译文】

可以有与人共担过失的雅量，不可有与人共享功劳的念头；因为共享功劳彼此就会相猜忌。可以有与人共患难的胸襟，不可有与人共安乐的贪心；因为共安乐彼此就会相仇视。

【解读】

同甘共苦中、同舟共济是人类的美好品德，也是一种理想的境界。然而做到这一点并不容易，古语云："飞鸟尽，良弓藏；狡兔死，走狗烹。"中国历史上汉高祖刘邦、明太祖朱元璋大杀功臣的做法，给后人留下了深深的思考。在现实生活中也存在着许多能共同欢乐但不能共同患难的现象，存在着很多有功就抢、有过就推、有乐就享、有难就躲的人。俗话说："同船过渡百年修。"人生在世也不过是短短的时光，互相帮助、互相鼓励、共享生活才是最有意义的。

【事典】

给狼留一只羊

1868 年 5 月，曾国藩被授予武英殿大学士，其后，由于筹办剿捻后路军有功，被封云骑尉世职。一年数迁，曾国藩可谓荣耀之至，这表示清政府对他很是倚重。可是时过不久，一大批湘军官员被纷纷开缺回籍，如陕甘总督杨岳斌、陕西巡抚刘蓉、广东巡抚郭嵩焘、湖北巡抚曾国荃、直隶总督刘长佑。这不由得使曾国藩警醒起来，曾国藩在给郭嵩焘的信中提道：

"官相（官文）刚才有署直隶之信，不知印渠何故开缺，近日厚（杨岳斌）、霞（刘蓉）、筠（郭嵩焘）、沅（曾国荃）次第去位，而印（刘长佑）复继之，吾乡极盛困难久耶，思之惊惕。"

这不能不使曾国藩为自己的末路忧心，而且他日益感到朝廷对自己的冷淡和疏远。对为官不得罪巨室更有了一层深切的体验。

"去年年终考察，吾密劾者皆未动，知圣眷已差，惧不能始终，奈何？"

9月13日，曾国藩奉到上谕："着调补直隶总督，两江总督着马新贻调补。"曾国藩深知，由两江调往直隶，这并非是对自己重用，而身在直隶，上下瞩目，只恐难以任久。可及早辞谢，又难于措辞。真是宦海之途不自由啊。

这一切都是为什么呢？曾国藩明显感到，有一个阴影一直围绕着他并与他为难，这就是曾国荃弹劾官文一事。

官文是旗人，在汉官密布的长江中下游地区，深得清政府的器重，授以湖广总督之职。胡林翼任湖北巡抚时，知其不可动，遂处处推美让功，以笼络官文，使得湘军在诸事上均比较顺利。胡林翼死后，官文与湘军关系维持着表面的和气，但实际上已变得十分疏远。此次，曾国荃接任湖北巡抚，与官文同城，骤然间双方的关系紧张起来。

因为湖北按察使唐际盛与曾国荃的挚友黄南坡仇隙很深，于是唐际盛便怂恿官文，奏请曾国荃帮办军务，以使其离开武昌，免于督抚同城。由此，曾国荃便与官文结怨，并伺机进行报复。

曾国荃先是奏参唐际盛，接着就弹劾官文。由于曾国荃营中无文员，奏折草拟后无人商量，恰逢曾纪泽在营中，但又不知参劾官文后的政治利害，因此奏折发出后，语句多不中肯，且文句冗长，首尾不相顾。

曾国荃怕曾国藩知道后，阻挠其弹劾官文，因此故意背着他。外间知道曾国荃参劾官文后，不仅湖北的士绅持反对态度，就是曾国藩的门生故吏也认为此事大为不妥。曾国藩十分担忧，惟恐由此开罪了满洲贵族，于以后不利。因此，曾国藩在事先和事后均表示出忧虑之情，不太赞同此举。在1865年9月《致沅弟》的书信中，他嘱咐曾国荃说："顺斋排行一节，亦请暂置缓图。"原因是，"此等事幸而获胜，而众人眈眈环伺，必欲寻隙一泄其忿。彼不能报复，而众人若皆思代彼报者"。总之，"弟谋为此举，则人指为恃武功，恃圣眷，恃门第，而巍巍招风之象见矣，请缓图之"。随后，曾国藩又在给曾国荃的书信中说："顺斋一案，接余函后能否中辍？悬系之至。此等大事，人人皆疑为兄弟熟商而行，不关乎会晤与否。"再过十天，曾国藩已得知奏参官文的事已发，反复叮嘱曾国荃："吾辈在自修处求强则可，在胜人处求强则不可。"一再告诫："福益外家若专在胜人处求强，其能强到底与否尚未可知。即使终身强横安稳，亦君子所不屑道也。"曾国荃的性格是，一旦他认定了的事就非干不可。他陈述自己为何要参劾官文的出发点是："臣窃维端揆疆寄，乃国家之重臣，非于军务、吏治、国计民生、地方安危，确有关系，虽至愚极戆，何敢暴其所短，轻列弹章？"进而，他在奏折中具体列举了官文七条罪状。事情发生后，经反复筹思，曾国藩便"密折保官（官文），请勿深究"。可是，曾国藩此举，却引起了外间的纷言，一时间曾国藩"劾老九"之语，纷纷扬扬，使得曾国藩无言以对，只有"麻木不仁处之"，以静观时变。

军机处派出专查此案的钦差，则"字字开脱，列据各司道文武禀覆供词，以驳原参，几无一事稍有影响，连问前后两折，直如儿戏，真是令人喷饭"。甚至有人认为曾国荃指责官文"肃党"一事不实，要求照例反坐，治曾国荃诬陷罪。

慈禧那拉氏心里清楚，此次参劾纯属湘系与满洲权贵之间的权力之争，而捻军正盛，还需要利用湘淮两军出力。因此，开去官文的湖广总督职，留大学士衔，回京后又令其掌管刑部，兼正白旗都统。实际上对官文并没有什么损害。

但令曾国藩担心的事还是发生了。

这件事对曾国藩触动很大，官场本来就危机四伏，必须谨慎小心，如何还敢得罪巨室，为自己树敌呢？

曾国藩的警醒也正说明了他的明智。否则，慈禧太后绝不会任由曾国藩集团膨胀性发展，她也决不会放松对曾国藩的防范，只不过为了镇压太平天国权且如此。她自有对付曾国藩的妙法。

警世救人，功德无量

【原文】

士君子贫不能济物者，遇人痴迷处出一言提醒之，遇人急难处出一言解救之，亦是无量功德。

【译文】

一个有才学有品德的读书人，虽因家贫而不能以财物救助他人，可当别人遇到困难之事迷惑不解时，如能从旁指点使之有所领悟，或者遇到别人发生危急之事时，如能从旁说句公道话使得解救，也算是一种很大的善行了。

【解读】

帮助他人，行善积德，除了物质的资助以外，还有很多种方式：在一个人痛苦伤心的时候，最需要给予安慰；在一个人无法申冤的时候，最需要说句公道话；在一个人灰心丧气的时候，是需要鼓励和理解。所以哪怕自己物质上不富有，只要精神是富有的，仍然可以播种爱心，积下无限的功德。

【事典】

我不当家谁当家

人的一生处世为人未必都全部为己，甚至多时都在给"别人"做事，但无论怎样，别人的成功，还是自己成功，能力和舞台都是决定成功与否的两个关键要素。曾国藩说："凡办公事，须视如己事。"

凡大成功者，必须把自己的人生使命与解决时局之弊结合起来，所谓"以天下为己任"，匡时救世。而不是仅仅局限于某一方面的成就。他们的活动，虽不是永远，但必定是有敢于将自己的思想锋芒直刺社会要害的时候。曾国藩在对鸦片战争以来至太平天国起义爆发这十余年间，清朝吏治的腐败、军队的无能而忧心忡忡的同时，敢于一再上疏"教训"刚刚登基的皇帝一事即属此举。

面对清朝的腐败，曾国藩看到了问题的症结所在，也感到了问题的日益严重性，所以他在咸丰皇帝上台之初，连上奏折，希图劝说皇上采取措施，革除弊政，挽回颓风，从政治上来一番整顿。然而，奏折递上，并未发生什么实际效果，相反，满清政局越来越向着风雨飘摇的轨道迈进。太平军自1851年1月金田起义后，有如熊熊烈火，正在向东南各地蔓燃。清军前往镇压，结果都节节败退。

面对东南数省烽烟纷起的形势，曾国藩担心清政府根本无法对付这场阶级的大搏斗。更为可虑的是：当权集团中的绝大多数人对时势或是茫然无知，或是根本不当作一回事，仍然花天酒地，无所事事。曾国藩怀着焦虑的心情写信给友人说：

内度身世，郎署浮沉，既茫乎未有畔岸；外现乡里，饥溺满眼，又汲汲乎有生涯日蹙之势。进不能以自效，退不能以自存，则吾子之迫切而思者，实仁人君子之至不得已也。

为了提醒清廷及时采取有力措施，尽快扑灭农民起义的烈火，他于1851年4月上疏皇帝，提出裁兵、节饷，加强训练军队建设的建议，试图首先从军队着手，打开一个新的局面。他以自己的"血诚"揭露清朝军队的腐败状况及提出了一些改革措施。

然而，此次上奏又如石沉大海，不见回音，咸丰皇帝并未采纳曾国藩的意见。相反，在军事上，失败的消息从广西等前线不断传来。曾国藩甚感局势愈来愈严重，而自己的建议又屡不被采纳，真是"书生之血诚，徒以供胥吏唾弃之具，每念及兹，可为愤懑"。

然而，这种"血诚"愈多，"愤懑"愈甚，则使曾国藩对政局的发展愈来愈关注，对朝廷的希望愈来愈迫切，愈感"受恩深重，不能不报"。于是，他壮着胆子，于1851年5月再上一疏，语词激烈，锋芒直指咸丰皇帝。此疏主要目的是为了杜绝皇上"骄矜"之气和扭转廷臣"唯阿之风"。关于这个问题，他在家书中说得非常明白，当今皇上虽天资聪颖，但"满廷臣工，遂不敢以片言逆耳，将来恐一念骄矜，遂至恶直好谈。"因此，他不顾个人利害得失，决心犯颜直陈。他指出此疏的目的在于：

是以趁此元年新政，即将此骄矜之机关说破，使圣心日就兢业而绝自是之萌。此余区区之本意也。现在人才不振，皆谨小而急于大，人人皆习脂韦唯阿之风。欲以此疏稍挽风气，冀在廷皆趋于骨，而遇事不敢退缩。

他不满咸丰帝的"官样文章"，凡上奏或者"留中"不发，或者以"无庸议"了之，这对于如火如荼的形势，无异拒绝了任何"灵丹妙药"，也就只能走向死亡。曾国藩是个有作为者，他不愿与王朝共沉沦，他要振臂一呼，为王朝鼓与吹。

此疏警告咸丰皇帝："一念自矜，则直言日觉其可憎，佞谀日觉其可亲，流弊将靡所底止。臣之过虑，实类于此。""此疏一上，咸丰帝览奏大怒，摔清地，立召军机大臣，欲罪之。"幸亏祁隽藻、季昌芝为之苦苦求情，才使曾国藩免于获罪。此后，曾国藩虽不敢直言批评皇帝，但他对朝廷大政方针仍为不满，尤其是太平军斩关夺隘，所到之处，贫苦农民纷纷加入，各地会党更趋活跃的局势，使得他忧心如焚，一度发出了"补天倘无术，不叫且荷锄"的感叹。

众所周知，中国专制政体，历朝沿而加甚。到了清代，体制益严，君臣之分，俨若天渊，奏疏辞，务为巽顺；遇有谏净，必先竭力颂扬，然后折入本题，字斟句酌。因而。清末奏议之文，去古人伉直之风远甚。曾国藩能在一二年之内连上数折，不厌其烦，屡屡陈言；尤以不阿谀奉承，不顾利害得失，犯颜批评皇上，言中时弊，辞令尖辣，在一般官僚士大夫中确为少见。曾国藩之所以能有此举动，除了他受中国古代刚直大臣遗风影响之外，更主要、更重要的在于他对国内政治的密切关注，对中国传统文化的全力维护，对清朝统治集团的血性忠诚，一句话，他的使命感和道义感致使他放胆高论，不避斧钺。

功名一时，气节千载

【原文】

事业文章随身消毁，而精神万古如新；功名富贵逐世转移，而气节千载一日：君子信不当以彼易此也。

【译文】

事业、文章，都会随着人的死亡而消失，只有神圣的精神万古不朽。至于功名利禄、富贵荣华，更会随着时代的变迁而转移，唯独忠义的志节会永远留存。可见一个有才德的君子，不可放弃能够垂名青史的道义与气节，换取随身消亡的事业和文章。

【解读】

鲁迅说过："人总是要有点精神的。"这种精神就是做人的道德准则和应当达到的高尚境界。在漫长的历史长河中，多少往事已经变成沧海桑田，所谓功名富贵都不过是弹指一挥间的百年之事，顷刻间便成了明日黄花，留在人们记忆中的只不过是谈话的素材罢了，然而那种爱国爱民、忧国忧民、利国利民的博大精神和崇高气节却有口皆碑、永传不衰。一代一代的人们都记住屈原、文天祥、林则徐，他们之所以能永垂不朽，靠的就是强烈的爱国主义精神和大义凛然的民族气节。

【事典】

走出一条大有作为的仕途之路

很多人到了翰林这个地位，已不必在书本上用太多的工夫，只消钻钻门路，顶多做做诗赋日课，便可坐等散馆授官了。曾国藩来自农村，秉性淳朴，毫无钻营取巧的习气；在京十余年来勤读史书，倒培养出一股"以澄清天下为己任"的志气来。

为此，他将原来的名字子城改为"国藩"，即暗寓"为国藩篱"之意。他相信自己终有一天，如同云中展翅翱翔的孤凤一样，不鸣则已，一鸣则引来九州的震动，如同生长在深山中的巨树一样，有朝一日成为国家大厦的栋梁。

然君子立志，志在何方？曾国藩以为："有民胞物与之量，有内圣外王之业。"即有为大众谋求幸福的胸襟，有在内精通学养，对外振兴国家，开创伟业的壮志。他十分自信地表示："莫言儒生终龌龊，万一雏卵变蛟龙。"决心按照儒家"修身、齐家、治国、平天下"的正统士大夫的基本人生信条，为维护清王朝的统治而大显身手，实现其"匡时救世"的远大抱负。

曾国藩还认为，要实现"匡时救世"的远大抱负，要达到这样一个人生的最终目的，就必须具有为之奋斗献身的精神世界。因为，人生的道路是极其艰难困苦、坎坷不平的，尤其是处于内忧外患一齐袭来的中国近代社会，要扭转国家的命运，实现天下大治目的，困难会更大。需要个人牺牲的东西会更多。从而，他总结历史经验，得出结论，认为古往今来，大抵圣贤豪杰，之所以能完成救世的宏愿，都是力排万难，独任艰巨才达其目的的。他在日记中，便以其具体透彻的例子加以说明：

与子序言圣人之道，亦由学问、阅历渐推渐广，渐习渐熟，以至于四达不悖。因戏称曰：乡人有终年赌博而破家者，语人曰："吾赌则输矣，而赌之道精矣。"从古圣贤未有不由勉强以几自然，由阅历悔悟以几成熟者也。程子解《孟子》"苦劳饿乏，拂乱动忍"等语曰"若要熟也，须从这里过"。亦与赌输而道精之义为近。子序笑应之。

道理说得很明白，要成为一代圣贤，要达其"匡时救世"的目的，实现其治国平天下的远大抱负，没有奋斗牺牲、百折不挠的精神是不行的。进一步说，如果缺乏坚韧不拔的奋斗牺牲精神，即使具有救世的抱负、到头来于国家、社会乃至个人和家庭都是无益的，终究成不了一代圣贤，人生的意义也就大为淡薄，甚至不复存在了。

正因为曾国藩具有以上这样一种奋发进取的思想基础，所以他平生都以全力为实现这个"匡时救世"的远大抱负和人生目的而锐意奋斗。

真诚为人，圆转涉世

【原文】

作人无点真恳念头，便成个花子，事事皆虚；涉世无段圆活机趣，便是个木人，处处有碍。

【译文】

做人如果没有一点真诚恳切的心意，就会变成一个绣花枕头，不论作任何事情都不实在。人活世上如果没有一点圆通灵活和随机应变的情趣，就等于是一个木头人，不论作任何事情都会处处遇到阻碍。

【解读】

真诚是合作的基础，如果你是一个华而不实的人，就不会有人来与你共事了，相反，如果你是一个脚踏实地的人，碰上一个夸夸其谈的人，你也不愿意与他合作了。虽然做事要求丁是丁、卯是卯，但处事却讲究随机应变，办起事来太教条就会四处碰钉子，相反在不丧失原则的前提下，根据实际情况变通灵活一些，却可以办成许多棘手的事情。

【事典】

多给别人个下脚地儿

曾国藩在长沙岳麓书院读书，有一位同学性情暴躁，因曾国藩的书桌放在窗前，那人就说："我读书的光线都是从窗中射来的，不是让你遮着了吗？赶快挪开！"曾国藩果然照他的话移开了。曾国藩晚上掌灯用功读书，那人又说："平常不念书，夜深还要聒噪人吗？"曾国藩又只好低声默诵。但不久曾国藩中了举人，传报到时，那人更大怒说："这屋子的风水本来是我的，反叫你夺去了！"在旁的同学听着不服气，就问他："书案的位置，不是你叫人家安放的吗？怎么能怪曾某呢？"那人说："正因如此，才夺了我的风水。"同学们都觉得那人无理取闹，替曾国藩抱不平，但曾国藩却和颜悦色，毫不在意，劝息同学，安慰同室，无事一般，可见青年时代曾国藩的涵养和气度之一斑了。

曾国藩求才心切，因此也有被骗的时候。有一个冒充校官的人，拜访曾国藩，高谈阔论，议论风生，有不可一世之概，曾国藩礼贤下士，对投幕的各种人都倾心相接，但心中不喜欢说大话的人。见这个人幕词伶俐，心中好奇，中间论及用人须杜绝欺骗事，正色大言说："受欺不受欺，全在于自己是何种人。我纵横当世，略有所见，像中堂大人至诚盛德，别人不忍欺骗；像左公（宗棠）严气正性，别人不敢欺骗。而别人不欺而尚怀疑别人欺骗他，或已经被欺而不知的人，也大有人在。"曾国藩察人一向重条理，见此人讲了四种"欺法"，颇有道理，不禁大喜，对他说："你可到军营中，观我所用之人。"此人应诺而出。第二天，拜见营中文武各官后，煞有介事地对曾国藩说："军中多豪杰俊雄之士，但我从中发现有两位君子式的人才。"曾国藩急忙问是"何人"？此人举涂宗瀛及郭远堂以对。曾国藩又大喜称善，待为上宾。但一时找不到合适的位置，暂时让他督造船炮。

多日后，兵卒向曾国藩报告此人挟千金逃走，请发兵追捕。曾国藩默然良久，说："停下，不要追。"兵卒退下回，曾国藩双手把须，说："人不忍欺，人不忍欺。"身边的人听到这句话，想笑又不敢笑。过了几天，曾国藩旧话重提，幕僚问为什么不发兵追捕。曾国藩的回答高人一筹："现今发、捻交炽，此人只以骗钱计，若逼之过急，恐入敌营，为害实大。区区千金，与本人受欺之名皆不足道。"此事在令人"喷饭"之余，亦足见曾国藩的远见与胸襟。

清代有个叫钱大昕的人说得好："诽谤自己而不真实的付之一笑，不用辩解。诽谤确有原因的，不靠自己的修养进步是不能制止的。"器量阔宏，使我们能检点自己，大度本身就是一种魅力，一种人格的魅力，那不仅是对自己缺点的正视，而且也是对自身力量的自信。

做人和交友能够胸襟坦荡，虚怀若谷，就可以使人与人之间以诚相待，互相信赖，博取人们对你的支持和真诚相助，事业就有成功的希望。关于曾国藩的雅量大度还有这样一件事：新宁的刘长佑由于拔取贡生，入都参加朝考。当时的曾国藩身份已很显贵，有阅卷大军的名望，索取刘的楷书，想事先认识他的字体，刘坚持不给。以后刘长佑做了直隶总督，当时捻军的势力正在兴旺，曾国藩负责分击，刘负责合围，以草写的文稿，将要呈上，有人说："如果曾公不满意我们怎么办?"刘说:"只要考虑事情该怎么办,他有什么可以值得怕的呢!"曾国藩看到了这个文稿,觉得这样是非常正确的。刘长佑知道后,对幕客说:"涤翁(曾国藩)对于这个事能没有一点芥蒂,全是由于他做过圣贤的工夫才能达到的。"

曾国藩虚怀若谷,雅量大度,深深影响了他的同僚。

李鸿章就深受曾国藩的影响,为人处世处处大度为怀。当发现有人指出他犯有有关这方面的错误时,他便能立即改过不吝。

由于李鸿章身居重要位置很长时间,他的僚属都仰其鼻息,而政务又劳累过度,自然不免产生傲慢无理的地方。然而有指出其过错者,也能够深深的自责。一次某个下官进见他行半跪的礼节,李鸿章抬着头,眼睛向上拈着胡髭,像没看见一样。等到进见的官员坐下,问有何事来见,回答说:"听说中堂政务繁忙,身体不适,特来看望你的病情。"李鸿章说:"没有的事,可能是外间的传闻吧。"官员说道:"不,以卑职所看到的,中堂可能是得了眼睛的疾病。"李笑道:"这就更荒谬了。"官员说:"卑职刚才向中堂请安,中堂都没有看到,恐怕您的眼病已经很严重了,只是您自己反而没有觉察到吧。"于是李鸿章向他举手谢过。

宽容大度之态,让曾国藩博得了众多的支持和鼎力协助,造成了相当的影响,同时避免了很多不必要的麻烦。

一念能动鬼神,一行克动天地

【原文】

有一念犯鬼神之禁,一言而伤天地之和,一事而酿子孙之祸者,最易切戒。

【译文】

如果有一种观念可能触犯鬼神的禁忌,或者说一句话可能破坏人间祥和之气,或者做一件事可能为后代子孙留下祸患,那么这都必须特别加以警惕和杜绝。

【解读】

人的一言一行、一举一动都要谨慎考虑，这不仅关系到自己的处境，而且关系到自己的子孙后代，常言说"前人栽树，后人乘凉"，这里的树除了指自然意义的树外，还有积德行善的意思。在中国古代社会中有很多有权有势的人家，就因为一言不慎遭到满门抄斩，一事不慎而身败名裂。在现实生活中也要处处注意积善积德，与人友好相处，不做伤天害理的事情，不赚不仁不义的钱，不使自己陷于众怒和法网之中，这才是生活中成功的艺术。

【事典】

设义渡，解困扬善

胡雪岩处于兵荒马乱的年代，更懂得要显名扬声先得施恩布泽的道理。他在发财致富以后，慷慨解囊，除了前述在太平天国时期施药之外，值得表述的还有钱江义渡。

胡雪岩的家乡有条钱塘江，古称浙江、罗刹江和之江，这是浙江省第一大河，也是东南名川。它发源于皖、浙、赣交界处，流入杭州湾，黄山以下干流屯溪至梅城段称新安江，梅城至浦阳江口叫富春江，浦阳江口至澉浦为钱塘江。钱塘江主要支流有兰江、浦阳江、曹娥江。

一百多年前，杭州江干到萧山西兴的江面宽达十余里。每逢春秋多雨季节，上游水流湍急、疾驶直下，如离弦之箭，加上海潮从鳖子门涌入，形成汹涌澎湃、气势磅礴的"钱江潮"。而急流与海潮相遇又使得钱塘江的水文异常复杂，江中流沙多变，历来为航旅畏途。晚清时，钱塘江两岸的人们还靠渔舟过江，出门还得选个天气晴朗、水平浪静的好日子。有人要渡江，家中亲人都要祭祖求神，祈祷平安。不过，即使是这样，也难保不出风险。

胡雪岩经常对自己的伙计说："凡事要么不做，要做就要做个最好的样子。"为了解除钱江两岸旅客渡江的困难，胡雪岩捐银十万两，主办钱江义渡，并说："此事不做则罢，做必一劳永逸，至少能受益五十至百年。"自设义渡，受惠的人不知凡几，胡雪岩纵非沽名钓誉，声名也已洋溢，就此博得了一个"胡大善人"的美名。

台湾作家高阳在《红顶商人》写到，1861年胡雪岩对有个叫李得隆的年轻人讲述二十年前的一段经历时，对胡雪岩创办钱江义渡的起因是这样写的：

二十年前的胡雪岩还在钱庄里学生意。有一次奉命到钱塘江南岸的萧山县去收一笔账款，账款没有收到，有限的几个盘缠，却在小茶馆里掷骰子输得只剩十个摆渡所需的小钱。

"船到江心，收钱了。"胡雪岩说，"到我面前，我手一伸进衣袋里，拿不出来了。"

"怎么呢？"李得隆问。

"也叫祸不单行，衣服破了个洞，十个小钱不知道什么时候漏得光光。钱塘江的渡船，出了名的凶，听说真有付不出摆渡钱，被推到江里的事，当时我自然大窘，只好实话实说，答应上岸到钱庄拿了钱来照补，但说破了嘴都无用，硬要剥我的衣服。"

"这么可恶！"李得隆大为不平，"难道一船的人，都袖手旁观？"

当然不至于，有人借了十文钱给他，方得免剥衣之辱。但胡雪岩受此刺激，上岸就发誓：只要有一天得意，力所能及，一定买两只船，雇几个船夫，设置来往两岸不费分文的义渡。

"我这个愿望，说实话，老早就可以达到。哪知道做好事都不行！得隆，你倒想想看，是啥道理？"

"这道理好懂。有人做好事，就有人没饭吃了。"

"对！为此钱塘江摆渡的，联起手来反对我，不准我设义渡。后来幸亏王抚台帮忙。"

按上述描述，胡雪岩是受做钱庄店伙计时渡江受辱的一段经历刺激，而创设义渡的，时间在王有龄调任杭州知府之后。

高阳的小说虽在采集大量史料基础上构思而成，但那毕竟是文学创作。还是让我们看看胡雪岩同时代人的记载吧：

太平天国攻浙时任浙江按察使的段光清在《镜湖自撰年谱》1864年条目下写道："义渡一事，是宁绍出入要路，捐钱者必多，前司长发（统治者对太平军的诬称）未扰时，亦曾捐银千两，各衙门亦皆有捐，交胡光墉经管，收复之后，胡光墉亦不能置之不办。"从这条史料看，钱江义渡在十九世纪六十年代以前已开始筹划，而且府署官员多有捐助，并非有的文章所讲的是胡雪岩独资兴办。

《胡庆余堂：中药文化国宝》一书中朱成方的《功自心诚，利从义来》一文对钱江义渡的起因则有另一说法：

当时，杭州钱塘江上还没有一座桥梁，浙江绍兴、金华等"上八府"一带的人进入杭城都要从西兴乘渡船，到望江门上岸。而当时的叶种德药店设在望江门直街上，所以生意非常兴隆。而胡庆余堂则设在河坊街大井巷，仅靠杭嘉湖等"下三府"顾客，很少有"上八府"一带的顾客上门。

对一家商号来说，要在竞争中站稳脚跟，天时、地利、人和三方面的因素都要具备，但是，如何才能改变这"地利"上的劣势呢？胡雪岩曾亲自到码头调查过，一位船工冲口而出"要让上八府的人改道进杭城，除非是你把这个码头搬个地方！"言者无意，听者有心，胡雪岩从码头回来，心里亮堂堂的，主意也就拿定了。他又沿江实地考察，了解到从西兴上船过江，航程远，江上风浪大，容易出险。胡雪岩选择了三廊庙附近江道较窄之处，决定在这里投资兴建"义渡"，把船码头"搬过来"，让"上八府人"改道由彭楼进城。

码头很快就修起来了，胡雪岩又出资造了几艘大型渡船，不仅可载人，还可以载车和牲畜，而且免费过渡，又快又稳又省钱，上八府的人无不拍手称好。这一来，胡庆余堂在上八府顾客中的知名度提高了。上八府的旅客也改道由彭楼进城了。胡庆余堂的地理劣势转为优势了，叶种德堂的生意随着"义渡"的开通迅速冷落。真可谓"一石三鸟"之举。

据这条材料，胡雪岩开设义渡是出于与杭城另一家著名药号叶种德堂抢顾客、兜生意的需要。

对钱江义渡的起因虽然说法不一，但大致还是能勾勒出一个轮廓：在太平天国进军浙江前，地方政府就已将官员捐资交给开钱庄的胡雪岩，筹划义渡之事，只因时局动荡，中间停顿，清军卷土重来后，胡雪岩着手主办此事，并捐有巨款。胡雪岩创设义渡后，临时设有趸船，以便过客待渡。渡船每天开约十余次，一般顾客不取分文，只有干苦力的人来过渡须代船夫服役片刻，由于设义渡是众人受惠之事，干苦力的也乐于奉献自己的一份力量。钱江义渡还设有救生船，遇有风高浪急时，渡船停驶，救生船便挂了红旗，巡游江中，若有船只遭遇不测，就不避风浪险恶，飞快行驶过去救援。钱江义渡的开办使胡雪岩的善名不胫而走，而且义渡便利了"上八府"与"下三府"的联系，客观上促进了商业贸易的发展，对胡雪岩的经商活动也大有裨益。

光绪年间，胡雪岩破产后，义渡无法继续维持。浙江旅沪七邑同乡会常务董事之一的俞襄周策动同乡会向社会各界募集基金，接办胡氏义举。俞襄周向上海外商购得小型机轮一艘，用以施带原有的本质渡船，后来又置办铁壳柴油机轮四艘。辛亥革命后，民国政府组成义渡局，归省府领导，改民营为官督民办，仍免费过渡。现在的钱江南岸码头是解放后人民政府在废墟上重建的，一切设施更加完善。

急流勇退，与世无争

【原文】

谢世当谢于正盛之时，居身宜居于独后之地。

【译文】

要想退隐家园不问世事，应在事业的鼎盛时期急流勇退，只有这样才能名垂青史。居家度日，最好住在一个与世无争的清静之地，只有这样才能收到修身养性的效果。

【解读】

古人云："长江后浪推前浪，流水前波让后波。"后来居上、新陈代谢是不可抗拒的自然规律。人生也是这样，与其让自己走下坡路时被淘汰，还不如在自己事业的巅峰之期让贤于人。引退之后，就要忘掉以前的荣耀，潜心修身养性，安度晚年时光。

【事典】

不知退，就不知进

进进退退是一种狐步舞。曾国藩戴着面具跳着狐步舞，挺有意思。

曾国藩对进退之道别有体悟。他说：身当时任，首先应是造就自己进取的资本。如何造就，那就是靠一种坚忍和执著，用知识和学问来武装自己的心灵。

曾国藩平生爱好学习，从少年至老年期，没有一天不读书。他所受书籍的影响，是非常的巨大而且深厚。他所说的："心灵不牵执于物，随遇而安，不为以后的事操心，专心过好现在，对于已经过去的事不常依恋。"即使放在今天，仍然是很高明的处世之道，而曾国藩竟然能在读《易经》时体会出来。曾国藩受书籍的影响，实在是非常的深。

对于人生的进退，最易造成两种错误的行为，一是盲人骑瞎马式的莽撞，一是自暴自弃的沉沦。曾国藩虽善于忍让，但也有不愿退却的时候，如拒交关防一事，则看出他也有争的一面。

曾国藩为钦差大臣镇压捻军，当时刘秉璋作为辅佐军事的襄办之官，献防守运河之策，于是清军在河岸修起长墙，阻止捻军马队渡过，试图把他们围在一个角落里聚而歼之。李鸿章在江督行署，力争不可，亲自给刘秉璋写信说："古代有万里长城，现在有万里长墙，秦始皇没有意料到在二千多年后遇到公等为知音。"显然带有嘲讽的味道。刘秉璋率万人渡运河，接到李鸿章的公文，说粮饷缺乏不能够增兵。李鸿章事事进行干涉，大多像此类事情一样。并且时常上报情况，条陈军务，曾国藩很不满意李的这种做法。等到时间长久，军无战功，清政府让李鸿章接替为统帅，曾国藩感觉惭愧，不忍心离去，自己请求留在军营中继续效力。李鸿章接任后，急忙派人到曾国藩驻所领取钦差大臣的关防。曾国藩说："关防，是重要的东西；将帅交接，是大事，他不自重，急着要拿去，弄没了怎么办？况且我还留在这里。"李鸿章派客人百般劝说，让他回到两江总督之任上，曾国藩也没有答应。有人给李出主意，并调停说乾隆时西征的军队用大学士为管粮草的官，地位也与钦差大臣相等。曾国藩故意装作不懂，说："说的是什么？"刘秉璋说："现在您回到两江总督之任，就是大学士管粮草的官职呀。"李鸿章又私下告诉他说："以公的声望，虽违旨不行，也是可以的。但九帅立军队屡屡失利，难道不惧怕朝廷的谴责吗？"曾国藩于是东归，从此绝口不谈剿捻的事。李鸿章接替为统帅，也没有改变曾国藩扼制运河而防守的策略。后来，大功告成，李鸿章上疏请求给从前的领兵大臣加恩，曾国藩仅仅得到了一个"世袭轻车都尉"，因此大为恼怒，对江宁知府涂朗轩说："他日李鸿章到来，我当在他之下，真是今非昔比了！"

因此，曾国藩在处理进退关系问题上，则是该进时进，当退时退。在曾国藩启程不得已赴两江总督任之时，途中观者如堵，家家香烛、爆竹拜送，满城文武士友皆送至下关。申刻行船时，遂将郭嵩焘所纂《湘阴县志》阅读一遍，以抑止自己复杂的心情。睡后，则不甚成寐。"念本日送者之众，人情之厚，舟楫仪从之盛，如好花盛开，过于烂漫，凋谢之期恐即相随而至，不胜惴栗。"后三天，他每日只看《湘阴县志》，并将此志寄还。从第四天开始上半日处理文件，见见客，下半日与晚上便开始抓紧时间读《国语》《古文观止》。告别了他经营多年的江宁，离开自己血脉相承的胞弟，怅怅如有所失，内心十分不安，只企望旅程之中能在自己喜爱的书籍中得到安慰与休憩。同治八年

（1869）一月九日，曾国藩行至泰安府，忽然接到新的寄谕，所奏报销折奉旨"著照所请"，只在户部备案，毋须核议。这等于说，一些人原抓住曾国藩军费开销巨大，要审计查账，现在一纸圣旨就将此事一笔勾销，不再查他的账了。曾国藩为此大受鼓舞，认为这是清政府对他的特别信任，空前恩典。谕旨使他"感激次骨，较之得高爵穹在，其感百倍过之"。因而便又有点心回意转，虽虑"久宦不休，将来恐难善始善终"，但不再要求辞职了。此时，虽然眼蒙殊甚，可心头的一块石头落了地，但看书的劲头更足了，轿中、宿店的旅途之中，竟将《战国策》《左传》反复阅读，他似乎要在陛见皇太后、皇上之时，陈述自己的中兴大业之策划了。

进就要有争。无独有偶，曾国藩的得意弟子李鸿章为了自己的"进"，则更颇有心计。当然他争的是有利于自己"进"的人才。

文华不如简素，读今不如述古

【原文】

交市人不如友山翁，谒朱人不如亲白屋；听街谈巷语不如闻樵歌牧咏，谈今人失德过举不如述古人嘉言懿行。

【译文】

与其结交一个市井之人，不如结交一个山野之翁；与其巴结富户豪门，不如亲近布衣百姓；与其谈论街头巷尾的是非，不如去听樵夫牧人的歌咏；与其批评时人的错误过失，不如传述圣贤的格言善行。

【解读】

与市井流俗之人交往容易沾染庸俗之气，而与隐居山林的人士交往，就会享受到人间仙境。与权贵豪门之人交往容易使自己丧失人格，而与普通百姓交往，就会体会到平凡的乐趣。听一些无稽之谈会让自己陷入是非之中，多听樵夫牧童的歌谣，可以让自己回归自然纯朴的天性。闲谈今人的是非短长会让自己迷失生活的方向，讲述古人的美言善行，可以让自己的心灵得到洗涤。所以要经常跳出自己的生活圈子，去看一看，去想一想，才能真正明白人生的许多道理。

【事典】

好友是伞，阴晴必备

一个人事业的成功，一要靠你帮助他人解决困难，满足他人的一些愿望，二也要靠他人帮助你排忧解难，把握住进退隐显、出处决断的大好时机。曾国藩为母亲回籍奔丧的这段时间里，其进退为难之际，就全靠了众多好友的竭力相推和晓谕决断。

咸丰二年（1852年）六月，曾国藩授为江西省乡试正考官，奏准回籍探亲。当他走到安徽太湖县的小池驿时，忽接母亲江氏去世的讣闻，遂调转方向，由九江登船，急急回原籍奔丧。这次回籍，开始了他镇压太平天国的军事生涯，由业绩不显的文吏，成为咸同两朝的"中兴名臣"。

曾国藩一到湖南，满耳听的是太平军节节北上，清军抵挡不住，形势如何紧迫的风声。实际上在曾国藩逆长江行至汉阳时，湖北巡抚常大淳便告诉他：长沙已被"粤匪围困"，只得由水路改走旱路，经湘阴、宁乡而达湘乡。

回家奔丧，本该好好祭悼生他养他，一别十几年，临终又未得见上一面的慈母。但是，这些却被太平军北进的消息冲淡多了。长沙之围虽解，但太平军是主动撤围，意在加快北上的速度。不久便攻克岳州，攻占汉阳、武昌。太平军所到之处，清军不是一触即溃，就是闻风而逃。

清军不是太平军的对手，清政府派往前线的统帅也非死即逃，再无人能领导抗敌了。当赛尚阿被降级处分，向荣、乌兰泰革职留用，太平军围长沙，下岳州，克武昌，攻湖南之时，曾国藩突然接到了朝廷命他留籍襄办团练事务的谕令。

咸丰皇帝让曾国藩留乡办团练既有一般性又有他特殊的背景。

此时，太平军势力浩大，清军无力对抗，清政府下令地方官举办团练，尤其命令回籍的官员为团练大臣，利用人地两熟，在地方又有号召力的官员组织地方武装，对抗太平军。如：1852年9月，任命刑部尚书陈孚恩为江西团练大臣；1853年2月，任命在家养病的广西巡抚周天爵为安徽团练大臣，不久，又命工部侍郎吕贤基办团练。仅仅1853年3月到4月。就先后任命四十五人为团练大臣，仅山东一省就有十三人，曾国藩也是在这时被任命为湖南团练大臣的。但是，曾国藩的被任命，有他不同一般的个人背景。就在他回籍奔丧的路途中，早年的朋友和老师唐鉴向咸丰皇帝荐举了他。

唐鉴于道光二十五年（1845 年）致仕，告老还乡，到江宁主讲金陵书院，名震江南。咸丰二年（1852 年）七月，咸丰帝召他入京，连连召见，垂问军国大计。唐鉴向咸丰帝举荐曾国藩，请皇上任命他为湖南团练大臣，授给他便宜行事之权。并且详细地向皇上讲述了曾国藩的出身、学问、为人、才干，说"曾涤生才堪大用，为忠诚谋国之臣"。他还以自己的一生名望做担保，请咸丰帝坚信曾国藩将来必成大事。

曾国藩于咸丰二年十一月二十九日（1852 年 1 月 8 日）先接到帮办湖南团练的命令，当时热孝在身，虽接命令，并无立即出山之意。但是形势的发展，却越来越令曾国藩感到决断去从之难，大有骑虎难下之势。

此时，太平军在湖南的节节胜利，激起湖南地方官吏和地主、士人保护乡邦的激情，同时又有几股力量冲击着曾国藩。

一是他多年的湖南籍朋友都主张让他出山创办武装力量，镇压太平军。如曾国藩向皇帝推荐的人才之一江忠源，早在道光末年，湖南农民反抗运动兴起，他就主动举办团练，与起义力量相对抗。道光二十七年（1837 年）湖南雷再浩起义，他又亲自组织乡勇对抗起义军，并战而胜之，以知县用。太平军起义，赛尚阿为统帅时，咸丰帝下旨命江忠源从军，江令其弟江忠浚募故乡兵勇五百人前来，号楚勇。此后一直与太平军作战，参加了桂林、永安、全州、道州、桂阳、郴州、长沙等战役，屡立战功，他所率楚勇作战较清军勇猛十倍，是地方练勇参加正规战役的先导和表率。听说曾国藩回籍办团练，他多次来信，坚决支持。

罗泽南亦是曾国藩向皇帝推荐的人物，直至这次回家奔丧，二人才得见面。此时罗借着举人身分和乡村教师的地位，培植忠于清政府、仇恨农民起义的力量，其弟子中如李续宾、李续宜、蒋益澧、刘腾鸿、杨昌浚等，后来都是湘军的悍将。曾国藩回籍后，罗泽南正举办团练，感念曾对他的知遇之恩，极力怂恿曾国藩出山领导地方团练。

湖南地方官也力请曾国藩出山。

当太平军围攻长沙之时，云南巡抚张亮基授调湖南巡抚，赶赴长沙抗拒太平军。当时身为举人、做乡村教师的左宗棠投军做张亮基的幕僚，左向张推荐了曾国藩，请曾出山协助镇压太平军。张亮基一边上奏要求皇帝下旨令曾出山，一边给曾国藩写信，请求他出来相助。

但是曾国藩仍然有所顾虑。这时，母亲的灵柩尚未安葬，如此时出山，有违丁忧离职守制大礼。自己满口满纸讲孝道，如若违制，别人会耻笑。再则自己为一文员，不懂兵法，如今投身战场，须有打仗的真本事，肯定会有巨大磨难，甚或办理不善，连官职性命都保不住。还有，他深虑官场腐败，要办一事，处处荆棘，率兵打仗，要人、要枪、要饷，必然要同上下各级官员发生纠葛，办起来一定很难。

想到这里，他一边写信拒绝了张亮基的邀请，一边具折，让张亮基代发，辞谢皇帝的命令，请求在籍守制三年。

恰在此时，传来太平军攻克武汉，又有反攻湖南的消息。张亮基又命郭嵩焘连夜赶至曾家，劝说曾国藩出山。

郭嵩焘与曾国藩是至交，虽然几年不见了，书信从来不断。他与曾国藩一样是翰林出身，也因丁母忧回籍守制，太平军攻湖南，主动至张亮基处出谋划策，也是主动到曾国藩家游说其出山的。

郭嵩焘来到曾家，在曾国藩弟兄的陪同下，祭奠了曾母，之后当着曾氏兄弟的面剖陈了利害，敦请曾氏出山。

郭嵩焘告诉曾氏兄弟，自唐鉴推举曾国藩之后，皇帝又征询了内阁学士肃顺及老恭王的意见。二人都竭力保举，说曾是林则徐、陶澍之类的报国忠臣，如今洪、杨造反，非得这样的人物出山不可。

曾国藩在朝中与恭王、肃顺都有接触，认为二人各有优长，都是皇族中的拔尖人物。现在，有恭王、肃顺在朝中支持，不怕地方的事办不好。曾国藩怕消息不准，郭嵩焘遂取出好友周寿昌的亲笔信，周是长沙人，翰林出身，现为侍讲学上，是京官中闻名的百事通、"包打听"，他的消息既快又准，绝对

无误。

郭嵩焘又为他分析："长毛"绝不能成功，其致命之处是崇拜天帝，迷信《新约》，而以中国数千年的儒教为敌，所到之处毁学宫、砸孔庙、杀儒士，文人学士无一不切齿恨之。连乡村愚民、走卒贩夫也不容其毁关庙、焚庙宇。我辈出以卫道争民心，正可以应天命、顺人心、灭洪杨而振国威，正可一展鸿图，乃天赐大好时机，不可错过。这样，郭嵩焘就消除了曾国藩在出不出山的当口所顾虑犹豫的问题。郭嵩焘又向曾国藩介绍湖南巡抚张亮基的殷切相盼及张的爱惜贤才、与人为善及左宗棠的大才可用等情况。

郭嵩焘的一席话打消了曾国藩的重重疑虑，决定应命出山。但又怕在守制时出山，被人讥笑。郭嵩焘说，现在国家正在用人之计，皇帝下令让回籍的官员就地举办团练，已有多人在居丧时期出山办团练。如若认为尚有不便，可由郭嵩焘出面请曾父出来催促，可上应皇命，下应父命，名正言顺。

曾麟书此时正是湘乡县的挂名团总，当郭嵩焘陈说让曾国藩应命出山之后，立即表示赞同，面谕儿子移孝作忠，为朝廷效力。

第二天，太平军攻陷湖北省城。咸丰又急旨催促曾国藩等人组织团练，奔往前线，抵抗太平军。曾国藩安排了家中之事，四个弟弟都要随哥哥离家参战，曾国藩只答应带曾国葆一人离家，叮嘱曾国荃、曾国华先在家守孝，等待时机。于是，再祭母灵，求母亲谅他难尽孝道，尽忠国家。

修身种德，事业之基

【原文】

德者事业之基，未有基不固而栋宇坚久者。

【译文】

高尚品德就是一个人一生事业的基础。这就如同兴建高楼大厦，如不事先把地基打得稳固，就不能竖起坚实耐久的建筑。

【解读】

一个人的品德决定一个人事业的成功与否。因为如果你的品德不好，你的才能就可能变成损人利己的武器，你的学问就可能变成招摇撞骗的幌子，你的事业就可能像是空中的楼阁难以长久存在。所以一个人要想取得成功，品德是基础，才能是关键，只有两者相辅相成，才会相得益彰。

【事典】

以德服人而不是以势压人的御人术

我们仔细研究曾国藩的御人之道，就会发现曾国藩是从儒家文化那里吸取了经验，并变成了自己重德、轻势的御人术。且看荀子《劝学篇》有一句名言："君子博学而日参省乎己，则知明而行无过矣。"一个人广泛地学习，每天多次反省自己，他就会变得聪明，而且行为也没有过错。这里最难的不是"博学"，也不是"省乎己"，而是"日"和"参"，不仅"每天"，而且，"多次"反省自己，天下有几人做得到呢？

曾国藩比荀子还严格，要求也更具体，在道光二十二年正月的日记中，他这样写道："凡事之须逐日检点，一日姑待，后日补救则难矣。况进德修业之事乎？（汤）海秋言：人处德我者不足观心术，处相怨者而能平情，必君子也。"

他不仅逐日检点，而且事事检点，天下能够做到这一步的人，大概寥若晨星。更让我们注意的是，曾国藩非常重视"德"、"怨"两字，前一个字讲的是要进德修业，要以德服人；后一个字讲的是勿以怨相报，以势欺人。曾国藩的这种检点的思想，并不是他心血来潮的奇思异想，实在是扎根于深厚的文化传统的自然秉承。孔子就说过"见贤思齐（看齐）"，"见不贤而内自省也"，看到别人有毛病就反省自己，孔子大概是中国第一个善于反省的大师。孟子也是一个善于反省的大师，曾国藩最服膺于他，表示"愿终身私淑孟子"，"虽造次颠沛"也愿"须臾不离"，而孟子是从别人对自己行为的反应中来反省的，他最著名的方法就是"反求诸己"：爱人不亲，反其仁（反问自己的仁德）；治人不治，反其智；礼人不答，反其敬。曾国藩认真钻研过的程朱理学也强调"正己为先"。曾国藩正是在这样的一个背景下来"逐日检点"的，事关进德修业的大事，所以他才对自己要求得那样严格，不可有一天的怠慢。

与怨恨自己的人相处，因为怨恨自己的人，往往是对自己的缺点或过错最敏感的人，也往往是对自己的缺点能给予无情抨击的人。然而接受他人的批评是需要勇气和胸襟的，尤其是接受那些与自己有矛盾的人的批评。有人总是怀疑别人的批评怀有敌意，不管正确或错误一概拒绝，他没有气量不说，更重要的是他失去了一次检点自己的机会。

有人说："谤之无实者，付之勿辩可矣；谤之有因者，大自修弗能。"器量阔大，使我们能检点自己，大度本身就是一种魅力，一种人格的魅力，那不仅是对自己缺点的正视，而且也是对自身力量的自信。

的确，要先御人，必须学会自御。在此，我们必须牢记住曾国藩的御人之道是"凡事之须逐日检点，一日姑待，后日补救则难矣"。曾国藩正是因为从自我做起，然后驾御他人，所以他强调的是以德服人，而不是以势压人。这种御人术，到了今天也值得称道。

心善而子孙盛，根固而枝叶荣

【原文】

心者后裔之根，未有根不植而枝叶荣茂者。

【译文】

一个人能有一颗善良的心，就等于给后代子孙种下了幸福的根基。这就如同栽花植树，没有不植根土地而能使之枝叶繁茂开花结果的。

【解读】

良好的家庭环境才可以培养出贤子贤孙，因为父母的一言一行都在潜移默化地影响着子女。一个家庭里的成员互相尊重，互相团结，就可以拧成一股绳，就没有办不成的事情，创下的事业又有可靠的继承人，这样家风家业才可以代代相传。

孔子说"君子耻其言而过其行"，"讷于言而敏于行"。看待一个人，不能"听其言而信其行"，而要"听其言而观其行"。同样，子女与父母相处，最受影响的是父母的行，而不是言："其身正，不令而行；其身不正，虽令不从。"

确实，父母的言传身教对孩子有不可忽视的作用，这可以在大多数人身上得到印证。人们常说："什么样的家庭，走出来的就是什么样的孩子。"这话虽然绝对，也有道理。一般来说，父母相敬如宾、待人和气，这样的家庭中的孩子也就彬彬有礼；父母蛮横粗鲁，孩子也霸气无礼；书香门第中的子女，待人处事中有淡淡的优雅与从容；小市民般的父母，孩子身上也就带一些"市侩气"……家庭环境对孩子的成长影响很大，"蓬生麻中，不扶自直；白沙在涅，与之俱黑"。

【事典】

统一"三制"，纵横驰道
——博得后世好名声

秦始皇当政时做了几件好事，一是开创了从中央到地方的中央集权制，使得后世皆事秦；二是统一了货币、文字、度量衡三制，从而实现了经济和文化的统一，增强了中华民族的凝聚力。秦始皇的伟大之处也就在这里，他为后世做了好事，从而博得了后世好名声。

中国是一个幅员辽阔的国家，国内聚集或分散着众多民族，各地由于自然条件、经济条件和风土人情的差异，导致了各民族间存在较大的差异。但是，中华民族能团结在一个大家庭里，就是因为有一个内聚力的作用，而这个内聚力，就是中华民族的传统文化和民族文化。而文字无疑是这种文化的载体和记录者。秦始皇统一了文字，后世无一不是秦始皇这项决策的受益者。

秦始皇用武力统一了六国，但这种统一只是表面上的、形式上的统一，而只有完成经济统一和文化统一才是真正的、深层次的统一。这种深层的统一，表现在秦始皇统一货币、文字、度量衡上。

秦统一以前，商品经济取得了前所未有的发展，不但商品种类空前增多，金属货币流通十分广泛，而且也出现了一些商贾云集、市场繁荣的著名商业城市。但是当时天下分裂，诸侯各自为政，作为商品等价交换媒介的各国货币在形状、大小、轻重及计算单位等各方面各不相同，即使在同一国家的不同地区，货币也不完全一致。就拿铜币来说，流通于韩、赵、魏三国地区的有布币；流通于东西二周、秦及赵、魏沿黄河地区的有圆钱；流通于楚国地区有郢爰和状若海贝的蚁鼻钱；流通于齐、燕、赵地区的有刀币等。若细加区分的话，在布币中又有平首布、空首布、方足布、圆足布和三孔布之别，在刀币中又有圆首刀、尖首刀、针首刀之分，真是五花八门，无奇不有。黄金作为贵重货币，各国计算单位亦很不一致，有的以斤（十六两）为单位，有的用镒（二十两）来计算。

　　全国统一之后，这些形制各异、大小轻重不一的货币仍在各地流通使用，显然对商品交换和赋税征收带来很大的不便，不利于国家经济的发展和民间商贸活动的开展。

　　秦始皇为了统一各国货币，下令废除原在秦以外通行的六国货币，一律使用秦半两钱。《汉书·食货志》上记载：

> 　　"秦兼天下，币为二等：黄金以镒为名，上币；铜钱质如周钱，文曰'半两'，重如其文。而珠玉、龟贝、银锡之属为器饰宝藏，不为币。"

　　秦始皇颁布的统一全国货币的法令主要内容涉及三个方面，一是规定统一使用的货币为两种，一种是黄金，为上币；一种是铜钱，为下币。二是规定了统一计算的货币单位，黄金以镒为单位，铜钱以半两为单位。三是规定除上述两种货币外，其他各国原来流通的旧币一律废除，珠玉、龟贝、银锡之属可作为贵重器物饰品收藏，禁止作为货币流通，尤其是黄金更不能作为交换之物。

　　黄金乃贵重稀罕之物，其拥有者主要是皇室、官僚贵族和富商大贾，甚少在民间使用，因此在统一货币之后大量使用于社会流通领域的是下币铜钱，后世称为"秦半两"。这种圆形方孔钱原来主要流通于秦国、东西二周及赵、魏沿黄河地区。由于它流行地区比较广泛，且易于规范铸造，便于携带收藏，所以秦始皇在与臣属们经多方研究后，决定将圆形方孔钱加以改造，铸上"半两"之文，作为统一货币推广于全国。从此，这种形制为圆形方孔的铜钱便成为秦王朝及其以后的历代封建王朝主要流通的货币。

　　货币统一之后，秦始皇还以国家律令的形式明确规定货币的铸造权属国家所有，严禁私人盗铸，违者严惩不贷。允许各地郡县政府可按国家统一制定的规格和标准铸造铜钱，但必须在钱币上铸出地方官府名称，以便中央政府审验查核。

　　货币的统一，克服了过去商品流通使用和换算货币的困难，对当时各地的商品交换带来了很大方便，促进了经济的交流和发展。而秦统一货币开了一项先河。汉朝以后的统治者也纷纷效仿秦始皇，实行货币改革，并吸取其成功之处，促成商品经济的发展，因而可以说，秦始皇是中国经济改革的急先锋。

　　文字的统一，是秦始皇为中华民族作出的一个突出贡献。

中国古代的文字有着长期演变、发展的历史。直到战国末期，战国"七雄"各国之间乃至于一个国家的内部，文字形体上的差异仍是很大的，即所谓"文字异形"。众所周知的典型例子，是"马"字在字形上的诸多写法。在齐国的文字中，马字有两种写法；在韩、赵、魏三国，马字另有两种写法；在楚、燕二国，马字又分别另有两种不同的写法。总之，在山东六国之中，"马"字便有九种不同的写法。

文字方面的这种自由无序和杂乱无章，在天下统一之后自然是秦始皇难以容忍的，它不仅成为阻隔全国经济、文化协调发展的巨大障碍，也严重影响着国家政策法令的贯彻执行。假如皇帝的诏书颁布下去，各地官府留任的六国故吏旧胥却没有几个人读得懂，或者因字形书体的不同而产生了许多歧义，不但贻误大事，而且坏了国法。因此，统一文字的工作势在必行，刻不容缓。

就在全国实现统一的公元前 221 年，秦始皇正式颁布了"书同文"诏谕即文字统一方案，号令全国推行。其主要内容有：

（一）规定秦小篆为全国统一书写用体，罢天下所有"不与秦文合者"。

（二）令李斯、赵高和胡毋敬三人分别用小篆书体编写了《仓颉篇》《爰历篇》《博学篇》，既作为标准的文字范本，又作为儿童接受启蒙教育的识字课本。

（三）将各种偏旁形体统一规范化，每个字所用偏旁固定为一种，不得用别种代替。

秦在统一六国之前所使用的文字是"小篆"（又称秦篆），小篆是"大篆"演化而来的。同大篆相比，小篆在形体上更加整齐和定形化，线条简单而均匀，在写法上不像大篆那样繁复，同时又减少了许多异体字。总之，大篆比小篆难写、难认，而六国文字比大篆还难认，缺乏规律。可见，战国末年秦国的小篆是当时最先进的文字。

留传至今的《泰山刻石》《琅琊刻石》等都是出自始皇授意，李斯手笔，成为秦始皇统一文字的实物见证。

秦统一六国之前，秦国国内还流行着一种比小篆更加简便的字体，即所谓"隶书"。隶书在开始时与小篆的写法没有大的区别，是一种比较草率和不够规范的小篆。

秦始皇统一文字时，隶书也被整理成一种固定的、规范化的字体。经过整理后的隶书，字体的笔划直线方折、结构平整，书写方便，不仅在民间广为流行，而且各级政府所发布的官方文件，除重要诏书外，一般也采用隶书。整理后的隶书，从此成为广泛流行的字体，是我国文字由古体转化为今体的里程碑。

秦始皇的统一文字，既是"统一"，也是"发展"，即是使小篆和隶书更加规范化，易写、易识，因而是中国文字发展史上的一次重大变革。秦王朝的"书同文"，这就是文字改革。使小篆和隶书成为全国通行的字体，这不仅对中国文化的发展具有重大的意义，而且对此后中国的政治、思想乃至于经济的发展均有重大的影响。

中国是一个幅员辽阔的大国，各地区之间的自然环境和经济发展、风土人情，差异都很大。土语方言上的不同，更是不胜枚举。然而，文字却是统一的。这不仅便于各地区之间思想文化的交流与发展，有利于中华民族学术文化的发展与繁荣，而且对于维护中华民族国家的统一与发展，均有重大的意义。秦始皇统一文字，不仅是历史之需，更是对中国社会历史发展的一大功绩。

与此同时，统一度量衡的工作也在全国范围内迅速展开。这也是一个十分艰巨的任务，同样存在着一个破旧立新的问题。在七雄割据分裂的状态下，各国的度量衡制度千差万别，不仅名称各不相同，而且在计量单位和进位制度方面也混乱无序。在度制上，东周一尺为二十三厘米，而楚国的一尺却为二十二厘米。在量制上，秦国以升、斗、桶为单位，十进位制；齐国以升、豆、区、釜为单位，五进位制；魏国以斗、升、分、镒为单位。而魏国一斗竟达七千一百多毫升，秦国一斗则只有两千多毫升。在衡制上各国之间也不尽相同。全国统一之后，度量衡制度的混乱庞杂和极不统一势必影响国家的赋税收入和全国经济的交流与发展。因此秦始皇在天下统一的当年，便及时地颁布了统一度量的诏书，并将诏书全文铭刻在官府制作的各种度量衡标准器物上，让海内遵照执行：

> "廿六年，皇帝尽并兼天下诸侯，黔首大安，立号为皇帝。乃诏丞相状、绾，法度量则不壹，歉疑者，皆明壹之。"

统一度量衡制度极大地促进了商业、手工业的发展和全国经济的交流，使秦帝国有了一个新的、整齐划一的经济新秩序。此后不久，秦始皇即颁布了"使黔首自实田"的法令，要求全国的地主和自耕农向国家申报自己实际占有的土地数量，国家再用统一后的丈量器具重新进行丈量核实登记，确认其土地拥有数量和所有权。同时，缴纳国家租税，发放官吏俸禄也使用统一的量具，通天下皆一式，以防国家利益受到损坏。

尽管历史改朝换代，但秦始皇严格规范的度量衡制度却被完整地继承发展下来，并长期保持着全国范围内的整齐划一，而且延续至今，这不能不说是秦始皇对中华民族古代物质文明作出的一大突出贡献。

三大统一，功在当代，利惠千秋。令人感到敬佩的是，即使在拥有高科学超技术的今天，三大统一中的任何一项都极为艰巨复杂，很难在短时间内完成。但秦始皇和他的臣属们在一年之内即将这三大统一工作全面铺开，并进行得非常顺利，取得了巨大的成效。使人在惊讶赞叹之余，不得不深深为秦始皇的万里雄风和伟人气魄所倾倒折服，深深领略到秦王朝国家机器的强大威力和中央地方步调一致、有令必行的工作作风。值得注意的还有一点，就是秦王朝在极为短暂的时间内抛出一揽子的改革计划和统一方案，居然得到了后世人们的普遍认同，一代又一代、一朝又一朝地延续下来，这不仅说明秦始皇是一个创造奇迹的伟大人物，秦王朝是一个创造奇迹的辉煌王朝，也有力地证明了奇迹的创造只能依赖严谨的科学态度和朴素的务实精神。唯有如此，才能把科学的成果一代代继承和发展下去。

秦始皇不仅统一了"三制"，还统一了交通，"车同轨"，使得全国驰道纵横，来往非常快捷便利。秦帝国统一后主要修建了五条交通干线，它们是：

驰道

战国时期的七雄并立，使得几个大国在边界上都修筑了不少的关塞堡垒，加之各国道路路面的宽窄不一，为统一后的国家交通带来诸多的不便，因而统一规划交通要道的道路建设，便被提到历史的议事日程之上。公元前220年(秦始皇二十七年)，秦始皇下令修筑以都城咸阳为中心的驰道。(《秦始皇本纪》言秦始皇二十七年"治驰道"，《史记·六国年表》作"二十八年")所谓驰道，即"天子之道"，即汉代所说的"中道"。秦国所修的驰道有两条主要干线。

直道

公元前215年，秦始皇命蒙恬率三十万大军北击匈奴，将匈奴驱逐到阴山山脉以北，在匈奴的旧境设置了九原郡，郡的治所在今内蒙古包头市西。为了防御匈奴再度南下入侵，秦始皇决定修筑一条由都城咸阳直通九原郡治所的公路，即所谓"直道"，以利于边防的巩固。公元前212年（秦始皇三十五年），直道开始动工修筑，到公元前210年仅用了两年半的时间，这条长达1800里（约合今1400里）的公路便全线修筑完成。

五尺道

五尺道是秦军进军西南地区时，秦始皇派常頞在原来从今四川省宜宾通往云南、贵州的僰"道"的基础上修筑的道路。由于山路崎岖险阻，路面只有五尺宽，远比驰道路面窄得多，故称"五尺道"。

新道

新道是秦军进军岭南时在现今湖南、江西、广东、广西之间修筑的道路。关于"新道"，《史记·南越列传》曾记载秦二世时，南海尉任嚣病死前曾对龙川令赵佗说："豪杰畔秦相立。南海僻远，吾恐盗兵侵地至此，吾欲兴兵绝新道自备，待诸侯变。"《索隐》案苏林云："秦所通越道。"可见，"新道"，即是指中原通往岭南、南越的道路。

秦始皇统一六国后所修筑的五条（实际上不止五条）主要交通干线以及干线外的诸多"驰道"，不仅有利于巩固边防，同时对于加强中央对地方的联系与控制、加强中央集权、消除封建割据、维护多民族国家的统一，一句话，对于秦帝国封建政治、经济、文化的交流与发展，都发挥了重大的作用。

秦始皇统一天下后把修筑道路作为一件大事，为此投入了大量的人力与物力，表明他作为秦帝国缔造者的高瞻远瞩。修筑道路绝非只是为着他个人巡视天下的方便，而是秦始皇有功于中国历史发展的内容之一。

另外，在经济政策方面，秦始皇继续推行秦国商鞅变法以来的奖励耕织、重农抑商的基本国策。平定六国之后，在原来的秦国境内，即存在着三种土地所有制形式，一为国家直接经营管理的土地，用以增加政府财源和军功赏赐；二为封建地主土地私有制；三为封建小农土地私有制。后两种私有制国家通过收取租税的方式来体现所有权。在辽阔的东方地区这一问题更为错综复杂。比如原六国王室被一一消灭之后，他们过去直接占有的大量土地可能出现了两种现象，一是任其荒芜，二是已被他人私自耕种。荒芜的土地必须迅速复耕，私自耕种的土地必须确定归属，这不仅牵扯到耕种权和所有权问题，更是关系到国家赋税收入、稳定东方局势的大问题。还有秦始皇曾迁徙天下豪富十二万户于咸阳，他们中间也有很多是过去六国中曾得到大量赐田的军功地主，金银细软甚至房屋都可以随本人一起搬迁，但"田连阡陌"的土地却属于不动产，是没有能力搬迁的。所以这些军功地主遗留在东方的土地必须迅速确定所有权和耕种权,不能任其荒芜。再者即使生活在东方那些拥有大量土地的普通封建地主和拥有少量土地的封建自耕农,也应该向他们明确宣布帝国新的经济政策,以消除他们因"城头变幻大王旗"而产生的恐慌不安心理,真正做到"男乐其畴,女修其业,事各有序"。

摆在秦始皇面前的又是一个极大的难题,即从表面上看来是所谓"六合之内,皇帝之土",四海之内的所有土地田产都归国家所有,但实际上仍然存在着多种土地所有制形式。这就需要重新厘定田赋。于是,秦始皇在三十一年(前216)向全国颁布了一道新的法令:"使黔首自实田。"就是要求帝国境内的所有地主和自耕农向国家呈报自己实际占有的土地数量,按亩向国家交税纳赋。这道法令的实质意义在于国家承认了地主和自耕农占有土地的私有权,并给予法律保护。因此,它是秦始皇在统一六国之后推行的一项影响深远的重大经济政策。

秦始皇推行的"使黔首自实田"的经济政策确实起到了安抚民众、稳定局势、医治战争创伤的作用,在一定程度上提高了封建地主经营土地和普通农民从事农业生产的积极性,促进了经济的恢复和发展。他确立的这一套经济模式也被后代封建王朝完整无缺地继承了下来,固定成为中国封建社会两千多年间最基本的经济模式。

秦始皇的"三制"统一,纵横驰道,厘定田赋,从经济和文化上稳固了秦朝的政治、军事统一,达到了真正的内在的统一。从而显示了秦始皇在理家治国方面的高瞻远瞩与卓越睿智。这些统一和改革,不仅为秦朝的稳固发展作出了巨大贡献,而且被后世继承和发展下去,造福于千秋万代,这应当说是秦始皇留下的一笔可贵的遗产。总的来说呢,秦始皇不仅是一位英明的政治家和军事家,更是一位卓越的经济改革家。

勿妄自菲薄,勿自夸自傲

【原文】

前人云:"抛却自家无尽藏,沿门持钵效贫儿。"又云:"暴富贫儿休说梦，谁家灶里火无烟？"一箴自昧所有，一箴自夸所有，可为学问切戒。

【译文】

古人说："放弃自己家中大量财富，模仿穷人拿碗沿街乞讨。"又说："一个突然暴富的穷人，不要夸耀自己的财富，因为哪家的炉灶不冒烟呢？"这两句谚语，一句是用来忠告那些不识自己德行的人，一句是用来忠告那些夸耀自己财富的人。这些都是做学问的人必须戒除的。

【解读】

在生活中就有只羡慕别人不珍惜自己所有的人，这山望着那山高，朝秦暮楚，其结果是东施效颦，贻笑大方。还有一种人就是自我感觉太好，自吹自擂，目中无人，一味自夸，只能说是目光短浅，愚昧无知。这两种人都没有把自己放在正确的位置上来衡量，所以才不能正确把握自己。人生如战场，只有知己知彼，才能百战百胜。

【事典】

平常心在哪里

人要学会在平常心中求伟业。曾国藩六岁的时候，祖父曾玉屏为他设了一所家塾，聘陈雁门先生教他读书识字。父亲曾群书在屡考秀才也没有成功的情况下，也在自己家里设了一所私塾，取名"利见斋"，教授十几个学生。曾国藩便转从父亲念书，这对于曾国藩的教育，无疑是有益的。在父亲的督责下，曾国藩九岁便读完了《五经》，开始学做八股文。转年，他的弟弟曾国演出生，祖父即景命题《兄弟怡怡》，叫他做一篇八股文。十岁的曾国藩居然写了出来。祖父高兴地赞赏说："文中有悟性，必能以孝友承其家矣。"十四岁那年，他父亲的好友欧阳凝祉看到曾国藩的诗文，大加夸奖。欧阳凝祉是衡州府八股文的能手。为了试一试曾国藩的才学，以"共登青云梯"为命题，教曾国藩做律诗一首，诗成，欧阳先生大为惊喜，认为他前程无量，当下将女儿许配给曾国藩，此即曾国藩的正妻欧阳氏。

此后，曾国藩除继续苦学八股文之外，父亲还教他读些《史记》《文选》之类。道光六年（1826年），去参加长沙府试（童子府试），名列第七。曾玉屏父子认为曾国藩的确有培养前途，继续跟曾战书学习，惟恐贻误孩子的前程，便将曾国藩送往衡阳，从师于江觉庵先生，接着又将他送到本县的涟滨书院。经名师指点，曾国藩的学业果然大有长进。

道光十三年（1833年），曾国藩年二十三岁，第一次参加科试，竟考中了秀才。而他的父亲苦苦拼搏了二十多年，才于前一年考取了这份功名。全家对于曾国藩的功业早成，自然是欢欣鼓舞。该年十二月，曾国藩与欧阳氏完婚，这一年曾家可谓双喜临门。

道光十四年（1834年），曾国藩进入湖南最高学府——岳麓书院读书，是年乡试得中第三十六名举人。这年冬天，曾国藩第一次离开家乡，独自北上，参加次年春天的会试，却没有考中。

适逢次年皇太后六十大寿，照例增加会试恩科一次，从湖南到北京，千里迢迢，极不便利，来回的路费甚多。曾国藩征得祖父和父亲的同意，在京留住一年，等待参加下一年的恩科。京师有座"长沙会馆"，长沙府的应试举子住在里面，花费极少，十分便利。

在北京居住的这一年，曾国藩这位生长在消息闭塞、文化落后的"寒门"士子眼界大开。在这期间，曾国藩除继续认真准备应试外，忽对韩愈的古文发生了很大兴趣。因为古文可以任意发挥见解，远比八股文有生气，有意义。

道光十六年（1836年），恩科再次报罢。两次会试落第，曾国藩自知功力欠深，怅然赋归。此时，身边所剩下的路费已经没有多少。途经服宁，便向在此任知县的湘乡人易作梅借了一百两银子，以充作路费。途经金陵（今南京）时，在书摊上看见了一部精刻的《二十三史》，曾国藩爱不释手。恰好从金陵到湘乡全是水路，船票已买好，曾国藩便用借来的钱和典当随身携带的皮袍冬衣，买下那部《二十三史》。

回家以后，父亲见他花了上百两银子买回的一堆书，非但没有责备，反而鼓励他说："你借钱买书，我不惜为你还债，但能必须勤奋攻读，不负我的一片苦心。"父亲的话对曾国藩起了很大作用，从此他闭门不出，发奋读书，并立下誓言："每日点十页，间断无有。"这样就使曾国藩养成了对历史和古文的爱好，也为他更好地探讨学术问题，总结历史经验教训，打下了基础。

道光十八年（1838年），曾国藩再次入都会试，中第三甲第四十二名进士。照一般情形来说，读书人能够在一连串的科举考试中先后得捷，已经取得了做官入仕的资格，从此功名得遂，衣食无忧，应该是踌躇满志了。但就事实而言，则又不尽然。因为在进士之上，还有更高的一层，即"点翰林"。中了进士，不一定能做高官；被点了翰林，才具备了做高官的条件，并且升迁很快。但点翰林必须进士的名次考得好。一甲进前三名，俗称状元、榜眼、探花，榜发之后，即可被授职翰林院的修撰、编修等官，立刻成为名实相符的"翰林"。至于二三甲的进士要想成为翰林，还得经过一次朝考，被取中庶吉士之后，在翰林院教习三年，期满后再经过一次散馆考试，成绩优良的，二甲进士授编修，三甲进士授检讨，正式成为翰林院中的一分子。否则，或改官部属，或授职知县，从此与翰林绝缘。而进士参加朝考，取中的又以二甲为多，三甲者寥寥无几。如果曾国藩考不好，他在中了三甲进士之后就很难成为庶吉士，更不能成为"翰林"。这一次朝考对于他一生的官职升迁，都有巨大的影响。

曾国藩在取中进士以后参加朝考，成绩非常好，为一等第三名。试卷进呈道光御览之后。道光皇帝又特别将他拔置为一等第二名。就这样，他便被选入翰林院的庶常馆深造，当了庶吉士。

这一年的秋天，曾国藩踌躇满志地启程回家。曾家世世代代，只有曾国藩第一个翰林，可谓衣锦还乡。他的祖父因此大宴宾客，十分热闹。但祖父却没有任何"一人得道，鸡犬升天"的想法，酒席散罢，语重心长地嘱咐曾麟书："我家以农为业，虽然富贵，但仍不要失去旧业，国藩他身为翰林，但事业方长，家中食用不要依赖于他。"因此，曾国藩在京十余年，没有被家事所累。又很早摆脱八股的束缚，放手追求真正的学问，打下一生事业的基础。

曾国藩能进翰林院，是他人生的一大机遇。从此如鱼得水，充分发挥苦啃书本的特长，通过二、三年一次的大考，十年间竟一路攀升到礼部侍郎。这样的官运，是极为罕见的。如此宦途得意，对他今后的成功影响极大，试想，如果他不是以正二品的侍郎身份回湘，哪里会有一呼万应的号召力？哪有资格成为湖湘士人的领袖呢？机缘巧合的作用在此可见一斑。

曾国藩在翰林院的另一大收获，是造就了理学功夫。他的成功，是有学术背景的。在进京之前，他做的试帖功夫，为科名而读书，对人生大学问还没有沾边。对他影响最大的是理学大师唐鉴，再就是用功最为诚笃的倭仁。从此，他以《朱子全书》为课程，以礼学为皈依。中国延续数千年的老大学问，他探知了底蕴，掌握了精髓，这是他赖以建功立业的大本源。他在同辈官僚士大夫中，天分不算太高，却能成为事实上和精神上的领袖，其原因就在这里。他在后来对太平军的战争中能在困难拂逆的环境中艰苦支撑，屡蹶屡振，死战不退，其精神上的靠山，也就在这里。

清朝自乾隆以后，危机一天比一天深重，到道光年间，更呈腐朽崩溃之势。这时，民生凋敝，灾变相乘，国家不堪闻问，而官僚机器几近于瘫痪，大家"优容养望"，小官"软熟和同"，这对于农村出身，童年时还在湘乡蒋市街卖过菜篮子的曾国藩来说，如何看得惯？虽然个人官运亨通，但官场习气太坏，国将不国，对血性过人的青年曾国藩来说，也只有求退归乡一条路。

咸丰元年，官逼民反，太平天国革命像澎湃已久的火山熔岩一样，终于爆发了，身为礼部左侍郎兼署兵部侍郎的曾国藩，乘皇帝下诏求言的机会，愤然而出，连连上疏条陈时弊，激切亢直、毫不避讳。如说皇帝"娱神淡远，恭己自怡"，好用"谐媚软熟之人"，以致满朝文武"疲恭沓池，相与袖手"。还批评皇帝"黜听大权，朕自持之"，颇有孟夫子的民本意味。当时咸丰帝见了这篇奏疏，气得一掷于地。喝令军机重加惩治。后军机大臣祁寯藻频频叩头，才使事态平息。曾国藩在京期间的政治作为，一方面表现了他有抱负，有血性，可以担负重任，另一方面也暴露出锋芒毕露，不顾一切的个性，致使朝廷在相当长一段时间内，对他始终怀有戒心。

学贵有恒，道在悟真

【原文】

凭意兴作为者，随作则随止，岂是不退之轮；从情识解悟者，有悟则有迷，终非常明之灯。

【译文】

一个凭一时冲动做事的人，等到热度一过事情也就跟着停顿下来，这哪里是长久奋发向上的做法呢？一个从情感出发领悟真理的人，有时领悟也会被感情所迷惑，这也不是永久光亮的灵智之灯。

【解读】

俗话说："无志者常立志，有志者立长志。"做事有始有终，靠的是恒心和毅力，如果只是凭一时的热情去做事，那么热情一消失，事情也就半途而废、不了了之了。我们大家都有过这样的体会，即使在做有始有终的事情时，开始也是凭着一股冲劲，干得很顺手，等干到事情的一半时，人的承受能力达到极限，此时是最难熬的时候，也是最需要毅力的时候，能够度过这一关，就算是成功了一半，在事情的后半部就会情绪平稳，一气呵成，这样才能享受到胜利后的喜悦。所以无论做任何事情，都要持之以恒，尤其是年轻人要特别注意克服三分钟热情的毛病，锻炼自己的意志力。丰富的知识、高深的学问也不是一朝一夕、心血来潮所获得的，只有通过长期不懈的努力，持之以恒的追求，才能有重大的发展。

【事典】

好学不倦，必成大才

梁启超先生说：盖凡定大艰成大业者，无不学养得来。学养与定大艰，成大业似乎有着因果性的关系，自古有志之士，无不为好学者。

秦始皇以吕不韦的言语为诫"不知则问，不能则学"。"不学而能听说者，古今无有也"，李世民"少从戎旅，不暇读书；贞观以来，手不释卷"。武则天从小到大，不论为人女，为才人，为昭仪，为皇后，最后为帝，她在人生的每一个阶段都不断地学习，不断地进取，从而将书本知识加以系统化，理论化，并将理论付诸于实践。她还根据自身的体验，总结出只属于她个人的独特的管理模式，她编撰了流传后世的《臣轨》，君臣同体，"夫人臣之于君也，犹四肢之载元首，耳目之为心使也。相须而后成体，相得而后成用。故臣之事君，犹子之事父，父子虽至亲，犹未若君臣之同体也。"言简意赅，平淡却深刻，可见她不仅有丰富的实践、经验，更有一定的文学功底。

她一生的学习历程，为她深厚的思想埋下了深刻的伏笔。

武则天童年受到了良好的教育。家境富足、贵为国公的武士彟有条件延请名师传道授业。出入府邸的文人骚客亦不为少。何况杨氏自己就是熟读诗书之人，教育两个女儿绰绰有余。因此，武则天的各种才能的习得与她童年所受的教育和母亲的熏陶不无关系。唐初的教育，与后世完全为科举而读书有不同之处，既读经史，学诗文书法，还重礼、乐、骑、射等全面的才艺。武则天天性聪颖，性情活泼。在母亲的影响和教育之下，对诗文书法很感兴趣，她的书法楷、草兼备，虽不十分杰出，但也韵味很足，自成一体，堪称佳品。她对音乐的天赋也高。因此后来入宫为才人后写下了许多祭祀用的配曲歌词。同时武则天也是一个脂粉气较少的淘气顽童，时常让父亲的侍卫教她骑马射箭，骑术高超，她的学习兴趣是广泛的。

贞观九年，武士彟死在了荆州任上。父亲死后，武则天那种受宠的小公主的地位丧失了。她不得不听命于她的两个异母哥哥，有时还得学做一些她所不情愿的纺织、刺绣等女红。她读诗习文的时间少了，但仍挤出时间来读些《毛诗》《昭明文选》等书籍。她也很知道体贴孤寂的母亲，爱护妹妹。她已经12岁，她像个大人了。

异母哥哥对武则天的读书是从来不关心的。在他们眼中，女孩子做不了什么事情，无非是将来嫁个人，读不读书实属可有可无之事。只要将来给她找个好人家，也便尽了他们当哥哥的义务。他们不仅不给武则天创造读书的条件，有时甚至压制、指责。武则天对这些并不理会，她在默默地反抗着。生活道路上的波折反而使她变得更加坚强。

心虚意净，明心见性

【原文】

心虚则性现，不息心而求见性，如拨波觅月；意净则心清，不了意而求明心，如索镜增尘。

【译文】

只有内心了无杂念，人的本性才会显现；如果不使心神宁静而想发现本性，那就像拨波来找水中之月一样。只有意念清明，心情才会开朗；如果不清除烦恼而想心情开朗，那就等于要在落满灰尘的镜子前面照出自己的影子一样。

【解读】

心虚意净是为了在大彻大悟中发现本性，还我本来面目。人的本性藏在内心深处，并不是你想看就能看得到的，只有当大地静寂，心中的杂念也暂时不存在了，一个真我才会出现。如果心中充满善恶、受憎、是非等意念，本性就显现不出来了。

【事典】

记住人生戒律

曾国藩曰：名者，造物所珍重爱惜，不轻以予人者。余德薄能鲜，而享天下之大名，虽由高曾祖父累世积德所致，而自问总觉不称，故不敢稍涉骄奢。家中自父亲、叔父奉养宜隆外，凡诸弟及吾妻吾子吾侄吾诸女侄女辈，概愿俭于自奉，不可倚势骄人。古人谓无实而享大名者，必有奇祸。吾常常以此敬惧。

古来言凶德致败者的有二端：曰长傲，曰多言。历观名公巨卿，多以此二端败家丧生。余生平颇病执拗，德之傲也；不甚多言，而笔下亦略近于嚣喧。凡傲之凌物，不必定以言语加人，有以神气凌之者矣，有以面色凌之者也。凡心中不可有所恃，心中有所恃则达于面貌，以门第言，我之物望大减，方且恐为子弟之累；以才识言，近今军中练出人才颇多，弟等亦无过人之处。皆不可恃。

余家后辈子弟，全未见过艰苦模样，眼孔大、口气大，呼奴喝婢，习惯自然，骄傲之气入于膏肓而不自觉，吾深以为虑。

从上面几则文字中，可以看出曾氏十分谦虚，他认为自己享有大名，是因祖宗积德所致，且总觉名誉太大，因此教育家人不可依势骄人；他认为傲气是致败的原因之一，并指出傲气的表现形式在言语、神气、面色三个方面；他谆谆告诫弟弟们要谦虚，对于没有经历过艰苦的后辈子弟，他更担心，怕他们不知不觉地染上骄傲的习气，"谦"是曾氏家教的一个重要内容。

（1）为官戒傲。"天道忌盈"，是曾国藩颇欣赏的一句古话，他认为"有福不可享尽，有势不可使尽"。他"势不多使"的内容是"多管闲事，少断是非，无感者也无怕者，自然悠久矣"。他也很喜欢古人"花未全开月未圆"七个字，认为"惜福之道，保泰之法莫精于此"。他主张"总须将权位二字推让少许，减去几成"，则"晚节渐渐可以收场"。他于1845年5月25日给弟弟们的信中教弟弟们应"常存敬畏，勿谓家有人做官，而遂敢于侮人；勿谓己有文学，而遂敢于恃才傲人"。后在军中，军务繁忙，他仍写信告诫沅弟说："天下古今之庸人，皆以一'惰'字致败，天下古今之才人，皆以一'傲'字致败。"不仅对军事而言如此，且"凡事皆然"。1863年6月，曾国荃进军雨花台，立下战功，然其兄要求他"此等无形之功，吾辈不宜形诸奏续，并不必腾话口说，见诸书读"。叫他不要表功，认为这是"谦字真功夫"。

曾氏为官不傲，与他深受祖父星同公的熏陶有关。1839年曾氏离家进京之前，10月28日早晨他侍奉祖父于阶前，向祖父请示："此次进京，求公教训。"星同公说："你的官是做不尽的，你的才是好的，但不可做。'满招损，谦受益'，你若不傲，更好全了。"这段话对曾氏影响很深，多年以后，他回想到这些，仍然如同"耳提面命"。

曾氏为官不傲，也与磨练有关。道光年间，他在京做官，年轻气盛，时有傲气，"好与诸有大名大位者为仇"；咸丰初年，他在长沙办团练，也动辄指责别人，与巡抚等人结怨甚深；咸丰五、六年间，在江西战场上，又与地方官员有隔阂。咸丰七、八年在家守制经过一年多的反省，他开始认识到自己办事常不顺手的原因。他自述道："近岁在外，恶（即憎恶）人以白眼蔑视京官，又因本性倔强，渐进于愎，不知不觉做出许多不恕之事，说出许多不恕之话，至今愧耻无已。"又反省自己"生平颇病执拗，德之傲也"。

他进一步悟出了一些为官之道："长做、多言二弊，历观前世卿大夫兴衰及近日官场所以致祸之由，未尝不视此二者为枢机。"因此，他自勉"只宜抑然自下"。在官场的磨破之下，曾国藩日趋老成，到了晚年，他的"谦"守功夫实在了得。他不只对同僚下属相当谦让，就是对手中的权势，也常常辞让。自从咸丰十年（1861年）六月实授两江总督、钦差大臣之后，曾位高名重，多次上疏奏请减少自己的职权，或请求朝廷另派大臣来江南协助他。他的谦让是出于真心，特别是后年身体状况日趋恶化，他更认为，"居官不能视事，实属有地此官"，多次恳请朝廷削减他的官职，使自己肩负的责任小些，以图保全晚节。总之，曾国藩一生功名卓著，但他善于从"名利两淡"的"淡"字上下功夫，讲求谦让退让之术。而被一些人颂为"古今完人"。

（2）居家戒傲，曾氏认为"傲为凶德，惰为衰气，二者皆败家之道……戒傲莫如多走路，少坐轿"。他不仅自律甚严，对自己的兄弟子侄也严戒其傲。1861年3月14日，他曾对专在家中主持家务的澄弟写信，要他加强对在家子弟的教育。并对骄傲的几种表现形式做了阐述："凡畏人，不敢妄议论者，谦谨者也，凡好讥评人短者，骄傲者也……谚云：'富家子弟多骄，贵家子弟多傲。'非必锦衣玉食，动手打人而后谓之骄傲，但使志得意满毫无畏忌，开口议人短长，即是极骄极傲耳。"并说自己以不轻易讥笑人为第一要义。对澄弟表现出来的骄傲，进行了尖锐的批评，说他对军营中的"诸君子""讥评其短，且有讥到两三次者"。由此可推知澄弟对乡间熟识之人，更是鄙夷之至了！他认为傲气可表现在言语、神气和脸色上，所以要做到"谦退"，须时时检点自己的言行。

曾氏告诫子弟，千万"不可忘寒士家风味……吾不忘蒋市街卖菜篮的情景，（澄）弟则不忘竹山坳拖牌车的风景"，并认为"昔日苦况，安知异日不再尝之"？富不忘贫，贵不忘贱。既已做了仕宦之家，他便力戒子弟不染官气，他说："吾家子侄半耕半读，以守先人之旧，慎无存半点官气。不许坐轿，不许唤人取水添茶等事。其拾柴、收粪等事须一一为之；插田、前禾等事，亦时时学之。"他对家人坐轿一事都严加规范，指出四抬大桥"纪泽断不可坐，（澄）弟只可偶一坐之"，这种大轿不可入湘乡县城、衡阳府城，更不可入省城。并嘱咐澄弟对轿夫、挑夫要"有减无增"，随时留心此事。

曾国藩也力戒家人在家乡干预地方行政。他给家中写信说："我家既为乡绅，万不可入署说公事，致为官长所鄙薄。即本家有事，傍愿吃亏，万不可与人均论，令长官疑大依势凌人。"又告诫诸弟："宜常存敬畏，勿谓家中有人做官，而遂敢于侮人。"

他力戒弟弟不要递条子、走后门。儿子曾纪鸿中秀才后，数次到府城参加岁考科考，都不顺利。1865 年 7 月，已是大学士的曾国藩，特地写信告诫纪鸿："场前不可与州县来往，不可送条子。进身之始，务知自重。"纪鸿没有中举，曾国藩就把儿子接到金陵衙署中亲自教学，始终未去走后门。1864 年 1 月，纪鸿由长沙前往金陵，其父要他沿途不可惊动地方长官，能避开的尽量避开，并叮嘱船上的"大帅"旗"余未在船，不可误挂"。事无巨细，均考虑到一个"谦"字，可谓用心良苦。

（3）为学戒傲。千古以来，文人相轻，已成为一老毛病。以前有则笑话，说有人做了首诗自吹道："天下文章有三江，三江文章唯我乡，我乡文章数舍弟，舍弟服我学文章。"转了一个大弯，还是自己的文章好。曾氏对此有清醒认识，力倡以"戒傲"医文人之短。1844 年 11 月 20 日，他给家中的四位弟弟写信说："吾人为学最要虚心。尝见朋友中有美材者，往往恃才傲物，动谓人不如己，见乡墨则骂乡墨不通，见会墨则骂会墨不通，既骂房官，又骂主考，未入学者则骂学院。平心而论，己之所作诗文，实无胜人之处；不特无胜人之处，而且有不堪对人之处。只为不肯反求诸己，便都见得人家不是，既骂考官，又骂同考而先得者。傲气既长，终不进功，所以潦倒一生而无寸进也。"告诫弟弟们不要恃才傲物，不见人家一点是处。傲气一旦增长，则终生难有进步。在信中他又以自己的求学经历劝勉弟弟们。他写道："余平生科名极为顺遂，惟小考七次始售。然每次不进，未尝敢出一怨言，但深愧自己试场之诗文太丑而已。至今思之，如芒在背……盖场屋之中，只有文丑而侥幸者，断无文佳而埋没者，此一定之理也。"他还用其他人因傲气而不能有所成就或被人冷笑的例子来告诫弟弟们，他写道："三房十四叔非不勤读，只为傲气太胜，自满自足，遂不能有所成。京城之中，亦多有自满之人。识者见之，发一冷笑而已。又有当名士者，鄙科名为粪土，或好做诗古，或好讲考据，或好谈理学，嚣嚣然自以为压倒一切矣。自识者观之，彼其所造，曾无几何，亦足发一冷笑而已。"为此他总结道："吾人用功，力除傲气，力戒自满，毋为人所冷笑，乃有进步也。"谦虚是中华民族的美德，中国有句古话说："谦受益，满招损。"曾国藩的事例证明这点。

【国学精粹珍藏版】

李志敏⊙编著

◎尽览中国古典文化的博大精深 ◎读传世典籍，赢智慧人生——受益终生的传世经典

菜根谭

卷四

民主与建设出版社
·北京·

万象皆空幻，达人须达观

【原文】

山河大地已属微尘，而况尘中之尘；血肉之躯且归泡影，而况影外之影。非上上智，无了了心。

【译文】

就无限空间来说，山河大地只不过是小小尘埃，何况小小生物和无边的宇宙相比真是小得可怜。就无限时间来说，我们的躯体只不过是短暂的泡沫，何况功名利禄和无尽的时间相比真像过眼烟云。一个没有高度智慧的人，是无法彻悟这种道理的。

【解读】

山河大地在茫茫宇宙中只能算是一粒尘埃，地球上如蚁的人类又是尘埃中的尘埃，已经到了微不足道的地步，还有什么值得自以为是的呢？人的生命在时光的长河里只不过是一刹那间，就如五彩缤纷的肥皂泡，转眼间已无影无踪，还有什么必要去争权夺利的呢？只有智慧高深的人，才明了个中机巧，才能笑看人间万事。

【事典】

错听郑国，福泽万世

秦始皇能够用人才，在于他能够用战略家的眼光来用人，在他统一天下的整个过程中，都有鲜明的体现，尤其表现在他用郑国修建郑国渠的这件事上。

秦国自秦昭王以来日益强大，虎视东方，首当其冲的便是韩国。

地处中原的韩国是战国七雄中最弱小的国家，又苦于与强秦为邻，在秦国的多次打击下早已精疲力竭，惊恐难安。怎样才能消除秦国的军事威胁，使韩国得以转危为安呢？

昏庸无能的韩桓惠王为此而惶惶不可终日，无计可施。当时，秦国的都江堰工程建成不久，成都平原成为"天府"之国，秦国的统治者正沉浸在都江堰工程所带来的喜悦之中，兴修农田水利工程的兴致正浓。为此，韩桓惠王竟异想天开：如果鼓吹秦国在关中地区修建更大的水利工程，势必会使秦国为修渠投入更多的人力与物力，韩国岂不因此会免受秦兵灭国之祸？况且秦国早就想收买著名的水工郑国。于是韩王立即召见闻名于诸侯的著名水利专家郑国，向他授意，令他西游秦国，游说秦王在关中地区开河修渠，疲弊秦国。

郑国的方案很快得到了吕不韦的认可，并马上动手开工，在关中平原破土动工修建引泾水入洛河的水渠，"令凿泾水，自中山西邸瓠口为渠，并北山东注洛三百余里，欲以溉田。"

郑国渠正式破土开工时，秦襄王已死，正值秦王政元年（前246年）。当这项费时十年的浩大工程已经进行大半的时候，郑国用修渠来疲弊秦国的阴谋被秦王政发觉。秦王政大为震怒，立即将水工郑国逮捕问罪。这场"郑国间谍案"，很快在秦国引发了一场大规模的排外浪潮，这就是秦国的逐客运动。一时在秦都咸阳通向函谷关的大道上只见万头攒动，人流汹涌，众多的山东宾客惶惶若丧家之犬，成群结队地争相逃离秦国。

郑国也很快被带到秦王面前。

秦王政问郑国："韩王派你来鼓吹修渠，想借此来疲弊秦国，有没有这回事？"

"臣起始确实为疲弊秦国而来，不过……"郑国回答。

"不过什么？"秦王政打断郑国的回答，又紧逼着问道。

"不过，大王你可明白，我劝说秦国兴修水利工程，其结果只能为韩国延缓短短几年被灭亡的命运，却为秦国建立了千秋万代受用不穷的功业。试想想此渠修成之后，大王之国衣食丰足，百姓吃穿不愁，何惧旱涝荒灾？况且目前水渠已修成一半，大王之国人力物力并未有多大消耗，可见'疲秦'之计未尝不是秦国之福呢！"

郑国的一番话同秦国决定开渠的初衷完全吻合，秦王认为郑国讲得很有道理，况且工程已进行大半，完工在即，怎可半途而废？秦王政非但没有加罪于郑国，反而责令他尽快把工程按预定方案修完。

《史记·河渠书》写道:"渠就,用注填阏之水,溉泽卤之地四万余顷,收皆亩一钟。于是关中为沃野,无凶年。秦以富强,卒并诸侯,因命曰郑国渠。"

到了汉代,在郑国渠的渠首设立了池阳县,汉武帝时中大夫白公对郑国渠又加以修缮改造,定名为"白渠",使其发挥更大的经济效益。但关中百姓仍念念不忘郑国的开创之功,世代流传当年修渠时那浩大壮观的场面,他们一边在田野里辛勤耕耘,一面高声歌唱道:

> 田于何所?池阳谷口。
> 郑国在前,白渠在后。
> 举锸为云,决渠为雨。
> 泾水一石,其泥数斗。
> 且溉且粪,长我禾黍。
> 衣食京师,亿万之口。

郑国渠修建的始末表明,秦国的最高统治集团对发展农业生产与富国强兵、兼并诸侯之间的关系有着充分自觉的认识。这一自觉认识,不仅是秦国决定修渠并且在发现韩国的阴谋之后仍然修渠不止的理论根据,而且标志着发展农业生产的政策在秦国占有何等重要的地位和在怎样的程度上被付诸施行。司马迁在《河渠书》中把郑国渠的兴建及其功效的发挥,同"秦以富强,卒并诸侯"联系在一起,这样的评价是很深刻的。

郑国是战国时期著名的水利工程专家。秦国最高统治集团敢于下定决心,采纳并施行来自敌国的专家意见,投入那么多的人力和财力,费时十年,修建如此浩大的工程,甚至在郑国的阴谋被发觉后,仍对郑国信任如初,责令他将河渠修成。这除了因为修渠会给秦国带来富国强兵的重大效益外,也反映出秦国对于来自国外的专家和客卿的重用政策是何等的正确,是秦国的客卿政策适用于科技专家的一个典型范例。

郑国的"疲秦"之计,倒为秦国的农业生产带来了很大利益,从而奠定了秦国的物质基础,秦始皇正是基于这种考虑,才大用郑国。当最初的错误变成了一个美丽的成果,这正是秦始皇所需要的。

泡沫人生，何争名利

【原文】

石火光中争长竞短，几何光阴？蜗牛角上较雌论雄，许大世界？

【译文】

人生就像用铁器击石发出的火花一闪即逝，怎么能在这短暂的时光中去争名夺利呢？人类在宇宙中所占的空间就像蜗牛触角那么小，怎么能在这狭小的世界里去争强斗胜呢？

【解读】

从悠悠岁月之中，可以看到人生的短暂；在茫茫宇宙之中，可以看到地球的狭小，在这有限的时间和狭隘的空间里，又有什么好争好抢的呢？即使争来了又有何用？抢来了又有何益？为什么不充分利用自己有限的生命和精力去做一些有意义的事情呢？

【事典】

四面出击，巧用官、商、江湖、洋场势力

胡雪岩十分注重借势经营，他十有八九的生意都是围绕取势用势而展开的，他也从不放弃任何一个取势用势的机会。他认为，有势自然就有利，所以，做生意要先取势，后求利。在胡雪岩的商业经营活动中，他十分注重"与时逐"。不断地拓展自己的地盘，张扬自己的势力。

胡雪岩所借取的"势"主要有四股，他说："官场的势力，商场的势力，江湖的势力，我都要，这三样要到了，还不够，还要有洋场的势力。"

首先，胡雪岩借取的是"官势"。

不惜丢掉职业换银票资助王有龄，送美妾阿巧给何桂清，在西征时协助左宗棠等等，使得胡雪岩在官场有了"官势"。胡雪岩长袖善舞，层层投靠，左右逢源，把人们看得目瞪口呆。

事实上，在官场上的所为，只是胡雪岩取势活动的一部分。光有官势，并

不能使胡雪岩的商业活动达到完善的境地。

　　胡雪岩借抱商场势力的典型一例是在上海，他垄断上海滩的生意，与洋人抗衡，从而以垄断的绝对优势取得在商业上的主动地位。在这方面，更加体现了胡雪岩在商业谋略上的与众不同。起初，胡雪岩尚未投入做丝生意，就有了与洋人抗衡的准备。按他的话说就是，做生意就怕心不齐。跟洋鬼子做生意，也要像收茧一样，就是这个价钱，愿意就愿意，不愿意就拉倒，这么一来，洋鬼子非服帖不可。而且办法也有了，就是想办法把洋庄都抓在手里，联络同行，让他们跟着自己。至于想脱货求现的，有两个办法。第一，你要卖给洋鬼子，不如卖给我。第二，你如果不肯卖给我，也不要卖给洋鬼子。要用多少款子，拿货色来抵押，包他将来能赚得比现在多。凡事就是开头难，有人领头，大家就跟着来了。具体的做法因时而转变。第一批丝运往上海时，适逢小刀会肇事，胡雪岩通过官场渠道了解到，两江督抚上书朝廷，因洋人帮助小刀会，建议对洋人实行贸易封锁，教训洋人。只要官府出面封锁，上海的丝就可能抢手，所以这时候只需按兵不动，待时机成熟再行脱手，自然可以卖上好价钱。胡雪岩此时手上掌握的资金已从几十万到了几百万，开始为左宗棠采办军粮、军火。西方先进的丝织机已经开始进入中国，洋人也开始在上海等地开设丝织厂。胡雪岩为了中小蚕农的利益，利用手中资金优势，大量收购茧丝囤积。洋人搬动总税务司赫德前来游说，希望胡雪岩与他们合作，利益均分。胡雪岩审时度势，认为禁止丝茧运到上海，这件事不会太长久的，搞下去两败俱伤，洋人自然受窘，上海的市面也要萧条。所以，自己这方面应该从中转圜，把彼此的不睦的原因拿掉，叫官场相信洋人，洋人相信官场，这样才能把上海弄热闹起来。但是得有条件，首先在价格上需要与中国方面的丝业同行商量，经允许方得出售；其次，洋人须答应暂不在华开设机器厂。和中国丝业同行商量，其实就是胡雪岩和他自己商量。因为胡雪岩做势既成，在商场上就有了绝对发言权。有了发言权，就不难实现他因势取利的目的。可以说，在第二阶段，胡雪岩所希望的商场势力已经完全形成。这种局面的形成，和他在官场的势力配合甚紧，因为加征蚕捐，禁止洋商自由收购等，都需要官面上配合。尤其是左宗棠外放两江总督，胡雪岩更觉如鱼得水。胡雪岩在丝茧生意上和洋人打商战，时间持续了近二十年。其间，胡雪岩节节胜利，中国人扬眉吐气。

极端空寂，过犹不及

【原文】

寒灯无焰，敝裘无温，总是播弄光景；身如槁木，心似死灰，不免坠在顽空。

【译文】

一盏微弱的孤灯失去了光焰，一件破旧的衣衫丧失了温暖，人生到了这步田地也未免太煞风景。身躯像是干枯的树木，心灵犹如熄灭的死灰，这等于是一具僵尸必然陷入冥顽空虚之中。

【解读】

一个人是否具有生机关键在于心灵火花的闪跃，人生在世首先要保持心灵的生机、思想的活跃，如果空有躯壳、心灵沉寂，就等于行尸走肉一般，不仅对于自己没有好处，而且对于大众也没有好处。

【事典】

用霸术兼糅王道

当曹操一个个扫荡了北方的对手后，如吕布、袁绍、乌桓、黄巾义军等，他的战略目标就是向南争天下，也就是征服东吴与西蜀。但赤壁一战，曹操认识到南征不易，并且即便南征，关中马超、韩遂等始终是后患。

其实，曹操对关中一直颇为用心，甚至对关中诸将一直比对刘表、孙权还认真。因为在建安初年，刘表忙于征服南边的战争，孙权年幼，刚登位，还来不及有什么大举动；再者刘表即便想对曹操怎么样也是犹犹豫豫，做不出什么举动。关中诸将不同，他们有兵有将，虽无大志向，但拥兵自重也无忧患，于是也就便于行动。只要他们想坏曹操的事，挥师东进，那曹操就麻烦了。

所以曹操在攻吕布、战袁绍、征袁术的同时，总要把关中的事情安排得叫自己放心了，才率大军起程。赤壁之战以前对关中诸将大体采取的是安抚、笼络的策略，这与曹操用钟繇督率关中诸军，用人得当大有关系，当然更得益于

"挟天子以令诸侯"的地位。

但尽管如此,关中马、韩诸人是口服心不服,这一点曹操心中有数。所以赤壁之战后,夺取关中,就成为曹操统一北方的最后一战,也是南征无后顾之忧的必要条件。

王霸两手并用,也就是有理、有利、有节。因为马腾、马超、韩遂等都接受了朝廷的任命,并且在建安十三年马腾已携家人到朝廷任职,仅留马超在关中督率军马。韩遂在第二年也把儿子送到邺城。如此对他们用兵,以中央而攻地方,实乃豺虎之行。这是说不过去的。

第二是要拆散马、韩联盟。在关中诸将中,马超、韩遂实力最大,而马腾与韩遂是把兄弟,虽有前嫌,但后来和好,私谊甚深,且为生存,共同对敌,团结就更紧了。所以务必分化他们,以便各个击破。

在解决第二个问题时,曹操实施的办法是:拉拢韩遂,孤立马超。曹操给韩遂写了封信,讨好韩遂说:"将军从前反叛朝廷,那是有人逼迫您,您没办法才这样做,这一点我明白。现在国家如此,希望您早来朝廷,我们共同匡扶汉室。"曹操真实目的是想把韩遂弄到朝中控制起来,就像对待已在京中的马腾。对曹操的邀请和诱惑,韩遂很矛盾,结果就是上面说的,把儿子送到邺城,实际做了曹操的人质。

无故进攻人家,还要出师有名,曹操煞费苦心也没一个好办法。就在这时,钟繇给曹操出了个主意,请兵三千,以讨伐汉中张鲁为名进入关中。曹操立即从钟繇的提议中看到自己需要的东西,立即请荀或征求卫觊的意见。

卫觊说出一番道理:关中诸将,本无大志,封官得爵,已经心安。如果大军进军关中,说是征讨张鲁,而张鲁还远在汉中,关中诸将必然疑心丞相是征讨他们的,那局面就不好收拾了。

曹操极赞成卫觊的分析,因为这正是他需要的、期待出现的局面。因为大军进入关中,无论马超等行动不行动,对曹操都是有利的。马超等按兵不动,说明他们信服丞相的军事安排,关中无敌人,当然是好事。如果马超等举兵反叛,正好出师平叛,夺取关中,使整个中国北方完成一统,日后南征便无后顾之忧。曹操此一策略可谓一箭双雕,又万无一失。

军备的、道义的、心理的,各方面准备好了,建安十六年(211 年)曹操便正式派钟繇率军西进,同时又令夏侯渊等将从河东郡率众出发,前去与钟繇会合。

关中诸将很快得知钟繇大军西进关中的消息，马超积极活动，韩遂也不以在朝为人质的儿子为念，立即与马超联合，一时关中十路人马群起响应，十万大军日夜兼程开赴潼关，以抵御曹军西进关中。

广狭长短，由于心念

【原文】

延促由于一念，宽窄系之寸心；故机闲者一日遥于千古，意广者斗室宽若两间。

【译文】

时间的长短多半出于心理感受，空间的宽窄多半基于心之观念。所以只要能把握时机忙里偷闲，即使是一天时间也比千年还长。只要意境高超心胸旷达，即使是一间小屋也犹如天地之大。

【解读】

哲人们讲过，世界上最短的是时间，最长的也是时间。因为时间的长与短缘于人们的心理感受，在充满快乐的时刻，"良宵一刻值千金"，在充满期盼的日子，"一日不见，如隔三秋"，在布满愁云的时候，"忧人愁夜长"，这就是时间的相对论。故放宽心，知满足，想得开，就永远宽广快乐；常杞忧，不知足，放不下，只能时时郁结。所以方寸之间放得下大千世界，才是豪迈者的胸怀。

【事典】

权谋素质，奸雄眼光

曹操的性格构成，是由高能核心人才素质与封建政治家权谋品行对应组成的，具有互补性。前者可以概括为"雄"，后者可概括为"奸"。奸雄统一在一起，即雄中有奸，奸中有雄。究竟雄的性格在什么情境下占主导作用，奸的性格素质在什么情境下占主导地位，一般是随着时势的变化而表现出不同的。

曹操高能核心人才的素质是"雄"的表现，主要体现在三个方面：一是高屋建瓴的战略决策意识；二是广揽天下人才的用人思想；三是发挥团体优势的能力。仅就第一方面来说，曹操胸怀全局，目光远大，善于决策。董卓之乱导致了豪强混战的局面，北方就出现了如公孙瓒、袁术、陶谦、吕布、刘表、刘备、曹操和袁绍等地主武装，割据州郡，称霸一方，互相攻伐，扩大势力，分裂天下。其中最有优势的是袁绍，雄冠中原，据冀、青、幽、并四州之地，名噪天下，大有统一天下之势。而曹操当时虽实力不强，但雄心勃发，满怀克群雄、问周鼎之志，在战略上蔑视诸多豪强。他和刘备青梅煮酒论英雄，吐露了这种情怀：

> 玄德曰："淮南袁术，兵粮足备，可为英雄？"操笑曰："冢中枯骨，吾早晚必擒之！"玄德曰："河北袁绍，四世三公，门多故吏；今虎踞冀州之地，部下能事者极多，可为英雄？"操笑曰："袁绍色厉胆薄，好谋无断；干大事而惜身，见小利而忘命：非英雄也。"玄德曰："有一人名称八俊，威镇九州——刘景升可为英雄？"操曰："刘表虚名无实，非英雄也。"玄德曰："有一人血气方刚，江东领袖——孙伯符乃英雄也？"操曰："孙策藉父之名，非英雄也。"玄德曰："益州刘季玉，可为英雄乎？"操曰："刘璋虽系宗室，乃守户之犬耳，何足为英雄！"玄德曰："如张绣、张鲁、韩遂等辈皆何如？"操鼓掌大笑曰："此等碌碌小人，何足挂齿！"玄德曰："舍此之外，备实不知。"操曰："夫英雄者，胸怀大志，腹有良谋，有包藏宇宙之机，吞吐天地之志者也。"玄德曰："谁能当之？"操以手指玄德，后自指，曰："今天下英雄，惟使君与操耳！"

刘备列举的诸多豪强，曹操均一一否定，不排除英雄气盛，轻蔑敌手这一因素，但从他的话中透出的英雄标准，以及用这个标准衡量人所得出的结论，不难看出他强调的是人的素质，强调的是高能人才所应具有的素质。换句话说，慧眼识才的人，他本身就是人才。所以曹操认为刘备列举的人都不如刘备和他，历史事实也证明了曹操的远见卓识。

高能人才素质的表现是多方面的。对于军事统帅来说，首先表现在高屋建瓴的战略意识上。讨伐董卓的战争中，曹操夺得兖州，建立了军事根据地，再图发展。同时又不失时机地以勤王名义发兵保驾，控制中央政权，"挟天子以令诸侯"。这是他在政治上的高招，从此给曹操集团的发展带来了重要的转机。东汉政权虽已如大厦将倾，但汉献帝作为国家最高权力的象征，仍有影响。谁能把皇帝控制在手，谁就有发号施令的主动权。荀彧正是看到这一点，建安元年（196年）春，向曹操进谏："昔晋文公纳周襄王，而诸侯服从；汉高祖为义帝发丧，而天下归心。今天子蒙尘，将军诚因此时首倡义兵，奉天子以从众望，不世之略也。若不早图，人将先我而为之矣。"荀彧的见解正合曹操的战略意识，"曹操大喜"，欣然勤王保驾。

曹操见机行事，一旦看到时机，立即行动，争取主动。正当天子和百官被李傕、郭汜领兵进逼之时，"但见尘头蔽日，金鼓喧天，无限人马到来"，原来是曹操派遣的先锋夏侯惇引上将十员，精兵五万，前来保驾。随后又有曹洪、李典、乐进等上将率步兵前来协助。落难之中的汉献帝感慨道："曹将军真社稷臣也！"曹操人未到，便已声威大震。于次日曹操亲率大队人马方才到来。这里把曹操的威仪不凡、调度有方适时生动地烘托了出来。然而当时长安丧乱，洛阳残破。皇室百官除在洛阳的粮草资财，难以为继而外，政局不稳，"诸将人殊意异，未必服从；今若留此，恐有不便。"董昭建议曹操，"惟移驾幸许都为上策。"并指出："'夫行非常之事，乃有非常之功：愿将军决计之。'操执昭手而笑曰：'此吾之本志也。'"荀彧等谋士也都赞成"迎天子都许"，还用"五行说"论证了都许必兴。荀彧说："汉以火德王，而明公乃土命也。许都属土，到彼必兴。火能生土，土能旺木：正合董昭、王立之言。他日必有兴者。"许县为中原腹地，南窥荆越，北视冀幽，东眺齐鲁，西察二京，实为当时社会安定，粮草丰足的好地方。加上许县与曹操的故里谯县相邻，根基牢固。从曹操勤王保驾到"迎天子都许"，历时半年，尽管有谋士进谏适时，但归根到底付诸实施，乃为曹操"本志"也！所谓本志，即总御皇机，号令天下。建安时期共二十五年，是曹操一生建树最多的时期，仅建安元年这一高招，就显示了曹操超越其他豪强的雄才伟略。

由此可见，说曹操是奸雄，的确奸之有道。

守正安分，远祸之道

【原文】

趋炎附势之祸，甚惨亦甚速；栖恬守逸之味，最淡亦最长。

【译文】

依附权势的人固能得到一些好处，但是为此而招来的祸患也最惨最快。能安贫乐道栖守独立人格的人固然寂寞，但是因此而得到的平安也最久最长。

【解读】

"宁静以致远，淡泊以明志。"这是一句意义深长的座右铭。历史上有多少趋炎附势，贪图一时荣华富贵作威作福，然而转眼间家破人亡，株连全族，真是惨不忍睹，只有不求名不求利的人，每天过着自己朴实无华的生活，与人为善，与人无争，才又悠闲又快乐。

【事典】

迅速断定，立即行动

汉末以来，天下大乱，天子身价暴跌，但他还是一国之主的象征，因此"挟天子"之策仍不失为一种良谋。谁去拥戴了天子，谁就会取得政治上的主动权，但像董卓之流专横暴戾，虽有此机遇，却不俱备此种能力。

董卓之后，袁绍和曹操集团也都有智士献"奉戴天子"之策，但是因为曹操在倾听了臣下的不同意见后，能够当机立断，立即着手奉迎天子——汉献帝的行动，首先取得了争霸大业的有利的政治优势。

曹操此举迅速、果断，但也不是盲目地下手，也是经过一番斟酌的。因为当时迎献帝也有"风险"，因此有的人表示反对，认为山东尚未完全平定，韩暹、杨奉新近刚领着天子到洛阳，他们北与张杨连结，恐怕不是一下子就能制服的。荀彧这时劝告曹操说："以前晋文公迎接周襄王到洛都，诸侯就如影随形般相从；汉高祖东伐项羽，为被项羽残杀的义帝缟素戴孝，天下人心就纷纷归附。近年来，天子四处流亡，将军您曾首倡讨伐乱贼董卓的义军，只是因为山东连年兵扰战乱，没能远远地奔赴关中，到天子身边，然而您仍然不断地分批派遣将帅，冒着危险与天子通使节。将军虽然在外边替天子平定战乱，但您的心却无时无刻不放在王室。这说明，匡救天下正是将军您素有的志向。如今皇上的车驾刚刚从西京东返，而东京洛阳也是荆棘丛生，破败荒芜。忠臣义士都有保存国本的忧思，黎民百姓也都怀念旧都故主，睹物伤情，悲哀倍增。果真能利用这一时机，迎接主上，以此顺应民众的愿望，这是大顺；用秉承至公的行动来感服英雄豪杰，这是大略；用扶持大义来罗致才俊，这是大德。天下虽然还可能有少数抵制反对的人，但他们必然不能成为多大拖累和障碍，这也是明白无误的。韩暹、杨奉两人怎么敢为害！这一计划若不及时确定，让四方外人生了此心，再生变故，以后就是想要这么做，也来不及了。"

相反袁绍优柔寡断的性格决定了他难成大事的最终命运。加以他志向不高，甘于做土皇帝，因此对正确的决策与建议，迟迟不敢决定，白白地延误了战机。

曹操远征乌桓途中，狂风四起，狂沙飞扬，道路崎岖，人马难行。曹操有些后悔，意欲回师。这时，水土不服、病卧车上的郭嘉仍然鼓动曹操。他说：兵贵神速。我们千里远袭，"辎重多而难以趋利，不如轻兵兼道以出，掩其不备"。曹操又一次听从了郭嘉的建议，抛下笨重装备，快速通过卢龙塞，直捣单于庭。

我国兵家非常强调快速用兵的重要性。孙子说："兵贵神速，不尚迟巧"；"兵贵速，不贵久。"先发制人贵速，主动攻击贵速，捕捉战机贵速。用兵神速有以下好处：第一，速能乘机。战场上情况变幻莫测，战机稍纵即逝，只有快速行动，才能捕捉战机，迟缓、拖拉将会坐失良机；第二，速能达成进攻的突然性，先发制人，以迅雷不及掩耳之势，使对手猝不及防，在短时间内，从军事到心理造成爆炸性效果；第三，用兵是人力、物力的消耗过程，迅速行动，可在较快时间里解决战斗，从而减少战争消耗。

曹操远袭乌桓的成功，主要得益于郭嘉的"轻兵"战术。轻兵作战，是兵家用兵的一大法宝，对于长途远袭的军队来说，尤其如此。有人认为，军队的迅速机动，是战争的真正灵魂，对此毋庸置疑。

修养定静工夫，临变方不动乱

【原文】

忙处不乱性，须闲处心神养得清；死时不动心，须生时事物看得破。

【译文】

要想在事物纷忙时保持冷静而不至心慌意乱，必须在平时培养清晰敏捷的头脑。要想面对死亡也不畏惧，必须在平日对人生有所彻悟。

【解读】

修身养性是中国文化的根本，养性就是养心。心是神之主，情、意、喜、怒、欲、乐、忧、思，俱出于心，养得心性实，自是忙中不乱，有条不紊。若是再进一层，即使是死亡的考验，也看得破，还有何事能动其心性，故古代一位名人曾经劝家人云："万里长城今犹在，不见当年秦始皇"，因此平时树立正确的人生观，耿直的正义感，以及良好的品性，才能临危不惧，遇事不慌，镇定自若。

【事典】

事业扩大，智囊团也要扩大

人才是事业之本。大厦非一木所撑，大业靠众人智慧才能完成。事业扩大了，人才队伍也要扩大，否则事业也就成了无源之水，无本之木。

曹操的智囊团在官渡之战前夕已逐渐形成，骨干谋士都在这一阶段后投靠了曹操。官渡之战后，随着曹操事业的发展，智囊团不断扩大，成为一支庞大的人才队伍，为曹氏代汉打下了坚实的政治基础。

初平二年，曹操为东郡太守，荀彧来归，被署为军司马。初平三年，曹操兵临兖州，程昱接受征辟，亦为军司马。曹操出征，荀彧、程昱二人留守。建安元年，荀攸、钟繇、董昭、郭嘉从操。建安四年官渡之战前夕，刘晔、贾诩从操。以上8人是曹操的骨干谋士。此外，华歆、王朗、蒋济、毛玠、何夔、徐奕、陈群、赵俨、袁涣、凉茂、司马朗、梁习等重要谋士，也是第一阶段投奔曹操。

官渡之战后，投奔曹操的人更是趋之若鹜。比较著名的有王粲、卫觊、刘廙，附传徐干、陈琳、阮瑀、应场、刘桢、路粹、丁仪、丁廙、杨修、辛毗、郭淮、徐邈、王昶等人。个个身怀绝技，才气过人。他们大多是第二阶段投奔曹操的。

曹操是如何把这些人才聚集起来的呢？大略言之，有以下几个方面：

（一）征辟。

这是两汉选举的正常途径。袁涣、张范、凉茂、国渊、田畴、邴原、毛玠、徐奕、何夔、邢颙、鲍勋、华歆、王朗、程昱、刘晔、蒋济等，皆征辟署职。布衣出仕，都要用征辟的形式。

（二）投效。

天下纷乱，"智能之士思得明君"，主动投奔曹操的都是天下的智能奇士。在官渡之战以前，曹操寡弱时，荀彧、郭嘉、桓阶、贾诩等人的投效，都具有典型意义。荀、郭两位大才，都是从鼎盛的袁绍营垒中投奔过来的。郭嘉初见曹操，就倾心悦服，对人说："真吾主也。"桓阶说长沙太守张羡反对刘表，贾诩说张绣投曹操，都是在官渡之战相持而袁强曹弱之时。他们深邃的洞察力，远远高于时人之上。曹操得到这些智士的效力，怎能不兴旺！

（三）推荐。

荀彧知人，他对于曹操智囊团的形成有重要作用。荀彧前后所举，"命世大才，邦邑则荀攸、钟繇、陈群，海内则司马宣王，及引致当世知名郗虑、华歆、王朗、荀悦、杜袭、辛毗、赵俨之俦，终为卿相，以十数人。"彧所荐还有戏志才、郭嘉、杜畿，皆一代风流。所荐扬州刺史严象，凉州刺史韦康，虽短于军谋败亡，然以身殉职，不失为烈士。陈群荐广陵陈矫、丹阳戴乾等等。

（四）纳降。

许攸，袁绍谋士，贪财，绍不能足，审配又收治其妻子。官渡之战正在难解难分之时，许攸投操，带来了袁绍军部署的情况，建奇计袭破袁绍军，使曹操赢得了官渡之战的大捷。陈琳，袁绍记室，官渡之役，为绍檄州郡，行文骂操三代，诋辱父祖。辞云，操祖腾，"故中常侍，与左悺、徐璜，并作妖孽"，父嵩"乞匄携养，因赃假位"，"（操）无令德，僄狡锋侠，好乱乐祸"。建安九年，曹操破邺得琳，"爱其才而不咎"，辟为司空军谋祭酒。军国书檄，多出自陈琳、阮瑀之手。牵招，袁绍从事，绍死从尚。尚败，牵招投操，署军谋掾，拜护乌丸校尉，督青徐州郡诸军事，独当一面。

（五）强征。

曹操辟司马懿，懿不就征。建安十三年（208 年），曹操再辟为文学掾，敕使者曰："若复盘桓，便收之。"懿惧而就职，为丞相东曹属，转主簿。曹操辟阮瑀，瑀逃入山中。曹操"使人焚山，得瑀，送至，召入"，辟为司空军谋祭酒，与陈琳共管记室。阮瑀逃征之说，裴松之以为非实。就阮瑀而言，或有歧说，但强征士人也是古代司空见惯的手法，非独曹操所为。

除此，曹操还使用一些"诈"计来争夺人才，许多事例被人们传为佳话，流传千古。"计赚徐庶"就是一个生动的例子。

徐庶，字元直，与诸葛亮交往甚厚，其才气与诸葛亮旗鼓相当，刘备在新野时曾得其出谋辅佐，打过几次胜仗。然而，为时不长，因其"为人至孝"，被曹操骗至曹营。

由于徐庶辅佐，刘备节节胜利。曹操问部下是谁为刘备出谋划策，程昱向曹操做了详细汇报，说此人是颍川徐庶。他从小好学击剑，中平末年，曾经为别人报仇杀过人，披发涂面躲避官府追拿，后来被捉获，问他叫什么他不回答，被官吏绑在车上游街示众，被同伴解救，逃走更名，至今还叫单福。此后更加勤奋好学，遍访名师，经常与司马徽在一起切磋问题。曹操又问程昱："徐庶的才能比你如何？"程昱说："强我十倍"。曹操说："可惜这样的贤士被刘备所得，怎么办呢？"程昱出了一个主意，说："徐庶为人至孝，小时候死了父亲，只有老母健在，他的弟弟徐康也死了，老母无人侍养，可把他母亲骗来，令她写信召回儿子，那时徐庶必然来了。"曹操按程昱说的办法，派人把徐母骗至曹营。然而，徐母不仅不为曹操写信，还拿砚台怒打曹操。无奈，曹操只好令人模仿徐母的笔体给徐庶写了一封信，大意是：我被曹操关禁，只有你来投降，我才能得救，你要速速前来，以全孝道，以后咱们再想办法回老家耕作，免遭大祸。徐庶信以为真，遂辞刘备来曹营侍奉老母。结果被老母痛骂一顿，老母自缢梁间。为此，徐庶抱恨终天，心灰意冷，萎靡不振，一身的才气不得施展。

读这段故事，令人惋惜的不是徐庶被骗，再有机谋的人也不可能一生不受一次骗。也不是徐母之死，徐母之死死得其所，流芳千古，令人敬佩。惋惜的是徐庶在家遭不幸以后不能振作！

这一故事后人争议颇多，有人说是曹操奸诈的表现，有人说是曹操爱才的典型，这里面的是非曲直姑且不说，但曹能够为争夺人才不择手段，费尽心机，可见其在这方面是下了些功夫的。

正因如此，曹操手下才谋士云集。

好牌还需高手打。有了众多的高手临阵画计，曹操的事业焉有不蒸蒸日上之理！

建安十三年，曹操平定荆州，举行封赏宴会，擢拔荆州人士。王粲向曹操祝酒，颂扬他统一北方。王粲说：

> 方今袁绍起河北，仗大众，志兼天下，然好贤而不能用，故奇士去之。刘表雍容荆楚，坐观时变，自以为西伯可规。士之避乱荆州者，皆海内之俊杰也，表不知所任，故国危而无辅。明公定冀州之日，下车即缮其甲卒，收其豪杰而用之，以横行天下；及平江、汉，引其贤俊而置之列位，使海内回心，望风而愿治，文武并用，英雄毕力，此三王之举也。

这些话用在曹操身上，是比较客观的。

去思苦亦乐，随心热亦凉

【原文】

热不必除，而除此热恼，身常在清凉台上；穷不可遣，而遣此穷愁，心常居安乐窝中。

【译文】

要想消除暑热不必用特殊方法，只要消除烦躁不安的情绪，就如置身凉亭一般清爽。要想消除贫穷也不必用特殊方法，只要驱逐因贫穷而犯愁的观念，就如心处快乐世界一般幸福。

【解读】

对生活的感受不在于自己的处境状况，而在于心理的感受，有时自我安慰也是一剂良药，既不苦口，又利于医治心病，俗语说："心病还得心药医"，说的正是这个道理。在物质的追求得不到满足的时候，必有不平衡的感觉，只要认识到虽然比上不足，但比下还是有余，这时物质条件即使没有改变，心理感受却不一样了。静心平意、意守丹田，什么事情不能抛却？甚至能创造奇迹，能御寒、能防饥、能疗病、能发力，又有什么烦恼忧愁不能排解呢？

【事典】

勘破世情，悟彻事理

东汉时南阳人樊重，字君云，家中世代善于耕种，收益颇丰。他喜欢经商，人很温和、厚道，做事也很守规矩。三代人居住在一起，共享家产，家庭和睦，儿子、孙儿都能尊老敬贤，很懂礼仪。他们经营产业，不奢靡，不浪费，家里雇佣的童子、奴婢、仆人都各司其职，也都各有所得，所以全家上下能够团结一心，共同生产，收获也年年增长，后来土地达到300多顷。他们家造的房子，都是有几进的厅堂，高高的屋檐，很气派。这之后又养鱼放牧，完全能够自给自足。有一次他家打算做漆器等物品，就先种了许多樟树和漆树，当时乡里的一些人都嘲笑他们，他们也不争执，过了几年，这些树木成材了，都派上了用场。过去那些讥讽他们的人，由于自己没有就都跑来求借，樊重便一一借给他们，备受邻人的称赞。等到家财万贯，富甲乡里了，他就对乡里宗族以及乡亲们进行救济，供养那些贫困的人。

有一次樊重的外孙兄弟俩，发生了争执，而且对簿公堂。樊重认为因为财产就不念手足之情，不顾兄弟情义，实在是可耻的，于是从自己的田产中拿出良田二顷，分给他们兄弟，解除了他们兄弟之间的争讼。县里乡亲都赞扬樊重，推举他担任掌教化的乡官。樊重一直活了80多岁，去世的时候留下遗命给他的儿子们，让他们把多年以来乡亲邻人所借贷的数百万的文契全部焚烧掉，不用再让他们偿还。他的儿子们遵命烧了文契。那些曾向樊家借过债的人听说此事以后，都觉得非常惭愧，都争着到樊家来还钱，但樊重的儿子们遵从父命，一概不收。

道德高深的人，奉行大道，因而不以一时一事的得失为重；得道乐天，因而不以功名利禄为务，勘破世情，悟彻事理，因而持性任重，知足常乐。这样的人，得乐能乐，苦中也能乐。

居安思危，处进思退

【原文】

进步处便思退步，庶免触藩之祸；着手时先图放手，才脱骑虎之危。

【译文】

当事业顺利进展时，就应早有抽身隐退的准备，以免后来像羊角触篱一般进退不得。当刚开始作一件事时，就要预先策划在什么情况之下罢手，才不至于骑虎难下而招致危险。

【解读】

"上树容易下树难"，也是提醒人们，得手易脱身难，做事是为了成事，不可一味冒进，也不可犹犹豫豫，应当知进知退，有张有弛，居安思危，处进思退，做事如果不考虑退路，是自掘陷阱，得一时之利，成万古之祸。羊儿总想跳出羊圈，不免用触角乱顶乱撞，不防备却将触角卡在栅栏中，不得脱身；莽夫只图一时性起，贸然跨上虎身，不料却无毙虎之力，又不得下来，岂不是留下骑虎难下的笑柄。故人在开始时，须有一手了结的本领，正如下棋人所说的"看棋须得看三步"，方才能运用手段，施展威力。

【事典】

发展武装，拼凑起家本钱

当关东各郡起兵讨伐董卓，陈兵荥阳、河内一带时，青州一带的黄巾军和河北黑山军，百万之众以燎原之势发展，黑山军攻邺城（故城在今河北临漳），又南渡黄河攻东郡（故城在今河南濮阳市西南），东郡太守王肱不敌义军。经袁绍推荐，曹操接替了王肱。这样就给曹操在河南、山东发展势力提供了条件。

对于曹操的行动，袁绍也非常高兴，因为对付义军，作为官军他和曹操有着共同利益，更重要的是曹操在河南和义军交战，正好牵制、缓解了义军对他统治的冀州的进攻。但袁绍只知其一，不知其二；只看到自己可获得的好处，没有看到无处藏身的曹操一旦夺取了河南，根基扎实，正是自己末日来临之时。

黄巾军声势浩大，连下数城。先后拿下任城、东平，擒斩了兖州牧刘岱。兖州州治昌邑县城一片恐慌。

州内主要官员在一起商议之后决定，为了不让黄巾军席卷兖州，必须由一个强而有力的人担任州牧，等中央政府派人已来不及了，可由曹操暂时代理。让曹操代牧是东郡人陈宫提议的，他说："当今天下分裂，兖州无主，曹东郡是命世之才，若迎以为州牧，必定能使百姓安宁。"于是，大家委派陈宫、鲍信和治中万潜去迎接曹操。在东武阳城的太守府里，陈宫对曹操说："如今兖州无主，与朝廷又失掉联系，我已说服州内官员，请府君去任州牧。"他担心曹操谦让，又说："府君若以兖州作为根本，将进而平定天下。这可是霸王之业啊！"

兖州为东汉十三州之一，下辖陈留、山阳、济阴、泰山、东郡五郡和城阳、济北、任城、东平四国，是一个地广人众的大州。曹操心想，若能拥有兖州的地盘，向河南发展就有了可靠的基础，于是欣然同意，立即率军开赴昌邑。

最初的几仗，曹操大多失败而归。但凭着曹操坚强的信念和过人的谋略，最后终于彻底打败了黄巾军，并"开示降路"，黄巾军一百余万兵众投降了曹操，曹操从中精选出五六万人，组成"青州兵"，将降众家属组织起来屯田，就地安置，生产自给。从此，曹操手下不仅有了亲信的家兵，还有了一支真正与各路英豪抗衡的队伍。谋臣战将也与日俱增，武装力量日益壮大，成为他在兖州建立根据地的重要凭借。

隐者高明，省事平安

【原文】

矜名不若逃名趣，练事何如省事闲。

【译文】

一个喜欢夸耀名声的人，不如避讳名声更高明。一个潜心研究事物的人，不如免于做事更安闲。

【解读】

有名的人逃名在客观上会产生两种效果：一是有名不夸名，更显得涵养深厚，二是有名不恃名，反而名声会更噪。钱钟书夫妇可以说是当代中国文化名人之最，但他们几十年如一日，深居简出，从不抛头露面，潜心治学，甘于寂寞，过着平凡朴素的生活，正因为如此，他们的名声更是驰名中外、远播四海。同样，精通世事虽然为人喝彩，但细究起来，不如少事更为清闲自在。

【事典】

一致对外，不搞内讧

团结就是力量。一个集团，只有作为一个整体作战才能发挥它的强大作用。历史上众多的农民起义，开始时轰轰烈烈，后来走上灭亡之路的，大多是起源于内讧。太平天国运动后期，诸王四分五裂，最后被清军各个击破就是明显一例。

曹操一代霸主，几近于白手起家，知道眼前势力来之不易，况且内讧就等于自相残杀，自相消耗，所以他对内讧是极为仇视的。早在他揭竿而起，跟随各路诸侯讨伐董卓的时候，这种思想就已经形成了。

关东诸将不能一致对付董卓，内部关系很难协调，很快产生了矛盾。开始，兖州刺史刘岱和东郡太守桥瑁发生摩擦，刘岱火并了桥瑁，派王肱去兼任东郡太守。接着，袁绍胁迫冀州牧韩馥让出冀州，自己做了冀州牧，韩馥不久自杀。屯驻酸枣的诸军在粮食吃完后，连形式上的联合也维持不下去了，于是立即散伙，回到了各自的辖区，发展自己的势力。此后，中国成了拥兵割据者的天下，在东汉王朝的版图上，出现了大大小小数十个独立王国。此后一段时间内，各地区的主要割据势力是：

公孙度占据辽东。刘虞、公孙瓒占据幽州。袁绍占据冀州、青州和并州。曹操占据兖州。董卓、李傕、郭汜等占据司州。马腾、韩遂占据凉州。张鲁占据汉中。刘焉占据益州。刘表占据荆州。陶谦、刘备、吕布先后占据徐州。袁术先占据南阳，后占据扬州。孙策占据江东。

这样，他们之间就由原来的联盟走向了内讧，这些割据势力为了保持并不断扩大自己的地盘，相互间展开了旷日持久的兼并战争，造成了社会经济的严重破坏和人民的大量死亡。对于这一幕惨剧，曹操后来在《蒿里行》一诗写道：

关东有义士，兴兵讨群凶。初期会盟津，乃心在咸阳。军合力不齐，踌躇而雁行。势利使人争，嗣还自相戕。淮南弟称号，刻玺于北方。铠甲生虮虱，万姓以死亡。白骨露于野，千里无鸡鸣。生民百遗一，念之断人肠。

诗篇描写了关东诸将从一同起兵到发生内讧、各据一方、自相残杀、给百姓造成深重灾难的全过程，被称为"汉末实录"。"义士"指关东诸将，"群凶"指董卓及其婿牛辅，其部将李傕、郭汜等。"盟津"，即孟津，相传周武王起兵伐纣时，中途曾同联盟反纣的八百诸侯会合于此，这里用"会盟津"代指关东诸将联合起兵讨伐董卓的义举。"咸阳"，秦朝都城，这里代指长安，当时献帝被董卓软禁在长安。"淮南弟"指割据淮南地区的袁绍的堂弟袁术，袁术于建安二年（197 年）在淮南寿春称帝。"刻玺于北方"，则指初平二年（191 年）袁绍等在河内私刻皇帝印玺，图谋废掉献帝，拥立刘虞为帝的事。诗的头四句写起兵，于客观叙述中微露欣慰、赞美之意。中六句写内讧和争权夺利，于客观叙述中透出厌恶痛恨之情。后六句写军阀混战造成的恶果，明确抒发了对人民苦难的深切同情。这是曹操这一时期思想感受的真实再现，委婉地表达了他要削平战乱、建立一个统一国家的决心和愿望。

曹操争取力量，减少内耗，不搞内讧的思想，还在另一件事中有所反映。

曹操第二次东征陶谦期间，兖州境内发生的反对曹操的叛乱，是由陈留太守张邈发动的。张邈字孟卓，东平寿张人，本来和曹操的关系不错。张邈年轻时以仗义行侠闻名，喜欢赈穷救急，颇得曹操看重，两人从那时起就开始了交往。董卓乱起，曹操从洛阳逃到陈留，张邈曾支持曹操起兵。起兵后的一段时间，曹操曾受张邈节制，实际等于张邈的部将。袁绍出任关东联军盟主后，狂妄自大，张邈看不惯，曾义正辞严地加以谴责。袁绍很气恼，暗中让曹操杀掉张邈，曹操不同意，说：

"孟卓是我的朋友，你对他应当宽容一些。现在天下大乱，我们应当一致对外，不要闹内讧。"

后来张邈知道了这件事，很感激曹操。曹操第一次东征陶谦时，两人的关系都还不错，曹操甚至将自己的家属托付给了张邈，临出发时对家属说："我万一战死了，你们就去投靠孟卓。"结果曹操平安返回，两人重逢时，都激动得流下了眼泪。

浓处味短，淡中趣长

【原文】

悠长之趣，不得于醲酽，而得于啜菽饮水；惆恨之怀，不生于枯寂，而生于品竹调丝。故知浓处味常短，淡中趣独真也。

【译文】

一种能维持长久的趣味，并非得自于美酒佳肴，而是得自于粗茶淡饭。一种悲伤失望的情怀，并非产生于穷愁潦倒，而是产生于声色之乐。可见美食和声色的趣味常常显得短浅，而粗茶淡饭的趣味才显得纯真。

【解读】

美味佳肴和美妙的音乐并不能真正给人快乐。换句话说，要想轻易地得到快乐的生活是很难的。如果得来容易，快乐的生活就容易走样。在生活中就有人工薪微薄，却喜欢享受，今天歌厅明日舞厅，结果入不敷出，背了一身的债，使自身陷于苦境之中，所以一个人不应当光追求丰富的物质生活，还要培养高尚的道德情操。

【事典】

有冤报冤，有仇报仇

武则天入官后即无消息，沉寂了十多年后，突然成为高宗妃嫔，并已生皇子，这才打听到一家人的消息。母亲杨氏及姊贺兰夫人也得以出入官禁。武则天为皇后，她的父亲死了多年得赠司徒、周国公，母亲杨氏先封为代国夫人，后转封为荣国夫人，再又封为鲁国忠烈夫人。姐姐被封为韩国夫人。兄长及从兄以前就托父荫为官，到此时，也因是皇后的族兄，武惟良自始州长史超级提升为司卫少卿（管武库兵器、大祭祀大朝会供用器材的副长官），武怀运自瀛洲长史迁淄州刺史，武元庆由右卫郎将迁宗正少卿（掌宗室属籍、处理宗室事务的副长官），武元爽由安州户曹累迁升为少府少监（掌管服饰珍膳之事的副长官）。他们虽因从妹为皇后而得到提升，却并不感激，反而心怀责怪。他们以为，堂堂皇后血亲，却只封得个小小的少卿少监之类的小官职，简直没把娘家人放在眼里。

一次，荣国夫人在京中招待他们兄弟。杨氏提起以前他们对她的不恭敬，翻往日的旧账，对他们说："你们还记得吗？那么久以来，你们一直都是小小的官吏，对这一次升迁一定非常满意吧？这不由得让我想起从前种种。虽然

我不想旧事重提，但各位过去对待我们母女的情形，实在令我难以忘怀。皇后实在很了不起，她不念旧恶，以德报怨，赐给你们今天的职位。希望你们不要忘记皇后的恩德，今后好好做事。"

武惟良等兄弟知道后母为旧事恨自己，但他们不知道自己已经身处危境，不但不跪伏谢罪，反而针锋相对地说："好歹我们都是先朝的功臣，也是武士彟之子或侄子，因此自幼得以任官。我们各按照自己的才能做事，也非常满足，并没有想要升官或荣华富贵。更何况，我们都不愿意沾皇后的光，获得非分的礼遇。那绝不是我们本身的荣耀。"

也许一般人对自己以前的过失，都非常健忘，被别人指出时，往往怒火中烧。而且，愈是对自己的才能及力量缺乏真正信心的人，愈有这种情形。因此，他们方才说的话，有一半可说是真心话，一半是不愿意看到杨氏对他们以这种态度说话。

说过之后，四人故意非常客气，殷勤地道别，然后趾高气扬地离开杨氏家里。

杨氏气得浑身发抖，立刻赶到宫里，向武后哭诉经过。一幕幕旧仇浮现在眼前，武氏咬牙切齿。

武则天在为皇后之始，曾著《外戚诫》，主张对外戚不可过于恩宠。不管当时是否是针对长孙无忌而发，但的确即后位多年，兄弟们并未至显宦之列，这既与她的宗旨相符，其中当然也有亲戚矛盾在起作用，她不喜欢这些兄长们。不久，武后又上疏高宗说："我的兄长武元庆、武元爽等都在朝廷担任要职，这会让天下人议论，对皇上不利，请把他们放到远州去当刺史，以示公允。"经武后一再要求，高宗就任命武元庆为龙州（今四川省平武县）刺史，武元爽为濠州（今安徽凤阳县）刺史，武惟良为检校始州（今四川省剑阁县）刺史，武怀运为刺史如故。武元庆到任后不久即死去，武元爽后来因为犯法被流放到振州（今海南最南端之宁远县），也死在那里。

武后对自己的父母则大不相同。母亲杨氏徒鄅、卫二国，咸亨元年死，追封鲁国夫人，谥忠烈。诏文武九品以上百官和五等亲与外命妇赴吊，以王礼葬于咸阳。给班剑、葆仗、鼓吹。天下大旱，武后上表请求避位，百官挽留。武后旋即赠已故的父亲武士彟为太尉兼太子太师、太原郡王；母亲杨氏鲁国忠烈夫人为王妃。

不管怎么说，历代王朝外戚为患的例子很多。近如柳奭，并没有什么特殊才能，只因为是外戚，官位节节高升，后更高居宰相之位，目空一切。一般的官吏们心里当然很不愉快。因此，新皇后断然的处置，留给朝臣非常好的印象。"真了不起，这是一般人做不到的!"有人由衷钦佩新皇后，但也有人怀疑："也不必做得这么彻底啊!"事实的确如此，公正到如此的地步是违背人之常情的，在其背后一定隐藏着某种阴谋，最起码是某种功利。武则天就是以这手段达到了她公报私仇的目的。

动静合宜，出入无碍

【原文】

水流而境无声，得处喧见寂之趣；山高而云不碍，悟出有入无之机。

【译文】

河水虽然流动，但岸边却听不到水流的声音，反能发现闹中取静的真趣。山峰虽然很高，却不妨碍白云的浮动，可使人悟出进入无我的玄机。

【解读】

人生千变万化，有利害得失，也有离合聚散。如果我们所采取的态度不同，我们所感受到的也会有差异。能够抱持一物中也可见佛的态度的话，人生就会变得很美妙，就像听水声悟出寂静的趣味，观云雾悟出无我的玄机一样。

【事典】

审时而动，乘机攻伐

曹操自兴平二年（195 年）将吕布赶出兖州后，一直将吕布视作心腹之患。但因忙于迎献帝都许、巩固根基、南征张绣等事情，一直腾不出手来收拾吕布，对吕布主要采取了以防御为主的方针。

此时，吕布已经依附于曹操，刘备也在曹操手下谋事，二人算起来还是盟友，可一件不愉快的事改变了这种格局。

建安三年（198 年）春，吕布派人到河内买马，途中银两被刘备部下抢走。吕布再也忍耐不住，于是乘曹操第二次南征张绣的机会，重新同袁术拉上关系，背叛曹操，派遣中郎将高顺和鲁相张辽进攻刘备。

这次吕布反叛，曹操由于考虑到要对付北方的劲敌袁绍以及其他异己力量，一度也曾打算只派出有限的兵力去对付，不想大动干戈。后因接受了荀彧、郭嘉和荀攸等人的建议，才又改变了主意。

曹操这年七月从安众回到许都后，虽没有碰上袁绍偷袭许都的事情，却接到袁绍一封令人极不愉快的信。袁绍因曹操在宛城被张绣打得大败，东边又有吕布之忧，而自己吞并了河北，地广兵强，谁都惧怕，因此态度十分傲慢，言辞颇为无礼。曹操读完后，不觉大怒，举动反常。众人不知底细，以为是同张绣作战不利所致。钟繇去问荀彧，荀彧回答说：

"曹公这样明智，决不会为已经过去了的事情伤心，大概是忧虑上了别的事情。"

荀彧于是去见曹操，询问到底发生了什么事情。曹操这才将袁绍的信拿出来让荀彧和同时在场的郭嘉看，并问道：

"袁绍不仁不义，我们本来应该起兵讨伐他，但力量恐怕敌不过，这如何是好？"

荀彧不同意先打袁绍。他一方面认为与曹操争夺天下的人只有袁绍，另一方面在对敌我双方情况做了具体分析比较之后，又认为袁绍虽强，但终究不会有大的作为，最终必然被曹操所制伏，因此建议曹操先把吕布打败，然后再来考虑进攻袁绍，认为如不先打败吕布，黄河以北的地方也不容易拿下。郭嘉支持荀彧的意见，认为如不打败吕布，以后袁绍来攻时，吕布必然支援袁绍，那将会造成十分严重的后果，建议乘袁绍正北击公孙瓒的机会，赶快发兵东征吕布。

曹操经过慎重考虑，采纳了二谋士的意见，但同时又有一层顾虑，他说：

"我很担心袁绍侵扰关中，挑动羌、胡叛乱，向南同盘踞蜀、汉的刘璋勾结，把这些地方都变成他的势力范围，这样就会形成我单独以只占我国六分之一地盘的兖、豫二州，去抗衡我国六分之五的局面。这又如何是好呢？"

荀彧回答说：

"关中各部的将领有十来个，互不统属，其中只有韩遂、马腾的力量最强。他们见中原地区正在争战，必然各自拥兵自保。如果我们抚以恩德，遣使连和，虽不能长久保持安宁，但在平定中原以前，却是完全可以把他们稳住的。侍中、尚书仆射钟繇有智谋，可以把关中的事情托付给他，这样您就可以放心了"。

后来钟繇到长安后，给马腾、韩遂等人去信，讲明利害关系，马腾、韩遂等果然按兵不动，马腾、韩遂还将自己的儿子送到许都，侍奉献帝，实际上是充作了人质。这一步骤收到了预期的效果。

关于东征吕布的事，曹操征询谋士们的意见，依然有不少人表示反对。他们认为，袁绍虽一时无暇南顾，但刘表、张绣还在南面虎视眈眈，如果远征吕布，他们乘机袭击许都，后果不堪设想。荀攸力排众议，认为刘表、张绣刚在安众被打败，势必不敢再动。而吕布骁猛，又仗恃袁术相助，如果让他纵横于淮、泗之间，一些豪杰必然群起而响应。现在乘他刚刚反叛、众心不一，前去攻打，必然成功。至此，曹操三个主要谋士荀彧、郭嘉、荀攸的意见不谋而合，完全取得了一致，曹操不由得高兴地说了一声"好!"决定立即起兵东征吕布。

九月，曹操亲率大军向东进发。

与此同时，吕布也已行动。从前线传来消息说，吕布已经拿下小沛，刘备单身逃走，家属都当了俘虏。而且，果然不出荀攸所料，原来在泰山郡一带活动的地方军阀臧霸、孙观、吴敦、尹礼、昌豨等人都在这时归附了吕布。曹操加快了前进的步伐，行进到梁国地面时，同刘备相遇，于是一同东进。

这时吕布已将兵力从小沛收缩到彭城，打算在此固守。十月，曹操进抵彭城。陈宫向吕布献计说：

"我们应乘敌军远来疲惫的机会，迎头痛击，这样以逸待劳，准能取得胜利。"

可是吕布不同意，说：

"不如等他们前来进攻，当他们横渡泗水时，我们发起突然袭击，把他们消灭在泗水中。"

但吕布的如意算盘落了空，曹军攻势凌厉，还没等他反应过来，已经渡过泗水，接着势如破竹地将彭城攻下，俘获了彭城相侯谐。吕布仓皇逃走，退守位于彭城东南的下邳。

曹操善审时势，所以总能找到良机，乘势而取。曹操之所以成就霸业，与此关系甚大。他的审时度势，乘机攻伐的用兵方略对后世的影响也是颇深的。

审时度势中的"时"和"势"属于客观实际，"审"和"度"属于战争指导者的主观认识，审时度势的过程实质上是对战争形势的认识过程。在军事上要做到多打胜仗，少打败仗，关键是要正确审时度势。

正确的谋略决策需要科学地审时度势，但是，应审哪些"时"、度哪些"势"呢？历代军事谋略家审、度"时"、"势"的范围，基本上限于国内敌对两军之间；审、度"时"、"势"的内容，基本上限于天时、地利、人和等方面。

鄙俗不及风雅，淡泊反胜浓厚

【原文】

衮冕行中，着一藜杖的山人，便增一段高风；渔樵路上，着一衮衣的朝士，转添许多俗气。故知浓不胜淡，俗不如雅也。

【译文】

在冠盖云集的达官显贵之中，如能出现一位手持藜杖身穿布衣的雅士，自会增添无限风采。在渔父樵夫劳作场合之中，加入一个朝服华丽的达官，必将增加很多俗气。由此可见，荣华富贵并不如淡泊宁静，红尘俗世并不如山野风雅。

【解读】

古代对于官吏与隐士有一种说法，认为官吏属于浊流，隐士属于清流，在他们看来，文人走入仕途便意味着堕落，而隐入山林才属于高雅。不过，在做官的人中也有好坏之分，樵夫渔夫中也有粗劣之人，不能一概而论。但浓不胜淡，俗不如雅，却是一个很高明的见解，这就是"浓处味短，淡中趣长；俗极即雅，雅极亦俗"。

【事典】

羽翼未丰，不可暴露意图

过早将自己的底牌亮出去，或在不足以致胜的情况下出手，往往会在以后的交战中失败。羽翼未丰满时，更不可四处张扬。《易经》乾卦中的"潜龙在渊"，就是指君子待时而动，要善于保存自己的实力，不可轻举妄动。

自建安元年（196 年）后，献帝完全落入曹操的掌握之中，曹操对自己代汉的意图，却一直是讳莫如深的。献帝都许前后，侍中太史令王立曾多次对献帝说："天命有去就，五行不常盛，代替火德的是土德，承继汉位的是魏，能安天下的是曹姓，只要委任曹氏就行了。"曹操听说此事后，让人带话给王立，说："知道你忠于朝廷，然而天道深远，希望你不要多说！"曹操其时羽翼未丰，对于这一类称说天命的言论，自然不能不采取慎之又慎的态度。

随着献帝傀儡化程度的不断加深，曹操代汉的意图也暴露得越来越明显，这招来了他的政敌的不断攻击，如周瑜骂曹操是"托名汉相，实为汉贼"，刘备说曹操"有无君之心"，说他"欲盗神器"。如果任其自然而不加以辩解，曹操不仅可能丧失"挟天子以令诸侯"的政治优势，而且可能会成为四方诸侯"清君侧"的对象；内部的拥汉派势力也会起来反对自己。赤壁之战遭受挫折后，开始形成天下三分的局面，刘备、孙权虎视眈眈，以马超为首的关中诸将心怀疑贰，成为曹操的心腹大患。在这种情况下，内外政敌乘机加强了宣传攻势，说曹操有"不逊之志"，企图动摇他的政治基础，有人甚至干脆要求曹操交出兵权，以削弱曹操的政治实力。为了反击政敌，安抚内部的拥汉派势力，继续保持自己"挟天子以令诸侯"的政治优势，曹操不得不将自己代汉的意图进一步深藏起来，而特别强调自己对于汉室的忠心。建安十五年（210年）十二月，曹操特地为此下了一道《让县自明本志令》。令文篇幅较长，大体上可以划分为四个部分：

第一部分：

曹操从自己二十岁时被举为孝廉写起，说当时因自己不是隐居山林的知名人物，担心被世人看作平庸之辈，因此只打算做一个有作为的郡太守，以此扬名于世。后遭豪强忌恨，称病回乡，避世隐居。被征召为都尉，又升任典军校尉后，志向有所扩大，但也只是想封侯做征西将军，死后好在墓碑上刻上"汉故征西将军曹侯之墓"几个字。总之，旨在表明自己从年轻时起就志望有限，而且只想匡时济世，为国立功，并没有什么个人野心。

第二部分：

曹操回顾举义兵、讨董卓以来的经历，说明在起兵之初志望仍是很有限的，后来实力有所增强，又成为遏制袁术称帝的力量，同时为国家、为大义甘冒艰危消灭了袁绍、刘表，从而平定了天下。如今身为丞相，作为臣子，地位的尊贵已达到极点，已超过了原有的志望。言外之意是，自己不会再有什么野心了。最后结上一句："假使国家没有我，真不知会有多少人称帝，多少人称王。"意谓自己为阻止别人称帝称王做了不少工作，既不准别人称帝称王，自己又怎么会去称帝称王呢？

第三部分：

曹操正面表明自己忠于汉室，并无"不逊之志"。先以春秋时齐桓公、晋文公兵势强大但仍能尊奉周室自比，继以周文王得到了天下的三分之二、但仍然臣服弱小的殷朝自喻，接着表达了对于乐毅和蒙恬的深切感佩之情。乐毅是战国时燕昭王的大将，曾率燕、秦、赵、韩、魏五国军队攻下齐国七十余城。但昭王死后，遭到昭王之子惠王的猜忌，被迫逃往赵国。蒙恬是秦始皇时的名将，率大军北击匈奴，但秦始皇死后，却被丞相赵高和秦二世胡亥逼迫自杀。但即使在这样的情况下，他们仍然忠于燕国、秦朝。曹操列举两例，意在说明自己一来世受汉恩，二来汉又无负于己，那么自己对于汉室的忠心，就更是毋庸置疑的了。接下来，曹操进一步说明自己得到汉室信用已经超过三世，自己对于汉室的忠心，不仅要对世人宣说，还要通过妻妾去向别人宣说，并称这些都是自己的肺腑之言。最后还引了周公金縢藏书的典故，来说明自己何以要如此不厌其烦地表明心迹。"金縢"是一种用金属封口的柜子，《尚书·金縢》载，周武王病重，周公向祖先祷告，愿代武王身死，祷毕将祷词藏在金縢之中。武王死后，成王年幼，周公摄政，其弟管叔、蔡叔造谣说周公将取代成王，周公为避嫌而出居东都洛阳。后成王打开金縢发现了祷词，知道周公忠诚，又迎回了周公，让他重新执政。曹操在这里以周公自比，说明自己写这篇文章的目的就像当年周公存金縢之书以备考查一样，是为了消除人们的疑虑和误解。

第四部分：

曹操针对政敌的攻击，斩钉截铁地表示：他不能放弃兵权，回到他的封地武平侯国去，这既是出于对自身和子孙安全的考虑，也是出于对国家安全的考虑，他不能"慕虚名而处实祸"。不仅如此，他还打算接受朝廷对三个儿子的封爵，以此作为外援，作为"万安"之计。接着笔锋一转，抒写对于古代贤士介之推和申包胥功成身退、拒不受赏的高尚品质的崇仰之情，表示自己虽有"荡平天下"的功劳，然而封兼四县、食户三万，内心还是很不安的。最后宣称：国家还不安定，他不能够放弃政权；至于封地，他是可以退让的。并具体提出他愿将所封四县交出三县，食户三万减去二万，以减少别人对他的诽谤，同时稍稍减轻自己所负的责任。

曹操在这篇令文中，不少地方是说了实话的。不过，曹操处在当时的特殊情况下，为了长远的统一大业，奉行韬晦之计，对自己的政治意图做了一些讳饰，也不是不可以理解的。他在为自己辩解的同时，表明了牢牢掌握兵权和政权，同政敌坚决斗争的决心，从统一大业这个大局来看，也是值得肯定的。

身放闲处，心在静中

【原文】

此身常放在闲处，荣辱得失谁能差遣我；此心常安在静中，是非利害谁能瞒昧我。

【译文】

只要常把身心置于闲适之中，世间的荣华富贵与成败得失都无法左右我。只要常把身心放在安宁之中，世间的功名利禄与是是非非都不能欺蒙我。

【解读】

俗话说："世事忙忙似水流，休将名利挂心头，粗茶淡饭随缘过，富贵荣华莫强求。"如果能做到这一点，就可以算是六根清净了，还有什么会使我动心呢？但大多数人却做不到，因此慧律法师劝诫世人说："荣辱纷纷在眼前，不如安分且随缘，身贫少虑为清福，名重山丘长业冤，淡饭犹堪充一饱，锦衣哪得几千年，世间最大惟生死，白玉黄金尽枉然。"贪图功名富贵的人，置身于荣辱得失、是非利害之中，怎能自拔呢？

【事典】

劝农桑，重农耕之大法

武则天执政的时候，形势并不是很好。当武则天从高宗手中接过一切大权的时候，长安、洛阳两京刚刚遭受过一场严重灾害的袭击。永淳元年（682年）四月，高宗由于关中闹饥荒，米每斗三百文，离开京师长安，赴东都洛阳，"时出幸仓促，扈从之士有饿死于中道者"。五月，东都又遭水灾，洛水泛滥，淹没居民千余家。关中先水灾，后又发生旱、蝗灾害，接着是疾疫，百姓死亡很多，米每斗涨价至四百文，"两京间死者相枕于路，人相食"。外地的经济状况也不太景气。光宅元年（684年）秋七月，"温州大水，流四千余家"，八月"栝（括）州大水，流二千余家"。连绵不断的灾害威胁着刚刚临朝称制的武则天。

耳闻目睹均田制受到破坏，武则天常常为之劳神，因为它关系到国家的收入、政权的巩固。她经常向大臣们询问乡间的情况，每年地方上派朝集使进京，她都要赐给他们酒食，详细听取他们的奏报。她还派出巡抚使出使各地，了解诸州的土地、生产、人口等情况，作为她制定政策的依据。

为了维护均田制，解决百姓的逃亡现象，她采取了许多措施。

首先是制止士族豪强多占土地。她下令，无论永业田还是口分田，一律不准买卖，违者给以处罚。对于已经兼并的土地，也进行清查，严重的予以没收。这样做，对于士族豪强是一个有力的打击。因为土地可以买卖为他们兼并土地提供了可乘之机，现在明令禁止，他们便难以明目张胆地兼并了。

其次就是使逃亡户还乡，称之为"括户"。逃户脱离了国家控制，易生祸乱，是武则天的心腹之患。她采取引诱、恫吓等各种办法使农民复归于户籍，给他们地种，向他们收税，再把籍外占田和剩田收回来，使国家保有一定的土地，以便随时分配给无地的农民。有些地方人多地少，农户授田很少，鼓励地少人多地方的无地少地农民，迁往地多人少的宽乡耕垦，开垦的荒地可免3年租调。是所谓徙狭就宽的"乐迁"政策。为鼓励农民"乐迁"，制度规定优待宽乡居民，减轻宽乡的赋役。但是，逃户已经在客居地开垦了土地，适应了那里的环境和生活，不愿再离开那里，按法律强行迫其迁徙是不现实的。所以，由于现实趋势，允许逃户留在客居地，只要在户籍册上登记即可，不再遣送回乡。

证圣元年（695年），凤阁舍人李峤向武则天上了一道奏疏，提出了制止户口逃亡的一些方案，其中有一条曰"权衡"，主张允许流浪他乡者任意择地居住。他说，不能光顾小计忘了大计，只见眼前不看长远。要因变化了的情况灵活变化政策。逃户离开家乡到外地，习惯了外地的生活，不愿再回来，就应允许逃户就地落籍。从后来的一些文献资料看，李峤的建议被武皇采纳了。逃户就地落籍已成事实。如开元七年（719 年）唐玄宗《科禁逃亡制》中说，逃户限制在百日内自首"准令式合所在编户，情愿住者即附入簿籍，差科赋敛，与附人令式，仍与本贯计会停让"，那些情愿归原籍的和"据令式不合附者"，就使其还乡。诏书所说的办法和李峤的建议是一致的。

经过多次努力，君臣共同齐心协力。她看到了大唐江山一片生机勃勃。举国上下充盈富裕。她满心欢喜，感到欣慰。可见武则天治国有其卓越的政治才能。当时，朝廷每年一次举行接见诸州奉贡物的朝集使。武则天喜欢那一派歌舞升平其乐融融的情景。四月初十道诸州的朝集使们陆续来到神都洛阳。一时间，八方土产，四海珍奇，咸集都城，仿佛是一次博览盛会，琳琅满目。

不希荣达，不畏权势

【原文】

我不希荣，何忧乎利禄之香饵？我不竞进，何畏乎仕宦之危机？

【译文】

我如果不希望荣华富贵，又何必担心名利之引诱呢？我如果不和人竞争高下，又何必恐惧宦海之危机呢？

【解读】

有一位皇帝，登上城墙说："这么多人，国必强胜。"高僧说："我只见到两个人，一个贪名，一个贪利。"这个故事是说世上追逐名利的人之多，超出了我们的想象。但对于一个视名利如云烟的人来说，官场的互相倾轧、宦海的升降沉浮，与自己有何相干？又有什么可喜可忧的呢？

【事典】

连横破纵，分拆六国

战国时代，风起云涌，社会动荡。"百家争鸣，百花齐放"，诸子士人纷纷著书立说，到处奔走，宣扬自己的学说。尤其是纵横家们，凭借一张三寸不烂之舌，游说各国，宣扬自己的学说和观点，以求用于社会，显名于社会。其中最著名的要算苏秦和张仪了。

六国都参加了合纵，苏秦任纵约长。他北返赵国向赵王报告游说的结果，赵肃侯封苏秦为武安君。

"由于秦国的失策，六国合纵才能得逞。现在以秦国的实力，完全可兼并诸侯。大王听我的话，如果合纵不破，赵国不亡，韩国不灭，楚魏不服，齐燕不亲，霸业不成，大王可以杀我，以惩戒那些不为主尽忠的人。"张仪的分析十分到位，秦惠王很高兴，欣然同意张仪的计谋，任张仪为客卿，谋伐诸侯。

张仪的第一个目标是魏国。魏国离秦最近，实力也较弱，用威逼和利诱的方法肯定能使魏国就范。可是，张仪游说魏王说："魏国的地方不到千里，士卒不过三十万。地势平坦，四方与其他诸侯国相连，四通八达，也没有名山大川的阻隔。从郑至魏只有二百余里，车驰人走，不等走到疲倦就到了。南面与楚国接邻，西与韩国接邻，北面是赵国，东面是齐国。魏国的士卒在四方戍守要塞边界的不下十万。魏国的地势，本来就适于野战。魏国若南与楚国交好，而不交好齐国，齐国就从东部进攻；魏若东与齐交好，而不交好于赵，赵国就从北面进攻；若不与韩和好，韩国就从西面进攻；若不亲于楚，楚国就从南面进攻。

"再说，诸侯各国之所以参加合纵，是为了各保社稷，尊主强兵，显名于天下。现在主张合纵的人要统一天下，互相约为兄弟，在洹水之上杀白马盟誓，相互信守盟约。事实上，同父母的亲兄弟，尚还为争夺钱财的事发生。却想凭恃像苏秦这样反复无常、狡诈欺伪的小人的计谋，来从事合纵，怎么可能成功呢？

"大王如果不事奉秦国，秦就会出兵攻河外，占据卷、衍、酸枣等地，伐卫国而取阳晋之地，这样就使赵国不得南下；赵国不能南下，魏国也不能北上，这样南北不通就会使纵道断绝，纵道一断，大王之国想不遭受危难是不可能的。秦国从韩国折过头来攻打魏国，韩国害怕秦国，于是秦韩合力攻魏，魏国之亡只在顷刻之间了。以上是我为大王所担心的。

"为大王考虑，您不如事秦。魏事秦，楚国与韩国一定都不敢动。消除了楚、韩之患，大王就可以高枕而卧，魏国就无所忧虑了。如大王不听从秦国，秦国出兵东伐。到那时，您就是想事奉秦国也来不及了。

"况且，提倡合纵的人多是夸张激扬之辞，很少有可信之处，能够游说成功一个诸侯，就能封官为侯，所以天下游说之士，无不日夜扼腕、张目、切齿，力论合纵之便利，以此游说人主。人主欣赏他们的雄辩之辞，被他们的主张牵着走，又怎能不受他们的迷惑呢？臣听说积羽可以沉舟，轻的东西装多了，也可以压折车轴，众口可以铄金。所以希望大王仔细考虑以后再下结论。"

魏王果然听信张仪劝说，于是背合纵之约，而事奉于秦，并献上河外之地。

说服了一个魏国，没费张仪多大气力，他连威吓带利诱，还真有点吃柿子拣软欺的味道。张仪掌握有度，旗开得胜。他下一个目标是拆散齐楚联盟，齐楚都是强国，看来张仪这回得碰点钉子了。

然而张仪是聪明狡猾之人，他到齐楚都说好话，拍马屁，又大肆辱骂贬损对方，最后游说成功。且看张仪怎样以三寸不烂之舌说服齐楚的。

楚怀王见到张仪，问他："我固僻陋，先生有何见教？"张仪说："秦王最敬佩的是楚王，仪也最愿为大王服役；秦王最憎恨的是齐王，仪也对他最憎恨。大王能听我的话，与齐国断交，我请秦国归还商於土地六百里，并使女为大王的妾，这样，秦楚两国为婚姻之国。与齐断绝关系，不只使齐削弱，且有德于秦，又得商於土地，这是大王一举而得三利。"楚怀王听了很高兴，便把相印交与张仪，每日相与饮酒甚欢。怀王向群臣宣布："我将收复商於的土地。"群臣都向他祝贺，只有陈轸认为不是好事。怀王问其故，陈轸说："秦之所以重视大王，是因大王与齐联盟，现在土地还未到手就与齐绝交，这是楚国孤立自己。先归还土地再与齐绝交，秦国一定不干。如果与齐绝交而后要地，将受张仪的欺骗。受张仪的欺骗，大王一定怨恨他。因此必然与秦相恶，不与齐绝交，两国之兵必到。所以我认为不是好事。"陈轸正确分析形势和拆散齐楚联盟的利害关系，然而楚怀王不听，于是宣布与齐断绝关系，派一将军随张仪到秦接收土地。

张仪回到秦国后，并不想信守诺言，佯醉坠车，三月称病不出。派来的将军无从得到土地，也就派人报告了楚王，楚王知道后，还一错再错，彻底糊涂了，他想："张仪是认为我还未完全与齐绝交。"便派勇士到齐，索回盟约，辱骂齐王。齐王大怒，与楚国拆盟，与秦相交。这时，张仪才上朝办事，对楚将军说："我有封邑六里,愿献给楚王。"楚将军说："我受命的是接收商於六百里,不是六里。"楚将军回报楚怀王,怀王大怒,起兵攻秦。陈轸说："伐秦不是好计,不如割一名都与秦,与秦一起伐齐,是我失地于秦,取信于齐,大王的国家尚可保存。"怀王还是不听,派将军屈匄率兵攻秦,结果,一败再败,失去汉中地。

秦惠王为利用楚国,归还黔中地给楚国,楚怀王恨张仪,说:"不愿得地,要得张仪。"秦惠王想派仪去,不忍开口,张仪自告奋勇愿到楚国和解此事。他到楚国后,怀王把他关禁起来,要杀他,张仪却通过怀王宠臣靳尚、宠姬郑袖出面调解,怀王不仅放张仪,反善待他。张仪听说苏秦已死,便对怀王说:"秦国土地占天下之半,天下无敌,被险带河,四塞之国;战士百余万,战车千辆,战马万匹,粮食堆积如山;法令严明,士卒死战,国君英明,将帅智勇,席卷天下如反掌,搞合纵的人,无异驱羊群攻猛虎,现在大王不与猛虎友好,而与羊群为伍,我认为是大王错了。秦楚两国接界,本来是友好国家,大王听我的话,我使秦太子做楚国的人质,让楚太子做秦国的人质,以秦女做大王的妾,并献出万户大邑,作为大王的汤沐邑。从此秦楚两国永久结为兄弟之邦,互不侵犯,我认为没有比这更有利于楚国了。"

楚王见秦已归还黔中地,要答应张仪,屈原说:"前大王见欺于张仪,张仪来大王要杀他,现在又放他,听他的胡说八道,不可!"怀王说:"得归还黔中地是大利,答应他而违背,不可。"于是,答应张仪提出的条件,与秦国和好。

秦楚和好,而张仪拆散齐楚联盟,这激怒了齐国,张仪也以连横讨说齐国,把齐国也拉过来了。

张仪到齐国面见齐王说:"天下强国无过齐国,国家富裕也没有超过齐国。可是,为大王出谋的人,都是一时之说,不顾及百世之利。主张合纵的人,游说大王必说:'齐国西有强赵,南有韩、魏,齐国是靠海之国,地广民众,兵强士勇,虽有一百个秦国,也奈何不了齐国。'大王被其花言巧语所惑,而不去探讨其实际内容。主张合纵的人,结党营私,无不认为合纵可行。齐国与鲁国三战而鲁国三胜,鲁国虽然取得胜利,但消耗过大,元气大伤,随后国也就亡了。为什么呢?因为齐国大,鲁国小。现在秦国与赵国,好像齐国与鲁国。秦国与赵国战,四次交战,赵国都胜,但也损兵数十万,国家已弱,仅仅守住国都邯郸，虽胜但国家已残破了。为什么呢？因为秦强而赵弱。

现在，秦楚结为婚姻之国，韩国献出宜阳，魏国献出河外，赵国在渑池朝秦并献出河间，它们都事秦。大王不事秦，秦国就会迫使韩、魏从南面攻齐，赵国就会举倾国之师渡过清河、漳水，指向博关，临菑、即墨就不为大王所有了。齐国一旦遭到进攻，齐国虽想事秦也不行了。所以，大王要从早计议啊！"

齐王说："齐国居于东海，地处边远鄙陋，不懂得为国家长远利益打算。幸蒙教海，我愿事秦。"

张仪顺利完成任务，两颗大钉子很容易就拔掉了，剩下韩赵燕，对张仪来说，连横已成就一大半了，接下来的问题更好解决。韩国是最弱小的国家，张仪先去游说韩王说："韩国地形险要，多是山地，所产都是麦豆，百姓吃的是豆饭和菜叶羹；收成不好，百姓连酒糟、谷糠都吃不饱。土地不过九百里，存粮不够吃两年。战士不过二十万，后勤包括在内，除去边关守卒、现役军人，不过二万而已。秦国甲士百余万，战车千辆，战马万匹。六国战士作战要穿铠甲，戴上头盔，而秦国士兵赤膊上阵，向前冲杀，左手提着人头，左臂夹着俘虏。秦国士兵与六国士兵相比，好像无敌勇士孟贲与懦夫相比一样；秦国重兵压向六国，好像大力士对付婴儿一样。

"各国诸侯不自量力，听从合纵之士的花言巧语，胡说什么'听我计可以霸天下'，不顾国家利益，听信一时之说，以误君主，没有比这更甚的。

"如果大王不事秦国，秦国出兵据宜阳，占断上党，东面夺取成皋、荥阳，鸿台离宫、桑林御园就不为大王所有。封锁成皋，切断上党，大王的国家就会分裂。可见，事秦国就安，不事秦国就危。因此为大王考虑，不如事秦国。秦国是想要削弱楚国，而能削弱楚国的只有韩国。这不是韩国强于楚国，而是韩国地形有其优势，如大王西面事秦国而攻楚国，秦王必高兴，进攻楚国而占楚地，又能转祸为福而取悦于秦王，没有比这计更好的了。"韩王听从张仪连横之说。张仪归报，秦惠王赐给五封邑，号称武信君。

秦赵近邻，经常兵戎交加，要说服赵国可不容易。想好了威吓相加，欲擒故纵的办法后，张仪游说赵王道：

"敝国惠王使我献愚计于大王。大王率天下兵攻秦，使秦兵不敢出函谷关十五年。大王威震关东，秦国恐慑惊伏。但也使秦国发奋图强，秣马厉兵，现在已攻下巴蜀，兼并汉中，收纳两周，据有九鼎，扼守白马要津。秦国久积的怒火将爆发，现在秦国驻军于渑池，要渡过黄河，越过漳河，占据番吾，与赵军会战于邯郸城下，仿效武王伐纣故事。秦王使我将此事告知大王。

"大王之所以信合纵，是听苏秦的计谋。苏秦惑乱诸侯，颠倒是非，阴谋颠覆齐国，反而被车裂于市。诸侯不可合纵已明。现在，秦楚结为兄弟之邦，而韩魏已臣服于秦，齐国献鱼盐之地，这是断了赵国的右臂。断了右臂还与人搏斗，而且孤立无援，想没有危险哪能行呢？

"现在秦派出三军：一军把守午道，通知齐国使其起兵渡过清河，驻军于邯郸东面；一军驻于城皋，使韩魏驻军于河外；一军驻于渑池。秦国约四国联合攻赵，灭赵必四分其地。因此，我不敢匿瞒隐情，先告知大王。我为大王计，不如与秦王会面于渑池，亲自交谈。我请秦王按兵不攻赵国，请大王裁定。"

赵王也受张仪蒙骗，不明事理，还不住感慨地说："先王之世，奉阳君专权擅势，蒙蔽先王。当时我在深宫，不能参与国政。先王去世，我还年幼，执政不久，心里也有疑虑，以为不事秦，不是国家长远利益。如今我想改变政策，割地赔礼，与秦国通好，正当派使出发，适贵宾到来，使我能够受明教。"赵王答应事秦，张仪便离去。

接着张仪到燕国，以同样欺骗的方式说燕昭王说："大王最亲近的莫过于赵国，但赵国是可亲近的吗？赵国起兵攻燕国，两次围困燕都并胁迫大王，大王割十城赔罪，赵国才撤兵。现在赵王已到渑池去朝见秦王，献上河间以事秦国。现在大王不事秦，秦国出兵云中、九原，驱使赵国进攻燕国，易水、长城就非大王所有了。而且现在赵国不过是秦国的一个郡县，不敢随便举兵征伐。现在大王如事秦国，秦王必高兴，赵国不敢妄动。这样，西有强秦之援，南无齐赵之患，希望大王深思。"

燕昭王说："我承蒙贵宾教导，愿意西事秦国。"于是把恒山城献给秦国。至此苏秦的合纵战略被张仪的连横之术彻底破坏。苏秦以一介书生出奇谋异策，四处游说，组成联盟，竟让秦国不敢窥视函谷关以外十余年，使合纵国得享安宁，苏秦自身也是荣耀天下，名振四海。但事物总处在变化之中，有合便有分，有纵便出横。故苏秦以后便有了同窗张仪来设计破除山东诸侯的联盟。最后还是张仪的连横获得胜利，历史潮流不可逆转。

实质上，六国合纵抗秦，这不仅是六国的惟一出路，从理论上说也是对的。"六国之地五倍于秦，兵卒十倍于秦"，如果六国能始终坚持，秦国将被打败。事实上也曾取得成功，除苏秦组织合纵使秦不敢出函谷关有十五年之久外，公元前298年，齐、韩、魏三国联合击秦，攻入函谷关，夺回被秦侵占的魏、韩的一些土地。齐成为山东各国盟主。公元前247年，魏公子信陵君率山东五国之兵，反击秦国侵犯魏国，大破秦军，一直追到函谷关，秦兵不敢出战。可是由于各国各怀鬼胎，齐国听从孟尝君的计策，虽出兵却怕冒尖挨打，迟迟落在后头；其它各国为保存实力，都不愿打先锋。到函谷关，秦军断绝楚军粮道，楚军无粮先撤退，其它各国也就争相逃命。秦国对韩、魏连年攻打，韩魏知五国合纵不可靠，便向秦国屈服，五国合纵便瓦解了。

在战国时期，合纵反反复复，六国时合时散。秦最怕的也是六国的合纵，直到战国末年，胜败已定，秦还是怕合纵的形成。所以到了秦始皇，也一直采取连横政策以瓦解合纵。秦始皇在尉缭、顿弱、姚贾的出谋划策下，巧设连横，离间各国，使得各国再也没有能耐组成合纵联盟。所以，六国破灭，实是历史必然。

"远交近攻"和"连横术"是一脉相承的，它们为统一奠定了两大策略基础。而秦始皇的谋士们又乐此不疲地去巩固它们，发展它们，使得它们始终成为直刺六国的两柄利剑。

得诗家真趣，悟禅教玄机

【原文】

一字不识而有诗意者，得诗家真趣；一偈不参而有禅味者，悟禅教玄机。

【译文】

一个目不识丁的人说话却充满诗意，这种人才算得到诗人真趣。一个不参一偈的人说话却充满禅机，这种人才算了解禅宗佛理。

【解读】

有一个不信佛教的外道人向释尊问："不问有言，不问无言。"释尊听后，许久不说话。外道人也在释尊的面前定定地坐着。过了不久，外道人以称赞的口气对释尊说："释尊大慈大悲地教导我，解开我心中的谜团，使我顿有所悟。"一直陪伴在释尊旁的阿难莫名其妙，就问释尊："刚刚离去的外道人说他有所顿悟，到底他是证得了什么道理，使他觉得顿有所悟，高兴地离去呢？"释尊说："一匹良马不需要主人的鞭打，只要看到鞭子的影子，就能够知道自己该往何处走。这个外道人不就像可以见鞭而行的马吗？"这则故事告诉我们，有很多事物是无法用言语表达出来的。所以禅理是不能透过言语理论而悟得的，只有潜心修行才能悟得。

【事典】

革新诗歌，修书修史

文化与政治、经济等密切相关，是社会生活的一个重要组成部分。武则天在发展经济、巩固边防的同时，还采取了一些振兴文化的措施。早在参预朝政时期，她就大集诸儒，著书立说。改朝换代以后，更加注意振兴文化。由于以周代唐引起了社会意识形态的一系列重大变化；由于广开仕途，取人以才，养成了读书学习的风气；加之武则天对文化的重视，武周时期的文化呈现出一派绚丽多姿、繁荣兴旺的景象。谈起文化，唐诗自然是唐文化中不可或缺的一个部分。"秦风汉赋，晋文章，唐诗宋词元朝曲"。唐诗和秦风汉赋一样具有深远的影响，至今依旧是炎黄子孙们值得一提的文学形式之一。

唐初以来，文学渐盛，但受六朝影响很深，成就并不显著。高宗以后，随着社会经济的发展和意识形态的变化，文学逐渐冲破六朝藩篱。武则天是中国历史上少有的女文学家，"以文学、书法、著述而论，才调之高，古今更罕有其匹"。她提倡诗赋，科举以文才取士，遂使武周时期的文学界面貌焕然一新，呈现出空前的繁荣景象。

由于武则天规定进士科以诗赋取士，本人又带头吟诗，因此诗歌进一步普及，上自朝廷大吏，下至五尺孩童，都会作诗。史称武则天"君临天下二十余年，当时公卿百辟，无不以文章达，因循日久，寝以成风"。

武则天为了国富民强，劝以农桑，特意设在与朝集使相聚之时，赐书以示恩宠劝勉官吏，为政务农要勤奋，清廉。同时为了传承盛唐辉煌的伟业，纪念自己毕生的功绩，她启示文人雅士们以诗歌颂功德，流传百世。就其种种做法，确实有比一般人高明的地方。并且，她不拘常规，不囿旧制，勇于进取，大胆图新。她改革官制，改革科举，提倡女权，破格用人，甚至连大唐的国号都改了，冲破了男尊女卑的旧俗，成为中国历史上仅有的一位女皇。她的这种改革精神造就了一种否定传统，否定旧俗的政治环境，这种政治环境无疑是诗歌革新的温床。为新诗的产生创造了一个空间氛围。

除了诗歌之外，武则天还十分重视书籍的编撰。她广召文词之士入官修书，前后撰书千余卷。其中有《玄览》《古今内范》各百卷，《青宫纪要》《少阳政范》各三十卷，《维城典训》《凤楼新诫》《孝子经》《列女传》各二十卷，《内轨要略》《乐书要录》各十卷，《百僚新诫》《兆人本业》各五卷，《垂拱格》四卷等。王方庆是一个多产作者，他一个人的著述竟达二十七种之多，主要是经学、史学等各类著作。还应着重提一提刘知几。他是中国古代知名的史学家。他自幼喜好历史，及中举后，任史官达三十余年。他所著的

《史通》是我国最早的史评专书。此书分为内篇、外篇。内篇论述史家的治史态度、经验教训和史书的源流、体制、编撰方法等等；外篇论述史官的建置沿革和史书的得失优劣等等。刘知几指出："良史以实录直书为贵"，应"不虚美，不隐恶"，历史学家必须具备才、学、识"三长"，不能盲目崇古，轻信鬼神，史评应"考兹胜负，互为得失"，史书应"文约而事丰"。这些见解都是极为深刻的，对后世有很大的影响。因而《史通》具有很高的价值，被誉为我国第一部系统的史学评论专著。

类书之作在武则天时期最为兴旺。龙朔元年（661 年），许敬宗、李义府受命编纂《东

殿新书》三百卷，三年又成《瑶山玉彩》五百卷，"博采古今文集，摘其英词丽句，以类相从。"（《旧唐书·李弘传》）尤其值得提出的是由武则天主持，尽收天下文士李峤、张悦、宋之问、沈佺期等26人完成了一部空前的类书巨著《三教珠英》。本书以太宗时期的《文思博要》为蓝本而成，共一千三百卷，反映了那个时代文化发展的新水平。

武则天还很重视修史。当时史馆体制与贞观时期基本相同。由于前代史大都完成，所以武则天首先组织文人学士，修成多达100卷的《高宗实录》。此后，又着手撰修《唐史》。长安三年正月勒令特进武三思、纳言李峤、正谏大夫朱敬刚，司农少卿徐彦伯、凤阁舍人魏知古、崔融、司封郎中徐坚、左史刘知几、直史馆吴兢等人修唐史，"采四方之志，成一家之言，长悬楷则，以贻劝诫"。可惜事未竟而则天崩。但《长安四年十道图》已经完工。

文化的传承，是人类文明进步的标志，衡量一个封建王朝的进步与否。武则天在这方面为后人留下了宝贵的精神财富。

来去自如，融通自在

【原文】

身如不系之舟，一任流行坎止；心似既灰之木，何妨刀割香涂。

【译文】

身体像一只没有缆绳的孤舟，自由自在随波逐流尽性而泊。内心就像已烧成灰的树木，所以世间的成败毁誉都与我无关。

【解读】

向往逍遥自在的生活是每个人的天性，但真能做到这样却很困难。首先社会中的人受到种种的约束，周围的环境是不自由的，就算是有自由的环境，内心也同样充满各种烦恼。所以生活中的自由是有条件的自由，如果能尽可能地减少欲望、淡泊名利，正确认识自己在生活中的位置，不强求不属于自己的东西，心胸豁达些，即使做不到心静如水，也能给自己增添一份洒脱，给人生增添一份真趣。

【事典】

有打有拉，拉打结合

中国人最崇尚中庸之道，不偏不倚，过犹不及，即两面都照顾到。中庸之道用之于治国，则被政治家们演绎为刑赏并施，刚柔兼顾；用之于军事，则被军事家们演绎为两面手腕，文武并举。曹操"有打有拉，拉打结合"的军事智慧就体现了这一特征。

曹操据许，拥有兖、豫二州的时候，群雄割据的军事局面已成定势：北面，袁绍据冀，并控青、并二州，公孙瓒据幽州，张杨据河内；东面，吕布据徐州，袁术据淮南；南面，刘表据荆州，张绣据南阳，孙策据江东；西面，韩遂、马腾据凉州，张鲁据汉中，刘璋据益州。

这是一种自己居中的军事态势，如果策略运用得当，便于各个击破；反之，如果策略运用不当，则四面受敌，处敌包围之中，前后牵制，左右掣肘，将使自己处于内线作战的被动局面之中。

客观形势的复杂性，为曹操带来了困难，也为曹操提供了一个施展军事才能的机会。

曹操本拟先取吕布，但形势有了新的变化，其一，张绣自弘农（今河南灵宝北）引兵向南，入据南阳，成了直接威胁曹操的最近之敌；其二，袁术称帝于寿春，天下共愤。为适应这种变化，曹操及时调整了自己的用兵计划，决定：第一，先除近忧，南征张绣；第二，利用矛盾，观吕布、袁术战于淮海之野，待机而歼之；第三，北战袁绍。

为适应这一战略要求，曹操决定采用先拉袁绍与吕布，麻痹二人，然后集中精力攻打张绣的策略，从而免除了后顾之忧。

在政治斗争中和军事斗争中，领导者个人的智慧和力量是有限的，要想战胜对手，取得事业的成功，必须借用他人之力，造我之声势，才能达到目的。《兵经百字·借字》云："己所难措，假手于人，不必亲行，坐享其利；甚至以敌借敌，借敌之借，使敌不知而终为借，使敌既知而不得不为我借，则借法巧也。"有拉有拉，拉打结合，用他人之力，造我之声势。

曹操是如何拉的呢？

第一步，封赏吕布。

建安二年，曹操以朝廷的名义，封吕布为左将军，并亲自写了一封信，对吕布"深加尉（慰）纳"。信上说，此前皇帝封吕布为平东将军的大印，被使者在山阳屯（今河南修武境）丢了。现在"国家无好金，孤自取家好金更相为作印；国家无紫绶，自取所带紫绶以藉心。将军所使不良。袁术称天子，将军止（上）之，而使不通章。朝廷信将军，使复重上，以相明忠诚"。吕布受封，并接到这样一封充满"善意"的信，当然很高兴，殊不知自己已堕入曹操彀中。这是曹操以敌制敌的战略决策。对吕布的奖赏就是对袁术的打击，就是要进一步刺激袁术，使二人更加互不相容。

第二步，笼络孙策，让其联兵讨术。

孙策与其父孙坚均曾受袁术节制。袁术曾表孙坚为豫州刺史。初平三年（192 年），孙坚征荆州，击刘表，中箭身亡。兴平元年（194 年），孙策从术，领其父旧部。术先后答应让孙策做九江太守、庐江太守，均食言。孙策极感失望，亟谋脱离袁术，因而向袁术表示，愿率兵协助平定江东。术表荐孙策为折冲校尉，行殄寇将军。时孙策有兵千余，骑数十匹，但他抓紧时机，积极发展势力，军到历阳（今安徽和县境）已有众五六千人。"渡江转斗，所向皆破，莫敢当其锋，而军令整肃，百姓怀之。"遂引兵渡浙江，据会稽（今浙江绍兴），自领会稽太守。时袁术僭号称帝，孙策使谋士张纮为其写了很长的一封信，讲了九条不可僭号的理由，对袁术深加斥责。曹操正好找到一个理由，建安二年夏，遣议郎王誧奉诏拜孙策为骑都尉，袭爵乌程侯，领会稽太守，并命其与吕布和吴郡太守陈瑀共同讨伐袁术。孙策嫌"以骑都尉领郡为轻，欲得将军号"，王誧灵机一动，承制给孙策以明汉将军的称号，不久，曹操即表策为讨逆将军，封吴侯。孙策奉诏讨袁术，整军行到吴郡之钱唐，陈瑀阴图袭击孙策。孙策发觉了陈瑀的阴谋，遣其将吕范、徐逸攻陈瑀于海西，大破之，获其吏士妻子四千人，瑀单骑奔袁绍。

"借敌"是古今中外兵家都很重视的谋略。利用敌人来削弱敌人，战胜敌人，常能达到事半功倍的效果，是上兵之策。"借敌制敌"，最关键之处是能做到"拉一方"，利用此方对另一方的矛盾，促其攻之，我方则坐收渔翁之利。

利用吕布、孙策以打击袁术的策略获得成功，袁术成了南北无援的孤立之敌。对付这样的敌人，相对说来就容易了。所以曹操立即抓住时机，于第二次伐张绣之前安排东征袁术的战役。

正所谓时势造契机。客观形势恰好为曹操提供了用兵的借口。

袁术"天性骄肆，尊己陵物，及僭伪号，淫秽兹甚，媵御数百，无不兼罗纨，厌粱肉，自下饥困，莫之简恤"。当时，只有陈国（今淮阳）较富庶。陈属豫州，但与扬州辖境相近。袁术求粮于陈，陈国相骆俊拒绝不给，袁术率兵击陈，杀死陈国王刘宠及相骆俊。袁术杀死陈国王及其国相，朝廷对此等灭国大事不能置之不理。曹操既挟天子，当然有理由立即征讨。

建安二年秋九月，曹操率军东征袁术。色厉而内荏的袁术听说曹操亲自率军东来，自知不敌，匆匆弃军而走，留其将桥蕤等据蕲阳以抗操。曹操打败桥蕤等。袁术走渡淮水，又加天旱岁荒，士民冻馁，自此一蹶不振。

欲心生邪念，虚心生正念

【原文】

欲其中者，波沸寒潭，山林不见其寂；虚其中者，凉生酷暑，朝市不知其喧。

【译文】

一个内心充满欲望的人，能使平静的心湖掀起汹涌波涛即使住进深山老林也无法平息。一个内心毫无欲望的人，即使在盛夏酷暑也会感到凉爽，甚至住在闹市也不会觉得喧嚣。

【解读】

一个人活在世上，精神力量的作用是不可估量的。精神充实的人视万重困难为平常事，如唐朝的玄奘为了印证佛学理论，远涉千山万水、戈壁沙漠，数次出生入死，西去印度求法，凭的就是心中神圣的信念；唐朝的鉴真为了东渡日本讲学，数次失败，双目失明仍未改心志；近现代史上许多仁人志士为了追求救国救民的真理，抛头颅、洒热血，不屈不挠，靠的就是坚定的革命信念。不仅伟人是这样，普通人也是如此，据有些报道说，有的人因事故被埋在废墟里几十天却顽强地活了下来，创造这种奇迹靠的就是求生的愿望，凭着这一点才忍受了常人不可想象的恐惧、饥饿、疾病等困难。一个在精神上修养工夫很深的人，他能把握自己的内心，无论何时何境，均不受到外界的影响，一个摒弃了私心的人自然就会处闹市不觉其喧，处酷暑不觉其热了。

【事典】

老将出师，倾兵伐楚

公元前225年，李信、蒙武统率二十万大军兵出函谷关，取道中原，杀气腾腾地奔向楚境。

李信所统率的秦军进攻楚国的平舆（今河南平舆北），蒙武所统率的秦军进攻楚国的寝（今河南沈丘东南）。进军之初，秦军进展顺利，两军在城父（今安徽亳县东南）会师，合兵一处。此时，楚王命名将项燕率大军抵拒秦军。

此时楚国当政的是杀弟自立的楚王负刍。他在形势万分危急之际请出了著名老将项燕全权指挥军事，并征发全国兵力迎战秦军。深谙战争谋略的项燕看穿了秦军主帅李信急切求胜的心理，也就设下一招"敌强我弱，诱敌深入"计，在距秦军几十里远的一道山冈后面设下埋伏，然后派遣一支由老弱残兵组成的部队前去邀击秦军，目的是要诱敌深入。当两军相遇时，楚兵一触即溃，丢盔弃甲，狼狈后窜。李信果然中计，狂笑一声，长戟前指，麾兵大进。当追击到山冈前面时，忽听得钲鼓劲鸣，号角呜呜，楚军的几十万伏兵一齐杀出，骑兵快速向两翼展开，将秦军围了个风雨不透，喊杀之声惊天动地。秦军猝不及防，被冲击得人仰马翻，阵形大乱。李信情知中计，兀自临危不惧，手持大戟，身先士卒，奋勇冲杀，部下将士也是久经战阵的精兵良将，稍许慌乱之后重整旗鼓，仍自为战，奋力拼搏。但是，任凭秦国军队勇如虎狼，李信再有本事，无奈满山遍野皆是楚国兵将，双方激战多时，秦军损兵折将，损失惨重。李信见败局已定，只得指挥身边的残兵败将冒死突出重围，向西溃逃，想与攻打城父的蒙武军队会合再战。项燕催动兵马，穷追李信不舍，一路人不解甲，马不卸鞍，紧随李信溃军之后追击了三天三夜。当李信奔入蒙武营垒时，楚国军队也掩杀而至，砍栅拔寨，长驱直入。李信、蒙武两将无心恋战，弃寨落荒而逃，率领残余部队退出楚境。

这次，项燕所率楚军杀入秦军的壁垒，斩杀秦国七名都尉，使秦军大败而逃。李信的骄傲轻敌，战术运用不当，使秦国遭受了自发动战争以来的第一次惨重失败，二十万秦国精锐军队几乎全军覆没。楚王负刍闻报获胜消息，立马上前线亲自犒劳三军，而对项燕更是奖励有加。

相反，李信惨败的消息使秦王政非常震惊。惊归惊，怒归怒，他没有处置李信和蒙武两位将军，而是把责任归结在自己的决策失误，当初太大意，没有听信王翦老将的话。赦免两位将军之后，他悔之不过，决定亲自去请王翦重新掌帅印，带兵攻打楚国。

秦王以诚恳的谢罪征得王翦的谅解。王翦双目炯炯，直视秦王政道："大王如果依然看重老臣，老臣敢不从命！老臣还是那句话：要踏平楚国，非用六十万兵力不可！"

秦王政道："一切悉听大将军安排！"

还是六十万大军，这回秦王政是把倾国之兵交给王翦了，他再也不能犯错了。不听老人言，吃亏在眼前，当初因为没听王翦，错失了他的二十万精锐，使统一大业又推后了一步，现在，他也豁出去了。

王翦重掌帅印，再披战袍，精神抖擞，英武雄威不减当年，更显老当益壮。

他吸取了上次李信轻敌深入，只求速战速决的教训，而是先了解敌情和对方情绪，观察好了地形和驻扎条件，决定采取稳扎稳打、渐次推进的战略战术，先分兵攻取了陈地以南（今河南陈县）到平与一带地方，即将大军屯驻于天中山（在今河南汝阳境）下，连营数十里，高壁深垒，固守不出。

这样相持一年，秦军一直驻守，而项燕军队也无可奈何，也只好放松了警惕。远在寿春的楚王负刍坐不住了，认为项燕怯于王翦的威名，不敢与秦军决战，接连派遣使者到军前严辞谴责，催促他全线发动进攻。项燕迫于压力，只得催动大军向秦营壁垒发起猛烈冲击。孰料楚军刚一接近秦军营栅，就被一阵强弓硬弩箭如飞蝗般射得人仰马翻，损伤惨重，铩羽而归。几番冲击受挫之后，项燕也沉不住气了，误以为王翦衰老无用，惟恐重蹈李信兵败覆辙，迫于王命名为伐楚，实为自保，因此怯战不出。加之原来就没有打一场持久战准备的楚军粮草已告用罄，便下令大军拔营东归。

这正好中了王翦的圈套，王翦立刻披挂整齐，坐帐中军，命令擂动战鼓，点拨将士，全线出击。

王翦平定淮北淮南之地，得到秦王的赞赏。秦王把王翦留在鄂渚，令他收复江南。王翦用一年多的时间造好战船，秦军乘船顺流而下，守江的楚兵抵挡不住，秦兵纷纷登陆，只留下十万兵守在黄山，以断江口。王翦大军自朱方进军围困兰陵，并在各山口处布满士兵，切断越中救援之路。项燕率兰陵城中的兵士和秦军交锋，结果楚军大败。项燕掉头回城，关门固守。王翦用云梯仰攻，项燕用火箭射击烧梯，城老是攻不下来。这时，蒙武献计说："现在项燕已是釜中之鱼，如果我们建筑一道和墙一样高的壁垒，在城外急攻，我众敌寡，楚兵防备不过来，不出一个月，兰陵城必破。"王翦采用蒙武之计，修筑工事加紧攻城。昌平君亲自巡城，被流箭射中而死。项燕见此，仰天大叫了声，引剑自刎。昌平君和项燕一死，兰陵城中大乱，王翦大军登上城门，整军而入。楚国灭亡。

秦军大获全胜的消息传入咸阳，举国惊喜，万众欢腾。秦王嬴政更是激动异常，立即下令起驾南巡，一路不辞辛苦，历经楚国旧都郢、陈两地，来到寿春，对王翦褒扬有加，并亲自出席了犒劳三军的盛大仪式。当楚王负刍被押上来时，秦王政责以弑君篡位之罪，将其废为庶人。楚国历史到此结束，时值公元前224年。

楚国的灭亡，标志着秦国的第五个战略目标实现，而秦王政和秦军都在这次战争中接受了一次考验。

所谓骄兵必败，这是历史的结论。李信在这场战争中由于太过骄傲自信又轻敌导致了攻楚的失败。幸得秦王政有政治远见，能够接受和改正错误。用人不疑，敢于用人，最后任用王翦，取得了对楚的决定性胜利，正说明了"姜还是老的辣"。

烦恼由我起，嗜好自心生

【原文】

世人只缘认得我字太真，故多种种嗜好种种烦恼。前人云："不复知有我，安知物为贵？"又云："知身不是我，烦恼更何浸？"真破的之言也。

【译文】

只因世俗之人把我字看得太重，所以才产生种种嗜好种种烦恼。古人说："假如已不知有我的存在，又如何能知物的可贵呢？"又说："如能明白连身体也在幻化中，一切都不是我所能掌握所能拥有，那世间还有什么烦恼能侵害我呢？"这是一句至理名言。

【解读】

佛教有一句偈语说："未曾生我谁是我，生我之时我是谁？长大成人方是我，合眼朦胧又是谁？"又有佛语说："'身'是苦本，'我'为罪孽。"由于色身虚幻，所以"我"是不实的，肉体之我不断迁灭固不待言，而心理之我也是刹那不住。过去心已过，现在心不留，未来心未到，这是将我心里的我也否定了，"我"既不存在，又有谁在受苦呢？所以佛家开导我们对于财富是："生不会带来，死不会带去，一切随缘，能得自在，放下即得解脱。"只有不过分看重自我，才不会私心过重。

【事典】

开创帝制，集权一身

俗话说，打江山容易守江山难。秦始皇奋六世之余烈，最后用十年时间扫灭了六国，完成了统一。统一大业已定，他连皇帝宝座也首先坐上了，但天下这么大，怎么管？这一直是秦始皇心中在考虑的问题。

作为中华第一封建帝国的制造者，志得意满的秦始皇有意无意地充当了开创者的角色。他不能走前人的道路，正因为前人的道路导致分崩离析，人民混乱，强烈呼唤统一，所以他前无古人。他要按自己的意愿和设想开创一个使世人耳目一新的世界，创造一个大一统的中央集权的政治结构和经济模式。秦始皇深受法家思想的影响，主张建立一个中央集权制的专制的国家，这样才能把全国置于自己的一手统治之下，才不会出现混乱的局面。而秦始皇更是法家思想的实践人，他把商鞅、申不害、韩非这一整套法家理论应用于实践，创立了一套从中央到地方的中央集权专制制度。

首先，他巩固了皇权，加强了皇权至高无上的地位。

大秦帝国的国家最高权力机关是"朝廷"，"朝"是指宫内皇帝朝见百官、商议并决定国家大事的朝堂，"廷"是指宫外各国家职能部门的办事机关，亦称外廷。朝廷的首脑是皇帝，他凌驾于法律之上，享有至高无上的权力，对国家一切事务拥有最后决定权，此之谓"天下之事大小皆决于上"。

大小事皆决于上，显示了皇帝的专权，而这正是秦始皇所需要的，他要把全国的大小事都纳于他的统治之下、掌握之中，所以，他每天得夜以继日地批阅群臣奏章和各地送来的文书，非常勤政。

据《史记·秦始皇本纪》载：侯生卢生相与谋曰："始皇为人，天性刚戾自用……天下事无大小皆决于上（秦始皇），上至以衡书量石，日夜有呈，不中呈不得休息。"

由于那时候都以竹木简书写文字，故奏章以"衡书量石"。一天不处理完一百二十石的奏章，秦始皇"不得休息"。这无疑是专制主义中央集权制度下，皇帝办公处政情况的反映。但是，秦始皇勤于政事的兢兢业业的精神，也跃然于纸上。撇开制度不谈，单就这种态度来说，较之于历代昏君专一沉湎于酒色，不理朝政，日夜浑浑噩噩，还是应该充分予以肯定的。

秦始皇可谓是一个专制独裁者，拥有一切生杀予夺的权力，权力一大，就会随心所欲，没有节制，也没有监督，所以秦始皇就会滥用手中的权力。他后来实行暴政，与此不无关系。

其二，秦始皇推行的是封建专制主义中央集权统治，为了维护和巩固这种新型的国家政体，他在中央建立三公九卿官僚机构，地方实行郡守县令负责制，在政治结构上形成了"金字塔"型的权力系统和统治网络。处在"金字塔"顶巅的自然是他这位至高无上的皇帝，通过这种系统网络，他把个人的意志落实到全国每一个地方，把国家统治的触角伸向天下每一个角落。

先说隶属于皇帝之下的中央政府（即外廷），它是国家的最高行政机构，设有三公，即丞相、太尉和御史大夫。

秦始皇建立的三公九卿制的中央官僚统治机构的显著特点，一是系统庞大，组织严密，保证了封建国家机器的正常运转和对全国实施有效的统治。这种政治结构模式被后来历朝历代封建王朝所沿用，尽管在权力分工和机构名称及官职设置上多有变化，但万变不离其宗，基本上都没有脱离秦始皇创设构建的总体框架。其二是这种中央官僚机构体制充分体现了高度集权的封建国家统治特点，各个机构相互监督，相互制约，直接向皇帝负责，使全国的军政大权皆掌握在秦始皇一人手中。三是三公九卿制的官僚体制还有一个突出的特点，即皇室皇族私务与国家公务密切纠缠在一起,官私合一。这一特点一方面说明封建国家官僚体制开创之初,分工尚不十分明确,建制略显粗糙,另一方面更说明封建王朝从秦始皇时代开始就体现出"家天下"的统治性质,最高统治者化家为国,以国为家,将皇室的政治特权和经济利益渗入国家机器的每一个部件和环节之中。

皇帝至高无上权力的行使必须通过一定的机构和官员,并按照一定的程序和方式来进行。为此,皇帝必须自下而上地及时掌握全国的情况,同时及时地下达政令,因此必须建立一套上下有序的承传制度来保证皇帝政令的畅通无阻。秦始皇虽然未能像汉代以后的皇帝那样,建立起一套有利于加强皇帝权力的严密的承传制度,但秦始皇赋予御史大夫参与机要的大权、完善并加强郎中令的职权,则为后世承传制度的建立与完善准备了条件。

始皇嬴政建立的这一整套官僚制度、郡县制度,既然都是为皇帝的"家天下"的大目标服务的,也就不可能消除矛盾,并给中国带来长期的安定和繁荣。封建专制制度的残暴统治往往会造成兵燹连年,而太平盛世则少得可怜。"白骨露于野,千里无鸡鸣","朱门酒肉臭,路有冻死骨"的惨况几乎遍布于整个封建时代。因此,对于始皇嬴政实行的各种影响了后来两千多年封建历史的措施,不能不加分析与区别就完全予以肯定。

尽管如此,始皇嬴政苦心孤诣地建立控制网,自己君临天下,这一行为本身所体现的卓越政治智慧和高妙的统治手腕是世人所共见的。这种专制独裁统治,正是铁手腕所孕育出来的,处处体现了秦始皇的"黑心"处,然而这种"黑心"在当时却是必要的。

以失意之思,制得意之念

【原文】

自老视少,可以消奔驰角逐之心;自瘁视荣,可以绝纷华靡丽之念。

【译文】

一个人如能从老年回头看少年时代,就可以消除很多争强斗胜的心理。一个人如能从没落世家回头看荣华富贵，就可以消除不少奢侈豪华的念头。

【解读】

事情经历多了，往往更能悟出其中的道理，大有曾经沧海难为水之叹。同样的事情，年轻人和老年人的想法是有很大区别的，有人曾经对年轻人和老年人对于时间的感受做了总结："年轻人的一天好短，一年好长；老年人的一天好长，一年好短。"其实老年人也曾经年轻过，可以说他是用一生的时间得到生活的真谛，自己却不能重新开始，因为他来日不多，但拥有时间的年轻人又不会相信老人的生活经验，又重蹈覆辙。如果我们能改变自己的思维角度，从老年的成熟看年轻的浮躁，从今天的衰败看过去的繁荣，就会明白名利和声色的虚幻了。

【事典】

以智应变，无智不能诈

濮阳一役中，濮阳城内大姓田氏在城内响应曹操，曹操得以亲率部队从东门比较顺利地攻入城内。进城后旋即将东门烧掉，表示有进无退，志在必得。但接下来的巷战却进展不利。吕布先以骑兵冲击青州兵，青州兵奔退，曹军阵势被打乱。吕布乘势大举进攻，曹军抵挡不住，纷纷后撤，局面一发不可收拾。曹操自己也被冲散，在后撤时被吕布的骑兵截住。但这些人不认识曹操，反而问曹操：

"曹操在哪里？"

曹操情急智生，赶紧朝前面一指：

"那个骑着黄马逃跑的就是！"

吕布的骑兵信以为真，撇下曹操，自去追赶骑黄马的人去了。曹操赶忙沿着原路朝东门冲去。这时东门的火烧得正旺，曹操不顾一切，突火而出，左手掌被烧伤，由于跑得太急，又一头从马背上摔了下来。部将司马楼异正好赶到，忙将曹操扶上马背，两人一阵狂奔，总算回到了大营。

所以，处于危难之际，必须机灵而迅速，稍一迟疑，则祸生不测、难于收拾。处大难，贵在机敏，千钧一发，瞬息万变，不可迟疑。

曹操不仅能以智应变，而且还颇通诈术。智诈一体，是曹操多次死里逃生，转败为胜的法宝。

有一次，曹操率十七万大军外出打仗，与敌方相持很久不能取胜，十七万人每日耗粮巨大、诸郡又连年饥荒大旱，接济不上。曹操想催促军队速战速决，敌方李丰等却闭门不出。曹军相持了一个多月后，粮食快要用完，只得写信给孙策求救，借了粮米十万斛，仍不能满足需要。

曹操心中非常着急，一天他把总管全军粮饷的粮官叫来，问他现有粮食还能支持几天。粮官说："照正常用法，只够支持三两天了。"曹操沉吟了好一会儿，说："这件事务必严守秘密，一点儿不能泄露。不然的话，将士们听说没粮食吃了，必定惊惶不安，军心一乱，局面将不可收拾。另外，请你务必想出一个办法，用现有粮食多维持几天，只要坚持三天，我就能解决一切问题。"粮官说："惟一的办法，是在分发粮食时不用大斛（一种量米的容器，古时一斛为十斗），一律改用小斛，这样能多维持几天。"曹操说："就按你的办法做吧。"粮官提出个问题："军士们吃不饱肚子，会产生怨心，那怎么处理？"曹操笑了笑说："我会有办法的。"

曹操的办法是什么呢？

实行小斛分粮以后，曹操秘密派人去各营中观察士兵的反应，果然听见士兵们纷纷抱怨："饭都不给吃饱，这仗还怎么打！"有的人大喊："我们舍生忘死打仗厮杀，长官不把我们当人看待，老子不干了。"

还有自作聪明的人故意神秘地谈自己的推测："我看，定是敌人把我们的粮道截断了，后方运粮过不来，曹丞相也没了办法。咱们不是战死，也会饿死。"这些议论都被密探们报给曹操。

且看曹操有何动静。

当天晚上，曹操把粮官叫来，对他说："我今天要借你一件东西，来稳定军心，平息怨气。你千万不要吝音。"粮官问："丞相要借什么东西？"曹操说："我需要用你的头来示众。"粮官大吃一惊："我……我……我没犯什么罪。"曹操说："我知道你没罪，但是不杀你示众，立刻就要发生兵变了，那时你我全都死无葬身之地。我不会忘记你今天这一大功，以后一定会妥善照顾你的妻子儿女。"说完，不容粮官再开口，下令刀斧手把粮官推出帐外，就地斩首，用高竿挑着人头在营中示众，并张榜宣布："粮官克扣军粮，贪污自肥，今已依军法处决。"全军官兵见到布告和人头，都信以为真，埋怨情绪都打消了。

曹操又趁机激励将士，做了美餐，饱吃一顿，下令倾全力向敌人发起总攻。经过一场血战，打垮了敌人，夺得了敌人粮草辎重。一场危机就这样过去了。

曹操还把他的权谋诈智运用于治理百姓。比如他除了设置有公开的监察机构和司法官员，如朝廷有廷尉、司隶校尉、治书侍御史，丞相府有法曹、理曹、刺奸掾史，此外还设置有秘密监察下属的校事，这些校事又往往由政治品质很差的人充任。有两个名叫卢洪、赵达的校事，常以个人好恶擅作威福，法曹掾高柔建议曹操对这两个人加以检核惩治，但曹操不同意，说："你对赵达等人的了解，恐怕不如我。要去办刺探举发这一类事情，让那些贤人君子去办肯定是办不好的。过去叔孙通任用群盗，就是这个道理。"曹操在这里可以说是"用人唯才"了。但任用这些仅凭个人好恶办事的人，必然会生出许多不明不白的冤案来。后来，赵达等人坏事做得太多，曹操才不得不把他们杀了。但这类活动并没有中止，曹丕即帝位后不久，有一个叫刘慈的校事一人就举报了"吏民奸罪"上万件，可见这类活动不仅没有收敛，相反越来越变本加厉了。

从曹操的一生来看，他能从一个社会地位不高的宦官后代步步高升，做到司空、丞相、魏公、魏王，把献帝变成自己手中的棋子，在不少情况下是靠用了权谋智诈的手段的。智变与权诈，在曹操这里形成了对立的统一，成了曹操获得成功的两种互为补充的手段。

世态变化无极，万事必须达观

【原文】

人情世态，倏忽万端，不宜认得太真。尧夫云："昔日所云我而今却是伊，不知今日我又属后来谁？"人常作如是观，便可解却胸中罥矣。

【译文】

人情冷暖世态炎凉，真是错综复杂瞬息万变，所以对任何事都不要太认真。宋儒邵雍说："以前所说的我，如今却变成了他；还不知今天的我，后来又变成谁?"一个人如能常抱这种看法，就可解除心中一切烦恼。

【解读】

沧桑变化转眼事，世上千年如走马。人生不过百年，多么短暂呀！所以对于人情的冷暖、世态的炎凉，要有超然的态度。唐朝佛教禅宗六祖慧能有偈说得好："菩提本无树，明镜亦非台，本来无一物，何处惹尘埃。"我也不会是我，我是谁又有谁知道，如悟出这种禅机，对世间的事就会看得很淡然了，心中也就没有了烦恼。佛家人就能以如此幽默的态度来对待世人："有人骂老拙，老拙只说好。有人唾老拙，留它自干了。有人打老拙，老拙自睡倒。他也省气力，我也少烦恼。"

【事典】

从我做起，管好身边人

曹操自己一生不讲究吃穿，也要求家人这么做。魏明帝曹睿时，尚书卫觊在上表中说："武皇帝（曹操）之时，后宫食不过一肉，衣不用锦绣。"曹操在《内诫令》中曾说："我的衣被都已经使用十年了，年年把它拆洗缝补一下罢了。"曹操使用的被子、床褥之类的东西，只要暖和就可以，四周也不做什么刺绣等修饰。他所用的器物，讲究实用，不追求华美，不涂彩色油漆。他用的帷帐屏风，坏了也是缝补之后再使用，从不轻易更换。

曹操还把是否节俭作为选拔官吏的条件，作为衡量一个官吏品质好坏的标准。一时间在朝野形成了俭朴节约的风气，并形成廉政的新风。在这方面甚至还有做得过头的地方，比如只要一穿新衣、坐好车就被说成不廉洁，反之就被说成廉洁，只从表面现象看问题，以致被一些弄虚作假的人钻空子，但不难看出曹操提倡节俭收到了切实的效果。对确实不廉洁的人，曹操总是认真作出处理，比如同乡好友丁斐因私自调换官车一度被撤职，曾为曹操上表捏造孔融罪名的路粹违禁以低价买驴被处死，决不徇私枉法。这反过来又维护了俭朴节约的良好社会风气。

曹操进而将节俭作为立国之本来考虑。《度关山》诗说："舜漆食器，畔者十国。"曹操是将奢侈提到了会导致亡国的高度来认识的。《韩非子·十过》载秦穆公问由余："愿闻古之明主得国失国何常以?"由余回答："臣尝得闻之矣，常以俭得之，以奢失之。"曹操是认真记取了这一教诲的。

曹操位高权重，却具有俭朴的美德。尤为可贵的是，他对身边的管理十分严格。

曹操一生，娶妻纳妾甚多，有名有姓的就达十三人，对于众多的妻妾，曹操管理得很有条理，一不让她们干政，二不让她们挥霍。曹操的正妻卞氏，有一个弟弟叫卞秉，建安时任别都司马，官职多年没有提升，心有怨言，想借着姐姐的身份往上爬。曹操知道后严肃地说："但得与我作妇弟，不为多耶？"升官不成，又想多弄点钱物，曹操回答得更干脆："但汝盗与，不为足耶？"在曹操严格约束下，卞氏"每见外戚，不假以颜色，常言'居处当务节俭，不当望赏赐，念自佚也。外舍当怪吾遇之太薄，吾自有常度故也。吾事武帝（曹操）四五十年，行俭日久，不能自变为奢。有犯科禁者，吾且能加罪一等耳，莫望钱米恩贷也。'"卞氏自己吃饭"菜食粟饭，无鱼肉"，"请诸家外戚，设下橱，无异膳"。曹操二十五个儿子，有的文采出众，有的武艺超群，都与曹操手把手地调教有关。除几个早死的外，其余都上疆场冲杀锻炼，有的战死在阵地上。曹操对曹植曾抱有极大的希望，在曹植二十三岁那一年，他专门给曹植写了一封诚信，以自己年轻时的经历，启导曹植进取："吾昔为顿丘令，年二十三，思此时所行，无悔于今。今汝年亦二十三矣，可不勉欤？"

曹操作为一个政治家、一代霸主，虽然也建铜雀台这样的建筑，但从其一生来说，还是相当节俭的。这无疑是曹操人格的又一可贵之处。

接近自然风光，物我归于一体

【原文】

帘栊高敞，看青山绿水吞吐云烟，识乾坤自在；竹树扶疏，任乳燕鸣鸠送迎时序，知物我之两忘。

【译文】

卷起窗帘，远远眺望，白云缭绕，烟雾连蒙，青山绿水，才明白大自然该有多么逍遥自在。窗前花木茂盛，翠竹摇曳，燕雀斑鸠冬去春来，凌空飞过，使我恍然理解到万物一体、物我两忘。

【解读】

大自然是一个和谐的世界，只要你去认真领悟，就会发现许多人生所向往的境界：那里的宁静和安详，那里的悠闲和自在，那里的生机与和平等等。生活在现代都市中的人，已经远离大自然，看到的不是青山绿水而是高楼大厦，听到的不是鸟语啾唧而是车船轰鸣了，即使是"清明踏青"、"重阳登高"，看到的也只是人工的自然，怎能和真正的大自然相比呢？远离了大自然人就像失去了一种平衡，所以患"城市综合症"的人越来越多。因此在工作之余，要常常回归到自然中去，聆听一下自然的清韵嘉音，吸收一些自然的精华，能使人心灵纯净、思想升华。

【事典】

得一韩信，天下可驭

"忍人所不能忍，为人所不能为。"只有忍人所不能忍，方能为人所不能为。此两者之间是存在着某种因果关系的。

韩信，楚国人，他的故乡在当时的淮阴县，（现在安徽省境内）。由于地理位置及气候的缘故，当地沼泽多，水源丰富，土地肥沃，生产力状况好，自然经济也算不错。韩信家境贫穷，但他由于出身于没落的士族，又受过很好的教育，虽然一直找不到稳定的工作，志向却很高。

他本来有意入仕，但因时局不稳，又缺乏人事背景，自然不容易找到空缺。据说他曾靠下乡的南昌亭长长期供应三餐，然而数个月以后，亭长的妻子实在受不了了，乃故意停止供餐。韩信不知，仍依照时间前往，却发现没有东西可吃。韩信知其意，以后便不再前往。

但其实韩信也不知该怎么活下去。知识分子的骄傲让他无法成为乞食者，只好呆坐在淮水旁的桥下钓鱼，用以打发时间，或许会有鱼可吃也说不定。韩信似乎已到走投无路的地步了。

当时桥下正有很多老妇人在做漂布的工作，其中有位老漂母看到韩信忍着饥饿而不肯乞食，十分怜惜其骨气，于是主动和他分食，一连数十日都如此。韩信非常感激，乃对漂母表示："将来我若成功，一定来报答今日的恩情。"

这个漂母一听，却说："孩子呀，你身为堂堂七尺儿郎，却连自己都养不活，又何言报答呢。我是见你多日没食下肚，又有骨气不肯上街乞食，怜惜你才与你分食。我只愿你今后能有大作为，为你自己争口气。岂只是指望你日后来相报于我呢?"韩信感动极了，他便在镇上四处找工作来谋生，以求从中得到上进的机会。他凭着自己的能力，不久便混得有模有样了。其实往日韩信并不是真找不到工作，他只是犯了知识分子通有的毛病"好高骛远"，总想一步登天，而不愿从"小"做起。只是听了漂母的教训后，他下决心先养活自己再说别的。不久，韩信的经济能力已大为改善，他常穿着儒服，佩着长剑，在街头找工作。一方面为生活，他不得不强行忍耐，另一方面为显示知识分子的骨气，他也仍在追寻出人头地的机会。

街头上有些当屠夫的青年们，最讨厌韩信这种自视清高的模样，他们存心找韩信麻烦。

其中有位长得高大魁梧的屠夫，故意挡在韩信面前，大声吼道:

"你虽长得高大，又好带刀剑，其实胆小如鼠。"

不少同伴也立刻围过来起哄。此时那个屠夫更得意了，干脆直接向韩信挑战，说:

"你敢拼命，现在就用剑刺杀我，不敢拼命，就要从我胯下爬过去!"

韩信先是毫无表情地瞪视着那名屠夫，然后慢慢地吸口气，蹲下身子，很快地从那名屠夫的胯下爬了过去，并且若无其事、头也不回地往前走。

表面看来韩信似乎毫不在乎，其实他的内心非常愤怒，但他不敢回头。他的心在滴血，他发誓，总有一天他会回来，再与那屠夫一比高低，然而他知道此时与这屠夫交手的话，他韩信必死无疑。旁边的人一阵哄笑，以为韩信过分胆怯，只有那位屠夫面色凝重，因为他已被韩信这种"毫不在乎"的气势镇住了。他知道那已经不是胆子大小的问题了，能面不改色地接受侮辱的才是真正可怕的人物。

刘邦就叫人把韩信叫来，任命为大将。各位将领听说刘邦要任命大将了，非常高兴，都猜测着自己可能被任命。当任命的结果公布出来，一听是韩信，全军都惊讶了，纷纷说:"没想到，没想到。"最高兴的人却是刘邦，因为历经好几个月的沉闷和内心挫折，现在总算让他有点热闹事可干。大家都说韩信了不起、有点子，而刘邦最喜欢跟这种人在一起，或许此人可以提供一些有用的意见，解决他心里的沉闷和挫折感。

刘邦一向没有太多主见，他很愿意接受别人的想法，只要讲得有道理，他就很快吸收成为自己的看法。所以，他特别喜欢有见地的人，而张良、郦食其之所以会成为他的心腹，其原因也在于此。

另外，刘邦与项羽不同的是前者豁达大方，此点突出地表现在他加赏封爵上。刘邦毫不吝啬手中的官名爵位，只要有成绩有贡献，他就开口便封。然而项羽却恰恰相反。

拜将典礼结束后，刘邦依礼节请韩信上坐。由于是第一次会谈，刘邦在态度上也显得严肃得多。他说："丞相好几次向我提到韩将军的才识，请问将军有什么计策可教给我呢？"

韩信单刀直入地表示：

"大王如今想东进争霸天下，在勇悍仁强方面，您的确不如项王。不过，有些因素也不像表面上我们感觉的，请听为臣详细分析。臣曾侍奉项王，并出任军事参谋，故对他的个性相当了解。项王勇猛无比，发起脾气来，千人也挡不住他的威势。但他主见很强，无法任用有才能的将领，这是他最大的弱点。故这种勇猛，不过是匹夫之勇，而他的主见也只是刚愎自用而已。项王在接见宾客时相当恭敬有礼，颇刻意表现其仁爱，而且言语及态度也颇和气。每当部属有疾病时，他常涕泣而特别赐以食物，但当部属有功而应当封爵加赏时，他却又显得犹豫不决，不肯给予。像他这样的个性，不过是妇人之仁。"

如此具体的建言，刘邦自然也完全信服。他当场表示自己只恨太晚认识韩信，才会平白承受了数月的痛苦，如今一席谈话便使他茅塞顿开。于是他将东进的计划完全交付与韩信，军队也完全归韩信去部署指挥。

从未有过如此权力的韩信，一颗心完全被刘邦的慷慨给系住了。士为知己者死，韩信感动得几乎当场洒下了英雄泪。

从此以后，韩信成为刘邦左右不离的谋臣。后来"明修栈道，暗渡陈仓"这等绝妙的千古一战就出自于韩信之谋。

勘破乾坤妙趣，识见天地文章

【原文】

林间松韵，石上泉声，静里听来识天地自然鸣佩；草际烟光，水心云影，闲中观去见乾坤最上文章。

【译文】

轻风掠过树林，使苍松发出海涛般的乐音；飞瀑溅落，使岩石发出阵阵轰鸣。用安宁的心情静听，就能知道大自然所奏美妙的乐章。江边芦苇，带来一种迷蒙的美感；水中云影，看起来特别悠然。用清闲的心情欣赏，就能发现造物者所创造的伟大文章。

【解读】

大自然所蕴涵的意义并不是每一个人都能读懂的，水光山色，鸟语花香，溪水淙淙，都是大自然中最普通又最富有神韵的美景。面对这些，不同的人有不同的理解。有生活情趣有文化素养的人，泉水咚咚，松声涛涛，在他听来都是大自然奏出的最美妙的音乐；天上的白云，水中的烟雾，在他看来都是大自然敷陈的最好最美的图画。而粗俗无知的人，面对自然的美景，他听到的只是声音，看到的只是颜色，怎么能领略大自然的情趣呢？

【事典】

雄才伟略果决策

作为一个圣君，应当是一个心胸开阔、视野高远的人。他吸天地之灵气，掌万物之变迁，心怀万物，志存高远，为一个崇高的目标而孜孜以求，虽然有时身处险境，但这正是上天给他锻造的熔炉，使其锋芒毕露，炼铁成金。他又能运筹帷幄，根据各种事情的变化，果断决策。总之，这样的人才犹显，略犹高，用"雄才伟略"概括再恰当不过。然而，这样的人又有几人软？他人不说，秦始皇可算得上一个。

所以说圣人不因私利而牵累自身；将治与乱寄托于法术之上，将是与非寄托于赏罚之上，将轻与重交付予秤；不违背自然法则，不伤害人的本性；不吹毛求疵，不洗垢察斑；不将人民引向准绳之外，不将百姓推进准绳之内；在法禁之外的事不严办，在法禁之内的事不宽贷；把握不变的事理，因循自然法则；祸福产生于是否遵循客观规律和法度，而不是出于主观的爱憎感情；荣辱的责任在于自己，而不在于别人。所以，最为平安的社会，法如早上的露水，纯洁不乱，人们的心里没有积聚着的怨恨，嘴上没有不满的言语。因而车马不会远路跋涉，疲惫不堪；草泽之中不会有战旗纷乱；百姓不会丧命于入侵之敌；勇士不会牺牲于旗帜之下；英雄豪杰的名字不留于青史，功绩不铭刻于盘盂，编年的史册无事可记。

君主若不能像天一样博大，那么就不能覆盖天下；心胸若不能像地一样宽广，那么就不能包容万物。泰山没有好恶的感情，不弃沙石，所以能形成它的高大；江海不择细流，所以能形成它的浩瀚。因而君主像天地那样博大宽广，于是万物齐备；游心于山海之间，于是国家富强。君主不会因愤怒而杀人，臣民不会因积怨而闹事，上下都返璞归真，以恬淡虚无的道作为归宿。所以，长远的利益得以积累，巨大的功业得以建立，高名树立于生前，德业垂范于后世，这是治世的顶峰了。

秦始皇的雄才，在于他深刻领会了法家的那一套思想和治国方略，而其伟略，主要是继承先辈"远交近攻"和"连横破纵"两个策略。这可以说是秦统一六国的两个最根本的策略。没有它们，统一不是很难想象，而是必定会统一，至于由哪个国家来统一，什么时间统一，则完全是另一番景象了。秦始皇和历朝先君一样，都充分估计到了自己和对方的实力，如果不采取策略，以秦一国去同时攻打六国，实为不明智乃至将导致自己由此灭亡的败局。"远交近攻"和"连横破纵"是一对孪生兄弟，其组合的威力非常强大。这二者的高明之处在于拆散六国同盟，让他们单枪匹马跟秦国独斗，而这正是秦所希望的。故此，秦王和远方的国家相交，并四方派间谍传播离间计。这样，秦国就用其强大实力一个个收拾六国，很好地实现了其策略。

秦始皇能很好地继承和发扬先辈谋略，加上他本人的雄才伟略，运之极恰，六国当然俯首称臣了。

猛兽易服，人心难制

【原文】

眼看西晋之荆榛，犹矜白刃；身属北邙之狐兔，尚惜黄金。语云："猛兽易伏，人心难降；谷壑易填，人心难满。"信哉！

【译文】

西晋时期，眼看就要发生亡国之祸，可是一些高官显贵还在那里炫耀武力。汉代皇族，死后多半葬在北邙，尸体多半成为狐鼠之食，而在世时却是那样贪恋财富。俗谚说："野兽容易制伏，人心却难降服；沟壑容易填平，人欲却难满足。"这真是一句经验之谈。

【解读】

"人心不足蛇吞象"、"欲壑难填"，形容的就是那些贪婪到极点的人，将人的贪欲比作蛇吞象、比作大沟壑，简直是太形象，大有说服力了。但是，从古到今，又有几人从中吸取过教训呢？相传有一个笑话，说在一个寒冷冬天，有一个人不小心掉到河里去了，众人急忙救他，他却说："不慌不慌，我的帽子还没有找到呢？"这则故事就是讽刺那些贪婪之徒的。

【事典】

用人不疑，放心放手

商场如战场，竞争激烈，危机四伏，机遇稍纵即逝。如果不能及时抓住机遇，事后悔之晚矣。要抓住机遇，就要运用丰富的知识和经验，进行敏锐地判断，果断地决策，迅速地行动，以高效率的工作占领生意场上的有利山头。但这种高效率的取得，并非易事，除去才识眼光的因素，还存在心理素质的问题。就老板而言，要冒蚀本破产的风险；对伙计来说，不能不看老板的脸色、考虑老板的愿望来行事。老板伙计各有顾虑，这是一般的常情。但如此一来便会放不开手脚，也便容易失去许多很好的机会。所以，作为老板，就要充分地授权给下属，让他们能独立发挥自己的能力。

　　胡雪岩的与众不同之处，就在于他敢于开拓，敢于出奇招，做常人不敢想、不敢做的生意，而且他谋事周到，对生意中的各个环节、各个细节、各种可能出现的问题都要认真考虑推敲一番，因而往往能出奇制胜，大获其利。一旦看准了，便大胆果断地行动，这是胡雪岩的作风。然而光有他一个人的高效率是不行的。他还必须带出一批人，这批人的工作要能与他的作风相适应，能在生意场上摸爬滚打、独当一面，具有独立判断决策的能力，并能迅速付诸行动。一旦有了这样的下属，胡雪岩作为总领导者就不再参与具体的工作细节，他放心地信任下属，将职权完全交给他们，令其独立处理，绝不进行不必要的干预。他的用人不疑，既节省了效率，又增加了下属的工作信心。

　　胡雪岩在用人上一直奉行的一个重要原则，就是放手使用、用而不疑。一般来说，除非是那些必须让他拿主意的关系生意前途的重大决策，在一些具体的生意事务的运作上，胡雪岩总是放手让手下去做，决不随意干预。在阜康钱庄开办之初，当他认定自己延聘的钱庄档手刘庆生可以料理生意事务之后，也几乎是完全放手让他去做。他只是规定了几条大的原则，诸如只要是帮朝廷的忙，即使亏本的生意也可以做；放款要看对象等等。其他的事情，则全部由刘庆生自己做主，具体事务放手让他去做，决不随意干预。刘庆生果断认销二万"官票"就是一例。"官票"是朝廷新发行的纸钞，目的是购粮征饷镇压太平军。"官票"的发行可能造成通货膨胀。但朝廷、衙门强行向杭州各钱庄派销价值二十五万两银子的官票。三十三家小同行，包括阜康在内的九家大同行在一起议论此事，各钱庄纷纷叫苦推诿，不满意于先缴六成现款、其余四成两个月后缴清的派销条件，主张用多少、缴多少。而刘庆生此前已与胡雪岩谈过关于官票的事情，胡雪岩没有明确表示态度，但告诉他自己做生意的一个宗旨，即只要能帮朝廷的忙，即使赔本买卖也做。有了这样一个宗旨，刘庆生也就放开了手脚，首先主动为阜康钱庄认销价值二万两的官票。这一行动，使阜康这块招牌，在官厅、在同行中，立刻又变得很响亮。胡雪岩得知后也极是高兴，觉得自己完全可以将钱庄的生意交给刘庆生了。这就是他用人不疑的结果。

处世忘世，超物乐天

【原文】

鱼得水逝而相忘乎水，鸟乘风飞而不知有风，识此可以超物景可以乐天机。

【译文】

鱼有水才能优哉游哉，但是它们何尝明白自己置身于水中呢？鸟借风力才能自由翱翔，但是它们却不知道自己置身风中。如能看清此中道理，就可以超然物欲的诱惑之外，这样才能获得真正的人生乐趣。

【解读】

心才是人的主宰，外物只能为我所用，而不能拘役我，这就是作者想要告诉我们的道理。名利是外物，钱财也是外物，如果为它们所拖累，就等于做了它们的奴隶。如果以心为主宰，万物为我所用，就可以海阔天空无忧无虑了。水中的鱼儿为什么优哉游哉，空中的鸟儿为什么自由翱翔，明白了自然界的道理，也就明白了人间的道理。

【事典】

武霸天下，霸道者得志

秦始皇能统一天下，他靠的是什么？站在时乱的顶尖，承继高贵血统的他，凭着一颗霸心，一腔霸气，一手霸道，硬是打下了天下，坐成了江山。秦始皇能成就一番霸业，又是他武霸天下争战的结果。他率领虎狼之师，通过武力打败六国，最后南征北战，实现了全国的大一统，真可谓一世霸主。

秦始皇早就信奉了法家思想，而法家思想就是强权、武力，它与儒家思想的那一套仁义是背道而驰的。在那个弱肉强食的时代里，儒学所讲的一套仁义只会变得软弱，被人欺负，处处挨打，因为那是一个强者的社会，必须靠武力竞争才有说话权，才不被人打甚至可以打人，秦国就是如此，它通过改革而强大，富国强兵，原先被人打，现在却要打人了，打人还不算，他还要征服他国，充当霸主。这就是法家的思想，这就是强者的思想。

自商鞅变法以来，"耕战"一直被认为是立国之本。"耕"，就是要发展农业，把农业作为本业，因为它是基础，打仗需要有强大经济基础作后盾。"战"就是要打仗，"耕"的目的就是要扩大实力，通过打仗，夺财掠地，战胜他国，充实自己，最后使自己成为一个强有力的国家，去征服一切。所以商鞅曾说："国之所以兴也，农战也。"

商鞅和韩非力行的法家学说从来就是不讲仁义，他们认为让老百姓填饱肚子的目的，不是为了让他们知书达理，如果让他们有了知识，他们就会空谈游学，反抗国君，从而误了"耕战"。这样一来，没有人为国君种地，没有人为国君打仗，那么国家怎么强大呢？所以，法家主张愚民，不要让老百姓学会仁义和知识，让他们一心一意地"耕战"，并采取优厚的奖励政策。所以，知书达理的人少了，"耕战"的人多了，国家自然就强大起来，强大就要去征服他人，因为法家的基本理念就是强者征服弱者，永不满足。

秦始皇成了法家思想的最忠实的实践者，本来就霸道的秦始皇与法家思想真是臭味相投，一拍即合，找到了最佳结合点。他通过发展农耕，壮大自己的经济实力，同时鼓励"耕战"奖励军功，从而训练出一支能耕善战、勇猛无比的军队。秦始皇的军队被称为"虎狼之师"，的确，所到之处，攻无不克，战无不胜。秦始皇就率领这支"虎狼之师"，侵韩讨赵，夺魏伐燕，征楚拿齐，除了在对赵楚战争中决策失误外，几乎没遇到什么困难，势如破竹，只用了十年时间就灭了六国，由此可见秦国这支军队的强大和威猛。

秦始皇把他的法家思想贯彻到军队中，实行军功制，因而这支军队特别有战斗力。正是凭着这支军队，秦始皇以武力统一了六国，实现了他一统天下的理想，成就了一番霸业，不辱先辈图霸之谋。倘若以仁义之道来取胜，这无异于痴人说梦，秦始皇的称霸过程也表明：霸道者得志。

宠辱不惊，去留无意

【原文】

宠辱不惊，闲看庭前花开花落；去留无意，漫随天外云卷云舒。

【译文】

对于一切荣光和屈辱都无动于衷，永远用安静的心情欣赏庭院中花开花落。对于所有升沉和得失都漠不关心，冷眼观看天上浮云随风聚散。

【解读】

此句称得上是人生经验的精华。得宠不惊喜，因为得宠也会失宠，得辱不在意，因为自身清白。上则尽力而为，下则逍遥自在，能进能退，能屈能伸，这才算是一个智者的举止。如今的人，如果能够练就"宠辱不惊，去留无意"的功夫，将是多么的困难，不过多看看历史上宦海沉浮的悲喜结局，也许会对人生的得失有一个满意的答案。

【事典】

推倒一世豪杰，开拓万古胸襟

"量小非君子，无毒不丈夫"，许多人认为武则天的肚量与她的歹毒正合此言。

往昔，有人说你有多少能耐，就能办多大事业。非也！今天我们才懂得：你有多大胸怀，就能办多大事业。许多有关武则天的著述说武则天气度如何之小，肚量如何之微，嫉妒心又强，又鼠肚鸡肠……如此，未免太小看武则天了，她就是慈禧而非武则天了。

武则天统治期间，封建经济得到一定的发展，特别是农业、国防得到大力加强。她当政期间，朝中干将，比贞观时有过之无不及。她收罗人才，广听纳谏，多少学会了一些唐太宗的风度，使得唐太宗贞观时期所取得的统一与强盛的局面，得到了切实的巩固。她若实行"武大郎开店比我高的一概不要"岂能将国家治理得如此兴旺发达，又怎么取得如此的成绩！

"太后可曾留意您头顶幽深的夜空？世间万物，惟有天地永存，自盘古开天辟地，已历经百世，可天空与海洋却愈活弥坚，源远流长，靠的也只是一个'忍'字，所以天空长寿，因为它心志平和，海洋浩荡，因为它包罗万象。人生百态，概莫如此，一切悲伤失意，一切生老死别，一切阴晴圆缺，皆为自然，为人世常志，心要学会包容，像天空那样将风雨化为彩虹。唯此，则任何人就都可以活得像天空一样久远，像海洋一样永恒不渝。"

武则天以陆皓翁的"忍"字为她的处世之道。虽陆皓翁多次想毒害她，以至最后谋杀计划破产，服毒自杀，但仍不减武则天对他的尊敬。武则天视他为先帝忠臣，对他的豪气佩服有加。她对陆皓翁的敬意，并非官场虚伪的推崇，她是真诚的，由衷的，对他人格魅力的敬佩，她是发自心底的。

徐敬业在扬州起兵的时候，请当时著名的文学家骆宾王替他写了一篇讨伐武则天的檄文：《讨武曌檄》。武则天叫人把这篇文章拿来念给她听。文章里说了武则天许多坏话，骂她"豺狼成性"、"残害忠良"、"弑君鸩母"。武则天听了，只是笑一笑，并没有生气。当她听到"一抔之土未干，六尺之孤何托"两句的时候，反而连连称赞写得好，后来听到"试观今日之域中，竟是谁家天下"两句，更加赞不绝口，问道："这篇檄文，不知出自何人之手？"有人回答说是骆宾王写的。武则天十分惋惜地说："有这样的人才，让他流落民间，得不到重用，这是宰相的过错呀！"

此外，上官婉儿是上官仪的孙女，上官庭芝的女儿。上官仪父子因反对武则天被杀后，上官婉儿被没入掖廷官为奴婢。上官婉儿天性聪敏，善写文章。有一次，武则天发现上官婉儿写了一首七言诗，该诗文辞精美，不禁引起她的注意。尽管字里行间不乏对武则天的愤恨，武则天并不计较，反而把她召到自己身边，放手使用，让她批阅表奏，起草诏命。这一年，上官婉儿仅仅十四岁。从此，上官婉儿对武则天由仇视转为拥护，在武则天的熏陶下，对唐代文化的发展作出了贡献。由此可见武则天胸襟的开阔。若能做到这样，打开心胸，用人不疑，唯才是举、礼贤下士，怎样的事业不能把它做好、做大？

苦海茫茫，回头是岸

【原文】

晴空朗月，何处不可翱翔？而飞蛾独投夜烛；清泉绿果，何物不可饮啄？而鸥鹈偏嗜腐鼠。噫！世之不为飞蛾鸥鹈者，几何人哉？

【译文】

晴空万里，皓月当空，哪里不可以自由自在地飞翔？可是飞蛾偏偏要扑向灯火而自取灭亡。清澈泉水，翠绿瓜果，什么东西不可以饮食果腹？可是鸥鹈却偏偏喜欢吃腐烂不堪的死鼠。唉，世间不作飞蛾鸥鹈的人，究竟能有几个呢？

【解读】

飞蛾扑火是自取灭亡，鸥鹈食鼠是自食其臭。人也常常是自讨苦吃、自讨无趣。在生活中就有这样的人，"明知山有虎，偏向虎山行"。有些事情明知做不得，却偏偏去试一试，利用权力贪污腐化，利用暴力抢劫行凶，结果落得个身陷囹圄的下场，这岂不是自投罗网？还有的人死脑筋，遇事不思变通，一意孤行，结果是作茧自缚，自己挡住了自己的去路。前车之覆，后车之鉴，飞蛾和鸥鹈的故事流传了多少年，可从中吸取教训的又有几人？

【事典】

接母回宫，往脸贴金

在我们的日常生活中，可能有些事情是我们非常不情愿做的，就像孔乙己忌讳别人说他头上的癞疮疤。但是，为了更长远的目的，我们又不得不违心地去做，违背自己的意愿。其实，这并不是不好的事情，有时不失为一种策略。韩信能忍受胯下之辱终成大将，勾践卧薪尝胆最后一举击败吴国，所以呢，为了衡量全方面的发展情况，如果是有利的事情，那么现在亏点又算啥呢？

《左传·隐公元年》中记载的这个故事：

郑武公的夫人武姜生有两个儿子，长子出生时属难产逆生，腿脚先出，折腾得武姜死去活来，备受痛苦煎熬，因而起名为"寤生"，及成人后又长得身材矮短，相貌丑陋，武姜心中深为厌恶。次子段生产时很顺利，及成人后又长得气宇轩昂，仪表堂堂，武姜深为疼爱。武公在世时武姜多次劝他废长立幼，立段为太子，武公怕引起内乱，就是不答应。

郑武公死后，寤生继位为国君，是为郑庄公。封弟段于京邑，国中称为太叔段。武姜见相貌堂堂的段竟要向矮小丑陋的寤生俯首称臣，心中很不是滋味，便与段密谋里应外合，袭取国都，废掉庄公，由段登基为君。孰料太叔段率兵叛乱后很快被老谋深算的庄公用武力击败，逃奔共国。庄公把合谋叛乱的生身母亲武姜押送到一个名叫城颍的地方囚禁了起来，并发誓说："不到黄泉，母子永不相见！"意思就是要囚禁他母亲一辈子。

一年之后，郑庄公渐生悔意，感觉自己待母亲未免太残酷了点，但又碍于誓言，难以改口。这时颍谷之地有一个名叫颍考叔的人摸透了庄公的心思，便带了一些野味以贡献为名晋见庄公。庄公赐其共进午餐，他有意把肉都留了下来，说是要带回去孝敬自己的母亲："小人之母，常吃小人做的饭菜，但从来没有尝过国君桌上的饭菜，小人要把这些肉食带回去，让她老人家高兴高兴。"庄公听后长叹一声，道："尔有母亲可以孝敬，寡人虽贵为一国之君，却偏偏难尽一份孝心！"颍考叔明知故问："主公何出此言？"庄公便原原本本地将发生的事情讲了一遍，并说自己常常思念母亲，但碍于有誓言在先，无法改变。颍考叔哈哈一笑说："这有什么难处呢！只要掘地见水，在地道中相会，不就是誓言中所说的黄泉见母吗？"庄公大喜，便掘地见水，与母亲相会于地道之中。母子两人皆喜极而泣，即兴高歌，儿子唱道："大隧之中，其乐也融融！"母亲相和道："大隧之外，其乐也泄泄！"颍考叔因此功而被郑庄公封为大夫，享尽荣华富贵。

彻见真性，自达圣境

【原文】

羁锁于物欲，觉吾生之可哀；夷犹于性真，觉吾生之可乐。知其可哀，则尘情立破；知其可乐，则圣境自臻。

【译文】

一个终日被物欲所困扰的人，总觉得生命很悲哀；只有留恋于纯真本性的人，才会发觉生命之可爱。明白物欲困扰的悲哀，世俗的情怀立刻消除；明白留恋本性的欢乐，圣洁的境界自然到来。

【解读】

人与动物的最大区别是人有思想，而动物没有思想。就说牛马吧，它们奔波劳碌，是为了换得一把草吃，它为有草吃而活着。而人如果只是为了衣食而奔波，难道不是和牛马一样了吗？在世上还有一种人有衣有食，却甘愿做牛做马，为物欲而四处奔波，这种人比牛马还要可悲。所以一个人要真正求得快乐，就要在彻悟自己的真性上多下功夫，才能进入超凡脱俗的至高境界。

【事典】

南征北伐，修筑长城

秦始皇在统一六国、平定天下之后，似乎可以安心休息一阵子了，因为天下都已是他的了，还愁什么呢？然而在秦始皇伟岸的身躯里，似乎永远奔腾着秦人那种激动燥热的血液；在秦始皇深自掩饰的性格中，似乎永远烙刻着祖先那种虎狼之气并存的禀性。血液激动燥热，意味着秦始皇时刻处于情绪饱满、斗志高昂的状态，不会让天下有片刻的安宁静谧。而虎性英猛霸道，时刻想咆哮生风，扬威万里；狼性孤僻残忍，时刻想近食肥羊，远扑狡兔。

匈奴，是生活在北方大漠的一个剽悍好战的民族，《史记·匈奴列传》中记载，匈奴族习俗剽悍勇猛，擅长骑马射箭之术。"儿能骑羊，引弓射鸟鼠；少长则射狐兔，用为食。士力能贯弓，尽为甲骑。其俗宽则随畜，因射猎禽兽为生业，急则人习战攻以侵伐，其天性也。"

他们强大起来后，开始侵扰中原北部边境。尤其是在战国时代由原始社会向奴隶社会的过渡时期，匈奴极具侵略性和扩张性，经常南下骚扰中原，抢劫人口和财物，对秦、燕、赵北方边境构成了严重威胁。赵国在赵武灵王时曾主动出击过匈奴，后来李牧戍边，曾痛击过匈奴，使匈奴不敢南下牧马近十年。秦军攻赵和秦国攻打其他几国时，由于放松了对北方边境的守护，匈奴又气焰嚣张，挥鞭南下，加紧了对北部边境的武装掠夺，使北方频频告急，百姓雁难。

削平六国的秦始皇傲视天下，海内无敌，岂能容忍匈奴这等"蛮夷小邦"在北部边境横行无忌，于是召集文武大臣廷议北伐匈奴之事，准备乘战胜东方之余威大举出击塞北，彻底打败匈奴，廓清北部边境。

在这次会议的讨论中，大臣们分成两派，即主战派和反战派。以蒙恬为代表的一批将帅坚决拥护和支持秦始皇北伐匈奴，这主要是为他们自己的利益考虑：始皇嬴政统一天下后，他们无英雄用武之地，在政治上备受冷落，他们希望借北伐匈奴来大显身手，再树威信并捞取权力和财富。

令始皇嬴政始料不及的是，一向坚决支持和服从他的李斯，这次却坚决反对进攻匈奴。李斯说："夫匈奴无城郭之居，委积之守，迁徙鸟举，难得而制也。轻兵深入，粮食必绝，踵粮以行，重不及事。得其地不足以为利也，役其民不可役而守也。胜必杀之，非民父母也。靡弊中国，快心匈奴，非长策也。"

李斯的这一看法不无道理，因为当时，全国大量的人力物力被用在修宫殿、修驰道、修坟墓、大移民等项目上，这些非生产性劳动使秦帝国的国力大损，如果再来一次大规模的对外战争。秦帝国的国力恐难承受。

从长远的角度权衡利弊得失，李斯的意见无疑是正确的。秦始皇认真考虑了李斯的意见，没有立即发动对匈奴的战争。这时还有一个使秦始皇暂时放弃北伐的因素，就是南征百越之举开局很不顺利，五十万大军被阻隔在五岭之北，裹足不前。后来虽然尉屠睢率军通过新开凿的灵渠深入岭南，却突遭越人夜袭营寨，秦军损失极为惨重，连尉屠睢也变成了刀下之鬼。气得秦始皇暴跳如雷，心急如焚，把全部注意力都放在岭南方向，只得把北伐匈奴之议暂时搁置一边。

到了秦始皇三十二年（前215），秦始皇却突然决定立即出师北伐，并马上任命蒙恬为上将军，统帅三十万人马昼夜兼程赶往北部边境，克日攻击匈奴。秦始皇这么快就决定出兵，而且态度坚决，是出于几个原因，一是南征战争基本结束，就剩下讨伐北方匈奴；二是这一年他第四次巡游全国，大漠北边这一块莫大宽广的土地，立刻勾起他霸主的雄心，他誓意要攻下匈奴，夺取这一块土地；三是最使他气愤不过的是这时方士卢敖骗他的一封迷信天书："亡秦者，胡也。"秦始皇信以为真，对匈奴胡人恨得咬牙切齿，当即发布军令，攻打匈奴。

于是，蒙恬奉秦始皇之命指挥三十万大军奔赴北部边境，开始攻打匈奴。秦国军队素有"虎狼之师"的美称，但由于时机选择不对，在迢迢千里之外的沼泽与苦寒之地，"虎狼之师"却完全失去了往日的雄风。大漠茫茫，荒无人烟，气候险恶，辎重难继，因此仗打得十分艰苦。但由于蒙恬进攻方向选择正确，加上指挥有方，秦军迅速捕捉了战机，给匈奴以重创，占领了匈奴十分重要的河套地区。捷报传到咸阳，始皇嬴政大为振奋，立刻命令蒙恬在原地待过冬天，准备第二年对匈奴发起进攻。

公元前 215 年春夏之际，蒙恬率领秦军铁骑，集中优势兵力，对匈奴发动了攻势，匈奴抵挡不住三十万秦军的勇猛攻击，只得向北仓皇逃走。蒙恬指挥秦军夺取了高厥（今内蒙古自治区托克托、萨拉齐二县北，山名）和阴山（今狼山山脉）；另一支秦军西渡黄河，驾长车，一直踏平贺兰山阙，方才收兵。

作战获胜后，为了巩固这些地区的防务，秦帝国在榆中沿着黄河以东，直到阴山脚下的这片广大地区设置了 44 个县，开始对这一地区实行有效的管理，巩固了出击得来的成果，使秦朝的统治地区向北推进了一大步，在军事上保障了内地的安宁和农业生产的进行。

这次北伐匈奴的胜利，是秦始皇以暴制暴抗击匈奴，取得持久和平的一项重要胜利。而且把这块地纳于秦的版图和管理之下，设置郡县，标志着从秦朝始这块地就是中国的领土。而且蒙恬之军"却匈奴七百余里，不敢南下牧马"，的确显示出了秦军的英雄气概。之后，蒙恬三十万大军又转为边防军，在黄河沿岸筑城屯守，担负长期戍边的重任，从而保证了这一地的安定与生产。

秦始皇的南征北战，修筑长城，都是出于战略的考虑，他把他的雄才伟略和深谋远虑发挥到了极致，更重要的是形成了南北真正的大一统，把全国人民统一到中华民族的旗帜下。

心月开朗，水月无碍

【原文】

胸中即无半点物欲，已如雪消炉焰冰消日；眼前自有一段空明，时见月在青天影在波。

【译文】

一个人如果没有丝毫物欲，那心中壁垒就像炉火融雪、阳光化冰一般快速。一个人如能把眼光看得远些，那清朗景象宛如皓月当空、倒影在水一般宁静。

【解读】

佛有五眼，即肉眼、天眼、慧眼、法眼、佛眼，而人只有一双肉眼，看到的全是物质利益，所以心中的烦恼也很多。如果能减少欲望，淡泊名利，在喧闹的市井中独自沉默，在横流的物欲中洁身自好，抛却诸般纷扰，胸中便欲火自灭，坚冰自融，便能活得安然自在。明月清风处处有，就像我们每个人的心中都有一片最清明的本性一样，心怀欲望的人是见不到这无处不在的明月清风的。

【事典】

破格用人，敢为天下先

武则天是一位什么样的人？

她是中国历史上惟一的一位真正的女皇。

她死后在乾陵立了中国惟一的一块无字大碑。

她又是中国历史上惟一的能与皇帝合葬的女人。

她所占的"惟一"太多，在无数杰出的古代女性当中，在数不清的争权称制的帝妃皇后当中，能占得到一个"惟一"的，就已很了不起，而武则天却在许多方面都"创下了历史记录"。

确实，武则天的出现"留给史书一页新"，尽管"后人纷纷论古今"，她的历史意义却是谁也抹杀不了的。

她在选官用人上更是别具一格，自有一套，敢为天下先。她本身是个女性，那么朝臣同样也可以有女性，她为打破这一传统首开先例。

由此可见，武则天开明的政治思想，用官不避男女，敢于向封建传统挑战，向世人证明：不管男女，只要有能力同样可列朝为官。

上官婉儿就是一例。

麟德元年，上官仪得罪了武则天后，被贬他乡，死于途中，上官仪整个家族也没能逃出此祸害，上官门庭所有的男丁都被处斩，只留下一个年仅一岁躺在襁褓中的女婴。武则天内心也知道上官仪是冤枉的，他只是一个替死鬼，他替懦弱惧内的高宗背了一个永劫不复的黑锅。因此她网开一面留下这个女婴与其母亲，使她们母女能够相依为命。并将她们安顿在掖庭宫。就这样她们过着官非官，奴非奴的生活。

就因为上官婉儿有学识，受到武则天的重用，武则天立刻命婉儿离开掖庭宫，常侍她。并吩咐身边的女官长福说："长福，你去告诉副总管，在朕寝殿附近，给婉儿收拾一个屋子，设备要好一些。给婉儿预备三品明色，今天就办好！"官女长福答应着走了。

第二天，武则天即领着文武百官祀南郭。从此，上官婉儿正式成为武则天的贴身秘书，服侍在武则天左右，直到她病老终死。

武则天打破封建传统，破格用人，使当时妇女地位得以极大的提高。在提高封建妇女的地位这一政策上，早在显庆五年"双圣"理政期间，武则天就采取过一些措施，并为提高妇女地位打下了基础。当时，武皇后陪同唐高宗，从东都洛阳出发，曾北上并州。虽然这时是春寒凛冽，但是盛大的仪仗队，华丽的车驾，沿途八百里迎送群众热烈的气氛，早已将那寒意扫荡净尽了。这时，武皇后心情十分激动，越近并州，越无法平静。这是自己的故乡呵！凄凉的往事一幕幕地重新在脑海中展现，为父亲安葬的场面，守丧的年月……现在，她在心底里呼喊："我回来了，荣耀地回来了，比当初梦想的还要荣耀得多地回来了！"

并州的父老兄弟都匍匐在地，拜迎皇帝和皇后驾临。武皇后的自尊心得到极大的满足。她想：当年她在并州是无人理睬的孤女，可是如今却成了万人瞻仰的统治者。权力和地位是多么神奇，它竟能改变世界，创造至尊！

这时，武皇后精力充沛，意气风发。可是高宗却感到精力支持不住，经常头痛目眩，所以很少露面接见群众。按照旧例，天子行幸所到的地方，都设有朝堂，皇帝每天在朝堂接见群臣，皇后则居住在内殿。如今高宗患病，一切事权都只好由武皇后出面代皇帝行使。她既要在朝堂上代皇帝接受朝贺，举行宴会，又要在内殿作为皇后接受妇人的祝拜。当时，武皇后就以高宗的名义下诏说：并州八十岁以上的妇女，都授给郡君的荣衔。这是武皇后为了提高妇女地位作出的一项措施，也是她给故乡人民的一种荣典。

从并州回到洛阳后，高宗的病日益严重，经常不能处理政事，于是百官的奏事只得交给武皇后直接裁决。武皇后对唐太宗贞观年间的政事进行过精心研究和总结，所以她处理政务很有经验。加上她生性聪明，办事果断，把许多复杂的事情处理得井井有条。高宗自愧不如，所以即使健康状况好转，也干脆把政事交给武皇后去办，自己却去安心静养，或者到后宫各嫔妃那里去寻欢作乐。

唐朝时北方的社会风气，因为受鲜卑族的影响，妇女的社会地位比较高。在家庭里，往往是妇女主持一切大事。家庭里如果要打官司诉讼案件，请人帮忙，或者到官府去为儿子求官，请客送礼，都是妇女穿着精美的衣服，佩戴贵重的首饰，坐着车子亲自处理。而男子却只有老奴、瘦马可供使用。当时的北方人，礼法束缚比较松，妇女有充分发挥才能的机会。因此，当时武皇后代替高宗处理朝政，不但武皇后觉得很自然，高宗也觉得没有什么不对，而且社会舆论也毫不介意。在文化、思想处处都受到各种限制的古代，社会风气竟已开放至此。由此可见，帝王和臣民们意识的先进程度较之后世，一点也不逊色。

毁誉褒贬，一任世情

【原文】

饱谙世味，一任覆雨翻云，总慵开眼；会尽人情，随教呼牛唤马，只是点头。

【译文】

一个尝尽世间酸甜苦辣的人，不管人情冷暖、世态炎凉如何变化，都懒得睁眼过问其中是非。一个看透了人情世故的人，对于世间毁誉无动于衷，不论呼牛唤马都若无其事地点头。

【解读】

世事无常，人情冷暖依旧。从古至今，有多少嫌贫爱富、趋炎附势的故事啊！且不说范进中举故事中那个在女婿未中举时冷眼相对、中举之后又百般奉承的屠夫岳父，就说战国时著名游说家苏秦在未发迹之时，也是受到了兄弟、嫂子、弟妹、妻子、父母的冷嘲热讽，等他通过发奋读书取得功名被封为武安君时，父母特意派人清扫道路郊迎三十里，妻子对他侧目而视、侧耳而听，哥嫂俯伏在地侍候他用饭，面对这前后反差太大的场面，苏秦深有感慨地叹息说："同样是一个人，富贵了亲戚就敬畏我，贫贱时亲戚却怠慢我，更何况是其他一般的人呢？"一个人享受过别人的爱，经历过别人的恨，做过显达的事情，也做过失意的事情，一切都经历了，一切人情都感受过了，还有什么可以让他触目惊心的呢？看透了人情世故也就能做到无动于衷了。

【事典】

苦心经营，以诗传情

客观事物发展中有主要矛盾和次要矛盾之分，主要矛盾决定该事物发展方向与前途，起着影响全局的作用。抓住了主要矛盾，就找到了解决事物的关键，解决了主要矛盾，其他问题就迎刃而解。明确了目的、任务，抓住主要矛盾，才能不为其他所动，在解决主要矛盾的过程中，还要步步为营，把眼前的矛盾作结构上的调整或重新安排，再一个萝卜一个坑，步步取得最佳效果。人们熟知的孙膑助田忌与齐王赛马的故事，就体现了孙膑通过调整结构来使事物发生质变的系统谋略思想。齐王的上、中、下三类马都分别优于田忌的上、中、下三类马，如果田忌以上等马对上等马、中等马对中等马、下等马对下等马与齐王比赛，绝无获胜的希望与可能。孙膑建议田忌以上等马对齐王的中等马，以中等马对齐王的下等马，而以下等马对齐王上等马与齐王赛马，这样取胜的几率就很高了。武则天便是如此，她知道关键时刻，该如何调动本身仅有的"兵力"来解救自己。

武与高宗的爱情常常是被许多人所流传的爱情佳话，实则不然，武则天这一生最爱的人是她自己。既然她为了达到称帝的目的，连亲生的女儿、儿子都亲手杀死，她就更加可以为了达到重回宫廷的目的，不惜利用爱情。此时，她对李治的爱情是苦心经营出来的，就连她对李治的每一封情书，每一次笑或颦都是经过精心策划的，她优雅的文笔，幽怨的情愫成就了她以诗传情的计谋。

在这些方面，她一点都不失女子本身的细致和柔情。关键时刻，她是面面俱到，风情万种，她曾写过一首《如意娘》赠李治：

看朱成碧思纷纷，憔悴支离为忆君。
不信比来长下泪，开箱验取石榴裙。

意思是说："我等你、盼你，以至于看朱成碧，形容憔悴。无限的思念使我暗地里不知哭了多少回。如果不相信，请你打开箱子看看我的石榴裙，那上面还有我流下的眼泪。"

年轻的皇帝并非薄情，他在思念着武则天。他有一首《七夕》诗，恰可与《如意娘》应对。那诗云：

霓裳转云路，凤驾俨天潢。
云星泂夜屚，残月落朝璜。
促欢今夕促，长离别后长。
轻梭聊驻织，掩泪独悲伤。

对李治而言，武则天简直就像牵牛鼻子走似的，她太了解高宗了。他根本玩不过她，他深深地爱上了身在佛门的武则天。

是的，爱而不见的悲伤在折磨着高宗李治。但是，在太宗死后的一年多时间内，他还不能把精力过多地用在武则天身上。新临皇位的繁杂国事使他忙得不可开交，他还无暇多顾。尽管先王谢世后并未发生政治上的动乱，但摆在新君面前的问题仍多如山积，年轻的皇帝不得不躬亲处理。

如果说身为一国之君的李治能在朝政纷繁复杂之余还能惦念着先皇的武才人，说明决非薄情寡义之辈，而这一切则是武则天不屈抗争、苦心经营的结果。

自然得真机，造作减趣味

【原文】

意所偶会便成佳境，物出天然才见真机，若加一分调停布置，趣意便减矣。白氏云："意随无事适，风逐自然清。"有味哉！其言之也。

【译文】

事情偶合己意就是最佳境界，事物出于天然便为巧夺天工；假如加上一分人工的修饰，就大大减低了天然趣味。所以白居易说："意念听任无为，才能使身心舒畅；风要起于自然，才能感到清爽。"

这两句诗，真是值得玩味的至理名言。

【解读】

一个天真无邪的孩子一举一动都惹人高兴惹人爱，一个"老天真""老顽童"就让人觉得可笑。微缩景观中的山水做得再逼真，但它已失去了自然的生命，山只是一堆石头，水只是一汪死潭。所以说：人贵在自然，文贵在自然，万物均贵在自然，因为自然是最清纯的，也是最有韵味的。

【事典】

项羽斗力，我斗智

兵书上说："上兵伐谋，其次伐交。"也就是说用智长于用力。战场上没有君子和小人，"成者为王，败者为寇"。所以兵法上说，兵者，诡道也。老子在道德经里说："善为士者不武，善战者不怒，善胜敌才不兴，善用人者为之下。是谓不争之德，是谓用人之力，是谓配天之极。""斗智不斗力"是一种不战而胜人的高明之策，有的人整天疲于奔命，最终无所事事，而有的人则不然，凡事多动脑筋，用脑子去做事，这斗智者自然要高于斗力者。

刘邦、项羽在广武、成皋一线僵持，总的形势对项羽越来越不利，因为不仅彭越在不断地骚扰他的后方，而且韩信在攻下赵国后，又连续取得迫使燕国投降、攻下齐国的军事胜利。项羽曾派大将龙且率领 20 万楚军救齐，希望龙且能遏制住韩信军事势力的扩展，保住齐国这个最后的也是惟一的盟国，龙且却被韩信打败。项羽不仅没有能够保住齐国，反而损失了 20 万军队和龙且这员战将，元气大伤。更重要的是，韩信攻下齐国后，楚汉相争的战略形势从根本上发生了变化，项羽完全处于刘邦势力的战略包围之中，他已失掉了他所有的盟友，孤军奋战，四面受敌。这种形势倘若继续维持下去，刘邦不用通过军事较量，项羽也会因时间的推移而难以为继，项羽对这种形势还是有清醒的认识的。

他更加急于要和刘邦展开决战。但是聪明而又老练的刘邦当然不会轻易和项羽作孤注一掷的决战，他始终抱定一个宗旨，那就是坚守不战，和项羽拖下去，他乐意和项羽打一场持久战、消耗战。因为他明白，军事上他绝不是项羽的对手。如果双方会战，他肯定会输，但是在政治上、谋略上，项羽却绝不是自己的对手，他就是要扬己之长，避己之短，和项羽在广武、成皋一线拖下去，直到把项羽拖垮。

面对刘邦这种避而不战的态度，项羽无计可施，他又迫切地想要和刘邦决战，情急之下，他终于想到了手中掌握的一张王牌，那就是刘邦的父亲和老婆。自从彭城之战后，他们一直是项羽的俘虏，项羽尽管性格残暴，杀人如麻，但对自己的死敌刘邦的父亲和老婆却一直没有加以杀戮。现在他终于想到利用他们来迫使刘邦与自己决战了。项羽在阵地前立了一个高台，上面放了一个大的切肉的木俎，然后把刘邦的父亲放在木俎上，以使刘邦能够远远地看到这一情景。然后，他派人对刘邦说："你赶快投降，否则，我就杀了你的父亲！"项羽本希望通过这一手段，要挟刘邦，刘邦总不可能连父亲都不顾，连一点人情味都没有吧？可项羽偏偏又打错了算盘，刘邦回答项羽的使者说：

"当初我和项羽反秦，都是楚怀王的部下，曾经结为兄弟。因此我的父亲就是项羽的父亲。如果项羽一定要烹杀他的父亲，敬请分一碗用他父亲的肉做成的羹给我尝尝！"

刘邦确实是一个了不起的政治家，他能厚起来，也可以黑下去，所以，他能不受人情的制约，做到真正的冷酷无情，始终保持其政治头脑的清醒。因为他知道，既然自己的父亲已经是项羽的俎上肉，那只能任项羽宰割，自己要是急于救父亲，那就要牺牲自己的政治前途，投降项羽后，连自己都成了项羽的俎上肉，还能救得了父亲吗？因此干脆耍无赖，说自己的父亲就是项羽的父亲，项羽一定要杀自己的父亲，他还要向项羽讨一碗肉羹吃，从根本上断绝项羽利用自己的父亲为要挟手段的指望。当然，刘邦这样回答，他也一定知道其后果意味着什么，那一定会激怒项羽，杀了自己的父亲。如果项羽杀了自己的父亲，那也就意味着项羽这一要挟并没有对他起任何作用。刘邦所要达到的就是这个目的，他只要达到目的，而不受任何情绪的左右，这正是刘邦的与众不同之处。

在双方对垒时，人的形体动作，也是增强信心的一种有力武器。三国时，曹操准备攻打吴国的孙权，便利用了威慑的力量，把水军的数量故意夸大，以此来恐吓孙权，目的是让孙权不战而降。的确，当东吴将领刚听到曹操率领八十万水军征讨时，有不少人还真被曹操的气势吓住了，纷纷主张投降曹操。要不是孙权在周瑜的劝谏下，抗曹的态度坚决起来，说不定曹操的计谋就会得以实现。

真不离幻，雅不离俗

【原文】

金自矿出，玉从石生，非幻无以求真；道得酒中，仙遇花里，虽雅不能离俗。

【译文】

黄金是从矿山里挖出的，美玉是从石头中雕成的，可见不经过幻变就不能得到真悟。道理是从杯酒中悟出的，神仙也许能在烟花场中邂逅，可见即使是高雅之士也摆脱不了世俗之情。

【解读】

一个人的本质是很重要的，人的本质能决定一个人发展的方向。矿石本来就含有黄金的物质成分，所以经过一定的加工，就变成了很纯正的黄金；美玉也是在玉石的基础上加工而成的，没有玉石就不可能有漂亮的玉器。人同此理，有的人天生气质高雅，有的人天生粗俗低劣。气质高雅的人即使在俗的环境中成长，只要条件一旦改变，他天生气质就会显现出来；天生粗俗的人，生活的环境再好，也培养不出好的气质，一旦他遇到适合的环境，他粗俗的举止就会暴露无遗。所以，对一个人来说，第一是本质要好，第二要经历磨炼。

【事典】

铺路在先，成事于后

刘邦起兵后，父老们在樊哙领导下，开城门迎接刘邦党众入城，沛县居民夹道欢迎，拥刘邦入县衙，并恳切请求刘邦出任县令。萧何等人也乘机纷纷劝说刘邦，希望他能顺乎民意，就任县令一职。

刘邦对于众人的推举自然是很高兴的，他早就巴不得有人提议了，所以，当他听到大家希望他当县令的话后，心里感到美滋滋的，真想立刻就应承下来。

不过，刘邦还是懂得应该谦让一下的，这样，更加会赢得百姓的敬重。于是，他就装模作样地推托说："父老乡亲们推举我做沛县的县令，这实在是让我非常感动。不过，刘邦德薄才疏，不敢当此重任，如果领导不当，就会使大家受到连累，所以，大家最好还是重新推选一个更合适的人担任首领。"

有人又提议让萧何、曹参担当首领，但萧何、曹参坚决不同意。因为他们一方面已经决定辅佐刘邦，不好与刘邦争夺权力，另一方面，两个人也担心万一起义失败，作为起义军的首领肯定要受到最严厉的处罚，肯定会被诛灭九族，所以不愿冒做出头鸟的危险。出于这两方面的想法，萧、曹二人也就接着大家的话茬恭推刘邦任沛公之职，而老百姓也认为这是与自己身家性命紧密相关的大事，自然不能让一个文吏来掌握军队，就一致公推刘邦为令。

于是，刘邦表面上装作很为难的样子，假意辞谢了几次，见"众命难违"，也就只好"恭敬不如从命"了。但刘邦最高的官位只是个小亭长，如今一下子成了沛县的最高领导者，应该如何来称呼他才好呢？

还是萧何有主意，他认为，"沛公"这个称号比较合适，既可以表示刘邦是沛县的领袖，又有贵族的气派，而且也极具亲切感。"沛公"这个称号对于外表尊贵、个性随和的刘邦来说，的确是再合适不过的了。这个称号，也亏得萧何这样的人才能想得出来。萧何在沛县的地位一向很高，所以这个称号一经萧何提出，便得到了大家的认可。

从此，大家便都把刘邦称作"沛公"，刘邦的领导地位就这样被确立下来了，接下来首要的工作便是重新整编人马。因为仅凭从芒砀山上带来的百人之众，即使再加上原来的衙役、士卒，力量仍是显得太过单薄，根本就不足以在群雄中取得有影响的地位。于是，萧何等人便以原先的"刘邦党"为基础，在此基础上又重新编入沛城的子弟兵，很快就组建了一支二、三千人的队伍。几天后，这二、三千人都换上了全新的戎装，稍经训练后，便在县衙前的广场上排列起来，接受刘邦的检阅。

刘邦身着戎装，头戴"刘氏冠"，昂首挺胸，显得威风凛凛。他首先到大庙祷告了黄帝，以此向世人表示，他刘邦受命于危难之际，率领沛县子弟，响应陈胜的起义大军，志在诛灭暴秦，恢复天下秩序。接着，按照萧何的安排，刘邦又在广场上祭祀了战神蚩尤，祈望得到蚩尤的庇护。最后，刘邦下令擂响战鼓，并用牲血祭鼓，所有旗帜均采用红色战旗。如此一包装，这支二、三千人的队伍，倒也显得有模有样。

刘邦任命萧何为军师，曹参为参谋，卢绾为侍从官，夏侯婴、任敖、周勃、灌婴等人为部将，剽悍勇猛且擅长谋略的樊哙，则被任命为先锋。

刘邦下令攻击周围的县城胡陵及方与，并将大本营基地暂时设在刘邦的故乡丰邑。不久，胡陵和方与便被刘邦攻下，刘邦收编了两城的降卒，稍加休整，便率领着这群杂牌军向更远的地方进发了。

经过一番转折，受了不少痛苦，刘邦以"时势造英雄"的姿态，成了秦末起义群雄中相当特殊的一支农民杂牌军领袖。刘邦军团也成了抗秦战争中颇具规模的一支起义军队伍了。这样，在群雄逐鹿的过程中，刘邦开始崭露头角。

秦末大乱之际，刘邦竟由一介逃犯，最终破土而出，成为众所推举的起义领袖。纵览这一过程，刘邦的成功并不是没有原因的。就当时的情况来看，刘邦可以说是占尽了天时、地利、人和的优势。

先说天时——陈胜、吴广大起义。这一点可以说是不言自明。如果没有这次起义，如果秦政权仍是牢不可撼，那么，刘邦即使准备得再为充分，充其量也不过只能做一辈子的山大王而已；而亡秦之变，却给了刘邦一个可乘之机，一夜之间，使其由一个一文不名的弱者一跃而成为一名最大的赢家。

再说地利——隐匿芒砀山之时，刘邦不仅稳定了手下之心，还收揽了四方来投之士，这就为他适时脱颖而现奠定了基础。在人熟地熟的家乡起事，也可说是占了地利之光。而最重要的一点则是人和。

其一，隐匿深山之际，刘邦凭借自己的威望和魅力，竟使得手下百余人在那种艰苦的环境中，没有一人逃亡。刘邦造反之际，他们也都义无反顾地跟刘邦走上了一条不归之路。人心稳定，有了大家的支持，刘邦成事自然也就比较顺利了。

其二，时机到来之际，刘邦能有众多朋友倾力相助。在此过程中，无论在创造时机还是在协助成事上，萧何、曹参等人无不心向刘邦，为他创造了一次又一次的机会。这和刘邦以往交友上的率真、豪放不羁与仗义洒脱不无关系。正是由于以往的铺垫，他为自己交下了一帮能够为自己出力的好朋友，这些朋友在关键时候没有因为他负案在逃而嫌弃他，而是尽心尽力地帮助他渡过难关，一旦有机会，便竭力为刘邦铺路。这无疑为刘邦此次脱颖而出铺好了成功之路。

机神触事，应物而发

【原文】

万籁寂寥中，忽闻一鸟弄声，便唤起许多幽趣；万卉摧剥后，忽见一枝擢秀，便触动无限生机，可见性天未常枯槁，机神最宜触发。

【译文】

当大自然归于寂静之时，忽然听到一阵悦耳的鸟鸣之声，就会引起很多幽深的雅趣。当深秋季节万木凋零之后，忽然看见一株花草屹立无恙，就会引发无限生机。可见万物的本性并不会枯萎，它那生命活力随时都会乘机勃发。

【解读】

宋朝大诗人陆游曾经作诗云："山重水复疑无路，柳暗花明又一村。"情趣来自生活的契机，它不在远处，就在眼前，清寂的夜空，一声清脆的鸟声，让人心头一颤，这便是心灵的感应、幽趣的触发；百花凋谢、落叶残败呈现出一片肃杀的景象，突然看到了一只怒放的花朵，让人感叹其生命力的旺盛，这就是心得。所以在生活中碰到失意的时候，要有摆脱困境的信心，不要灰心丧气，只要你希望不灭，总会有成功的那一天。

【事典】

兵马未动，粮草先行

古语云：兵马未动，粮草先行。未有粮草的供给，根本谈不上用兵，这是古今为帅将兵者的基本用兵思想之一。一旦粮饷物资的运输受到干扰，或为敌方截断，军队不战自乱。

在曾国藩的用兵思想中，始终不变的是：把以筹饷为主要内容的后勤保障工作视为军事成败的关键。之所以如此，一方面作为民练性质的湘军，其军饷始终是湘军用事者们心中的隐忧；另一方面，厚饷优奉是提高湘军战斗力、凝聚力和保证军心稳定的重要措施。曾国藩曾上奏咸丰："有阵战之危，则不可一日无饷，狡者借词鼓噪，朴者亦无斗志，患有不可胜言者。"对于湘军中欠饷一事，曾国藩指出："欠饷愈久，兵勇愈疲。且亡者无饷银，伤者无养银，怨望之情，积而为挟制之状。胜仗不能加赏，败挫亦难于言罚。"

曾氏之湘军"将五百，岁入三千，统万人，岁入六万金，犹廉将也"。曾国藩通过厚饷养兵的原则使湘军士兵的兵饷，除个人生活外，还可贴补家用，因此能够安心操练，提高战斗力，一改绿营兵团口粮不足，而常常离营兼做它事，荒于训练的弊病。同时，曾国藩也希望通过给予将领以丰厚的收入，来减少克扣兵饷的事情发生，达到"养廉"的目的。曾国藩在奏疏中阐述了这一想法，"臣初定湘营饷项，稍示优裕，原冀月有盈余，以养将领之廉，而作军士之气。"但厚饷也造成湘军日后筹饷的困难，军饷的筹措直接关系到湘军的作战以至生存发展。咸丰五年(1856年)，江忠源部曾因索饷哗变。直到同治四年（1866年），还发生了湘军精锐鲍超部因欠发军饷，发生了"哗于金口，火掠西南"的事件。由于饷银不支，还曾使湘军的一些军事计划无法付诸实施。"同治二年（1864年），湘军毛有铭部增援寿州，以无饷可领，军行稍滞。成大吉自麻城援寿，亦以欠饷未能成行。"

针对这种情况，曾国藩采取了以下几方面的措施，来保证粮饷的供给。曾国藩认为军队后勤保障必须由专人筹办，且须赏罚严明。在同治四年三月的《通筹滇黔大局折》中，曾国藩写道："自古行军之道不一，而进兵必有根本之地，筹饷必有责成之人，故言谋江南者，必以上游为根本；谋西域者，必以关内为根本。理有固然，古今不易。臣愚窃谋滇当以蜀为根本，即以筹饷责之四川总督；谋黔当以湘为根本，即以筹饷责之湖南巡抚。蜀之南多与滇邻，湘之西多与黔邻，进剿即所以自防，势有不得已者，义亦不得而辞。惟即令其专谋一方，则不能兼顾他省。"

办团练伊始，曾国藩就认为"然团练之难，不难于操习武艺，而难于捐集费资"，后又总结"治军筹饷均以得人为要"。为此，曾国藩主张挑选得力大员办理，为办好劝捐济饷，他在湖南挑了夏廷樾、郭嵩焘，在江西选了黄赞汤、朱苏贴，在四川则择胡兴仁、李惺。认为此数人者在官则素治民心，居家则素孚乡望。在曾国藩的后勤人员中，黄冕、夏廷樾两位精明干练，是他选了又选、留了又留的难得之才。由于他选人得当，故基本上能满足湘军的需要。

操持身心，收放自如

【原文】

白氏云："不如放身心，冥然任天造。"晁氏云："不如收身心，凝然归寂定。"放者流为猖狂，收者入于枯寂，唯善操心者，把柄在手，收放自如。

【译文】

白居易说："凡事不如放心大胆去做，至于成功失败一切听凭天意。"晁补之说："凡事不如小心谨慎，以期达到坚定不移。"主张放任身心，容易流为狂放自大；主张约束身心，容易流于枯槁死寂。只有善于操纵自己的人，才能掌握事物的重点，达到收放自如的境界。

【解读】

白居易主张放任人的身心，晁补之主张约束人的身心，前者使人流于狂妄自大，后者使人流于枯槁死寂。两者都有片面性，只有能放能收，放收自如，掌握事物发展规律，才是一个善于操纵身心的人。任何事都要适可而止，走极端就会失度。

【事典】

秦王少年多磨难

苦难是人生的一件幸事。少年时候经历的磨难，能够培养一个人的品格，锻炼一个人的意志，就像一棵幼苗，多经历风霜雨雪，它才能更好地茁壮成长；而温室里培育出来的花木，拿到太阳底下就蔫了。由此可见，人应当多经历点磨难，多吃苦，学会生存，学会战斗，才会在将来激烈的竞争之中立于不败之地。

秦始皇少年在赵国的经历可谓是他的一笔宝贵的财产。在秦赵相恶的岁月里，父亲嬴子楚质身赵国，嬴政的诞生，并未给他们带来多少欢欣，相反倒是一个累赘、拖油瓶。而正好在嬴政出生的前一年，秦军坑杀赵兵四十万于长平，极大地震惊了赵国上下。赵人那一双双喷火的眼睛，恨不得把嬴政一家吞掉。嬴政全家的性命可想而知，脑袋都吊在死亡的线上，随时有丧生的可能。幸得吕不韦和母亲的庇护，他们才得以死里逃生。后来赵国要追杀嬴子楚，吕不韦却把子楚偷偷带着逃走了，逃回了秦国，而这一逃，既是他后来辉煌的生机，又是嬴政母子生活更加艰难的开端。

首先，生活条件极其恶劣，处处有杀身之祸。嬴政跟着母亲赵氏，孤儿寡母的，在那个社会，怎么为生？母亲只得又沦为娼妓了，靠一点微薄的施舍，勉强度日，往往有了上顿没有下顿，所以造成了幼年的秦始皇身体发育极不正常，形成了"四不像"的体形特点，这应当是艰苦生活的烙印。

其次，寄人篱下，忍受屈辱和蔑视。嬴政是质子的儿子，每当他漫步在邯郸街头，到处都有对他谩骂声，更有甚者，有人抓起羸弱的小嬴政，就是一顿拳打脚踢。他成为众人发泄的牺牲品。而左邻右舍的鄙视和侮辱，使得嬴政母子只得低头生活，非常谨慎。忍得了一时的屈辱，才能成就万世的心胸，这无疑是在磨炼嬴政的心志。

再者，把苦难当作生活的一部分，看作是人生的幸事。嬴政没有被苦难的生活吓倒，退缩，而是把它看成是对自己的磨砺，"吃得苦中苦，方为人上人"，他嬴政能忍得今天奇耻大辱，他日必有一番图谋。这不，后来他打败赵国就把昔日仇家一律扫灭干净，毫不留情。

"小不忍则乱大谋"，少年秦始皇的苦难不幸生活给了他许多教育，使他养成了隐忍屈就，刚毅桀骜的性格，不屈人之下又能长忍于人，这为他后来长期坐视嫪毐和吕不韦专权而心不表露奠定了基础。十年屈就他都能做到，那还有什么事做不成呢？正是磨难的经历锻炼了他的性格，而这性格又是成大事者所必需的。

多一份磨难，长一份见识，正所谓"吃一堑，长一智"，磨难为成功人士长意志。

不弄技巧，以拙为进

【原文】

文以拙进，道以拙成，一拙字有无限意味。如桃源犬吠，桑间鸡鸣，何等淳庞。至于寒潭之月，古木之鸦，工巧中便觉有衰飒气象矣。

【译文】

文章都要用朴拙之法才能进步，修德更须一本朴拙才能长进，可见朴拙含有无穷奥义。恰如陶渊明《桃花源记》中所说："阡陌相通，鸡犬相闻"，这是一种何等的淳朴之风。至于清潭中映出月影，枯树上垂落乌鸦，看来有些诗情画意，实则显出没落景象。

【解读】

拙非笨愚，实为拙朴。拙朴之美与灵巧之美同样是美的境界，因为精巧别致就隐藏在拙朴之中。而与巧饰之美相比，拙朴之美则更深一层，巧饰来自人力，借助于外来东西，掩盖了真实的本性，而拙朴之美出自天然的纯真，尤其难能可贵，没有人类痕迹的原始森林、天然公园，比人为建造的各种园林更胜一筹，原因正在于此。

【事典】

始终把经济发展放在本位

国家发展，经济优先。无论是在古代还是在当今，经济实力一直是衡量一个国家综合国力的标志。所以，历朝统治者都注重发展本国经济。在古代，农业作为本业，摆在了突出发展的位置上，农业代表着国家的经济实力，制约着军事力量的发展。所以一般战争都在秋后进行，因为那样能保证军队的后备供给。

秦国能统一六国，还在于它强大的经济实力为军队提供了保障。其实，齐楚两国的经济实力也很强，但他们失于治国，失于决策，即使再强大的经济实力也是白搭，毕竟没有用到最关键处。

秦国的历朝统治者都非常重视农业，把农业作为本业，采取重农抑商政策，来发展本国经济。

始皇嬴政一统天下后，也在全国范围内推行了"上农除末"的政策，客观说这一政策基本上是适合封建经济的发展水平的；也符合生活在社会最底层的农民们的根本愿望。

所谓"上农"即以农业为本，大力发展农业生产；所谓"除末"，即以农业之外的工商等经济活动为末流，必须加以除掉、废止。始皇嬴政为稳定进而发展农业生产，采取了许多措施，着力打击了国内的商业活动，抑制了大商贾的财富聚敛，应该说，这些举措都是有效果的。

在"上农"方面，始皇嬴政主要是继承了商鞅以来的秦国先君们奖励垦荒的政策，通过迁民和免除徭役相结合的措施，大力开垦荒地，促进农业生产，开辟新的农业区。如秦皇二十八年（前219年），迁黔首三万户于琅琊台（今山东诸城县）下，免除十二年的徭役。秦皇三十五年（前212年），在营建阿房宫的同时，始皇嬴政下令迁徙三万户至丽邑（今陕西临潼），迁五万户至云阳（今陕西淳化县），皆免除十年徭役。秦皇三十六年（前211年），始皇嬴政借助算卦得到的"游徙吉"之好兆头的机会，一面准备他一生中最后一次巡游，一面下令迁徙三万户去北河（即今内蒙古乌加河流域）、榆中（今内蒙古河套东南北），拜爵一级。

始皇嬴政重视农业，把农业放在首位的思想与当时极低下的社会生产力水平是相一致的。由于当时生产力水平极度低下，工商业远没有形成规模，当时的社会对工商业的价值还没有充分地认可。人们对工商业嗤之以鼻，因此，始皇嬴政在此客观的社会历史条件之下提出上农除末的思想，正是顺应了广大劳动人民的心理要求，也即顺应了民心。因而极大地巩固了自己的政治统治，可见上农除末是明智之举。

秦始皇把农业作为本业，放在首位，是一个明智的决策，继承了先朝的政策，保证了经济的持续稳定发展，从而为统一战争的胜利提供了可靠的保证。

农业为本，经济先行，这始终是一个真理。

思及生死，万念灰冷

【原文】

试思未生之前有何象貌，又思即死之后作何景色？则万念灰冷一性寂然，自可超物外游象先。

【译文】

想想出生之前是个什么形体相貌？死了以后又是一番什么光景？既无法测知生前，又无法预卜死后，想到这些不免万念俱灭。不过只要能够保持纯真本性，自能超脱物外遨游天地之间。

【解读】

有关生与死的问题，是许多哲学家苦苦研究却又没有结果的问题，生与死既可以是物质的也可以是精神的，作者在这里无非是说生命的短暂，精神的永恒，只有保持心性自然，才能超脱物外遨游于天地之间。

【事典】

给人活路，不杀降者

曹操一生杀人很多，但一般不杀降者。

人在面临绝境时，大多有三种状态：一是坐以待毙；二是全力挣扎，以死相拼；三是竭尽自己的智慧，积极地寻求摆脱的办法。第二、三种状态给那些暂时得势的征服者以深刻警示，就是斩草除根固为重要，但"置人于死地"也往往容易激起更大的反弹力，反而可能会瞬间成败易位。因而在征服者已经把被征服者置于必败之险境的同时，必当考虑要给其留有一点"生"的余地，以期避免由以死相拼导致的反弹力而可能导致的角色互变。曹操是有置于死地而得胜经历的人，但他差一点也犯了让别人能够置于死地而得胜的错误，这一点则多亏采纳了堂兄曹仁的意见。

河北平定之后，曹仁跟随曹操包围壶关。曹操下令说："城破以后，把俘虏全部活埋。"连续几个月都攻不下来。

曹仁对曹操说："围城一定要让敌人看到逃生的门路，这是给敌人敞开一条生路。如果你告诉他们只有死路，敌人会人人奋勇守卫。而且城池坚固粮食又多，攻它则会伤亡士兵，围守便会旷日持久。今日陈兵在坚城的下面，去攻击拼死命的敌人，不是好办法。"曹操采纳了他的意见，城上守军投降了。

作为一名乱世之主，一生百战，胜败在所难免。而每一战的胜利，都可能有一批降者，如何对待降者，霸主们或杀或留，自有一番主张。虽然对于降者斩尽杀绝的做法，可以起到斩草除根的作用，但是英明的霸主往往是不杀降者的。

曹操一生不杀降者的事很多。其收编青州军就是一例。

曹操打败于毒的黑山军后，于兖州东郡有了立足点，做了名副其实的东郡太守。名声大振后，采纳陈宫策略，决定先平定黄巾，再图取天下。于是曹操向青州黄巾军发起进攻。当黄巾军退至济北时，已是寒冬十二月，衣食接济很困难。曹操敦促黄巾军投降。经谈判后，黄巾军数十万人向曹操投降，愿意接受他的指挥。曹操非常高兴，宣布既往不咎，一个也不加伤害，将其中的老幼妇女缺乏作战能力的，全部安排在乡间从事生产，挑选其中精壮者五六万人，组成"青州军"。

曹操不但不杀降者，对于有用之人还能以礼待之。

对于像张绣那样降而复叛，叛而复降，曹操为此多次南征，并致使爱将典韦、长子曹昂、侄儿曹安民在南征中丧生的投归者，也不计较其杀子侄及爱将之仇，反而表示热烈地欢迎，并任命他为扬武将军，表封他为列侯，还与他结为儿女亲家，为己子曹均娶了张绣的女儿。在后来的官渡之战中，张绣为曹操打败袁绍立下了战功。

因此，曹操的一生虽然杀了很多人，但他的不杀降者，确实壮大了自己的力量，也向天下人显示自己的宽阔胸怀和不计私怨的品格，从而为曹操取信于天下，争取更多的智能之士归附他，起到了积极的作用。

卓智之人，洞见机先

【原文】

遇病而后思强之为宝，处乱而后思平之为福，非蚤智也；幸福而先知其为祸之本，贪生而先知其为死之因，其卓见乎。

【译文】

只有生病之后才能体会健康的可贵，只有遭遇变乱才会思念太平的幸福，其实这都不是什么远见卓识。预知侥幸获得的幸福是灾祸的根源，虽然爱惜生命却也明白有生必有死的道理，这才是超越凡人的真知灼见。

【解读】

人们总是要经过种种的波折之后，才能看透生命的真相，对自己该怎么活才最好，才会有某种真切的体悟。然而仅仅有这种体悟是不够的，虽能亡羊而补牢，然而羊已去矣。如果具备了洞察事物发展变化的能力，有"福兮祸所依，祸兮福所倚"的先见之明，就能自如地驾驭生活了。

【事典】

财色双施，解白登之围

楚汉战争期间，刘邦无暇顾及边疆的情况。现在当了皇帝了，不得不把防御匈奴的事提到议事日程上。战国时期韩国的疆界北到恐、叶，东边拥有淮阳，土地肥沃，物产丰富，又拥有精兵强将。韩王信在这样的地方复国，刘邦很不放心，便想了一个一箭双雕的好主意：收回原来封给韩王信的旧封邑，把靠近匈奴的太原郡改为韩国，让韩王信迁到那里去，以晋阳为都，为汉朝的北部镇守边疆。

这次封疆，对韩王信是不利的，也为刘邦日后埋下了祸端。众所周知，秦汉时期匈奴势力强大。韩王信立国不久，匈奴便大举南侵，用来进攻马邑的兵力就有好几十万人。韩王信害怕了，一面十万火急向朝廷告急，一面派使者与匈奴谈判，想拖延时间等待救兵。刘邦怀疑韩王信有二心，不该背着朝廷私自与匈奴议和，派使者去马邑责问。韩王信认为朝廷总是跟自己过不去，索性献出了邑城，投降了匈奴，而且充当先锋，带着军队进犯晋阳。

刘邦怒火中烧，亲自统领四十万大军，讨伐韩王信。

铜鞮一战，汉军大获全胜，力斩韩王信的大将军王喜。韩王信仓皇逃入匈奴寻求庇护。他的部将曼丘臣和王黄拥立原赵国王室后裔赵利当赵王，收集韩王信的残余兵马，和匈奴军队联合起来，对抗汉军，又被汉军打得大败。刘邦率部一直追到离石。隆冬时分，风雪交加，气候严寒。汉军远离后方，军需供应跟不上，士兵穿着单衣单裤，十个人中就有三个人的手指头被冻掉。刘邦迫不得已，把行营移驻到晋阳，这对刘邦是极其不利的。所以一直在密切注视时局发展的冒顿单于，趁机率四十万精兵屯驻上谷，扬言要为韩王信报不平。

刘邦决定与匈奴军队决一高低。他为了摸清对方的底细，先后派了十个使者深入敌后侦察。单于早就防着这一招，故意把精兵强将全部埋伏起来，只留一些羸弱的士卒在营外巡逻。汉军的使者纷纷回来报告，说匈奴内部空虚，只有一些老弱的军队，不堪一击。刘邦十分高兴，立即安排大军北上，决心踏破匈奴，活捉冒顿。临行前，他又派建议迁都长安有功而受到封赏的刘敬再去侦察一下。

刘敬回来报告说："两军交战的时候，都要互相夸耀自己的强大，显示军威，匈奴人却正好相反，这说明他们有阴谋诡计。我们千万不要上了敌人的当。"

汉军已经出发了，刘邦又是连着打了几次胜仗，头脑发热，根本没把匈奴人放在眼里，怒气冲冲地骂刘敬说："你这小子贪生怕死，仗着一张利嘴当了官，现在又胡说八道，扰乱军心。寡人带了这么多精兵，难道还打不过匈奴人？"于是下令把刘敬囚禁在广武监狱里，戴上刑械，准备得胜回来后再用军法，轻骑作为先头部队挺进平城。

刘邦这人虽常打胜战，但由于他傲气、傲志、傲骨三者兼有，所以败仗也打了不少。这次战役，实际上是匈奴用计要把刘邦引到平城的白登山，以便瓮中捉鳖。

平城东面七里，有一座高百余尺，方圆几十里的土坡，叫做白登山。刘邦令部队居高临下，驻屯在白登山上，还自以为占了有利地形。

七天时间过去了，援军仍不见踪影，带的粮食全部用完，士卒们饥寒交迫，疲惫不堪。刘邦眼看着全军就要覆没，急得又是搓手，又是跺脚。而冒顿单于却在宠爱的阏氏的陪伴下，往来指挥十分得意。

刘邦的一个缺点是在他看到自己强大的时候，会常常不听将士们的话，只是到了危难时，才又渴望别人献计献策。好在谋士陈平一直仔细观察着敌营的动静，他给刘邦出了个主意。刘邦听后转忧为喜，催促陈平赶快依计而行。

一名机警的军使者装扮成匈奴士兵，带着大量珠宝首饰和一幅美女图，趁着大雾弥漫之机，悄悄混到匈奴营里。

汉使找到阏氏，献上礼物。阏氏看着那些灿烂夺目的珠宝，乐得眉开眼笑。待她看了那幅水灵灵的美女图后，眉头又皱了起来，问使者："你带这幅图来干什么？"使者回答说："中原皇帝愿意和贵国罢兵讲和。所以，让我带些首饰送给阏氏。这幅图画的是中原一位女子的像，汉帝想把她送给单于为妾，不知单于中意不中意。要是单于嫌丑，那就再选送一个更好看的女孩儿来。"阏氏是个醋罐子，最怕别人和她争宠。画中的女孩子比她美上一百倍，她哪敢让汉帝送来哟，赶紧摇手说："解救汉帝的事，都包在我身上；给单于送美女的事，千万不要再提。"汉使做出一副无奈的神态告别阏氏，潜回汉营复命。

陈平见多识广，正是抓住了阏氏是个重财又争风吃醋的女人这个缺口。阏氏收下珠宝后，马上就赶到冒顿的大帐里，一阵撒娇卖痴，逗得冒顿满心欢喜，然后轻言细语地说："汉也是个大国，我们不要跟他们把冤仇结得太深。再说，就是得了汉国的土地，气候不一样，生活习惯不一样，不服水土，我们也难在那里长期住下去。还不如把汉帝放回去，让他感激我们，以后多送些财宝来，该有多实惠呀！"

冒顿单于的糊涂就在于，他易被眼前的一点小利益所迷惑，结果是为小利而吃大亏，真正中美人计的是阏氏，而他是反中美人计。

冒顿单于本来已和中原叛将曼丘臣、王黄等商量好，共同在平城歼灭汉军。约定的时间早过了，那几路兵马仍不见踪迹，汉军的后续部队却源源而至。他怀疑曼丘臣、王黄又和汉军联合在一起，要对匈奴实行反包围。冒顿正为这事担忧的时候，听了阏氏的话，乐得顺水推舟卖个人情，随即下令放开一条大路听凭汉军撤离。

刘邦绝处逢生。他吩咐夏侯婴立即驾车，放开马缰就跑了，恨不得一步跨出这是非之地。陈平赶忙阻止说："在眼前这样的情况下，越是惊慌失措，就越是危险。"他让夏侯婴沉着冷静、不慌不忙地驾车缓行。于是，汉军队伍走得整整齐齐，如同接受检阅一般。匈奴兵暗暗惊叹，谁也不敢贸然阻拦。

刘邦出了匈奴的包围圈，擦了额头的汗珠，与后面赶来的增援部队会合，安全地退回到广武城里。

刘邦反施美人计，利用了阏氏这个醋罐子，为汉军解了围，可为匠心独具。在生活中，要讲诚信，不施美人计，但对于对手施来的美人计却要处处提防、小心慎微，否则一不留神就可能中了别人的美人计，后悔晚矣。

勿待兴尽，适可而止

【原文】

笙歌正浓处，便自拂衣长往，羡达人撒手悬崖；更漏已残时，犹然夜行不休，笑俗士沉身苦海。

【译文】

当歌舞饮宴达到高潮时，就自行整衣拂袖而去，胸怀旷达者的这种关键时刻的猛回头，真是令人羡慕。更深夜尽仍然忙着应酬，目光如豆者的这种坠入无边痛苦而不自觉，说来实在可笑。

【解读】

悬崖和苦海都是比喻人生中遭遇的痛苦和磨难。生命中有许多境地看起来十分危险急迫，例如，濒临破产的边缘，或者遭遇恶人的陷害和排挤等。在一般人看来，就好像一只手攀在悬崖上，一松手就会跌下万丈深渊似的。而在通达生命真相的人看来，生命不过短短数十年，不论成功或失败，百年后都成云烟，只要掌握住内心，不使自己坠入痛苦的深渊，那么，走在生命中的任何阶段，都能如履平地，安全渡过。

【事典】

宽猛相济，王霸相杂

远在春秋时期，郑子产曾提出"宽猛相济"的统治术，并授权与子大叔，血腥镇压奴隶的起义。孔子对此还赞扬说："善哉！"并进一步阐发这种反革命策略，说什么"政策宽大则百姓散漫，散漫必须纠之以猛，政策一猛百姓受到伤残，伤残应施之以宽，宽以猛济，猛以宽济，政局才能稳定。"

武则天对于反对自己的人，从来都不会手软，但对于拥护自己的人却不会这样。叛者讨之，降者抚之是她惯用的手段。武则天在处置李唐宗室叛乱的成员们，采取的就是这种方法。

宰相裴炎是一个权欲很重的人，他得到武则天的重用后，官高显赫，野心随之膨胀了很多。武则天也甚是器重他，大大小小宫廷政事，都与他商议。一日，裴炎家僮向他报告，房宅周围有些小孩子在唱歌谣："一片火，两片火，绯衣小儿当殿坐。"裴炎听罢，深感奇怪。因为裴炎是个熟知历史而且心事很重的人，早年他曾为弘文馆生徒，读书至精至细，他独在室中苦读，不废学业，因而对《春秋左氏传》和《汉史》等史十分通晓。根据历史的经验，他感到，民间流行的一些歌谣俚语，往往都有些来由，甚至像符瑞一样灵验，比如秦朝末年，东郡坠陨石有人便在石头上刻字云："始皇帝死而地分"，一时广为传播。秦始皇虽然命御史追查，并杀尽百姓，但后来到底应验了这句话。

当时，徐敬业起兵是有备而行的，他早与裴炎暗中串通一气了，到时候里应外合，一举而起，一代妖后还能到何时！当武则天召集众臣以决"兴兵诛逆"时，事关社稷安危，不可疏忽大意，大臣们众口一词赞成武则天这一举动。中书令裴炎却持相反意见，反对"兴兵诛逆"。

他向武则天进言，对于徐敬业，不必兴师动众。武则天问他有何妙计，裴炎回答："徐敬业兴兵作乱是打着匡复庐陵王的旗号。皇帝年纪大了，却不得亲政，所以他们才有了借口。只要太后能够政归庐陵王，召他返宫执政，徐敬业便会不讨自平。"

裴炎的话使武则天大感意外。这不仅因为裴炎阻止她用兵逆忤了她的旨意，而且从他的话中觉察到一种异样的味道。她想，徐敬业以匡复庐陵王为谋反之辞这确实不假，但在"匡复"的背后还隐藏着一个居心险恶的企图，即想推翻当今政权。这一点，从那篇凶相毕露的檄文中已经看得清清楚楚了。既然如此，身为大唐宰相的裴炎为什么也劝我返宫呢？这不是正中敬业贼的下怀么？武则天想到这里，心中升起疑团。但是，她没有马上驳回裴炎的奏议，而是以和蔼的口气请他暂回，说出兵之事容后再议。她想起了裴炎曾经一再阻止武则天追尊祖上，立武氏七庙之事，是否是他另有图谋。裴炎也是最先向武则天透露李忠封其岳父韦玄贞为侍中时，是否是他怕韦玄贞官位有阻于自身发展，否则他没有理由如此反感忠宗，并且是他最先提倡废帝等等，一系列事件浮现在武则天眼前，她不寒而栗，看来，曾经封裴炎为河乐县侯是很大的错举，此人的野心不小啊。这时她嘴角露出了浅浅的微笑，她的眼神是可怕的。裴炎、徐敬业他们太小看武则天了。

这时，内侍忽报御史崔詧对太后说，他有要事启奏。武则天屏退众内侍官娥，让崔詧快讲。崔詧诡秘地说："听说裴内史反对兴兵诛逆，太后不感到奇怪吗？臣以为事出有因。请太后想想，裴炎身为内史，为什么替逆贼代言？太后也许还不知道，叛军的右长史薛仲璋就是裴炎的外甥。前些时候，逆贼薛仲璋表请去江都，目的是助徐敬业贼起兵。徐敬业贼将薛仲璋封为内史。薛贼既为裴内史之外甥，能无联系？"武则天笑了，她决定兴兵讨。关于"兴兵诛逆"的事，大臣几乎是众口一词的，因为事关社稷安危，毋庸置疑。但是，有人持相反意见。此人便是中书令，今政为内史的裴炎。

对此类叛贼的惩罚，武则天的手段是猛烈的。裴炎深知武则天的严酷，所以，自从被捕入狱，便没想到会活着出来。曾有人劝他："你是大唐功臣，本朝宰相，只要能认罪求情，太后会念你初犯，免你一死。"裴炎摇头笑道："宰相下狱，断无全理。多余的话无须再讲了。"

数日后，裴炎被斩于洛阳都亭。临刑前，对他的兄弟说："你们的官职都是凭自己的力量得来。没有得到我丝毫帮助。现在因我之罪而受到牵连，实在是太可悲了！"

裴炎被捕下狱不久，郎将姜嗣宗受命出使长安，刘仁轨问他东都之事情。姜嗣宗讨好地对刘仁轨说："我觉察到裴炎有异图已经很久了。"刘仁轨最鄙视这种见风使舵的奸诈小人，就又问一句："你原先就已觉察到了吗？"姜嗣宗又点头称是。刘仁轨就说："我有一道奏表，请你带回去交给太后。"姜嗣宗欣然同意。次日，他带着刘仁轨的奏表回到东都。他呈上刘仁轨的奏表给太后，还没有来得及退廷，太后就下令把姜嗣宗拉下去，处以绞刑。姜嗣宗闻听，大惊失色，瘫跪在地，茫然不解地问："陛下，这究竟是怎么回事？"

武则天把手中的信一扬，说："这上面写得清清楚楚，你何必故作不知？"

姜嗣宗说："刘留守托臣带来的信，是向陛下问安的，与臣有何相干？陛下是看错了吧！"

武则天一声冷笑，把信扔给他，说："哼，装得倒像，你拿去看吧！"

姜嗣宗接过信，草草看过，脸色顿时白了。他哆嗦着，咬牙切齿地说："刘仁轨啊刘仁轨，你这老狐狸，吃人不吐骨，天不会容你！"

修行宜绝迹于尘寰，悟道当涉足于世俗

【原文】

把握未定，宜绝迹尘嚣，使此心不见可欲而不乱，以澄悟吾静体；操持既坚，又当混迹风尘，使此心见可欲而亦不乱，以养吾圆机。

【译文】

当意志还不坚定、尚无把握之时，应远离物欲环境，以不见物欲诱惑，不使人心迷乱，这样才能领悟纯洁的本色。当意志坚定、可以自我控制之时，就多跟各种环境接触，即使看到物质诱惑，也不会使心迷乱，借以培养自己圆熟质朴的灵性。

【解读】

人世间有许多的事情，容易让我们迷失自己，倘若我们没有智慧，就很可能迷恋而不能自拔。一旦我们无法掌握自己生活方向时，那么我们活得就像傀儡一样，我们的生命便是坠落了。所谓出世便是一种看透世间种种现象的智慧，能够对外界不起贪恋爱慕之心，具有这种超越世事的心怀，便能够在世间做任何事而不至于坠落，能够掌握自己生命的方向。出世又是为了入世，一旦体悟了道的玄机，完成了修行，就该毫不犹豫地返回尘世，生活在人群之中，对人世间万事万物就会用一颗平常的心去看待了。

【事典】

天下定鼎，固根基

霸王项羽自刎乌江后，天下复归一统。从汉王元年（前206年）八月刘邦从汉中进攻关中起，至汉高祖五年（前202年）十二月项羽自刎乌江止，刘邦与项羽之间的这场争斗，共历时41个月，最终以刘邦的胜利、项羽的彻底失败而告终。

为什么刘邦能由弱变强，最终消灭项羽赢得这场战争，而项羽却由强变弱，最终自刎乌江彻底失败呢？刘邦曾在他做了皇帝后的一次宫廷宴会上，首先向他的臣下提出这个问题。他当时说："各位列侯、将军，希望你们直言不讳地告诉我，我为何能取得天下，项羽为何会失去天下。"

高起、王陵两人发表意见说："陛下不修礼节，常常侮辱别人，项羽却尊重爱护部下。但是陛下派人攻城略地，只要取得了胜利，就把这些城市和地盘分赏给有功人员，能和大家分享胜利的成果。项羽却妒贤嫉能，不能容纳有功之臣，对贤能的人又常常不信任，打了胜仗不给人记功，攻占了地盘又不分封给有功人员，这就是他失天下的原因。"

高起、王陵的这种观点，代表了当时的绝大多数将领们的认识。他们从自身经历中，得出了这个结论，既有道理，也有所偏颇。

我们知道，楚汉相争，对于身处两大军事集团中的将领们来说，战争的性质就是争权夺利，他们各为其主奔走效力，当然希望自己的主人胜利，自己也可以因功而得到封赏。这是一种利益驱动因素，刘邦能充分利用这种利益驱动因素，调动部下的积极性，使部下乐意为他效力。他许诺韩信、彭越，把项羽的地盘预先分封给他们，使他们立即参加聚歼项羽的会战，终于取得了最后的胜利。而项羽除了在推翻秦王朝以后，搞过一次分封活动外，再也没有分封过自己的部下一寸土地。项羽不懂得利用利益驱动因素来调动部下的积极性，只注意对部下的尊重和爱护，这就使部下仅能得到虚荣而不能获得实惠，就不能调动部下作战的

积极性。高起和王陵身为刘邦的部下，从亲身经历中来总结经验教训。因此，他们认为以获取功劳得到承认作为刘邦取胜的原因。

刘邦听了他们的这番评论后，说："你们只知其一，不知其二。在军营出谋划策，制定正确的战略方针，使军队能在千里之外取得胜利，在这一方面的才能，我比不上张良；坐镇后方，安抚百姓，不断地向前线输送粮食，在这方面的才能，我不如萧何；指挥百万大军，战必胜，攻必取，这方面的才能，我不如韩信。张良、萧何、韩信三人，都是杰出的人才，能为我所用，这就是我能取得天下的原因。而项羽只有一个谋士范增，却还不能信任他，这就是项羽被我战胜的原因。"

刘邦作为战争一方的领袖，而且是个最终的胜利者，他的总结就更具有权威性。他的认识是人才的重要性，作为一个政治领袖，他最主要的任务就是要发现人才，使用人才，创造一切条件，让人才为自己的政治目的充分施展其才华。确实，张良是一位高明的战略参谋，萧何是一名干练的行政管理官员，韩信则是一个伟大的军事家。刘邦贵在有自知之明，又能知人善任，充分发挥了这三个人的长处，以弥补自己智能的不足，这确实是刘邦得天下的重要原因。而项羽却不能倾听范增的建议，甚至怀疑范增对他的忠诚，并使韩信、陈平两个杰出的人才离开了自己，投奔刘邦，这说明项羽既无自知之明，又不能知人善任。作为一个政治领袖，他缺乏最基本的政治素质，而他的政治对手，恰恰在这一点上比他优秀得多，他当然敌不过刘邦，最终只能成为一个失败者了。因此，刘邦才最懂得得天下的原因，而他正是用这种理论，并付诸实践，才得到了天下。以此说来，人才是本，谁得到了人才，谁就得到了民心的支持，谁就是最后的胜利者。

刘邦出身于农民家庭，曾充当过秦基层政权的小吏。追随刘邦的部下，如周勃、灌婴、樊哙、陈平、萧何、曹参、韩信等人，也都属于平民阶层。他们参加反秦起义，除了要推翻秦的暴政外，更重要的还是希望在这场斗争中获取更大的政治权力和更多的经济利益，刘邦就是这个阶层政治上的代表与领袖。

项羽出身于楚国的名将世家，他参加反秦起义，主要是为了报家、国之仇。因此，他在进入咸阳前的坑杀秦降卒，以及在进入咸阳后的屠杀秦王、焚烧宫殿，均带有明显的六国贵族的复仇心理与政治倾向。他的种种作为，都明显地带有他所在的这个贵族阶层的明显烙印。

由于刘邦与项羽所代表的阶层不同,因此决定了他们的政治抱负、政治态度、思想作风等各方面的差异,从而决定了他们所受的社会力量支持的差异,最终决定了他们的胜败。刘邦对于中央集权的郡县制与分封制并无成见,只要对其有利,他都乐意采用;而项羽对中央集权的郡县制并不感兴趣,只是热衷于恢复分封制。刘邦一心想当皇帝,而项羽有条件当皇帝却不当皇帝,只满足于当个西楚霸王。刘邦特别注意收买民心,努力争取社会的广泛支持,而项羽一味凭借武力,烧杀抢掠。刘邦吸纳人才,较少有偏见,能做到任人惟贤,不受阶级、阶层、道德的束缚与限制;项羽却任人唯亲,较多地受到他所处的贵族阶层的束缚与限制。这一切都由他们自己所处的阶层和所代表的阶层利益的影响所致。因此,刘邦成为新兴的社会阶层胜利的英雄,而项羽则是没落的旧贵族阶层失败的英雄。如果说,项羽在失败前,认为是天亡他,而刘邦在临死前也说他以布衣提三尺剑能夺取天下,是天意,那么这个天,并不是具有人的意志的上帝,而是历史发展的必然趋势。这是决定刘邦与项羽命运的根源。

其实,伟大史学家司马迁就在《史记·项羽本纪》里对项羽的一生作过总结性的评价。他认为项羽自以为功高盖世,自以为高明,不以历史为借鉴,效法古代,却坚持用武力来征服天下,成就其霸王之业,到死都不觉悟,这是项羽失败的根本原因。

司马迁的评论很正确,其实项羽根本不是一个政治家,充其量只是一个勇武善战的将领。他扮演了一个不该他扮演的社会角色,失败当然是不可避免的了。他犯了一连串不该犯的政治决策错误:如坑杀20万投降的秦军将士、杀死投降的秦王子婴、火烧秦王朝的宫殿,使他失去了关中地区官民的支持,遭到关中地区官民的怨恨与反对;而刘邦却处处注意收买关中地区的民心,取得了关中地区官民的一致拥护与支持。项羽分封诸侯,处置不当,引起纷争,又暗杀义帝,使自己政治上陷于被动;项羽在明知刘邦将成为自己政治上的对手,并手操其生杀予夺大权的情况下,却放虎归山;项羽不注意团结、拉拢其他诸侯王。刘邦尽管不是一个勇猛善战的将领,但却是一个杰出的政治家,他坚持与项羽斗智不斗勇,就是要和项羽打政治仗,所以刘邦在政治上、外交上、战略上始终占上风;而项羽却一味地坚持与刘邦斗勇不斗智,尽管他可以在个别的战役中取得胜利,但他始终不能避免自己在政治上、外交上、战略上失败的总趋势。因此,随着时间的推移,项羽越战越弱,刘邦却越战越强,并能取得最后的胜利。

祸福苦乐，一念之差

【原文】

人生福境祸凶皆念想造成，故释氏云："利欲炽然即是火坑，贪爱沉溺便为苦海；一念清烈焰成池，一念警觉船登彼岸。"念头稍异，境界顿殊，可不慎哉。

【译文】

人生的幸福与苦恼全由自己的观念造成。

释迦牟尼说："名利的欲望强烈，就使自己跳进火坑；贪婪之心强烈，就使自己沉入苦海。只要有一丝纯洁观念，就会使火坑变成水池；只要有一点警觉精神，就能使苦海变成乐园。"

可见观念略有不同，人生境界就会全面改观。因此，所思所想必须慎重。

【解读】

福祸苦乐，一念之间，释迦牟尼早就看到了这一点，现实的生活也验证了这一点。比如说一个人拾到了巨款，他是交还失主还是独自私吞，这一念之间的取舍将决定他是走进牢房，还是走进光荣榜，可见一念之差给人造成的境遇竟是天壤之别。贪恋之心除了让人沉入苦海，还让人吐丝自缚；纯净的心灵能浇灭心头的欲火，自我的觉悟能使人达到智者的彼岸。人生虽短，歧路却多，所以人生面临选择时，要慎之又慎，最好是择其善者而从之。

【事典】

权重泰山不放松

权力是无形的东西，它就像一只无形的手，指使别人去干这干那。权力无边，就像所说的"有钱能使鬼推磨"，而"有权却能使磨推鬼"，虽是戏谑之言，但却由此可知权力的轻重与作用。然而怎么掌握权力和运用权力却不是每个人都非常老道，它毕竟是一门学问，而这门学问更多地是在实践中学会的。

秦始皇得来权力并不容易，这是他等了近十年才最终牢牢抓到自己手中的。当他回到秦国，没有想到这么快就坐上了王位。由于年幼的缘故，自己的权力被吕相和太后剥夺得精光，他能做什么呢？只有等待，只有屈就，否则就会招来杀身之祸，不仅得不到应有的权力，反而过早地暴露了自己。趁这段时间，他决定多读点书，长点见识，学点本领。由于耳濡目染的缘故，仲父吕不韦的一套从政经验和技巧他都揣摩透了，只等着运用罢了。二十二岁，他果然牛刀小试，相继敲掉嫪毐和吕不韦两个政治集团，取得了决定性的胜利。从此大权在握，集权一身。

既然这权力来得不容易，他就不会轻易把手中的权放出去，哪怕是一点点。他掌握满朝文武，统管全军，手抓一切生杀大权，只有他秦始皇说了算。如何保证这种权力不失呢？统一六国后，他建立了皇权至高无上的中央集权制，把权力集中到他一人手上，并用法律形式固定下来，这是他固权的根本措施，具体说来，有下列几项：

（一）权力制衡，中央无重臣。他建立了三公九卿的中央官僚制度，使各位大臣只掌握一部分权力，并受到皇帝和监察部门监督，这就使得中央无重臣，没有能力来篡夺他的皇位。同时，地方机构也建立类似的制衡制，使得地方也无权官。

（二）力行郡县制。郡县制的最大好处是使得郡县成为中央的地方机构，直接受上级管辖，没有独立权，而且官员都是由皇帝直接任免，根除了土皇帝之忧。分封制恰与此相反。这样一来皇子皇孙手无权柄，也就无法犯上作乱，更没有力量独立起来叛乱。此举是避免了先朝分封制的弊端，是政治制度改革的一大进步。

（三）打击朋党，毫不手软。秦始皇受朋党之害可谓苦矣，在他亲政前，就果断地敲掉了嫪氏和吕氏两个集团，为他固权铺垫了道路。在后来的统治当中，他时刻注意朋党的苗头，一有起势就立即将其消灭在萌芽之中。比如茅焦死谏之前死的二十七人，经审问是嫪毐的余党，遂全都戮尸；而"焚书坑儒"事件中的几十名博士，有朋党之嫌，也全部坑杀。

（四）打击宦官和后宫乱权。秦始皇虽深受母亲弄权之害，加之秦史上有庄太后乱政，所以在他当政期间后宫无权，甚至连始皇正宫立谁都不得而知。至于宦官专政，前朝没有，所以他没加防备，但至少在他生前没有出现宦官弄权。而最大错误就在于失察于赵高这个大宦官。

权力重于泰山，需谨慎固守。

若要功夫深，铁杵磨成针

【原文】

绳锯木断，水滴石穿。学道者须加刀索；水到渠成，瓜熟蒂落，得道者一任天机。

【译文】

绳索锯断木头，水滴可穿坚石；学道之人努力用功，才能有所成就。细水汇集自然形成河流，瓜果成熟自然脱落枝蔓；学道之人听任自然，才能获得正果。

【解读】

《荀子·劝学篇》中说："不积跬步，无以至千里；不积小流，无以成江海。"又说："锲而舍之，朽木不折；锲而不舍，金石可镂。"荀子在此鼓励的就是一股锲而不舍的精神和百折不挠的勇气。古人有所谓"锥刺股"、"发悬梁"的故事，说明治学精神的刻苦。如果做事知难而退，浅尝辄止，便一事无成。相传唐朝大诗人李白看见一老妇人在磨铁杵，好生奇怪，一问才知道是要让铁棒变成针。李白不解地问："这么粗的铁棒何时才能磨成针？"老妇人答道："只要功夫深，铁棒磨成针。"这个故事引人思考。

【事典】

卧薪尝胆，徐图自强

刘邦，作为一名平民百姓，这种皇帝梦给他在精神上带来了极大的满足。为此，他不仅不畏惧长途跋涉的辛苦，而且在秦帝国风雨飘摇之时竟甘愿押送"刑徒"奔赴咸阳。当然，这最后一次却不到半途就废止了，他从此也逃往山林匿身。刘邦常徭咸阳，主观上是为了享受皇帝梦给他带来的藉慰，而客观上却陶冶了他的性情，开阔了他的胸怀，更强化了他的追求。这一切，和他后来扫平群雄，贵为汉帝都是有关系的。

纵观秦皇，刘邦表现出做皇帝的大志，正是有这种志向，他不怕吃苦，敢于向命运挑战。自丰西亭释放刑徒后，他逃入山林匿身。刘邦当时不会想到，他敢释放秦帝国的刑徒，这分明是让自己以救世主的身份站到了秦国的对立面。这一切，使得刘邦虽藏身于山林，漂泊不定，尝尽了千辛万苦，但他的皇帝梦比常徭咸阳时做得还多，而且是越来越真切了。陈胜、吴广大泽乡首倡起义，天下群起响应。在这种形势下，刘邦走出山林，被沛县父老推戴为"沛公"，正式加入了反秦起义的洪流之中。在反秦的各路诸侯中，沛公起初是一支不甚强大的力量。然而，与众不同的是，刘邦是在做过皇帝梦之后才举起反秦的义旗，举兵起义是作为他实现皇帝梦想的第一步。

而灭秦后项羽却舍弃关中，甘愿回彭城做号令天下的西楚霸王。霸王与皇帝，二者又怎可同日而语！正因为有这种不同，刘邦在参加起义行列后，能够审时度势，善于处理他所遇到的一切问题，在力量不甚强大时投奔项梁，又能与骄横的项羽一道共同与秦军作战；同时又能招揽天下英雄，壮大自己，终于率先经武关攻入关中，接受秦王子婴的投降。

楚怀王曾与诸侯约定，先入关者为关中王。刘邦抢先入了关中，理应为关中王。况且，他为了称王关中，入关后与关中父老约法三章，抚恤百姓，做了不少准备工作。

屈就汉王这正是刘邦力量还弱小的缘故，就像当年越王勾践，献出美女，情愿在吴做苦活一样。刘邦正是这样的人，他自愿屈居，正是一种迷惑对方，积累力量的招术。当时受封的诸侯王大多是封在自己的家乡或附近，惟有刘邦和他部下的将士被封在远离家乡的汉中盆地，四周都是高山峻岭，对外交通十分不便。项羽的这种做法，是刘邦无论如何也不能忍受的。

他想与项羽以死相拼一了了之，但被萧何等人劝住了。为了大局和将来，他甘愿忍辱负重，屈就汉王一

职，在关键时刻体现了他的豁达大度。

但是把刘邦"压制"到巴蜀之地，其实是一个严重的失策，竟在无意中让刘邦得到了一个进可以攻取关中，退可以御敌于"门"外的良好的立国之地。

从表面上看，巴蜀位置偏远，路险难行，是诸侯多不愿去的地方，而实际上这是大错特错的皮相之见。巴蜀一带，也是我国文化发展较早的地区之一。这里不仅土地肥沃，气候适宜，资源丰富，经济发达，而且自春秋至秦末一直未遭到战争的破坏。更为重要的是，这里四面高山耸峙，中间平原宽广；陆有剑门之障，水有三峡之险；东扼长江，实为吴、楚咽喉；北越秦岭，可以直捣关中——军事上可攻可守，实为一良好的立国之地。

至于汉中，战略地位同样重要。刘邦之所以要贿赂项伯，向项羽请求加封汉中之地，正是出于这一原因。问题在于，项羽既然已经认识到刘邦可能对他构成威胁，却又将如此重要的地区封给他，并且还要以章邯、司马欣、董翳这样三个既不得关中民心又无智略德才的降将在关中防御他，真可以说是愚蠢透顶。

刘邦自在汉中拜韩信为将后，一出"汉中对"，让刘邦豁然开朗，既看清了自己的实力，也看清了项羽的弱点。于是他便采取韬晦之术，故意在汉中装作一副无所作为的样子，暗中却将东征计划全权委托给了韩信。韩信采取了"明修栈道，暗渡陈仓"之计，一举击败了镇守关中的雍王章邯。刘邦被项羽所迫入汉中仅仅四个月时间，已攻入了关中。

刘邦之所以能在这么短的时间内重新复出，主要是他从和韩信的"汉中对策"中受到了启发，真正做到了知己知彼。

孙子说："不知彼而知己，一胜一负；不知彼，不知己，每战必败。"这句话虽然很容易理解，实际做起来却很难。要想做一个永远不败的胜利者，就应以此话来时刻提醒自己，无论做何事均应做好事前的调查工作，确实客观地认清双方具体情况，才能获胜。

刘邦在垓下之战后，便在汜水之阳即皇帝之位。这对做了多年皇帝梦的刘邦来说，自然是天大的好事。但同项羽在灭秦后甘愿回彭城做西楚霸王相比较，可知刘邦的这种选择并非寻常。试观秦汉之际的众多诸侯王，英布"欲为帝耳！"不过是故意说的一句气话，意在激怒汉高祖，借以发泄心中的积愤。观英布举兵反秦以及受封为九江王、淮南王前前后后的表现来看，他何时想过做皇帝呢？而惟有刘邦想做皇帝，而且也确实当上了皇帝，实属非常之举。中国自春秋战国以来，实质上是上无天子，诸侯称雄。秦始皇首创皇帝制度，在中国历史上建立了第一个统一的、中央集权的封建专制帝国，然而十几年却灭亡了。项羽不想当皇帝，他只想当楚王，也很快灭亡了。而刘邦的称帝天下，汉承秦制，坚持了皇帝制度，使中国的封建专制制度在西汉王朝得以最终确立。这是刘邦对中国历史发展的一大功绩，同他的豁达大度亦不无关系。

刘邦志向远大，很有战略眼光。他并不以自己当上了皇帝，称帝于天下而自满自足。他即皇位后，在百废待兴、异姓诸侯王叛乱此起彼伏的情况下，"虽目不暇给"，却在百忙之中"命萧何制律、令，韩信审军法，张苍定章程，叔孙通制礼仪；又与功臣剖符作誓，丹书、铁契，金匮、石室，藏之宗庙"，为西汉帝国的制度建设做出了总体规划，并初具规模。西汉王朝存在二百余年，为中国的历史发展做出了贡献。追本溯源，自有刘邦的一份大功劳。史称他这项工作做得"规摹弘远"，并非是溢美之辞，是他的豁达大度在称帝以后再度的充分体现。刘邦为此所做的一切，当然有为他子孙后代谋划的意图，但不能说这是他意向的全部。使自己所成就的帝业巩固发展下去，令汉帝国长治久安，这才是刘邦生前的主要愿望之所在。

刘邦成就的一切，也可以说是成在其大度，或在其能屈能伸上，也就他这种大度而言，能屈能伸的性格让他由弱变强，而终至成功。

落叶孕育萌芽，生机藏于肃杀

【原文】

草木才零落，便露萌颖于根底；时序虽凝寒，终回阳气于飞灰。肃杀之中，生生之意常为之主。即是可以见天地之心。

【译文】

花草树木刚刚凋落，新芽已从根部长出；四季演变才入寒冬，温暖的阳春就行将到来。万物虽然飘零枯萎，却隐藏着绵延不绝的蓬勃生机。从这种生生不息，可以看出天地的好生之德。

【解读】

常言道："有生必有死，有死必有生。"天地万物就是如此生生不息，天无绝物之理，也无绝人之路。南宋陆游诗中写道："山穷水尽疑无路，柳暗花明又一村。"人在一生中往往遇到一些自己认为已经绝望的事情，可是往往又绝处逢生，使事情有了转机，可见天无绝人之路。只要对自己的前途充满必胜的信心，不自暴自弃，那么黑暗过后一定是黎明的曙光，寒冬过后必定是温暖的春天。

【事典】

厘定太子，重仁治

国内安定，边疆无扰，正是内政外交清明之时，刘邦应当说没什么烦恼了，只要一心做好他的皇帝，下面的人自然会替他管理好国家。然而，新的问题又来了，就是关于继承人的事。

本来在刘邦晚年，最让他感到苦恼的，除了匈奴威胁、异姓王叛变外，就要属继承人的问题了。

对废立太子一事最担心的，莫过于刘盈的生母吕后，长年的患难和孤独，使吕后变得相当的敏感而不安，对别人有极端不信任倾向；经常的忍耐，也将她磨练得坚强而好胜。如果太子刘盈被废，自己未来的权势将随之而去，一生的心血也付诸东流。

皇上有意废太子，立如意，吕后当然不甘心，便让其兄吕泽去为自己活动。吕泽首先想到了张良，恰好张良也反对废太子，他认为一动不如一静，任何人的刻意变化都会造成时局的动荡混乱，何况是废立太子事关国家前途这么重大的事件。于是，张良给吕泽出主意："废立之事，是皇上提出来的，因此光讲道理是说服不了皇上的，而只有想其他的办法。这有一法，当今皇上一直想邀请四位高人为其幕僚，但这四人年岁已大，皆以皇上为人傲慢轻侮，所以相偕逃匿在山中，义不为汉臣。虽然如此，皇上还是非常尊重这四位高人。现在你们倘能不吝金玉璧帛，请太子亲自写一封书信，用最谦卑的态度，准备最舒适的马车，并派去最会讲话的辩士，邀请这四位高人，我相信他们是会接受太子邀请的。如果他们能来，便被聘为宾客，经常故意和他们一起上朝廷，让皇上看到。皇上必会惊问如何请到这四位高人，只要皇上知道这四人已为太子谋策，对太子便是最大的助益了。"

张良说到的这四位高人，便是有"商山四皓"之称的东园公、夏黄公、角里先生、绮里季，在当时是非常有名望的，连皇帝刘邦都请不动。谁能把他们搬出来，可见也是有德之人，到时刘邦也会刮目相看的。所以，吕后听了欣喜异常，马上采取行动，命吕泽使人奉太子刘盈亲笔书，卑辞厚礼，去聘请此四人。四位果然接受，并住在吕泽家，作为太子的宾客。

一次上朝，刘邦突然看见在太子侍从的宾客席上，有四位看来皆八十余岁的老翁，须眉皓白，衣冠甚伟，心里似有所感，乃派人趋前请教四位老者的姓名，回答竟是东园公、角里先生、绮里季和夏黄公。

刘邦大惊道："我曾派人寻求公等四人，你们都回避不肯见面，现在为何又成了我儿子的宾客呢？"

四位老翁回答道："陛下一向看不惯读书人，常谩骂之，我等义不受辱，故而逃匿也。但听说太子为人仁厚，恭敬爱士，天下读书人无不引颈愿为太子死，所以臣等出来辅佐太子！"

酒宴散后，刘邦回到后宫，对如意的母亲戚姬，伤感地说："我本来想废立太子，但有此四老辅佐，可见太子羽翼已成，不容易更动了。"从此以后，刘邦就不在群臣面前谈论废立太子的事了，而继续以刘盈为太子。刘盈，即后来的汉惠帝。

张良教给吕后的计谋，其实很简单，那就是用事实说话。刘邦见"太子羽翼已成"，木已成舟，当然就不会再想着要废掉他了。

而且，当时有许多大臣支持刘盈，使得刘邦不能恣意妄为。时任太子太傅的叔孙通，就极力为太子刘盈辩护："昔日，晋献公以骊姬之故，废太子申生，立奚齐，造成晋国混乱数十年，成为天下笑话。秦始皇不早定扶苏为继承人，让赵高得以有机会诈立胡亥，造成亡国，此为陛下所亲见啊！今太子为人仁孝，天下皆知也，这也是陛下和吕后辛苦教养的功劳，怎能轻易地背弃呢？陛下如果欲废长立少，臣愿先伏诛，以头血汗此地。"

叔孙通慷慨陈词，一副舍生取义的模样。

刘邦看到叔孙通舍命护主，颇为感动，而众大臣的一致支持，使刘邦更不能妄逆行事了。违反众人的意见，其后果会是很糟糕的。刘邦是个聪明人，只因当初疼爱小儿子如意才产生废立之念，如今看来是不行了，毕竟是一国之事，当然不能一心孤诣，也就铁了心，定了太子刘盈，废立一事到此结束。

要以我转物，勿以物役我

【原文】

无风月花柳不成造化，无情嗜欲好不成心体。只以我转物，不以物役我，则欲嗜莫非天机，尘情即是理境矣。

【译文】

如果没有清风明月、花草树木，永不成其为大自然；如果没有感情欲望、生活嗜好，就不成其为真正的人。所以要以人为中心来操纵万物，不可以物为中心来奴役自己，如此一切嗜好欲望都成为自然天赐，而一切世俗情欲也都变为合理的境界了。

【解读】

自然有风月花草，人有七情六欲，这是人类发展并繁衍不息的基础，也是社会发展的原动力。但在日常生活中，人只有用一种道德的精神力量来主宰自己的情与欲，才不会被无尽的诱惑所吞没，做事才会有礼节、有分寸而不致失度，使万物合理地供给我们的合理需求。相反，放纵情欲的人跌入陷阱而不能自拔，到头来只能是玩火者自焚。

【事典】

削夺兵权，诛杀韩信

刘邦将项羽所控制的地盘分封给韩信、彭越作为诱饵，换取了韩信、彭越的出兵，共同消灭了项羽。在消灭项羽的战役中，承担主攻任务的是韩信的军队，当时韩信直接指挥的军队有30万之众，而刘邦自己直接指挥的军队大概还不如韩信多。在消灭了项羽后，可能与刘邦再次争夺天下的第一人选是韩信。对此，刘邦有十分清醒的认识。他消灭了项羽以后的第一个重大决策，就是夺取韩信对军队的指挥权。

　　刘邦第一次剥夺韩信与张耳兵权时，他们都是刘邦的部将，是奉刘邦的命令攻打赵国取得胜利，刘邦对他们的军队，本来就拥有最高的指挥权。可是刘邦在剥夺他们的指挥权时，还是煞费了一番苦心，耍了一个欺骗他们的伎俩。他没有暴露自己的真实身份，而是以刘邦使者的名义进入他们的军营，趁二人尚在熟睡之际，夺取了兵符，然后表明自己的身份。这说明刘邦十分担心他们不会顺顺当当地交出军队的指挥权。

　　刘邦第二次夺取韩信兵权，与上一次情况不同。此时获胜天下已成定局，为了防止韩信的势力大过自己，大胜之际祸生肘腋，精明的刘邦又一次采用突然袭击方式，进入韩信军中，在韩信不防备的情况下，把韩信的兵权收了过来。

　　刘邦此举是为了防止军事割据，建立统一的中央集权。垓下围剿项羽的战役，主要是通过韩信指挥的，如此的战功，自然会赢得各路诸侯们的敬畏。而在战后，韩信还拥有三十万兵马。项羽一死，能够与刘邦决一胜负的就只剩下韩信一家，而其他的诸侯们都不会对刘邦造成这个威胁。所以，为了自己的安全考虑，刘邦又一次收了韩信的兵权，这样做当然是完全必要的，而且韩信也本应主动这样做。韩信未这样做，刘邦就只好亲自做。当然，这样做的负面作用在于有可能在韩信心中埋下不满的种子，也给韩信最后的造反埋下祸根。在天下已经基本平定的情况下，精明的政治家必须收回兵权，以防变故。因而从政治上来考虑，刘邦的所作所为起到了保证大局稳定的作用。

　　刘邦称帝后，出于种种原因，先后分封韩信为楚王、彭越为梁王、英布为淮南王、张敖为赵王、卢绾为燕王，共10个异姓诸侯王。这些异姓诸侯王在自己的封国中，拥有政府和军队，可以自行征收赋税，征发徭役和兵役。除了每年须到中央政府朝觐和进贡，表示对皇帝的效忠外，享有完全的自主权。他们的存在，除闽粤王亡诸、南越王尉佗、长沙王吴芮三王处于边远的少数民族地区，对中央王朝不构成政治上的直接威胁外，其他的都或多或少、或大或小地对中央王朝构成威胁。其中特别是楚王韩信、梁王彭越、淮南王英布这三个王，对刘邦的威胁最大。

　　正因为有威胁在，所以刘邦时刻也想铲除他们。而这些王侯由于得不到信任，知道有"兔死狗烹"的结局，有的就主动造反，有的被逼造反。这样刘邦也不得不一一征讨他们，天天不得安宁。

在第一次抓获韩信之后，刘邦本来的目的就是为了再次削弱韩信的势力，由于抓不住韩信造反的确凿证据，因此，在回到洛阳后他就放出韩信，只是把他由楚王降为淮阴侯，在洛阳居住。

不久韩信就来了个野心大暴露。韩信被降职调京之后，刘邦和韩信有过一场单独的谈话，评论朝中各位军事将领的指挥水平。高傲自信的韩信逐一评价了将领的水平，话语中显示了自己的不凡。刘邦趁机让韩信替他打分，韩信依然傲气未收，说："陛下指挥十万兵马，至多不过如此。"

刘邦听了也不恼，就问韩信："阁下如何呢？"

韩信说："我能指挥的兵马可以不计其数。"

刘邦听了笑道："如果多了就有用处，阁下怎么会让我给拿到京都？"

韩信便泄了傲气，说："陛下不善于将兵，却长于将将，所以我输给了你。不过你的成功不是本事而是运气好，这是别人没有办法做到的。"

从刘邦与韩信的这段对话中，可以明显地看出，韩信根本瞧不起刘邦，刘邦也颇以能用阴谋手段擒拿韩信而洋洋自得，他们之间已毫无君臣、尊卑、上下之分。韩信完全失去了以往对刘邦的感恩戴德情感，刘邦也完全没有了对韩信的尊重心理。韩信的叛逆心理已溢于言表，而刘邦的自鸣得意，同样不加掩饰。这说明，刘邦与韩信之间，矛盾冲突逐渐激化，很快便要爆发一场你死我活的斗争。

韩信的这种危险思想不断发展，在刘邦本可以原谅他的情况下，经不起考验，终于把自己送上了断头台。而对于刘邦来说，凭着韩信的才能和智慧、军功和资历以及他在大臣中的威信和名望，只要能表现出忠诚或合作、善意和忍让，他的一些过失，完全可以在时间中被淡化。只是令人失望的是，韩信做到了功高，却未做到望重，不久便撕破本相，来了个真实思想的大暴露。

汉高帝十年，刘邦封陈豨为赵相国，将兵守代地。陈豨在赴任之前，特意到韩信的府第辞行。韩信却把左右的人都支走，拉着陈豨的手走到了庭院当中，仰天长叹道："能与将军说说心里话吗？"陈豨对韩信非常尊重，连忙回答说："愿意听从将军的命令！"韩信说："将军将要把守的地方，是天下的精兵出处。现在将军是陛下宠幸的大臣，如果有人初次告你谋反，陛下肯定不会相信；如果再有人告你，陛下就会怀疑；再有人告你，那么陛下就肯定会派兵讨伐你了。到那时，我在这里起兵与你呼应，两下里夹击，天下就是你我二人的了。"至此，两人定下了推翻刘邦的阴谋。

转眼到了九月，陈豨与王黄等人公开反叛，自立为代地之王，刘邦对此早有思想准备，亲自统兵前往平叛。此时韩信决定铤而走险，当他得知陈豨反叛的消息后，一方面派亲信去代地，对陈豨传言他将在京城举兵相助；一方面命家臣做好准备，于约定的夜间传假诏，赦免官徒、官奴，以壮大自己的军队，到时就乘刘邦在外地的机会突然袭击吕后和太子。筹划已定，专等陈豨那边的消息。

刘邦统兵离京赴代地后，正处于等信一到便举行政变的韩信万万没有想到，他的一个食客把自己所听到的消息告诉了吕后，吕后一听，心中又惊又喜。惊的是几乎要做韩信的刀下之鬼犹不自知；喜的是韩信事有不机，秘密泄露，苍天不灭汉朝。但她想来想去，却不知道用什么样的方法来应对，只好找萧何商量。萧何给吕后出了个主意，假称刘邦的使者从前线归来，陈豨的反叛已被镇压，陈豨本人也被杀死，要求在京城的列侯和群臣进宫祝贺。

吕后和萧何计策已定，萧何便亲自去见韩信，并劝说道："你虽然有病在身，还是应该强打精神到宫中去表示祝贺为好。"

韩信是因萧何的推荐才被刘邦重用和赏识的，两人的关系始终很亲密。如今萧何亲自上门劝说，韩信一方面碍于老朋友的面子，一方面他也没有想到萧何会设计来捉拿他。当时，他对陈豨失败的消息是将信将疑，对进不进宫朝贺尚拿不定主意。更主要的是，他不知道自己的阴谋已被揭发，现在又有萧何亲自来劝他进宫，他就听了这位老朋友的劝告，进了宫。吕后早已安排好的武士立即将他绑起来，不加任何审讯，在长乐宫的钟室中将他斩首。韩信临死前，懊丧地说："我悔不该当初不听蒯通的计谋，如今反被一个女人所欺骗，这真是天意如此！"

从历史发展进步的意义来看，刘邦的所作所为体现了一种社会的必然要求，而韩信的所作所为偏偏体现了他拖延历史进程，破坏这种必然要求的企图。因而可以说，韩信所受的待遇虽然表面看似乎有不公平的一面，但实际上却是合理的、必要的，因而也是正确的。

何处无妙境，何处无净土

【原文】

人心多从动处失真，若一念不生，澄然静坐；云兴而悠然共逝，雨滴而冷然具清；鸟啼而欣然有会，花落而潇然自得。何地无真境，何物无真机。

【译文】

心灵大半从浮动处失去纯真本性。如果任何杂念不生，只是自己静坐凝思，那一切念头都会随着白云消失，随着雨点洗清，听到鸟语就有一种喜悦的意念，看到花落就有一种开朗的心情。可见任何地方都有真正的妙境，任何事物都有真正的玄机。

【解读】

心性原本是不受任何拘束的，只是因为嗜欲浮躁而失去了真性。如果心中没有杂念，保持宁静的心情，就可以和白云一起飘游天边，就可以就着雨滴洗净心中的尘埃，就可以体会鸟语呢喃的奥妙，就可以享受到落英缤纷般的悠然自得。总之，天上的日月星辰，地上的花鸟鱼虫，无不让人感到赏心悦目，心旷神怡，处处在充满玄机，处处都是真境，关键在于我们能不能去领会和发掘。

【事典】

特务统治，人人自危

高度集中的以中小地主阶级为基础的朱元璋封建统治政权，除了通过组建庞大的常备军以镇压臣民的反抗和抵御外寇外，还建立起了严密的特务网。他大兴胡蓝党案，铲除功臣宿将，以确保自己的政权能够顺利地实现交接。但是这样一个繁重的任务总不可能由皇帝本人来执行，而需要有一个执行的机构和精练的人员来完成，这就是历史上臭名昭著的特务网。

在洪武时代，一些权力机关、重要部门都是由锦衣卫来保卫的，包括在大门口站岗。洪武二十七年朱元璋申定皇城门禁约，这项任务也是由锦衣卫来完成的。"凡朝参，门始启，直日都督、将军及带刀、指挥、千百户、镇抚、舍人入后，百官始以次入。上直军三日一更番，内臣出入必合符严索，以金币出者验视堪合，以兵器杂药入门者擒治，失察者重罪之。民有事陈奏，不许固遏。"

锦衣卫机构庞大而且地位十分重要，这自然就得有个能干且值得信赖的人来统领。于是朱元璋选择让毛骐的儿子毛骧来当这个头目。在战争时期，毛骐便跟随朱元璋左右了，是朱元璋的心腹。毛骐死后，朱元璋还亲临视其葬，为之恸哭。

念在毛骐一片忠心的分上，朱元璋格外提拔他的儿子毛骧。毛骧最初为管军千户，当时，倭寇在浙东一带非常猖獗，扰得民不聊生，朱元璋就命毛骧率兵讨之，结果毛骧斩获甚多，遂就擢升都督佥事，时隔不久，又提升为亲军指挥佥事、指挥使。见他办事干练，又是老部下毛骐的儿子，信得过，放得下心，就把他调来"当掌锦衣卫事，典诏狱"。毛骧最后因被卷入胡惟庸案，遭朱元璋杀害。

锦衣卫设有监狱，称之为锦衣狱，属锦衣卫下边的北镇抚司管辖。狱内刑罚不仅残酷，而且名目繁多。一个人若不幸踏进锦衣狱，那么便"五毒备尝，肢体不全。其刑最残酷者，名曰琶，每使用，使人百骨尽脱，汗下如水，死而复生，如是者二三次。茶酷之下，何狱不成"。其魂飞汤火的惨景，是不言而喻的。对于一个犯人而言，"苟得一送法司，便不啻天堂之乐矣"。相比之下，一个犯人如果被送进锦衣狱，那就等于被送到了地狱，没有生还的可能。

和锦衣卫有密切关系的一种刑罚叫廷杖，就是在殿廷杖责官员。锦衣卫学前朝的诏狱，廷杖则学的是元朝的办法。而被明太祖沿用后，这一刑罚不仅在使用的范围方面更加广泛了，而且杖次也增多了。同样一种罪，如果在元朝是杖打50棍，那么到锦衣卫跟前，就会杖打100棍，甚至更多，且更为用力。

被廷杖的，很少能活下来。被廷杖而死的最著名的例子是朱元璋的亲侄子朱文正。此外还有治淮功臣、工部尚书薛祥，"坐累杖死，天下哀之。"薛祥是水利专家，用 8 年的时间治理了淮河，使淮河一带的人民不再遭受洪水袭击，深得民心，劳苦功高，其英名完全可以载入史册。大概因为如此，在洪武八年，薛祥被朱元璋任命为工部尚书。传说，他离开淮河而还京的时候，人们一个个烧香磕头，盼望他再来这里为民造福；他走后，人们为他修建庙宇，请高超的画师为他塑像，供在庙中，烧香点火，日日供奉。这样的人被朱元璋杖死，天下怎能不哀之！

在众多被施以廷杖刑的人当中，也有侥幸未被打死的，如刑部尚书茹太素。朱元璋一生勤政，事无巨细，都亲自处理。每天天不亮就起床办公，批阅公文，直至夜深。他成年累月地看文件，不觉厌倦。偏巧茹太素是个"文牍主义者"，他向朱元璋上万言书，朱元璋听人读到一万六千五百字以后才涉及本题。朱元璋大怒，命将茹太素拖出去施以廷杖之刑，但侥幸得以活命。不过后来在其他事件中，他还是死在了朱元璋的屠刀之下。

洪武二十年，朱元璋认为锦衣卫的诏狱用刑过于残忍，同时，镇压臣民不轨妖言的任务也基本完成，于是下令焚毁锦衣卫刑具，把犯人移交刑部审理。1393 年（洪武二十六年），胡惟庸和蓝玉案全部结束，朱元璋再次申明此禁，诏令京师外罪囚，不得交锦衣卫，无论罪恶轻重，全都经三法司。但是这条法令并没有维持多久，明成祖即位后，又重新利用锦衣卫来镇压建文帝的臣下，恢复了诏狱。以后历代皇帝都倚仗锦衣卫做耳目爪牙，用内官提督东、西厂（诏狱），东西厂和锦衣卫的职权日益扩大，人员日益众多，造成残酷的恐怖气氛，一直延续到明亡。

朱元璋为了进一步控制臣民，还在地方上设置巡检司，主要设在地方府州县关津要害处。设置巡检、副巡检，均为从九品官，带领差役、弓兵，警备意外。主要职责是盘查奸伪，缉辅盗贼、往来的奸细以及贩卖私盐贩和逃犯等，凡无路引即通行证、身份证和面生可疑之人都在盘查、缉捕之内。朱元璋规定："凡军民等往来，但出百里即验文引，如无文引，必须擒拿送官。"并规定了处罚的具体条例，如规定"若军、民出百里之外不给引者，军以逃军论，民以私度关津论。"这一制度把军、民的行动范围限制在百里之内。路引是要向地方官请领的，请不到的，行动便不能出百里之外。

巡检司只设在交通冲要地带，要全面约束人民的行动，是办不到的。于是洪武十九年，朱元璋又两次下手令，以加强对臣民的控制。第一次手令，是关于里甲、邻里互相知丁的义务以及对逸夫（无业游民）连坐法的规定；第二次手令是针对流动人口、手工业者和商人的，其目的是对这些流动人口进行规范和限制。朱元璋将路引制和里甲制有机地结合起来，加强了对各类人口的管理和控制，有利于巩固封建统治秩序和社会的安定。

通过这样上上下下的约束与监控，朱元璋终于使封建国家机器达到了最完备的阶段。

顺逆一视，欣戚两忘

【原文】

子生而母危，锱积而盗窥，何喜非忧也；贫可以节用，病可以保身，何忧非喜也，故达人当顺逆一视，而欣戚两忘。

【译文】

母亲生子是一件危险之事，积蓄金钱又易被盗匪窥视，可见值得高兴的事都附带有忧惧。贫穷虽然可悲，但如果勤俭也能过活；疾病固然痛苦，但可学会养生的方法，可见值得顾虑的事也都伴随着欢乐。所以一个心胸开阔的人，认为顺境和逆境是相同的，因此自然也就没有高兴和悲伤了。

【解读】

"塞翁失马，焉知非福"。事情总有正反两个方面，有好的一面同时就有坏的一面，并且在一定条件下好事可能变成坏事，坏事也可能变成好事，关键在于人要有长远眼光，看问题一定要全面，要从多角度来判断事物的发展方向，而不能局限于眼前利益得失。同时，只有那些把顺利和挫折、欢乐和悲哀都看作一回事的人，才能体验到挫折中的顺利和悲哀中的欢乐。

【事典】

设都察院，为追踪鹰犬

明太祖通过废中书省、收兵权，牢牢掌握了国家的军政大权，但仅仅如此还不够，要想保证政、军管理机关的官员都忠心、尽职、完善地执行皇帝的命令，还得另外有一套监察机构。

关于在中央设立监察机构，最早是在秦国。秦始皇嬴政统一六国，建立历史上第一个封建王朝——秦朝后，为了监控文武百官，防止不法，特于中央设立御史大夫。以后历代皆沿其制，到了魏晋南北朝时期，中央监察机构扩大为御史台，封建监察制度，适应专制皇权的需要日臻完善。

我国唐宋时期监察机构分为三个系统，即御史、谏官及封驳。御史为监察官，有纠弹官邪的权力；谏官为言事官，主要是规谏，正君之得失；给事中为封驳官，主要是封还皇帝失宜的诏令和驳回百官有误的奏章。从职能上看，三个系统分工明确，各有侧重：御史台是监督百官臣下；谏官监督君主；给事中上下监控，自我调节。三方面相互配合，组成了一个严密的监察网。这种体系对于澄清吏治、协调统治阶级内部关系以及避免君主决策失误等具有一定的积极作用。

到了明朝，明太祖朱元璋在开国初，沿用元朝的御史台为中央监察机构，吴元年（1367 年）朱元璋在中央设立御史台，御史台下仿元制设殿中司和案院。御史台设左、右御史大夫（从一品），御史中丞（正二品），侍御史（从二品），察院监察御史（正七品）。洪武元年（1368 年），朱元璋曾对御史大夫汤和、邓愈，御史中丞刘基、章溢等说：振纪纲、明法度者，主要在你们御史台。这说明明太祖对百官监察的重视。洪武十三年，朱元璋又专设左右中丞，正二品；左右侍御史，正四品。这一年的五月，不知出于何种考虑，他又废掉御史台。

御史台废掉以后，朱元璋渐渐感到御史台对于监控百官，其作用不可小觑。于是又于洪武十五年恢复御史台，并更名为都察院，机构本身也作了调整，都察院设监察都御史，正七品；各道监察御史，正九品。每道铸印二枚，一由资深的御史掌管，一藏于内府。有事受印以出，事毕归还。洪武十六年，升都察院为正三品衙门。第二年正月，又升为正二品衙门，设官齐全，使监察制度在组织形式上趋于完备。这时都察院设左、右都御史，正二品；左、右副都御史，正三品；左、右佥都御史，正四品。下面主要说说左、右都御史的权力和职掌。左、右都御史是长官，专门负责纠劾百官，辨明冤枉，提督各道，具体说，都御史有三刻权、职官考察权和司法监督权。三刻权是指都御史对京官行使的三项纠劾权力，即：凡大臣好佞，小人构党、威福作乱的，弹劾；凡百官贪冒、破坏官纪的，弹劾；凡学术不正、上书陈言乱语的，弹劾。而职官考察权，顾名思义，就是对在朝官员进行考核、监察的权力，它由都御史与吏部长官共同行使。都御史的司法监督权，主要是朝廷发生重大案件，由皇帝下令三法司会审时行使。都御史与六部尚书品秩相同，合称"七卿"。

朱元璋对监察制度的一大贡献便是在都御史下再设十三道监察御史，以一个布政司为一道，每道设七至十一人，共一百一十八。职权是纠劾百司，辨明冤枉，凡大臣奸邪、小人构党作威福乱政，百官猥茸贪污舞弊，"学术不正"和变乱祖宗制度的都可随时举发弹劾。在京的巡视京营、仓场、内库、皇城，参与监临乡试和会试等；在外是巡按、督学、巡盐、巡漕、监军等，职权重要。特别是巡按御史，代替皇帝巡狩地方，大事上奏皇帝裁断，小事则自行处理，是最有威权的差使。监察御史是七品官，品级和外任的知县一样，但是很有权力，皇帝利用他们来钳制大官，以小制大，以内制外，赋予他们以什么话都可以说，什么意见都可以提，什么大官以至王公都可以告发的权力。这衙门的官员被皇帝看作是耳目，替皇帝听，替皇帝看，随时向皇帝报告。也被皇帝看作是鹰犬，替皇帝追踪、搏击不忠于皇朝的官民，一句话，是替皇帝监视官僚的机关，是替皇帝保持传统思想、纲纪的机关。

毋庸置疑，都察院与以前的御史台相比权力更大。它不仅负责官员的弹劾以及负责提出对大政方针的修改意见，而且还有监军权，即管理军队的权力。这些官员们的品阶并不算高，但是由于其拥有相当大的权力，却成了王公大臣们无法小视的一支力量。

但是都察院仅仅是明朝监察机构的一个组成部分，除此之外，还有通政司和六科给事中（洪武十年改为隶属通政司）。

通政司成立于洪武十年，是监督臣民的机构，通政司设通政使，专门负责向皇帝奏报四方陈情建言，申诉冤案或告发不法之事，并呈递天下臣民的实封奏章。此外，通政使还有权参与大政。通政使是居于七卿之下的最高位次，因而与六部、都察院之长和大理寺卿合称"九卿"。

六科给事中的设立是沿用宋元旧制，明朝时，最早是在吴元年设置给事中正五品，其职掌是侍从、规谏、补阙、拾遗。洪武六年三月，明太祖朱元璋采用宋代给事中分治六房之制，设给事中十二人，分为吏、户、礼、兵、刑、工六科，每科二人。凡省、府及诸司奏事，给事中各在殿庭左右，执笔记录。六科给事中初设时为独立机构，直属天子。洪武十年曾隶属敕监。洪武十二年，朱元璋又将其改为隶属通政司。

洪武十三年，为适应因革除丞相之制而造成的六部地位上升的状况，朱元璋特将六科给事中重新独立为一曹，直接由自己掌握，以加强对分理全国政务的六部的行政监督，这一招可谓高超。

朱元璋将吏、户、礼、兵、刑、工六部各配置一科，每科设给事中一人，正七品；左、右给事中各一人，从七品；具体为：吏科四人，户科八人，礼科六人，兵科十人，刑科八人，工科四人。

六科给事中共同职掌侍从、规谏、补阙、拾遗、稽查六部百司之事。具体说来有两个方面：一是参与议政，拾遗补阙，监督行政决策；凡举行朝廷最高行政会议，决策有关重要人事安排，以及制定刑狱大案、财政经济、军事边防、外交关系等大政方针时，六科给事中均有权参加，并可建言、规谏、拾遗、补阙，同时兼行唐宋谏官的部分职能。二是监督六部百司行政执行状况，包括督察六部百司执行朝廷政令情况；审核和参驳六部百司的奏章。规定"奏章之下，又经六科，六科可封驳，纠正违失。"分科稽查和监督六部行政情况。可见六科给事中的权力是相当大的。六科给事中和监察御史的职能有异同点，二者在弹劾官邪、规劝君主、监督行政、参与议政和管理职官等方面都是一样的。

监察御史的职权侧重于各级官吏的法纪监察。而六科给事中的职权则侧重于六部百司官僚机构的行政监督，所谓的"稽查六部百司之事"，其职权的重心一是整肃纲政，澄清吏治，维护封建专制主义中央集权统治的封建法制；一是推行政令，维护国家机器的正常运转和提高国家行政效率。虽然监督御史与六科给事中两者之间有一定的分工，但也并不是绝对的，他们共同为加强封建君主专制服务，因此，监察御史与主要是监察六部官员的六科给事中又合称为"科道"。

明太祖在加强对中央国家机构的监控的同时，又在地方各省设置提刑按察使司。设立初期，是作为都察院派出地方常驻最高监察机关。提刑按察使司设按察使一人，正三品，掌管一省刑名弹劾之事，具有纠官邪、除奸暴、平狱讼、雪冤案、振扬风纪、澄清吏治等职责。按察使之下，设副使，正四品；佥事，正五品，均无定员。

洪武十四年，在各省提刑按察使司之下，又设分道按察分司。次年，又设置了天下府州县按察分司，设试佥事五百三十一人，每人按察二县。到洪武二十九年，又改置按察分司为四十一道。各省提刑按察使司行使监督权，一方面依靠副使，佥事以"提学道""清军道""抚民道""监军道""督粮道"诸名目分道巡察；另一方面则依靠按察分司定点监防，形成一个严密的监察网。

综上，明朝监察机构设立的情况是，中央设都察院、六科给事中和通政司，地方则设提刑按察使司，他们的职权总的来说就是上下察举官吏不法行为，并随时奏报举劾，是皇帝的耳目和鹰爪，他们的工作往往是司法的前奏，但并不等同于司法。明朝时有其一套完整的司法制度，但是能够显示出监察机构权威的，却还有另外一个方面，那就是都察院也参与司法的运作。明朝，都察院、刑部和大理寺合称"三法司"。刑部受理皇帝交付的案件及地方上报的疑难案件，刑部下设十三清吏司，分治各省，以及处理陵卫、王府、公侯伯府、在京诸衙门以及两京州郡案件。大理寺管对案件的复核。都察院也处理一些皇帝交办的案件，但主要是负责对审判的监察，以防审判官徇私舞弊，枉法裁判。

可见，明太祖一手设置的监察机构是相当发达的，它保证了皇帝对中央以及地方官员的控制，使封建君主能够随时打击、清除不利于或有损于自己的专制与威严的人。

但是我们对这一制度的消极作用也不可不加注意，过于严密的监察网使朝官和地方官不能自由发挥自己的聪明才智，工作死板、僵化，缺乏活力，这样显然不利于社会的发展。

当然，这一制度也是有其历史进步意义的。对官加以一分限制，也会客观上为民增加一分利益。官吏不法少一点，百姓生活就安定一些，这是理所当然的。

月盈则亏，履满者戒

【原文】

花看半开，酒饮微醉，此中大有佳趣。若至烂漫酕醄，便成恶境矣。履盈满者，宜思之。

【译文】

花卉以含苞待放为最美，喝酒以喝到略带醉意为适宜。这种花半开、酒半醉，含有高妙境界。如果花已盛开而酒已烂醉，不但大煞风景而且也活受其罪。所以事业达到巅峰的人，应能深思一下这话的真义。

【解读】

俗话说："得意无忘失意时，上台无忘下台时"。一个人正当春风得意时一定要多积阴德，多做善事，以免失势之后会有人落井下石，罪孽缠身。天道忌盈，人事惧满。所以无论出身多么高贵，地位多么荣耀，在顺境得势时，一定要做到心中有数，知进知退，居安思危，处进思退，留有回旋的余地。

【事典】

巧立规矩，严防后宫乱政

明太祖善于总结历代兴亡的经验教训，他深切明白宦官和外戚对于政治的祸害。他认为汉唐的祸乱都是宦官外戚作的孽。皇帝大权旁落，任人宰割，政治黑暗，生灵荼炭，这一幕幕血的教训，使这位来自民间经过艰苦卓绝的奋斗登上皇帝宝座的皇帝不能不感到震惊。他深感成功是来之不易的，而守住基业更难。他苦苦思索着治国之道。凭着他敏锐的观察力，明太祖认定，治国应先治家。欲使朱氏王朝万世不变，首要是把宦官、女宠、外戚问题解决好，他清楚记得儒士范祖干当初投奔他时讲过的一段话："帝王之道，从修身齐家开始，才能治国平天下。"

首先是宦官问题。宦官这种人在宫廷里是少不了的，但只能做奴隶使唤，洒扫奔走，人数不可过多，也不可用做心腹耳目。做心腹，心腹病，做耳目，耳目坏。驾驭的办法，要使之守法，守法就做不了坏事；不要让他们有功劳，一有功劳就难于管束了。

为了防止宦官参政并进而形成专权，明太祖采取了一系列的措施来对他们加以限制。

首先，明太祖对宦官的人数及品级进行严格的规定。根据记载，吴元年（1367 年）朱元璋设置了内史监，品级为正四品，并设有监令、监丞、奉御内使等宦官。后改内使监为御用监，官品定为正三品。但与汉唐相比低多了。洪武二年（1369 年），太祖命吏部制定内侍官制时说：古代宦官（指"周礼"记载）不到百人，而后代宦官竟然多达数千，成为大祸患。故吏部最初确定的宦官人数一百八十二人。当时规定：内使监奉御六十人，尚宝一人，尚冠七人，尚衣十人，尚佩九人，尚履八人，尚药七人等。虽然到了后来，内侍诸司的机构有了更改和增置，但人数控制得相当严，虽略有增加，但总数并不多。

其次，明太祖不给宦官以立功的机会。他规定：宦官专掌内职，不许兼外朝文武官衔，不得穿戴外朝官员的冠服。

朱元璋之所以要这样规定，是因为他始终认为，宦官中好人不多，不能给他们立功的机会。因为这些小人有功就会骄恣，要让他们懂得法令的威严，用法来约制他们，防止他们干预政权。他立下规矩，凡是内臣（宦官）都不许读书识字。又铸铁牌立在宫门，上面刻着："内臣不得干预政事，犯者斩。"还规定，做内廷官品级不许过四品，每月领一石米，穿衣吃饭公家管。并且，外朝各衙门不许和内官监有公文往来。这几条规定条条针对着历史上所曾经发生过的弊端，使宦官名副其实地做宫廷的仆役。

有一回，一个在宫内供事多年的老宦官不慎谈论了朝政。明太祖大怒，本应处斩，但他是资深的老宦官，明太祖饶他一命，下令立即把他逐出宫门，并遣送回家，终身不得使用。

他又制定了宦官禁令，规定：凡宦官在宫内相互漫骂、斗殴，不服管教，视其情节严重程度，分别处以杖六十、杖七十、杖八十、杖一百等刑罚。对心怀恶逆、出言不逊的，凌迟处死；同时还规定：知情不报者同罪。朱元璋始终对宦官存有戒心，他曾说："宦官这种人，早晚都在皇帝身边，在人君出入起居的时候，利用小忠小信骗取皇帝的信任。时间一长，必假借威福以窃权，并干预朝政。久而久之，其势力就不可抑制。"

明太祖对宦官的制约是非常严格而且行之有效的。在洪武一朝三十多年中，宦官小心守法，宫廷和外朝隔绝，和过去的历史朝代相比，算是家法最严的了。

从以上朱元璋防止宦官、外戚干政的措施和表现可知，朱元璋是个懂得以史为鉴的人。历史上，很多帝王都曾为将大权集于一身而实施过种种方案，他们将自己封闭在深宫内，只通过贴身的人了解政事，其结果是，大权虽未被臣子们分割，却被这些贴身的人实在地掌握，于是造成了另外一种形式的大权旁落。朱元璋为了防止这种局面的发生，严格限制宦官、女宠、外戚的活动，这一举动实在是明智。

陷于不义，生不若死

【原文】

山林之士，清苦而逸趣自饶；农野之人，鄙略而天真浑具。若一失身市井驵侩，不若转死沟壑神骨犹清。

【译文】

隐居在山野林泉之下的人，物质生活虽然感到清苦，但是精神生活却极为充实。从事农业劳作的人，学问知识虽然感到浅陋，但却具有朴实纯真的天性。一旦回到井市变成一个市侩，还不如死在荒郊保持清白的尸骨与名声。

【解读】

古人重义而轻利认为生活可以清贫，但大义却不能丢掉，宋代文学家苏轼曾经说过："夫君子所重者，名节也。故有舍生取义、杀身成仁、可杀不可辱之语。"在中国的历史上确实涌现了许多重义重节、杀身成仁、舍生取义的忠臣之士，如西汉出使匈奴的使者苏武、宋代抗元名将文天祥等，他们为了国家的利益，绝不苟且偷生，投降屈膝，这种大无畏的精神，这种精忠报国的节义成为我们中华民族气节的精华。相反一个人如果贪利忘义，甚至为了一己之私利不惜损害他人的利益，那就生不如死，这样的人即使拥有堆积如山的财富，也活得毫无意义。

【事典】

投之小利，致敌于死

雄霸天下的曹操在军事上能够通过"以利诱敌，致敌于死"来展示他的特殊本领。

当曹操解了白马之围后，正欲收兵后撤，忽闻河北名将文丑为报关羽斩颜良之仇，率领大军，渡过黄河，追杀过来。曹操急令以后军为前军，以前军为后军，粮草先行，军兵在后，迎战文丑。众将见曹操摆出这种奇怪的阵行，都很疑惑。吕虔问："粮草在先，军兵在后，何意也？"曹操回答："粮草在后，多被剽掠，故令在前。"吕虔又问："倘遇敌军劫去，如之奈何？"曹操说："待敌军到时，却又理会。"粮草辎重行至延津，果然被文丑劫去，前军也被驱散。曹操听到消息，便把军队引到一座山上，令军士解衣卸甲休息，并尽放马匹。不一会，文丑领军赶来。众将都劝说曹操赶快收马撤退，只有荀攸说："此正可以饵敌，何故后退？"曹操急以眼色示意，不让荀攸再说下去。此刻，文丑军刚打了胜仗，趾高气扬，忽见许多马匹，十分高兴，一哄而上，四处抢马，"军士不依队伍，自相杂乱"。曹操见时机成熟，命令将士齐从山上杀下，敌军顷刻大乱，人马相互践踏，文丑在乱军中被斩于马下。曹操大获全胜，粮草马匹全部夺回。庆功宴上，曹操对吕虔说："昔日吾以粮草在前者，乃诱敌之计也。惟荀公达知吾心耳。"

在这次战斗中，曹操采用的是"以利诱敌"的计谋。将士争功，战场争利，这是军事上的普遍现象。因此，示利于敌，以利为饵，是军事谋略家诱敌克敌的有效手法。

大凡鲁莽、冲动的将领，多贪财图利心切，只要示之以利，便会不顾一切，追逐诱饵，轻易地钻入对方的圈套。即使一些有头脑的人物，由利而诱，也会丧失理智，思进不思退，虑胜不虑败，贪功不计危，见利不见害，察眼前而昧

长远，得有形而失无形，听谄言而失忠良。

古人云："患生于多欲。"

以小利离间对手，使之彼此争斗，自己坐收渔人之利，这是三国中一些高明谋略家经常使用的诈术。

关羽水淹七军，擒了曹将于禁，斩了曹将庞德，又紧紧攻打樊城，曹操大惊不已，甚至想到迁都避祸。这时，司马懿建议曹操派使臣"去东吴陈说利害，令孙权暗暗起兵蹑云长之后，许事平之日，割江南之地以封孙权"。这一招果然收到了奇效，孙权为利而动，从关羽背后插了一刀，樊城的危机顿时烟消云散。

又如，收留了被自己打败的吕布后，曹操生怕刘、吕二人联合起来对付自己，便召集手下文武，共商大计。谋士荀彧献上了一计，他说："今许都新定，未可造次用兵。有一计，名曰'二虎竞食'之计。现在，刘备虽然掌管徐州，但未得诏命，因此，可奏请诏命，实授刘备为徐州牧，并密与一书，让刘杀掉吕布。事成则备无猛士为辅，亦渐可图；事不成，则吕布必杀备矣。此乃'二虎竞食'之计也。"

以上两例的具体策划，都是投之以小利，引起敌对势力的争斗，使其两败俱伤，达到鹬蚌相争、渔人得利的目的。